JN438994

# 배리어 프리
# 건축·도시 계획론

*Barrier Free*

ベリアフリーの生活環境論　第３版（野村みどり編）
医歯薬出版株式会社（東京）、2004。

Title of the original Japanese language edition:
Theories on Barrier Free Environment 3rd ed.
Ed. by NOMURA, Midori et al.


ISBN 4-263-21159-6

# 배리어 프리 건축·도시 계획론

노무라 미도리 / 편

아키야마 테츠오 · 이케다 마꼬또 · 오오츠 케이코 · 오오하라 카즈오키 ·
키쿠치 에미코 · 키노세 타카시 · 나가사와 야스시 · 노무라 미도리 ·
하기타 아키오 · 야토우고 타게시 · 야마시타 테츠로 · 요코야마 가츠키 / 저

강병근 · 성기창 · 박광재 · 윤영삼 · 김상운 / 역

건국대학교출판부

## 역자 서문

본서는 우리들이 일상적으로 이용하고 있는 주택과 병원, 학교, 각종 교통수단, 여객시설 등에서 편리하며 안전한 이용을 방해하는 각종 장애물에 대하여 건축가와 도시계획가가 고려하여야 할 내용을 정리한 것이다.

건축가와 도시계획가의 눈으로 바라볼 때 최근의 건축물과 도시가 인간에 대한 애정과 여유로움을 망각한 채 새로운 과학 발명품과 기술의 각축장으로 변해가는 아쉬움에 실망한 적이 한두 번이 아니다. 한 시대의 사상과 개념, 가치, 양식, 기법 등의 인문적 테마와 함께 건축과 도시의 테마도 그 시대와 사회의 필요에 따라 조금씩 변화하고 있다. 경제적 가치에 우선을 둔 건축과 도시의 발전에 비례하여 일상의 활동에 어려움을 겪고 있는 사회구성원들의 혼란은 점점 커지고 있는 것이 현실이다.

건축과 도시뿐만 아니라 사회 곳곳에서 '소통'과 '어울림'의 철학이 회자되는 것은 아마도 이러한 몰인간화, 몰개성화에 대한 반증이 아닐까 싶다. 나보다 조금 뒤쳐지거나 앞서가는 사람들과 함께 이야기를 나누며 발맞춰 걸어 갈 수 있는 사회야말로 진정한 소통과 어울림의 사회일 것이다.

이러한 현실 속에서 처음 이 책을 접한 후 신선한 충격을 받았다. 건축과 도시계획 분야에 30여 년 동안 몸담고 있으면서 '보다 인간적인'이라는 테제에 늘 고민하던 역자에게 한국과 일본의 경제적 선후(先後)는 차지하더라도, 사회적 약자라는 용어로 축약되는 사회가치에 대한 인식의 문제, 즉 장애인과 고령자, 어린이를 포함한 다양한 사회구성원에 대한 배려의 차이를 실감했기 때문일 것이다.

이 책은 배리어 프리 디자인(Barrier Free Design)과 유니버설 디자인(Universal Design) 관련 이론과 함께 일본과 다른 나라들의 주택과 사회복지시설, 병원, 학교, 교통시설과 시스템 등에 대한 무장애 계획의 사례를 소개하고 있다.

일본에서는 1981년 국제장애인의 해 이후, 장애인과 고령자의 이용을 고려한 '배리어 프리 디자인'의 관점에서 공공건축물과 교통기관, 주택, 설비, 가구 등을 정비하고자 하는 움직임이 활발히 진행되어 오던 중, 1995년 한신(阪神) 대지진 이후 그 동안의 건축과 도시계획에서 소홀히 하였던 문제들의 해결 필요성과 함께 기존의 진행과정에 획기적인 개념적 변화를 꾀하게 된다. 그 대표적인 것이 일본 각지에서 이루어지고 있는 '복지마을 만들기' 사업으로, 기존의 개별적이며 단락적인 건축과 도시계획에서 벗어나 이웃과의 소통, 주변시설과의 연계를 기초로 하여 지역적 차원에서 모두가 편리하며 안전하게 이용할 수 있는 생활환경의 개선을 목표로 하고 있다.

2000년 11월부터는 「고령자, 장애인 등의 공공교통기관을 이용한 이동 원활화 촉진에 관한 법률」(통칭 '교통 배리어 프리법')의 시행으로 급속한 고령화에 따른 운동 능력과 감각기관 등의 기능저하를 고려하여 교통수단, 여객시설, 각종 보조기기 등에서도 '장애물의 제거' 관점에서 정비가 진행되고 있다. 이와 함께 2006년 12월부터 시행된 「고령자, 장애인 등의 이동 등의 원활화 촉진에 관한 법률」(통칭 '배리어 프리 신(新)법')은 기존의 「고령자, 장애인 등이 원활히 이용 가능한 특정 건축물의 건축 촉진에 관한 법률」(통칭 '하트 빌딩법')에 이용 당사자 참여, 중점정비지구 추진 등의 내용을 추가하여, 기획 단계부터 다양한 이용자의 요구를 반영한 이동경로의 무장애화, 시설이용의 무장애화를 도모하고 있다. 특히, 이 법에는 이용자의 원활한 이동과 건축물에서의 쾌적한 이용을 위한 시책을 종합적으로 추진하기 위하여 기본방침 이외에 여객시설, 건축물 등의 구조와 설비기준을 규정하고 있다.

각 지방자치단체의 움직임을 살펴보면, 불특정 다수가 이용하는 공공시설의 무장애화를 목표로 1970년대 중반부터 다양한 지침과 요강을 근거로 한 시설정비가 이루어지고 있다. 이후 1990년대에는 이러한 지침의 철저한 이행을 목적으로 복지마을 정비 조례가 제정되어 건축물 및 공공교통기관의 정비에서 '이용 원활화 경로', '이동 원활화 경로'의 개념이 반영되기 시작하였다. 또한 건축물과 도로, 교통수단, 여객시설, 공원 등에 대하여 일체적이며 연속적인 정비를 추진하고 있는 실정이다.

주목할 만한 점은 하트 빌딩법에서 배리어 프리 신법에 이르기까지 일련의 추진과정을 정리해 보면, 일본의 장애인·노약자 등의 편의성 제공과 안전성 향상을 위한 법률들의 주요 목표가 개별 건축물에 대한 장애물의 제거 관점에서부터 생활 관련 시설까지의 경로와 이동수단, 중점정비지역 선정과 정비방법, 주민참여 촉진방안 등으로 무장애화의 정비대상이 점점 더 지역화, 일체화, 참여화 경향을 나타내고 있다는 점이다.

최근, 우리나라에서도 각종 가로의 조성이나 공공시설물의 계획에 필수부분으로 이용자 참여가 많은 프로젝트에 도입되고 있다. 이것은 실제 이용자 관점에서의 공공부문 계획이라는 바람직한 움직이라고 할 수 있지만, 효과적인 참여를 위한 참여자 선택 및 참여시기, 다양한 의견의 조정방법, 그리고 의견이나 요구의 반영방법 및 그 효과, 최종 판단방법, 사후평가방법 등의 선행과제를 해결하지 않고서는 이용자 참여의 의미는 많이 흐려질 것이다. 또한, 이러한 과정을 거쳤더라도 시설 자체만의 장애물 제거로는 이용에 한계가 있으며, 시설로의 접근과 시설 상호간 이동을 통합적으로 고려한 시설계획의 중요성이 우리나라에서도 점점 더 높아지고 있다.

이러한 국내외의 흐름과 발맞춰, 앞에서 이야기한 것처럼 배리어 프리 디자인이 목표로 하는 사회를 실현하기 위해서는 지금까지의 의식이나 제도에 획기적인 변화가 필요하다. 주택을 비롯한 복지시설, 학교, 병원 등의 개별 건축물과 지역, 도시 차원에서 접근해야 할 물리적 정비 과제, 사회구성원간의 인식적 정비 과제, 그리고 이러한 물리적, 인식적 정비가 이들에게 어떠한 의미를 가지는지에 대하여 기존의 건축과 도시계획을 한번 되짚어 볼 필요가 있다. 근본적으로 우리들이 일상적으로 생활하는 건축과 도시 공간 속에 장애물을 만들지 않는다면 이를 극복하기 위한 특별한 시설도 필요하지 않을 것이며, 장애를 가진 사람들이 일상생활을 하는 데 있어 장애로 인한 차별을 받지도 않게 된다.

미래학자 앨빈 토플러는 제1의 사회는 주로 키우는(growing) 것, 제2의 사회는 만드는(making) 것, 제3의 사회는 서비스하는(serving) 것, 생각하는(thinking) 것, 아는(knowing) 것, 경험하는(experiencing) 것을 기반으로 한다고 말한 바 있는데, 앞으로의 사회는 누군가를 위하여 특별한 무엇인가를 만들어 준다는 생각보다는 일상적인 삶 속에서 자연스럽게 누군가를 배려하며 같이 어울리는 삶이 진정한 자립생활이며 장애물 없는 세상일 것이다.

이 책의 원제는 『배리어 프리의 생활환경론(제3판)』(バリアフリーの生活環境論)으로써, 일본에서는 1992년부터 2005년까지 모두 7쇄가 발행되리만큼 건축과 도시계획가, 장애인 관련 전문가를 비롯하여 다양한 계층에서 많이 읽혔다. 여기서 '생활환경'이란 사전적으로는 "인간을 둘러싸고 있는 일체의 유형・무형의 환경 중에서 재생산의 장소, 즉 처소라고 할 수 있다."라고 한 것처럼 상당히 넓은 의미로, 그리고 다의적으로 해석될 수 있다. 따라서 이 책을 읽는 독자에게 제목에서의 애매모호함과 의미에서의 혼란을

최대한 줄이고자 '건축·도시계획'으로 한정하였다.

이 책은 건축과 도시계획의 전문가뿐만 아니라 장애인 당사자, 대학이나 관련 분야에서 공부하는 사람, 복지와 관련된 일을 하는 사람, 장애인 단체, 관련 행정가들에게 배리어프리에 대한 여러 아이디어와 적용 사례, 현황과 앞으로의 과제 등을 이해하는 데 도움을 줄 것이다. 나아가 이 책이 사회구성원의 인식을 바꿀 수 있는 작은 씨앗이 되기를 바라며, 이 책을 국내에 소개할 수 있게 되어 기쁘게 생각한다.

2009년 3월

역자를 대표하여 강 병 근

## 제3판을 내면서

고도 정보화, 저출산 고령 사회를 맞이한 선진국에서의 배리어 프리는 모든 사람들이 신중하게 고려하여야 할 필수적인 문제와 과제로서 많은 관심이 모아지고 있다. 배리어 프리에 대해 보다 구체적으로 이해하기 위하여 휠체어와 각종 장애에 대하여 가사체험 기기를 이용한 체험학습 프로그램 등이, 초・중・고교・대학 등의 교육기관을 비롯한 각지의 마을 정비사업의 워크 숍 등에서 활발하게 도입되고 있는 실태이다. 예를 들어, 1999년 '아라가와(あらかわ) 복지체험 광장'[건설성, 현재 국토교통성 아라가와(荒川) 하천공사 사무소]이 현재 하천을 활용한 휠체어 체험학습용으로 개설되어 일반에 개방되고 있으며, 2002년 필자들은 이것에 적합한 체험학습 프로그램을 효과적으로 활용하고 있다.

일본에서의 장애인 관련 법 및 제도의 움직임을 살펴보면 1994년 「고령자, 장애인 등이 원활히 이용 가능한 특정 건축물의 건축 촉진에 관한 법률」(통칭 '하트 빌딩법') 일부 개정(2002년 공포, 2003년도 시행), 2001년 「고령자, 장애인 등의 공공교통기관을 이용한 이동 원활화 촉진에 관한 법률」(통칭 '교통 배리어 프리법')에 의해 건축・교통 분야의 무장애화를 위한 제도가 정비되었다. 2003년에는 장애인 복지 서비스의 이용에 대하여 기존의 일방적 조치에서 이용자의 선택에 의한 계약으로 개정하는 등 장애인의 자기결정을 위한 조치가 강화되었다.

「장애인 기본계획」(2001년 12월 의회 결정)에서는 재활과 정상화의 이념하에서 장애인의 사회 참여를 위하여 2003년에서 2012년까지 10년 동안 정비하여야 할 장애인 대책의 기본방향이 정해졌으며, 무장애화와 함께 유니버설 디자인의 관점에서 모든 사람들을 대상으로 생활하기 쉬운 마을 만들기, 물건 만들기를 추진할 것이 요구되고 있다.

필자는 동경전기대학(東京電機大学)에서 2001년에 신설된 정보환경학부에 2002년부터 근무하고 있으며 정보환경학이라는 새로운 학문분야에서 장애물 없는 생활환경에 대한 교육・연구를 하고 있다. 즉, 고도 정보화 사회에서 우리를 둘러싼 상황을 정보환경으로 받아들여 어린이, 고령자, 장애인 등 정보를 필요로 하는 사람 및 여성, 가족 등 생활대상자를 조직적, 학문적으로 파악하여, 이들에게 좀 더 사회 참가를 활성화시킬 수 있는 이용자 중심의 무장애 계획으로서 유니버설한 생활환경 디자인에 대하여 현재 연구의 깊이를 더해가고 있다.

이 책은 1992년 초판 발행 이후 관련 분야의 교재로 활용되고 있으며, 매년 개정 때마다 부분적인 데이터의 갱신·수정·보완 등이 이루어지고 있다. 그 동안에 1994년 보완판, 1997년 제2판을 발행하였다. 이번에 위의 내용과 다양한 경향을 포함한 최신의 연구성과와 데이터를 종합하여 전면개정의 제3판을 발행하게 되었다. 각 장의 주요 개정 내용은 다음과 같다.

제1장 '장애물 없는 생활환경 디자인의 기본'에서는 배리어 프리 디자인과 함께 서비스와 보조기기의 활용 등을 포함한 배리어 프리 대책으로서 '배리어 프리 생활환경 디자인'의 의미를 인간공학적 관점에서 파악하기 위한 기본사항을 정리하였다.

제2장 '주택 개조'에서는 생활의 기반인 주거에서의 무장애화, 주택 개조에 관한 내용을 보완하였으며, 새롭게 키노세 타카시(木之瀨隆) 교수가 휠체어에 앉는 자세(seating), 선정, 조작 등을 집필하였다.

제3장 '배리어 프리 주택 계획', 제4장 '배리어 프리 사회복지시설 계획', 제5장 '배리어 프리 병원 계획', 제6장 '배리어 프리 학교 계획'에서는 데이터의 갱신·보완에 의해 내용을 충실히 하였다.

제7장 '유니버설 디자인 교통시설·시스템 계획'에서는 아키야마 테츠오(秋山哲男) 교수에 의해 전면 개정 집필이 이루어졌다.

앞으로도 이 분야의 발전은 급격하리라 예상되며, 보다 좋은 자료로 활용될 수 있도록 노력할 것이다.

독자 여러분들로부터 이 책 내용에 대한 솔직한 의견·비판 등을 받을 수 있기를 바란다.

2004년 2월

공학박사 노무라 미도리(野村みどり)

# 차례

## Chapter 2 주택 개조



## Chapter 3 장애물 없는 주택 계획

## Chapter 5 배리어 프리 병원 계획

## Chapter 6 배리어 프리 학교 계획



## Chapter 7 유니버설 디자인 교통시설・시스템 계획

# 1장

# 장애물 없는 생활환경 디자인의 기본

장애물 없는 생활환경 디자인의 기본으로서 인간공학을 기초로 한 배리어 프리 대책을 살펴본다.

#  인간공학 측면에서 본 배리어 프리 대책

## 1.1 인간공학과 배리어 프리

### 1) 인간공학의 개념

인간공학이란 인간의 특성을 과학적으로 분석한 것에 근거하여 각종 시스템을 최적으로 만들기 위한 응용과학이라고 할 수 있다. 인간에게는 인체치수, 지각 및 동작에 관계된 각각의 특성이 있다. 인체치수란 신장, 체중, 앉은키 등 인체의 물리적 치수이며, 지각이란 감각을 통하여 외부의 정보를 파악하는 것이고, 동작이란 일상생활에 관계된 신체의 움직임을 말한다. 이러한 특성을 과학적으로, 즉 실험과 조사 등의 연구방법을 이용하여 명확히 파악하는 것이 인간공학의 기본이 된다.

그리고 시스템은 "몇 가지의 구성요소(component)로부터 이루어지며, 이들이 상호 작용하여 하나의 목적을 달성하는 것이다."라는 정의에서 알 수 있듯이 많은 것들이 하나의 시스템이라고 생각할 수 있다. 컴퓨터, 텔레비전, 전차는 물리적(hard) 시스템의 예가 되며, 의료제도, 복지 서비스, 교육 커리큘럼, 작업은 운영적(soft) 시스템의 예가 된다. 인간공학의 대상이 되는 시스템에는 인간・기계 시스템 또는 인간・기계・환경 시스템이 있다. 이 경우 인간이 그 주체가 되고, 기계에는 인간이 사용하는 기구 전체가 포함되며, 이를 둘러싼 환경은 물리적, 운영적 부분의 모든 측면에서 이루어지는 폭넓은 것이라고 파악하는 게 중요하다.

인간은 원시시대부터 보다 편리하고 사용하기 쉬운 도구를 경험과 직감에 의지해 만들어 왔다. 과학기술이 발달하여 고도의 기능을 가진 기계가 만들어지게 되었지만, 기계로서 완벽한 기능을 가지고 있더라도 인간이 조작하기 어려운 것이라면 시스템 전체로서는 아무런 의미를 갖지 못하고 말 것이다. 기계와 그것을 둘러싼 환경이 정비되어 있지 않은 경우에도 적응력이 풍부한 인간은 전체가 최적의 시스템이 되도록 스스로 노력한다. 그러나 이로써 인간은 쉽게 피로해지거나 작업의 효율이 떨어지게 되며, 스트레스를 느껴 실수나 사고로 이어지게 된다. 인간을 둘러싼 과학기술이 전문화, 세분화, 고도화됨에 따라 인간의 특성에 유의하여 시스템 전체가 최적이 될 수 있는 과학적인 사고방식의 필요성이 인식되어 가고 있다. 이러한 배경에서 인간공학은 제2차 세계대전 후에 확립되어 오늘날 상당히 광범위한 분야의 기초자료로 응용되고 있다.

인간공학에서는 인간에게 최적의 물리적·운영적 시스템을 만들어 주기 위하여 세분화된 전문지식뿐만 아니라, 사물을 보는 폭넓은 시각, 특히 물리적 환경인 건축과 시설설비까지 포함하여 그 의미를 파악하는 관점이 중요하다. 인간·기계·환경 시스템에서는 배리어 프리(장애물의 제거), 안전성, 가변성(flexibility), 쾌적성, 보건성, 위생성, 신뢰성, 편리성, 효율성, 경제성 등의 관점에서 시스템 전체의 최적화를 추구할 필요가 있다. 특히, 물리적 환경을 정비할 경우에는 다양한 상황의 변화를 받아들일 수 있는 가변성에 유의해야만 한다.

### 2) 장애의 의미와 배리어 프리 계획[2)]

오늘날 의료기술의 눈부신 발전으로 일본은 평균수명에서 세계 제일의 장수 사회, 저출산 고령 사회를 맞이하고 있다. 이전에는 사라져 버렸던 만성질환과 장애를 가진 많은 사람들이 재택생활을 하는 과정에서 또는 주택·지역시설·교통시설 등 생활환경에서 자립생활을 저해하는 각종 장애물이 점점 사회문제로 나타나고 있다. 장애인을 둘러싼 생활환경에는 기계·건축·도시 환경에서의 물리적 장애물, 자격 제한이나 대학 등의 입시제도·취직·임용시험 등에서의 제도적 장애물, 점자와 수화 서비스 등 정보 보장의 결여에 의한 문화·정보 측면의 장애물, 그리고 몰이해나 차별, 편견 등의 의식상의 장애물이 있다.[3)] 이러한 장애물을 명확히 하며 하나씩 제거해 가는 것이 배리어 프리라고 할 수 있다.

1980년 WHO 국제장애분류안에서는 장애를 세 가지의 수준, 즉 인체 수준의 임페어먼트(impairment : 기능장애), 인간 수준의 디써어빌리티(disability : 능력장애), 사회 수준의 핸디 캡(handicap : 사회적 불리)으로 분류하였다. 핸디 캡이란 임페어먼트와 디써어빌리티를 가진 개인이 생활환경과의 상호작용에 의해 발생되는 것이다.

이제까지 배리어 프리 디자인은 물리적 장애물의 제거에 대한 설계라고 여겨졌지만, 앞으로 IT(정보기술)의 발전, 보조기기의 진화, 서비스의 전문화·개인화 등을 포함한 종합적 관점에서의 배리어 프리 계획으로 파악하는 것이 중요하다.

여기서, 기능장애는 시각, 청각, 언어, 피부감각, 체온조절, 지체(하체와 상체), 정신적 기능장애로, 능력장애는 정보수용 제한이나 이동 제한, 정밀동작 제한, 온열환경 적응 제한으로 크게 구분할 수 있으며, 이들과 배리어 프리 계획의 관계를 정리하면 **그림 1.1**과 같다. 배리어 프리 디자인은 다음의 11가지로 크게 구분할 수 있다. '공간 확보', '단차 제거', '마감재'(바닥·벽·천정 등), '환경설비', '경로 탐색', '유도 및 안내', '손잡이', '상세'에

| | | 기 능 장 애 | | | | | | | | 배리어 프리 대책 | | | | | | | | | | |
|---|---|---|---|---|---|---|---|---|---|---|---|---|---|---|---|---|---|---|---|---|
| | | 시각 | 청각 | 언어 | 피부감각 | 체온조절 | 하체 | 상체 | 정신 | 공간확보 | 단차제거 | 마감 | 환경설비 | 경로탐색 | 사인 | 손잡이 | 상세 | IT | 보조기기 | 서비스 |
| 능력장애 | 정보 수용 제한 | ◎ | ◎ | ○ | ○ | – | – | – | ○ | – | – | ■ | ■ | ■ | ■ | ■ | ■ | ■ | ■ | ■ |
| | | | | | | | | | | 소리·빛 환경, 유도 및 안내, 정보 보장 설계 | | | | | | | | | | |
| | 이동 제한 | ○ | – | – | – | – | ◎ | – | – | ■ | ■ | ■ | □ | ■ | ■ | ■ | ■ | ■ | ■ | ■ |
| | | | | | | | | | | 연속적 이동·공간사용 보장 설계 | | | | | | | | | | |
| | 정밀성 제한 | ○ | ○ | – | ○ | – | – | ◎ | ○ | – | – | □ | □ | – | □ | □ | ■ | ■ | ■ | □ |
| | | | | | | | | | | 조작하기 쉬운 상세 설계 | | | | | | | | | | |
| | 온열환경 적응 제한 | – | – | – | ◎ | ◎ | – | – | – | – | – | □ | ■ | – | □ | □ | □ | ■ | □ | □ |
| | | | | | | | | | | 온열환경, 공조, 급탕 등 설비 설계 | | | | | | | | | | |

범례 : 장애를 경감하기 위한 배리어 프리 대책의 필요성

◎ : 대단히 크다 ○ : 크다

배리어 프리 대책의 포인트

■ : 대단히 중요하다 □ : 중요하다

**그림 1.1 장애와 배리어 프리 대책**

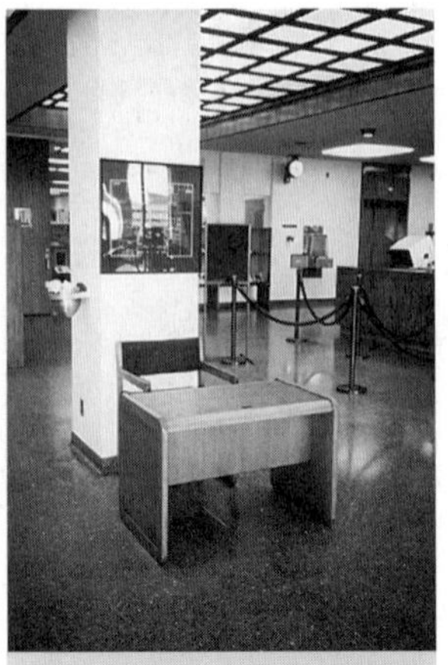

**그림 1.2 대학 도서관 입구의 배리어 프리 대책**

입구의 출입문 쪽 기둥 앞에 장애가 있는 학생이 앉으면 직원이 도와주러 온다. 장애가 있는 학생이 안내 창구에서 기다리지 않고도 도움을 받을 수 있다. 점자블록은 보이지 않는다.(캘리포니아 주)

다 'IT', '보조기기', '서비스'(자립 지원·간병)를 추가하였다. 특히, 시각적 기능장애로 인한 정보접근의 장애를 경감시키기 위한 배리어 프리 대책의 필요성은 대단히 높으며, 경로를 탐색하기 쉬운 평면·단면 계획, 공간 인지와 유도를 배려한 바닥·벽 등의 마감, 소리·빛 환경의 정비, 유도·정보 보장을 위한 IT·안내판·상세 설계, 보행훈련과 길안내 등의 서비스, 그리고 **그림 1.2**의 예와 같은 이용자 참여 문제해결형 배리어 프리 대책 등이 중요하다.

하체의 기능장애에 따른 이동 제한을 줄이기 위한 배리어 프리 대책으로는 여유 있는 공간 확보, 각종 단차의 제거, 평탄한 바닥 마감 등 연속적 이동 및 공간 사용이 보장된 평면·단면 설계, IT·유도 및 안내·상세 설계, 이동 서비스가 주요 디자인 과제가 된다. 특히 보조기기에서는 각종 전동 휠체어 등의 활용 촉진과 기존 건물을 개조하여 부착 가능한 간이 엘리베이터의 개발·인가·설치보조 등이 큰 과제라고 할 수 있다. 상체의 기능장애로 인해 섬세한 동작을 할 수 없는 사람을 위한 배리어 프리 대책으로는 레버(lever)식 수도꼭지와 문의 손잡이, 대형 스위치 등 조작하기 쉬운 IT·상세 설계가 디자인의 과제가 된다. 피부감각과 체온조절의 기능장애에 따른 온열환경 적응 제한을 줄이기 위한 배리어 프리 대책은 적절한 온열환경을 유지하기 위한 공조설비, 자동온도조절장치가 설치된 급탕설비, 단열 등의 상세 설계가 디자인 과제가 된다.

### 3) 국제생활기능분류 ICF[*1]

ICF(International Classification of Functioning, Disability and Health)는 인간의 생활기능장애분류법으로 2001년 5월 세계보건기구(WHO) 총회에서 채택되었다. 이 분류의 특징은 지금까지의 WHO 국제장애분류(ICIDH)가 마이너스 측면으로 분류한 개념 중심이었다면, ICF는 생활기능이라는 플러스 측면에서 볼 수 있도록 관점을 전환하였으며, 환경인자 등이 추가되었다. 일본 후생노동성에서는 ICF의 개념을 보급하고 다방한 분야로 활용할 목적으로 ICF의 일본어역인 「국제생활기능분류 국제장애분류 개정판」을 작성하였으며, 후생노동성 홈페이지에 공표하였다(http://www.mhlw.go.jp/houdou/2002/08/h0805-1.html).

ICF는 인간의 생활기능장애에 대하여 '심신기능 · 신체구조(Body Functions & Structures)', '활동(Activities)', '참가(Participation)'의 세 가지 차원과 배경인자로서 '환경인자(Environmental Factors)'와 '개인인자(Personal Factors)'로 구분하고 있다(**그림 1.3**). 개인인자는 ICF 분류에는 포함되어 있지 않지만, 상관관계를 나타내기 위해서 **그림 1.3**에는 포함되어 있다.

환경인자는 사람들이 생활하며 일생을 보내고 있는 물리적인 환경과 사회적 환경, 사람들의 사회적 태도에 의한 환경으로 구성된다.

환경인자는 이 분류 내에서 다음의 두 가지 다른 수준에 초점을 맞추어 정리하고 있다.

① 개인적 환경인자 : 가정과 직장, 학교 등 개인에게 근접한 환경으로, 사람이 직접 접촉하는 물리적 · 물질적인 환경과 가족, 지인, 친구, 잘 모르는 사람 등의 다른 사람과의 직접적인 접촉을 포함한다.

② 사회적 환경인자 : 커뮤니티와 사회에서 공식 또는 비공식적인 사회구조, 서비스, 제도이며, 개인에게 영향을 주는 것이다. 이것은 근무환경, 지역활동, 정부기관, 커뮤니케이션과 교통 서비스, 비공식적인 사회 네트워크, 그리고 법률, 규정, 공식 · 비공식적인 규칙, 사람들의 태도, 이데올로기 등에 관련된 조직과 서비스를 포함한다.

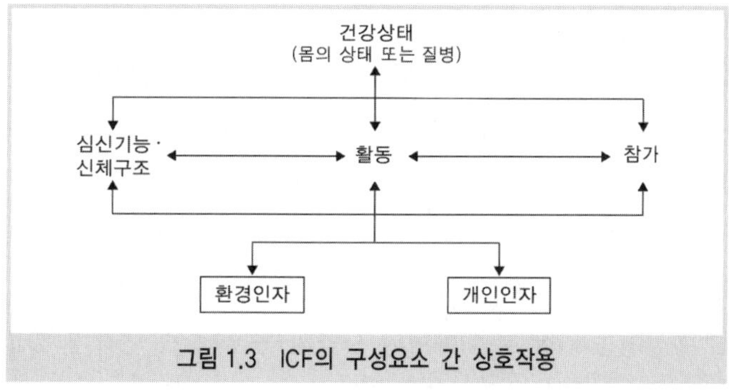


**그림 1.3 ICF의 구성요소 간 상호작용**

*1 일본 후생노동성 홈페이지 http://www.mhlw.go.jp/houdou/2002/08/h0805-1.html 참조.

지금까지의 'ICIDH'가 신체기능의 장애에 따른 생활기능의 장애(사회적 불리) 분류라는 개념 중심이었다면, ICF는 여기에 환경인자라는 관점을 추가하여 배리어 프리 등의 환경을 평가할 수 있도록 구성되어 있다. 이러한 개념에서 보자면 앞으로 장애인은 처음부터 모든 국민의 보건・의료・복지 서비스, 사회 시스템과 기술의 나아갈 방향성을 나타내고 있는 것으로 생각할 수 있다.

ICF를 활용함으로써 장애와 질병을 가진 사람과 그 가족, 보건・의료・복지 등 폭넓은 분야의 종사자가 장애와 질병의 상태에 대한 공통 이해를 가질 수 있는 점, 다양한 장애인에 대응한 서비스를 제공하는 시설과 기관 등에서 이루어지는 서비스의 계획과 평가, 기록 등을 위하여 실제적인 수법을 제공할 수 있는 점, 장애인에 관한 다양한 조사와 통계에 대하여 비교 검토하는 표준적인 틀을 제공할 수 있는 점 등이 기대되고 있으며, 구체적인 활용은 현재 WHO에서 검토가 이루어지고 있다.

## 1.2 인체치수[4, 5]

인체치수는 연령, 성별, 인종, 지역 등에 따라 다르다. 예를 들어, 남녀의 평균 신장을 살펴보면 10세까지는 큰 차이가 없으나, 11~12세에는 여자가, 그 이후에는 남자가 더 커지며, 여자는 16세를 넘으면 그다지 성장하지 않는다. 고령이 되면서 척추의 만곡과 단축이 일어나고, 신장은 줄어든다. 전 세계적으로 보면 남쪽지역 사람은 북쪽지역 사람보다 체형이 작으며, 평균 신장은 서양인이 일본인보다 10㎝ 정도 큰데 앉은키의 평균에서는 미국인과 일본인이 거의 같은 것처럼, 지역과 인종에 따라서 상당히 차이가 보인다. 또한, 서양에서는 팔등신이 아름다움의 기준이라 하지만, 동양인의 경우 칠등신이 평균적 형태라고 할 수 있다.

인체치수는 개인차가 크며, 물리적 환경을 만들 경우 이런 개인차와의 대응이 중요하다. 남녀별 인체치수 통계를 살펴보면, 평균치에 많이 분포하고 있으며 평균치에서 멀어짐에 따라 점차 적어지는 정규분포를 나타내고 있다. 이러한 평균치와 표준편차를 이용함으로써 가장 작은 체형의 사람부터 가장 큰 체형의 사람까지, 목적에 따른 치수를 산출하여 누구든지 사용하기 편리한 물리적 환경을 설계하는 것이 가능하다(**그림 1.4**, **1.5**). 즉, 가장 큰 체형을 가진 사람의 치수는 남자의 평균치에 그 표준편차 σ의 3배를 더하여 산출하며, 가장 작은 체형을 가진 사람의 치수는 여자의 평균치에 그 표준편차 σ의 3배를 빼서 구하는 것이 가능하다. 예를 들어, **그림 1.4**에 있는 것처럼 대부분의 사람이 내부를 볼 수 있는 서랍의 높이는 가장 작은 체형의 사람의 눈높이, 즉 여자의 평균 눈높이로부터 그 표준편차의 3배를 줄여서 구하면 된다. 또한, 인체 각 부분의 치수 중에는 신장에 비례하는 부위가 많으며, 정해진 값에 의해 구하는 것이 가능하다(**그림 1.6**).

| | |
|---|---|
| 표준편차 | 평균에 가까운 사람이 많으며 이것보다 멀리 떨어진 값을 가진 사람은 점차 줄어든다. 이 형태는 오른쪽 그림과 같이 정규분포를 나타내고 있다. 이러한 경우 표준편차는 평균으로부터의 분포 정도를 나타낸다. 일반적으로 표준편차는 S.D 또는 σ로 표시한다. |
| 퍼센트 | 도수분포곡선의 무한소(無限小)에서 도수를 가산했을 경우, 총면적에 대한 비율을 퍼센트라고 한다. |
| 표준편차와 퍼센트 | 분포곡선이 정규분포를 나타내고 있을 경우 표준편차와 퍼센트 사이에는 오른쪽 그림과 같은 관계가 있다. 따라서,<br>$\bar{x} \pm \sigma$의 범위에는 약 68.2%<br>$\bar{x} \pm 2\sigma$의 범위에는 약 95.4%<br>$\bar{x} \pm 3\sigma$의 범위에는 약 99.7%의 경우가 포함된다. |
| 인체치수와 표준편차 | 인체치수의 분포곡선은 인체 각 부분의 길이에 거의 비례하고 있다. 동양인의 경우를 정리하면, 그 수치는 오른쪽 표와 같다.<br>(계산예) 대부분의 사람이 내부를 볼 수 있는 수납공간의 높이는(여성의 평균 눈높이 143.0, 표준편차 5.5)<br>$\bar{x} - 3\sigma = 143.0 - 16.5 = 126.5$ |

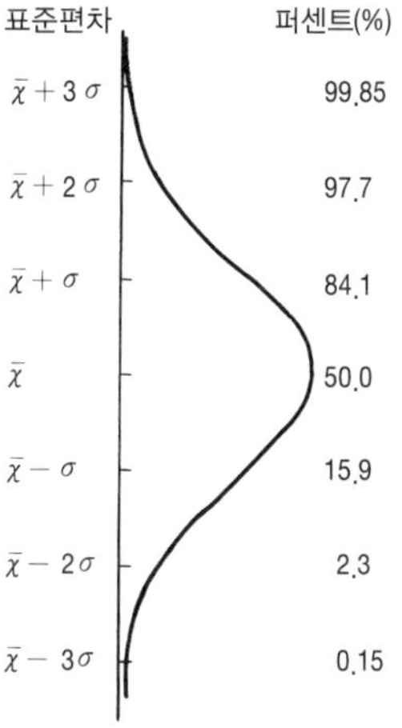

| 표준편차 | 퍼센트(%) |
|---|---|
| $\bar{x} + 3\sigma$ | 99.85 |
| $\bar{x} + 2\sigma$ | 97.7 |
| $\bar{x} + \sigma$ | 84.1 |
| $\bar{x}$ | 50.0 |
| $\bar{x} - \sigma$ | 15.9 |
| $\bar{x} - 2\sigma$ | 2.3 |
| $\bar{x} - 3\sigma$ | 0.15 |

| 평균 계측치 (cm) | 계측치의 표준편차 (cm) |
|---|---|
| 30 | 1.8 |
| 40 | 2.2 |
| 50 | 2.6 |
| 60 | 3.0 |
| 70 | 3.4 |
| 80 | 3.7 |
| 90 | 4.1 |
| 100 | 4.4 |
| 110 | 4.7 |
| 120 | 5.0 |
| 130 | 5.2 |
| 140 | 5.4 |
| 150 | 5.7 |
| 160 | 6.0 |
| 170 | 6.2 |

인체 계측치와 표준편차

**그림 1.4 표준편차**(일본건축학회, 1980)[6]

## 1.3 지각의 특성과 정보 배리어 프리

### 1) 지각의 특성[4, 5]

인간에게는 오감(시각・청각・후각・미각・촉각)이 있으며, 외부로부터의 자극들은 뇌에 전달되어 감각을 발생하고 과거의 경험과 기억, 시식, 정서 등을 종합하여 인지된다고 생각할 수 있다(**그림 1.7**). 일반적인 작업에서는 감각정보 중에서 주로 시각정보, 청각정보, 촉각정보로 진행된다. 시각정보는 정적 작업, 청각정보는 동적 작업에서 보다 효과적이다. 정보의 수용 능력에서 시각은 $10^6$bit/sec, 청각은 $10^4$bit/sec, 촉각은 $10^2$bit/sec로, 시각은 청각의 100배, 촉각의 1만 배의 정보 수용 능력을 가진다.[10] 시각에 장애를 가진 경우 정보량이 많은 시각정보를 청각정보와 촉각정보로 모두 변환시키는 것은 거의 불가능하며, 어떤 정보를 어떻게 보장해야 하는지를 명확히 하는 것과 주위 사람들의 지원이 필수적이라는 것도 유의해야 한다.

시각의 특성은 보편적 척도로서의 시력은 연령에 따라 변화하여 12~14세에 최대가 되며, 나이가 들어감에 따라 저하된다. 시력은 시선의 방향, 즉 망막의 중심에서 가장 크고 주변으로 갈수록 극단적으로 저하된다. 인간의 자연적인 시선방향은 수평보다 약간 아래 방향(선 자세에서 10°, 앉은 자세에서 15°)이므로, 위에서 아래로 내려다보는 것이 가장 편하다(**그림 1.8**). 인간은 안구운동과 두부(頭部)운동(자연적으로 머리부분을 움직일 수 있는 범위는 좌우 45°, 상하 30° 정도), 신체운동을 하면서 수정체와 동공에서 안구 내로 들어온 가시광선의 광학적 조절을 하며, 망막에 상을 맺히게 하여 자신을 둘러싼

| 측정부위 | 연령(세) | 성인 |
|---|---|---|
| 1. 신장 | 남 | 1,651 |
| | σ | 52 |
| | 녀 | 1,542 |
| | σ | 50 |
| 2. 눈높이 | 남 | 1,542 |
| | 녀 | 1,431 |
| 3. 어깨높이 | 남 | 1,309 |
| | 녀 | 1,219 |
| 4. 팔관절의 높이 | 남 | 1,034 |
| | 녀 | 952 |
| 5. 손의 높이 | 남 | 615 |
| | 녀 | 570 |
| 6. 팔길이 | 남 | 694 |
| | 녀 | 649 |
| 7. 양팔 간격 | 남 | 1,653 |
| | 녀 | 1,541 |
| 8. 팔의 도달길이(앞쪽) | 남 | 795 |
| | 녀 | 740 |
| 9. 어깨 폭 | 남 | 400 |
| | 녀 | 370 |
| 10. 상체 폭 | 남 | 259 |
| | 녀 | 262 |
| 11. 엉덩이 높이 | 남 | 414 |
| | 녀 | 375 |
| 12. 앉은키 높이 | 남 | 911 |
| | σ | 31 |
| | 녀 | 856 |
| | σ | 25 |
| 13. 앉은 면에서 허리 높이 | 남 | 260 |
| | 녀 | 257 |
| 14. 무릎높이 | 남 | 480 |
| | 녀 | 440 |
| 15. 무릎 폭 | 남 | 337 |
| | 녀 | 330 |
| 16. 허리에서 발뒤꿈치까지 길이 | 남 | 451 |
| | 녀 | 442 |
| 17. 허리에서 무릎까지의 길이 | 남 | 557 |
| | 녀 | 534 |
| 18. 앉았을 때의 다리 길이 | 남 | 940 |
| | 녀 | 885 |
| 체 중(kg) | 남 | 58.8 |
| | σ | 6.8 |
| | 녀 | 48.7 |
| | σ | 5.0 |

σ : 표준편차(단위 : mm)

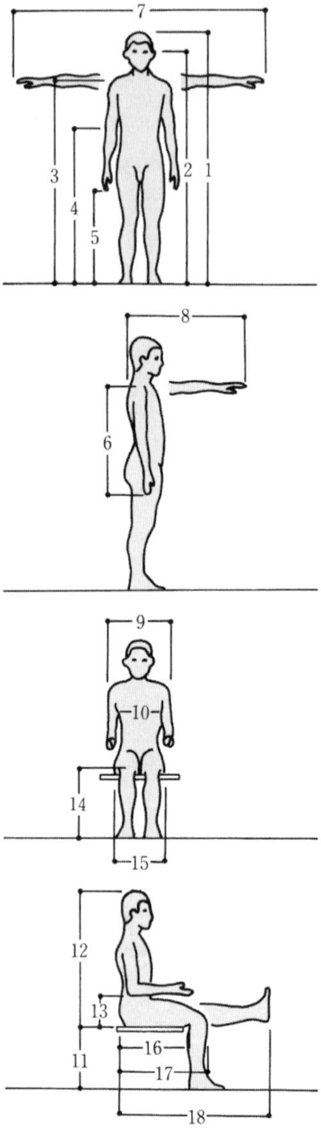

**그림 1.5 성인의 인체치수**(오하라 저, 1985)[7]
1965년 동경의 사무원(남자 386명, 여자 438명)의 계측치

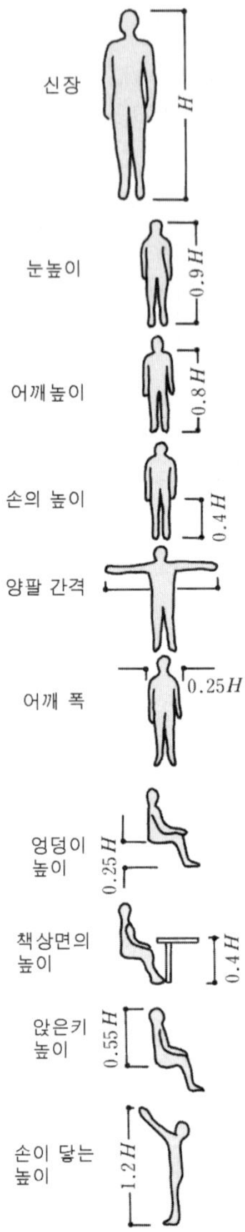

**그림 1.6 인체치수의 간략치**
(오하라 외, 1986)[8]

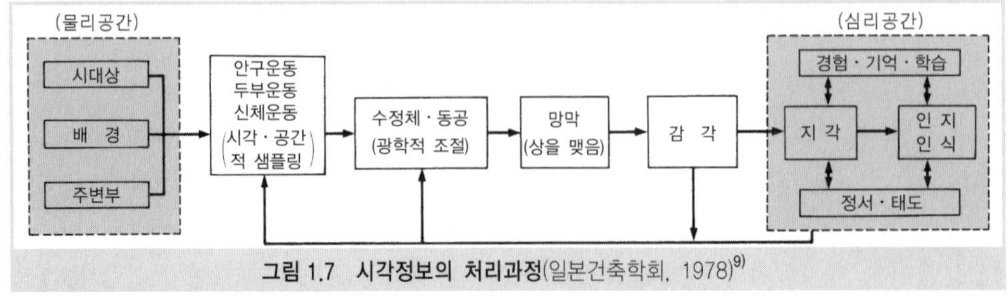


**그림 1.7 시각정보의 처리과정**(일본건축학회, 1978)[9]

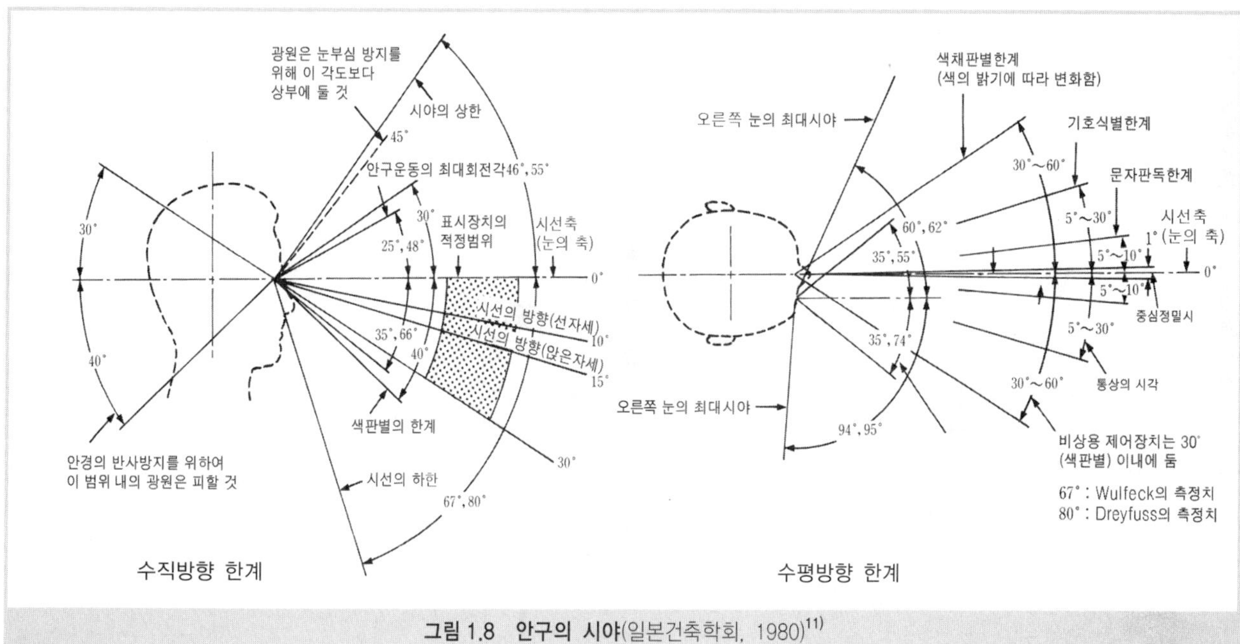


**그림 1.8 안구의 시야**(일본건축학회, 1980)[11]

대상을 선명하게 볼 수 있다(**그림 1.7**). 유도 및 안내 표시와 안내판, 자막장치, 텔레비전, 각종 계기장치 등을 포함한 시각정보는 인간의 시력, 시야(머리부분과 안구를 고정하였을 때 보이는 범위, **그림 1.9**), 인체치수의 눈높이, 명암순응(망막이 밝은 곳 또는 어두운 곳에서 적응하는 것) 등의 특성을 기초로 소명과 채광, 색채 대비, 크기, 시간과 움직임을 고려한 보기 쉬운 환경으로 정비하는 것이 필수적이다(**그림 1.9~1.11**).

청각은 소리진동에 대한 감각으로 수용기는 내이(內耳)이며, 내이는 평형감각을 수용하는 역할도 한다. 인간은 가청범위 내의 소리라면 방향과 각도에 상관없이 음원을 상당히 정확하게 알 수 있지만, 특히 이야기 등의 비교적 높은 소리는 앞 방향의 소리를 쉽게 들을 수 있다(**그림 1.12**). 또한, 여러 소리가 동시에 들리거나 많은 소리 중에서 자신이 듣고 싶은 소리를 구별해서 듣는 것도 가능하다. 그러나 어떤 사람에게는 쾌적한 소리가 다른 사람에게는 소음이 되는 등 인간의 소리에 대한 감각은 동일하지 않다. 청각정보로서 유효한 대화와 방송 안내, 차임(chime) 등 비교적 높은 소리는 공장과 지하철 등 저음의 소음 속에서는 가려져 안 들리는 경우가 있으므로, 필요한 청각정보가 유효하게 전달되기 위해서는 차음, 흡음 등의 배려도 필요하다.

### 2) 청각장애인을 위한 정보 배리어 프리 대책

청각장애인에 대하여 보청기를 착용하여 소리를 판별할 수 있는 난청자와 그것이 불가능한 장애인으로 구분한다면, **그림 1.13**에 나타낸 것과 같이 각각의 정보 배리어 프리 대책을

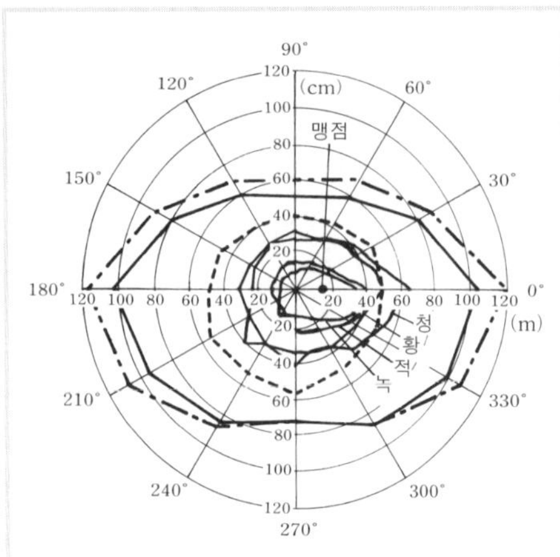


—— 정(靜)시야 : 한 점을 고정하여 봤을 때 볼 수 있는 범위

-·- 동(動)시야 : 안구운동이 자유로운 상태이며, 가장 넓게 볼 수 있는 범위

---- 주(注)시야 : 안구를 운동시켜 시선이 향할 수 있는 범위

**그림 1.9 시야**(일본건축학회, 1980)[11]

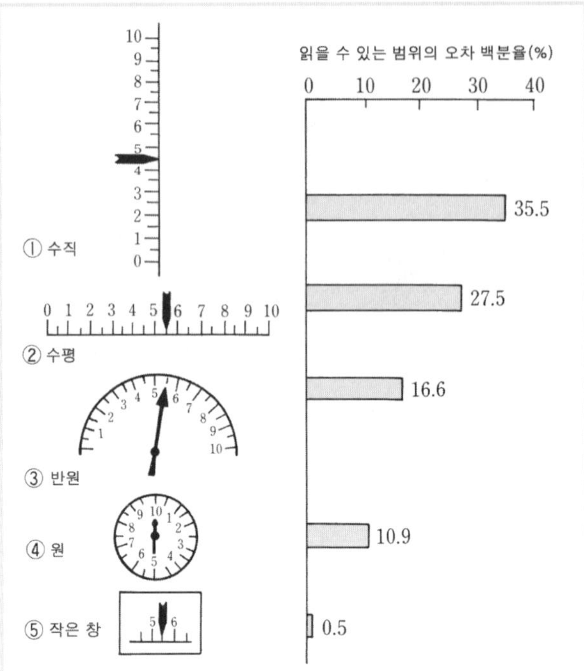


시각 표시기 연구의 선구자인 슬라이트(R.B. Sleight)는 ①~⑤의 다섯 종류의 계기에 대하여 60명의 피험자에게 각 0.12초간 보여주고 읽게 하는 실험을 하여, 잘못 읽을 확률의 발생을 조사하였다. 작은 창 형태(읽을 수 있는 범위가 한정되며, 시선의 움직임이 적어 잘못 읽을 확률이 적음)를 제외하면 원형계기가 가장 성적이 좋다.

**그림 1.11 다이얼의 형태와 잘못 읽을 확률**[12]

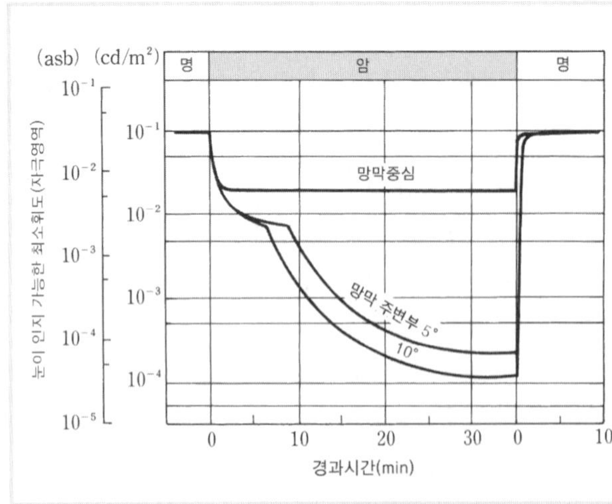


순응

환경의 밝기에 따라 망막의 빛에 대한 감도(휘도의 자극영역 값의 역수)가 변화하는 현상을 순응이라고 하며, 어두운 곳에서 조금씩 빛에 대한 감도가 높아지는 경우를 암순응, 밝은 곳에서 빛에 대한 감도가 낮아지는 경우를 명순응이라고 한다. 명순응은 약 10분이면 완료하지만, 암순응에는 약 30분 정도가 필요하며 이러한 상태는 망막의 부위에 따라 다르다. 순응의 정도에 따라 망막의 빛에 대한 감도가 차이가 나는 결과, 순응은 빛의 지각에 대한 모든 것에 영향을 주며, 시각의 기초로서 중요하다.

**그림 1.10 명암순응 경과(모형도)**(일본건축학회, 1978)[9]

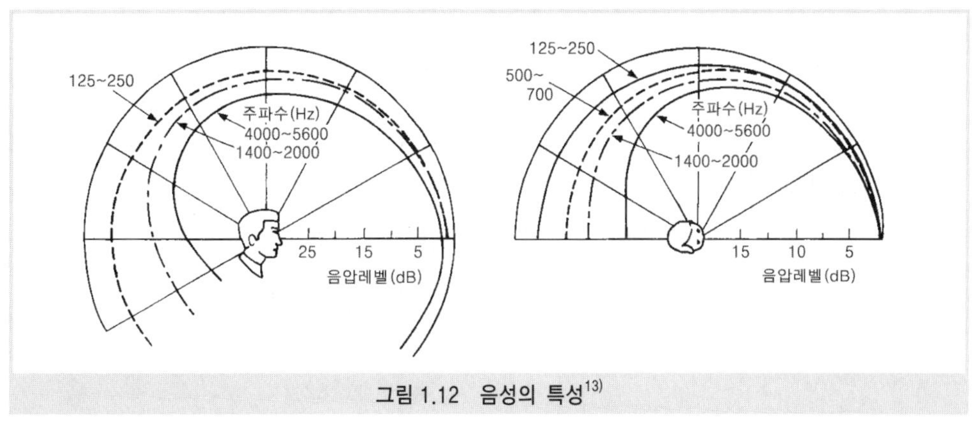


그림 1.12 음성의 특성[13]

세우는 것은 쉽다. 즉, 난청자에게는 청각정보를 쉽게 얻도록 하기 위한 대책으로 보청기 활용을 보조하는 보청기 설비, 소음을 적게 하여 필요한 청각정보를 수용하기 쉽도록 한 차음·흡음 대책, 전화 목소리를 확대할 수 있는 실버 폰 등이 있다. 아무것도 들을 수 없는 청각장애인에게는 청각정보를 시각정보로 변환하는 것이 필요하며, 눈부시지 않은 조명, 채광, 빛이 없을 때 표정을 보고 커뮤니케이션을 할 수 있도록 한 스포트라이트의 활용, 대화는 수화와 문자 정보로 변환하며, 좌석 배치는 서로의 표정과 손의 움직임을 보기 쉬운 곳, 예를 들면 말굽형, ㄷ자형, ㅁ자형 등으로 하여 둘러싼 형태의 책상·테이블을 배치하고, 신체의 방향을 바꾸어 시각정보를 얻기 쉬운 회전의자의 활용, 문의 내·외부 상황을 인지하여 커뮤니케이션하기 쉽도록 투명부분을 설치한 문, 전화 대신의 팩스 또는 타이프식 전화(TDD, **그림 1.14**) 등, 그리고 차임과 비상벨, 도어폰 등의 청각정보를 시각정보인 플래시램프의 점멸과 진동정보인 진동알람으로 변환시키는 것과, 숙면 중에는 베개 밑에 진동식 자명종을 설치하며, 이동 중에는 휴대용 진동신호기를 가지고 다니는 등의 대책도 유효하다고 할 수 있다.

### 3) 시각장애인을 위한 정보 배리어 프리 대책

시각장애인을 약시와 전맹(全盲)으로 나누어 보면, **그림 1.13**에 나타낸 것과 같은 대책을 세우면 유효하다. 즉, 약시인 장애인에게는 정보량이 많은 시각정보를 최대한 알아보기 쉽도록 하는 환경을 만들기 위하여 눈부시지 않은 밝은 조명, 충분한 채광, 각 부분의 색채대비의 명확화, 촉각정보도 겸하며 눈높이를 배려한 알기 쉬운 유도 및 안내 계획 등의 환경정비가 중요하며, 개별 요구에 대응한 확대 문자정보, 바른 자세로 문자정보를 얻기 위하여 책상면의 경사 조정이 가능한 책상 등의 보조기기를 적극적으로 활용한다(**그림 1.15, 1.16**).

전맹인 장애인에게는 시각정보를 청각정보와 촉각정보로 바꾸어 줄 필요가 있다. **그림**

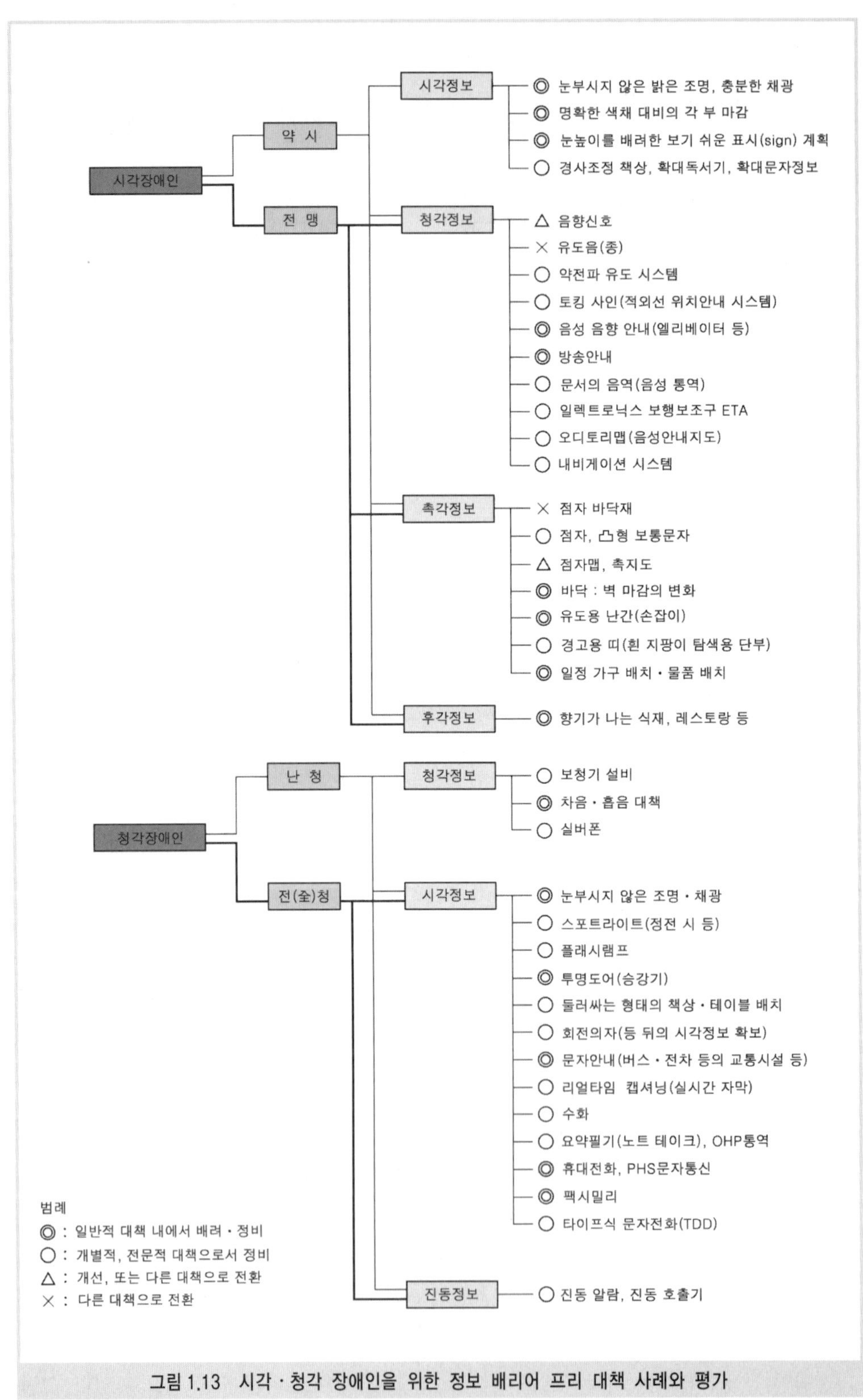


그림 1.13 시각 · 청각 장애인을 위한 정보 배리어 프리 대책 사례와 평가

**그림 1.14 타이프식 전화(TDD)**
전화벨이 울리면 플래시램프가 점멸하며 전화기와 타이프가 일체로 이루어져, 화면을 보면서 타이프를 치면서 대화한다.

**그림 1.15 청색바탕에 흰색 화장실 표시**
원형은 여성용을 나타내며, 요철이 있으므로 시각장애인은 촉감으로 알 수 있다. 남자 화장실은 정삼각형으로 동일하게 표시되어 있다.(샌프란시스코)

**그림 1.16 스톡홀름의 통합학급 교실**
약시인 학생의 책상(보조교사가 앉아 있다) 옆에 경사조절 책상이 있으며 약시인 학생이 담임교사의 개별지도를 받고 있다.

**그림 1.17 스웨덴의 음향신호기**
스웨덴에서는 모든 보행자용 횡단보도 신호기를 음성신호기로 교체하는 정비가 진행되고 있다. 노면에서 80cm 정도의 높이에 설치된 상자에서 기계적인 소리가 파란신호일 때에는 연속음으로, 빨간신호일 때는 1초 간격의 단절음으로 들리게 된다. 이 소리는 위쪽으로 퍼지기 때문에 보행자의 귀로 직접 전달되기 쉽고, 각종 소음보다 10dB 정도 크게 자동제어되며, 음질도 주변에 소음공해를 주지 않는다. 이와 비교하여 바닥면에서 3~4m 높이에 설치된 일본의 음향신호기는 각종 동물소리와 멜로디음이어서 소리가 주변으로 잘 퍼져 소음공해가 되기 쉽기 때문에 보급이 어렵다는 문제를 안고 있다.

1.13에 나타낸 것처럼 청각정보로, 예를 들면 음향신호, 현관 출입문과 역의 개찰구 등의 위치를 표시하는 유도음(誘導音)은 이미 일본에 정착되었지만, 주변 사람들에게 소음공해를 불러일으킨다는 이유로 개선과 다른 유도 시스템으로의 전환이 요구되고 있다. 이와 관련하여 스웨덴의 음향신호기는 일반 교통신호기의 기둥에 높이 80cm 정도로 설치된 박스형태인데 기계적 음을 내어 주변의 소음보다 10dB 정도 높은 음으로 자동제어되고 있다. 보다 유효한 형태로 참고할 만하다(**그림**

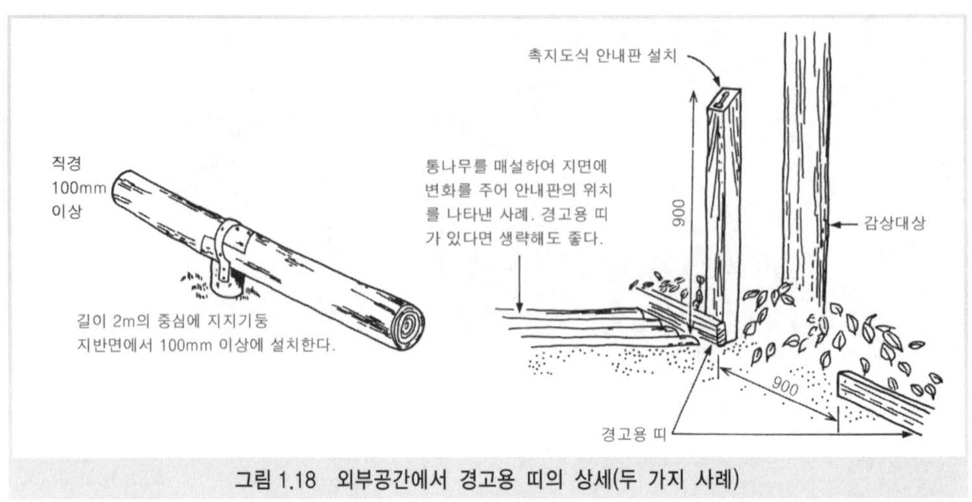

그림 1.18 외부공간에서 경고용 띠의 상세(두 가지 사례)

그림 1.19
경고용 띠는 휠체어의 바퀴가 빠지는 것을 방지한다.

그림 1.20
경고용 띠에 부착된 휠체어로 접근 가능한 경로 표시

1.17). 엘리베이터 안의 음성·음향 안내, 방송 안내 등의 일반적 환경설비에 덧붙여 개별 요구에 대응한 문서의 음성통역으로서의 대면낭독과 녹음도서 등도 있다.

촉각정보로는 일본에서 고안되어 상당히 많이 보급된 점형의 주의환기용과 선형의 유도용 두 가지 종류로 이루어진 시각장애인 유도용 블록(통칭 '점자블록')이 있다. 이는 보행 시 발바닥의 촉각으로 정보를 획득할 수 있으며 약시자도 보기 쉽게 대부분 노란색으로 만들어져 시각정보도 겸하고 있다. 그런데 이 점자블록은 휠체어 사용자나 목발 사용자, 보행이 어려운 사람, 고령자, 하이힐을 신은 여성 등에게는 또 다른 장애물이 되고 있다는 문제도 지적되고 있다. 점자블록은 안전한 이동공간의 확보와 공간위치에 대한 방향성 제시의 의미를 가지고 있지만, 다른 의미에서 장애물이 되는 돌기를 반드시 만들 필요는 없으며, 흰 지팡이로 탐색할 수 있는 경고용 띠(**그림 1.18**) 등 다른 유도수단으로 전환해 가는 것이 바람직하다. 또한, 경고용 띠는 휠체어의 바퀴가 빠지는 것을 방지하거나 유도

**그림 1.21 스톡홀름의 대학교 홀**
바닥 라인이 사람들의 정적·동적 공간을 연출하고 있다.

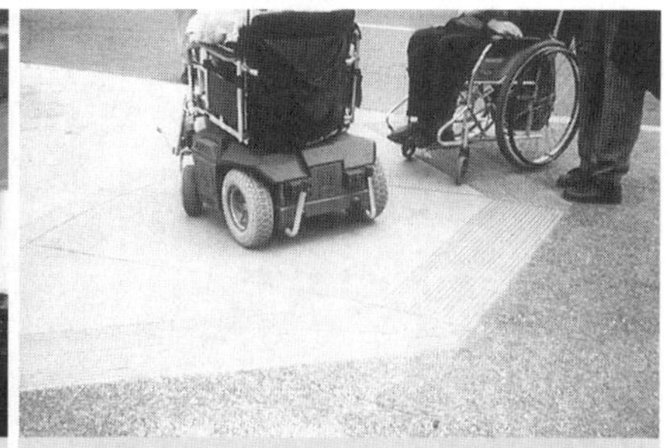

**그림 1.22 보차공간의 연석 턱낮추기**
시각장애인을 배려하여 재질을 달리하고 있으며, 경계부분에는 흰 지팡이로 인식하기 쉽도록 선형의 요철이 부착되어 있다. 경사로의 방향으로 횡단보도의 방향을 나타낸다.(샌프란시스코)

**그림 1.23 휠체어와 유모차 등을 위한 연석의 턱낮추기**
시의 중심부는 보행자 우선이며, 횡단보도는 없지만 유효폭 90cm의 경사로 부분은 휠체어 등의 횡단을 위하여 설치되어 있다. 시각장애인을 배려한 명확한 연석을 확보하고 있다.(스웨덴)

**그림 1.24 시각장애인을 위한 P형 손잡이**
횡단보도의 오른쪽부분에 설치된 P형 손잡이. 횡단하는 방향을 시각장애인이 인지하기 쉽도록 하기 위한 대책.(스웨덴)

및 안내 표시용으로도 유효하다(**그림 1.19, 1.20**). 점자를 이해할 수 없는 전맹의 장애인도 많기 때문에 확대(凸)형 보통 문자에 의한 안내는, 예를 들어 자동판매기, 엘리베이터의 조작버튼, 실의 안내판 등에 부착하는 것이 바람직하다.

촉지도는 지도와 대지 전체의 건물 배치, 건물의 평면도를 이해하기 위한 것이지만, 도면에 그대로 요철(凹凸)을 붙인다면 너무 복잡해져서 촉각으로 파악하는 것이 불가능하므로 단순화할 필요가 있으며, 음성안내를 도입하거나 설명을 받을 수 있도록 접수 카운터의 한쪽에 설치할 필요가 있다. 바닥·벽의 마감과 색채 디자인(**그림 1.21**), 유도용 손잡이, 경고용 띠 등의 조합(**그림 1.18～1.28**), 색채대비가 명확한 가구·물품의 일정 배치로

그림 1.25
역에서 오른쪽의 시각장애인 센터까지 손잡이로 시각장애인을 유도하고 있는 안전한 보도.(스톡홀름)

그림 1.26
그림 1.25의 금속성 손잡이가 건물 앞에서는 목제 손잡이로 바뀌며, 그림 1.27의 입구로 유도.

그림 1.27
바닥마감재의 재질 변화로 입구에 있는 자동문의 위치를 나타내며, 방풍실의 손잡이가 홀의 안내창구까지 바로 유도하고 있다.

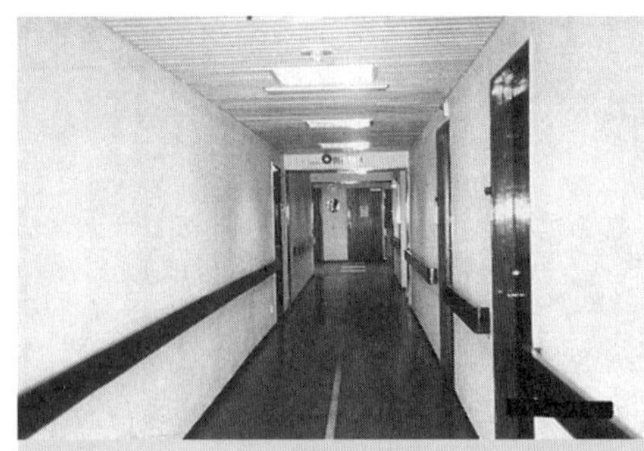

그림 1.28
벽에는 색채의 대비가 명확한 손잡이와 문이 설치되어 약시자도 알기 쉬운 통행공간이 되고 있다.

환경 인지가 쉽도록 한다.

시각장애인은 약시, 전맹뿐만이 아니라 선천성 시각장애, 중도 실명, 중복 장애 등으로 분류되며, 점자와 지도의 이해력, 랜드마크와 도로, 지명의 이해·표현 방법 등 보행환경 인지와 정비에 관한 대책은 다양해진다. 이 때문에 보행훈련, 재활을 기초로 한 배리어프리 대책 정비가 중요하다고 할 수 있다.

일본의 시각장애인 재활에서는 생활의 적응보다 직업자립이 선행한다. 보행훈련이 시작된 것은 1970년대부터이며, 현재까지 약 500명의 보행훈련사가 양성되었지만 양적·질적으로 부족한 상태이다. 예를 들어, 어느 시각장애학교 중학교 3학년의 전맹인 학생에게 편도 3시간에 갈아타기 5회인 기숙사에서 자택까지 단독 귀가하는 보행훈련을 하자면, 보행훈련사와 일대일로 수개월 동안 조금씩 거리를 늘려가면서 실시하는 등 보행훈련에는 충분한 개별 대응이 필요하다. 최근에는 선천성 시각장애는 적으며 중도 실명자가 대부분이어서 자택 주위에서의 보행훈련 지원에 관한 필요성이 한층 높아지고 있다. 보행훈련을 어렵게 하고 있는 요인으로는 안과의사와 복지사무소 등 의료와 복지 창구에서 보행훈련에 관한 적절한 정보 제공이 이루어지고 있지 않다는 점, 교과・직업교육이 중심인 시각장애 학교에서 보행훈련에 충분한 시간을 확보할 수 없다는 점, 보행훈련사는 국가자격이 아니며 인원수도 적고 겸임이 많아 충분한 대응체제가 되지 못한다는 점, 병원의 의료보험으로 보행훈련을 할 수 없다는 점, 가정방문형 보행훈련은 국립기관에서는 실시할 수 없다는 점, 시각장애인에게는 현재의 자동차 우선의 보행환경이 너무 위험해 단독보행을 애초부터 포기해 버리기 때문에 별다른 요구사항이 나오지 않는 점 등이 있다.

이러한 문제에 대하여 앞으로는 재택 케어 서비스로서의 가정방문형 보행훈련의 실시, 흰 지팡이로 보행하기 쉬우며 안전하고 알기 쉬운 일반적 보행환경 정비, IT를 활용한 네비게이션 시스템, 네비게이션 로봇의 개발・활용 등이 과제가 된다. 그리고 복잡한 시각정보의 활용과 위험 회피 행동이 요구되는 역 등의 환승거점 같은 특별한 공간을 이용하는 사례 및 단독보행이 어려운 사례에서는 안내 도우미와 전문 자원봉사자 등의 도움에 의한 유도보행 지원 시스템의 정비가 요구된다. 또한, 주차장・자전거 보관소・쓰레기장 등의 적절한 정비와 함께 불법 주차와 자전거 및 쓰레기 방치, 자전거 통행, 보행 등에서 집단이동 시의 충돌과 위험 회피에 대한 충분한 배려 등 이용 매너에 관하여 비장애인들의 계몽도 요구된다. 또한 공공시설의 건축 계획에서는, 예를 들어 혼잡한 출입구를 일방통행으로 하여 입구를 들어서면 바로 접수 카운터로 이어지며, 각 층 엘리베이터 홀에 안내 카운터를 설치하는 등 경로를 탐색하기 쉬운 평면 계획이 중요하다.

이상과 같이, 시각장애인을 위한 보행환경 정비에 관해서는 점자블록, 유도음, 음향신호 등 획일화되고 임시방편적인 대책을 개선하여 보행훈련의 충실, IT의 활용, 안전하고 알기 쉬운 보행환경 정비 등 종합적인 배리어 프리 대책을 추진해야 할 것이다.

## 1.4 동작 특성과 설비・가구

인간의 자세는 선 자세, 의자에 앉은 자세, 바닥에 앉은 자세, 누운 자세로 크게 나눌 수 있다(**그림 1.29**). 전신에서 주요 21개의 근육을 골라, 긴장 직립 시를 100으로 했을 때의 각 자세의 근육의 활동도를 보면(**그림 1.30**), 다리를 벌린 이완 직립에서 31로 나타난 것과 같이 똑같이 선 자세 또는 바닥에 앉은 자세라도 긴장 시는 이완 시의 3배 전후로 크며, 또한 얼굴을 위로 하고 누웠을 때에는 대단히 작다.

바닥면에 접해 있는 신체부분의 면적을 지지바닥면적이라고 하는데, 이는 자세에 따라 변화하며 선 자세의 경우는 **그림 1.31**과 같고, 얼굴을 위로 하고 누웠을 때의 자세에서 최대가 된다. 지지바닥면적이 넓고, 그 중심에 신체 중심으로부터 수직선이 연결되었을 때 가장 안정된 자세가 된다. **그림 1.32**에는 좋은 자세와 허리통증을 발생시킬 수 있는

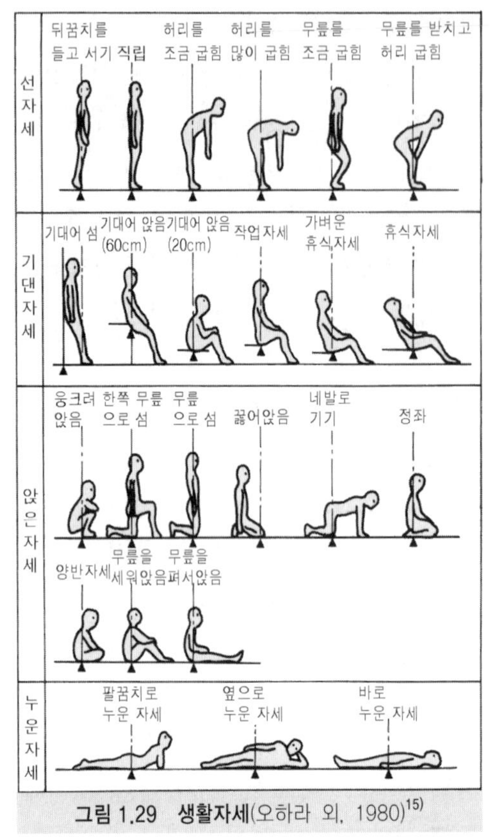


그림 1.29 생활자세(오하라 외, 1980)[15]

나쁜 자세를 표시하였다.[18] 상체를 앞으로 구부린 자세는 중심에서의 수직선이 지지바닥면적에서 벗어나 균형을 취하려면 많은 근력이 사용되기 때문에 신체적 부담은 크고 나쁜 자세가 된다. 좋은 자세에서는 물건을 들어 올리거나 운반할 때에도 중심에서의 수직선이 지지바닥면적 내에 있어, 무릎을 조금 구부리는 것만으로도 충분히 중심이 낮아져 안정성이 늘어나며, 무릎이 쿠션 역할을 하므로 충격에 따라 발생할 수 있는 무릎통증을 방지하는 효과가 있다.

작업용 의자의 높이는 허벅지 높이의 치수로 도출되며 여유공간을 둔다는 의미에서 허벅지 높이에서 10mm를 뺀 치수가 된다(**그림 1.33**). 신발을 신고 의자에 앉을 경우에는 의자의 높이에 힐의 높이를 더할 필요가 있다. 의자의 체크포인트를 보면(**그림 1.34, 1.38**), 좋은 자세를 유지하기 위해서는 의자의 앉은 면을 고정시키며, 좌골결절점에서 체중을 지지시킬 수 있어야 하고, 의자 등받이의 경우는 의자 등받이 지점에서 요추를 단단히 지지할

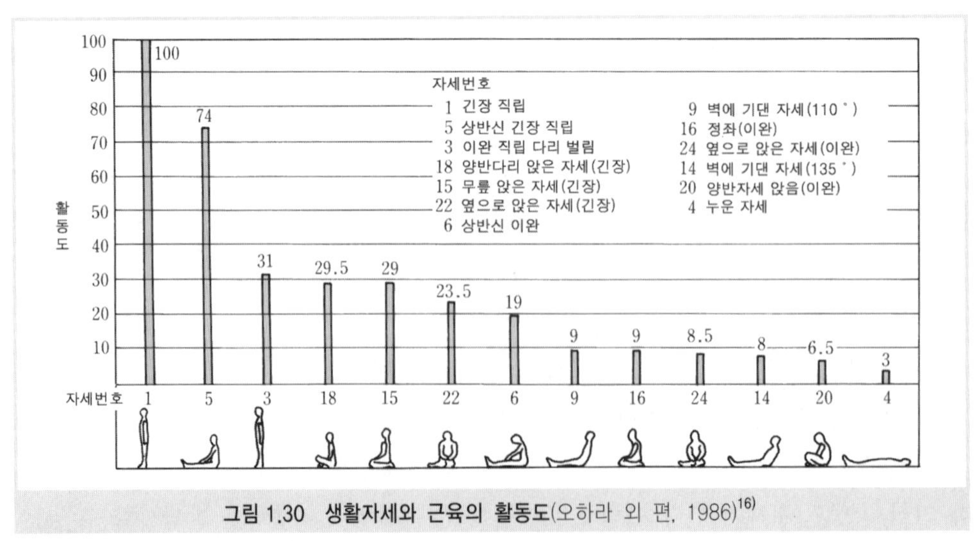


그림 1.30 생활자세와 근육의 활동도(오하라 외 편, 1986)[16]

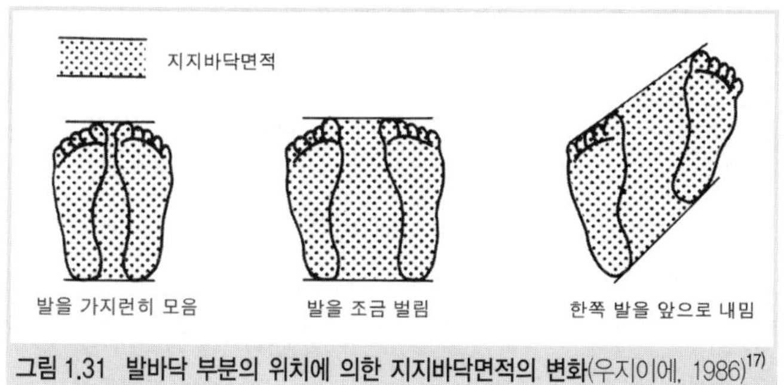


**그림 1.31 발바닥 부분의 위치에 의한 지지바닥면적의 변화**(우지이에, 1986)[17]

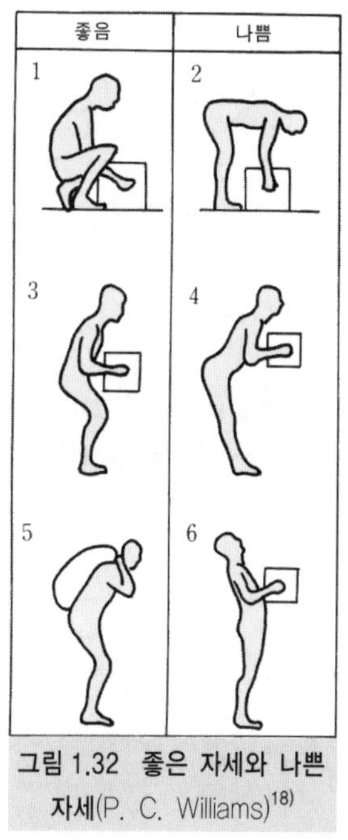


**그림 1.32 좋은 자세와 나쁜 자세**(P. C. Williams)[18]

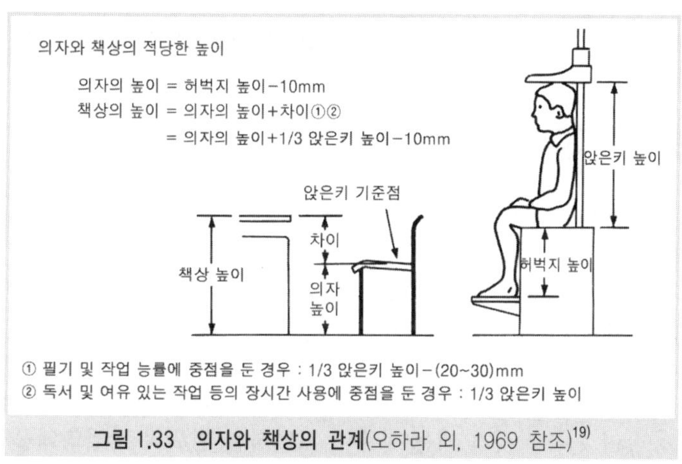


**그림 1.33 의자와 책상의 관계**(오하라 외, 1969 참조)[19]

수 있는 것이 중요하다. 가장 좋은 높이의 의자가 없다면 높은 의자보다는 낮은 의자가 좋다.

책상의 높이는 의자의 앉은 면 높이와 책상 사이의 공간을 더하여 구한다. 의자의 앉은 면과 책상 사이의 공간은 실험에 의하면 1/3 앉은 면 높이 － 10mm(**그림 1.33**), 또는 1/6 신장이라는 치수가 도출되어 있다.

누운 자세에서 좋은 자세를 유지할 수 있으려면 침구가 중요하다(**그림 1.35, 1.36**). 너무 부드러운 침구 위에서 자게 되면 신체의 무거운 부분이 처지기 때문에 바르게 누운 자세가 흐트러지며, 침구가 피부에 밀착되어 몸을 뒤척이는 것이 불편하고 또한 땀의 발산을 방해하여 몹시 덥게 느껴져 편안하게 잘 수 없다. 이 때문에 침구는 너무 부드러운 것보다 자세를 유지할 수 있을 정도의 딱딱한 것이 바람직하다(**그림 1.37**).

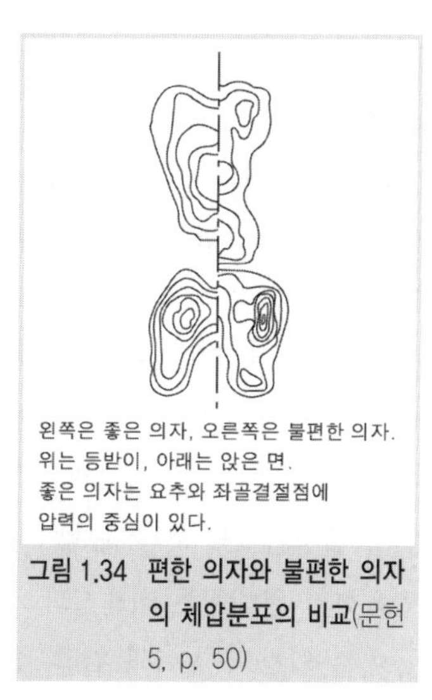


**그림 1.34 편한 의자와 불편한 의자의 체압분포의 비교**(문헌 5, p. 50)

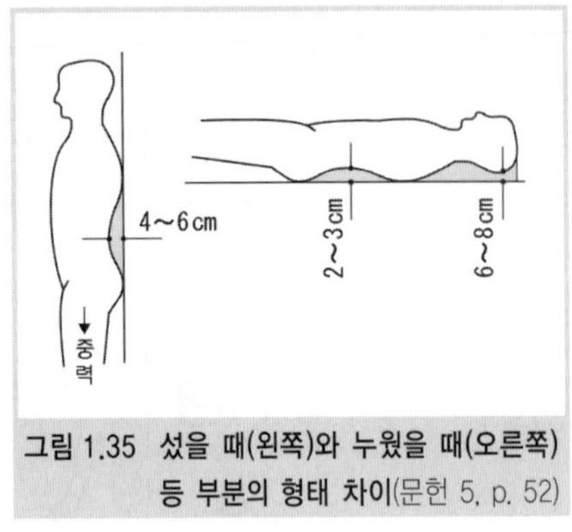


그림 1.35 섰을 때(왼쪽)와 누웠을 때(오른쪽) 등 부분의 형태 차이(문헌 5, p. 52)

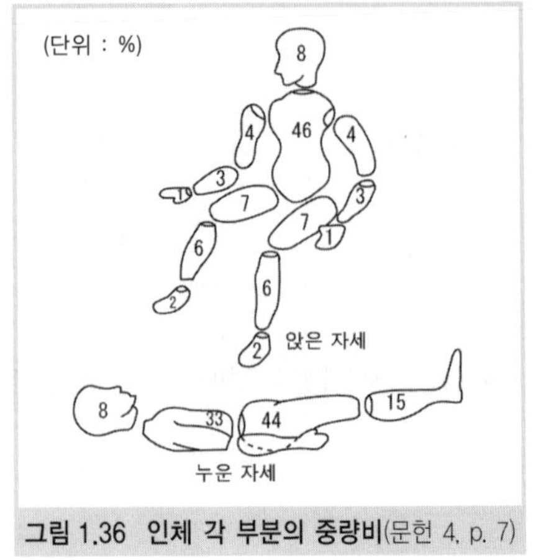


그림 1.36 인체 각 부분의 중량비(문헌 4, p. 7)

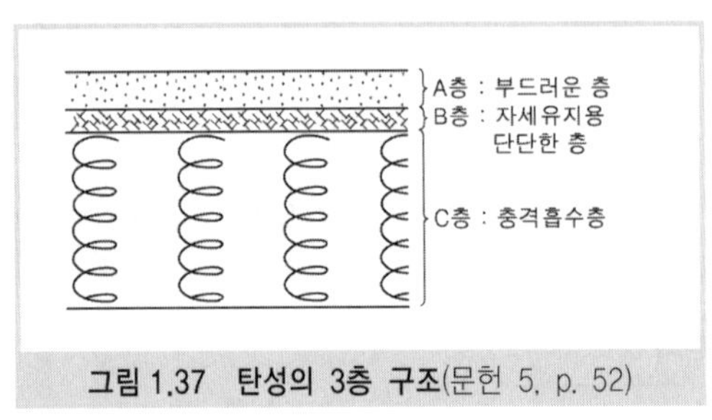


그림 1.37 탄성의 3층 구조(문헌 5, p. 52)

대부분의 작업은 손을 이용하여 이루어지기 때문에 손이 도달하는 범위의 작업영역을 배려하여, 자주 사용하는 물건일수록 금방 손이 닿을 수 있는 범위에 배치하는 것이 중요하다. 성인 남자의 선 자세에서의 작업점을 근전도(筋電圖)로 조사해 본 결과(**그림 1.39**), 가장 좋은 작업점은 바닥으로부터 높이 90cm, 성인 여자의 경우는 85cm로, 간략화한 수치로 나타내면 신장의 0.55배의 높이가 된다.[22] 좋은 작업점을 얻기 위해서는 작업대에 신체를 근접시키는 것이 가능하도록 발끝이 들어갈 수 있는 공간을 만드는 것이 필요하다(**그림 1.40**).

자주 사용되는 설비·가구에 관한 유의점을 정리해 보면(**그림 1.40**), ① 조리대의 높이(JIS, 즉 일본공업규격에서는 80cm와 85cm의 두 종류)는 1/2 신장 − 2.5cm로 산출되며, 도마 위의 부엌칼을 쥔 손이 작업점이 될 것과, 매달린 선반은 팔의 작업영역에 유의하여 설정한다. ② 세면대의 높이는 양손으로 물을 받았을 때 물이 소매 사이로 흘러들어가지 않도록 낮게 하는 경우가 많지만, 높이를 조정할 수 있는 것으로 하여 개인차에 대응할 수 있다면 좋다. ③ 카운터는 의자에 앉은 사람과 선 자세의 사람의 시선 높이를 가능한 한 근접시키도록 하는 배려가 필요하다. ④ **그림 1.41**에 나타낸 것과 같이 안정된 자세에서 입욕하기 위해서는 재래식과 서양식을 절충시킨 형태의 욕조가 적합하다. ⑤ 양식 변기의 높이는 의자의 높이와 같은 것으로 도출되었으며, 변기 주위에는 일련의 동작을 수용할

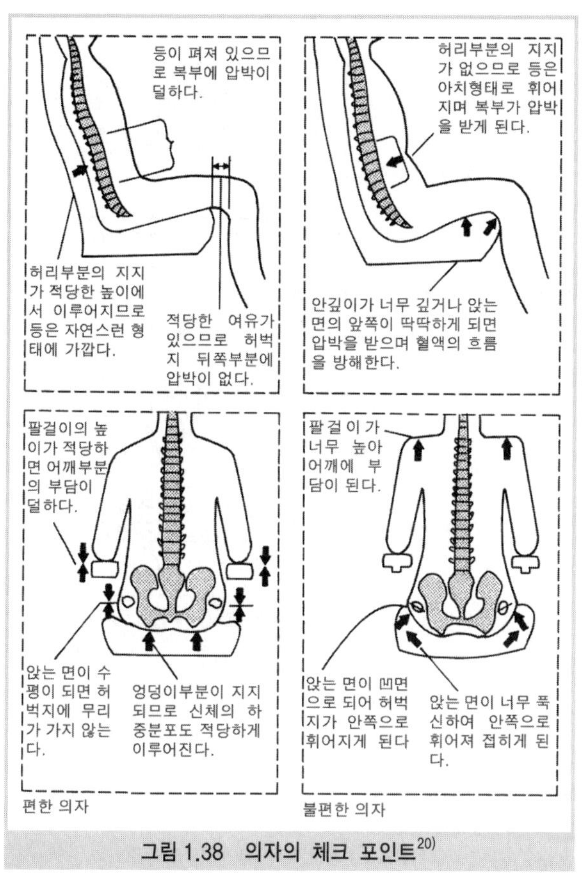


그림 1.38 의자의 체크 포인트[20]

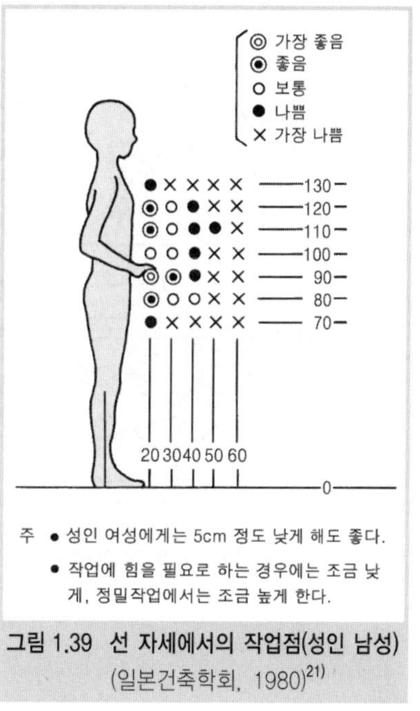


주 • 성인 여성에게는 5cm 정도 낮게 해도 좋다.
• 작업에 힘을 필요로 하는 경우에는 조금 낮게, 정밀작업에서는 조금 높게 한다.

그림 1.39 선 자세에서의 작업점(성인 남성)
(일본건축학회, 1980)[21]

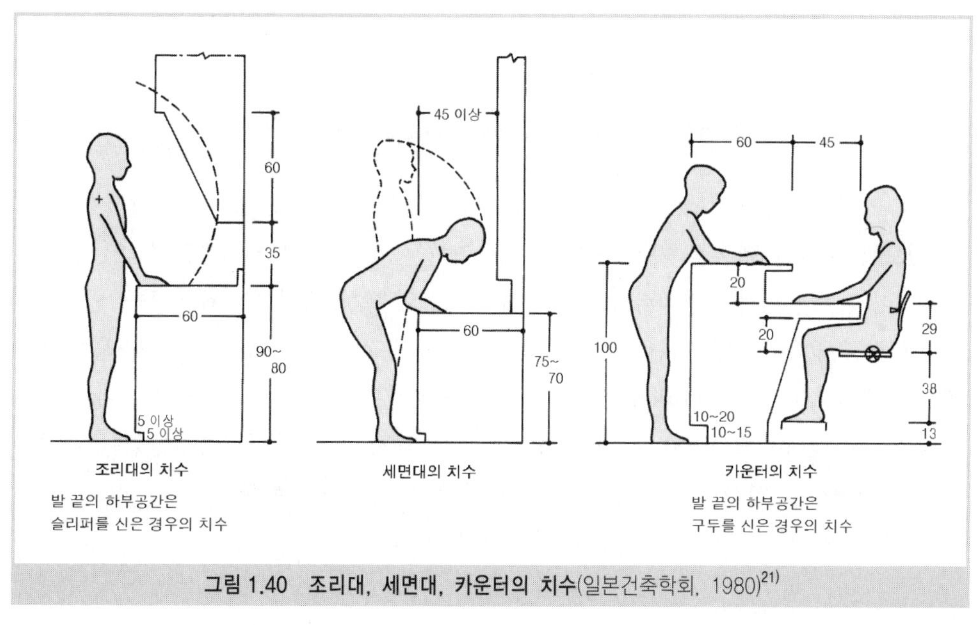


그림 1.40 조리대, 세면대, 카운터의 치수(일본건축학회, 1980)[21]

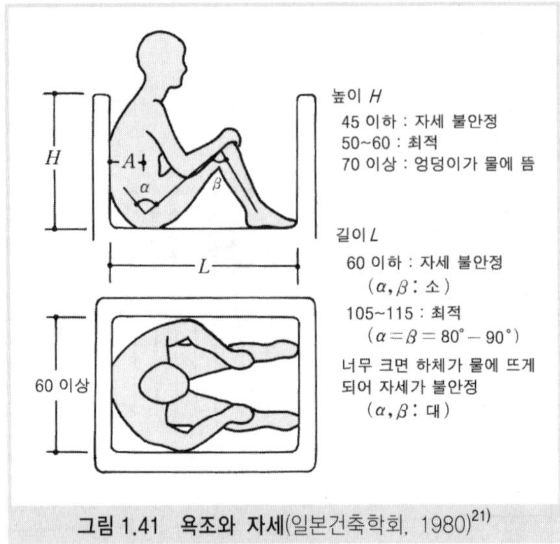


그림 1.41 **욕조와 자세**(일본건축학회, 1980)[21]

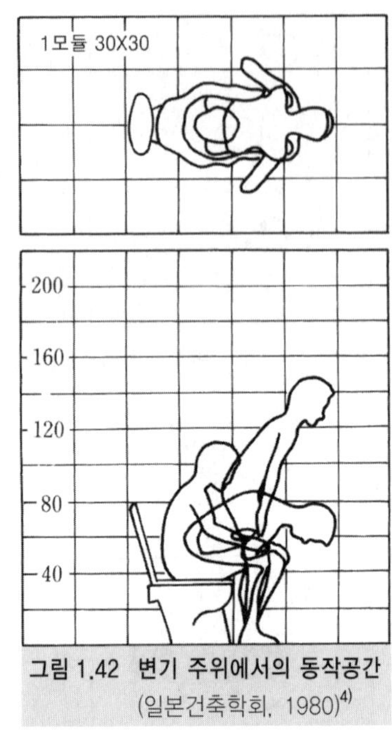


그림 1.42 **변기 주위에서의 동작공간**(일본건축학회, 1980)[4]

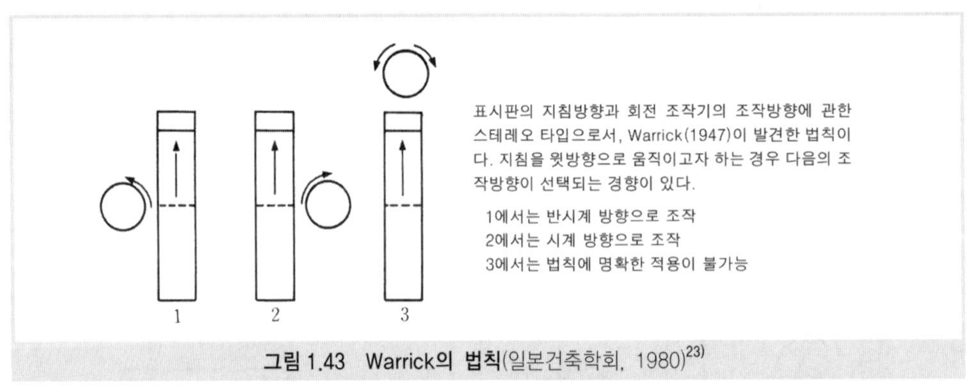


그림 1.43 **Warrick의 법칙**(일본건축학회, 1980)[23]

수 있도록 충분한 여유를 가진 공간으로 마련하는 것이 중요하다(**그림 1.42**).

제약이 있는 물리적 환경에서 인간은 동작과 지각의 특성, 습관에 의해 영향을 받으면서 작업을 하고 있다. 인간을 집단으로서 보았을 경우 공통적인 버릇이 보이며, 이것을 포퓰레이션 스테레오 타입(population stereo type)이라 일컫는다. Warrick의 법칙은 이에 대한 분명한 사례인데(**그림 1.43**), 레버와 다이얼, 수도꼭지, 창문의 손잡이, 출입문 손잡이 등의 설계에서는 인간의 스테레오 타입에 대한 배려가 요구된다.

## 1.5 휠체어 사용자를 위한 배리어 프리 디자인

물리적 환경에서 가장 많은 장애를 겪는 휠체어 사용자를 위한 배리어 프리 디자인의 기본사항을 정리하면 **그림 1.44**와 같다. 즉, 휠체어를 타고 이루어지는 '이동', 배설을 위한 휠체어・변기 사이, 입욕을 위한 휠체어・욕조 사이, 취침을 위한 휠체어・침대 사이 등의 '옮겨 앉기'(**그림 1.45**), 휠체어를 타고 이루어지는 세면, 조리, 식사, 학습 등의 '작업'의 세 가지 동작에 주목하여, 이러한 동작이 이루어질 수 있는 조건을 만족시키는 가구・설비・공간 설계를 한다. 주요 사항을 정리하면 다음과 같다.

'이동'이 가능하기 위해서는 휠체어의 폭(JIS 기준 63cm)에 양손으로 각각 좌우의 바퀴를 잡고 굴리기 위한 여유치수를 양쪽에 포함하여, 통로는 90cm 이상, 문 등의 개구부는 80cm 이상의 유효폭을 확보할 수 있으면 좋다. 바닥면은 평탄한 것이 기본이며, 단차 부분에는 경사로(기울기의 원칙은 실내 1/12 이하, 실외 1/20 이하)를 두며 경사로를 만들 공간이 없는 경우에는 단차제거용 리프트를 설치하고 층 간의 이동에는 엘리베이터가 필수적이다. 또한, 휠체어의 앞바퀴가 빠질 위험이 있는 배수구 등에는 덮개를 설치한다.

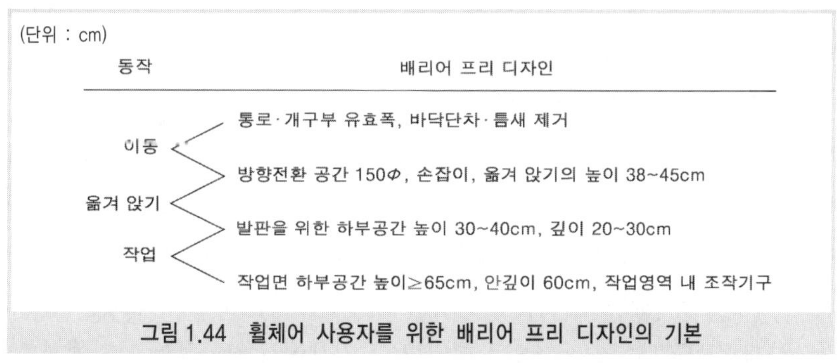


**그림 1.44 휠체어 사용자를 위한 배리어 프리 디자인의 기본**

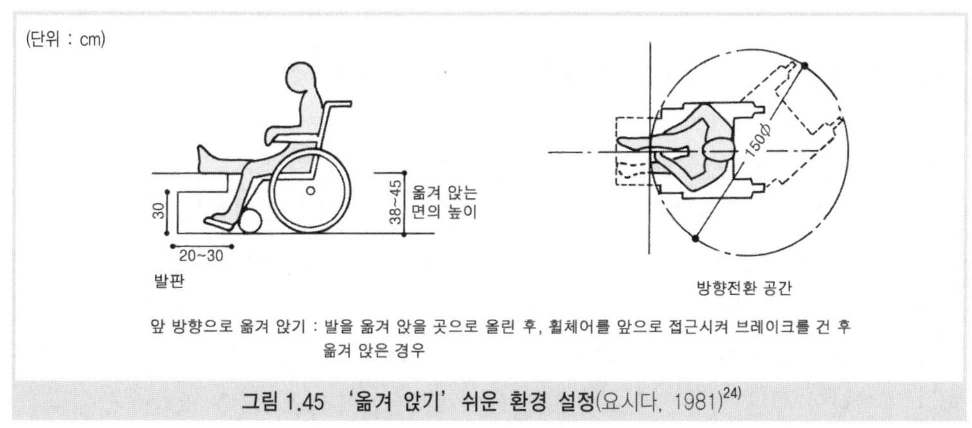


**그림 1.45 '옮겨 앉기' 쉬운 환경 설정**(요시다, 1981)[24]

'이동'과 '옮겨 앉기'를 위해서는 휠체어로 방향을 전환할 수 있는 직경 150cm 정도의 공간을 필요 장소에 확보하며(**그림 1.45**), 특히 문 주변의 공간 확보가 중요하다. 동작 보조를 위한 난간을 설치하는 경우, 복도와 계단의 유효폭을 확보하기 위해서는 법적으로 정해진 최저 폭에 한쪽 설치에서는 약 10cm, 양쪽 설치라면 약 20cm를 추가로 확보할 필요가 있다.

휠체어에서 옮겨 앉을 곳(변기, 침대, 욕조의 가장자리와 세면장, 탈의공간, 실의 바닥 등)의 높이를 휠체어의 앉은 면 높이 38~45cm와 동일하게 설정하며, 양팔로 상체를 들어 올리면서 수평이동할 수 있도록 한다. 혼자 힘으로 할 수 없는 사람에게는 리프트 등의 기기를 도입하거나 도와줄 수 있는 공간을 확보한다. 리프트에는 천정주행식, 바닥주행식, 바닥고정식 등이 있으며 장소에 따라 이것들을 병용해도 좋다.

'옮겨 앉기'를 위해서는 옮겨 앉을 곳에 휠체어의 하부가 들어갈 수 있는 공간(바닥에서 30~40cm, 안 깊이 20~30cm)을 확보하여 충분히 근접할 수 있도록 한다(**그림 1.45**).

'작업'을 위해서는 휠체어에 앉아 손이 도달하는 범위(바닥에서 40~120cm 정도)인 작업영역 내의 가장 적절한 높이에 각 조작기구(스위치, 콘센트, 전화, 버튼, 선반 등)를 준비한다. 그리고 하부 여유공간을 확보하여 조작기구에 충분히 접근하도록 함과 동시에, 레버식 손잡이와 수도꼭지, 대형 스위치 등 조작하기 쉬운 조작기구가 필요하다. 팔이 부자유스런 전동 휠체어 사용자를 위해서는 풋 레스트에 올린 발로 누를 수 있는 대형 버튼 등의 조작기구도 배려해야 한다.

작업면 하부의 여유공간(바닥에서 65cm 이상, 안 깊이 60cm 이상, **그림 1.55**)을 둔 작업대(책상, 조리대, 개수대, 전화대, 카운터 등)를 확보한다. 예를 들면 책상면 하부에는 서랍 등을 설치하지 않으며, 조리용 싱크대는 폭이 얇은 것으로 할 필요가 있다. 휠체어의 무릎 앞 공간의 치수와 작업하기 쉬운 작업대의 높이는 개인차가 크기 때문에, 작업면의 높이를 간단하게 조정할 수 있는 것으로 한다면 선 자세에서 작업하는 사람에게도 맞추기 쉽고 편리하다.

## 1.6 배리어 프리 · 유니버설 생활환경 디자인으로의 전개

배리어 프리 디자인은 장애인뿐만 아니라 고령자, 어린이, 임산부, 유모차를 밀고 가는 사람들을 배려한 환경 디자인을 말한다. 이러한 개념을 더욱 보편화한 것이 유니버설 디자인이다. 유니버설 디자인은 개조 또는 특별한 디자인의 필요 없이 최대한 모든 사람들이 사용할 수 있도록 한 제품과 환경 디자인이다. 유니버설 디자인은 모든 사람들에게 가장 안전하고 쾌적하며 편리한 디자인을 목적으로 하며, 앞으로 환경 디자인의 철학으로서 디자이너와 일반 사람들이 표준으로 해야 할 개념이라고 할 수 있다.[59)]

유니버설 디자인의 원칙은 다음과 같다. ① 공평한 이용(Equitable use), ② 이용상의 유연성(Flexibility in use), ③ 단순하며 알기 쉬운 이용(Simple and intuitive use), ④ 인지하기 쉬운 정보(Perceptible information), ⑤ 실수에 대한 허용성(Tolerance for error), ⑥ 적은 신체적 부담(Low physical effort), ⑦ 접근과 이용을 위한 치수와 공간(Size and space for approach and use). 상세한 내용은 다음의 홈페이지를 참조할 수 있다(http://www.design.ncsu.edu/cud/univ_design/principles/ud-principles.htm).

오늘날 고도 정보화 사회를 맞이하여 컴퓨터 네트워크의 급속한 발전으로 인간은 많은 양의 정보에 둘러싸여 생활하고 있다. 인간을 둘러싼 상황을 정보환경으로 파악한다면, 정보환경에서의 무장애화는 중요 과제가 된다. 또한, 건축 · 의료 · 보건 · 복지 · 교육 등의 연계에 의한 학제적이며 글로벌한 시점에서 장애가 있는 생활자 주체의 종합적인 장애물 없는 생활환경 디자인, 또는 모든 사람들에게 최적인 유니버설 생활환경 디자인에 대해서도 앞으로 연구를 심화할 필요가 있다. **(野村みどり)**

## 1.7 공간 인지와 환경

### 1) 공간 인지와 안내도

지도는 어느 지역에 존재하는 다양한 장소의 공간 구성을 위에서 본 도형으로 변환하여 묘사한 것이다. 우리들은 이러한 2차원의 도형과 실제의 환경을 대응시킴으로써, 어느 장소의 위치와 그곳에 도달하는 경로를 알 수 있다. 이때 중요한 것은 환경에 실재하는 사물의 형태와 축소된 지도상의 도형을 동일한 사물로서 이해하는 능력(축척의 개념)을 가지는 것이다. 그리고 지도와 실제 환경에서의 세 지점 간의 대응관계를 알 수 있다면, 모든 장소의 위치(방위와 거리)를 지도상에서 파악하는 것이 가능하다. 실제로 이 세 지점으로는 현재의 자신의 위치와 그 곳에서 앞 쪽에 보이는 사물이 이용되는 경우가 많으며, 우리들은 그것들을 지도상에서 찾으려고 한다.

대규모 시설에서는 다양한 장소가 어디에 있는가를 이용자에게 전달하기 위하여 안내도가 설치되어 있다. 안내도가 일반지도와 다른 점은 그 안내도 자체가 존재하고 있는 (안내도를 보고 있는 본인이 위치한 곳) 현재의 위치를 반드시 표시해야 한다는 점이다. 안내도는 영어로는 you-are-here-map 등으로도 불린다.

**그림 1.46**은 어느 병원의 엘리베이터에서 나오면 금방 눈에 띄는 모습으로, 가운데 벽에 안내도가 있다. 치통으로 고민하는 당신은 어느 쪽으로 진행할 것인가? 오른쪽으로 돌아 막다른 곳의 문을 열었을 때 만약 당신이 남성이라면 얼굴을 붉히며 발걸음을 돌려야 할 것이다. 그곳은 산부인과이기 때문이다. 이 안내도는 틀린 사실을 설명한 게 아니라 이해하기 어려운 설명방법을 택하고 있는 것이다.

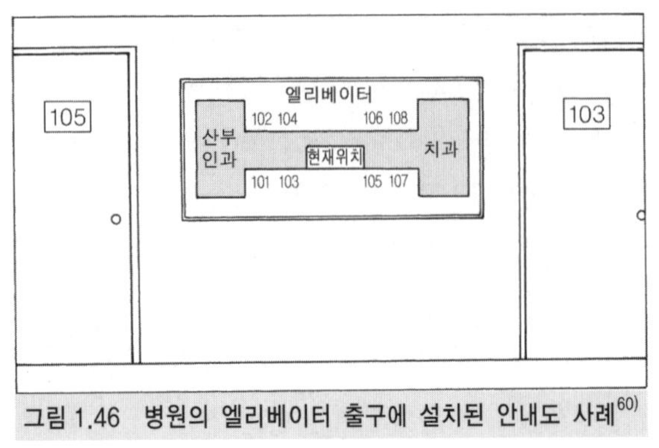

그림 1.46 병원의 엘리베이터 출구에 설치된 안내도 사례[60]

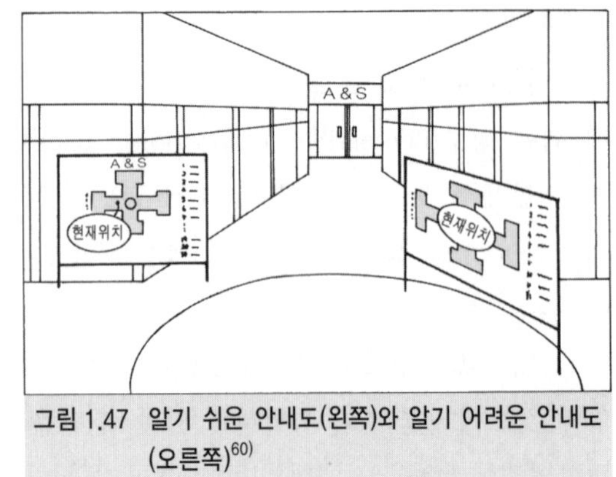

그림 1.47 알기 쉬운 안내도(왼쪽)와 알기 어려운 안내도(오른쪽)[60]

안내도의 중앙에는 엘리베이터가 표시되어 있지만, 그것은 안내도를 보고 있는 사람의 뒤쪽에 있다. 그 아래에, 지금 앞쪽에 보고 있는 안내도, 즉 현재위치가 표시되어 있다. 이러한 표시방법으로 보면, 안내도를 보고 있는 사람의 실제 좌우에 있는 사물과 안내도 상의 좌우에 있는 사물이 반대로 되어 있다. 안내도의 상하를 뒤집는 편이 알기 쉽다. 이러한 특성을 앞쪽-위쪽의 등가성(forward-up equivalance)이라고 일컫는다. 안내도는 앞쪽이 잘 보이는 장소에 설치되어, 특징이 있는 사물이 확인 가능하며, 그 장소가 안내도의 위쪽에 표시되어 있는 경우가 가장 알기 쉽다(**그림 1.47**).

### 2) 인지지도의 역할

인간의 감각기관이 반응하는 자극의 범위는 제한되어 있다. 도시와 시설 내에서는 구축물로 가로막혀 자극의 소재도 주변으로 상당히 한정되는 경우가 많다. 그러나 우리들은 '지금・여기'라는 상황 이외에도, 과거의 기억을 참조하거나 자신의 행동의 결과를 예측하면서 행동을 한다. 공간에 대해서는 지금 있는 장소가 보다 넓은 세계 속에서 어떠한 위치에 있는가, 또는 목적하는 장소에 도달하려면 어떠한 경로로 가야 하는가를 아는 것이 중요하다. 안내도는 그것을 가르쳐 주지만, 언제나 그것이 있다고는 말할 수 없다. 인간이 일상의 행동에서 참조하는 환경의 공간적 이미지를 인지지도(cognitive map)라고 한다.

익숙한 장소의 인지지도는 확실한 이미지로 재현되지만, 익숙하지 않은 장소의 인지지도는 애매한 이미지이며 재현하는 것도 어렵다. 처음으로 방문하는 장소더라도 인지지도를 만들기 쉬운 환경과 어려운 환경이 있다. 명확한 인지지도는 안심할 수 있는 거주공간을 확보하거나, 목적지로의 이동을 효율적으로 하는 데 도움이 된다. 많은 사람들이 명확한 인지지도를 가질 수 있는 장소는 인간과 환경의 질서 있는 관계 속에서 만들어진다. 반대로, 애매한 인지지도만 있는 경우라면 사람들의 불안과 스트레스의 원인이 된다고 생각할 수 있다. 또한, 비상시의 피난 행동에도 나쁜 영향을 줄 수도 있다.

### 3) 인지지도의 구조

인지지도가 지도나 안내도와 같이 그림 형태인가 아닌가에 관해서는 다양한 논의가 이루어지고 있지만, 알고 있는 지역과 건물의 그림을 실제로 사람들에게 그리게 하면 크게 세 종류의 형태로 구분된다. 하나는 랜드마크 맵(landmark map)이라고 불리는 것으로, 마치 비행기 조종사의 시점에서 그려진 그림이다. 이것은 눈에 띄는 커다란 랜드마크 상호의 위치관계에서 성립한다. 다른 하나는 루트 맵(route map)이라고 불리는 것으로, 마치 택시 운전수의 시점에서 그린 것과 같다. 경로의 연결은 정확하지만, 상대적인 거리와 방위는 실제와 다르다. 택시 운전수에게 행선지의 주소를 주어도 '모른다'라고 할 수 있다. 그들에게는 도로의 연결과 순서관계가 중요하기 때문이다. 마지막으로는 서베이 맵(survey map)이라고 불리는 것으로, 랜드마크 맵과 루트 맵을 통합하여 일반지도나 안내도와 같은 형태로 상대적인 거리와 방위도 상당히 정확하게 표현되어 있다. 그러나 택시 운전수의 예를 생각해 보면 분명하듯이, 서베이 맵을 그릴 수 없는 사람이라도 그 환경을 그다지 알지 못한다고 할 수는 없다.

**그림 1.48**은 어느 헬스 사이언스 센터의 공간 구성도이다. 이와 같이 많은 공간이 복잡한 복도에 의해 연결되어 있는 대규모 시설에서는 처음 방문한 사람뿐만 아니라 오랫동안 그곳에서 일하고 있는 사람도 전체의 공간적 이미지를 그림으로 그리는 것이 쉽지 않다. **그림 1.49**는 이곳에서 2년간 실습을 한 간호학생의 그림이다. a가 랜드마크 맵, b가 루트 맵이다. 건물의 평면도를 일부러 기억하지 않는 한, 서베이 맵을 그리기는 어렵다. 반대로 생각하면, 일상의 이동은 장소의 정확한 거리와 방위를 측정하는 것보다 복도와 도로의 물리적 형태에 따르며, 꺾이는 곳의 순서관계와 다음으로 갈 방향(복도와 도로)을 확인하는 것으로 이루어진다고 생각할 수 있다. 이른바, '길을 따라 진행한다'라는 상황이다. 인지지도는 지도책과 같은 구조(좁은 범위에서는 거리와 방위가 어느 정도 정확한 서베이 맵이며, 넓은 범위에서는 그것들이 페이지를 철하는 것처럼 순차적으로 연결되어 있다)라고 생각할 수 있다.

### 4) 알기 쉬운 공간

시설이 대규모이면 그것 자체만으로도 공간적 관계를 알기 어렵다. 이것을 방지하기 위해서는 시설 전체를 몇 개의 부분 공간으로 나누어, 각각이 고유의 분위기를 가질 수 있는 건축 디자인, 색채 계획, 또는 장식 같은 것을 생각해 둘 필요가 있다. 다른 통로와 장소를 동일한 통로와 장소라고 착각하는 경우가 길을 헤매게 하는 원인의 하나이다. 방향성을 알릴 수 있는 창밖의 전망과 빛의 도입방법, 물의 흐름 등을 이용하는 것도

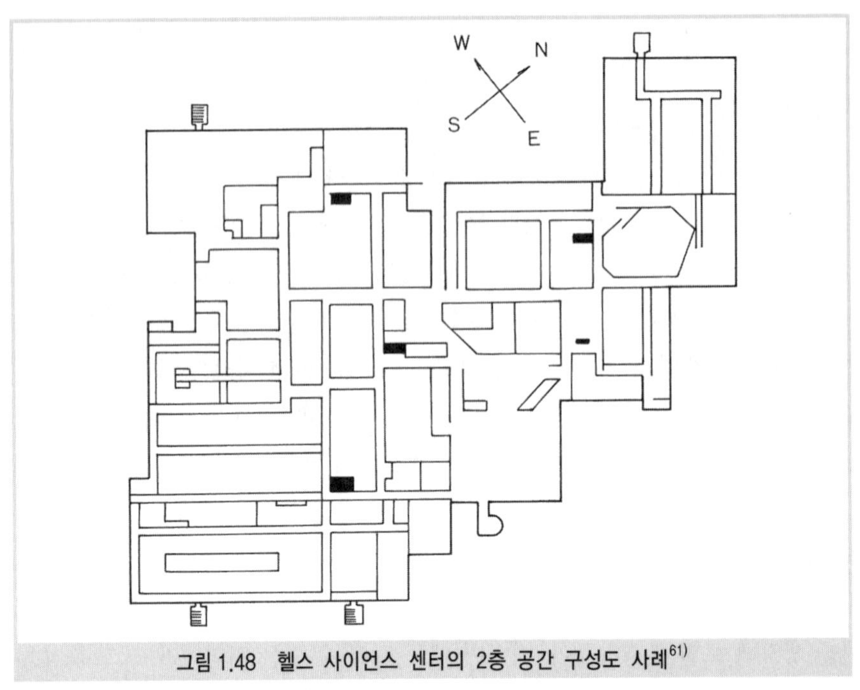


그림 1.48 헬스 사이언스 센터의 2층 공간 구성도 사례[61)]

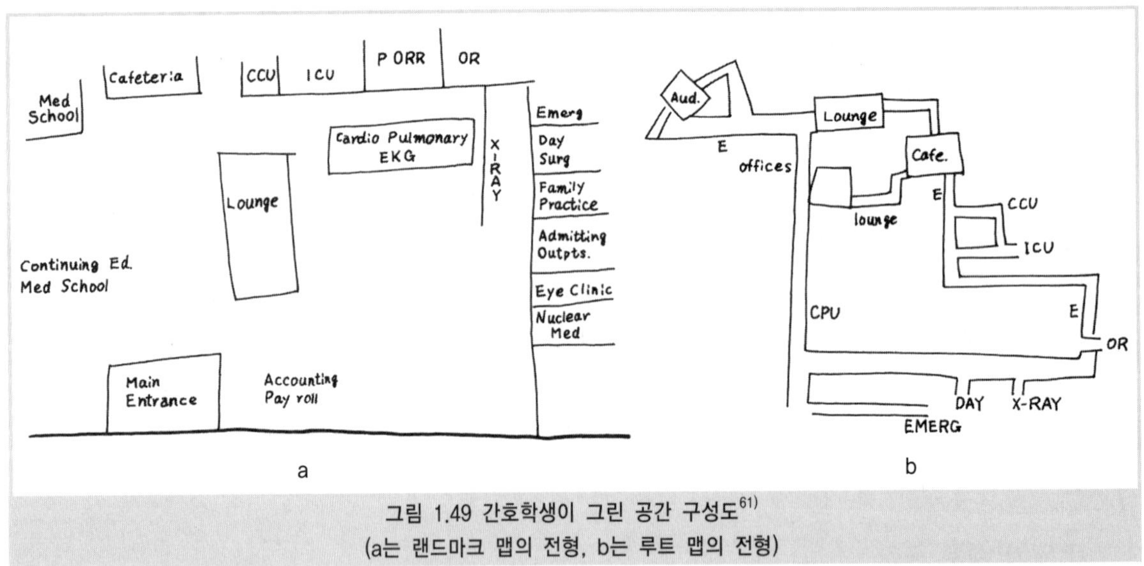


그림 1.49 간호학생이 그린 공간 구성도[61)]
(a는 랜드마크 맵의 전형, b는 루트 맵의 전형)

생각할 수 있다.

시설의 이용자는 특정 순번으로 행동하거나 행동되는 경우가 많다. 처음 방문하는 시설이라도, 예를 들어 병원이라면 외래환자의 일정 수속절차와 그에 따른 이동이다. 안내, 종합접수, 약국, 회계, 대기, 외래의 각 과, 검사부 등의 각 공간은 일반 사람들이 연상하는 공간 구성에 가까운 것이 바람직하다. 많은 사람들은 그 후의 자신의 행동에 대한 시나리오를 의식하며(막연한 것이지만) 대처한다. 이와 같이 많은 사람들에게 공유된 시나리오를 스크립트(script) 등으로 부른다. 시설의 공간 구성도 많은 사람들에게 공유되는 정형(定型; schema)이 있어 우리들은 처음으로 간 장소에서라도, 예를 들어 화장실 등을 손쉽게 찾아낼 수 있다. 스크립트와 정형을 분석하여 시설의 구성을 생각하는 것도 필요하다.

오늘날의 공공시설은 토지의 협소 등으로 많은 공간과 시설을 복합하여 건설하는 경우가 많다. 이들은 대부분 대규모 시설로서 일반적으로 알기 어려운 공간 구성으로 되어 있으나, 예를 들어 도서관을 이용한 사람이 다음에 같은 시설 내에 있는 고령자 시설이나 체육시설 등을 이용하기 편하게 하는 장점도 있다. 이를 위해서도 알기 쉬운 공간 구성 계획이 중요하며, 이러한 알기 쉬움은 정보장애인을 비롯하여 그 외의 장애인, 고령자와 어린이 등 모든 사람들에게 평등하게 제공되지 않으면 안 된다. (横山勝樹)

## 1.8 배리어 프리 마을 정비의 현황과 과제

### 1) 선진 각국에서의 배리어 프리 디자인의 기준과 경향

제2차 세계대전 후, 의학적 진보로 사고와 질병, 전쟁에서 장애인의 생존율이 높아진 반면, 재활의 사회심리적 측면과 물리적 환경, 보조기기의 품질 향상이 장애인의 요구에 미치지 못하여 다양한 장애인 문제가 발생하고 있다.[25]

선진 각국에서는 1960년대부터 배리어 프리 디자인에 관한 기준화 움직임이 시작되었다. 미국의 사례를 살펴보면, 전미건축기준협회(ANSI)가 1961년에 세계에서 가장 먼저, 「장애인에게 접근하기 쉽고 사용하기 쉬운 건축·시설 정비에 관한 미국 기준 사양서」를 작성하였다. 먼저 기준이 만들어졌으며, 이후 1968년 연방정부의 보조를 받는 건축물은 지체장애인의 접근성을 보장하여야 한다고 규정한 「건축장벽 제거법」(the Architectural Barriers Act)이 제정됨으로써 각 주는 앞의 미국 기준 사양서의 내용에 통일된 실시규칙을 정비해 갔다. 1973년의 「리허빌리테이션 법」 제504조에서는 연방정부의 보조를 받은 모든 프로그램에서 장애인은 차별을 받아서는 안 되며, 필요한 서비스가 제공되지 않으면 안 된다고 규정되었으며, 다음해 동법의 수정에 따라 건축·교통장애개선위원회가 설치되어 「건축장애제거법」의 시행에 관한 관리감독이 시작되었다.

국제연합의 움직임을 보면, 1974년 배리어 프리 디자인에 관한 보고서를 정리하였으며, 이후 배리어 프리라는 개념이 확산되었다. 1981년 국제 장애인의 해에는 장애인의 '완전 참여와 평등'을 목적으로 한 활동이 전 세계적으로 전개되었다. 1983~92년을 장애인의 10년, 1993~2002년을 아시아·태평양 장애인의 10년으로 이어갔다.

1990년에 시행된 「장애를 가진 미국인 법」(Americans with Disability Act of 1990)에서는, 미국의 장애인 수가 총인구 2억 4,500만 명의 17.6%인 4,300만 명인데, 앞으로 고령화로 인하여 그 수가 한층 더 늘어날 것을 전제로 하여 장애인에 대한 일체의 차별을 폐지하며, 모든 사람에게 보장되어 있는 기본적 권리를 장애인에게도 보장하기 위한 규제를 정하였다. 규제대상은 연방정부의 보조 유무에 관계없이 채용, 교통기관, 공공시설, 일반 영업시설에서의 차별 폐지, 이용상의 장애물 제거, 시각・청각 장애인을 위한 통신 시스템의 제공 등 광범위하다.[27)]

### 2) 일본에서의 배리어 프리 마을 정비의 현황과 과제

#### (1) 국가의 시책

일본에서는 1970년대부터 공공시설을 중심으로 배리어 프리 마을 정비에 대한 움직임이 시작되었다. 후생성은 1973~75년에는 '장애인 복지 모델도시'로서 53개 도시, 1979~85년에는 '장애인 복지도시'로서 인구 10만 명 이상의 도시 156개 시・구, 1986~89년에는 '장애인이 살기 좋은 거리 만들기 사업'으로서 인구 5만 명 이상의 도시 76개 시・구를 지정하여, 장애인의 생활환경(공공시설, 도로・교통 안전시설, 주택)의 개선, 장애인 복지 서비스의 체계적 실시, 심신장애아동의 조기교육 추진 및 시민 계발의 네 가지 사업을 종합적으로 실시하여, 장애인이 살기 좋은 마을 만들기를 추진해 왔다.

1990년부터 실시되고 있는 인구 3만 명 이상의 도시를 대상으로 하는 '살기 좋은 복지마을 만들기 사업'은 '고령자 보건복지 추진 10개년 전략' 사업의 하나로서, 고령자도 그 대상에 포함되어 있다. 1994년도에는 '장애인과 고령자에게 친근한 마을 만들기 추진사업'이 이루어졌다. 이러한 사업은 2~3개년 동안의 단기 사업으로, 연간 예산도 적어 실제적인 설계로 이어지기에는 한계가 있다는 문제점이 지적되었다.

2001년도부터는 '배리어 프리의 마을 만들기 활동사업'이 실시되었다. 이 사업은 장애인과 고령자 등의 당사자들이 현장에서 점검・조사를 하는 것이다. 이를 반영시켜 배리어 프리 마을 만들기의 기본계획을 책정하고, 이에 근거하여 필요한 기존 공공시설의 환경개선을 실시하는 것이다. 이와 동시에 무장애화된 시설 등의 정보를 제공함으로써, 모든 사람들이 살기 좋은 배리어 프리의 마을 만들기를 도모하자는 데 목적을 두고 있다.

건설성의 움직임을 보면, 1975년에 「장애인의 이용을 고려한 설계자료」가 작성되었다. 1977년에는 「관청 영선(營繕)에서의 장애인 등의 이용 조치에 대하여」가 발표되어, 관청 영선의 신축 또는 기존 시설에서 휠체어 사용자 등의 지체부자유자, 고령자, 병약자에 대한 배려사항이 기재되었으며, 1980년에는 같은 조치의 운영 발표에서 공공직업안정소에 대하여 시각장애인을 위한 유도용 바닥재의 신설과 호출 설비에 대한 배려가 추가되었다. 1981년에는 「장애인의 이용을 배려한 건축 설계 표준」이 작성되었으며, 다음 해에는

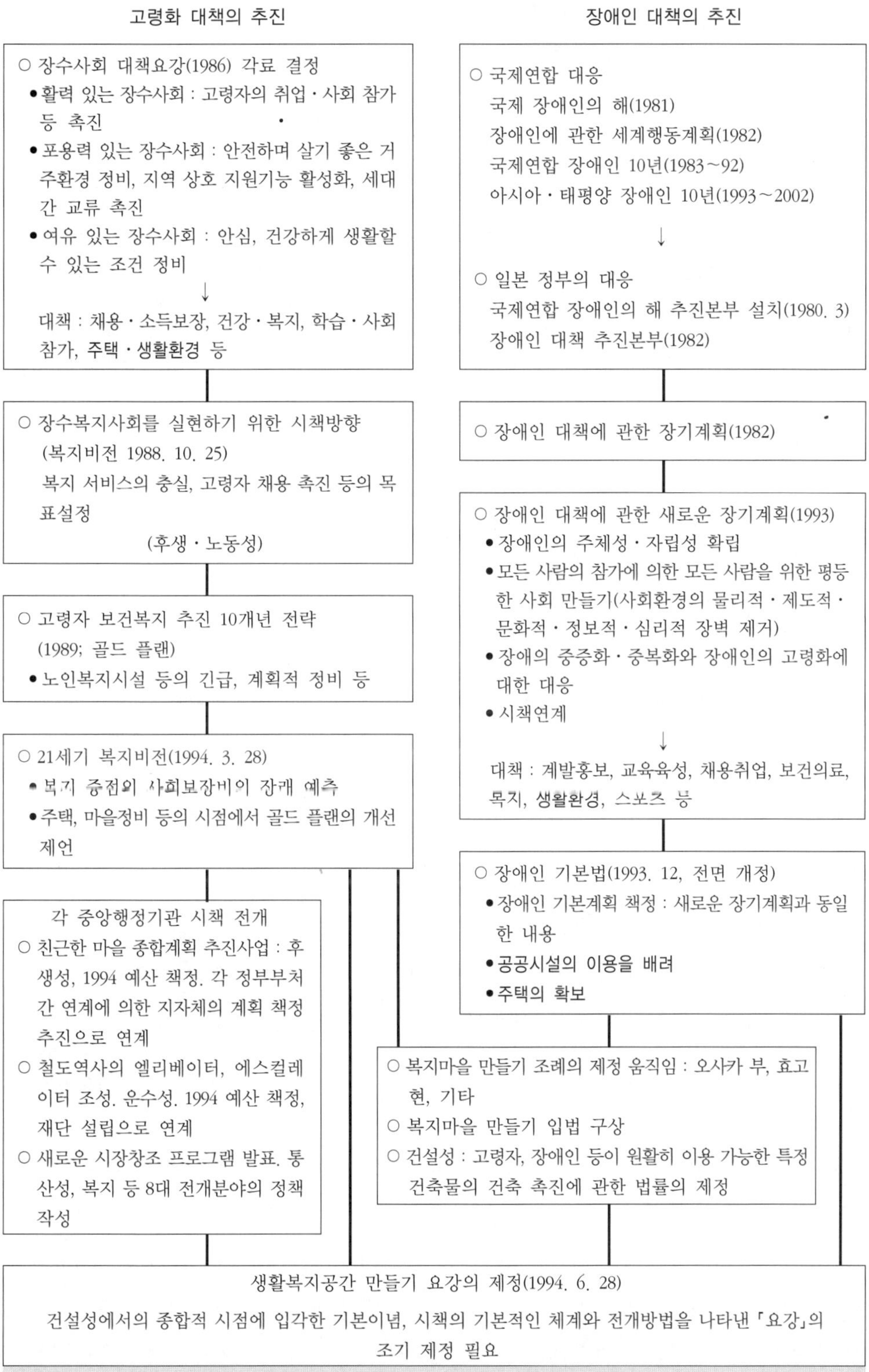

**고령화 대책의 추진**

○ 장수사회 대책요강(1986) 각료 결정
- 활력 있는 장수사회 : 고령자의 취업 · 사회 참가 등 촉진
- 포용력 있는 장수사회 : 안전하며 살기 좋은 거주환경 정비, 지역 상호 지원기능 활성화, 세대간 교류 촉진
- 여유 있는 장수사회 : 안심, 건강하게 생활할 수 있는 조건 정비

↓

대책 : 채용 · 소득보장, 건강 · 복지, 학습 · 사회 참가, 주택 · 생활환경 등

○ 장수복지사회를 실현하기 위한 시책방향 (복지비전 1988. 10. 25)
복지 서비스의 충실, 고령자 채용 촉진 등의 목표설정
(후생 · 노동성)

○ 고령자 보건복지 추진 10개년 전략 (1989; 골드 플랜)
- 노인복지시설 등의 긴급, 계획적 정비 등

○ 21세기 복지비전(1994. 3. 28)
- 복지 증진의 사회보장비의 장래 예측
- 주택, 마을정비 등의 시점에서 골드 플랜의 개선 제언

각 중앙행정기관 시책 전개
○ 친근한 마을 종합계획 추진사업 : 후생성, 1994 예산 책정. 각 정부부처간 연계에 의한 지자체의 계획 책정 추진으로 연계
○ 철도역사의 엘리베이터, 에스컬레이터 조성. 운수성. 1994 예산 책정, 재단 설립으로 연계
○ 새로운 시장창조 프로그램 발표. 통산성, 복지 등 8대 전개분야의 정책 작성

**장애인 대책의 추진**

○ 국제연합 대응
국제 장애인의 해(1981)
장애인에 관한 세계행동계획(1982)
국제연합 장애인 10년(1983~92)
아시아 · 태평양 장애인 10년(1993~2002)

↓

○ 일본 정부의 대응
국제연합 장애인의 해 추진본부 설치(1980. 3)
장애인 대책 추진본부(1982)

○ 장애인 대책에 관한 장기계획(1982)

○ 장애인 대책에 관한 새로운 장기계획(1993)
- 장애인의 주체성 · 자립성 확립
- 모든 사람의 참가에 의한 모든 사람을 위한 평등한 사회 만들기(사회환경의 물리적 · 제도적 · 문화적 · 정보적 · 심리적 장벽 제거)
- 장애의 중증화 · 중복화와 장애인의 고령화에 대한 대응
- 시책연계

↓

대책 : 계발홍보, 교육육성, 채용취업, 보건의료, 복지, 생활환경, 스포츠 등

○ 장애인 기본법(1993. 12, 전면 개정)
- 장애인 기본계획 책정 : 새로운 장기계획과 동일한 내용
- 공공시설의 이용을 배려
- 주택의 확보

○ 복지마을 만들기 조례의 제정 움직임 : 오사카 부, 효고 현, 기타
○ 복지마을 만들기 입법 구상
○ 건설성 : 고령자, 장애인 등이 원활히 이용 가능한 특정 건축물의 건축 촉진에 관한 법률의 제정

생활복지공간 만들기 요강의 제정(1994. 6. 28)
건설성에서의 종합적 시점에 입각한 기본이념, 시책의 기본적인 체계와 전개방법을 나타낸 「요강」의 조기 제정 필요

**그림 1.50 생활복지공간 만들기 요강 제정의 배경**(문헌 28 일부 편집)

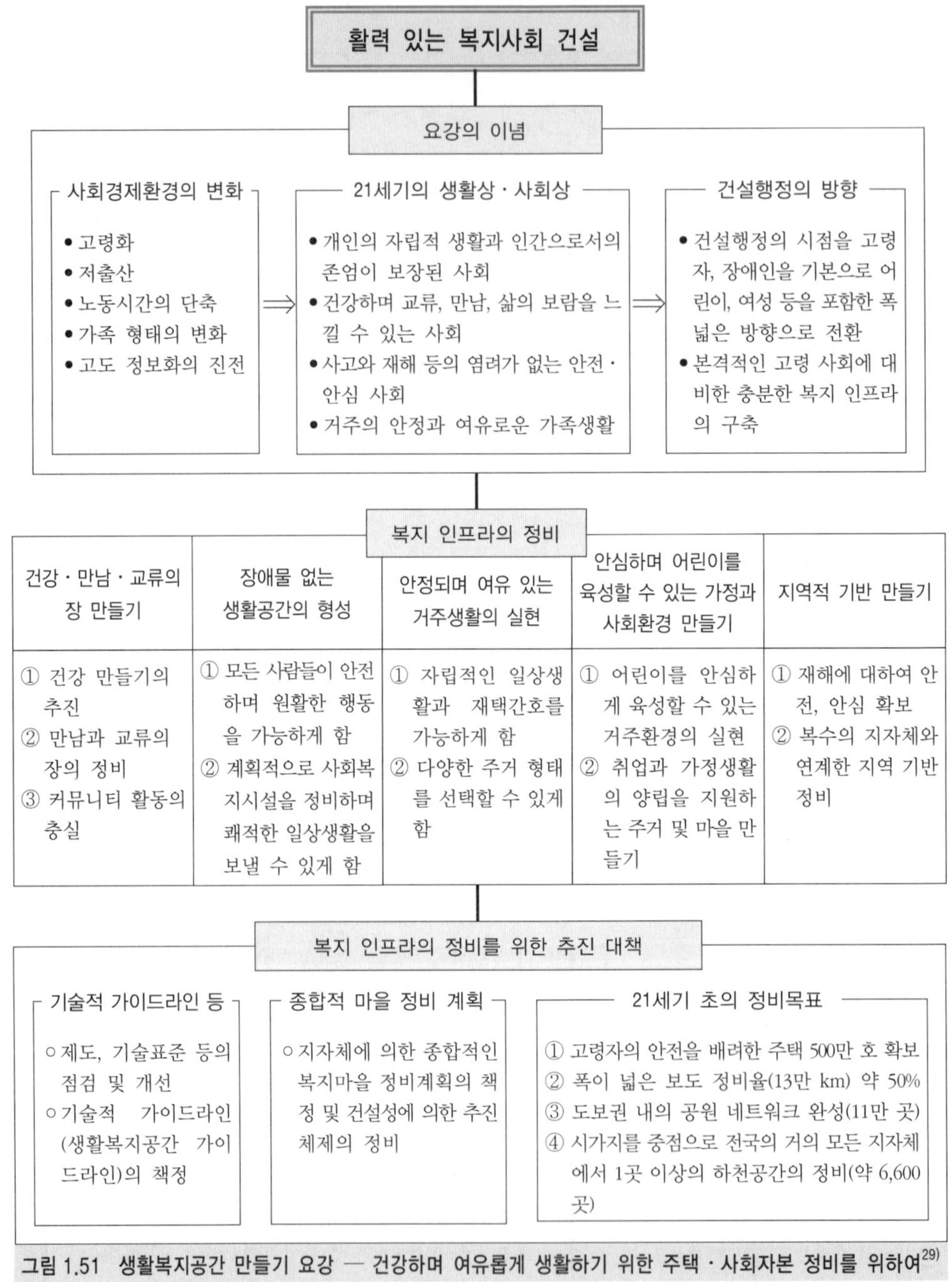


**그림 1.51** 생활복지공간 만들기 요강 — 건강하며 여유롭게 생활하기 위한 주택 · 사회자본 정비를 위하여[29]

건설성 및 사회법인 일본건축사회연합회가 강습회를 실시하여 그 보급에 힘썼다. 그 후, **그림 1.50**에 나타낸 것과 같은 고령화 대책과 장애인 대책이 속속 추진되던 중 1994년도에 「생활복지공간 만들기 대강(大綱)」이 제정되기에 이르렀다. 여기에서는 노멀라이제이션(normalization) 이념의 실현을 지향한 주택 · 사회 자본을 '복지 인프라'로 정의하며,

### 표 1.1 하트 빌딩법의 이용 원활화 유도기준 체크리스트(일부 발췌)

※ 특정 시설 등에서의 '제○조'는 하트 빌딩법 시행규칙의 해당 조문

○일반기준

| 특정시설 등 | 체크 항목 | |
|---|---|---|
| 출입구 (제7조) | ① 출입구(승강기·화장실·욕실 등의 출입구, 기준적합 출입구에 병설된 출입구 제외) | - |
| | (1) 폭은 90cm 이상인가? | |
| | (2) 문은 휠체어 사용자가 통과하기 쉬우며 앞뒤에 수평부분을 설치하고 있는가? | |
| | ② 하나 이상의 건물 출입구 | - |
| | (1) 폭은 120cm 이상인가? | |
| | (2) 문은 자동으로 개폐되며 앞뒤에 수평부분을 설치하고 있는가? | |
| 복도 등 (제8조) | ① 폭은 180cm 이상(구간 50m 이내마다 휠체어가 교행할 수 있는 장소가 있는 경우 140cm 이상)인가? | |
| | ② 표면은 미끄럽지 않은 재료로 마감되어 있는가? | |
| | ③ 점형블록 등의 설치(계단 또는 경사로의 상단에 근접하는 부분) ※1 | |
| | ④ 문은 휠체어 사용자가 통과하기 쉬우며 앞뒤에 수평부분을 설치하고 있는가? | |
| | ⑤ 측면에 바깥 여닫이문이 있는 경우에는 앨코브로 설치되어 있는가? | |
| | ⑥ 돌출물을 설치하는 경우에는 시각장애인이 통행하는 데 안전상 지장이 없도록 고려되어 있는가? | |
| | ⑦ 휴게시설이 적절히 설치되어 있는가? | |
| | ⑧ 위의 ①, ④는 휠체어 사용자의 이용상 지장이 없는 부분(※2)은 적용 제외 | - |
| 계단 (제9조) | ① 폭은 140cm 이상(손잡이 폭은 10cm까지 산입하지 않음)인가? | |
| | ② 챌면은 16cm 이하인가? | |
| | ③ 디딤판은 30cm 이상인가? | |
| | ④ 양쪽에 손잡이가 설치되어 있는가(계단참은 제외)? | |
| | ⑤ 표면은 미끄럽지 않은 재료로 마감되어 있는가? | |
| | ⑥ 단은 식별하기 쉬운가? | |
| | ⑦ 단의 구조는 걸려 넘어지지 않도록 되어 있는가? | |
| | ⑧ 점형블록 등의 설치(계단부분의 상단에 근접하는 계단참 부분) ※3 | |
| | ⑨ 주요 계단이 회전계단으로 되어 있는 것은 아닌가? | |
| (제10조) | ① 계단 이외에 경사로·승강기(2 이상의 층을 오르내릴 경우에는 제12조의 승강기에 한함)를 설치하고 있는가? | |
| | ② 위의 ①은 휠체어 사용자의 이용상 지장이 없는 경우(※4)에는 적용 제외 | |
| 경사로 (제11조) | ① 폭은 150cm 이상(계단에 병설하는 경우에는 120cm 이상)인가? | |
| | ② 기울기는 1/12 이하인가? | |
| | ③ 높이 75cm 이내마다 폭 150cm 이상의 계단참을 설치하고 있는가? | |
| | ④ 양쪽에 손잡이가 설치되어 있는가(기울기 1/12 이하이며 높이 16cm 이하의 경사부분은 제외)? | |
| | ⑤ 표면은 미끄럽지 않은 재료로 마감되어 있는가? | |
| | ⑥ 앞뒤의 복도 등과 식별하기 쉬운가? | |
| | ⑦ 점형블록 등의 설치(경사부분의 상단에 근접하는 계단참 부분) ※5 | |
| | ⑧ 위의 ①에서 ③은 휠체어 사용자의 이용상 지장이 없는 부분(※6)은 적용 제외 | |

※1 다음의 경우를 제외
- 기울기가 1/20 이하의 경사부분의 상단에 근접하는 경우
- 높이 16cm 이하이며 기울기 1/12 이하의 경사부분의 상단에 근접하는 경우
- 자동차 차고에 설치하는 경우

※2 휠체어 사용자용 주차시설이 설치되어 있지 않은 주차장, 계단 등으로 통하는 복도 등의 부분

※3 다음의 경우를 제외
- 자동차 차고에 설치하는 경우
- 계단부분과 연속하여 손잡이를 설치하는 경우

※4 휠체어 사용자용 주차시설을 설치하지 않은 주차장 등으로 통하는 계단부분

※5 다음의 경우를 제외
- 기울기가 1/20 이하이며 경사부분의 상단에 근접하는 경우
- 높이 16cm 이하이며 기울기 1/12 이하의 경사부분의 상단에 근접하는 경우
- 자동차 차고에 설치하는 경우
- 경사부분과 연속하여 손잡이를 설치하는 경우

※6 휠체어 사용자용 주차시설이 설치되어 있지 않은 주차장, 계단 등으로 통하는 복도 등의 부분

○시각장애인 이용 원활화 경로(도로 등에서 안내설비까지의 주요 경로에 관계된 기준) ※1

| 특정시설 등 | 체크 항목 | |
|---|---|---|
| 안내설비까지의 경로 (제19조) | ① 선형블록 및 점형블록 등의 설치 또는 음성 유도장치의 설치(방풍실에서 직진하는 경우는 제외) | |
| | ② 차로에 접하는 부분에 점형블록 등을 설치하고 있는가? | |
| | ③ 계단·경사가 있는 부분의 상단에 근접하는 부분에 점형블록 등을 설치하고 있는가? ※2 | |

※1 다음의 경우를 제외
- 자동차 차고에 설치하는 경우
- 건물 출입구를 쉽게 인식할 수 있으며, 도로 등에서 해당 출입구까지 시각장애인을 원활히 유도하는 경우

※2 다음의 경우를 제외
- 기울기가 1/20 이하의 경사부분의 상단에 근접하는 경우
- 높이 16cm 이하이며 기울기 1/12 이하의 경사부분의 상단에 근접하는 경우
- 계단부분 또는 경사부분과 연속하여 손잡이를 설치하는 계단참 등

민관이 일체가 되어 21세기 초까지 충분한 복지 인프라 형성을 목적으로 하고 있다(**그림 1-51**). 또한 같은 해 「고령자, 장애인 등이 원활히 이용 가능한 특정 건축물의 건축 촉진에 관한 법률」(통칭 '하트 빌딩법')이 시행되었다. 불특정 다수가 이용하는 건축물(특정 건축물 : 병원, 진료소, 극장, 영화관, 물품 판매점, 호텔, 여관, 체육관, 음식점, 은행 등의 서비스업 점포), 우편국, 공중 화장실 등을 대상으로, 이를 건축하고자 하는 건축주(특정 건축주)에게 고령자 · 장애인 등의 원활한 이용을 위한 대책을 하도록 하는 노력의무를 부과한 것이며, 기초적 기준과 유도적 기준이 판단기준으로 정해져 있다. 각 지방자치단체의 장은 특정 건축주에게 기초적 기준을 감안하여 필요한 지도 등을 실시함과 동시에, 유도적 기준에 적합한 경우 보조, 세제상의 특례, 저리 융자 등의 조성 조치를 강구하도록 하고 있다.

2002년 하트 빌딩법의 일부 개정에 의해 특정 건축물의 범위를 불특정이 아니라도 다수의 사람이 이용하는 학교, 사무소, 공동주택 등의 용도를 가진 건축물로 확대하였다. 이와 함께 개정 전의 특정 건축물 및 노인 홈, 시각 · 청각 · 특수학교 등의 특별특정 건축물에 대하여 2,000m$^2$ 이상의 건축 등을 하는 사람은 배리어 프리와 관계된 이용 원활화 기준에 맞추도록 의무화되었다. 이용 원활화 기준(최소한의 기준)과 이용 원활화 유도기준(바람직한 기준)이 정해졌다(상세한 것은 http://www.mlit.go.jp/jutakukenti-ku/build/hbl.html 참조). 이용 원활화 유도기준을 만족하는 건축물의 건축주는 소관 행정청의 인정을 받아 다양한 지원조치를 받을 수 있다. 이 법률 시행에 관한 사무는 각 지방자치단체의 장에서 소관 행정청으로 위탁되었다.

**표 1.1**에는 이용 원활화 유도기준 체크리스트에서 일반기준의 일부와 시각장애인 이용 원활화 유도경로를 나타내었다. 복도, 계단, 경사로 등에서 시각장애인을 위한 점자블록을 설치하지 않아도 좋은 설계가 분명히 쓰여 있는 것이 주목된다.

2002년 11월 「고령자, 장애인 등의 공공교통기관을 이용한 이동 원활화 촉진에 관한 법률」(통칭 '교통 배리어 프리법')이 시행되었다. 그 목표는 2010년까지 1일 평균 이용자 수 5천 명 이상의 여객시설 및 철도 · 궤도 차량의 약 30%, 승합버스 약 20~25%를 무장애화 하도록 하는 것 등이다.

### (2) 각 지방자치단체의 시책

불특정 다수가 이용하는 공공시설의 무장애화는 1970년대 중반부터 각 지방자치단체 단계에서 지침과 요강을 기초로 한 정비로부터 우선 이루어졌다. 그 후 1990년대에는 이러한 지침을 철저히 할 목적으로 복지마을 만들기 조례 제정의 움직임이 진행되었다.

① 마치타 시의 경우 : 마치타(町田) 시에서는 「마치타 시의 건축물에 관한 복지환경 정비요강」(1974)이 시행되었으며, 1995년 「마치타 시 복지마을 만들기 종합추진 조례」가

시행되었다.

1972년부터 실시된 일반학교에 장애아동이 취학하는 제도와 함께 본 조례에서는 신축 또는 전면 개축의 경우 일반학교의 엘리베이터 설치의무를 명확히 규정하고 있다. 또한 일반적 규모의 편의점, 패밀리 레스토랑, 대형 파칭코 가게, 게임 센터도 조례의 적용대상이 되고 있다는 점 등도 주목할 만하다.

② 고베 시의 경우 : 고베(神戸) 시에서는 1976년도 「장애인의 이용을 고려한 건축설계 매뉴얼」의 간행에 이어, 「고베 시민의 복지를 지키는 조례」가 제정되었다. 조례의 '제2장 시민복지의 향상, 제6절 도시 시설의 정비'에서는 도시 시설의 정비기준을 정하여 준수하지 않으면 안 되는 점들이 정해졌다. 조례에서 정해진 기준 실시를 위한 지침서가 앞에서 서술한 매뉴얼이며, 1979년도부터 모두가 살기 좋은 마을 만들기, 외출하기 쉬운 마을 만들기를 목표로 도시 시설의 정비가 추진되고 있다. 1988년도 및 1995년도에는 규칙이 개정되어 서서히 대상 건축물이 확대되었다. 2000년도에는 「고베 시민의 복지를 지키는 조례」에서 도시 시설의 정비에 대한 부분이 삭제되었으며, 「효고 현 복지마을 만들기 조례」(1993년 시행)에 통합되었다. 해당 시설의 건축주는 시설의 건축계획 입안 시에, 시의 사회복지국(민생국)과 사전 상담・협의를 하여 건축국에 확인신청서를 제출함과 동시에, 사회복지국에도 건축계를 제출하여 체크를 받아야 하는 방식이 도입되어, 그 효과적 실시를 목적으로 시행되고 있다.

③ 카나가와 현의 경우 : 카나가와(神奈川) 현에서는 1981년에 현립(県立) 시설을 대상으로 한 「장애인 등의 이용을 고려한 시설 정비 요령」, 이듬해에는 시정촌(市町村) 및 민간시설을 대상으로 한 「누구라도 살기 좋은 복지 가로 만들기 추진 방침」이 제정되어, 복지부를 중심으로 장애물 없는 생활환경 정비에 관한 대응체계가 시작되었다. 그러나 강제력을 지니지 않은 지침에서는 민간 건축의 무장애화를 추진하는 것이 어렵다는 측면에서, 1985년과 1986년에 건설성에 '고령자와 장애인을 배려한 마을 만들기'를 위한 건축기준법 개정요청이 제기되었다. 1987년에는 「누구라도 살기 좋은 복지 가로 만들기 정비 지침・요강」이 개정・제정되어, 민간 건축도 복지부의 지도대상이 되었지만, 건물의 확인신청을 하는 건축지도과에서 지도를 철저히 하는 것이 곤란하여 결국 전체 30% 정도의 건물에만 지침・요강의 내용을 실현할 수밖에 없게 되었다.

이에 따라 건축기준법 제40조에 각 지방공공단체의 조례 안에 지역의 실정을 고려한 규제를 추가할 수 있다는 점을 포함시켰으며, 1990년 카나가와 현이 처음으로 현의 조례에 배리어 프리 디자인에 관한 내용을 포함시켰다. 건축기준법이란 방재성・안전성 확보를 위한 최저 기준인데, 예를 들어 그 기준에는 건물 내에 화장실과 엘리베이터를 설치하는 규정은 없지만, 설치했을 경우의 제한은 표시되어 있다. 따라서, 카나가와 현에서는 조례에 이념을 명확히 밝히지 않고 누구라도 이용할 수 있는 것이 안전상 바람직하다는 관점을 채용하여, 공공시설과 1,000$m^2$ 이상 규모의 점포, 음식점, 극장·영화관, 스포츠·여가 시설, 호텔·여관 및 이러한 복합시설을 대상으로, '국제 심벌마크'(**그림 1.62**)의 교부요건의 수준을 목표로, 건축기준법에서 제한을 부가할 수 있는 출입구, 수평이동, 수직이동, 화장실 설치의 유도에 관한 배려 내용을 표시하였다. 대상시설에 역사(驛舍), 사무소, 공장, 집합주택 등은 포함되지 않는 등 불충분한 점도 있지만, 이 조례는 복지마을 만들기 정비 지침·요강과 연동되어 운용된다는 점에서, 한층 더 철저한 지도를 추구하는 것이 의도되고 있다. 1995년 3월 요강은「복지마을 만들기 조례」로 격상되어 1996년 4월부터 시행되었다.

④ **오사카 부의 경우** : 1992년 카나가와 현의 조례를 참고하여, 건축기준법 시행조례의 개정과 독자적인「복지마을 만들기 조례」가 제정되었다. 사다토우 타케히로(定藤丈弘) 씨는 우선 주목해야 할 내용으로 첫째는, 법적 구속력의 강화로서 조례를 위반하면 200만 원 이하의 벌금 또는 위반 사실의 공표조치가 취해진 점, 둘째는 모든 지방자치단체에 복지마을 만들기의 의무 부여가 이루어지는 것과 함께, 민영의 공공시설과 지하의 가로도 대상에 포함되었으며 역사의 엘리베이터 설치 의무가 된 점, 셋째는 대상이 되는 기존 건축물에 대하여 개선계획을 결정하고 제출하도록 한 조치가 일본에서 최초로 시도된 점을 들고 있다.

그 후의 급속한 고령화의 진전, 장애인의 사회 참가의식의 고취, 교통 배리어 프리법의 시행 등의 사회적 변화와 이에 따른 요구에 대응하기 위하여「오사카 부 복지마을 만들기 조례」및「오사카 부 건축기준법 시행조례」의 개정이 이루어져 2003년부터 시행되었다. 이 개정의 기본적인 방향으로서 내부기관장애인과 영유아를 동반한 사람 등 보다 폭넓은 대상자에 대한 배려, 대상시설의 확대, 긴급 피난설비 등을 포함한 정비기준의 검증과 함께 복지에 관한 학습의 촉진, 자원봉사활동의 지원 및 간병에 관련된 인재 양성 등이 추가된 점 등, 복지를 둘러싼 상황의 변화를 포함한 '자립지원형 복지사회의 실현'을 목적으로 하고 있다. 상세한 것은 오사카 부 건축도시부 건축지도실 http://www.pref.osaka.jp/kenshi/index.html 참조.

**(野村みどり)**

## 2 장애를 가진 사람들의 행동특성

'장애를 가진 사람'이란 질병, 외상 및 기타의 원인에 의해, 신체와 정신에 장애를 가진 사람을 말한다. '장애의 개념'이라는 관점에서 보면,* 질환의 모든 귀결로서 장애를 봄으로

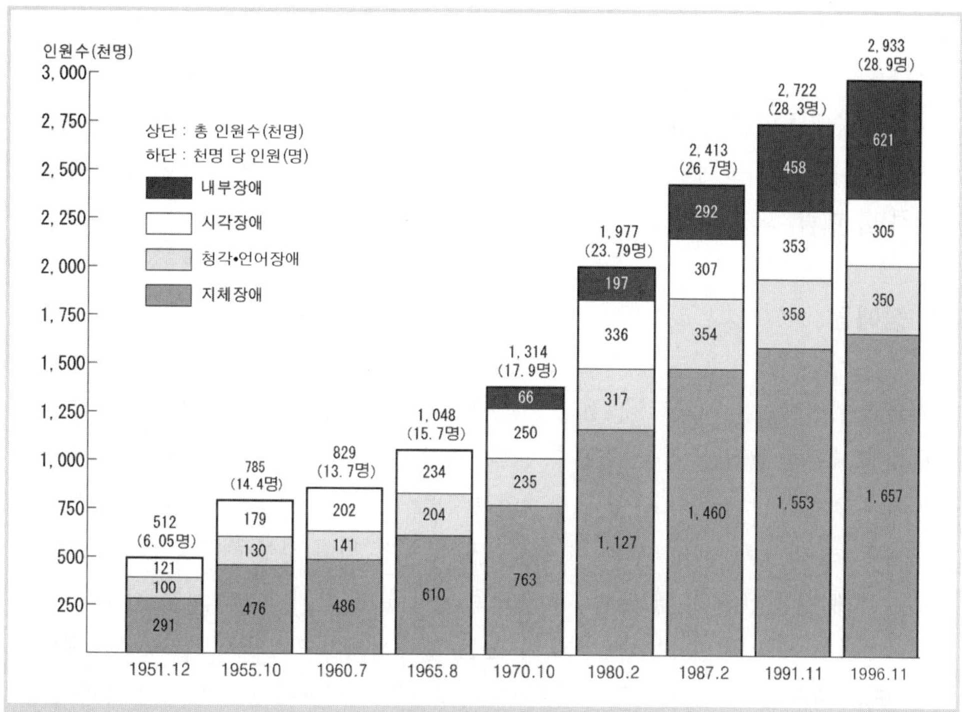


**그림 1.52 장애 종류별 장애인(18세 이상)의 추이**

주 : 내부장애에서는 1967년 8월부터 심장 · 호흡기 기능장애가, 1972년 7월부터 신장의 기능장애가, 1984년 9월부터는 방광 또는 직장의 기능장애가, 1986년 10월부터는 소장의 기능장애가 각각 장애인의 범위에 속하게 되었다. 그리고 1998년 10월부터는 '인간면역부전 바이러스'에 의한 면역기능장애가 내부장애의 범위에 속하게 되었다.
자료출처 : 후생성, 『장애인 실태조사』, 1996년.

써 '기능 · 구조장애', '활동장애', '참가 제약'의 세 개가 표시되어 있다. 여기서 말하는 '참가 제약'이란 종래의 핸디 캡(handicap : 사회적 불리)에 해당하며, 새로운 장애의 개념에서는 환경인자를 보다 중요하게 파악하여 이를 장애의 개념을 형성하는 중요한 요소로써 도입하고 있다. 왜냐하면 인간은 이러한 물리적 · 사회적 환경인자의 도입을 통하여 가치관이나 편견과 같은 사회의식을 형성하며 사회 내에서의 자신을 인식하기 때문이다.

따라서, 환경인자가 되는 생활환경의 개선은 단지 생활을 편리하게 한다는 측면뿐만 아니라, 장애를 가진 사람을 전 인격적으로 인정하며 독립된 개인의 생활을 보장하는 수단이 된다는 관점이 중요하다.

그리고 참가 제약의 원인이라고 생각되는 것은 서양에서는 그 개념이 넓으며, 지체장애와 지적장애 이외에 정신장애 등의 정신질환, 알코올중독 등의 약물중독, 동성애자, 고령자, 그리고 유아와 임산부 등도 포함된다. 이들 다양한 참가제한을 가진 사람을 적극적인

* ICIDH(WHO 국제장애분류 초판)

서비스의 대상자로 생각하고 있지만, 일본의 법체계에서는 그 대상이 일부에 지나지 않는다.

이처럼 장애를 가진 사람(참가 제약자)의 정의가 각 나라마다 다양하기 때문에 장애인의 인구비가 나라마다 크게 다르다. 일본의 경우 장애인을 이러한 광범위한 정의에 의해 산출하면, 대략 전 인구의 10%가 넘을 것이다.

## 2.1 장애인

일본에서 장애인은 시각장애, 청각 또는 평형 기능의 장애, 음성・언어 기능의 장애, 지체장애, 내부장애(심장, 신장, 호흡기, 방광, 직장, 소장, 면역 기능의 장애)를 가진 18세 이상의 사람이라고 정의되고 있다(장애인복지법).

그 수는 293만 3,000명(1996년)이며, **그림 1.52**에 보는 바와 같이 해마다 증가하고 있다. 이것은 18세 이상 인구 천 명 대비 28.9명으로 되어 있다. 증가 요인으로는 지체장애인의 구성비에서 65세 이상의 고령자 비율이 높은 것에서 알 수 있듯이, 고령화와 관련이 있다. 또한 내부장애를 중심으로 장애의 개념도 점점 확대하여, 1996년에는 바이러스에 의한 면역기능의 장애가 추가되는 등 그 범위가 확대되고 있다.

따라서 1987년 조사부터 본다면 내부장애 이외에는 그 수의 변화가 적다는 점에서, 장애인 수가 단순히 증가하고 있다고는 할 수 없는 것도 주의해야 할 점이다. 지체장애인의 구성은 동일한 그림에서와 같이 지체장애 56.5%, 청각장애 11.9%, 시각장애 10.4%, 내부장애 21.2%로 이루어져 있으며, 앞에서 서술한 바와 같이 내부장애의 증가가 현저하다는 것을 알 수 있다.

### 1) 지체장애인

#### (1) 지체장애인이란

양팔과 다리 및 신체(척추를 중심으로 한 상반신과 목 부분)에 장애를 가진 사람을 말한다.[37] 시각・청각 장애인 등을 감각기장애로 분류한다면 지체장애인은 운동장애로 분류할 수 있으며, 그 안에는 또 하체장애를 중심으로 한 이동장애, 상체장애를 중심으로 한 정밀동작능력장애로 분류된다. 이러한 것들은 손과 발 등의 ① 양팔과 다리, 또는 그것들에 운동을 발생시키는, ② 중추신경, 또는 그것들을 연결하는, ③ 중추신경 이외의 신경계 등의 어딘가의 장애에 의해서도 발생한다.

장애 부위의 원인에 따라, 신체 특정 부분을 움직일 수 없거나 자신이 마음먹은 대로 움직일 수 없다는 것 등 여러 운동장애의 형태가 나타난다. **표 1.2**는 기능장애 면에서 장애를 파악한 신체의 장애등급표이다.

**표 1.2 지체장애인의 장애 정도 등급표(장애인복지법 시행규칙 별표 제5호)**

| 등급 | 지체장애 | | | | |
|---|---|---|---|---|---|
| | 상체 | 하체 | 신체 | 영유아기 이전의 비(非)진행성 뇌병변에 의한 운동기능장애 | |
| | | | | 상체기능 | 이동기능 |
| 1급 | 1. 양팔의 기능을 전부 상실한 경우<br>2. 양팔의 손관절 이상이 없는 경우 | 1. 양 다리의 기능 전부를 상실한 경우<br>2. 양 다리의 허벅지 2분의 1 이상이 없는 경우 | 신체의 기능장애에 의하여 앉아 있는 것이 불가능한 경우 | 불수의 운동·실조 등에 의하여 상체를 사용하는 일상생활동작이 거의 불가능한 경우 | 불수의 운동·실조 등에 의하여 보행이 불가능한 경우 |
| 2급 | 1. 양팔 기능에 현저한 장애가 있는 경우<br>2. 양팔의 모든 손가락이 없는 경우<br>3. 한쪽 팔의 2분의 1 이상이 없는 경우<br>4. 한쪽 팔의 기능을 전부 상실한 경우 | 1. 양 다리의 기능에 현저한 장애가 있는 경우<br>2. 양 다리의 무릎 밑으로 2분의 1 이상이 없는 경우 | 1. 앉은 자세 또는 선 자세를 유지하는 것이 곤란한 경우<br>2. 일어서는 것이 곤란한 경우 | 상체를 사용하는 일상생활동작에 극도로 제한을 받는 경우 | 보행에 극도로 제한을 받는 경우 |
| 3급 | 1. 양팔의 엄지 및 검지가 없는 경우<br>2. 양팔의 엄지 및 검지 기능을 전부 상실한 경우<br>3. 한쪽 팔의 기능에 현저한 장애가 있는 경우<br>4. 한쪽 팔의 모든 손가락이 없는 경우<br>5. 한쪽 팔의 모든 손가락 기능을 상실한 경우 | 1. 양 다리의 발목 아래가 없는 경우<br>2. 한쪽 다리 허벅지의 2분의 1 이상이 없는 경우<br>3. 한쪽 다리의 기능을 상실한 경우 | 보행이 곤란한 경우 | 상체를 사용하는 일상생활동작에 현저히 제한을 받는 경우 | 보행이 가정 내에서의 일상생활활동으로 제한되는 경우 |
| 4급 | 1. 양팔의 엄지가 없는 경우<br>2. 양팔의 엄지 기능을 전부 상실한 경우<br>3. 한쪽 팔의 어깨, 팔 또는 손목 관절 중에서 어느 하나의 기능을 전부 상실한 경우<br>4. 한쪽 팔의 엄지 및 검지가 없는 경우<br>5. 한쪽 팔의 엄지 및 검지 기능을 전부 상실한 경우<br>6. 엄지 또는 검지를 포함하여 한쪽 팔의 세 손가락이 없는 경우<br>7. 엄지 또는 검지를 포함하여 한쪽 팔의 세 손가락의 기능을 전부 상실한 경우<br>8. 엄지 또는 검지를 포함하여 한쪽 팔의 네 손가락 기능에 현저한 장애가 있는 경우 | 1. 양쪽 발의 모든 발가락이 없는 경우<br>2. 양쪽 발의 모든 발가락 기능을 상실한 경우<br>3. 한쪽 다리의 무릎 밑으로 2분의 1 이상이 없는 경우<br>4. 한쪽 다리의 기능에 현저한 장애가 있는 경우<br>5. 한쪽 다리의 무릎관절의 기능을 전부 상실한 경우<br>6. 한쪽 다리가 건강한 쪽과 비교하여 10cm 이상 또는 건강한 쪽의 길이의 10분의 1 이상 짧은 경우 | | 상체의 기능장애에 의하여 사회에서의 일상생활활동에 현저히 제한을 받는 경우 | 사회에서의 일상생활활동에 현저히 제한을 받는 경우 |
| 5급 | 1. 양손의 엄지기능에 현저한 장애가 있는 경우<br>2. 한쪽 팔의 어깨, 팔 또는 손목 관절 중 어느 하나의 관절기능에 현저한 장애가 있는 경우<br>3. 한쪽 손의 엄지가 없는 경우<br>4. 한쪽 손의 엄지 기능을 전부 상실한 경우<br>5. 한쪽 손의 엄지 및 검지 기능에 현저한 장애가 있는 경우<br>6. 엄지 또는 검지를 포함하여 한쪽 손 중 세 개의 손가락 기능에 현저한 장애가 있는 경우 | 1. 한쪽 다리의 무릎관절 기능에 현저한 장애가 있는 경우<br>2. 한쪽 다리의 발관절 기능을 전부 상실한 경우<br>3. 한쪽 다리가 건강한 쪽과 비교하여 5cm 이상 또는 건강한 쪽 길이의 15분의 1 이상 짧은 경우 | 신체의 기능에 현저한 장애 | 불수의 운동·실조 등에 의하여 상체의 기능장애에 의한 사회에서의 일상생활활동에 지장이 있는 경우 | 불수의 운동·실조 등에 의하여 사회에서의 일상생활활동에 지장이 있는 경우 |
| 6급 | 1. 한쪽 손의 엄지 기능에 현저한 장애가 있는 경우<br>2. 검지를 포함하여 한쪽 손의 두 개 손가락이 없는 경우<br>3. 검지를 포함하여 한쪽 손의 두 개의 손가락 기능을 전부 상실한 경우 | 1. 한쪽 다리의 발등관절이 없는 경우<br>2. 한쪽 다리의 발관절 기능에 현저한 장애가 있는 경우 | | 불수의 운동·실조 등에 의하여 상체의 기능장애가 있는 경우 | 불수의 운동·실조 등에 의하여 이동기능에 장애가 있는 경우 |
| 7급 | 1. 한쪽 팔의 기능에 가벼운 장애가 있는 경우<br>2. 한쪽 팔의 어깨, 팔 또는 손목 관절 중 어느 하나의 관절 기능에 가벼운 장애<br>3. 한쪽 팔의 손목 기능에 가벼운 장애<br>4. 검지를 포함하여 한쪽 손의 두 개 손가락의 기능에 현저한 장애가 있는 경우<br>5. 한쪽 손의 중지, 약지 및 소지(小指)가 없는 경우<br>6. 한쪽 손의 중지, 약지 및 소지(小指)의 기능을 전부 상실한 경우 | 1. 양 발의 모든 발가락 기능에 현저한 장애가 있는 경우<br>2. 한쪽 발의 기능에 가벼운 장애<br>3. 한쪽 다리의 무릎관절 또는 발관절 중에서 어느 하나의 관절기능에 가벼운 장애<br>4. 한쪽 발의 모든 발가락이 없는 경우<br>5. 한쪽 발의 모든 발가락 기능을 상실한 경우<br>6. 한쪽 다리가 건강한 쪽과 비교하여 3cm 이상 또는 건강한 길이의 20분의 1 이상 짧은 경우 | | 상체에 불수의 운동·실조 등이 있는 경우 | 하체에 불수의 운동·실조 등이 있는 경우 |

#### (2) 지체장애인의 장애 파악

운동장애를 가지고 있는 지체장애인은 배리어 프리 디자인의 관점에서 보면 '이동장애인'으로서 파악될 수 있다. 따라서, 원인이 된 질병이나 장애 정도에 관계없이 기본적으로는 우선 '이동방법'에 주목하게 된다. 이러한 기능장애의 파악방법은 제2장에서 상세히 설명하겠지만 크게 다음과 같은 이동방법(수단)으로 나누어 볼 수 있다.

- 선 자세 이동
- 앉은 자세 이동
- 휠체어 이동

선 자세 이동은 다시 단독 보행과 목발 보행으로 분류된다. 그러나 배리어 프리 디자인에서, 특히 필요한 생활공간의 시점에서는 양자 사이에 큰 차이가 없다. 여기에서는 이동방법별로 파악한 지체장애인의 행동특성과 배리어 프리 디자인의 기본개념을 서술하기로 한다.

① **보행이 가능한 하체장애인(목발을 사용하는 하체장애인 포함)** : 보행이 가능한 하체장애인은 일상생활에서는 장애를 가지지 않는 사람의 생활공간과 크게 다름이 없다. 장애 원인으로는 뇌졸중 후유증에 의한 한쪽 마비, 절단, 기타의 정형외과적 환자 등으로 앉은 상태에서 일어설 때 부담이 크기 때문에, 가능한 한 바닥에 앉은 자세 → 일어서는 동작이 적은 쪽으로 생활환경을 설정해야 한다. 바닥에서 생활하는 것이 매우 어려우므로, **그림 1.53a**처럼 가능한 한 의자나 침대 등을 사용한 생활형태가 필요하다.

② **바닥에 앉은 자세 이동** : 이것은 엉덩이를 바닥에 붙인 상태로 상체를 사용하여 기어서 앞쪽으로 이동하는 방법이다. 본래는 휠체어 이동이 적당한 경우일지라도, 좌식 중심인 일본에서는 주택 사정에 따라 휠체어에 맞는 생활공간을 확보하는 것이 불가능한 경우 이와 같은 이동방법을 취하는 사례가 많다. 장애 원인은 중・경증의 뇌병변 장애인이 많지만, 절단자와 한쪽 마비자 등 폭넓은 장애에서 보이고 있다. 이 이동자세는 결코 이상적인 것은 아니며, 의사들은 이러한 자세가 적당하지 않다고 판단하는 경우가 많다. 단지 주택 내의 공간을 확보할 수 없다는 이유만으로 이러한 이동방법을 강요해서는 안 된다. 그러나 좌식생활을 하는 일본에서는 비교적 위화감 없이 받아들일 수 있기 때문에, 의료 전문가와 상담한 후에 신체적인 문제가 적다면 휠체어를 도입하는 것보다 훨씬 더 현실적인 해결책이 될 수 있다. **그림 1.53b**와 같이 변기와 욕조를 바닥으로 매입하는 설계가 필요하다.

③ **휠체어 사용자** : 상체와 신체의 장애 유무와 정도에 따라 여러 단계로 구분되지만, 어떠한 단계에 관계없이 휠체어를 사용하여 실내를 이동하거나 휠체어에 탄 채로 생활동작이 가능하도록 공간을 확보하여 둘 필요가 있으며, 일반적인 경우보다 조금 넓은 면적이 필요하다.

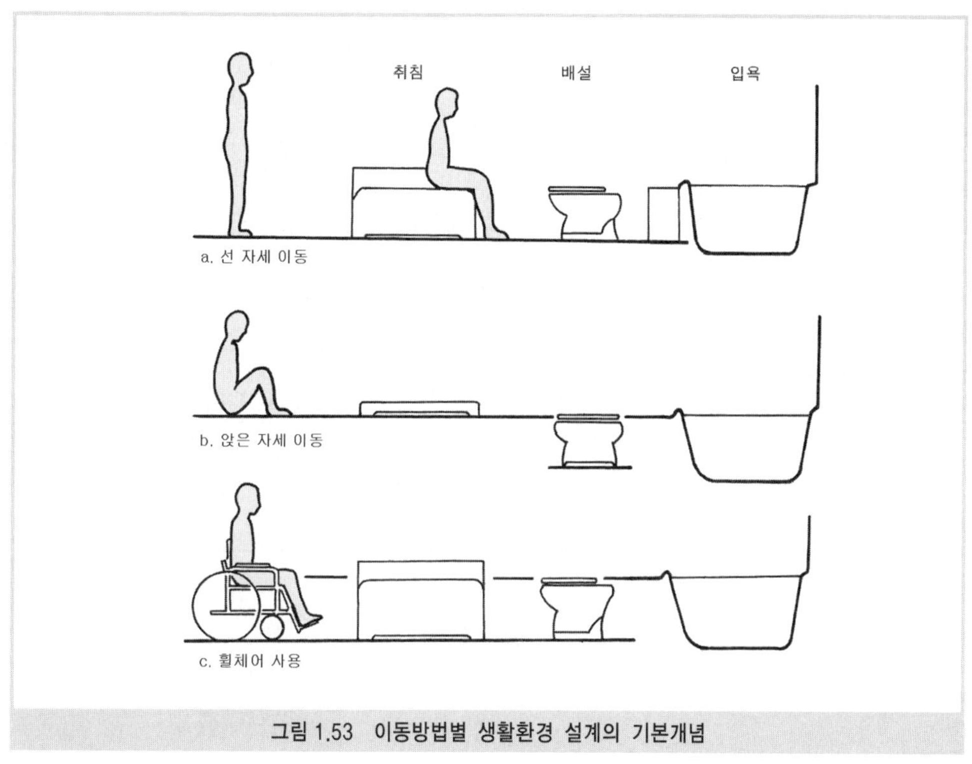

**그림 1.53 이동방법별 생활환경 설계의 기본개념**

일상생활에서의 생활공간은 **그림 1.53c**와 같이 휠체어 앉은 면의 높이를 기준으로 하고 있다고 생각해도 좋다. 이 기준의 높이에 생활공간의 각 부분을 맞추어 가능한 한 수평방향의 이동(수평으로 옮겨 앉기)만으로 생활이 가능하도록 한다.

또한 휠체어 사용자는 수직방향의 활동영역에도 제한이 많으며, 이 결과 높은 곳과 매우 낮은 위치에 있는 물건을 집는 것은 어렵다. 신장과 상체의 활동범위를 참고로 하여 물건을 놓는 위치, 스위치 등의 조작위치를 설정한다. 또한, 테이블 세면대 등의 설정에도 배려가 필요하다. 개념의 기본은 의자에 앉은 자세에서 이것들을 사용한다고 생각하면 좋다(**그림 1.54**). 그러나 일반의자와 비교하면 무릎이 올라가 있다는 것, 암레스트(팔걸이)가 돌출되어 있다는 특성이 있으며, 테이블 등의 높이는 너무 낮게 할 수 없기 때문에 테이블의 두께는 얇은 것을, 그리고 그 아래에는 서랍 등의 장애물이 없는 것을 이용한다(**그림 1.55**). **(八藤後 猛)**

## 2) 시각장애인

### (1) 시각장애인이란

시각이란 인간의 안구 내부로 가시광선이 들어와, 망막 내의 빛 수용기에 흡수됨으로써 발생하는 감각이다. 인간의 안구는 **그림 1.56**과 같은 구성을 하고 있다. 안구 내부로

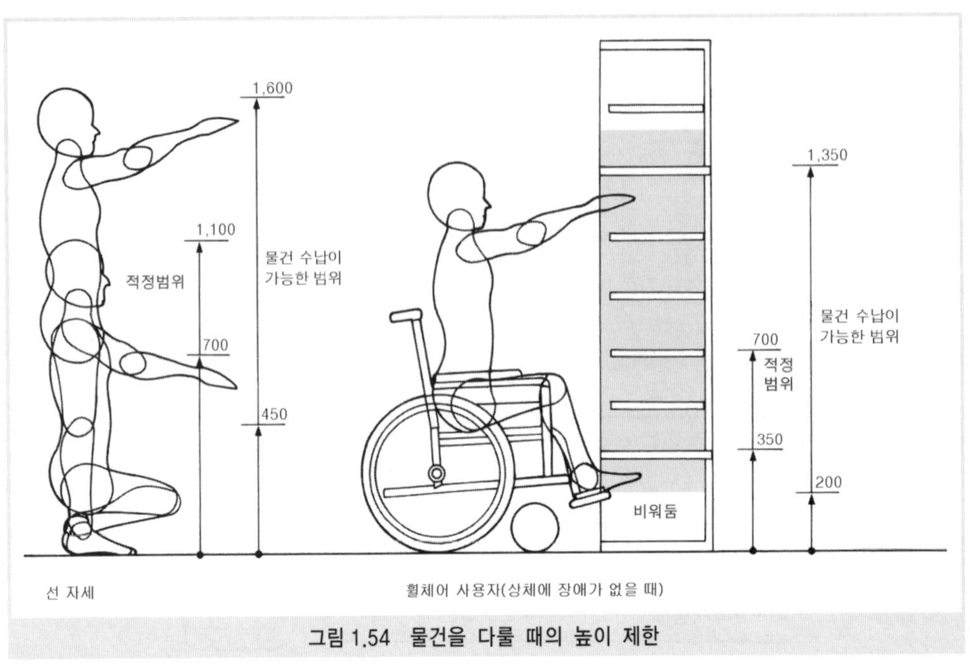


그림 1.54 물건을 다룰 때의 높이 제한

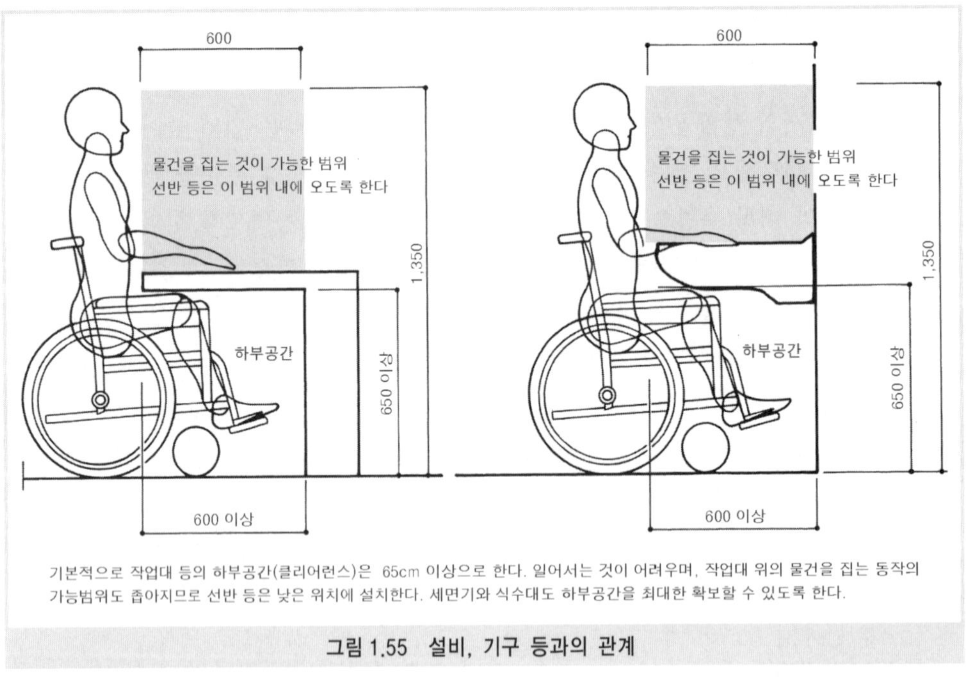


그림 1.55 설비, 기구 등과의 관계

들어온 빛 에너지는 망막에 있는 빛 수용기를 거쳐 신경신호로 변환되어, 시신경을 통하여 대뇌피질의 시각중추에 전송되어 시각으로 인식된다. 눈에 의해 외부 세계를 인지하는 기능(시각기능)은 다음과 같은 기능으로 이루어져 있다.

광　각　빛을 느끼는 기능
색　각　색을 느끼는 기능
시　력　외부 세계의 물체 형태를 인식하는 형태감각의 예민 정도의 단위
시　야　시선을 중앙에 고정된 상태에서 볼 수 있는 범위
안구운동　안구의 회전운동
굴　절　안구에 들어오는 빛을 각막・수정체에서 굴절시켜 망막에 상을 맺게 하는 기능
조　절　안구에 들어오는 빛의 굴절을 외부 세계의 변화에 따라 수정체의 두께로 조절하는 기능
양 안 시　양쪽 눈에 의해 물체를 입체적으로 볼 수 있는 기능

어떠한 원인으로 눈에서 시각중추까지 경로에서의 손상으로 기능장애를 가져온 경우를 시각장애라고 할 수 있다.

보통, 시력의 장애 정도에 따라 시각장애를 분류하는 것이 일반적이지만, 필요에 따라서 의료・교육・복지 등의 분야에서 독자적 분류방법을 취하고 있다. 예를 들어, 장애인복지법에 의한 분류는 **표 1.3**과 같다.

교육 분야에서는 양 눈의 교정시력 0.3 미만을 대상으로, 전맹과 약시로 분류하고 있다.

전맹은 ① 시력이 전혀 없으며 명암도 식별할 수 없는 절대맹, ② 희미한 명암을 판별할 수 있을 정도의 광각맹, ③ 희미한 시력이 있으며 색채의 구별이 가능한 색각맹, ④ 눈앞에서 손을 흔들면 손의 움직임을 알 수 있는 손 움직임맹이 있다

약시는 ① 가까이서 손가락 수를 알 수 있는 손가락 수맹에서 교정시력 0.04 미만까지의

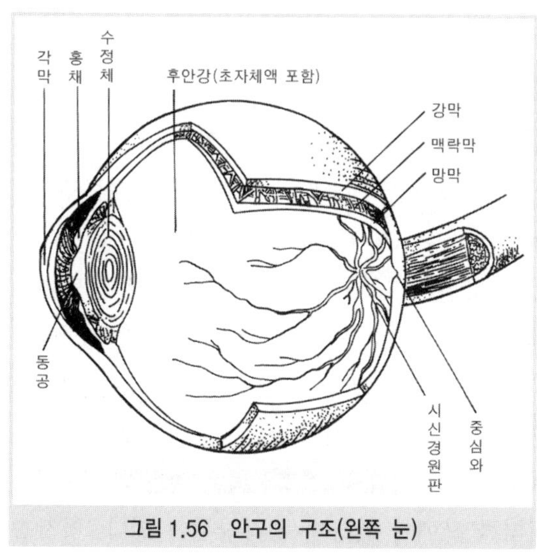


그림 1.56　안구의 구조(왼쪽 눈)

**표 1.3　시각장애인의 등급**

장애인복지법에 의한 분류
- 표준 시력표에 의하여 측정

| 급 | 양쪽 눈의 교정시력 | 양쪽 눈의 시야 |
|---|---|---|
| 1 | 0～0.01 이하 | |
| 2 | 0.02～0.04 이하 | |
| 3 | 0.05～0.08 이하 | |
| 4 | 0.09～0.12 이하 | 각각 5도 이내 |
| 5 | 0.13～0.2 이하 | • 각각 10도 이내<br>• 양쪽 눈에 의한 시야가 1/2 이상 차이가 있다. |
| 6 | 한쪽 눈 0.02 이하, 다른 쪽 눈 0.6 이하로서 그 합이 0.2를 넘을 것 | |

중증약시, ② 교정시력 0.04에서 0.3 미만의 경증약시로 되어 있다.

이러한 시력의 장애 이외에, 시야협착, 광각이상, 사시 등의 장애가 있다.

(2) 시각장애인의 행동특성

시각장애인은 약시의 경우 일부 시각에 의존하기도 하지만, 그 이외에 청각・촉각・후각・평형감각・진동감각으로 공간 인지를 한다. 시각정보는 감각기관 내에서 가장 정보량이 많다고 할 수 있다. 이러한 기관의 장애이므로 정보량이 상당히 한정된다. 더구나 일반적으로 행동도 대단히 신중하며 느릴 수 있다.

시각장애인은 장애 시기에 따라 선천성 시각장애와 중도실명으로 분류할 수 있다. 선천성(태어나면서부터의 실명상태)의 경우는 언어획득의 경험적 배경이 부족하기 때문에 내용이 없으며 형식적인 언어행동이 보인다고 할 수 있다. 중도실명의 경우는 시각적 경험에 의존하는 것이 가능하지만, 자신의 경험을 고집하기 때문에 장애를 수용하기 어렵고, 촉・청각적 경험세계로 이행하기 어려우며, 무력감에 빠져 정서불안・열등감 등으로 힘들어하는 경우가 많다고 할 수 있다.

시각장애인에게 공간 인지방법으로 가장 중요한 것은 촉각이다. 직접 물체를 만지면서 바닥・기둥・벽・가구를 지각하고 공간을 인식한다. 또한 환경으로부터 나오는 소리(청각), 기류의 흐름(촉각), 여러 장소로부터의 냄새(후각), 바닥・벽・교통기관의 진동(진동감각), 바닥・대지의 경사(평형감각)로 주위의 상황을 파악한다.

이러한 시각 이외의 정보로 얻어진 공간 인식은 절대적인 좌표축과 위치를 가지지 않으며, 연속된 선적 공간으로서 인식되기 쉽다고 할 수 있다.

한편, 개인차는 있지만 시각 이외의 감각이 예민해지는 수도 있다. 예를 들면, 보행 시에 미묘한 공기 흐름에 따라 보도에 주차된 자동차를 자연스럽게 알 수 있다.

### 3) 청각장애인

(1) 청각장애인이란

소리는 공기의 진동이다. 모든 물체는 두드리면 음원(音源)이 되며, 그 진동이 공기의 진동이 되며 귀의 내이와 같은 기관에 의해 소리로 느낄 수 있다. 외이에서 중이, 내이를 거쳐 음파가 고막에 도달하면 고막이 진동하게 된다. 이 진동이 이소골을 거쳐 전정창(前庭窓)으로 전달되어 달팽이관 속의 림프액을 진동시킨다. 이 진동으로 달팽이관 신경에서 음파에(조밀파에 충실하게) 반응하는 전기적 진동이 발생한다. 달팽이관 신경은 전정신경과 함께 제8신경이 되며, 대단히 복잡한 과정을 통하여 전기진동은 대뇌의 소리피질에 전달되어 소리로 감지할 수 있다. 달팽이관 신경은 청각을, 전정신경은 평형감각을 뇌에 전달한다(**그림 1.57**). 이러한 과정 중 어떠한 장애가 있다면 청각장애가 된다. 청각장

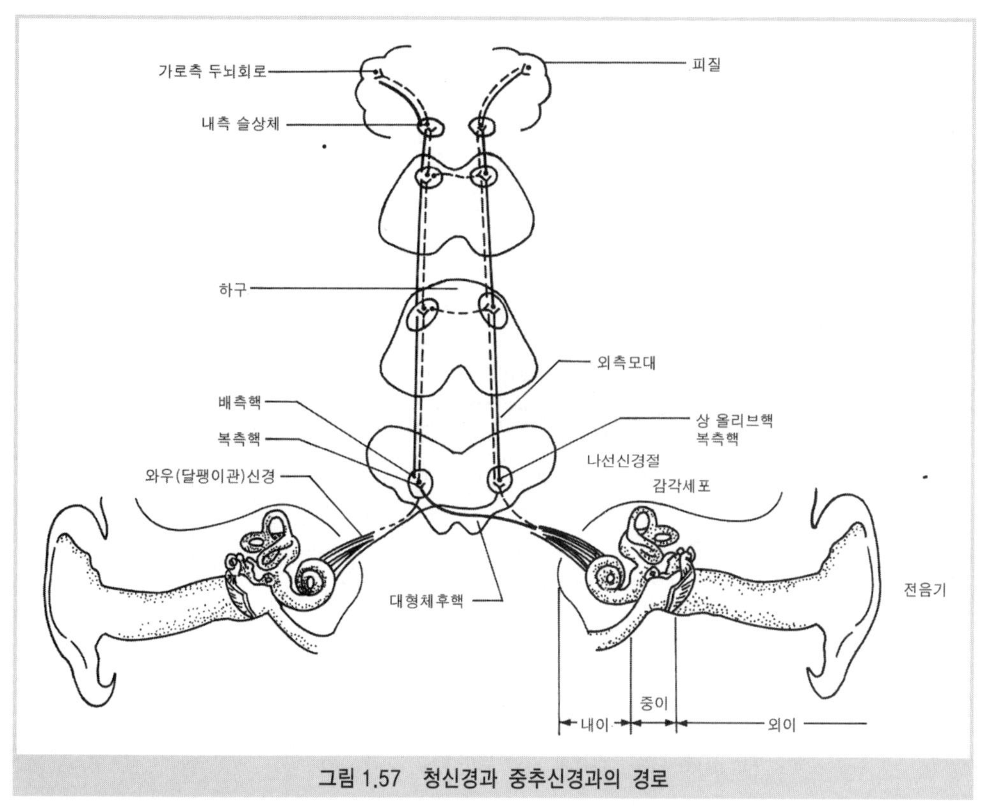


그림 1.57 청신경과 중추신경과의 경로

애에는 청력장애, 이명(耳鳴), 청각과민, 방향감장애, 이청(異聽 : 환청), 착청(錯聽) 등이 있나.

공기의 진동은 파동 형태로 전달되기 때문에 음파라고 한다. 음파는 공기 속을 통과하는 길거나 짧은 파(波)를 의미한다. 공기가 기밀하게 되는 곳은 기압이 조금 높게 되며, 공기가 그다지 없는 곳은 기압이 조금 낮게 된다. 이러한 기압 변화의 크기를 '음압'이라고 한다. 또한 음파에서 하나의 파의 시작에서 끝까지의 길이를 '파장'이라고 하며, 1초간의 파의 반복수를 '주파수'라고 한다. 음압이 크면 클수록 큰 음이 되며 작으면 작을수록 낮은 음으로 들린다. 인간이 실제로 들을 수 있는 소리는 제한되어 있으며, 그 범위는 주파수에 따라 다르다. 음압은 공기의 압력이며, 일반적으로 dB(데시벨)로 표시한다. 주파수 1,000Hz(헤르쯔)의 경우는 4dB이 최소가청값으로 일컬어지고 있다. 200Hz의 경우는 약 20dB이며, 주파수에 따라 다르다. 소리의 크기는 주파수에 따라 다르게 느껴지므로 1,000Hz의 진동수를 갖는 소리를 기준음으로 삼는다. 이 기준음의 dB을 phon(폰)으로 정의한다. **그림 1.58**은 인간이 들을 수 있는 범위를 나타내고 있다. 그림의 자극값에 관한 역치역은 인간의 최소가청역치 4phon의 선을 나타내고 있다. 일반적인 회화는 약 60~70dB 정도이며, 가장 듣기 쉬운 음압은 60dB 정도라고 할 수 있다.

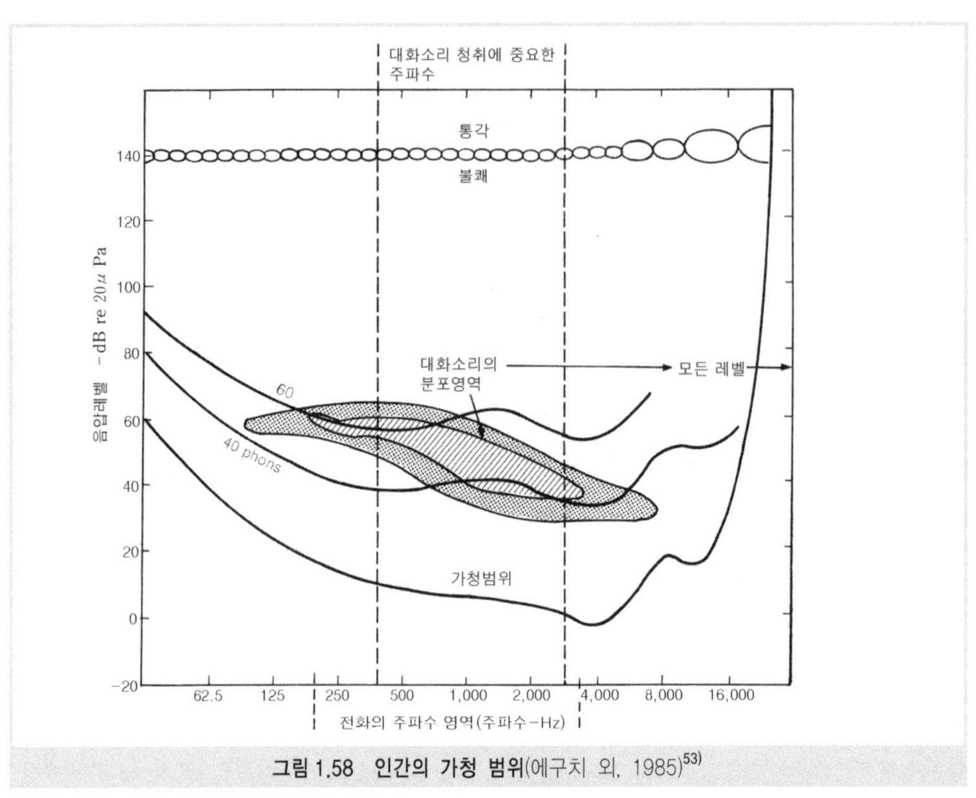


**그림 1.58 인간의 가청 범위**(에구치 외, 1985)[53]

청력장애의 정도는 음과 대화 중 단어가 거의 들리지 않는 상태를 '청각장애'라고 부르며, 청각장애에서 정도가 가벼운 것을 난청이라고 부르고 있다. 복지 분야의 장애인복지법에 따른 장애 정도의 분류는 **표 1.4**와 같다. 또한 교육 분야에서는 **표 1.5**와 같이 경증(mild), 중증(中症, moderate), 준중증(moderately severe), 중증(重症, severe), 최중증(profound)으로 분류하는 것이 일반적이다. 또한 장애를 입은 부분에 따라 다음과 같이 분류된다.

**표 1.4 청각장애인의 등급**
(장애인복지법에 의한 분류)

| | |
|---|---|
| 2급 | 양쪽 귀의 청력손실이 각각 90데시빌 이상인 경우 |
| 3급 | (1) 양쪽 귀의 청력손실이 80데시빌 이상인 경우<br>(2) 평형기능 또는 언어기능의 상실 |
| 4급 | (1) 양쪽 귀의 청력손실이 70데시빌 이상인 경우<br>(2) 양쪽 귀에 의한 보통 음성의 가장 좋은 음성 명료도가 50% 이하인 경우<br>(3) 음성기능 또는 언어기능에 현저한 장애 |
| 5급 | 평형기능의 현저한 장애<br>(단, 두 가지의 중복장애는 한 단계 위로 한다.) |
| 6급 | (1) 양쪽 귀의 청력손실이 60데시빌 이상인 경우<br>(2) 한쪽 귀의 청력손실이 80데시빌 이상, 다른 쪽 귀의 청력손실이 40데시빌 이상인 경우 |

① **전음성 난청** : 외이, 고막, 중이에 걸쳐 소리를 전달하는 전음(轉音)계의 장애로 인한 난청. 치료로 청력 회복이 가능한 경우가 많다. 보청기의 효과가 크다.

② **감음성 난청** : 내이에서 뇌중추에 걸쳐 소리를 느끼는 감음(感音)계의 장애로 인한 난청. 치료로 청력 회복을 꾀하기 어려운 경우가 많다.

**표 1.5 청력의 장애 정도에 의한 가청 정도, 교육적 조치**(오오누마, 1990)[54)]

| 장애 정도/<br>청력 수준/<br>WHO의 분류 | 들을 수 있는 단어 | 교육적 조치 |
|---|---|---|
| mild/<br>26~40dB/<br>경증 | 작거나 멀리 떨어진 곳에서의 음성을 들을 때 문제가 있다. 그러나 학교생활은 대부분 잘 하고 있으며, 발표도 대부분 정상이다. | 일반적인 교육 현황에서는 좌석의 위치를 고려한다. 필요에 대응하여 청취 능력의 지도를 실시한다. |
| moderate/<br>41~55dB/<br>중증(中症) | 일반적으로 1~2m 내에서의 대화라면 특별히 어려움 없이 이해할 수 있다. 학교에서 작은 음성, 먼 곳의 음성, 얼굴이 보이지 않는 경우 등에는 어려움이 따른다. 발음이 잘못된 아동도 있다. | 보청기의 착용이 필요하게 된다. 발음, 정확한 음성의 유지 등의 지도가 필요하다. 교실에서의 좌석을 배려하지 않으면 안 된다. |
| moderately-<br>severe/<br>56~70dB/<br>준중증<br>(準重症) | 특히 큰 음성의 회화라면 이해할 수 있지만, 집단에서의 토론은 상당히 어렵다. 언어력의 뒤처짐이 보이며, 부자연스런 발성과 구음의 잘못된 부분이 눈에 띈다. 그러나 일반적으로는 보청기 착용에 의하여 개선효과가 크다. | 보청기 착용 지도, 청능훈련, 발표연습, 언어의 특별지도가 필수적이다. 조기 지도의 효과가 크며, 효과가 큰 경우에는 좌석의 배려와 다소의 특별지도를 받으면서 일반 학교에서 학습 가능한 아동도 있다. 일반적으로는 난청학급이 바람직하다. |
| severe/<br>71~90dB/<br>중증(重症) | 귀에서 30cm의 큰소리는 들을 수 있으며 환경음과 모음의 몇 개는 구별 가능하지만, 소리의 질은 정상과 상당히 차이가 난다. 발표뿐만이 아니라 언어 자체의 지도가 필요하다. 보청기 착용에 의하여 모음과 자음의 일부는 구별 가능하며, 운율(韻律) 정보를 실마리로 하여 의사소통 능력을 개선할 수 있다. 독화에 의존하는 경우가 커지게 된다. | 발표의 지도에 중점을 두며, 청능훈련 및 언어지도를 하지 않으면 안 된다. 우선, 청각교육의 방법을 기초로, 음성언어 의사소통 능력의 기초를 확립할 수 있다면 난청학급에서의 특별지도를 받으며, 그렇지 않다면 청각학교에서의 시각정보의 수용을 배려한 학습환경이 필요하게 된다. 교과학습의 뒤처짐에 대처할 필요가 있다. |
| profound/<br>91dB/<br>최중증 | 음성언어정보의 수용에 특별한 대응을 하지 않으면 청각장애가 되어 버린다. 보청기에만 의존하는 것은 곤란하며, 음성의 강약과 장단, 리듬 등의 운율정보는 지각할 수 있으므로, 이것을 실마리로 한다면 독화로 소리를 내거나, 문자나 수화 등의 시각적 미디어에 보완적인 보청효과를 가진다. | 빠른 시기부터 특별히 부모지원을 시작하여 언어획득을 도모할 필요가 있다. 청각학교에서 난청교육을 실시하는 것과 함께, 시각정보를 중심으로 한 언어지도에 중점을 두지 않으면 안 된다. 청각학교만의 교육환경에서 다양한 의사소통 능력을 교육할 수 없는 경우에는 일반적인 학교와의 교류의 기회를 충분히 고려한다. |

③ **혼합성 난청** : 감음성 난청에 전음성 난청이 중복된 경우로, 경증에서 중증까지 다양하다.

### (2) 청각장애인의 행동특성

시각・청각 장애를 가진 헬런 켈러는 "신이 지금 당신에게 단 하나만의 부활의 은혜를 베푼다면, 당신은 무엇을 바라겠습니까?"라고 묻는다면, 주저 없이 "청각을 원합니다. 들을 수 있게 되기를 바랍니다."라고 했다고 한다. 이 일화는 청각의 본질을 이야기하고 있다고 생각된다. 즉 청각이 있음으로써 언어가 발달하고, 인류의 지식이 언어로 축척되어 문화로 전달・계승되는 게 아닌가라고 생각된다. 청각장애는 커뮤니케이션 장애라고 할 수 있으며, 때로는 인간이 만들어 온 지식과 문화 획득의 뒤처짐을 의미하고 있다. 특히 선천적인 청각장애인의 경우에서 이러한 점이 현저하게 나타난다. 그러나 이와 같이 학습의 뒤처짐은 어디까지나 커뮤니케이션 장애에 의한 것으로, 개선 가능성이 충분하다고 생각할 수 있다.

청각장애인의 행동은 기본적으로 시각에 의존한다. 시각으로 계속 주의를 집중할 수 있는 범위는 자신의 신체 주위로 한정된다. 그리고 계속 주시하지 않으면, 돌발상황에 대처할 수 없다. 따라서 청각장애인은 안절부절 못하며 안정된 상태가 아닌 것처럼 보일 때도 있다. 또한 청각장애인은 자신의 발성을 들을 수 없으며, 충분한 발성을 하지 못하는 경우도 많기 때문에, 대화할 때 자주 목소리가 너무 높다든지 기이한 형태로 들릴 수가 있다. 또한, 수용할 수 있는 정보량이 적어 잘못된 행동을 하거나 쓸모없는 오해를 받는 경우도 종종 있다. 그러나 이러한 행동특성은 어디까지나 커뮤니케이션 장애로 인한 것이므로, 훈련과 커뮤니케이션 수단의 개선으로 해결될 것으로 보인다.

## 2.2 지적장애인

### 1) 지적장애인의 개념

지적(知的)장애인이란 '지적장애'라고 일컬어지는 상태를 지닌 영유아, 아동, 성인, 고령자를 말한다(본서에서는 아동복지법 · 지적장애인복지법의 규정에 따라 이하에서는 18세 미만을 지적장애아동, 18세 이상을 지적장애인으로 칭하며, 보통은 지적장애인으로 칭한다). 이러한 '지적장애' 상태에 관해서는 아직까지 통일된 정의가 있지 않아 많은 학설에 따르고 있다.

문부과학성은 1953년 발표한 '교육에서 특별한 취급을 필요로 하는 학생의 판별기준'에서 지적장애아동을 "다양한 원인에 의하여 정신발육이 항구적으로 지체되며, 이로 인하여 지적 능력이 떨어지며, 자기 신변의 일에 대한 처리 및 사회생활의 적응이 현저히 곤란한 사람"으로 정의하였다. 그러나 지적 능력의 저하를 중심으로 생각하는 개념에서 최근에는 '지적장애'란 다양한 원인으로 발생한 정신발달장애의 복합적인 상태라고 할 수 있다. 또한 정신발달이 항구적으로 지체된다는 개념에 대해서는 '지적장애'의 가변성에 주목하여 인적 · 물리적 환경의 영향에 따라 조기교육 · 조기치료로 상당한 개선을 얻을 수 있다고 보고되고 있는 등 고정된 상태를 지칭하는 것이 아니라는 견해가 대두되고 있다.

AAMD(미국지적장애협회)에서는 '지적장애'를 "전반적인 지적기능이 평균보다 확실히 낮으며, 동시에 적응행동에 장애를 가진 상태로서 발달기에 나타나는 것"으로 정의하고 있다(1959년 제안, 1973년 개정). 이 정의는 단순히 지적기능의 장애만을 '지적장애'로 파악하지 않고, 사회생활에 대한 적응행동을 중시함으로써, 그 연령에 맞는 사회적 · 일반적・평균적 행동수준이 어떤 수준인가에 따라 '지적장애'의 상태를 정의하고 있다. 후생성은 이러한 정의를 1975년에 실시한 실태조사에 반영하여, 단순히 지적장애만이 아니라 사회생활상의 적응장애에 따르는 것, 즉 "심신의 발달기(대략 18세까지)에 나타나 생활에서의 적응장애를 동반한 지적기능의 장애를 수반하는 상태에 있는 것"을 '지적장애'로 하며, 테스트에 의한 지수는 절대시하지 않고 있다.

이러한 개념은 최근의 관련 복지행정 내에서 넓게 활용되고 있다. 또한 오늘날 발달보장론의 입장에서도 많은 개념들이 나오고 있다. 카와조에 쿠니토시(河添邦俊)는 '장애'에는 반드시 육체적인 손상이 따르며, "그러한 손상이 있고 더구나 기능상의 부자유를 분명하게 나타내는 '증상'을 '장애'라고 한다."로 정의하고 있으며, "이러한 '장애 증상'은 아동의 경우에는 육체적 손상과 아동으로서의 공통성・보편성・공동성을 가진 발달단계상의 뒤처짐과의 상호작용이 발생하며, 그러한 상호작용의 누적으로 기능의 부자유와 문제행동이 나타나는 것"이며, "육체의 손상에 따른 발달상의 뒤처짐을 극복하는 것이, '장애'의 극복이 된다."고 하고 있다.

'장애'의 구분에 관해서 "주요 기능의 부자유를 나타내는 증상은 그것을 가진 그룹의 구분으로 정의된다. 이를테면, 각각 '증상군(症狀群)' 또는 '증후군(症候群)'이라는 명칭이 사용된다. 따라서 이러한 구분은 결코 원인을 나타내지도 않으며, 여러 가지의 증상과 문제행동의 원인이 되는 것도 아니다."로써, 장애의 차이성보다도 인간의 공통성・보편성・공동성에 주목하고 있다. 이 책에서는 지금까지의 일반론에 따라 지적장애를 칭하고지 한다.

지적장애의 원인은 오늘날 많은 연구가 진행되고 있고 여러 가지의 원인이 알려져 있으며, 이와 관련한 800가지 이상의 질병이 보고되고 있다.

### 2) 지적장애인의 행동특성

다음으로 지적장애인이 나타내는 특성을 살펴본다. 지적장애인이라도 그 실제의 연령, 장애의 정도에 따라 상당히 다른 모습을 나타내고 있다. 일반적으로 실제의 연령(생활연령 chronological age ; CA)과 그 연령에 대응한 표준화된 지적 능력 등의 수준을 비교하여, 실제로 어느 정도의 연령단계에 도달한 상태인가를 일정한 방법으로 측정한다(정신연령 mental age ; MA). 그리고 지능지수[(정신연령/생활연령)×100 intelligence quotient ; IQ]를 측정하며, 표준적으로 대략 IQ 0~19를 최중증(最重症), 20~35를 중증(重症), 36~50을 중증(中症), 51~75를 경증으로 하고 있지만, 이 숫자는 어디까지나 표준수치로서 실제의 행동 능력 등은 반드시 IQ에 대응하는 것은 아니며, 동일한 IQ라도 생활연령에 따라 차이를 보인다.

보통 생활연령이 올라감에 따라 생활행동 능력이 높아지는 경우가 많다. 대략적인 행동 능력의 표준 내용을 **표 1.6**에 나타내었다. 또한 간병도의 지표로서 일본지적장애인협회에서 채택하여 사용하고 있는 지표를 **표 1.7**에 나타내었다.

지적장애인의 출현율(지역 내 인구에 비해 지적장애인이 출현한다고 생각되는 비율)에도 여러 자료가 있다. 1953년의 문부성 조사(IQ 75 이상)에서는 초등학교 5.6±1.1%, 중학교 9.4±2.1%, 1963년의 문부성 조사에서는 초등・중등학교 4.25%, 1967년의 문부성 조사에서는 초등・중등학교 2.07%라는 보고가 있다. 이에 대하여, 1971년의 후생성 조사에 의하면 전체 출현율은 인구 1,000명당 3.0, 18세 미만 인구 1,000명당 4.7, 18세 이상 인구 1,000명당 2.3으로 보고되고 있다. 이 조사는 재택조사로 지역에 거주하는 지적장애인 및 시설입거자를 대상으로 하였으며 이에 비하여 학교에서는 5~10배의 값을 나타내고 있다.

이와 같이 지적장애인의 출현율은 조사방법에 따라 크게 다른데, 새로운 조사보고가 거의 없기 때문에 확실히는 단언할 수 없다. 그러나 이러한 조사보고의 특성과 상당히 시급한 사회적 시책을 필요로 하는 지적장애인이라는 측면에서 본다면, 인구 1,000명당 3.0~5.0 정도의 출현율로 생각할 수 있지만, 그 주변에 5~10배에 가까운 보다 세심하고 시급한 시책을 필요로 하는 사람들이 있다고 생각할 수 있을 것이다.

## 2.3 고령자

### 1) 고령자의 개념

사람은 나이가 들어감에 따라 심신기능에 여러 변화를 겪게 된다. 출생 후부터 여러 '발달'을 거치면서 동시에 '노화'의 프로세스를 거친다고 말할 수 있다. 30세 후반이 되면 20대와 비교하여, 분명 심신의 기능이 쇠퇴해 가는 상태를 보이게 된다. 20~24세의 청년층에 비교하여 현저하게 차이를 보이는 심신기능으로는[58] 35세 정도부터 원거리시력・근거리시력・프릭커 치(눈이 피로하기 쉬운 정도)・청력, 40대부터는 눈의 굴절력・최저혈압・출생횟수 등, 45세 정도에서 좌우의 악력・반응시간・보행속도 등, 50세 정도에서 수면시간・야뇨횟수・최고혈압, 55세 정도에서 배근력(背筋力), 60세 정도에서 피부의 탄성, 70세 정도에서 근육・보행편차 등이 보고되고 있다. 이러한 특징은 경험적으로 많이 관찰되고 있다. 확실한 심신기능의 저하와 함께, 판단력이나 지성과 같은 종합 능력은 나이듦에 따라 오히려 향상하는 것으로도 알려져 있다. 이러한 변화는 경험적으로는 알기 쉽지만, 언제부터가 고령기인지를 엄밀히 규정하기는 어렵다. 인간은 단순히 생물적 존재가 아니라, 동시에 사회적 존재이면서 심리적 존재이다. 생체기능이 아직 현저하게 노화 단계가 아니라 할지라도, 사회적으로는 제일선의 직업에서 은퇴한 경우라면 고령자로 보는 견해도 있다.

현재는 국제연합의 정의에 따른 통계상의 연령 65세 이상을 고령자의 한 기준으로

**표 1.6 지적장애의 정도별 분류 기준[37)]**

| * | | 3~6세 중심 | 6~15세 | 15세 이상 | |
|---|---|---|---|---|---|
| 0 | 최중증 | 대부분 전적인 간호가 필요. 좋고 나쁨의 단순한 표출은 볼 수 있다. | 전체적인 발달의 뒤처짐이 상당히 현저하다. 기본적인 정서반응은 나타낸다. 기본적인 신변처리(옷 갈아입기·식사·배설 등)는 혼자서 하지 못하며, 도움을 필요로 한다. 대단히 간단한 활동에는 대응할 수 있다. | 전체적인 발달의 뒤처짐이 현저하다. 기본적인 신변처리(옷 갈아입기·식사·배설 등)는 자립하지 못하는 경우가 많으며, 도움을 필요로 한다. 대단히 간단한 것이라면 이해 가능하다. | |
| 20 | 중증(重症) | 언어의 이해도는 대단히 낮지만, 의사교환의 움직임이 보인다. 신변 자립의 의욕이 보이기 시작하지만, 대부분 도움을 필요로 한다. | 언어를 어느 정도 이해하며 반응한다. 기본적인 신변처리(옷 갈아입기·식사·배설 등)는 훈련에 의하여 다소 가능하게 된다. 초기적인 대인관계(놀이·다툼 등)가 나타나기 시작한다. | 일상생활을 혼자서 대부분 할 수 있지만, 계속적인 지도를 필요로 한다. 적극적인 대인관계가 대단히 향상되게 된다. 조정된 환경하에서는 단순한 작업을 하는 것이 가능하다. | |
| 35 | | 3~6세 중심에서 | 6~12세 중심에서 | 12~18세 중심에서 | 18세 이상 |
| | 중증(中症) | 언어의 이해가 대단히 진행됨. 음성은 단어 또는 두 개 문장 정도이다. 신변처리를 혼자서 하고자 한다. | 언어활동이 활발하게 된다. 신변처리는 가능하지만 지시를 필요로 한다. | 언어에 의한 의사교환이 가능하게 된다. 신변처리를 할 수 있게 된다. 읽기·쓰기, 숫자의 이해는 대단히 낮은 단계에 머문다. | 주어진 역할을 혼자서 대부분 할 수 있게 된다. 또한 사회적·직업적 능력이 어느 정도 향상되게 되지만 독립적 자활까지는 이르지 못한다. |
| 50<br>75 | 경증 | 발달의 뒤처짐이 그다지 늦지 않다. 신변처리는 대부분 가능하다. 의사교환은 어느 정도 가능. 두 문장 또는 좀 더 복잡한 언어를 사용할 수 있다. 기본적인 지식에 대한 관심은 있다. 놀이에 적극적인 태도를 취한다. 대인 관심도가 높다. | 신변처리가 가능하다. 사회생활에 대한 관심·이해가 높아진다. 가장 낮은 지식에 대한 초보적인 학습이 가능하다. | 사회생활에 필요한 최저의 지식과 기술의 습득이 가능하다. | 지도·훈련에 의하여 사회적·직업적 적응이 가능. 그러나 감독을 필요로 하는 면도 있다. |

주 : *는 지능지수.

**표 1.7 간호도의 지표[38)]**

| 간호 정도 / 내용 | 1급<br>항상 모든 면에서 간호가 필요 | 2급<br>항상 많은 면에서 간호가 필요 | 3급<br>때때로 또는 일시적으로, 일부 간호가 필요 | 4급<br>점검, 주의 또는 배려가 필요 | 5급<br>거의 자립 |
|---|---|---|---|---|---|
| 일상생활 면의 도움 | 기본적 생활습관이 형성되어 있지 않으므로, 항상 모든 면에서 도움 필요. 그것이 없다면 생명유지도 위험하게 됨 | 기본적 생활습관이 거의 형성되어 있지 않으므로, 항상 많은 면에서 간호가 필요 | 기본적인 생활습관의 형성이 불충분하므로, 일부 도움이 필요 | 기본적인 생활습관 형성이 불충분하며, 점검·조언이 필요한 정도 | 기본적 습관은 대부분 형성되어 있지만, 자주적인 생활태도의 양성이 필요 |
| 행동 면의 간호 | 다동(多動), 자타상(自他傷), 거식 등의 행동이 현저하며, 항상 옆에서 간호가 필요 | 다동, 자폐 등의 행동이 있으며, 항상 간호가 필요 | 행동 면에서의 문제에 대하여 주의하거나 때때로 지도가 필요 | 행동 면에서의 문제에 대하여 다소 주의하는 정도 | 행동 면에는 거의 문제가 없음 |
| 보건 면의 간호 | 신체적 건강에 많은 간호가 필요. 생명유지의 위험이 항시 있음 | 신체적 건강에 항상 주의, 간호가 필요. 발작 빈발 경향 | 때때로 발작이 있거나 주기적 정신변조 등이 있으므로, 일시적 또는 때때로 간호 필요 | 복약(服藥) 등에 대한 배려 정도 | 신체적 건강에는 거의 배려를 필요로 하지 않음 |

취급하는 경우가 많다. 또한 보통 75세 이상부터 심신기능의 저하가 급격히 일어남으로써, 65~74세까지를 전기 고령자, 75세 이상을 후기 고령자로 보는 것이 일반적이다.

### 2) 고령자의 심신기능의 특성

고령자의 심신기능의 저하는 생리적 노화뿐만 아니라 질병 등으로 인해 발생하는 노화의 촉진, 또는 생리적 노화와는 다른 노화의 과정(예를 들어 장애)을 겪게 된다. 이러한 질병과 장애도 역시 고령자에게는 특수한 경우가 아니라고 할 수 있다. **표 1.8**은 고령자의 심신기능의 특성을 생리적 기능, 신체적 기능, 감각적 기능, 지적 기능, 통합적 기능의 측면에서 정리한 것이다. 고령화에 따른 기능 변화가 인간의 행동에 어떻게 영향을 미치며, 환경 형성에서 어떠한 배려가 필요해지는가를 다음에서 고찰해 본다.

**표 1.8 고령자의 행동특성**

| 가령(加齡)에 의한 기능변화 | | 행동의 특성 |
|---|---|---|
| 생리적 기능 | 뇌의 변화 | 언어 이해력 저하, 기억력 저하(잊어버리기 쉬워짐) |
| | 폐의 변화 | 폐활량 저하, 지구력 저하, 쉽게 피로해짐 |
| | 심혈관계의 변화 | 혈압이 높아지며, 현기증이 일어남 |
| | 신장·요도의 변화 | 소변을 자주 보게 되며, 실금(失禁)하기 쉬움 |
| | 호흡기 계통의 변화 | 기관지염·천식에 걸리기 쉬움 |
| 신체적 기능 | 뼈·관절의 위축·굴곡·경직화 | 인체치수의 단축, 높은 곳에 손이 닿기 어려우며, 시선에 제한이 생김, 보행 곤란이 되며, 서거나 앉는 것이 곤란하게 됨, 능숙하게 잡거나 쥐는 것이 불가능하며, 뼈가 약해져 골절되기 쉬움 |
| | 근력의 저하 | 신체의 지지가 곤란해지며, 악력(握力)이 약해짐, 보행이 느려지며, 발이 올라가지 않아 조그만 단차에도 넘어지기 쉬워짐 |
| | 피부의 변화 | 온도·통증에 대한 감각의 저하 |
| 감각적 기능 | 시각·색각의 저하 | 잘 보이지 않게 됨, 눈부심을 느낌, 청·황색 등이 잘 보이지 않게 됨 |
| | 청각의 저하 | 높은 음역이 잘 들리지 않게 됨 |
| | 미각·후각의 저하 | 냄새, 맛을 잘 느끼지 못하게 됨 |
| | 온도감각의 반응 저하 | 온도의 고저차를 잘 알 수 없게 됨 |
| | 평형감각의 저하 | 자세 유지를 하기 어려우며, 넘어지기 쉬움 |
| 지적 기능 | 지적 능력의 저하 | 반응속도의 저하, 기억력의 감퇴, 새로운 지식 획득력의 감퇴 |
| | 판단력의 성숙 | 풍부한 경험에 의한 적절한 판단이 가능 |
| | 치매 상태 | 기본적인 일상생활의 유지 곤란, 공간과 가족을 알지 못하게 됨, 다양한 행동장애(수면 방해, 큰소리, 파괴, 난폭행위 등), 정서장애(정신적 긴장, 불안, 우울, 성냄, 욕구불만 등) |
| 통합적 기능 | 정서성 | 의존성의 증가, 고독감의 증가, 정서 불안정 |
| | 운동기능의 저하 | 동작이 둔하게 되며, 동작이 어려워지게 됨 |
| | 근육의 협조력 저하 | 동작이 딱딱하게 됨 |
| | 예비력의 저하 | 민첩하지 못하게 됨 |
| | 방위력의 저하 | 돌발상황 시의 위험을 피할 수 없게 됨 |
| | 회복력의 저하 | 피로의 회복에 시간이 걸림 |
| | 적응력의 저하 | 환경의 급변에 적응할 수 없게 됨 |

### (1) 생리적 기능의 변화

생리적 기능의 변화는 여기에서는 인간의 내장기능으로 파악한다. 보통 인간의 장기는 고령화에 따라 중량이 감소한다. 뇌는 15~20세에서 최고가 되며, 이후 점점 감소해 간다. 뇌의 감소에 따라 신경계의 기능도 저하한다. 이 결과로 언어 이해력의 저하와 기억력의 저하가 일어나게 된다.

**그림 1.59**에서처럼 폐는 최대 환기량(1분간에 호흡할 수 있는 최대 가스량)과 폐활량의 저하가 일어난다. 이 결과 지구력의 저하와 쉽게 피로해지는 현상 등이 일어난다. 호흡기계통에서는 기도가 좁아져 폐기종이 발생하는 경우가 남성에게서 많아지고 있다. 심장혈관계를 보면, 심장은 70세 정도까지 중량이 증가하며 그 이후에는 줄어든다. 왜냐하면 심장내막의 비후, 심근・심외막의 선유성(線維性) 증가, 지방축적과 함께 고혈압도 병행되기 때문이라 한다.

**그림 1.59**와 같이 심계수(심장의 1분당 체표면 $1m^2$당 박출 혈액량)의 저하가 보인다. 일어났을 때 현기증도 많이 보인다. 신장・요도에 대한 변화로는 사구체 여과량(신장의 사구체에서 혈관부터 뇨세관으로의 매 분 여과액량)의 감소, 신혈장유량(단위시간당 신장을 흐르는 혈장량)의 저하가 보인다. 소변량의 감소와 함께 소변을 자주 보기도 한다. 고령자는 소변욕구가 야간에 심하다는 특징도 있다.

### (2) 신체적 기능의 변화

신체적 기능의 변화로는 골・관질의 위축, 굴곡, 경직화가 일어난다. 척추뼈와 추간판의 위축과 편평화, 척추의 만곡도가 증가하기 때문이다. 키가 보통 몇 센티미터 작아진다. **그림 1.60**과 같이 근력의 저하도 일어난다. 이로써 높은 곳에 손이 닿지 못하게 되며, 보행의 곤란, 다리가 올라가지 않아 조그만 단차에도 넘어지기 쉬우며, 손의 쥐는 힘이 약해지는 행동특성을 보인다.

### (3) 감각적 기능의 저하

인간의 감각은 시각・청각・미각・후각・촉각・평형감각 등이 있다. 이러한 감각기능은 어떠한 자극을 수용기를 통하여 뇌에 전달된다. 우선 이러한 자극의 전달 능력이 저하되며, 수용기의 수가 감소하여 자극에 대한 응답이 저하된다고 할 수 있다.

예를 들어 시각에서는 눈의 수정체의 투과성이 감소하여 망막에 빛이 도달하기 어렵게 된다(노안). 수정체에서의 빛의 산란으로 눈부심 현상도 많아진다. 또한 백내장의 경우는 수정체의 황탁화(黃濁化)가 나타나, 황색과 청색을 보기 어려운 현상 등이 일어난다. **그림 1.61**에도 표시하였지만, 청각에서는 주파수가 큰 고음을 듣기 어려워진다. 미각・후각에서는 전체적으로 감각을 느끼는 정도가 떨어지고, 특히 짠맛・쓴맛의 감수성이 저하된다고 되어

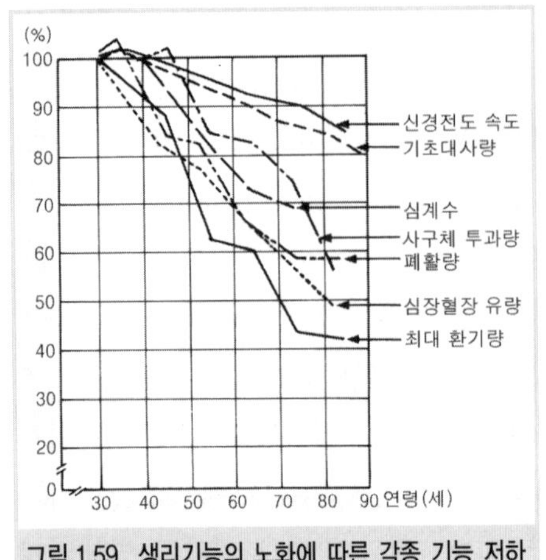


그림 1.59 생리기능의 노화에 따른 각종 기능 저하 (30세를 100으로 비교)(N. W. Shock, 1971)

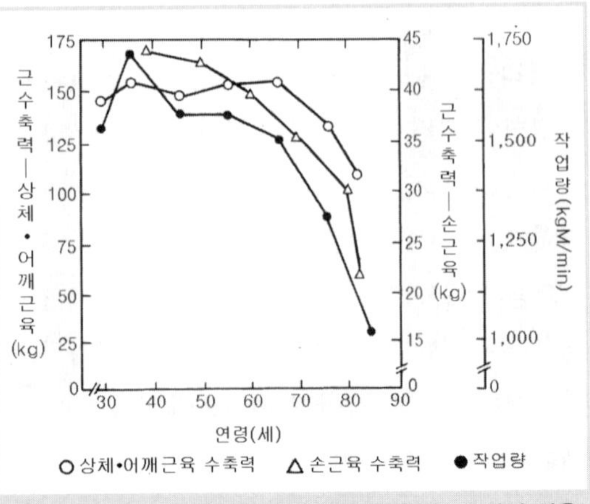


그림 1.60 작업량 및 근육의 수축력에 미치는 노화의 작용 (Timiras, 1972)

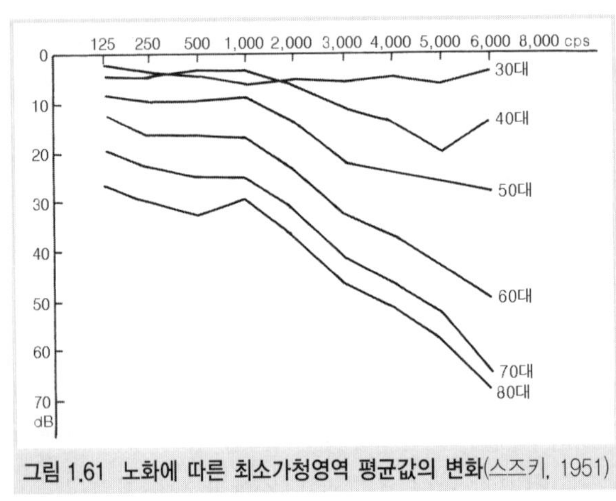


그림 1.61 노화에 따른 최소가청영역 평균값의 변화(스즈키, 1951)

있다. 촉각에서는 온도의 고저차를 알기 어려워져 화상 · 저온화상 등도 입기 쉬워진다. 평형감각에서는 귀의 전정기관과 관련하여 자세의 유지가 어려워지는 현상이 발생한다.

(4) 지적 기능의 저하

지적 능력은 뇌와 관련되어 있지만, 무엇이 어떻게 관련되어 있는지는 간단하게 설명할 수 없다.

신경병리학적 변화로서는 뇌 위축, 신경세포의 위축 · 감소, 알츠하이머 신경원선유 변화, 노인 반점 등이 보인다. 지적 능력으로는 반응속도의 저하와 기억력 감퇴, 새로운 지식 획득의 곤란 등이 보인다. 반면, 판단력 등은 경험에 따라 성숙해진다고도 알려져 있다. 치매 상태의 발생도 또한 많이 알려진 사실이다. 보통 뇌혈관성 치매는 혈관의 출혈과 경색으로 뇌에 기질적인 병적 변화를 일으킴으로써 일어난다. 그러나 노년성 치매로 불리는 그 병의 원인이 분명하지 않기 때문에 명확한 예방책은 없다고 한다. **표 1.8**에 나타나는 것과 같은 행동특성이 보인다고 보고되었다.

(5) 통합적 기능의 저하

인간의 심신기능의 다양한 모습을 통합하는 통합적 기능을 정서성(personality), 운동기능, 근육의 협조성, 예비력, 방위력, 회복력, 적응력과 같은 면에서 살펴보면, 의존성・고독감의 증가, 정서 불안정, 동작의 둔화와 서투름, 순간적 반응의 둔화, 피로회복의 둔화, 환경의 갑작스런 변화에 적응하기 어려워지는 특징 등이 관찰된다.

### 3) 고령자의 질병・장애

질병・장애는 고령자에게 특수한 것이 아니다. 흔히 고령자는 병에 걸리는 비율이 높으며, 어떠한 형태로든지 질병을 가지는 경우가 많다. 이 중 사망률이 높은 것은 심장질환, 동맥경화증이다. 동맥경화증으로 일어나는 뇌졸중은 일본인에게 상당히 많다. 생체적인 원인뿐만 아니라 환경에서의 온도 급변 등으로도 일어나는 경우가 많으므로, 주택 내 환경온도의 조정은 대단히 중요한 과제이다. 뇌졸중 후유증에 의한 한쪽 마비, 파킨슨씨병, 류머티즘에 의한 변형, 당뇨병 후유증에 의한 실명 등 질병의 결과가 장애로 연결되는 예도 많다. 고령화가 진행될수록 장애를 가진 비율도 높아진다. 고령 장애인은 일반적으로 자립적인 생활을 하기 어렵고, 간병을 전제로 한 배려가 필요하다. 고령자란 결국에는 죽음에 이르는 존재이다. 간병하기 쉬운 환경, 죽음을 고려한 환경의 원형(原型)도 또한 과제가 되고 있다.

**(萩田秋雄)**

##  배리어 프리 디자인

### 3.1 기본개념

배리어 프리 디자인의 기본은 누구라도 사용 가능한 환경 만들기이다. 그러나 인간의 일반적인 유형을 보더라도, 유아기로부터 청년기를 거쳐 성인으로, 그리고 노년기를 맞이하는 과정의 하나하나에서는 체력과 인체치수가 다르다.

신체 등에 장애를 입으면 생활하는 동안 장애를 가지지 않은 사람과는 다른 환경적 요구가 있다. 또한 장애인만이 아니라도 임신 중이거나 사고 등의 일시적인 부상으로 이제까지는 아무렇지도 않았던 것들이 장애물이 되어 일상적인 생활을 해나가면서 부자유스럽게 되는 경우가 적지 않다.

이와 같이 '장애를 가진 사람'의 개념은 광범위하며, 누구든지 언제라도 이용 가능한 환경을 만드는 것은 실제로는 그리 간단한 것이 아니다.

개인주택에서는 거주자에 맞춘 신체기능과 생활습관에 따른 생활행위를 평가하여, 최선의 주택형태를 제공하는 것이 가능하다. 그러나 불특정 다수의 사람이 사용하는 시설은 하나의 방법으로 모든 사람이 사용할 수 있도록 하기는 어렵다. 이것은 각각의 장애를 가진 부부가 거주하는 주택에서도 발생한다. 여기에서는 보다 많은 사람들이 사용하기 편리한 환경 만들기의 일반론을 서술한다.

### 1) 장애별 기본적 사항

#### (1) 지체장애인

배리어 프리 디자인의 관점에서는 '이동장애인'이라고 할 수 있다. 따라서 이동에 장애물이 되는 것들을 어떤 방법으로 제거할 수 있는가가 기본개념이 된다. **그림 1.62**의 국제리허빌리테이션협회의 심벌마크는 장애물이 없는 건축물임을 나타내는 모습으로 정해졌으며, 이는 각국 공통이다. 이 마크를 부착할 수 있는 건물의 요건을 제시하고 있으며, 이들이 지체장애인에게 있어서의 기본적인 배리어 프리 디자인의 필요조건이라고 말할 수 있다.

#### (2) 시각장애인

전맹인이더라도 자신의 주택에서는 특별한 배려가 반드시 필요한 것은 아니다. 오히려 물품을 정리하고 그것들을 관리하기 쉽도록 주방을 중심으로 각 실에 선반과 수납장을 많이 준비하는 것이 바람직하다. 또한, 최근에는 전화 외에, 다양한 정보기기를 사용하는

그림 1.62 심벌마크

- 국제 심벌마크를 부착하기 위한 최저 요건 -

현 관 : 지면과 동일한 높이로 하거나 계단 대신 또는 계단 이외에 경사로를 설치한다.
출입구 : 폭은 80cm 이상으로 한다. 회전문의 경우에는 별도의 입구를 병설한다.
경사로 : 경사는 1/12(기울기 4.5도) 이하로 한다. 실내외에 관계없이 계단을 대신하거나 계단 이외에 경사로를 설치한다.
통로/복도 : 130cm 이상의 폭으로 한다.
화장실 : 이용하기 편리한 장소에 있으며, 바깥으로 열리는 문으로서 공간 내부가 넓으며 손잡이가 설치되도록 한다.
엘리베이터 : 입구의 폭은 80cm 이상으로 한다.

기회가 늘어났기 때문에, 전원콘센트나 전화접속단자 등이 각 실에 설치되어 있다면, 앞으로의 새로운 기기 증설에 쉽게 대응할 수 있을 것이다.

한편, 공공건축물은 시각장애인의 주택처럼 매일 이용되는 공간이 아니기 때문에 시각장애인 유도용 블록과 유도용 벨 등을 설치할 필요가 있다. 단, 유도블록은 부설방법에 관해서 통일된 규칙이 없어서 설치방법이 제각각이다. 최근 들어 기본적인 부분에서는 비교적 동일하지만 세부적으로는 다른 부분이 있어, 이용자들을 당황하게 만드는 경우가 있다.

**그림 1.63**에는 고령자·장애인 등의 이용을 고려한 건축설계 기준(국토교통성)에 의한 유도용·주의환기용 바닥재의 설치사례를 나타내었다.

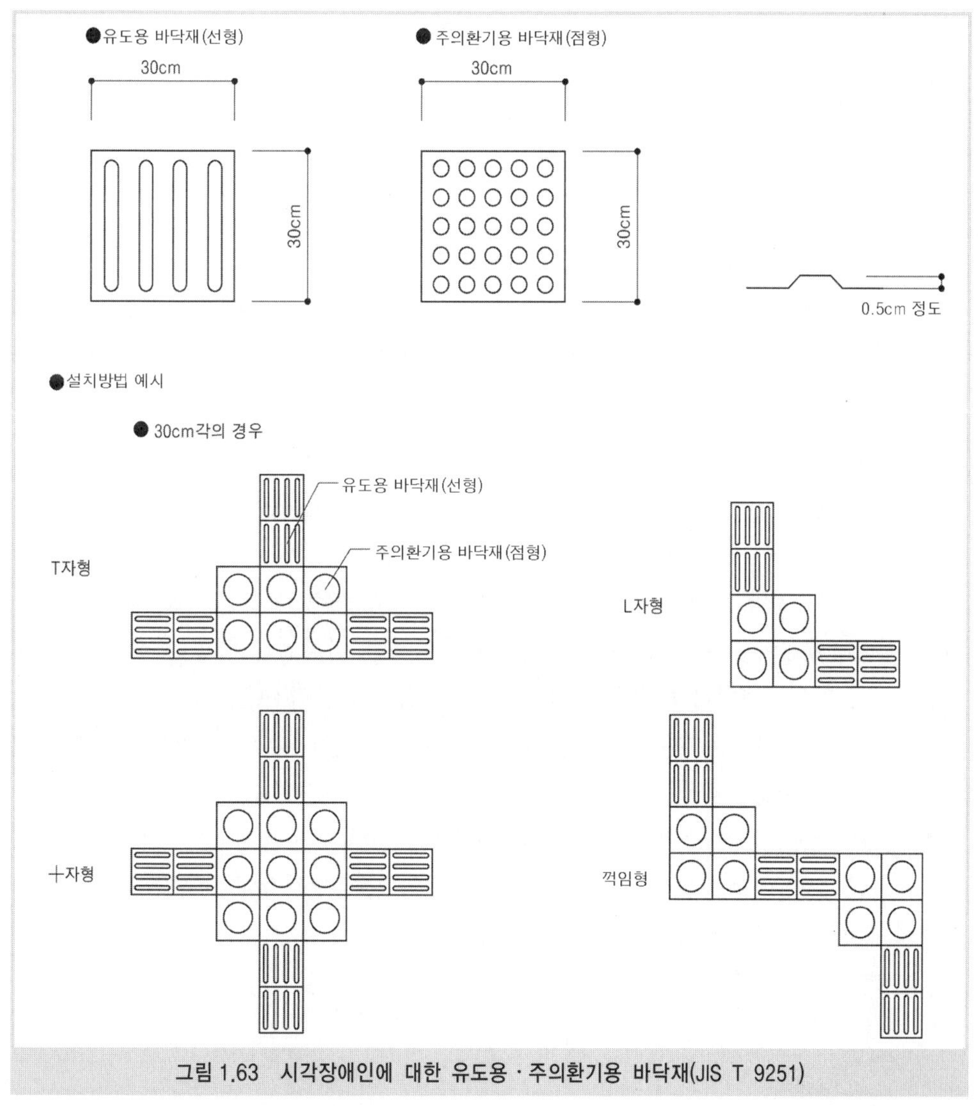


그림 1.63 시각장애인에 대한 유도용·주의환기용 바닥재(JIS T 9251)

이것에 의하면 그 기능은 크게 다음의 두 가지로 구분된다.

• 유도용 바닥재 : 현관 입구 등 특정 장소로 유도하기 위하여 설치한 것으로, 이용자는 이 블록을 따라 보행한다

• 주의환기용 바닥재 : 유도용 바닥재에 의한 분기점, 각 실과 계단, 안내소 등이 있다고 알려 주려는 것이다.

건축물의 평면 계획에서는 보행 도중에 경사방향의 통로를 통과해야 할 경우에는 방향감각을 잃어버리기 쉽기 때문에, 통로 등에서는 직각으로 유도하는 것이 바람직하다.

또한 시각장애인이 처음 방문하는 건축물에서는 공간의 구성, 각층 평면도 등이 표기된 '촉지도(觸地圖)'가 설치되어 있으면 좋다. 촉지도는 현관을 들어선 정면과 안내 부근 등 눈에 잘 띄는 곳에 설치한다. 단, 촉지도 내의 정보는 통로와 실, 화장실, 계단, 출입구의 위치 등 최소한의 정보로 한다. 이러한 시각장애인의 공간 인지방법에 대해서는 충분한 연구가 이루어지지 않아서, 현재 설치되어 있는 대다수의 촉지도는 새롭게 검토될 필요가 있을 것이다.

### (3) 청각장애인

단순히 건물로 접근하는 것에만 주목한다면 일상적으로 극복하기 어려운 장애물은 비교적 적다. 그러나 청각장애인에게 가장 우려되는 점은 비일상적으로 발생하는 사고 등에 대한 정보 보장과 안전 대책이다. 공공교통기관을 이용하고 있을 때, 예를 들어 사고 등으로 지하철이 늦어질 경우 음성을 통한 안내방송만으로 상황 설명이 이루어져, 청각장애인을 위하여 복구에 대한 상황 설명, 대체교통의 안내 등이 거의 이루어지지 않는 경우가 종종 있다. 정보 보장은 시각적인 문자정보를 병용하는 등의 배려가 필요하다.

그리고 호텔 객실 등에서 일단 갇히게 되면 청각장애인은 방문자와 전화 등 일체의 정보로부터 차단된다. 화재 시의 비상벨과 피난・유도 방송은 생명과도 직결되는 것이다. 현재, 청각장애인이 비교적 많이 이용하는 건물에서는 비상벨과 연동된 적색 회전등, 호텔에서는 바이브레이터 등의 진동기기로 이상(異常)을 알려 주는 시스템이 확산되고 있다. 단, 적색 회전등은 대부분이 복도와 홀 등에 설치되어 있어 각 실에 있을 때에는 알 수 없다. 예를 들어 적색등이 점등하였더라도 그것이 의미하는 것을 이용자에게 알려 주지 않았다든지, 알려 주었더라도 청각장애인으로부터의 물음에 직원들이 명확하게 대답할 수 없다면 아무런 의미도 가지지 못한다. 이와 같이 청각장애인에게는 물적・인적 측면의 서비스가 필요하다.

## 2) 기본치수

### (1) 휠체어, 목발(사용 시)의 기본치수

건축물 하나하나에 관하여 세부적인 배려를 하기 위한 전제로서, 휠체어와 목발의 기본치수를 알 필요가 있다.

휠체어는 **그림 1.64**에 표시한 일본공업규격(JIS 규격)에 표준치수가 정해져 있다. 이에 따르면, 대형의 경우에는 폭 700mm, 전체 길이 1,200mm 이하로 되어 있다. 실제로 이용자의 신체에 맞추어 만들어진 것은 폭 650mm 정도, 전체 길이 1,100mm 정도가 많다. 이 치수는 주거환경을 계획하는 데에서 중요한 기본치수가 된다. 또한 전동 휠체어도 평면상의 폭과 전체 길이는 대체적으로 이 크기이다. 최근에는 휠체어 이용자의 주택을 조사하여

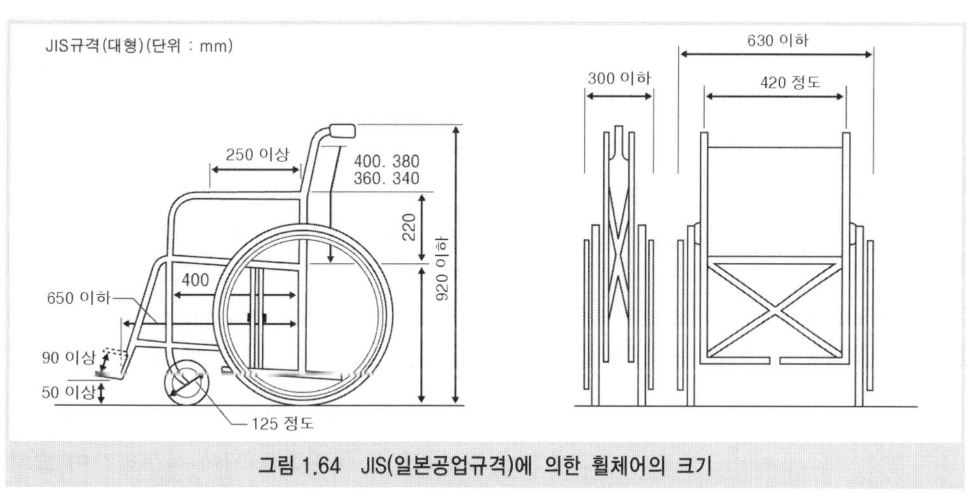


**그림 1.64 JIS(일본공업규격)에 의한 휠체어의 크기**

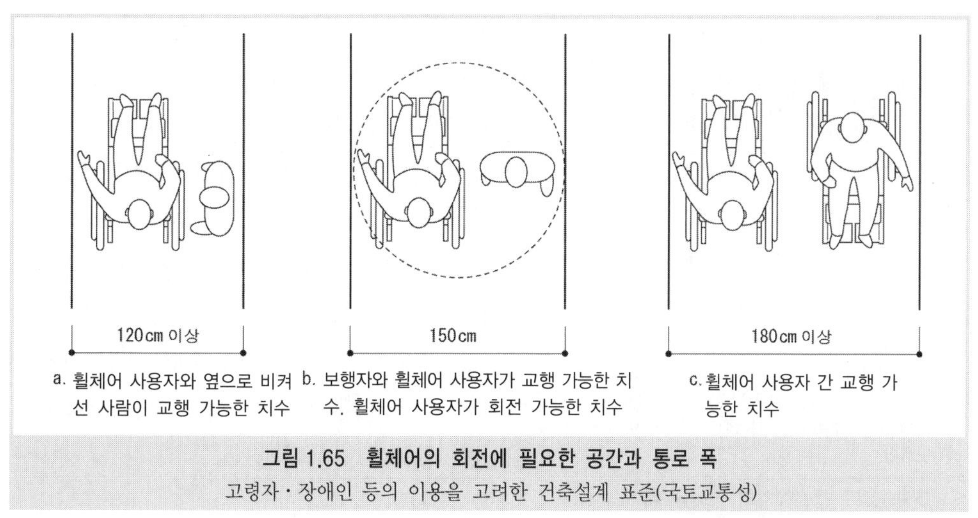


a. 휠체어 사용자와 옆으로 비켜 선 사람이 교행 가능한 치수
b. 보행자와 휠체어 사용자가 교행 가능한 치수. 휠체어 사용자가 회전 가능한 치수
c. 휠체어 사용자 간 교행 가능한 치수

**그림 1.65 휠체어의 회전에 필요한 공간과 통로 폭**

고령자 · 장애인 등의 이용을 고려한 건축설계 표준(국토교통성)

거주환경을 고려한 소형 휠체어의 선택도 이루어지고 있지만 그 수는 적다.

일반주거 내에서 사용한다는 점에서 본다면 휠체어는 대단히 큰 편이라 할 수 있다. 일반적으로는 **그림 1.64**에 의해 필요공간을 산출하지만, 한 지점에서 회전하기 위해서는 **그림 1.65**에서 나타낸 것과 같이 수동 휠체어는 1,500mm 정도의 직경이 필요하게 된다. 특히, 화장실, 욕실, 세면실 등 비교적 좁고 복잡한 동작을 해야만 하는 장소에서는 휠체어 사용이 대부분 안 되는 경우가 많다.

예를 들어 상체에 장애가 없더라도 상하방향에서 결국 이용할 수 있는 영역은 한정된다. 물건을 조작하거나 수납하기에 유효한 공간은 **그림 1.54**와 같이 상당히 제약을 받게 된다. 또한, 위쪽 방향뿐만 아니라 바닥에 가까운 위치에서도 제약을 받게 되어, 낮은 위치의 물건을 집는다든지 조작하는 것은 불가능하다는 점도 유의한다. 더욱이 휠체어 사용자는 책상과 작업대, 주방세트 등의 이용에서 작업대 등의 하부공간을 많이 비워둘 필요가 있다. 왜냐하면 발판에 발을 두고 휠체어에 앉아 있으면 무릎 높이가 상당히 높아지기 때문이다.

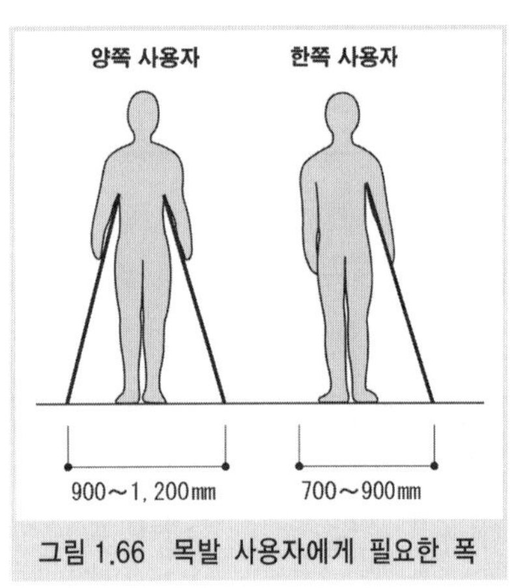

그림 1.66 목발 사용자에게 필요한 폭

따라서 **그림 1.55**에도 나타낸 것처럼, 작업대 아래를 높이 650mm 정도로 비워둘 필요가 있다. 일반적인 작업대 높이는 700mm 전후이므로, 얇은 상판 1장으로 되어 있는 것이라면 그다지 문제가 없지만, 여기에 서랍 등이 설치되어 있다면 100mm 정도를 차지하게 되어 하부공간이 줄어들므로 발부분을 안으로 넣지 못하게 된다.

목발 사용자는 양쪽 사용인가 한쪽만 사용인가뿐만 아니라 보행 패턴에 따라서도 필요한 치수가 달라진다. **그림 1.66**에 나타낸 보행 시 치수에서 필요로 하는 폭의 범위가 크게 다른 것은 이 때문이다. 단, 휠체어 사용자와 비교한다면 건축상의 배려는 상당히 적어도 좋다. 좁은 공간에서는 일시적으로 목발을 좁히거나 신체를 옆으로 하여 통과하며, 복도에서는 난간 등을 사용함으로써 잘 정비된 주택에서는 목발을 사용하지 않아도 생활이 가능하다.

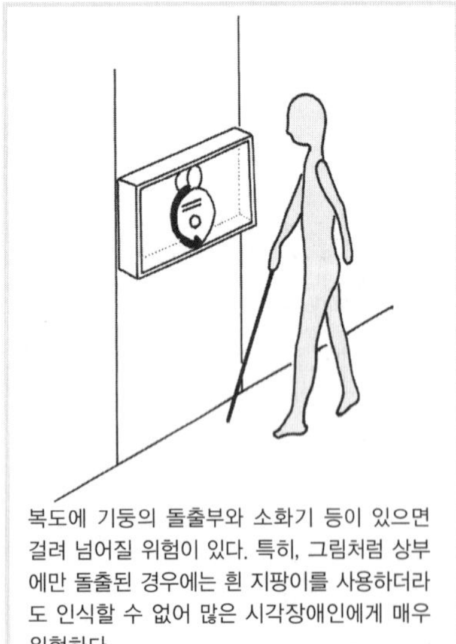
복도에 기둥의 돌출부와 소화기 등이 있으면 걸려 넘어질 위험이 있다. 특히, 그림처럼 상부에만 돌출된 경우에는 흰 지팡이를 사용하더라도 인식할 수 없어 많은 시각장애인에게 매우 위험하다.

그림 1.67 통로에서의 장애물 제거

## 3.2 출입구 · 통로 · 복도

앞에서 서술한 바와 같이, 하체에 장애가 있더라도 선 자세로 보행할 수 있다면 일반주거의 통과폭, 출입문의 폭이라면 충분하다. 보통 안전상 통로의 손잡이를 설치하는 것이 좋지만, 이에 의해 통로폭이 좁아져 결과적으로 휠체어를 회전할 수 없는 경우가 발생한다. 휠체어 사용자에게 필요한 치수는 휠체어의 치수에 따라 정해지며, 여기에 조작 시의 팔의 도달범위를 고려하여, **그림 1.65**와 같이 일반적으로 문의 폭은 완전히 열려 있을 때의 유효폭 800mm 이상, 통로 · 복도 등의 폭도 900mm 이상이 필요하다(**그림 1.67, 1.68**).

난간은 보행 시 신체의 균형을 잡기 위하여 중요한 역할을 한다. 따라서 본래 난간의 위치를 결정할 때는 장애인 당사자도 포함한 상태에서 신중하게 결정하여야 한다. 일반적으로는 T자 지팡이의 높이와 동일하게 하며, 대략적으로 사용자의 허리보다 조금 아랫부분이 적당하다. 일본인의 평균 신장으로 한다면 위치는 대략 바닥으로부터 750mm 정도가 된다. 단, 적절한 치수보다 낮게 설치된 난간은 오히려 사용하기 매우 불편하므로, 공공건축물의 경우에는 이 위치를 바닥에서 800mm 정도로 조금 높게 설치하는 경우가 많다. 난간의 형태는 **그림 1.69**와 같다.

**그림 1.70**은 문에 대하여 나타낸 그림이다. 휠체어 사용자는 문을 열 때 신체를 돌리는 것이 어려우므로 여닫이문보다 미닫이문이 사용하기 쉽다. 자동문은 간단하게 개폐할 수 있어 대단히 편리하지만, 값이 비싸 모든 실에 설치하는 것은 현실적이지 못하다. 수요 통로와 현관 등 통행량이 많은 장소에 설치되어 있다면 편리하다. **그림 1.71**과 같이 기본적으로는 적당한 가격에 성능도 안정된 초음파로 작동되는 것을 설치한다. 이전에

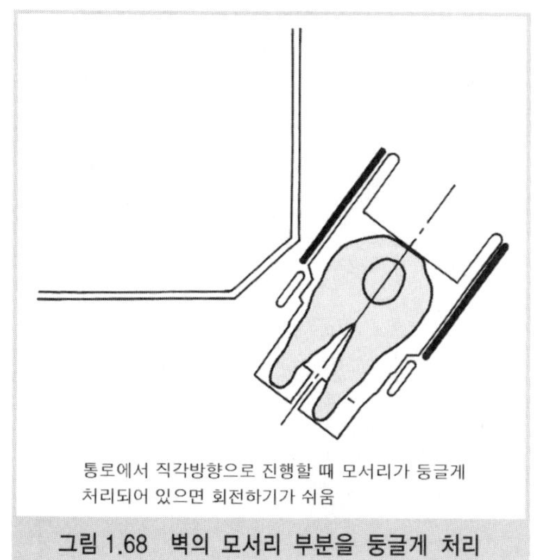


그림 1.68 벽의 모서리 부분을 둥글게 처리

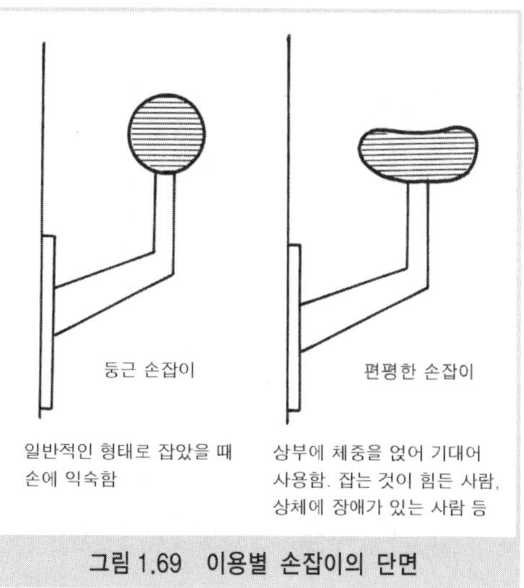


그림 1.69 이용별 손잡이의 단면

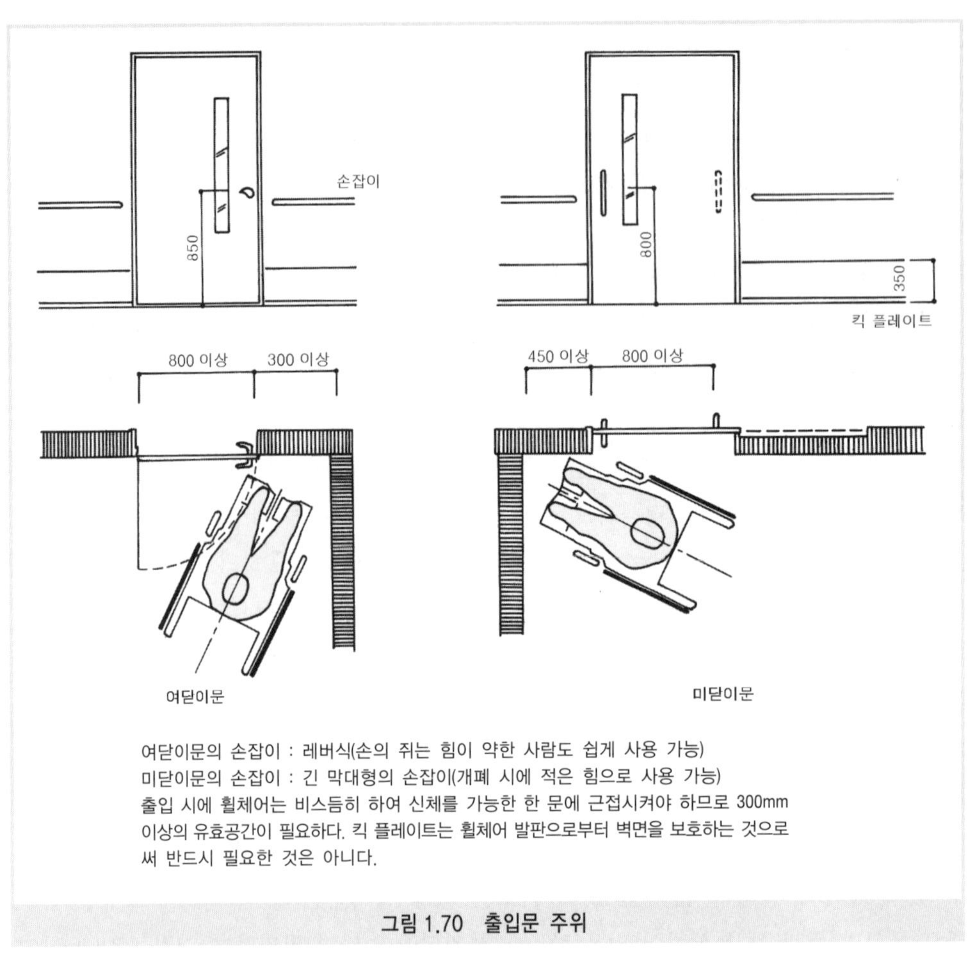


여닫이문의 손잡이 : 레버식(손의 쥐는 힘이 약한 사람도 쉽게 사용 가능)
미닫이문의 손잡이 : 긴 막대형의 손잡이(개폐 시에 적은 힘으로 사용 가능)
출입 시에 휠체어는 비스듬히 하여 신체를 가능한 한 문에 근접시켜야 하므로 300mm 이상의 유효공간이 필요하다. 킥 플레이트는 휠체어 발판으로부터 벽면을 보호하는 것으로써 반드시 필요한 것은 아니다.

**그림 1.70 출입문 주위**

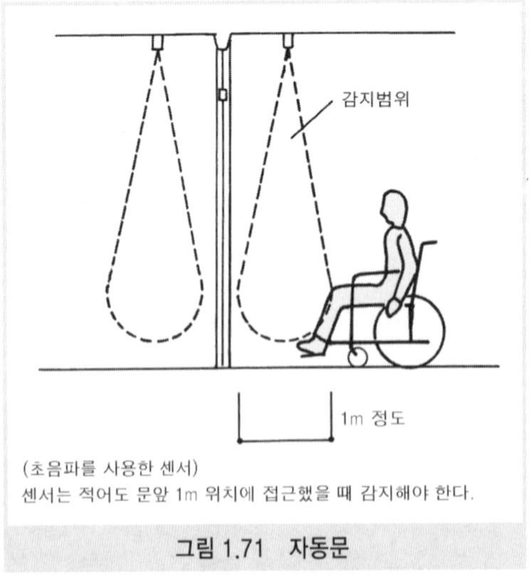


(초음파를 사용한 센서)
센서는 적어도 문앞 1m 위치에 접근했을 때 감지해야 한다.

**그림 1.71 자동문**

**표 1.9 고저차별 경사로 기울기 완화표**

오르내리는 높이가 낮은 경우에는 표와 같이 기울기를 급하게 할 수 있다.

| 고저차 | 완화기울기 |
|---|---|
| 75cm | 1/10 |
| 50cm | 1/9 |
| 35cm | 1/8 |
| 25cm | 1/7 |
| 20cm | 1/6 |
| 12cm | 1/5 |
| 8cm | 1/4 |
| 6cm | 1/3 |

50cm 1
9

예 : 고저차 50cm라면 기울기는 1/9 정도로 좋다. 즉, 450cm의 수평거리가 된다.

많았던 바닥 스위치(발로 밟는 스위치)는 전기 스위치로서의 내구성과 신뢰성에 조금 문제가 있으며, 광(光)센서형은 외부의 빛에 영향을 받는 곳에서는 사용하기 어렵다.

또한, 통로 등에서는 휠체어로 주행할 때에 부딪히는 경우도 있으니 벽면의 보호를 위하여 킥 플레이트(kick plate)를 설치하는 것도 좋다. 단순히 벽면의 보호만으로 사용할 경우 강철이나 스테인리스강으로 한다면 내구성이 좋지만, 차가운 느낌이 나므로 최근에는 목재가 많이 이용된다. 단, 킥 플레이트는 배리어 프리 건축의 기능으로써 반드시 필요한 항목은 아니다.

## 3.3 단차의 제거

일본은 강우량과 강설량이 많고 습도가 높기 때문에 바닥면이 지면보다 상당히 높게 되어 있다. 현관에는 일반적으로 큰 단차가 있으며, 또한 작은 단차라 하더라도 보행 가능한 지체장애인에게는 걸림이나 넘어짐의 원인이 되며, 휠체어 사용자에게는 이동에 방해를 준다. 주택에서부터 이러한 단차를 가능한 한 제거해야 하지만, 이것도 건축구조상 어려운 경우가 많다. 이러한 문제를 해소하기 위하여 **그림 1.72**와 같이 경사로를 설치하는 경우가 많지만, 공간이 상당히 많이 필요하다. 휠체어를 충분히 조작할 수 있는 상태로 기울기가 1/12 정도 된다면, 긴 경사로라도 올라갈 수 있다. 최근에는 자치단체 같은 데에서 복지마을 만들기 지침 등에 따라 기울기 1/15보다 완만하게 하는 경우가 많아, 점점 이렇게 바뀌리라 생각된다.

그리고 경사로를 설치하지 않고서도 단차가 있는 장소에 따라서 간단한 단차제거방법이 있다. 예를 들면, 수센티미터 정도의 단차라면 단면이 쐐기형인 나뭇조각을 단차가 있는

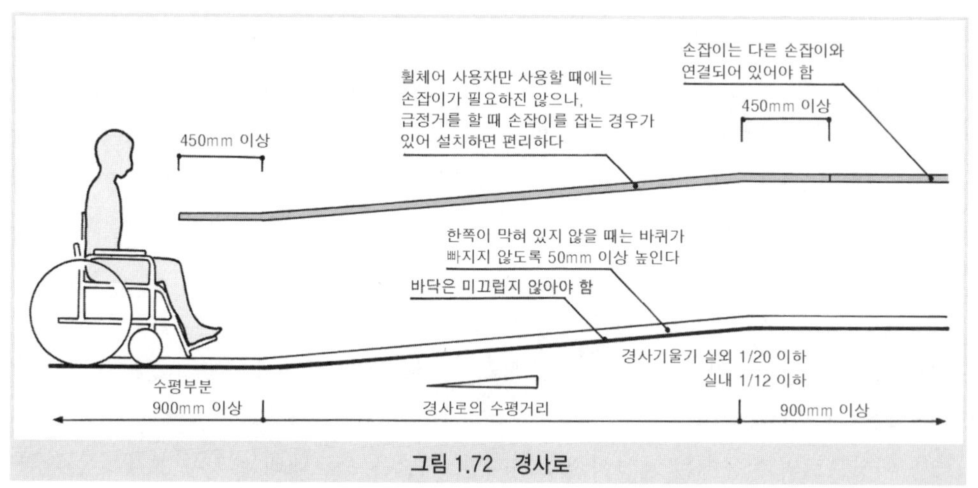


**그림 1.72 경사로**

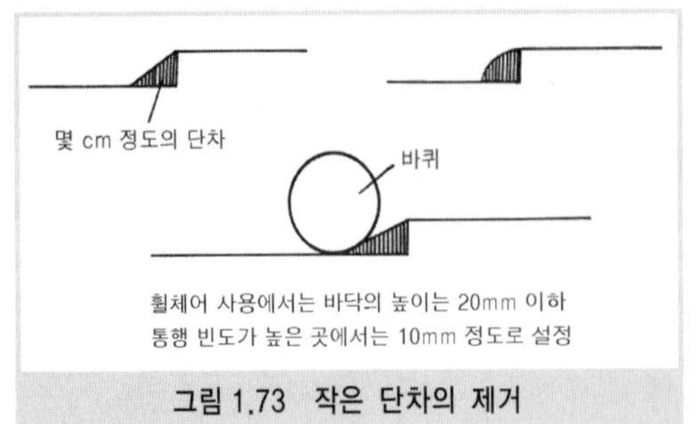


그림 1.73 작은 단차의 제거

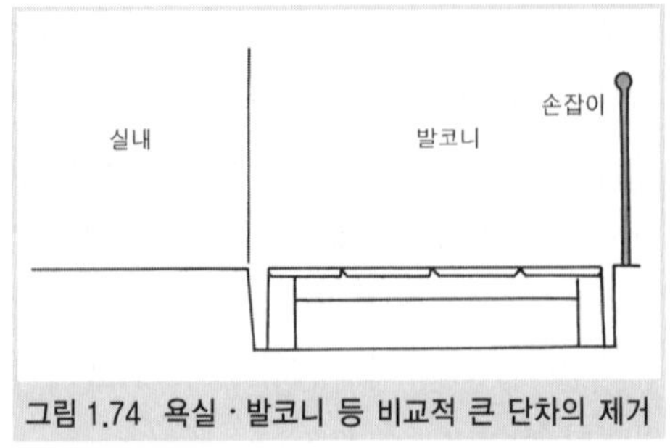


그림 1.74 욕실 · 발코니 등 비교적 큰 단차의 제거

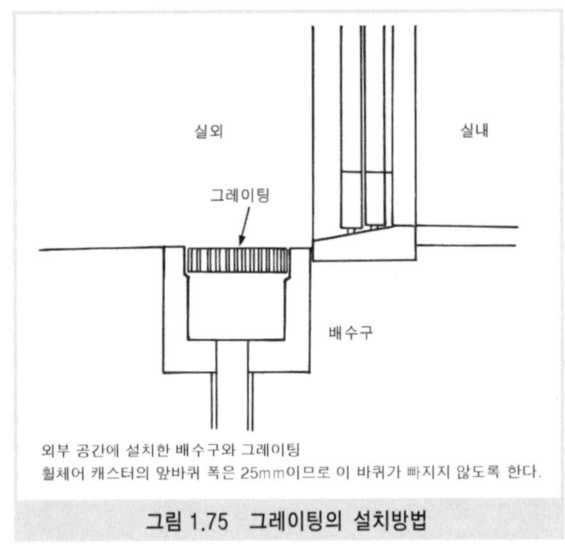


그림 1.75 그레이팅의 설치방법

곳에 깔아, 보행과 휠체어의 통행에 지장이 없도록 한다(**표 1.9, 그림 1.73**).

욕실, 발코니 등 100mm 이상의 단차가 생기는 곳에는 판자널을 이용하여 바닥의 높이만큼 올려서 실질적으로 단차를 없애는 것이 가능하다(**그림 1.74**).

실외와 접점이 되는 현관 부분과 실내라도 욕실의 입구 등에는 비가 들이친다거나 물의 배수 등으로, 단차가 작아지면 물의 유입 같은 문제가 나타나게 된다. 따라서 이럴 경우는 **그림 1.75**와 같이 물에 젖는 부분에 배수구를 설치하며, 그 위에 간격이 좁은 격자형 덮개를 설치한다. 원형의 구멍이 있는 펀칭메탈은 배수가 원활하지 않은 경우도 많다.

충분한 공간이 없어 현관 등에 경사로를 설치하지 못할 경우에는, 휠체어에 탄 채로 올라갈 수 있는 단차제거기의 설치가 유효하다. 이것은 최대 600~1,300mm 정도의 오르내림이 가능하다(**그림 1.76**).

2층 이상으로의 이동에는 계단이 필요하지만, 계단을 오르내리는 것은 보행이 불편한

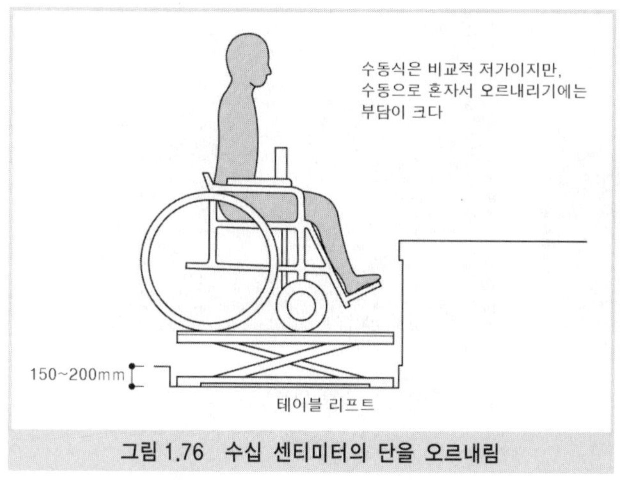


그림 1.76 수십 센티미터의 단을 오르내림

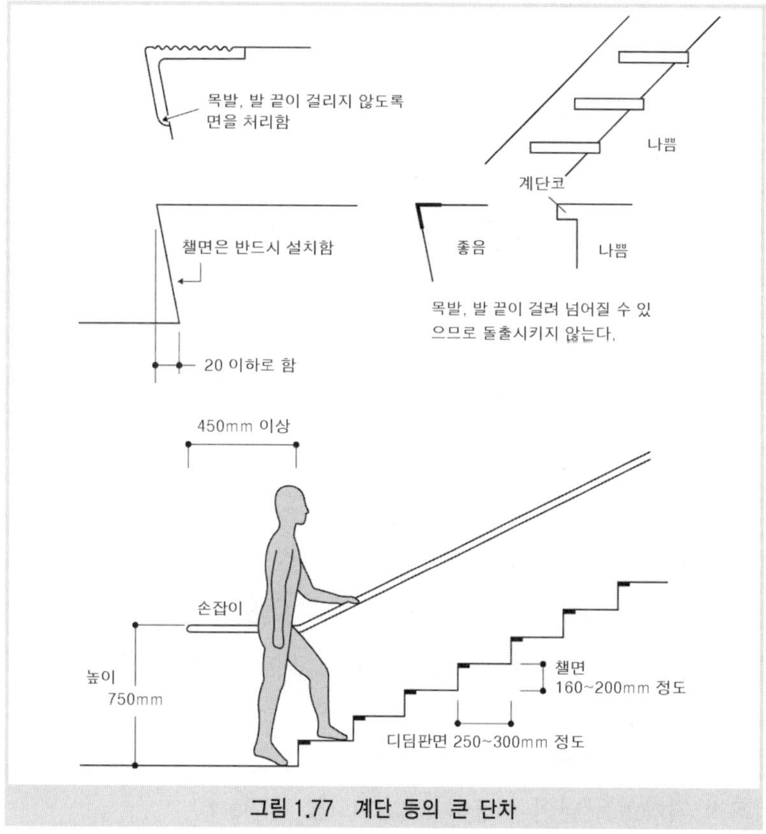


그림 1.77 계단 등의 큰 단차

사람에게 가장 어려운 동작의 하나로 가정 내에서 사고도 많다. 가능한 한 계단의 기울기를 완만히 하며, 손잡이를 설치하고 디딤판은 최대한 미끄러지지 않는 재질로 하거나 논슬립을 부착하여 안전 확보에 유의한다. 이 경우 나선계단과 회전계단은 디딤판 폭이

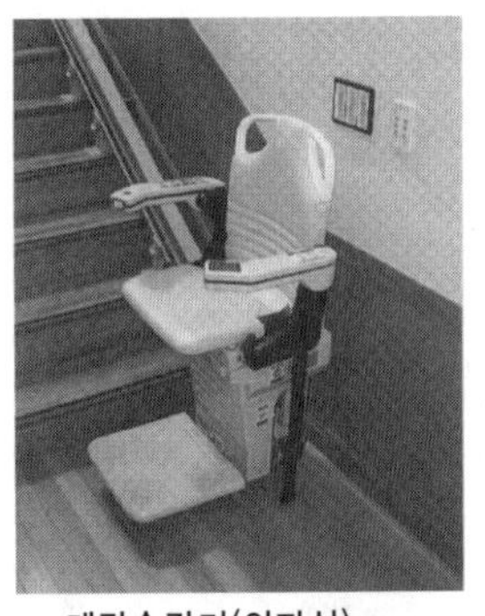

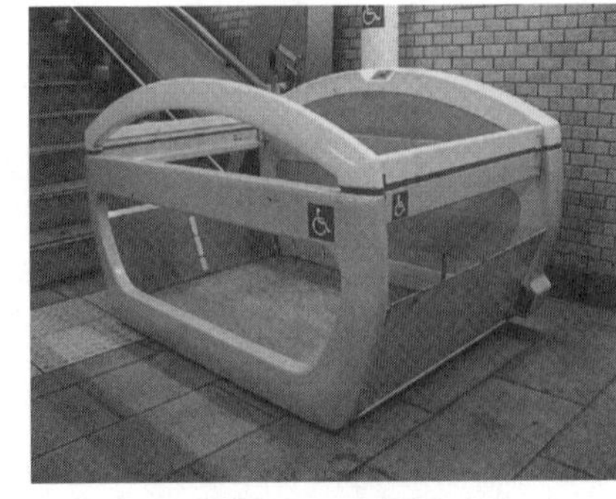

b. 계단승강기(휠체어 사용자용)

엘리베이터와 동일하게 간주하므로 설치방법 등에 대한 규제가 많으며, 일반주택에 설치되는 경우는 거의 없다.

a. 계단승강기(의자식)

그림 1.78 1층에서 2층으로의 승강 리프트

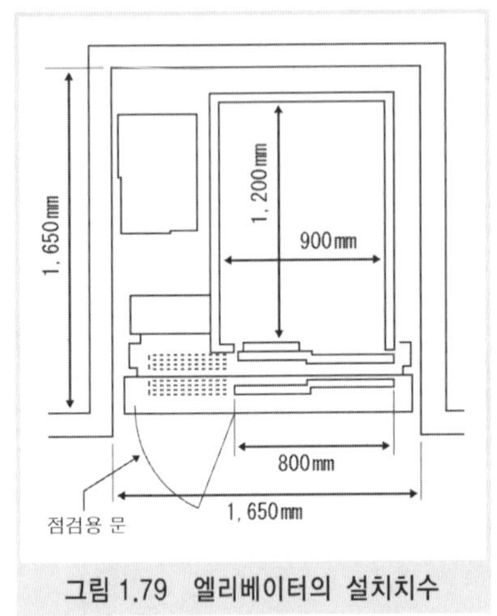


그림 1.79 엘리베이터의 설치치수

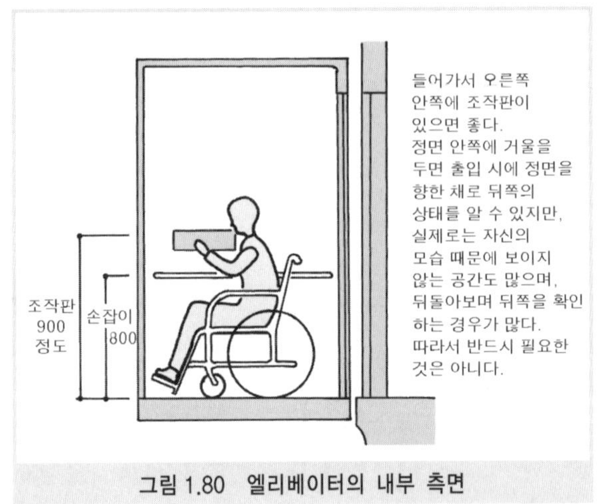


그림 1.80 엘리베이터의 내부 측면

일정하지 않고 안전상 문제가 있으므로, 가능한 한 피하는 것이 좋다(**그림 1.77**).

리프트는 휠체어를 탄 채로 올라갈 수 있는 테이블식과 일단 의자에 옮겨 앉은 후 오르내리는 의자식의 두 종류가 있다. 테이블식은 건축기준법에서 '승강기'로 취급되고 있으며, 상당히 고가이다. 일본에서는 역 계단 등에 많이 설치되어 있지만 주택을 비롯한 건축물 내에서의 시공 사례는 적다. 의자식은 오르내릴 때마다 옮겨 앉을 필요가 있기 때문에, 항상 위층과 아래층에 모두 두 대의 휠체어를 준비해 둘 필요가 있는 등 단점이 많지만 비교적 저가여서 많이 이용되고 있다(**그림 1.78a, b**).

주택 내에서의 휠체어 사용자의 상하이동에는 주택용 간이 엘리베이터를 설치할 수 있다면 매우 좋다. 용도를 주택용으로 한정하며, 필요공간도 3.3m$^2$ 정도의 '주택용 엘리베이터'가 시판되고 있어 대지가 좁은 시가지의 주택에서 앞으로 많이 설치될 것으로 보인다(**그림 1.79, 1.80**).

공공시설 등에서의 에스컬레이터는 휠체어 사용자의 승강수단으로 이용되는 경우가 드물다. 특별한 설비를 설치하지 않고도 비교적 쉽게 오르내릴 수 있기 때문에 한때 휠체어 사용자의 이용수단으로 많이 이용되었지만, 안전상의 문제, 즉 도움을 주는 사람이 옆에 있더라도 문제가 많기 때문에, 어디까지나 보조수단으로 생각해야 될 것이다. 최근에는 휠체어 사용자가 사용하는 경우에만 디딤판 3~4단 정도가 동일한 평면이 되는 특별사양도 있다. 그러나 휠체어 사용자가 올라 탈 경우에는 다른 이용자를 일단 내리게 한 후, 정지시켜 조작할 필요가 있는 점 등 접근수단으로서는 앞으로 많은 과제를 남기고 있다.

## 3.4 거실 · 침실

거실은 생활이 기본적으로 자기의 의사에 맞게, 이른바 '자립생활형'의 경우에는 앞에서 이야기한 것처럼 물리적인 환경조건이 정비되어 있다면 별 문제는 없다.

고령자 등과 같이 '요양형'의 거실에는 머무는 시간도 길므로, 주택 내의 환경은 더욱 중요해진다. 위치는 가능한 한 빛이 잘 드는 1층 부분의 실이 바람직하지만, 조용하고 독립된 안쪽 실은 오히려 고립될 수 있어 거실 환경으로서는 좋은 조건이 아니다. 가족이 일상적으로 이용하는 거실은 경우에 따라서는 현관과 주방과 같은 가족의 동선과 근접하여 배치하는 것이 좋다.

거실의 크기는 휠체어를 사용하여 침대 생활을 한다면, 최저 9.9m$^2$(약 3평 정도)가 필요하며, 가능한 한 13.2~16.5m$^2$(약 4~5평) 정도가 된다면 좋다.

### 1) 좌식인가 입식인가

하체장애인은 단독보행의 가능 여부나 휠체어 사용 여부에 관계없이, 일반적으로 입식으로 계획하는 것이 사용하기에 편리하다. 그러나 이들도 오랜 동안의 생활습관으로 바닥에 앉는 것을 좋아하는 경우가 많다. 좌식실로 출입을 용이하게 하기 위하여 휠체어의 의자면 높이 정도까지 실의 바닥을 높이는 경우도 있지만, 반드시 필요한 것은 아니다. 장애를 가진 이용자 본인과 가족의 사용 편리성 등도 고려한 후에 설정하도록 한다.

### 2) 바닥 마감

목발 등을 이용한 보행의 경우에는 바닥 마감을 약간 딱딱한 재질로 한다면 미끄러지기 쉬우며 넘어진다면 큰 부상이 날 수 있으므로, 카펫 같은 것이 적당하다. 단, 융모가 너무 긴 카펫은 보행하기 어려우며 발끝이 걸려 넘어질 염려도 있다. 기어서 이동하거나 무릎으로 이동하는 경우의 유의사항은 선 자세의 보행과 거의 같지만, 오히려 융모는 길고 탄력이 좋은 것이 좋다.

휠체어를 사용하는 경우에는 표면이 딱딱한 재질이 적당하다. 일본에서는 다다미에 카펫을 까는 경우가 많지만 휠체어의 바퀴가 상당히 깊게 들어가 조작하기 어렵다. 다다미 방은 널판 등의 재료로 개조하는 것이 바람직하다.

## 3.5 위생공간

화장실, 욕실, 세면실 등 입욕, 배설, 세면과 그 주변 기능을 가진 각 실을 위생공간

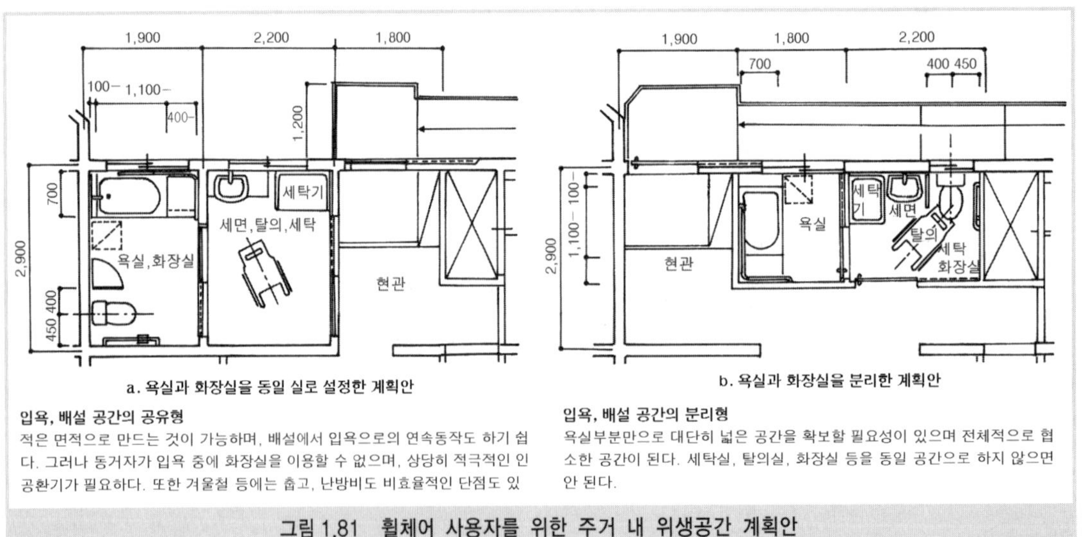


a. 욕실과 화장실을 동일 실로 설정한 계획안

**입욕, 배설 공간의 공유형**
적은 면적으로 만드는 것이 가능하며, 배설에서 입욕으로의 연속동작도 하기 쉽다. 그러나 동거자가 입욕 중에 화장실을 이용할 수 없으며, 상당히 적극적인 인공환기가 필요하다. 또한 겨울철 등에는 춥고, 난방비도 비효율적인 단점도 있

b. 욕실과 화장실을 분리한 계획안

**입욕, 배설 공간의 분리형**
욕실부분만으로 대단히 넓은 공간을 확보할 필요성이 있으며 전체적으로 협소한 공간이 된다. 세탁실, 탈의실, 화장실 등을 동일 공간으로 하지 않으면 안 된다.

**그림 1.81 휠체어 사용자를 위한 주거 내 위생공간 계획안**

(sanitary space)이라고 한다. 지체부자유자, 특히 휠체어 사용자는 동작공간으로서 필요한 공간이 크며, 일반적으로 좁게 만들어진 위생공간 내에서도 최대한 이용 가능하도록 하는 배려가 필요하다. **그림 1.81**은 휠체어 사용자를 위한 주택의 위생공간 사례를 나타내고 있다. 욕실과 화장실, 화장실과 세면·탈의실 등 실의 조합, 배치에 따라 다양한 특징이 있으며, 신중하게 검토할 필요가 있다.

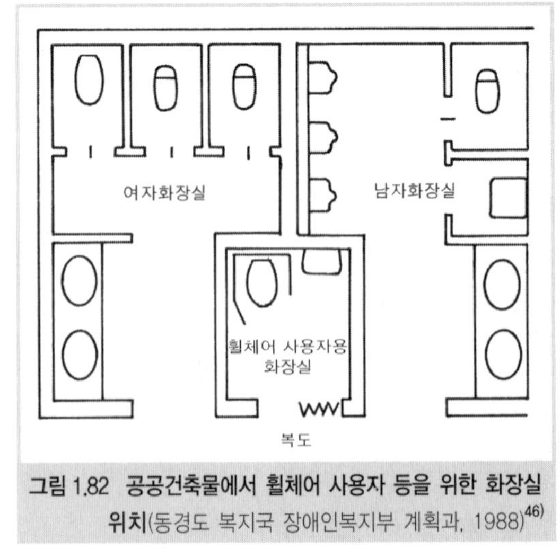


**그림 1.82 공공건축물에서 휠체어 사용자 등을 위한 화장실 위치**(동경도 복지국 장애인복지부 계획과, 1988)[46]

### 1) 화장실

이동에 장애가 있다는 점을 고려하면, 화장실은 최대한 본인의 거실에 가깝게 가족의 눈에 보일 수 있는 범위에 설치하는 것이 바람직하다. 그러나 화장실의 신규 증설은 주택 내 거실 주위의 빈 공간이 있는 경우로 제한되기 때문에, 거실에 인접하여 설치할 충분한 공간이 없는 경우에는 가장자리 또는 복도의 끝부분 등의 코너와 벽장 등의 일부를 화장실로 개조할 수 있다.

공공건축물에서는 휠체어 사용자 등의 이용을 고려한 화장실은 남녀 각각 따로 설치하는 것이 바람직하다. 그러나 이용 빈도가 그다지 높지 않다고 생각되거나 공간이 충분하지 않은 경우에는 **그림 1.82**처럼 남녀 공용 부분에 설치하는 것도 좋다. 또한 이용자 측면에서는 부부 사이 등 이성이 배변을 도울 경우도 많으므로, 이 그림 같은 설치법이 바람직하다고 주장하는 사람도 있다.

**그림 1.83, 1.84**는 휠체어 사용자의 이용을 고려한 화장실의 표준설계를 나타내고 있다. 손잡이는 변기에 앉을 때와 일어설 때의 이용의 편리함과 관계가 있다. 선 자세에서의 이동이 가능한 하체장애인은 섰을 때와 앉을 때의 높이차가 크기 때문에, 그림과 같이 세로로 긴 손잡이가 유효하다. 휠체어 사용자는 수평이동 시 도움을 받거나 변기에 앉아 있을 때 균형 유지 등을 위하여 이용하기 때문에, 그림과 같은 수평 손잡이가 유효하다. 높이는 대략 바닥으로부터 600~700mm의 범위가 적당하다. 관절 류머티즘 등의 상체장애로 손잡이를 잡을 수 없는 경우에는 손잡이에 손을 기대어 이용되는 경우가 많다. 이럴 경우 약간 낮게 설치한다.

휴지걸이의 위치는 상체장애가 있는 경우에도 변기에 앉아 손이 닿을 수 있는 범위 내에 부착한다. 휴지를 찢는 등의 동작이 어려운 경우에는 롤 페이퍼보다 한장씩 나오는 것을 사용한다.

또한, 고혈압 등 이용자의 질병에 따라서는 겨울철의 난방 설비가 필요하다. 이 경우에도 변기만을 따뜻하게 하는 국부난방이 아니라 화장실 전체를 따뜻하게 하는 설비로 한다.

**그림 1.84**는 보행에 어려움을 겪는 남성이 사용하는 소변기에 부착된 손잡이를 나타내고 있다. 용변 중과 그 전후의 과정에서 신체를 기대어 유지할 수 있는 설비가 필요하다.

### 2) 욕 실

일본의 주택에서는 일반적으로 욕실은 좁고 욕조는 깊다. 욕실은 자립 입욕, 간병 입욕에 관계없이 정비가 필요한 경우가 많다.

일반적으로 자립 보행이 가능한 하체장애인은 욕조에 들어갈 경우 욕조 가장자리의 높이와 같은 높이의 의자에 일단 앉은 후에, 한쪽 발씩 넣는 방법을 취한다. 한쪽이 마비된

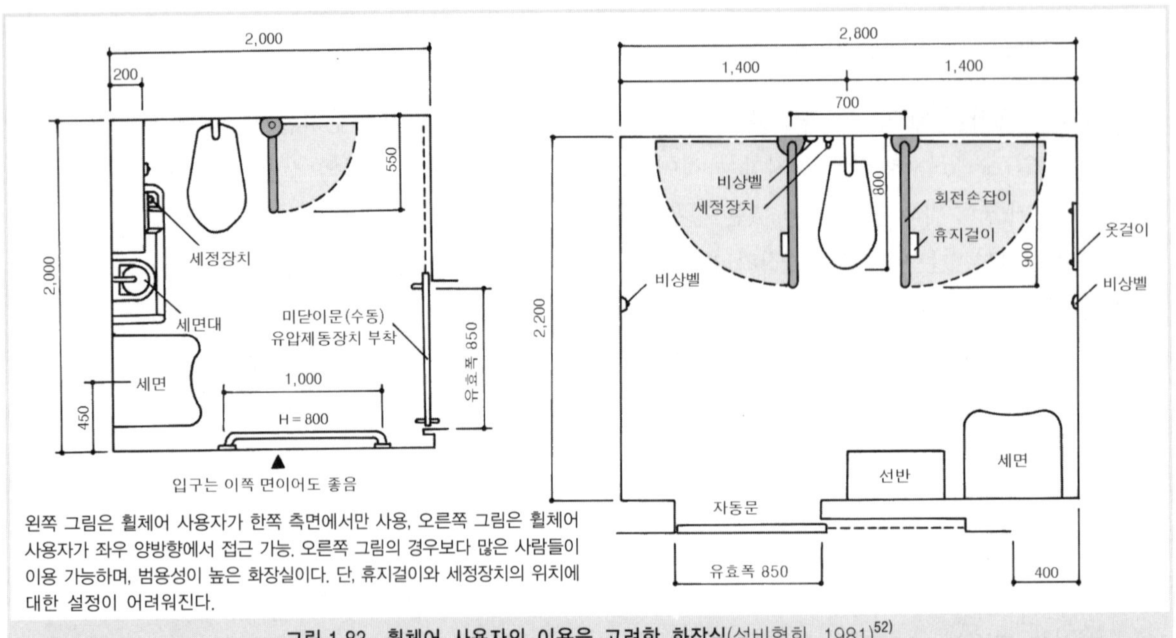


왼쪽 그림은 휠체어 사용자가 한쪽 측면에서만 사용, 오른쪽 그림은 휠체어 사용자가 좌우 양방향에서 접근 가능. 오른쪽 그림의 경우보다 많은 사람들이 이용 가능하며, 범용성이 높은 화장실이다. 단, 휴지걸이와 세정장치의 위치에 대한 설정이 어려워진다.

**그림 1.83 휠체어 사용자의 이용을 고려한 화장실**(설비협회, 1981)[52]

**그림 1.84 남성 보행 장애인의 이용을 고려한 소변기**
(동경도 복지국 장애인복지부 계획과, 1988)[46]

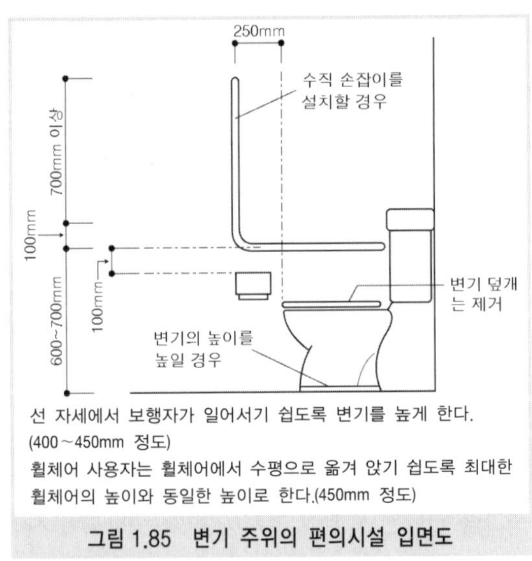


선 자세에서 보행자가 일어서기 쉽도록 변기를 높게 한다. (400~450mm 정도)
휠체어 사용자는 휠체어에서 수평으로 옮겨 앉기 쉽도록 최대한 휠체어의 높이와 동일한 높이로 한다.(450mm 정도)

**그림 1.85 변기 주위의 편의시설 입면도**

사람은 마비가 안 된 쪽의 발부터 넣으며, 마비가 안 된 상체의 팔을 이용하여 마비된 쪽의 발을 욕조 내로 넣는다.

휠체어 사용자도 비교적 신체 균형이 좋은 사람은 이와 같은 입욕 자세를 취한다. 휠체어에서 의자로 옮겨 앉을 때, 의자의 앉는 면이 약간 넓으면 옮겨 앉기 편리하다. 또한 욕조 가장자리를 세면장 바닥면과 같은 높이로 하면 앉은 자세 그대로 욕조에 들어가는 것이 가능하다. 균형을 잡기 어려운 비교적 중증의 장애를 가진 사람이라도 이용하기 쉽다.

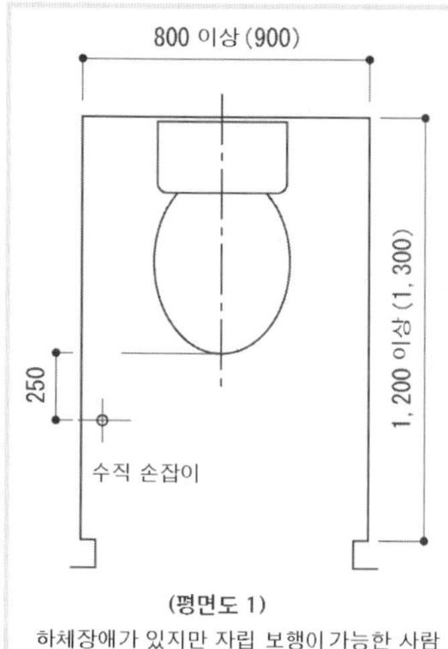


**(평면도 1)**
하체장애가 있지만 자립 보행이 가능한 사람

일반적인 넓이의 화장실에 수직 손잡이를 설치하는 정도로 좋다.
적용 : 자립 보행이 가능한 하체장애인

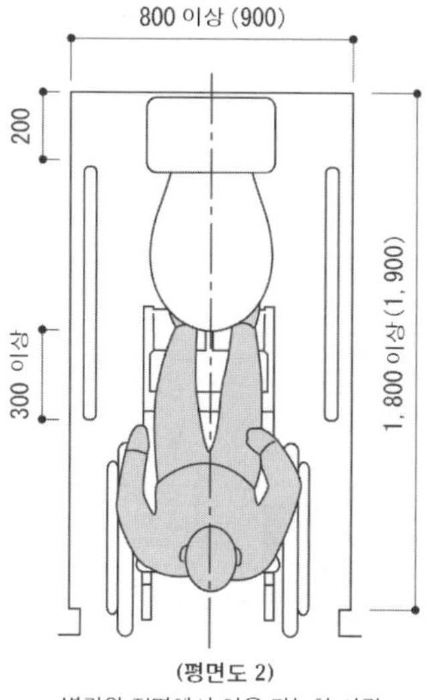


**(평면도 2)**
변기의 정면에서 이용 가능한 사람

일반적인 화장실과 비교하여 안 깊이가 조금 깊다. 안에 들어가 문을 닫을 수 있는 공간이 필요하다. 손잡이를 부착함으로써 일반가정에 있는 화장실을 그대로 이용 가능한 경우도 많다.
적용 : 휠체어 사용자 중에서도 일시적으로 선 자세를 취할 수 있거나 신체의 균형을 충분히 유지 가능한 사람

1, 200 이상 (1, 350)
200
300 이상
1, 800 이상 (1, 900)

**(평면도 3)**
비스듬히 (또는 뒤쪽에서) 접근하여 이용하는 사람

앞의 그림과 비교하여 변기로의 수평이동이 쉬우며, 신체기능 측면에서 수평이동능력과 균형유지 등의 기능에 장애가 있는 사람도 이용하기 쉬워진다.
변기의 바로 옆에서 변기와 같은 방향을 취하여 신체를 옆으로 이동하여 옮겨 앉는 것이 가능하며, 팔걸이를 뗄 수 있는 형태의 휠체어 사용자는 상체, 신체에 중요한 장애가 있더라도 혼자서 사용이 가능하다.
그림은 오른손잡이(또는 왼쪽 마비)인 사람의 이용을 고려한 것으로, 마비된 쪽이 반대인 경우에는 변기와 옮겨 앉는 위치를 반대로 한다.
적용 : 대부분의 휠체어 사용자

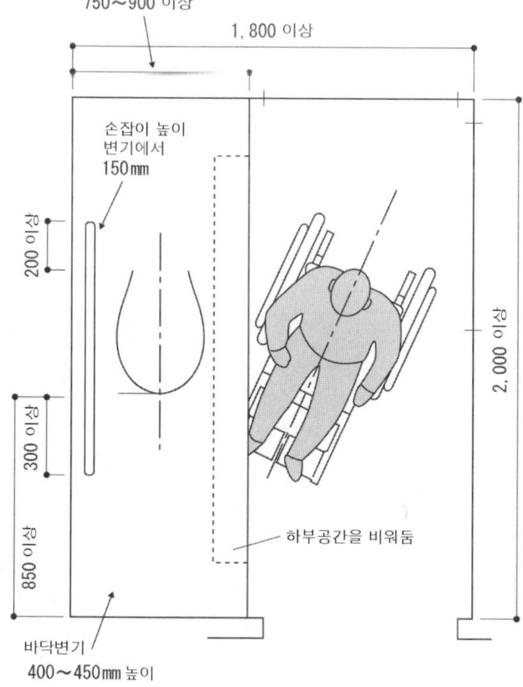


**(평면도 4)**
변기를 바닥에 매입한 방식

휠체어를 가능한 한 높은 바닥쪽으로 접근시켜 바닥 위로 옮겨 앉는다. 앞의 그림과 비교하여 옮겨 앉는 자세의 자유도가 높으며, 누운 자세로 옮겨 앉기를 할 수 있다. 바닥 위로 이동한 후에는 바닥에 앉은 자세 또는 누운 자세로 배설 가능하며 배설장애가 있는 사람도 좌약 등의 사용이 쉬워진다.
적용 : 휠체어 사용자 중에서도 상체기능, 신체균형 유지에 큰 장애가 있는 사람

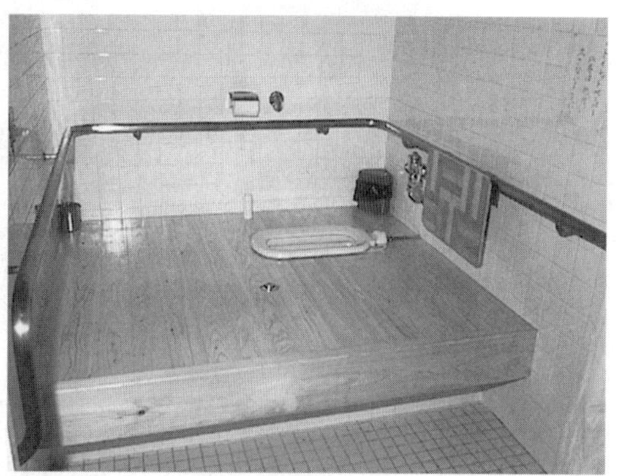

**그림 1.86 화장실의 넓이**
(　)의 치수는 이상적인 크기

의자에 앉아서 욕조로 들어가는 형태

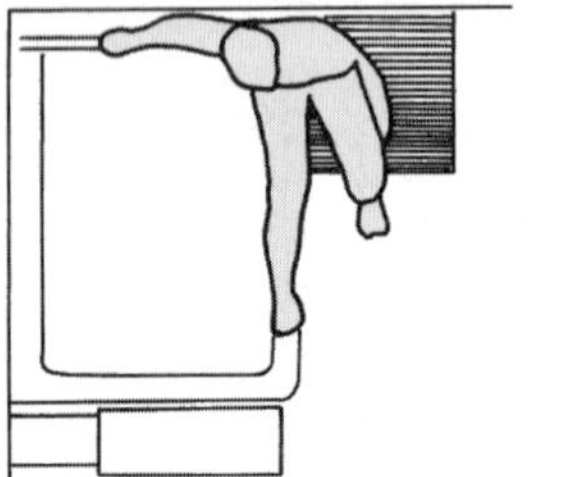

욕조 가장자리 높이가 적당할 경우

선 자세에서 보행 가능한 하체장애인 (목발 사용자 포함)

보행이 가능한 사람은 욕조의 가장자리에 일단 걸터 앉아 한 발씩 욕조 안에 넣으면서 들어가므로, 어느 정도 욕조가 높은 편이 좋다. 세면장에서 욕조 가장자리까지의 높이는 대략 400mm 정도.

욕조 높이가 300~450mm 전후의 반(半)매입형이라면 가장 이상적인 조건에 가까우므로 그림처럼 욕조 가장자리와 동일한 높이의 의자를 두고, 한번 그곳으로 옮겨 앉은 후 이용한다.

욕조를 낮게 하기보다는 바닥판 등을 이용하여 바닥을 높이는 편이 개선이 쉽다. 이 경우의 바닥 높이는 욕조 가장자리의 높이와 같은 의자에 앉았을 경우의 가장 좋은 위치로 설정한다. 바닥을 높인 경우 욕실 입구와의 단차도 없어지며, 욕실로의 출입도 쉬워진다.

욕조 가장자리 높이가 너무 높을 경우

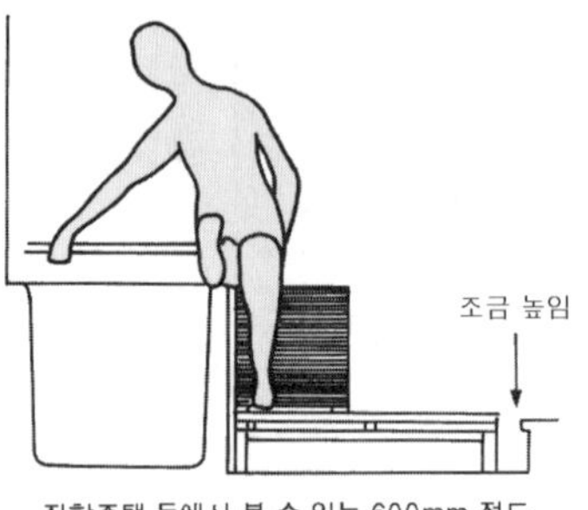


집합주택 등에서 볼 수 있는 600mm 정도 높이의 욕조

욕조 가장자리 높이가 수센티미터 정도 높을 경우

욕조가 매입된 형태로, 세면장과 욕조의 가장자리가 거의 같은 높이

세면장에 의자를 두고 일단 걸터 앉아, 앉은 자세 그대로 욕조로 들어가는 것이 가능하다.

욕조 가장자리 높이가 상당히 높은 경우

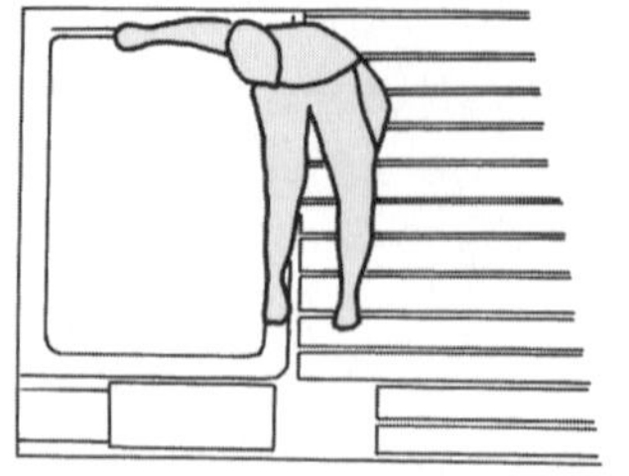

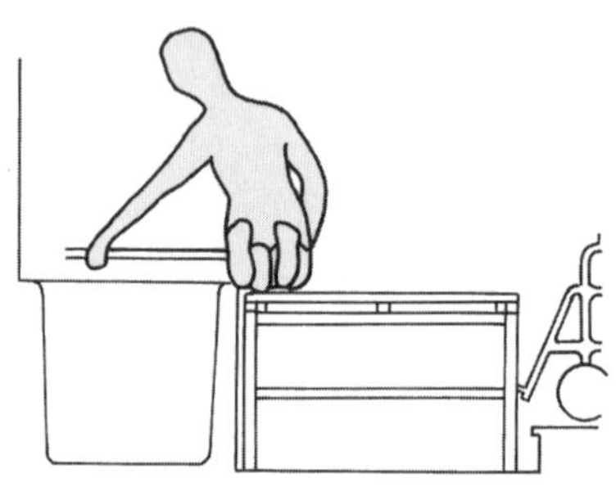

욕조 가장자리 높이가 높은 경우

욕조를 바닥으로 매입하는 공사를 하여 낮추는 것보다 바닥을 받침대 등으로 높여 바닥면을 욕조의 가장자리와 거의 같게 하면 비교적 쉽게 이용할 수 있다.

**그림 1.87 욕조로의 입수방법**

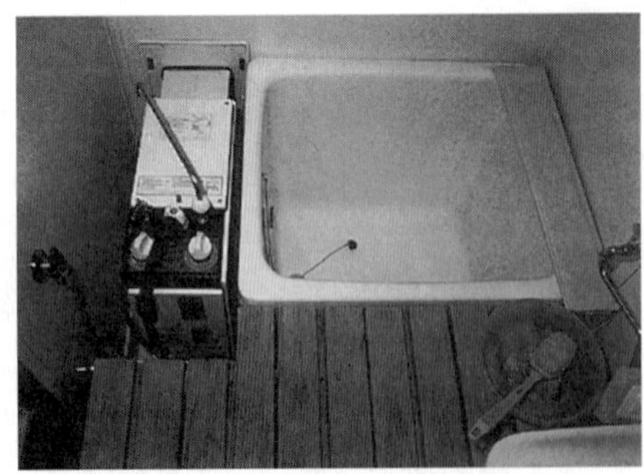

**【사례】**

거실이 1~2인실 정도의 목조주택 등에서는 욕실 등의 위생공간이 대단히 좁으며 개조도 쉽지 않다. 사진은 이러한 상황에서의 휠체어 사용자를 위한 욕실의 개조 사례이다. 왼쪽 사진은 욕조를 그대로 두고, 바닥에 받침대를 들어 올려 욕조 가장자리의 높이와 맞추었다.

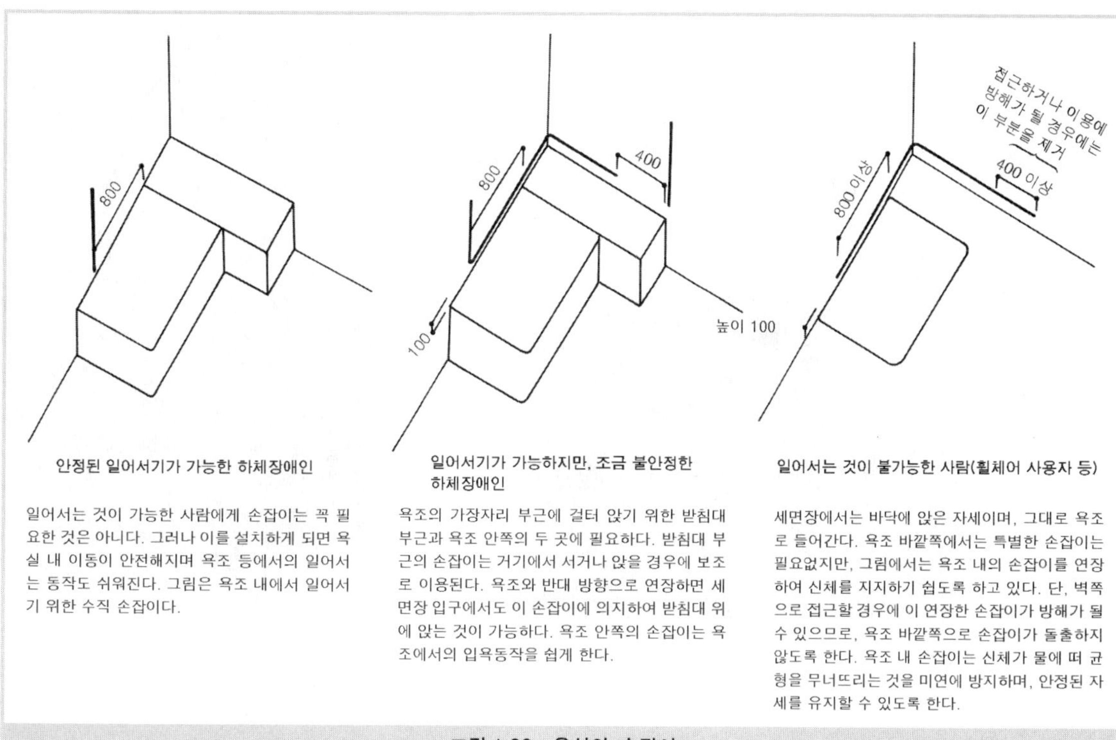


**그림 1.88 욕실의 손잡이**

욕조 바닥은 미끄러지지 않도록 가공된 매트 등을 설치하는 것도 고려해 볼 필요가 있다.

**그림 1.87, 1.88**에 개선방법을 나타냈지만, 욕조 교환과 바닥 공사를 한다면 공사도 커지게 되며 비용도 많이 든다. 여기에서는 기존의 욕실에 그다지 큰 보수를 하지 않고서도 이용 가능한 방법을 주로 나타내었다.

또한, 같은 그림에서 오른손잡이(또는 왼쪽 마비)인 사람의 이용을 고려한 형태를 묘사하였으며, 왼손잡이와 마비가 반대쪽인 경우에는 욕조와 옮겨 앉기 위치의 관계가 반대가 된다.

## 3.6 리프트

### 1) 바닥이동형 리프트

이는 혼자서 이동이 어려운 중증장애인을 **그림 1.89**와 같이 유압펌프 등을 이용하여 신체를 두 개의 벨트로 들어올려 실내를 이동하도록 하거나 휠체어, 침대, 화장실, 욕실과 같은 각 장소로의 이동, 옮겨 앉히기 동작을 보조하는 기기이다. 원칙적으로는 간병인이 조작하며 들어올리기와 이동도 간병인이 수동으로 한다. 간병인이 고령 등의 이유로

**【사례】** 최근에는 원룸형의 아파트 등을 비롯하여 사진과 같이 유닛형 욕조가 설치되는 경우가 많다. 이러한 형태는 입구에 큰 단차와 좁은 입구가 특징이다. 사진은 휠체어 사용자를 고려한 것으로써 변기와 욕조 사이에 받침대를 설치하여 단차를 해소하고 있다. 외부에서 휠체어로 이 받침대에 옮겨 앉을 수만 있다면 변기에 앉는 것은 쉬워지며, 욕조의 가장자리에 작은 단차가 있지만 욕조에 들어가는 것도 가능하게 된다. 단, 여기에서의 옮겨 앉기는 충분한 상체의 운동 능력과 신체 균형을 유지할 수 있는 사람에 한한다.

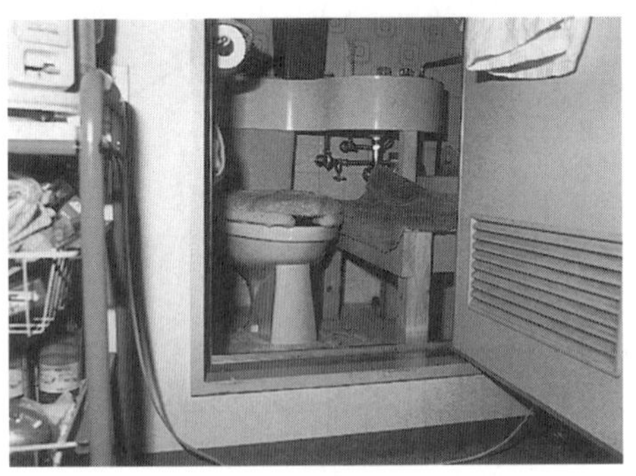

유닛 베스 입구

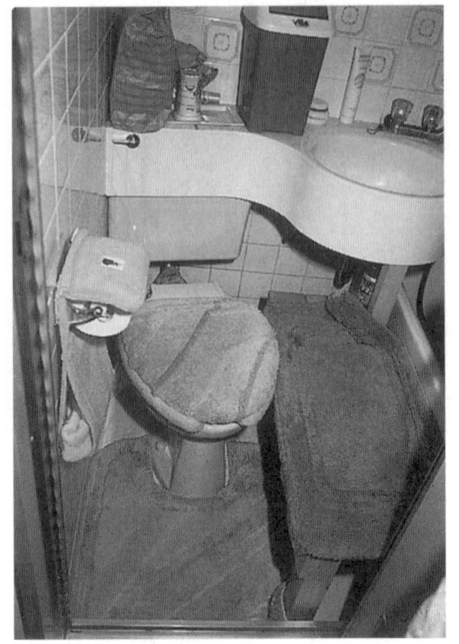

유닛 베스 내부

**【사례】**

근이영양증(근 디스트로피증) 환자가 이용하는 화장실이다. 휠체어로 옆에서 접근하며 상체에 기능장애가 있어 옮겨 앉을 때 휠체어와 변기 사이에 끼는 경우가 많았다. 이에 대하여 판형태로 받침대를 만들어 간격을 없애도록 고려하였다. 받침대 부분에도 앉을 수 있기 때문에 옮겨 앉기 동작을 몇 번으로 나누어 작은 동작을 반복함으로써 자립적으로 사용 가능하게 되었다.

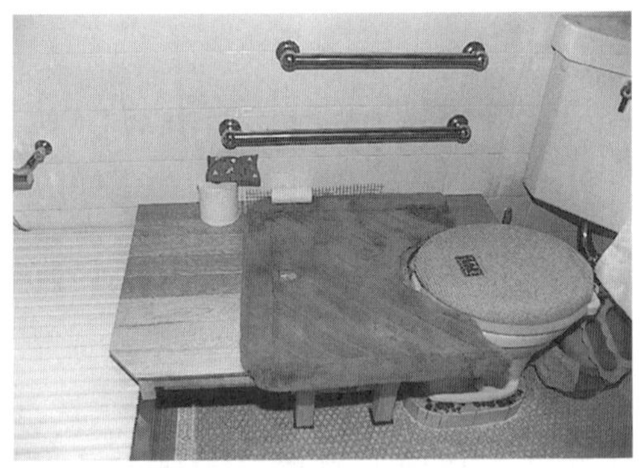

간병에 필요한 충분한 힘이 없을 경우 사용되고 있는 사례도 많다. 단, 바퀴의 직경이 작으므로 낮은 단차라도 넘기 어려운 점, 다리를 벌리면 폭이 크게 되어 일반주택에서는 의외로 주행에 지장이 있는 점 등의 문제점도 있다. 기기의 선택에 관해서는 제2장을 참조한다.

### 2) 천정주행형 리프트(호이스트)

기본적으로는 위의 바닥이동형 리프트와 같은 기능을 가진 것이지만, **그림 1.90**에서와 같이 천정에 주행 레일이 있어, 이동이나 들어올리기 모두 전동으로 조작 가능하다. 따라서, 리모콘 스위치로 장애인 자신이 조작하여 이용할 수 있지만, 조작성과 안전상의 불안 등으로 실제로는 간병인이 조작하며, 간병의 보조로서 이용되고 있는 사례가 많다(상세한

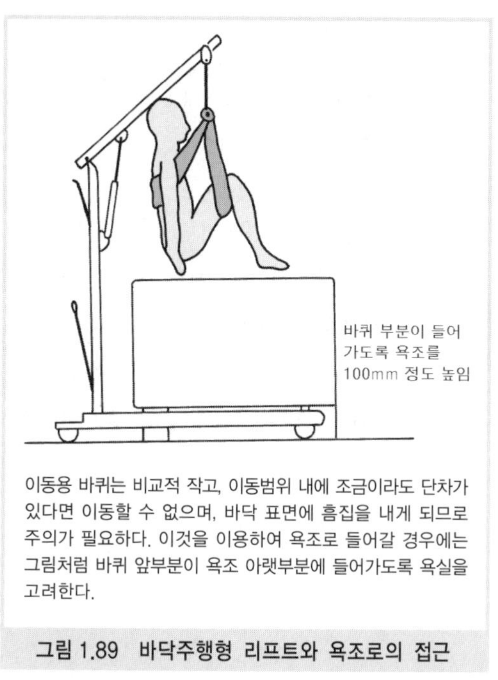


이동용 바퀴는 비교적 작고, 이동범위 내에 조금이라도 단차가 있다면 이동할 수 없으며, 바닥 표면에 흠집을 내게 되므로 주의가 필요하다. 이것을 이용하여 욕조로 들어갈 경우에는 그림처럼 바퀴 앞부분이 욕조 아랫부분에 들어가도록 욕실을 고려한다.

**그림 1.89 바닥주행형 리프트와 욕조로의 접근**

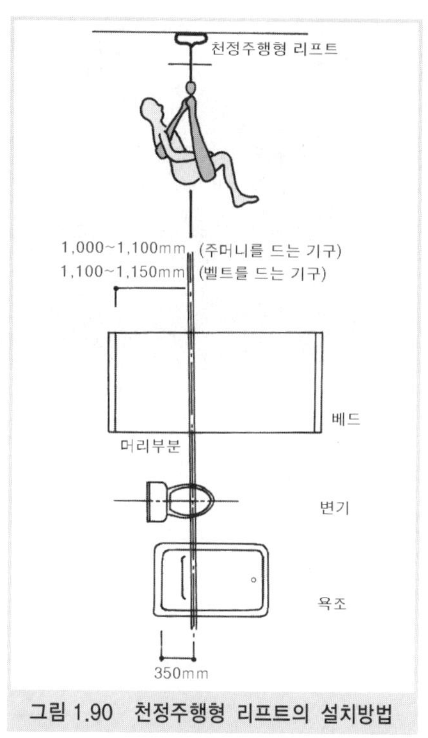


**그림 1.90 천정주행형 리프트의 설치방법**

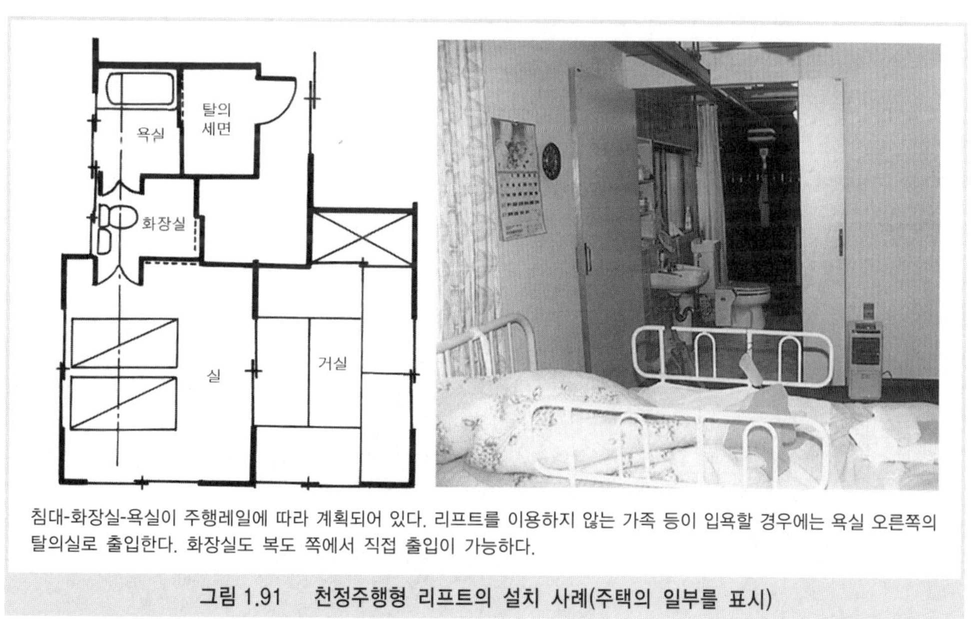


침대-화장실-욕실이 주행레일에 따라 계획되어 있다. 리프트를 이용하지 않는 가족 등이 입욕할 경우에는 욕실 오른쪽의 탈의실로 출입한다. 화장실도 복도 쪽에서 직접 출입이 가능하다.

**그림 1.91 천정주행형 리프트의 설치 사례(주택의 일부를 표시)**

내용은 제2장 참조).

설치장소는 침대에서 휠체어로 옮겨 앉기에 사용되므로, 거실 내에 설치하는 사례가

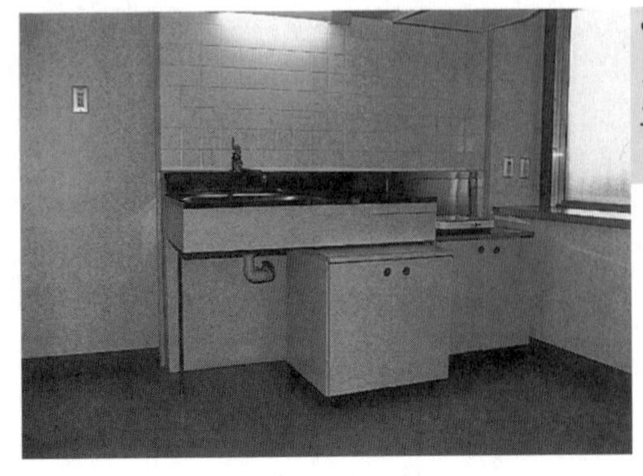

**일반 싱크대를 개조한 사례**

기존 싱크대의 개수대 깊이를 150mm 정도로 얇게 하였다.

**그림 1.92 휠체어 사용자가 편리하게 이용할 수 있도록 개조한 경우**

많지만, **그림 1.91**처럼 거실에서 연속하여 화장실과 욕실에도 레일을 설치하는 사례도 많이 보인다. 이와 같이 배설과 입욕 시의 효과가 크지만, 일본에서는 침대 주변 등의 거실 내에 한정하여 사용하는 사례가 많다.

최근에는 상하이동만을 전동으로 하며, 수평방향의 이동은 수동으로 하는 간이형도 판매되고 있다.

## 3.7 부엌 · 가사 공간

조리동작이 가능한 사람은 비교적 신체 상태가 좋은 경우이다. 조리동작은 생활자립에 중요한 요건일 뿐만 아니라 정신적 향상 효과도 대단히 크다고 할 수 있다. 주방을 이용

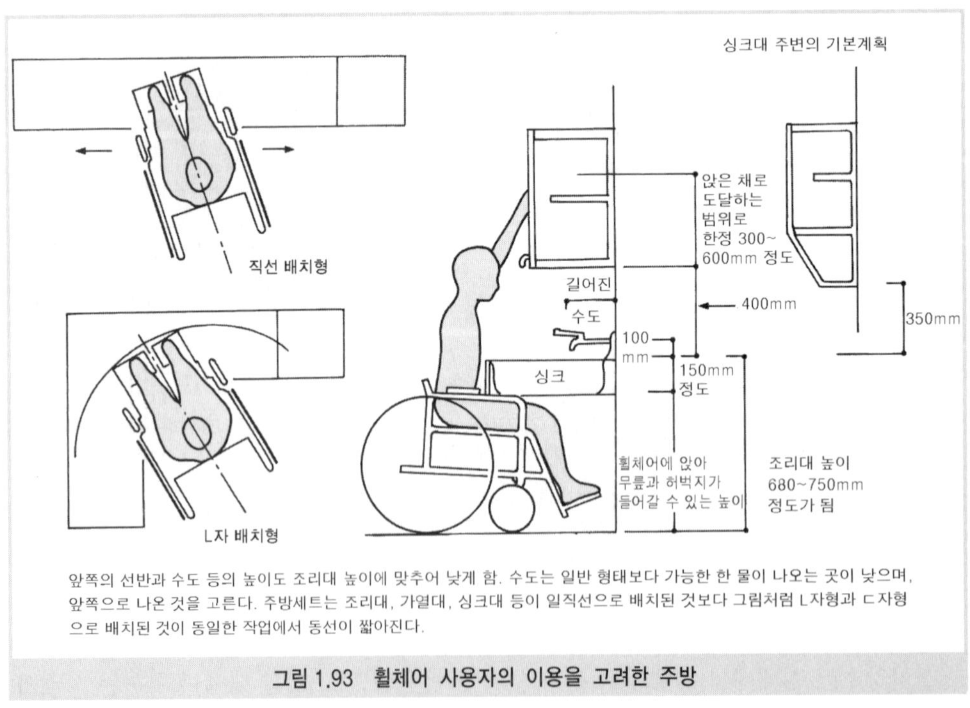


앞쪽의 선반과 수도 등의 높이도 조리대 높이에 맞추어 낮게 함. 수도는 일반 형태보다 가능한 한 물이 나오는 곳이 낮으며, 앞쪽으로 나온 것을 고른다. 주방세트는 조리대, 가열대, 싱크대 등이 일직선으로 배치된 것보다 그림처럼 L자형과 ㄷ자형으로 배치된 것이 동일한 작업에서 동선이 짧아진다.

**그림 1.93 휠체어 사용자의 이용을 고려한 주방**

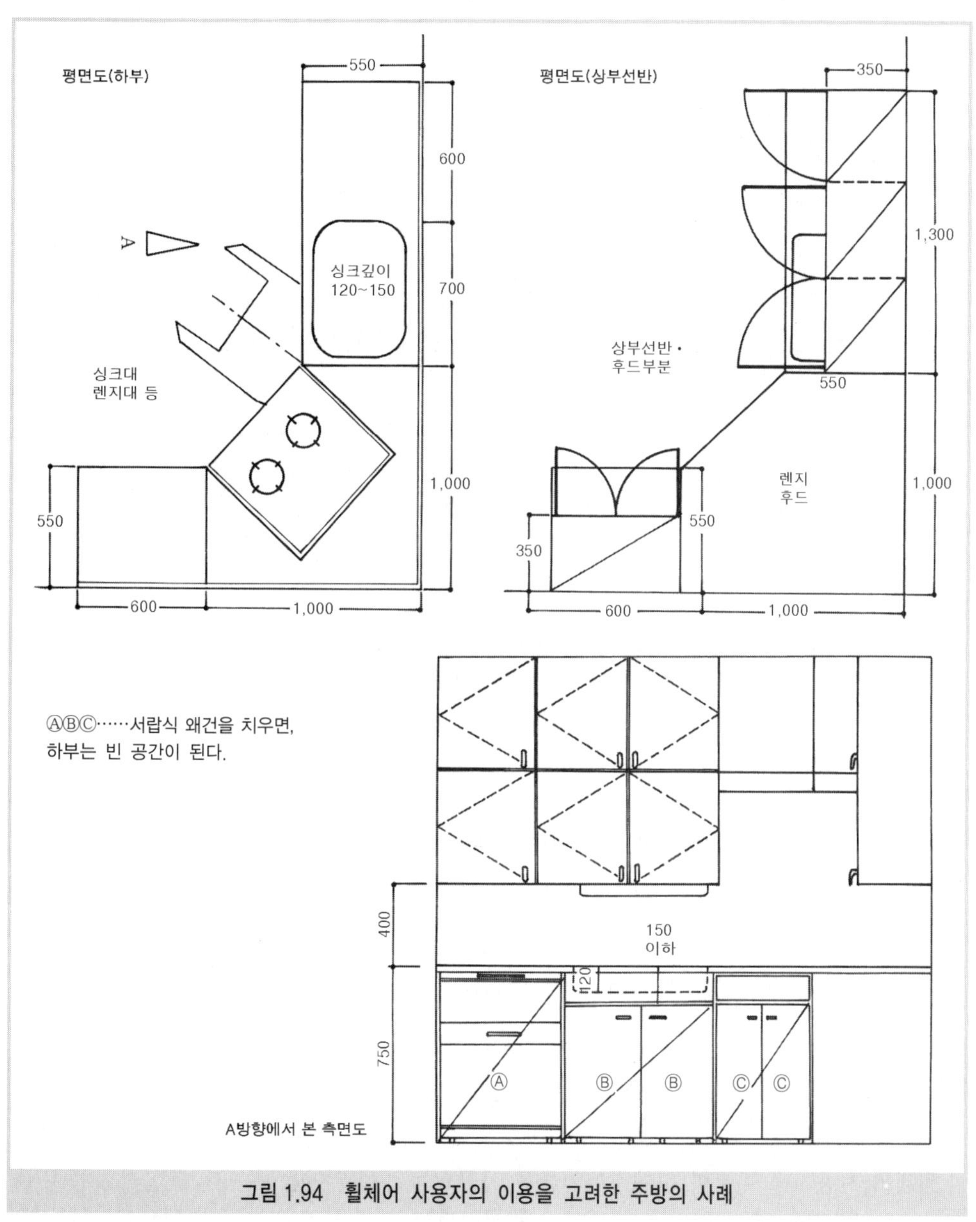


**그림 1.94 휠체어 사용자의 이용을 고려한 주방의 사례**

가능하도록 하는 것은 재택생활에서 매우 중요한 사항이다.

선 자세로 조리가 가능한 사람에게는 주방의 개조가 그다지 필요하지 않다. 가능한 한 많이 움직이지 않고서도 물건을 잡을 수 있도록 하는 배려가 필요하다.

선 자세를 유지할 수 없기 때문에 의자에 앉은 자세로 조리를 하는 하체장애인이나 휠체어 사용자가 이용하는 주방세트는 높이를 낮게 하며, 앉은 자세에서는 신체를 조리대에 충분히 접근시킬 수 없기 때문에 **그림 1.92**처럼 조리대의 하부공간은 비워 두도록

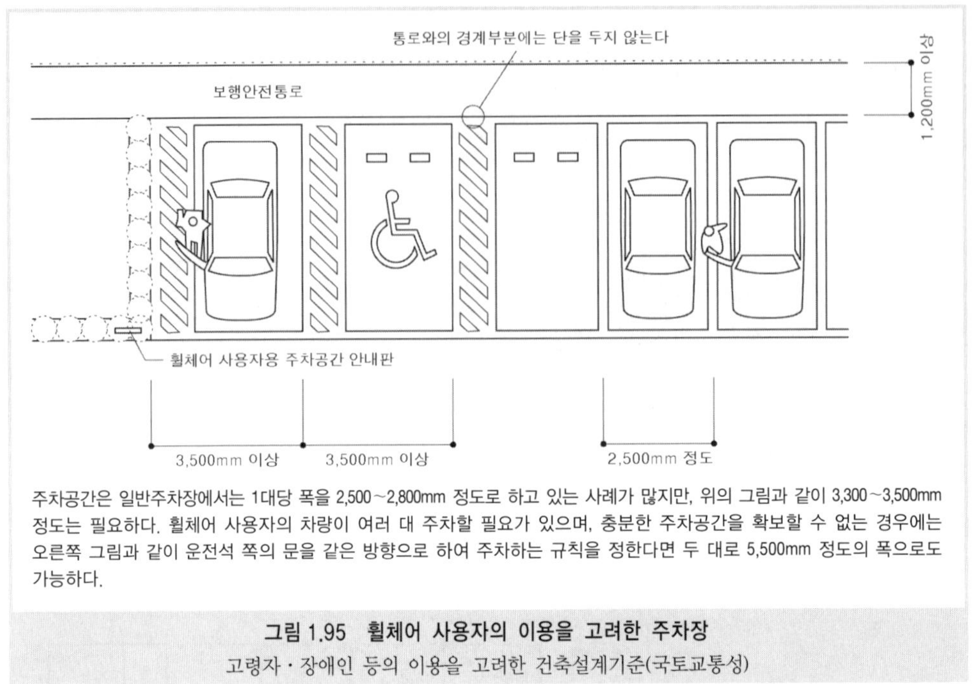


주차공간은 일반주차장에서는 1대당 폭을 2,500~2,800mm 정도로 하고 있는 사례가 많지만, 위의 그림과 같이 3,300~3,500mm 정도는 필요하다. 휠체어 사용자의 차량이 여러 대 주차할 필요가 있으며, 충분한 주차공간을 확보할 수 없는 경우에는 오른쪽 그림과 같이 운전석 쪽의 문을 같은 방향으로 하여 주차하는 규칙을 정한다면 두 대로 5,500mm 정도의 폭으로도 가능하다.

**그림 1.95 휠체어 사용자의 이용을 고려한 주차장**

고령자・장애인 등의 이용을 고려한 건축설계기준(국토교통성)

개조한다.

지금까지 이러한 이용자의 요구를 만족시키는 상품은 많지 않았고, 있더라도 고가였었지만, 최근에는 주방세트 전문업체에서 디자인이 좋고 일반기기와 그다지 차이가 없는 가격으로 판매되고 있다. 또한 가격이 싼 일반상품을 가지고 개조하거나 치수를 계측하여 새롭게 제작하면 비교적 싼 가격으로 장애와 신체에 맞는 좋은 것들이 될 수도 있다.

## 3.8 주차장

휠체어 사용자를 비롯한 하체장애인들은 공공교통기관을 이용하는 데 현실적으로 부담이 크다. 또한 최근에는 약간의 상체장애가 있더라도 자동차의 운전이 가능하므로, 자가용차가 점점 중증장애인의 주요한 이동수단이 되고 있다. 따라서 주차공간의 확보는 장애인의 이동권 보장 면에서도 중요하다.

휠체어 사용자는 휠체어에서 운전석으로 옮겨 앉아야 하며, 그때 상당히 많은 시간이 필요하므로 주차공간을 조금 넓게 하는 것이 필요하다. 비가 올 경우에 가능한 한 운전석 쪽 문의 윗부분만이라도 지붕이 있다면 좋다. **(八藤後 猛)**

## 참고문헌


1) 大島正光：ヒト その未知へのアプローチ. 同文書院, 東京, 1982, pp. 7-8.
2) 野村みどり：バリアフリー. 慶応通信, 1995.
3) 総理府(編)：障害者白書. 1995, pp. 3-12.
4) 日本建築学会(編)：建築設計資料集成3単位空間 1. 丸善, 1980, p. 60.
5) 小原二郎, 加藤 力, 安藤正雄(編)：インテリアの計画と設計. 彰国社, 東京, 1986, pp. 42-63.
6) 전게서(前掲書) 4), p. 7.
7) 小原二郎(編)：デザイナーのための人体・動作寸法図集. 彰国社, 東京, 1985, p. 149.
8) 전게서(前掲書) 5), p. 45.
9) 日本建築学会(編)：建築設計資料集成. 1環場, 丸善, 東京, 1978, p. 72.
10) 吉本千補：第21回 IBMフェルフェアセミナー報告集, 1984, p. 39.
11) 전게서(前掲書) 4), p. 42.
12) 正田 亘：人間工学. 恒星社厚生閣, 1981, p. 116.
13) 전게서(前掲書) 9), p. 14.
14) Thomson, N., E. Dendy, D. de Deny：Sports and Recreation Provinsion for Disabled People. The Architectural Press, London, 1984, p. 67.
15) 小原, 谷口, 大内, 上野・他：人体寸法の動的計測に関する研究. 日本建築学会論文報告集, No. 297, 1980-11.
16) 전게서(前掲書) 5), p. 48.
17) 氏家幸子：基礎看護技術. 第2版. 医学書院, 東京, 1986, p. 30.
18) 小山内 博：作業姿勢と腰痛症. 労働の料学, **25(4)**：31-36, 1970.
19) 전게서(前掲書) 12), p. 49.
20) 전게서(前掲書) 5), p. 50.
21) 전게서(前掲書) 4), p. 23.
22) 日本建築学会(編). コンパクト建築設計資料集成. 丸善, 東京, 1986, p. 28.
23) 전게서(前掲書) 4), p. 37.
24) 日本建築学会(編), 吉田あこ：日本建築学会設計計劃パンフレット26 ハンディキャツプ者配慮の設計手引. 彰国社, 1981, p. 19.
25) 特集：障壁のない設計, 国際リハビリテーションニュース 25, 日本障害者リハビリテーション協会, 1975, pp. 3-38.
26) 전게서(前掲書) 24), p. 8.
27) 藤倉皓一郎：アメリカにおける障害者法. ジュリスト, **970**：26-32, 1990.
28) 建設大臣官房福祉環境推進室(監修)：生活福祉空間づくり. ぎようせい, 1995, pp. 18-19.
29) 전게서(前掲書) 28), pp. 20-21.
31) 定藤丈弘, 岡本栄一, 北野誠一(編)：自立生活の思想と展望. ミネルヴァ書房, 1993, pp. 262-270.
32) 大阪府建築部建築指導部, 同福祉部障害福祉課(監修)：大阪府福祉のまちづくり条例設計マニュアル. (財)大阪府建築士会, 第2版, 1994, p. 8.
33) 心身障害教育・福祉研究会(編)：心身障害教育と福祉の情報事典. 同文書院, 東京, 1989.
34) 補聴器コンサルタントの手引き. リオン株式会社, 1984.
35) 河添邦俊, 正木建雄, 矢部京之助(監修)：障害児の体育―その考えかたと展開. 大修館書店, 東京, 1981.

36) 西村草次：障害の重い子どもたち．ミネルヴァ書房, 京都, 1973, p. 50.

37) (財)日本精神薄弱者愛護協会調査研究委員会：昭和58年度全国精神薄弱施設実態調査報告書. 1984.

38) 障害者の生活環場をつくる会(編)：障害者の生活空間 障害者を配慮した建築設計資料. 日本リハビリテーション協会, 1978.

39) 八藤後 猛, 中山彰博, 大竹 朗, 石神重信：在宅障害者の生活環境設計 (その 1). リハビリテーション医学, **22**：279-280, 1985.

40) 石神重信, 佐竹将宏, 大竹 朗, 八藤後 猛：在宅障害老人の生活環境整備. 総合リハビリテーション, **15**：507-513, 1987.

41) 八藤後 猛, 中山彰博, 石神重信：在宅障害者の環境設計(その1). 日本リハビリテーション医学会, 昭和60年度論文, 1985.

42) 八藤後 猛, 佐竹将宏, 石神重信：在宅障害者の環境設計(その2). 日本リハビリテーション医学会, 昭和61年度論文, 1986.

43) 国立職業リハビリテーションセンター：肢体不自由者の利用を考慮した環境設計マニュアル. 国立職業リハビリテーションセンター. 1988.

44) 八藤後 猛：講座 車いす使用者の利漏を考慮した住宅改造. 理学療法ジャーナル, **6**：401-406, 1990.

45) 田中 理：車いすとリハビリテーション工学一車いすの移動機能, 駆動特性, 0行性能. 総合リハビリテーション, **10**：765-772, 1986.

46) 東京都福祉局障害福祉部計画課：東京都における福祉のまちづくり整備指針. 東京都精報連絡室情報公開部都民情報課, 1988.

47) U. S. Department of Housing and Urban Development. Office of Policy Development and Research：Adaptable Housing ― Marketable Accessible Housing for Everyone ―. Nov 1987

48) Ford, J. R.：Physical Management for the Quadriplegic Patient. F. A. Davis Company, Philadelphia, Pennsylvania, 1987, pp. 471-484

49) 心身障害辞典, 福村出版, 1983.

50) 厚生省：身体障害者実態調査, 昭和62年. 1987.

51) 建康環境システム研究会編. 身障者を考えた建築設計. 理工図書, 東京, 1976.

52) 営繕協会：身体障害者の利用を考慮した設計指針. 1981

53) Haiiowel, D. and S.R. Silverman (編著)・江口実美, 大西信沿郎, 大沼直紀, 賀戸 久, 星名信昭(訳)：聴覚障害学. 協同医書出版, 東京, 1985, p. 30.

54) (財)テクノエイド協会：補聴器技能者講習会テキスト. 1990, p. 100.

55) 전게서(前揭書) 2), p. 16.

56) Hesselgren, S.：Man's Perception of Man-Made Environment. Dowden, Hutchinson & Ross. inc., 1975, p. 64

57) Dunn, H. K., D. W. Farnsworth：J. A. S. A., **10**：184, 1939.

58) 大島正光：老化と生理機能. 医学のあゆみ, **97**：656-560, 1976.

59) Wilkoff, W. L., F. Ibd, L. W. Abed：Practicing Universal Design. An Interpretation of the ADA, van Nostrand Reinhold, New York, 1994, pp. 7-13.

60) Levine, M.：YOU-ARE-HERE MAPS Psychological Considerations. Environment and Behavior, Vol. 14 No. 2, March, 1982, pp. 221-237.

61) Moeser, S. D.：Cognitive Mapping In a Complex Building. Environment and Behavior, Vol. 20 No. 1, January, 1988, pp. 21-49.

2장

# 주택 개조

고령자·장애인을 위한 주택 개조(House Adaptation)란 무엇인가? 앞부분에서는 일본과 영국의 주택 개조 의미를 살펴본다. 뒷부분에서는 주택 개조를 위한 배리어 프리 디자인의 구체적인 전개수법을 생활환경 조사, 신체기능의 측면, 제도의 측면, 보조기기 활용 등의 관점에서 서술한다.

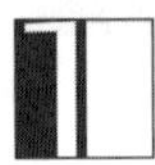

# 일본의 주택 개조

## 1.1 주택 개조의 의미

지금까지의 일본의 주택 개조는 건축영역에 한정된 물리적인 대응에 편중되었으며, 이것이 실제로 효과를 내기 위한 다른 분야와의 연계방법 또는 주택정책 내에서의 의미 등에 대한 근본적인 문제·과제는 상당히 많다.

영국*에서 주택 개조란 장애인이 신체적 부자유로 인하여 주거로부터 받는 장애를 경감시키는 치료적 의미이며, 재택 케어의 일환으로서 공적으로 보장받고 있다. 일본에서도 1990년대에 자치단체와 의료·보건·복지 기관에서 주택 개조에 관한 시책 정비에 착수하는 움직임이 확산되었다. 2000년에 개시된 개호보험제도에서 주택 개조비 지급과 보조기기의 대여·구입비 지급이 이루어졌지만, 주택 개조비의 지급한도액은 215만 원 정도이며, 이 중 10%는 자비 부담이다. 전반적으로 주택 개조를 재택 케어의 일환으로 규정하고 있지만, 아직 대상범위는 한정되어 있다.

주택 개조란 건축·의료·보건·복지·교육·소방이 연계·통합하여 대응하는 것으로, 이용자 주체의 주택 개조·증개축·신축·이전 등의 수법 전반을 말한다. 단지 물리적 대응에 그치지 않고 의료·보건·복지·교육 서비스를 효과적으로 전개하기 위한 기초 만들기로 파악하는 것이 중요하다. 그 결과 가정 내 사고 방지와 안전성 확보 및 자립생활의 유지·촉진, 생활의욕의 향상, 간병 노력의 경감, 사회적 입원·입소 예방, 재택 케어 서비스의 적정화, 피난·방재성능의 향상 등을 도모하는 것이 가능하다. 주택 개조의 '요구 발견'부터 '지원'까지의 프로세스에 따라 의료·보건·복지·교육·건축·소방 등의 전문기관·전문직의 과제를 정리하면 **그림 2.1**[1]과 같다. 모든 프로세스에서 전문직에는 공평성

---

* 영국은 1760년경 세계에서 최초로 산업혁명을 일으켜 1830년경에 완료하였으나, 동시에 많은 노동자 슬럼이 최초로 만들어졌다. 1830년대 전염병의 유행으로 1848년 세계 최초의 공중위생법, 1851년에는 세계 최초의 주거법을 성립시켜, 공중위생에서의 접근을 시작으로 주택 문제의 해결에 지속적으로 노력해 온 주택정책(주택시장으로의 공공 개입)의 모국이라고 할 수 있다.

| | 프로세스 | 문제 | 과제·대책 |
|---|---|---|---|
| | 요구의 발견 | ○ 잠재요구의 발견 곤란 | 방문, 외래, 진료 |
| | 요구의 발견 | ◎ 전문직의 기본적 인식 부족 | 양성교육, 연수 |
| | 요구의 발견 | ● 이용자·가족의 이해 부족 | 계몽·정보 제공 |
| ◎ 공평성 | 상담·평가 | ● 이용자·가족이 상담을 할 수 없는 경우 | 전화 한 통으로 출장 상담이 필요 |
| | 상담·평가 | ◎ 자택 방문 없이는 평가 곤란 | 관계 전문직 팀의 자택 방문상담 |
| | 상담·평가 | ○ 적은 방문횟수로는 정보 부족 | 생활 전체를 파악하여 조정 가능한 인재가 필요 |
| | 상담·평가 | ◎ 인력 부족 | 요구 대응팀을 편성하여 담당 |
| | 상담·평가 | ◎ 팀 구성직종의 편중 | 코디네이터 육성으로 대응 |
| | 상담·평가 | ◎ 의료·보건·복지 분야 간 연계의 어려움 | 지역전문직·병원의 연락체제 |
| | 상담·평가 | ○ 조기퇴원을 위한 환경 정비의 어려움 | 병원업무에 조기퇴원 지원을 포함 |
| | 상담·평가 | ○ 지원제도에 제한이 많아 활용이 어려움 | 전문직에 의한 검증으로 제한의 완화·폐지 |
| | 상담·평가 | ○ 관련 제도를 알기 어려움 | 관련 정보의 공유화, 연계조직화 |
| | 상담·평가 | ● 적합한 창구를 찾기 어려움 | 일체화 창구 설치, 일괄대행 지원 |
| | 상담·평가 | ◎ 직종에 따라 의견이 편중됨 | 팀 방문평가로 실지연수 |
| ○ 프로젝트 팀에 의한 공동·협력·조정 | 상담·평가 | ◎ 방문조사 결과의 기록평가가 어려움 | 공간구획 등의 수록기법 습득 |
| | 상담·평가 | ◎ 전문용어에 대한 상호 이해의 어려움 | 팀 회의에서 공통언어의 구축 |
| | 계획·설계 | ○ 목표를 보장하기 위한 제도 미확립 | 보장기준과 보조제도의 명확화 |
| | 계획·설계 | ◎ 목표설정의 기술 미확립 | 팀 회의로 구축 |
| | 계획·설계 | ● 계획안 반영 곤란 | 의욕 도출과 단계적 목표설정 |
| | 계획·설계 | ● 이용자·가족의 이해 부족 | 정보 제공, 체험 견학, 내용 설명 |
| | 계획·설계 | ● 주택의 협소, 노후화, 개조 불가 | 근린으로의 이전지원 시스템 |
| | 계획·설계 | ● 임대주택, 집합주택의 개조가 어려움 | 주택 개조 지원제도, 우선 입거 |
| | 계획·설계 | ○ 시공자만으로는 계획설계가 어려움 | 설계자가 관계된 시스템 정비 필요 |
| | 계획·설계 | ● 개소 공사비의 자금 부족 | 지원금 제도의 정비 충실 |
| | 계획·설계 | ● 설계비의 지불이 어려움 | 설계비의 지원 |
| | 계획·설계 | ○ 편의시설 및 설비의 부족 | 개발 및 정보 네트워크 |
| | 계획·설계 | ◎ 보조기기 선정기술의 미확립 | 시험, 기기의 개별 설계·개조 |
| | 계획·설계 | ○ 기기 필요시에 즉각적인 제공이 불가능 | 시공업자와 연계, 시험 입수 및 사용 |
| | 계획·설계 | ● 공적 조성기기 품목이 적음 | 기기를 한정하지 않고 기기교부 사업 |
| | 계획·설계 | ● 질병의 상태변화에 기기 변동이 불가능 | 보조기기 대여, 재활용 |
| | 실시·시공 | ○ 개조 내용의 이해 부족 | 시공업자의 교육·연수와 등록제도 |
| | 실시·시공 | ● 공사 중 거주할 곳 확보의 어려움 | 공사의 고민, 거처의 보장 |
| | 실시·시공 | ● 소규모 개조업자의 부족 | 개조업자에 대한 자원봉사제 도입 |
| | 실시·시공 | ● 견적금액이 시공업자에 따라 다름 | 예상견적 실시, 참고 표준금액의 산정 |
| | 실시·시공 | ◎ 관련 개조 및 재정비로 시공업 부담 증가 | 작업구분, 청구방법을 정하여 지원 |
| | 실시·시공 | ○ 효과의 측정 수법 미확립 | 팀 평가, 고충처리, 재평가 |
| | 유지관리 및 지원 | ● 회복된 ADL 기능의 지속이 어려움 | 재택 케어로 모니터링, 재평가 |
| | 유지관리 및 지원 | ○ 사회적 입원·입소 | 고충처리, 감수, 재평가 |
| | 유지관리 및 지원 | ● 질병의 상태 악화, 개조부분의 사용 불가 | 요구 발견·재평가 |

범례 ●: 이용자에게 보다 중대한 문제 ◎: 전문직에게 보다 중대한 문제 ○: 양자에게 중대한 문제

**그림 2.1 주택 개조 프로세스의 문제·과제·대책[1]**

이 요구되며, 이용자와 전문직으로 프로젝트 팀을 구성하여 공동으로 협력・조정하는 것이 매우 중요하다. 아래에 프로세스에 따른 구체적인 문제와 과제 및 대책을 정리하였다.[1)]

### 1) 요구 발견에 관한 문제・과제・대책

주택 개조의 실시에서는 잠재 요구의 발견이 중요하다. 그러나 고령자・장애인의 케어에 관련된 모든 전문직이 주택 문제를 의식하고 있다고는 할 수 없으며, 특히 다음과 같은 문제점이 지적되고 있다. 이용자가 문제에 직면해 있더라도 재택 케어 전문직이 주택 개조 발상을 하지 못하며, 환자나 가족은 장애훈련을 충분히 하지 못하고 주택 개조 지원도 없이 퇴원당하며, 대상자가 많고 장애인 수첩을 가진 사람 전원의 요구를 파악할 수 없으며, 전문직의 인식과 지식 부족, 인력 부족 등이 문제가 된다.

또한 가족은 주택 개조에 돈을 들이고 싶지 않으며, 문제점이 나타나지 않으면 생각하지 않으며, 이용자가 고령이 됨에 따라 대규모의 주택 개조를 거부하며, 이용자 자신이 조금만 참는다면 간병인의 부담이 경감된다는 이용자의 정신상태 등 이용자・가족의 주택 개조에 대한 전반적인 인식 부족 역시 문제가 되고 있다.

이에 대한 과제・대책으로 연수의 실시, 전문인력 양성, 왕진과 방문진료 등 방문활동을 통한 요구 발견부터 각종 서비스의 전개, 자원봉사자가 약 3년 정도 보관만 해 둔 장애인 수첩 소지자와 신규 수첩 취득자의 자택을 방문하여 제도의 소개와 주택의 구조, 개호 상황을 파악하여 요구 발견으로 연계시킨다. 그리고 클라이언트나 가족에 대한 정보 제공 등 앞으로는 잠재 요구를 표면화시키기 위한 전문직의 계발・교육・연수・양성, 방문지도 등에 의한 문제 발견, 전문직의 방문에 의한 의욕 고취, 이용자・가족에 대한 계몽과 정보 제공의 필요성 등이 있다.

### 2) 상담・평가에 관한 문제・과제・대책

주택 개조 프로세스상 상담・평가에서 이용자는 어디에 상담하면 좋은지를 알지 못하는 정보 부족의 문제가 있다. 다음으로 상담 창구를 알고 있더라도 고령자・장애인은 이동 곤란 등으로, 간병인은 간병에 쫓겨 상담에 응할 수 없는 경우 등이 있다. 전문직은 상담만을 실시하고 있더라도 상담 건수가 적고 그 필요성이 인식되기 어려우며, 창구 상담만으로는 주택의 상황이나 고령자・장애인의 장애 정도 및 생활 상황을 파악하기 곤란하여 확실하게 대응할 수 없으며, 병원 전문직의 자택 방문은 업무로서 아직 확립되어 있지 않아 시공업자에 맡겨서 대응하게 되는 등의 문제가 있다. 여기에 대한 과제・대책으로는 자택 방문으로 상담사업을 실시할 필요가 있으며, 전화로 신청 접수를 하고 방문형 상담 서비스를 제공하는 점 등이 요구된다.

지역과 병원을 연계한 주택 개조를 위해서는 의료 전문직으로부터의 정보 입수가 필수적이지만, 예를 들어 의료 봉사자는 병원 내의 재활 지원에 쫓겨 주택 개조 지원까지 할 수 없거나 퇴원 직전의 지원으로는 시간적 제약이 크다는 문제가 된다. 이에 대하여 병원 내에 조기퇴원 지원과를 설치하거나 복지사무소의 봉사자가 코디네이터로서 병원과 시설에 연락·출장을 통하여 대응하는 것 등이 요구된다.

지원제도의 활용과 관련해서는 신청방법이 복잡하여 알기 어려우며, 창구에서 헤매는 등의 이유로 이용자가 신청을 포기해 버리며, 장애인 수첩 취득은 자립 촉진을 위한 제도임에도 불구하고 수속이 불편하고 시간이 오래 걸려 조기퇴원 지원 시에 취득·활용이 곤란한 문제 등이 있다. 이에 대해서는 보조금을 공정하게 사용할 수 있는 기관의 검증, 수속에 대한 지도와 대행 지원체제가 필요하며, 그리고 모든 상담자의 이력을 온라인 시스템으로 정보 관리하여 모든 창구에서 종합적인 서비스를 제공하며, 신규 상담자의 창구 담당자가 좀 더 유효한 서비스에 관하여 컴퓨터로 조사하여 정보를 제공해야 하며, 제출처가 다른 서류를 재택 간호지원 센터에서 일괄 접수하는 대책 등이 요구된다.

전문직의 방문 평가에 관해서는 의료·보건·복지·건축 전문직 중에서 일부 전문직만 방문하면 평가가 편중되기 쉬우며, 팀으로 방문하더라도 공통언어가 없어 공통인식을 가지기 어려우며, 방문과 일상업무의 조정이 곤란하여 근무시간 외의 대응이 어려운 경우도 있다는 문제 등이 있다. 이에 대해서는 주택 개조 코디네이터 육성이 필요하며, 창구상담에서 적절한 전문직이 방문하도록 하며, 팀 방문에 의한 실전적 교육에 의해 공간 구획에 관한 기술 등 공통언어를 만들어 나가는 점 등이 요구된다.

### 3) 계획·실시·지원에 관한 문제·과세·대책

주택 개조의 계획·실시에서 최대의 문제는 주택이며, 그 규모와 노후화, 임대주택에서 집주인의 허가를 받을 때의 어려움, 개조 내용의 제한 및 원상복귀의 문제, 집합주택에서 공용부분의 개조에 대한 어려움, 개조하기 쉬운 무장애주택의 부족 등이 있다. 계획 시 팀 구성에서 대규모 개조의 설계·공사 관리에는 설계자가 필요하지만, 설계자의 역할이 아직 확정되지 않아 연계방식은 불명확하다고 할 수 있다. 이에 대하여 설계료와 자문료 조성과 설계자의 소개 시스템이 필요하다.

목표설정 기술에서는 자택 방문상담을 실시하였더라도 적은 방문횟수로는 목표를 설정하기 어려우며, 전문직에 따라 사고방식이 달라 대립하는 경우도 있다. 이에 대해서는 서비스조정회의 등 전문직 팀 내에서 충분히 협의할 것, 이용자 참가 및 장기적으로 관련된 간호사와 도우미 등의 전문직과의 연계가 필요하다는 것, 각 전문기관의 지역 재활과 재택 케어의 일환으로서 단계적 목표를 설정하는 것(**그림 2.2**) 등이 요구된다.

경제적인 문제를 살펴보면, 의료비 부담이 증가하게 되면 주택 개조를 하고 싶어도 자금 문제를 해결할 수 없어 시작할 수도 없으며, 보조제도가 정비되어 있지 않거나

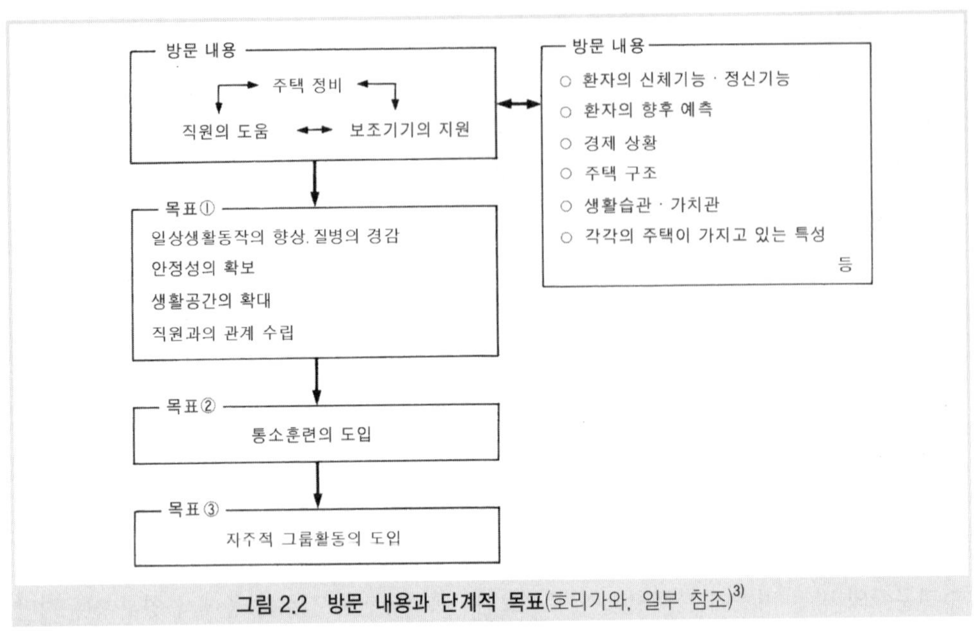


**그림 2.2 방문 내용과 단계적 목표**(호리가와, 일부 참조)[3]

제한이 많아 활용하기도 어려운 데다 개조로 이어지기 힘든 경우도 있다. 이에 대해서는 보조제도가 없더라도 다양한 제도를 이용하여 자기 자금 없이도 개조를 실시하고 있는 사회복지협의회의 사례, 예를 들어 소액의 보조금으로라도 상담·실시를 하고 그 효과를 재정 당국과의 예산 교섭으로 이용하여 보조제도의 확충으로 연계되도록 한 복지 사무소의 사례 등이 보인다. 또한 에도가와(江戸川) 구에서는 1990년부터 '건강한 주거조성제도'가 실시되었다. 이것은 구와 구민 간의 신뢰관계 속에서 주택에 거주하고 있는 60세 이상의 간호가 필요한 고령자 또는 장애인 수첩 소지자를 대상으로 주택개조보조금의 한계와 소득 제한을 두지 않고, 현재 집에서 계속 살기 위한 개조가 구직원의 상담으로 실시에 이르기까지 일괄 지원으로 실시되었다. 처음에 개조를 실시한 50건에 대하여 본 제도가 없었어도 주택 개조를 실시하였는지를 물어본 결과, 대부분은 실시할 수 없었다고 대답하였다. 그 이유로는 첫째 비용이 들고, 둘째 개조수법에 관한 정보가 부족하며, 셋째 지원할 시공업자가 없다는 것이었다. 비용·정보·기술자에 의한 종합지원 시스템이 중요하다고 할 수 있다.

이용자에 관한 문제로, 개조 실시와 그 내용은 주택과 경제의 문제뿐만 아니라 고령자·장애인의 가정 내 지위에 좌우되어 가족들 사이 합의 형성이 곤란하며, 상담이 자금 출자자 중심으로 진행되거나 가족이 전문직의 방문을 거부하는 것 등이 있다. 이에 대해서는 코디네이터가 고령자·장애인과 가족의 합의 형성을 이루어 내는 것, 단계적 개조에 전문직이 대응하여 신뢰관계를 구축하면서 실시범위를 넓히는 것(**그림 2.2**) 등이 요구된다.

설계자와의 연계 문제를 살펴보면, 개조를 지원하기 위한 부품 등의 데이터 뱅크가 없으며, 노력에 적합한 설계비를 받을 수 없어서 설계자가 개조 네트워크에 들어갈 수 없는 상황 등이 보였다. 이에 대해서는 설계비도 필요 경비로서 보조금에 포함시키며, 도면의 간략화와 현장대응에 의한 설계비의 저비용화를 추진하며, 배리어 프리의 재료·부품의 개발, 공통 시방서의 작성, 정보 네트워크 정비 등이 필요하다.

보조기기의 활용 문제를 살펴보면, 공적 조성품목이 적고 질병의 상태 변화 등에 따라 보조기기의 변동이 불가능하며, 보조기기의 선정기술·시험사용·운반·수선 등이 확립되어 있지 않고 거주환경도 정비되어 있지 않아 보조기기를 활용할 수 없으며, 장애인 수첩 취득 시기와 보조기기의 사용 시기가 맞지 않아 지원이 중단되어 버리는 점 등이 있다. 이에 대해서는 보조기기 교부사업은 종류를 한정하지 않고 성능사양에 따라 지원하고 구입비 보조를 실시하며, 필요에 따라 설치공사와 개조지원도 일괄적으로 제공하며, 개개의 요구에 대응한 보조기기의 개발·설계·조정 등의

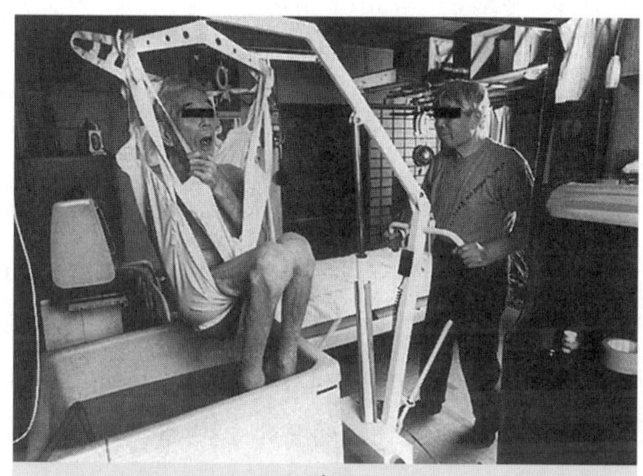

**그림 2.3**
고령의 아들이 초고령인 부친의 기저귀 교환과 입욕 간병을 바닥주행형 리프트를 이용하여 실시하고 있다.[4] 의료법인 요쯔야 진료소(동경도)의 사례

**그림 2.4**
현관 바닥의 단차를 극복하기 위해 활용된 주행 리프트[4]

**그림 2.5**
그림 2.4와 같이 사용하기 위해 주행형 리프트의 바퀴 받침대를 현관에 설치한 경우[4]

서비스를 하며, 보조기기의 시험사용 · 임대 · 재활용과 그 정보 시스템의 정비를 통하여 지원의 계속, 요구 변화에 대한 대응 등을 가능하게 하는 것 등이 있다(**그림 2.3~2.5**).

실시 · 시공 문제를 살펴보면, 공사 중 거처가 확보되어 있지 않아 경미한 공사밖에 할 수 없거나 생활 제한으로 이용자의 몸 상태가 안 좋아질 수 있으며, 시공업자가 개조의 내용을 충분히 이해하지 않으면 공사 후 문제가 발생할 수 있고, 견적금액이 시공업자에 따라 차이가 나며, 주택의 노후화로 공사범위가 확대되며 개조가 많고, 시공업자의 부담이 크다는 점 등이 있다. 이에 대해서는 경미한 공사를 중복하는 등 공사방법을 생각해 보고, 공사 중 가족이 함께 중기간(middle stay) 머물 수 있는 시설의 정비, 시공업자를 대상으로 하는 연수와 등록제도, 공사금액의 개략적인 산정 모델의 작성, 경쟁입찰의 도입 및 작업 구분, 청구방법 등의 정비 등이 요구된다.

효과 측정과 추가지원 문제를 살펴보면, 맨 파워의 부족과 효과 측정기술이 아직 확립되어 있지 않아 효과 측정이 어려우며, 추가지원 시스템이 정비되지 않아 퇴원 후 일상생활동작(ADL)을 지속할 수 없어 증상 악화로 재입원하는 경우 등이 있다. 이에 대해서는 기능 훈련 등을 계속하여 문제가 있다면 목표설정을 재검토하며, 퇴원 후 지역 컨퍼런스로 병원에서 개업의로 연계된 역할분담을 명확히 하며, 통소(通所)훈련 종료 후에는 자주적 그룹을 조직하여 이를 간호사가 지속적으로 지원해야 하는 점(**그림 2.2**) 등 재택 케어 내에서 모니터링할 수 있는 전문직의 연계가 중요하다. 주택 개조에 관련된 상담에서 실시, 그 보조제도까지 일괄 지원이 요구되며, 다음에 서술하는 영국의 시스템이 그 참고가 된다.

## 2 영국의 주택 개조

영국의 주택 개조 특징을 요약하면 다음과 같다.[5~9]

① 주택 개조 실시는 자치단체의 의무이며, 그 권한은 주택국과 사회복지국에 있다. 주택국은 보조금의 지급과 공영주택의 구조에 관련된 개조, 사회복지국은 비구조적인 개조(난간 설치, 보조기기 활용 등)와 민간주택을 중심으로 주택 개조에 관한 전반(자금 조달 지원도 포함)을 담당하고 있다.

② 주거법에 근거한 주택의 성능기준(**표 2.4**)이 정해져 있으며, 그 기준에 도달하기 위하여 보조제도가 자가 소유자, 땅이나 집을 빌린 사람, 임대주택의 주인을 대상으로 포괄적으로 정비되어 있다(**표 2.3**).

③ 보조제도의 판정을 하는 전문직이 확립되어 있다. 즉, 주택 개조에 관한 보조금

**표 2.1 장애인시설보조금 DFG의 필수항목 개조 공사(1996~ )**

- 주택 내외부로의 출입을 보다 쉽게 할 수 있도록 한다. 예를 들어 문의 유효폭의 확대와 경사로를 설치한다.
- 장애인과 기타 거주자의 안전성을 확보한다. 예를 들어 간병인이 없는 장애인이 혼자서 안전하게 생활할 수 있도록 특별히 개조된 거실 또는 보기 쉽게 정비된 조명을 제공한다.
- 거실로 쉽게 접근 가능하게 한다.
- 침실, 주방, 화장실, 세면기와 욕조 또는 샤워 설비로의 접근성을 높이거나 개선한다. 예를 들어 계단 승강기 설치 또는 1층에 욕실을 설치한다.
- 장애인의 요구에 대응한 자택의 냉난방 시스템을 개선하거나 설치한다.
- 장애인이 보다 편리하게 사용할 수 있도록 냉난방 또는 조명 조작을 개선한다.
- 장애인이 간병하는 배우자, 어린이, 또는 다른 사람 등 주택 내 거주하는 사람의 간병을 장애인이 할 수 있도록 주택 주위로의 접근과 이동을 개선한다.

판정은 **표 2.4**의 기준에 근거하여 환경위생감시원(EHO)이, 장애인을 위한 주택 개조에 관한 보조금 판정은 **표 2.1**에 근거하여 작업치료사(OT)가 한다.

④ 주택 개조에 대해서는 필수적인 공사 내용이 정해져 있다(**표 2.1**). 기타 공사도 작업치료사가 필요하다고 판정하면 임의공사로서 실시 가능하다. 작업치료 서비스는 1930년부터 이루어졌으며, 1970년 만성질환 및 장애인법을 실행하기 위하여 확립되었다고 할 수 있다.

⑤ 이와 같이 제도가 정비되었더라도 고령자·장애인은 제도 활용이 곤란하므로, 자가 거주의 고령자·장애인을 대상으로 고령자 정주추진 계획에 의하여 주택 개조 기관이 책임자, 건축직, 사무직의 3~5명으로 한 팀을 구성하여, 주택 개선·개조를 중심으로 전화 신청부터 자택 방문·조사, 보조금 신청, 공사 계획·실시 등 보조제도를 활용한 주택의 개선·개조를 일괄 지원하고 있다.

## 2.1 장애인의 주택 요구와 정책

영국에서는 주택의 질적 수준 향상이 모든 주택(민간주택, 공공주택, 노인 홈 등의 거주시설)의 연구과제이며, 정치적 과제이기도 하다. 영국 환경성에서 1988년에 간행한 「장애인을 위한 주택 개조 실무자 가이던스 매뉴얼」[8, 9]에 환경성의 장애인 주택 서비스 전문 자문역을 맡고 있는 셀 윈 골드스미스(S. W. Goldsmith)가 집필한 서론을 인용하였는데, 영국의 주택 개조가 정리되어 있다.

중증장애인의 주택 요구를 살펴보면, 이런 목적에 맞추어 설계된 특별한 주택을 요구하는 사람은 드물며, 대부분은 가족이나 친구, 주변 사람과 지역 서비스로부터 지원을 받으면서 기존 주택을 개조하거나 개조하기 쉬운 주변의 주택으로 이전을 요구하고 있다. 이와 같이 장애인의 주택 요구를 만족시키기 위한 주택 개조를 실시할 때, 자치단체의 주택국과 사회서비스국이 긴밀히 연계할 수 있는 정책으로 정비되고 있다. 구체적으로 1974년 주거법에 규정된 주택개선보조금(Home Improvement Grant)은 1982년에 개정이 이루어졌다. 이 보조금을 받아 장애인을 위해 개조된 주택건수는 1975년 50건에서, 1986년 17,201건으로 급증하고 있다.

이 같은 정책하에서 장애인을 위한 주택 개조를 실시하고 있는 실무자를 위하여 본질적인 실무 가이던스 매뉴얼을 작성하는 것은 시급한 과제이다. 매뉴얼 작성에서 주목할 것은 공간별 개조가 아니라 장애인을 위하여 성공한 대규모 주택 개조를 일괄 표현하는 것이 조건이 되며, 장애인 주택 평가 상담 서비스(Home Assessment and Advisory Services for Disabled People)에 조사・집필이 위탁되어 매뉴얼로서 출판되었다. 여기서 취급된 사례분석을 위하여 전국에서 대규모 주택 개조의 성공 사례가 모집되었으며, 주목받은 약 250개의 사례 중 22개가 요약 정리되었다. 이러한 사례는 영국에서 최근의 주택 개조의 도달점을 알 수 있는 중요한 자료가 되고 있다.

## 2.2 주택 개조의 의의와 시공상의 유의점

이 22개 사례를 살펴보면, 주택 내의 각종 장애물의 현황뿐만 아니라 고령 미망인의 고립과 불안, 복지 입소시설에서 자율적이지 못한 생활, 병원에서 스트레스를 받을 수 있는 인공투석 치료 등 분석 내용이 대단히 폭넓다는 점이 주목된다(**표 2.2**).

주택 개조의 역할은 "장애를 가진 클라이언트 또는 그 가족이 기존 거주환경에서 장애를 느끼는데, 이는 클라이언트의 장애에서도 올 수 있다. 그런데 그 장애가 주택 개조 형식에서의 치료적 연계로 완화될 수 있으며, 그 장소는 클라이언트의 기존 주택이나 기타 주택의 어디라도 좋다."로 정의되어 있다. 또한, 이러한 주택 개조 사례의 절반 정도는 개조하기 쉬운 주택으로의 이전인 것도 주목하여야 한다. 그리고 개조 내용이 최소한이 아니라 안전성과 쾌적성을 좀 더 도모하는 것으로서, 예를 들어 주방의 방화문 설치, 조리 시 방화복 착용 등도 개조로서 실시된다는 점도 주목할 수 있다. 또한 공간을 절약한 간이형 층간 리프트를 바닥에 관통시켜 설치함으로써 공간을 줄이지 않고 주택 전체를 유효하게 활용하는 수법도 많이 이용되고 있는데, 이는 협소한 2층 주택에도 대단히 유효해 보인다(**그림 2.6, 2.7**). 일본에서는 바닥관통형 리프트(through floor lift) 사용이 인정되지 않고 있다. 사방이 막힌 홈 엘리베이터를 활용하는 방법 이외에 층간 리프트를 도입하는 방법은 없다. 한편, 영국에서는 자치단체에 의무사항으로 규정된 OT 서비스와 보조제도에 기초하여 바닥관통형 리프트의 활용도 실현 가능하다고 할 수 있다. 보조기기를 효과적으로 활용하기 위해서도 시스템으로서의 주택 개조 지원에 대한 확립이 요구된다.

22개의 사례분석 결과에서 요약된 유의점을 살펴보면, 우선 요구에 대한 평가를 위해서

| 표 2.2 22개 대상사례의 개요, 장애와 주택 개조 | | | | | | | |
|---|---|---|---|---|---|---|---|
| 성 명 | 연령 | 성별 | 가족 구성 | 장애 유형 | 주거 내 이동 | 장 애 물 | 주택 개조 |
| 아리 | 32 | 남 | 처, 아이 2명의 4인 가족 | C6 척추손상 | 전동 휠체어 | 휠체어를 이용하는 남성과 가족이 사용할 수 없는 기존 공영주택 | 개조된 2층 주택으로 이전 |
| 비글 | 30 | 여 | 독신 거주 | 소아마비 | 전동 휠체어 | 자립생활을 저해하고 있는 레지덴셜 홈에서의 휠체어 여성의 생활 | 개조된 1층 주택으로 이전 |
| 챈들러 | 40 | 남 | 처, 아이의 3인 가족 | C5 척추손상 | 수동 휠체어 | 휠체어 남성의 가능성을 저해하며, 가족관계에 악영향을 주는 기존 휠체어 주택 | 기존 주택의 개조 |
| 브라운 | 79 | 여 | 독신 거주 | 녹내장, 변형성 관절염 | 보행 | 최근 남편과 사별한 시각장애인. 사회적으로 고립된 기존의 거주 환경 | 의지할 수 있는 가족 근처의 개조 주택으로 이전 |
| 왓슨 | 35 | 여 | 남편, 5세의 딸과 3인 가족 | 소아마비 | 보행 | 어릴 때부터 장애를 가진 여성. 서서히 휠체어에 의존. 자립생활 또는 가족의 감독이 어려운 기존 주택 | 기존 주택의 개조 |
| 매스글레이브스 | 33<br>29 | 남 | 부부 2인 거주 | 진행성 근육염, CP | 전동 휠체어 | 부부 모두 휠체어 사용자. 철거가 예정된 공영주택에 거주 | 개조된 주택으로 이전 |
| 닐 | 69 | 남 | 부부 2인 거주 | 왼쪽 마비 | 수동 휠체어 | 한쪽마비인 남성에게는 부적절한 시설로 접근성이 떨어지는 주택 | 층간 리프트를 설치한 기존 주택 |
| 플렛쳐 | 59 | 여 | 부부 2인 거주 | 다발성 경화증 | 목발 보행<br>휠체어 | 점점 상태가 악화되고 있는 장애인에게는 이용하기 어려운 주택 | 기존 주택의 1층 부분의 개조 |
| 파넬 일가 | 45<br>39<br>28 | 남<br>남<br>여 | 부모와 동일한 장애를 가진 3형제의 5인 가족 | 척수근위축증<br>색소성 망막염<br>(약시) | 수동 휠체어<br>앉은 채로 이동 | 중증의 장애를 가진 형제에게 이용하기 어려운 공영주택 | 개조된 2층 주택으로 이전 |
| 프렌치 | 19 | 여 | 독신 거주 | 뇌병변 | 보행 | 장애를 가진 젊은 여성에게 방해받고 있는 자립과 자율 | 공영의 1층 주택으로 이전 |
| 존슨 | 14 | 남 | 부모, 3형제의 5인 가족 | 지적장애 | 수동 휠체어 | 장애를 가진 부모가 중증장애인 아들을 간병하기에 불편하며 위험한 주택 | 1층 부분에서 간병할 수 있도록 개조된 기존 주택 |
| 왓스 | 74 | 남 | 부부 2인 거주 | 파킨슨씨병<br>오른쪽 마비 | 전동 휠체어 | 장애를 가진 남성에게 접근하기 어려운 2층 구조의 주택 | 계단 승강기를 설치한 기존 주택 |
| 키슬리 | 49<br>41 | 남<br>여 | 부부 2인 거주 | C6 척추손상<br>C5/C6 척추손상 | 전동 휠체어 | 부부 모두 휠체어 사용자. 임대 휠체어 주택에서의 폐쇄된 생활에 대한 질적 향상 가능성 | 개조된 2층 주택으로 이전 |
| 콜린스 | 90 | 여 | 자녀부부의 집에 독신 거주 | 가벼운 관절염<br>허약 | 목발 보행 | 자택을 유지할 수 없는 고령 미망인의 불안 | 자녀 부부의 주택을 개조 |
| 헨리 | 58 | 남 | 독신 거주 | 오른쪽 마비 | 전동 휠체어 | 자택에서의 한쪽마비의 남성. 저해받고 있는 자율적 생활 | 주택협회의 개조된 1층 주택으로 이전 |
| 스톡스 | 35 | 남 | 부모와 본인의 3인 가족 | 다발성 경화증 | 수동 휠체어 | 부모와 이혼한 장애인 본인에게는 이용하기 어려운 임대주택 | 두 개의 자립공간으로 개조된 공영주택으로 이전 |
| 하렐 | 12 | 남 | 부모와 동생의 4인 가족 | 척추손상 | 전동 휠체어 | 중증장애인 아들이 있는 가족에게 이용하기 어려운 2층 주택. 아들의 장애는 점점 악화되고 있는 상태 | 1층 공간을 케어용으로 개조한 기존 주택 |
| 토마스 | 36 | 여 | 부모와 본인의 3인 가족 | 뇌성소아마비 | 전동 휠체어 | 장애를 가진 부모와 거주하고 있는 휠체어 이용 여성. 불편한 주택 | 개조되어 증축된 기존 주택의 1층 부분 |
| 소프 | 73 | 남 | 부부 2인 거주 | 오른쪽 마비 | 수동 휠체어 | 한쪽마비의 남성과 간병을 도와주는 부인에게 이용하기 어려운 기존 3침실 주택 | 개조된 주택으로의 이전 |
| 챔벌린 | 73 | 여 | 남편, 자녀의 3인 가족 | 소아마비, 관절염 등 | 수동 휠체어 | 장애를 가진 부인의 간병을 하는 고령의 남편에게 불편하며 위험한 주택 | 기존 주택의 개조 |
| 스미스 | 24 | 여 | 부모, 결혼 예정자와 4인 거주 | 신부전증 | 보행 | 신부전. 불편한 주택 내부와 지속적인 병원 치료 | 투석치료실을 설치하기 위하여 개조한 기존 주택 |
| 다들리 | 19 | 여 | 모친, 언니의 3인 가족 | 신부전증 | 보행 | 신부전. 불편한 주택 내부와 지속적인 병원 치료 | 투석치료실을 설치하기 위하여 개조한 기존 주택 |

는 자신의 의견을 주장할 수 있는 클라이언트는 문제가 없지만, 확실한 의견을 말할 수 없는 클라이언트나 요구가 모순되는 복수의 장애인이 가족으로 거주하고 있는 사례 등에서 전문직은 특히 공평하게 대응하지 않으면 안 되는 점이 지적된다. 매니지먼트를 위해서는 모든 관계자를 프로젝트 팀으로 편성하는 것이 바람직하며, 이는 일반적으로 클라이언트와 그 가족, 작업치료사, 건축실무자, 자치단체의 보조금 담당자, 공공주택의 사례에서는 그 관리자가 계획단계부터 연계하며, 공사단계에서는 시공업자도 추가되면 좋다. 또한 장애인이 입원해 있다면 퇴원 준비를 위하여 병원과 자치단체의 양쪽 전문직의 협력이 필수적이라고 할 수 있다.

주택 개조란 단순히 물리적인 개조뿐만이 아니라 클라이언트의 환경에 대한 연계형태의 불확정성, 사망·장기입원·예기치 못한 장애, 가족관계의 파탄 등 제어할 수 없는 상황이 깊게 연관되어 있으므로, 다음의 세 가지 과제가 지적된다. 첫째, 장애인을 위한 주택 개조에 참여하는 기관과 개인 사이에는 함께 일하는 동안 협력과 조정이 필요하며, 둘째, 설비의 실제적인 개조에 일반적으로 응용 가능한 일정한 기준은 없고, 셋째, 성실한 실무자와 행정관이 연결되어 있더라도 주택 개조가 반드시 성공한다고는 말할 수 없다는 것이다.

## 2.3 고령자 정주추진 계획에 의한 주택 개조의 실시 배경

영국 최대의 주택협회인 앵커 주택협회에서는 1978년부터 커뮤니티 케어를 시작하였으며, 그 중심활동으로 고령자 정주추진 계획(staying put scheme)을 실시하고 있다. 스테잉 풋이란 계속 거주한다는 의미이다. 자기 집에 거주하는 고령 클라이언트의 희망에 따라 자택을 방문·조사하여 수선·개조에 관한 계획 작성부터 보조금 신청·실시에 이르는 모든 과정을 일괄 지원하는 것이다. 고령자 정주추진 계획이 자가 소유자를 대상으로 하는 이유는 공공주택은 공적으로 수선·개조 서비스가 마련되어 있는데, 자가 소유자는 지원의 손길이 닿기가 가장 어렵기 때문이다.

1980년대 초기에 고령자·장애인에 대한 전국적인 주택 실태조사가 실시되었는데, 보조제도가 정비되더라도 고령자와 장애인이 건축업자에게 수선·개조를 의뢰하여 도면과 서류를 갖추어 보조금을 신청하는 방법을 이해하지 못하고 있는 점이 큰 문제로 파악되었다. 그래서 비영리 자원봉사조직인 주택협회와 압력단체 등이 고령자와 장애인의 주택개선·개조에 관계된 지원을 더욱 추진하게 되었다. 고령자 정주추진 계획에 따른 주택개선기관(Home Improvement Agency)은 1978년 3곳에서, 1986년에는 30곳, 1992년에는 200곳 이상으로 급증하였으며, 예를 들어 앵커 주택협회는 1992년 28개의 자치단체와 연계하여 고령자 정주추진 계획을 진행하고 있었다.

1991년 4월 각지에서 활동하고 있는 많은 주택개선기관의 국립 조정단체로서 케어

& 리페어사(노팅검)가 설립되었다. 이들은 기존의 주택개선기관에 대한 지원, 훈련, 조언, 정보 제공 및 감독과, 새로운 주택개선기관의 개발기능을 하였으며, 각 주택개선기관에 대한 보조와 정책 간행물의 발행에서 정부 자문역할을 하였다. 정부의 보조를 받는 주택개선기관은 1986년의 2곳에서, 1992년에는 115곳, 1999년에는 188곳으로 늘어났다. 고령자의 높은 요구에도 불구하고 주택개선기관을 위한 펀드(인건비, 운영비로 국가와 자치단체가 반씩 부담)와 지원금(60%는 국가, 40%는 자치단체 부담), 그리고 판정하는 작업치료사 등 모든 것이 부족하다는 문제점도 지적되고 있다.

## 2.4 주택개조보조금[11)]

1989년 주거법에 새롭게 규정된 주택개조보조금(house renovation grant)은 지금까지의 주택개선지원금(home improvement grant)과 비교할 때 소득 제한이 완화되었으며, 처음부터 보조금 상한이 설정되어 있지 않은 점이 주목된다. 이것은 네 종류의 보조금, 즉 이 보조금의 근간을 이루는 개조보조금(renovation grant), 집합주택의 공용부분을 위한 공용부분보조금(common parts grant), 집합주택의 단위세대를 위한 집합주택보조금(houses

표 2.3 보조금의 신청자에 관한 가이드

| | 개조보조금 | 공용부분보조금 | 집합주택보조금 | 장애인시설보조금 | 소규모 공사 지원 |
|---|---|---|---|---|---|
| 자가 소유자 | yes | no | no | yes | yes |
| 토지 임대인 | yes | maybe | no | yes | yes |
| 주택 임대인 | maybe | maybe | no | yes | maybe |
| 집주인 | yes | yes | yes | yes | no |

표 2.4 주택개조보조금의 적합기준

다음의 요구항목을 모두 만족하며 거주자에게 부적절한 것이 없다면, 그 주택(집합주택 포함)은 사람이 거주하기에 적합하다고 지방의회는 판단한다.

a. 구조적으로 안정되어 있다.
b. 심각한 파손이 없다.
c. 거주자의 건강을 해칠 습기가 없다.
d. 조명, 난방, 환기 설비가 적절하다.
e. 상수가 위생적으로 공급되고 있다.
f. 주택 내에 급수·급탕 설비가 설치된 수도장치를 포함하여 조리설비가 충분하다.
g. 적절히 배치된 거주자 전용 화장실이 있다.
h. 적절히 배치된 거주자 전용 욕조 또는 샤워 및 세면 설비가 있으며 급수·급탕이 충분히 공급되고 있다.
i. 불결한 오수를 배수하기 위한 효과적인 시스템이 설치되어 있다.

주택이 위의 요구사항을 모두 만족하고 있더라도 주택 외의 건물 또는 그 일부가 위의 a, b, c, d 및 i와 같은 요구에 대응하지 못한다면 사람이 거주하기에 적합하지 않은 것으로 지방의회는 판단한다.

**표 2.5 장애인시설보조금의 필수 개조 내용**

- 주택 내외부로의 출입을 쉽게 할 수 있을 것
- 거실, 침실, 주방, 욕실로 쉽게 접근 가능할 것
- 자립적으로 사용할 수 있는 적절한 욕실과 주방설비를 갖출 것
- 보다 편리하게 사용할 수 있도록 난방 또는 조명의 조작방법을 개선할 것
- 자택의 난방 시스템을 개량할 것
- 케어가 필요한 동거인을 장애인이 케어할 수 있도록 주택을 정비할 것

in multiple occupation grant), 장애인을 위한 개조의 장애인시설보조금(disabled facilities grant)과, 공사비 1,000파운드(약 200만 원) 이내의 소규모 공사 지원으로 이루어져 있으며, 자가 소유자, 땅이나 집을 빌린 사람 또는 임대건물의 집주인을 대상으로 하는 포괄적인 보조제도이다(**표 2.3**).

여기에서는 자기 집에 거주하는 장애인과 고령자를 위한 고령자 정주추진 계획에 사용되는 개조보조금, 장애인시설보조금, 소규모 공사 지원을 서술하고자 한다. 개조보조금에는 주택의 적합기준(fitness standard, **표 2.4**)이 제시되어 있는 것이 특징이며, 이러한 기준을 만족시키는 것이 필수조건이다. 보조금 신청에는 환경위생감시원(environmental health officer)의 판정이 필요하며, 적합기준 이외의 공사에서도 필요하다고 판정되면 임의의 공사가 실시 가능하다. 당초, 개조보조금에는 상한은 없었지만, 1993년 4월 5만 파운드로 설정되었으며, 이것이 1994년 1월에는 2만 파운드로 낮아졌다.

장애인시설보조금 신청에는 작업치료사와 환경위생감시원 양자의 판정이 필요하다. 장애인시설보조금의 필수 개조 내용은 **표 2.5**와 같이 명기되어 있으며, 다음에 서술하는 바와 같이 집중난방을 포함하는 수준 높은 공사가 이루어지고 있다. 당초, 장애인시설보조금에도 상한은 없었지만 1994년 1월에 개조보조금과 동일하게 상한 2만 파운드로 낮아졌다.

소규모 공사 지원에는 환경위생감시원과 작업치료사의 판정은 필요하지 않으며, 고령자·장애인이 계속 거주하기 위한 소규모 공사, 단열공사, 1년 이내에 재개발되는 지구 내의 개조공사 등에 사용된다.

Housing Grants, Construction and Regeneration Act 1996에 따라 개조보조금은 임의의 보조제도가 되어, 지방자치단체의 재량에 맡겨지게 되었다. 이에 대하여 장애인시설보조금의 공사 내용은 **표 2.1**과 같이 개정되어 활용되고 있다. 개조보조금은 주택을 위한, 장애인시설보조금은 사람을 위한 보조제도의 역할을 하고 있다. 소규모 공사 지원은 홈 리페어 어시스턴스로 개정되어, 주로 고령자·장애인을 위하여 사용되고 있다.

## 2.5 주택개조기관의 조직과 대응 사례

런던과 그 부근 다섯 곳의 고령자 정주추진 계획, 케어 & 리페어 등의 주택개조기관을 살펴보면(**표 2.6**), 바킹 & 다겐햄(Barking & Dagenham) 구에서는 앵커 주택협회의 노하우를 활용하여 구청직원이 주택협회에서 적극적으로 활동하며, 1990년 4월부터 고령자 정주추진 계획을 추진하고 있다. 자기 집과 민간주택의 개조를 담당하고 있는 앵커 주택협회와 다음에 서술하는 공영주택의 개조를 담당하는 구청이 양쪽에서 고령자의 안정적인 거주를 추진하고 있다. 1998년 주택개선기관의 66%는 주택협회, 20%는 지방자치단체, 14%는 자원봉사자 조직 등이 함께 비영리로 운영되고 있다.

최소의 직원 구성은 케이스워커(case worker : 조사 및 판정담당자), 기술직, 사무직이다. 사우스웍(Southwork) 구의 주택개선기관에 따르면, 기술직인 조사(survey) 일은 클라이언트의 케이스워커에 근거한 포괄적인 판정과 상담서비스로써, 고도로 자율적인 업무 수행, 불편함을 많이 겪는 거주자의 이해와 지원, 초과근무에 대한 대응, 클라이언트와 시공업자와의 대립을 클라이언트의 입장에서 조정하며, 필요에 따라 외부기관과의 연락・대응을 하고 있는 것으로 나타났다.

이러한 각 주택개조기관은 일원화된 창구와 숙련된 소수 직원에 의해 지역밀착형으로 운영되고 있다. 구체적인 시스템의 흐름을 정리해 보면, 신청은 클라이언트 본인보다는 사회 서비스와 각종 단체로부터의 전화로 받는 경우가 많다. 난간 설치와 보조기기의

**표 2.6 주택개조기관의 개요**

| 기관명 | 대상지역 | 대상자 | 직원 구성 |
|---|---|---|---|
| Barking & Dagenham staying put scheme | London, Barking & Dagenham 구 | 고령자<br>장애인 | 프로젝트 매니저, 기술직원, 사무직원 등 3명은 협회 직원 및 2명의 구청 출장 직원 |
| North Hertfordshire staying put agency | North Hertfordshire | 고령자<br>장애인 | 매니저 1명<br>기술직원 1명<br>관리직원 1명<br>전원 상근하는 협회 직원 총 3명 |
| PCHA<br>케어 & 리페어 | London, | 고령자<br>장애인 | 프로젝트 매니저, 기술직원 전원 PCHA 직원(상근 2명, 계약직 2명) |
| SPHA<br>케어 & 리페어 | London, Camden 구의 남측, Ishrington 구 | 고령자<br>장애인 | 매니저 1명<br>자문(자가 소유자 담당) 1명<br>자문(민간 임대주택 담당) 1명<br>어시스턴트 1명<br>전원 상근하는 협회 직원 총 4명 |
| Southwork・Home Improvement Agency | London, Southwork 구 | 자가<br>소유자<br>전반 | 책임자 1명, 조사원 2명,<br>보조금 자문 1명, 사무 1명<br>전원 상근하는 구청 직원 총 5명 |

활용은 사회 서비스로 시행하는 것이므로, 보다 규모가 큰 공사가 그 대상이 된다. 우선, 사무직이 클라이언트의 개인파일에 성명, 연령, 주소, 각종 연금 수급 유무 등의 기본정보를 전화로 듣고 자택 방문의 약속을 하게 된다.

책임자가 신분증명서와 클라이언트의 개인파일을 가지고 클라이언트의 자택을 방문조사하여 서비스 수수료나 보조금 등을 설명하며, 클라이언트의 요구사항을 듣는다. 보조금 대상이 되면 건축기술직이 자택을 방문하여 1시간 30분 정도 주택 전체의 구체적인 개조 내용을 조사한다. 이 경우 지하구조물의 침식 등 예상외의 공사비가 소요될 수 있으므로 10~20% 정도 높게 예상견적을 받을 필요가 있으며, 한 명의 기술직만으로는 충분한 견적이 곤란하다는 문제점도 있다. 소규모 공사 지원대상이면 기술직의 판단으로 공사를 진행할 수 있다.

또한 보조금의 종류에 따라 환경위생감시원이나 작업치료사와 함께, 기술직과 시공업자 등이 자택 방문조사를 실시한다. 조사 결과를 바탕으로 공사 도면 작성, 시공업자의 견적서 작성, 입찰, 보조금 신청에서부터 승인, 착공, 완공검사, 시공업자에 대한 경비 지불과 같은 프로세스를 거친다. 이러한 서비스를 위하여 주택개선기관은 공사비용의 10% 정도의 수수료를 징수하며, 그 비용도 보조금에 포함하여 신청받는다. 원칙적으로는 보조금 신청 후 자치단체는 반년 이내에 승인 여부를 결정하며, 공사는 1년 이내에 완료하지 않으면 안 된다.

지금까지 공사 내용의 대부분은 습기 제거, 지붕 개량, 수도공사, 전기공사, 창호 개조 등이었으며, 개조보조금을 이용한 전반적인 거주환경의 질적 향상을 위한 공사가 중심이었다. 바킹 & 다겐햄 구의 고령자 정주추진 계획의 실시 현황을 살펴보면, 1990년 4월~1992년 1월 자택 방문을 실시한 사례 112건 중 46건은 보조금 신청 중이며, 30건은 완성된 상태로 개조공사비는 100~50,000만 파운드, 평균 8,600파운드였다. 1996년의 제도 개정으로 장애인시설보조금의 활용건수가 증가하여, 노팅검 시에서는 1998년에 개조보조금에 의한 공사건수 18건에 비하여 장애인시설보조금에 의한 공사건수 76건, 홈 리페어 어시스턴스 27건, 기타 11건은 자기 부담이었다.

**주택 개조 공사의 사례(1991년도 현재)**

**사례 1** : 1930년에 건설된 주택에 거주하는 관절염을 가진 85세의 혼자 사는 여성이 클라이언트. 개조보조금 24,000파운드로 집 전체를 개조하고 난 후, 장애인시설보조금 50,000파운드로 개조가 실시되었다. 공사는 바닥 밑에 10cm 정도의 구멍을 많이 뚫어 실리콘을 주입하여 습기 방지층을 만드는 것. 클라이언트는 계단을 오르내리는 것이 곤란하며 계단 승강기를 조작하는 것도 불가능하므로 2층의 욕실을 1층으로 이동시키며 1층 식당을 침실로 개조하는 것, 외벽 개수, 이중창 설치, 내부장식, 집중난방 설치, 배선공사 등이었다. 조사시점 당시에는 보조금에 상한이 없었으며 개조보조금으로, 예를 들어

2층은 사용하지 않더라도 집 전체를 개조하지 않으면 안 되었다. 개조 후에 클라이언트는 2층 부분을 임대 주는 것도 가능하였다.

사례 2 : 역사적 보존 지정 건축물인 17세기에 지어진 목조주택인데, 개조보조금으로 당초 8,000파운드로 견적을 받은 공사에 보존단체의 허가를 얻기 위한 필요에서 오래전 방식으로 주택을 개조하지 않으면 안 되었으므로, 공사비용이 30,000파운드 정도로 많이 들게 되었다.

사례 3 : 2층 건물의 타운 하우스에 거주하는 61세 독신 남성 클라이언트는 수집하고 있던 낡은 신문지로 인해 화재가 났기 때문에, 개조보조금 30,000파운드로 지붕 수리와 침실 개조, 부엌과 욕실 증축이 이루어졌다.

사례 4 : 66세의 심장이식 수술을 받은 보행 가능한 남편이 클라이언트로서, 부부가 생활하고 있는 사례. 1929년 건축된 2층 건물로서 타운 하우스의 공영주택을 구에서 매입하여 거주. 공영주택 거주자는 8년간 거주하면 신축 때보다도 싸게 구입 가능하다. 당초, 신체적 부담을 줄이기 위하여 계단 승강기의 설치도 예정되었지만, 계단 오르내리기는 재활훈련으로서도 유효하여 설치되지 않았다. 장애인시설보조금 15,675파운드로 가스 집중난방과 급탕 설비, 이중새시와 기밀성이 높은 출입문 설치, 욕실 증축(기존 욕조에 샤워 설비와 세면대를 추가)이 이루어졌다.

이와 같이 개인주택을 사회자본으로 파악하여 공적 자금이 도입되어 개조·수선된 경우가 상당히 주목을 받고 있다. 또한, 다양하고 많은 요구를 가진 고령자는 공사 내용을 금방 결정할 수 없기 때문에 여유 있는 대응이 필요하며, 계약 이외의 세부작업도 클라이언트의 요구에 대응하여 이루어지지 않으면 안 된다. 그리고 많은 고령자는 지원을 특별히 바라지 않기 때문에 꼭 필요한 사람에게 지원 가능한 시스템의 필요성이 지적되고 있다.

## 2.6 공영주택의 개조

런던의 바킹 & 다겐햄 구에서는 인구 146,000명, 27,000호가 공영주택에 속한다. 신축 공영주택 전부가 고령자 케어를 겸한 집합주택인 쉘터드 하우징으로 건설되어, 그곳에 고령자가 옮겨와 살게 되면서, 지금까지 고령자가 살고 있던 주택에는 젊은 층이 입거하는 시책이 이루어지고 있다. 그리고 1989년부터 10%의 단위세대는 휠체어에 대응한 주택으로 건설되고 있다.

쉘터드 하우징 입거자의 고령자 전체에 대한 비율은 전국 평균을 상회하는 7.5%를 차지하며, 10%에 점점 가까워지고 있다. 이전의 입거자는 60대의 자립적인 고령자였지만, 현재는 80대의 고령자가 많으며, 점점 초고령화가 진행되고 있다. 350명 정도의 가정 도우미는 전원 구청 직원으로서, 이전에는 주로 가사 지원이었지만, 지금은 입욕 등 신변

간호가 지원 서비스의 주류로 되고 있다. 대부분의 도우미가 공영주택 거주 경험자이므로 어디에 연락하면 개조가 가능한지를 알고 있을 뿐만 아니라 주거 내의 문제를 발견하여 여섯 명의 홈 케어 오거나이저에 보고하여 개조로 이어지고 있다.

공영 임대주택은 주택의 가치가 높아질 경우에 개조가 인정되며, 퇴거 시에 복원의 의무는 없다. 공영주택 담당 직원 176명 중 4명이 장애인을 위한 개조 담당이다. 공용부분 중에서 계단 난간은 처음부터 설치되었지만, 엘리베이터를 추가 설치할 수 없으므로 계단을 오르내릴 수 없는 사람은 1층 주택에 거주한다.

**주택 개조 사례** : 가족 구성은 부부, 자녀 2명, 할머니의 5인 가족으로서, 59세의 심장병을 가진 부인(계단을 오르내리는 것이 곤란)이 클라이언트.

구가 운영하고 있는 2층 건물로서 2호 1주택(1층에 거실, DK, 할머니 침실, 욕실, 2층에 침실 3개, 화장실)의 개조. 공영주택 공용 개조공사인 집중난방, 지붕 수리, 휠체어용 조리 유닛과 욕실 개조, 창 개조, 외벽 수리를 실시하였으며, 이 사례에서는 2층의 부부침실과 1층의 거실을 직접 잇는 바닥관통형 리프트를 설치하였다.

직선계단이라면 계단 승강기를 설치하는 편이 비용이 적게 든다. 그러나 이 주택은 회전계단이기 때문에, 장래 불필요하더라도 다른 주택에 재활용할 수 없을 뿐만 아니라 조금 비싸기도 하지만, 특별 주문 설비로 바닥관통형 리프트가 설치되었다. 구청이 설치·공사비 및 유지비 전부를 지불하였다. 1층에는 기존 욕실과 주방을 넓게 개조하였으며, 휠체어로도 사용할 수 있는 DK가 증축되었다. **그림 2.6, 2.7**은 보다 새로운 형태의 바닥관통형 리프트로 휠체어에 탄 채로 올라갈 수 있다. DK의 천정을 뚫어 리프트가 상하로 오르내리며, 리프트가 위층에 있을 때, DK의 바닥면은 모두 활용할 수 있다. **(野村みどり)**

**그림 2.6**
노부부 두 명이 생활하고 있는 2층 주택. 휠체어를 이용하는 남편을 위하여 바닥관통형 리프트가 설치된 1층 DK. 리프트가 2층으로 올라가면 바닥면을 전부 사용 가능한 공간절약형 리프트.(노팅검)

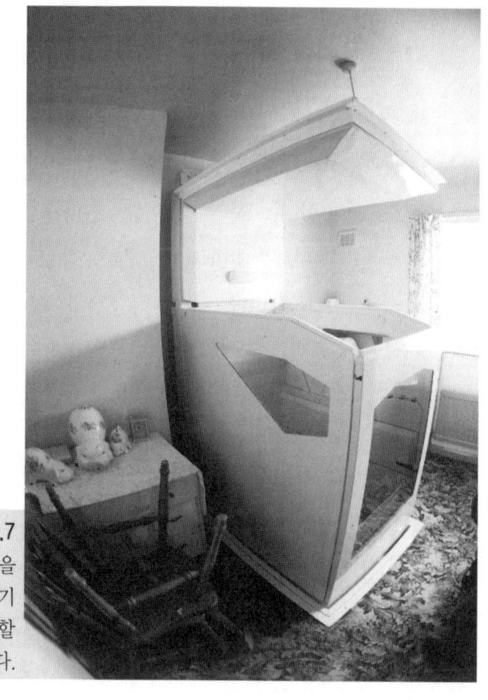

그림 2.7
리프트가 2층에 있을 때의 상태. 리프트가 1실의 많은 부분을 차지하게 됨. 일본에서는 이러한 리프트는 허가되어 있지 않기 때문에 고가이며 넓은 공간이 필요한 홈 엘리베이터만 설치할 수 있다.

# 신체기능과 배리어 프리 디자인

## 3.1 생활환경 설계에 필요한 신체기능의 파악과 환경 설계 수법

생활환경 설계에서 이용자의 신체기능 파악은 중요하다. 그러나 이 평가와 시점은 의학적인 기능평가와는 다르다. 생활환경 설계에 필요한 신체기능 파악은 어떤 환경조건 하에서 이용자가 사용하고자 할 때, 어떠한 기능장애가 문제가 되는지를 행위와 동작의 수행수준에 따라 평가하는 경우가 많다.

평가에 필요한 정보는 ① 실내를 이동하는 이동방법(보조기기의 사용), ② 중심 이동을 수반하는 신체의 이동 능력과 방법이 중요하다. 이것이 파악 가능하다면, 적절한 거주환경을 설계하는 데 필요한 설계방법의 유효한 정보를 얻을 수 있다. 그리고 이용자와 직접 만나지 않거나, 평가자 이외의 제3자도 대략적인 신체기능이 파악 가능하며, 설계자 사이의 정보를 공유하는 것이 편리하다.

이 책에서는 이러한 목적을 만족시키기 위해 필요한 평가시점을 살피며, 각각의 평가단계에 맞는 생활환경을 설계하기 위한 일반적인 해법을 서술한다.

### 1) 앉은 자세를 유지하는 균형 능력

의자 등에 앉아 있는 자세의 가능성과, 그 자세에서의 지속성, 작업 등에 대한 대응 가능성 등이 필요하다. 이 자세는 일상생활 속에서 대단히 중요한 기능이며, 앉은 자세를 어느 정도 계속할 수 없다면 항상 신체를 지지해야 할 필요가 있다. 이때 어떠한 형태의 지지가 어느 정도 필요한지에 대한 정보와 보조기기 및 건축적인 대응이 필요해진다.

평가는 등받이가 없는 의자에 앉아 있는 것이 가능한가라는 관점에 따른다.

| 등받이 없는 의자에 앉아 있을 수 있는가? |
|---|

**① 앉아 있는 것이 불가능하다** : 심한 단계의 경추 손상자와 중증의 뇌병변 장애인 등이 대상이 된다. 최소한 450~600mm 높이의 등받이가 없으면, 앉아 있을 때 신체를 안정시키는 것이 불가능하다. 그리고 머리부분이 안정되어 있지 않을 때는 목부터 머리 부분에 걸쳐 충분히 지지할 수 있는 700~800mm 높이의 등받이가 필요하다.

이 단계의 대상자는 단순히 등받이를 준비하는 것만으로는 신체의 좌우방향으로 균형을 유지하는 것이 곤란하며, 어느 쪽이든지 한쪽이나 아니면 양 방향에서 신체를 지지할 수 있는 기기와 환경적 배려가 필요하다.

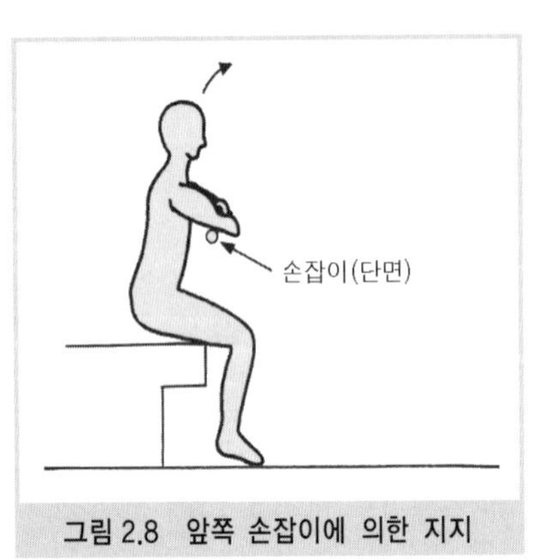

**그림 2.8 앞쪽 손잡이에 의한 지지**

또한 손잡이 등을 **그림 2.8**처럼 신체의 앞면에 설치하면 안정된 앉은 자세를 취할 수 있다. 그리고 일반적인 옆 손잡이라도 한쪽 팔로 손잡이를 지지하면 신체의 안정을 유지할 수 있는 경우가 많다. 이러한 배려는 화장실 내의 변기에 앉은 상태에서 신체를 안정시키기 위해서도 이용할 수 있다.

**② 상당히 어렵지만 몇 초 정도는 앉아 있을 수 있다** : 등받이 높이 300~400mm 정도의 지지로 신체를 안정시키는 것이 가능하다. 이것은 일반적으로 사용되고 있는 사무용 의자 정도이다. 그러나 지속적으로 안정된 균형을 유지하려면 기기와 환경적 배려에 의한 신체적 지지가 필요하다. 단, 이 단계 정도라면 좌우방향의 균형을 유지하기 위한 배려까지는 필요 없는 경우가 많다. 등받이 이용 이외에 균형 유지를 위한 손잡이 설치도 유효하다.

**③ 조금 어렵지만 30초 정도는 앉아 있을 수 있다** : 비교적 낮은 단계의 경추 손상자와 중・경증의 뇌병변 장애인 등이 대상이다. 옷을 갈아입는 비교적 짧은 시간의 동작에서는

등받이가 필요 없는 사람도 많다. 허리부분을 지지할 수 있는 등받이의 설치로 충분하며, 300mm 정도의 높이가 좋다.

손잡이나 팔걸이 등을 특별히 부착할 필요는 없지만, 생활동작의 많은 장면에서 균형 유지를 위한 보조기기와 환경적 고려를 한 설계가 편리하고 안전하다.

④ **특별히 문제는 없다** : 특별한 배려가 필요 없다. 이 경우에도 하체장애인은 일반적으로 신체 균형이 불안정하며, 손잡이와 팔걸이 등을 설치하여 신체의 안정을 유지하는 것이 안전상 유효하다.

### 2) 양팔로 신체를 들어 이동하는 능력(의자에 앉아서)

서거나 보행에 특별히 문제가 없는 사람은 상체를 사용하여 신체를 들어 올리는 '푸시 업(push up)'의 중요성은 그다지 크지 않다. 그러나 하체장애인에게 '푸시 업'은 중요한 의미를 가진다. 신체를 들어 올리는 동작은 지금 있는 장소에서 이동할 때 이동 가능한 거리와 도중에 있는 단차가 어느 정도여야 이동 가능한지를 아는 실마리가 되기 때문이다. 특히 휠체어 사용자에게는 변기와 침대에서의 옮겨 앉기, 욕실에서 욕조로 옮겨 앉기처럼 생활의 다양한 측면에서 필요한 동작으로, 기기와 환경적 배려를 통하여 지원하는 것이 중요하다.

| 바닥(또는 의자에 앉아 있는 상태)에서 상체의 힘만으로 신체를 들어 올릴 수 있는가? |
|---|

단, 많은 대상자는 팔의 길이가 충분하지 않는 등의 이유로 불가능할 수도 있다. 이럴 때에는 **그림 2.8**처럼 팔받침대 등을 설치하여 동작을 할 수 있게 하면 좋다.

① **불가능하다** : 심한 단계의 경추 손상자 등이 대상이다. 상체의 힘만으로는 짧은 거리라도 신체를 이동해 가기가 상당히 어렵다. 하체장애로 보행이 불가능한 경우 실내이동을 하려면 휠체어(또는 전동 휠체어)가 필요하지만, 휠체어로의 옮겨 앉기와 화장실과 욕실 등을 이용하려면 전동 리프트 같은 기기를 이용할 수 있다(제2장 5절 5.2 참조).

② **신체를 조금 들어 올리는 것이 가능하다** : 비교적 낮은 단계의 경추 손상자라면 팔을 이용한 푸시 업으로 신체를 들어 올릴 수 있다. 조금이라도 신체를 들어 올릴 수 있다면, 옮겨 앉기 동작은 상당히 좋아진다. 바닥 위를 수평으로 이동하며, 시간이 걸리더라도 앉은 자세를 유지한 실내이동이 가능하다. 그러나 이동 도중에 조금이라도 단차가 있으면 이동이 불가능하므로 단차가 없는 환경 설계가 필요하다.

③ **몇 cm 정도는 가능하다** : 가슴 아랫부분의 척추 손상자와 중・경증의 뇌병변 장애인 등은 실내에서의 수평이동은 용이하다. 앉은 자세에서 이동 중 단차가 있더라도 문제는 없다. 높이 100mm 이상의 단차를 직접 넘기는 어렵지만, **그림 2.9**처럼 경사로를 설치하면

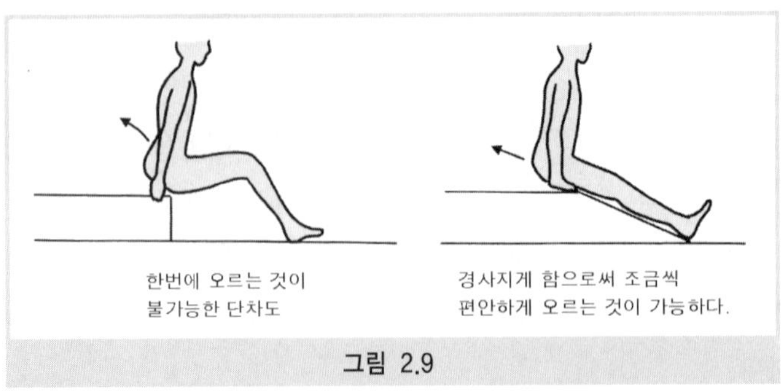

그림 2.9

쉽게 된다.

④ 10cm 이상 가능하다 : 양팔의 힘은 물론 신체 균형과 체력 면에서도 일상생활에 필요한 동작을 어느 정도 양팔의 보조로 가능하다. 특별한 고려가 필요하지 않다.

### 3) 옮겨 앉기로 하는 이동 능력

의자 등에 앉은 채로 앉은 면의 높이와 동일한 다른 장소로 이동 가능한지 체크하는 것이다. 이동하고자 하는 앉은 면의 높이가 동일하다면, 의자에서 의자로나 침대에서 침대로는 같은 동작이다. 하체장애인, 특히 휠체어 사용자 등에게 앉은 채로 하는 수평이동은 양팔로 신체를 들어 올리는 동작의 다음 단계로서, 변기와 침대로의 옮겨 앉기, 욕실에서 욕조로 옮겨 앉기 같은 생활의 다양한 면에서 필요한 동작이며, 기기와 환경적 배려를 통하여 지원하는 것이 중요하다. 또한 여기에서는 수평이동을 할 경우, 이동지점 간 이동가능 거리를 파악할 수 있는 실마리가 된다.

침대에 앉은 상태에서 침대와 동일한 높이의 인접한 의자로 옮겨 앉을 수 있는가?

① 불가능하다 : 자신의 팔 힘만으로는 수평이동이 거의 불가능하다. 심한 단계의 경추 손상자 등은 앞의 '푸시 업' 동작에서도 '① 불가능하다'에 해당된다고 생각할 수 있다. 여기에서는 푸시 업과 마찬가지로 실용적인 이동동작이 가능하려면 전동 리프트 같은 기기 도입을 생각해야 한다(제2장 제5절 5.2 참조).

② 대단히 어렵고 시간도 걸린다 : 이 단계에서는 이동지점 사이에 큰 단차나 틈이 없다면 옮겨 앉기 동작이 가능하다. 경추 손상자도 비교적 낮은 단계면 수평방향의 간격이 대략 50mm 이내에서는 신체로 극복할 수 있다. 그러나 옮겨 앉기 동작 자체가 곤란하다는 것에는 변함이 없으며, **그림 2.10**과 같이 옮겨 앉기를 하고자 하는 양 지점 사이에 판 형태의 트랜스퍼 보드를 설치함으로써 옮겨 앉을 수 있다. 이와 같이 거리와 높이의 차이가 있는 경우라면 보조기기로 트랜스퍼 보드를 설치하며, 건축적으로는 옮겨 앉는

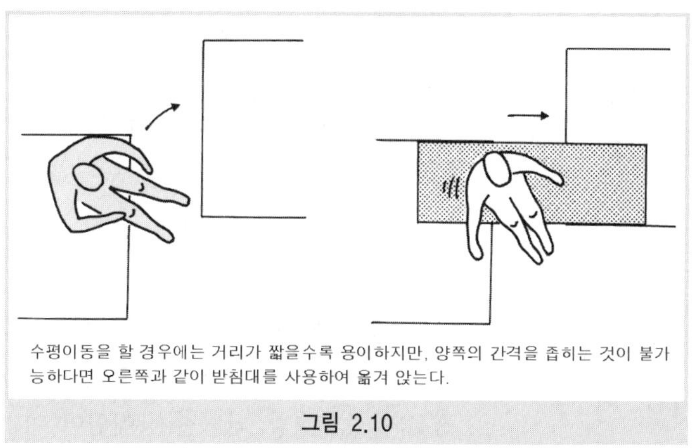

수평이동을 할 경우에는 거리가 짧을수록 용이하지만, 양쪽의 간격을 좁히는 것이 불가능하다면 오른쪽과 같이 받침대를 사용하여 옮겨 앉는다.

**그림 2.10**

양 지점 사이를 최대한 근접시킬 수 있도록 하는 배려가 안전상 바람직하다.

③ **조금 어렵지만 가능하다** : 수평이동 동작에는 특별히 문제가 없다. 옮겨 앉기 지점 사이 간격도 대략 100mm 정도 이내라면 신체가 이를 넘을 수 있다. 그러나 100mm를 넘으면 이 동작이 어려우며, 틈새에 신체가 빠져 버리는 경우도 발생한다. 따라서 위에서 기술한 것처럼 틈새를 없애는 트랜스퍼 보드의 설치와 건축적 배려 등이 필요해진다. 또한 일반적인 장면으로 휠체어에서 변기로 옮겨 앉기는 대략 수평거리 100mm의 간격이 있는 경우가 많다.

④ **특별히 문제는 없다** : 특별한 배려는 필요 없다. 그러나 안전과 편리성 측면에서 생각하면, 옮겨 앉기 지점들 간의 수평거리는 적어도 100mm 이하로 하며, 단차가 없는 환경 설계로 한다.

### 4) 일어서는 동작 능력(그림 2.11)

#### (1) 일어서는 동작이 가능한가

일어서는 동작은 다양한 생활행위의 기본동작이다. 일반적으로 이 동작에 대한 체크와 사용하고 있는 보조기기 사이에는 밀접한 관련이 있으므로, 환경 설계에서 중요한 의미를 가진다. 일어서는 동작의 확인은 실내외의 이동방법과 일어서기 위한 수단, 보조기기를 설정하는 실마리가 된다. 또한 이 동작이 어려운 사람도 앉은 면을 높게 설정해 두면, 비교적 일어서는 것이 쉬워지기도 한다. 일어서기 위하여 필요한 의자와 받침대 등의 높이를 알기 위해서도 필요한 항목이다.

| 의자에 앉은 상태에서 일어설 수 있는가? |
|---|

① **일어서는 것이 불가능하다** : 척추에 손상을 입은 사람을 비롯하여 일어서지 못하는

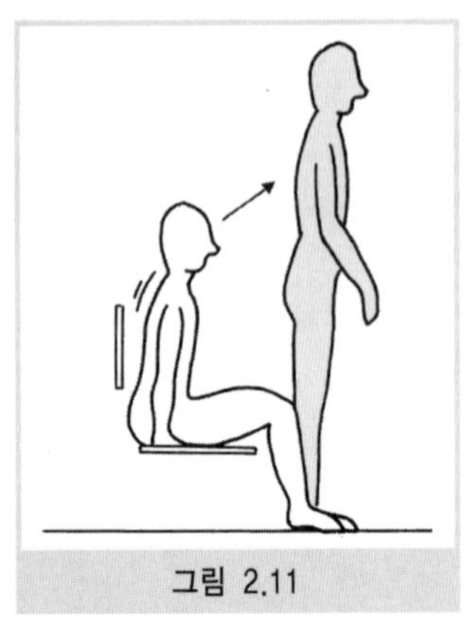
그림 2.11

사람은 보조기기(휠체어 등)를 사용하거나 보행 이외의 방법으로 이동하고 있다. 따라서 일어서기 위한 환경상의 배려를 할 필요는 없다. 대부분 휠체어를 사용하고 있으므로, 휠체어로 이용할 수 있는 환경 설계가 전제가 된다(제1장 제3절 참조).

② 바닥에 앉은 상태에서 일어서는 것은 불가능하지만, 의자에 앉은 상태라면 어떻게든 일어설 수 있다 : 휠체어나 목발을 사용하고 있는 뇌졸중 후유증에 따른 마비인 경우와 중·경증 뇌병변 장애인이 여기에 해당한다. 이 경우에도 휠체어로 옮겨 앉기와 목발 사용자의 일어서기는 바닥에 앉은 자세에서 직접 일어서는 것보다 의자 등에 일단 앉은 상태에서 하는 게 좋다. 일반적인 의자 높이 400mm 또는 400~450mm 정도라면 일어서기 쉽다.

또한, 일시적으로 일어설 수 있으며, 손잡이로 짚고 신체를 지지할 수 있는 정도의 신체적 기능을 유지하는 대상자는 손잡이 설치로 보다 안정되게 이 동작을 할 수 있다. 손잡이를 일어서는 동작의 보조수단으로만 이용하려면 수평보다 선 자세에서도 이용하기 쉬운 수직이 좋다.

앞의 '① 일어서는 것이 불가능하다'에 해당하는 사람을 포함하여, 자기 자신이 일어서서 물건을 집거나 물건을 이동시키는 일상동작은 실용적이지 못하다. 상하이동 조작설비가 설치된 휠체어 등의 기기 사용과 함께, 물건을 높은 곳에 두지 않도록 환경적 배려를 하여 이러한 동작을 하지 않고서도 생활할 수 있도록 하는 것이 중요하다.

③ 바닥에 앉은 상태에서 일어서는 것은 어렵지만, 의자에 앉은 상태라면 무리 없이 일어설 수 있다 : 앞에서 서술한 것처럼 의자와 받침대 등의 설치로 일어서는 동작이 쉽게 되며, 받침대 등의 높이를 일반 의자보다 조금 낮은 300mm 전후 정도로 하더라도 일어서는 것이 가능하다. 뇌졸중 후유증에 따른 한쪽 마비인 경우와 뇌병변 장애인 중에서도 비교적 상태가 좋은 경증의 사람이 여기에 해당한다. 받침대가 높을수록 일어서기 쉽고 수직 손잡이의 설치가 유효한 점은 앞의 항과 공통된 사항이다.

④ 바닥에 앉은 상태에서 무리 없이 일어설 수 있다 : 특별한 배려가 필요 없다. 또한, 의자를 사용하여 일어서는 게 쉽다는 점을 응용하여 일반주택에서는 특별한 개조를 하지 않고 다음에 설명된 방법으로 단차를 제거할 수 있다.

#### (2) 하체장애인이지만 일어서서 보행이 가능한 사람(목발 사용자 포함)

① 높이가 400mm 정도의 단차(**그림 2.12a**) : 현관의 단차는 단에 일단 앉아서 손잡이 등을 이용하여 일어설 수 있도록 한다. 이에 따른 환경 개선은 거의 필요하지 않다. 실

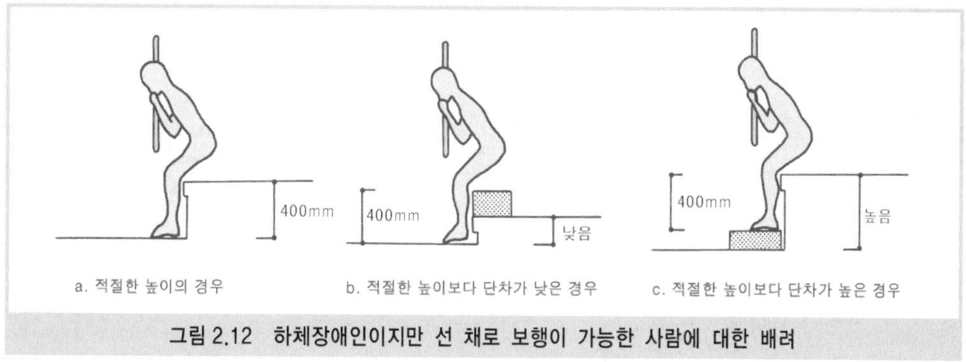


**그림 2.12 하체장애인이지만 선 채로 보행이 가능한 사람에 대한 배려**

내에서는 기어서 이동하거나 앉은 자세로 이동(앉은 채로 상체를 이용하여 신체를 흔들면서 진행)하는 데 거의 문제가 없다. 현관홀에서 일어서기를 위해서는 현관 홀 쪽에 낮은 의자나 손잡이를 설치하여 2단계로 구분하여 설 수 있도록 한다.

② 높이가 350mm 이하의 단차(**그림 2.12b**) : 철근 콘크리트조의 집합주택 등은 이와 같이 단차가 작은 것이 많이 보인다. 이 경우에는 그림처럼 일어서기 쉬운 높이의 의자를 둠으로써 쉽게 일어서도록 한다.

③ 높이가 500mm 이상의 단차(**그림 2.12c**) : 비교적 건축연도가 오래된 목조주택에서 많이 보인다. 기본적으로는 단쪽으로 허리를 굽혔을 때 발이 닿도록, 단 하부에 받침대를 두고 높이를 조절한다. 이 단에서 오르내리는 것이 어려운 경우에는 받침대 위에 허리를 걸칠 수 있는 받침대를 두어 2단계로 나누어 오르내리도록 한다.

### (3) 휠체어 사용자의 경우

휠체어 이용에서는 단차가 없는 상태가 중요한 요건임은 두말할 필요가 없다. 단차에 공간이 있다면 경사로를 만드는 것이 바람직하지만, 일반적으로 현관이 좁아 경사로를 설치하기 어려운 경우가 많다. 이 경우에는 실내외에 각각의 전용 휠체어를 마련하며, 다음과 같이 현관에서 휠체어를 갈아타도록 하면 좋다.

① 높이가 400mm 정도의 단차(**그림 2.13a**) : 휠체어의 앉은 면 높이와 크게 다르지 않은 단차의 경우 일반주택에서는 경사로를 설치하기가 어려우므로, 단차 제거기 등을 이용할 필요가 있다. 그러나 휠체어 앉은 면의 높이와 단차의 높이가 거의 같다면 일단 단 위로 옮겨 앉은 후 앉은 자세로 그대로 실내로 이동을 하거나, 실내에서 보조대로서 높이 200mm 정도의 받침대에 옮겨 앉은 후 실내용 휠체어로 옮겨 앉는다.

② 높이가 350mm 이하의 단차(**그림 2.13b**) : 단 위에 의자를 설치하여 휠체어 앉은 면과 같은 높이가 되게 한 후, 휠체어에서 받침으로 옮겨 앉게 하고 실내용 휠체어로 옮겨 앉도록 하는 2단계로 구분되는 동작이 된다. 현관 홀 쪽 의자는 옮겨 앉을 때 움직이지

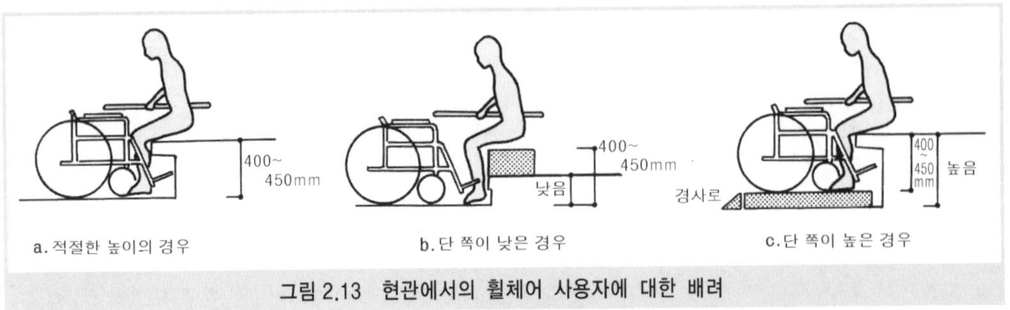


**그림 2.13 현관에서의 휠체어 사용자에 대한 배려**

않도록 고정하거나 일시적으로 고정 가능하도록 할 필요가 있다.

③ 높이가 500mm 이상의 단차(**그림 2.13c**) : 단차가 큰 경우에는 휠체어를 경사로 등을 이용하여 높은 면으로 올려, 앞에 말한 방법으로 옮겨 앉게 한다. 이 보조대와 단의 위는 많아도 450mm 정도 차이가 나도록 받침대 높이를 조절하며, 여기로 올라가기 위한 경사로의 설치공간도 필요하다.

### 5) 보행 능력

선 자세에서의 보행(서서 걷는 동작)

보행 능력은 어느 정도까지 단차를 넘는 것이 가능한가라는 점에서 체크한다. 따라서 어느 정도 거리까지 걸을 수 있을까 같은 지구력 등의 평가는 환경 설계의 관점에서는 평가하지 않는다.

| 다음과 같은 장소를 서서 걷을 수 있는가? |
|---|

① 서서 걷는 것이 불가능하다 : 대부분의 척추 손상자를 비롯하여 각 장애 정도에서 중증그룹에 속하는 사람의 이동에서는 휠체어 이용이 전제된다. 휠체어를 이용하더라도 돌아다닐 수 있도록 단차가 없이 충분한 통로폭이 확보된 환경 설계가 필요하다(제1장 제3절 참조).

② 평탄한 곳은 걸을 수 있지만 단차가 조금이라도 있으면 넘을 수 없다 : 어떻게든 보행은 가능한 단계이지만, 균형이 잘 맞지 않으므로 그다지 실용적인 보행이라고 말할 수 없다. 뇌졸중 후유증에 의한 한쪽 마비인 경우와 뇌병변 장애 등으로 어떻게든 보행은 가능한 단계의 사람이 여기에 해당한다.

주거 내의 이동거리가 짧고 빈도도 적을 경우 일어서서 이동하는 것이 가능하므로, 이동통로에 손잡이 등을 끊어지지 않도록 설치하면 좋다. 또한 카펫 등의 두께로 바닥면에 단차가 생기면, 여기에 걸려 넘어지는 경우가 있다. 따라서 작은 단차라도 넘어질 위험이 있으므로 환경 설계 시 단차는 위험한 것이라는 인식을 가지고 최대한 제거하는 데 노력을 기울여야 한다.

보통 화장실과 욕실 등의 위생공간에서 넘어지는 불의의 사고에 스스로 대응하기 어려우므로 '신변감시 보조 필요'와 같은 단계에서 평가되는 경우가 많다.

**③ 100mm 정도의 단차라면 걸어서 넘는 것이 가능하다** : 그다지 먼 거리가 아니라면 평지 보행은 거의 문제가 없다. 그러나 안전 측면에서 단차는 최대한 제거한다.

실내외의 출입구에 단차가 자주 보이는데, 하루 중 몇 번이고 여기를 출입해야만 하는 이용자에게는 커다란 부담이 된다. 또한, 도저히 단차를 제거할 수 없는 곳에는 단차를 넘을 때만 이용할 수 있는 손잡이를 설치한다.

**④ 걸어서 200mm 정도의 단은 넘을 수 있지만, 2, 3단 있으면 넘을 수 없다** : 계단 1단 정도의 단차라면 오르내리는 것이 가능하다고 할 수 있다. 한쪽 마비자로서 실용적인 보행이 가능한 사람이나 절단 등으로 의족을 장착한 일부 사람이 여기에 해당한다. 또한 뇌병변 장애인이라도 단독보행이 가능한 대부분의 비교적 경증의 사람들도 이 동작이 가능하다. 그러나 계단이 몇 단이 되면 보행 균형과 체력적인 면에서 어려워진다. 어쩔 수 없이 몇 단의 단차가 있는 곳에서는 **그림 2.14**와 같이 1단씩 다리를 모아서 오르내릴 수 있도록 충분한 넓이의 디딤판을 확보한다. 이 때도 손잡이를 설치할 필요가 있다.

**⑤ 걸어서 2, 3단의 계단을 오르내리는 것은 가능하나, 1층에서 2층으로의 계단 오르내리기는 불가능하다** : 다른 층으로 이동할 필요가 없다면 보행에 특별한 문제는 없다. 엘리베이터와 리프트 등의 승강설비를 설치하는 것이 바람직하지만, 비싸고 공사도 대규모가 된다. 거실은 가능한 한 1층에 배치하도록 계획하는 것이 현실적이라 할 수 있다.

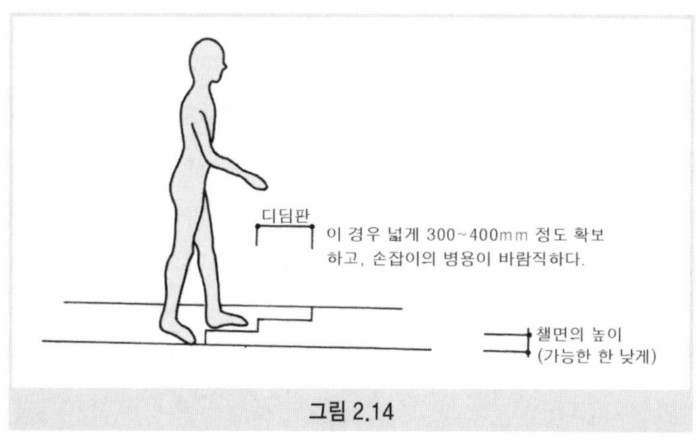


그림 2.14

### 6) 휠체어 조작 능력

수동 휠체어 사용자는 휠체어를 능숙하게 조작하지 않으면 20mm를 초과하는 단차를 넘는 것이 어렵다. 단, 상체에 장애가 없으며 휠체어를 능숙하게 다룰 수 있는 일부에서 100mm 정도의 보도 위 단차를 넘을 수 있는 사람도 있다. 현실적으로는 단차가 전혀 없는 건물을 만들기는 어려우므로, 어느 정도의 단차여야 제거하지 않더라도 통행할 수 있는지 파악해 둘 필요가 있다.

여기에서는 환경 설계 시 일시적이더라도 어느 정도의 단차를 넘을 수 있는지를 주요 시점으로 하였다. 따라서 앞의 항과 마찬가지로 어느 정도의 거리와 시간, 보행 가능 여부 같은 지구력 평가는 환경 설계의 관점에서 평가하지 않는다.

| 휠체어 사용자만을 대상으로 휠체어를 이용하여 자력으로 어느 정도 단차를 넘을 수 있는가? |
| --- |

① 단차가 있으면 자력으로는 거의 전진이 불가능하다 : 상체의 힘도 약하며, 신체가 안정되어 있지 않은 경우가 많다. 중증의 경추 손상자와 서는 자세가 불가능한 뇌병변 장애인, 뇌졸중 후유증으로 한쪽 마비인 경우 등은 수동 휠체어로는 실외에서 그다지 실용적이지 못하며, 실내에서도 단거리 이동으로 제한된다. 이 중에는 전동 휠체어를 이용하고 있는 사람도 많다. 실내에서 작업 등을 위하여 빈번하게 이동할 필요가 있는 사람은 전동 휠체어를 사용해야 한다. 휠체어로의 옮겨 앉기 동작이 어려운 사람은 전동 리프트 설치도 필요하다(제2장 제5절 5.2 참조).

② 20mm 정도의 단차라면 어떻게든 넘을 수 있다 : 실내 편평한 곳에서의 이동에는 거의 문제가 없지만, 수동 휠체어로는 실외이동이 조금 어렵다. 경증의 경추 손상자와 평지에서 비교적 휠체어를 다룰 수 있는 한쪽 마비인 경우 등도 실내의 작은 단차는 작은 판 등을 이용한 경사로(표 1.9)를 이용하여 넘기 쉽도록 배려한다. 이로 인해 50mm 정도의 단차가 있더라도 넘을 가능성이 있다. 단, 신체 유지가 불가능한 전동 휠체어 사용자는 경사로를 오를 때 뒤로 넘어질 가능성을 검토한다.

③ 50mm 정도라면 넘을 수 있다 : 척추 손상자 중에서도 가슴 아랫부분의 경증 대상자는 수동 휠체어로도 실외이동이 어느 정도 실용적이라고 할 수 있다.

특별히 단차를 넘기 위한 기구가 마련되어 있지 않은 기종의 전동 휠체어에서는 타고 있는 사람의 안전과 휠체어 자체의 내구성 면에서 보통 단차로서 50mm가 넘을 수 있는 한도라고 생각할 수 있다.

또한, 수동 휠체어를 이용하는 사람도 경사로를 설치함으로써 100mm 정도의 단차는 넘을 수 있다.

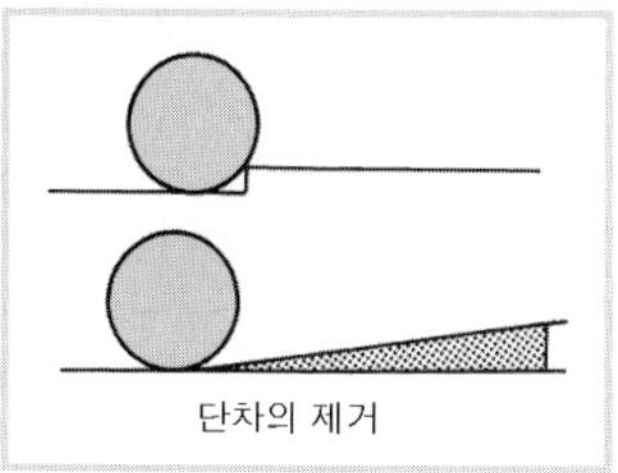
단차의 제거

표 2.7 휠체어 사용자의 휠체어를 사용한 이동 능력

| 넘을 수 있는 경사로의 기울기 | 1/20 | 1/12 | 1/8 |
|---|---|---|---|
| 1. 단차가 있으면 자력으로는 거의 앞으로 진행할 수 없다 | – | – | – |
| 2. 20mm 정도라면 어떻게든 넘을 수 있다(대지 내 작은 단차) | △ | – | – |
| 3. 50mm 정도라면 어떻게든 넘을 수 있다(대지 내 큰 단차) | ○ | ○ | △ |
| 4. 100mm 정도라면 넘을 수 있다(보도의 단차 정도) | ○ | ○ | ○ |

○ : 가능, △ : 겨우 가능, – : 불가능

④ 100mm 정도라도 넘을 수 있다 : 수동 휠체어 사용자라면 앞바퀴를 일시적으로 들어 올리고 신체를 크게 앞으로 굽혀 바퀴를 크게 회전할 수 있는 것을 전제로 한다라고 하더라도, 하루에 몇 번씩 통행해야 하는 단차는 휠체어 사용자에게는 역시 큰 장애물이다. 어떤 형태로든지 단차를 제거하는 것이 불가능하다면 경사로를 설치한다. 그리고 이러한 능력을 가진 사람이라 하더라도 계단 오르내리기는 2, 3단 정도라도 불가능하다.

**참고** : **표 2.7**은 체크한 항목에서 휠체어 조작에 의해 등판 가능한 경사 기울기를 예측한 것이다. ○표시라면 가능, △표시는 곤란한 사람이 있다고 생각할 수 있다.

## 3.2 건축의 기본과 도면 작성법

주택 개조에서 가장 먼저 해야 할 일은 기존 주택이 어떠한 형태와 구조로 되어 있는지 파악하는 것이다. 또한 건축에 관한 구조와 공법, 관련 법규 등을 다시 한 번 확인한다면 개조를 경제적으로 시행할 수 있다. 여기에서는 이런 점에서 알아두어야 할 건축적인 지식을 서술한다.

### 1) 일본의 주택건축 기본지식

고령자와 장애인에게 일본의 주거 형태가 구조적으로 가지고 있는 고유의 문제점은 다음과 같이 상당히 많다.

#### (1) 질적 수준이 낮은 주택이 아직 많다

총무청 통계국의 1998년 「주택 · 토지 통계조사」에 따르면 전국의 주택 수는 1998년에 1세대당 1.13호로 총 세대수를 상회하고 있다. 즉, 주택 수 면에서 보면 주택 자체의 절대 수는 충족하고 있다.

총 주택 수 중 자가 소유 비율은 60.3%이다. 이 수치도 상승과 하강을 반복하고 있지만, 최근에는 거의 이 비율을 유지하고 있다. 3대 도시권[케이큐(京浜), 츄우쿄오(中京), 케이한신(京阪神)]에서의 전체 총 주택 수는 전국의 51.3%를 차지하고 있다. 특정 지역에 고밀도로 지어지고 있는 주택이 많다는 것을 의미하고 있다.

총무청 통계국의 1998년 「주택・토지 통계조사」에서는 최저거주수준지표에 의해 국민의 주택정책에 관한 도달 현황 등을 산출하고 있다. 지역에 따른 목표설정으로서 거주수준 지표에는 다음의 두 가지가 있으며, 가족 수에 따른 목표면적 등을 제시하고 있다.

• 일반형 유도거주수준 : 도시 근교 및 도시 이외의 일반 지역에서의 주택 거주를 상정한 것. 예를 들어, 4인 세대에서는 123m$^2$(3LDK로 1개의 여유실이 있는 경우에 해당)

• 도시형 유도거주수준 : 도시 중심 및 그 주변에서의 공동주택 거주를 상정한 것. 예를 들어 4인 세대에서는 91m$^2$(3LDK에 해당)

이에 의하면 최저거주수준을 만족하고 있는 주택은 전국에서 92.5%, 수준 미만의 주택은 5.1%로 되어 있으며, 최근에 상당히 개선되고 있다. 그러나 원래 목표인 유도거주수준을 만족하고 있는 주택은 전국에서 46.5%, 수준 미만이 51.1%로 되어 있어 질적으로 아직 충분한 수준에 도달한 주택은 많지 않음을 알 수 있다. 주요 내용을 살펴보면, 도시 거주형 유도거주수준을 만족하고 있는 주택은 13.9%, 수준 미만 22.3%이며, 일반형 유도거주수준을 만족하고 있는 주택은 32.6%, 수준 미만 28.8%로 되어 있다. 또한 자가 소유보다도 임대, 그 중에서도 민영임대에서의 유도거주수준의 수치는 대단히 낮게 나타나고 있다.

그리고 주택의 질은 화장실・욕실이 전용으로 되어 있는 주택이 97.7%로 최근에 높게 나타나고 있다. 그러나 수리할 필요가 없거나 소규모 수리 정도로 좋은 주택은 94.1%이며, 대규모 수리가 필요하거나 위험이 있는 주택이 5.9%에 이르고 있다. 특히 임대주택 중 수리가 필요하지 않거나 소규모 수리 정도로 좋은 주택은 91.9%이며, 대규모 수리가 필요하거나 위험한 상태의 주택은 8.1% 정도로 비율이 높다.

최근의 특징인 거주실의 면적을 넓히는 증개축은 1970년대를 정점으로 계속 감소하는 추세이다. 그러나 위생공간 관계(주방・화장실・욕실)의 개축은 큰 폭으로 증가하고 있는 것이 특징이다. 주택 내에서 가장 부상당하기 쉬운 장소이므로 공사건수가 많아지는 것 같다. 특히, 최근의 주택 설비 중 위생공간 관련 설비의 기술 향상이 현저하며, 이를 사용하여 보다 쾌적한 환경으로의 지향과 고령화 대책에 관심이 집중되고 있는 것도 이유라고 생각할 수 있다.

### (2) 작고 전통적인 모듈*(기본치수)

일본은 주택을 포함한 대부분의 건축물이 기본적으로 기둥을 중심선으로 하는(많은 경우 벽의 중심이기도 하다) 기본모듈로 되어 있다. 대부분 이것은 900mm 정도다. 이는

* 모듈(module) : 건축을 구성하는 기본치수의 최소단위. 건축물은 이러한 모듈을 1단위로 생각하여, 그 조합으로 구성되어 있다. 바닥, 벽, 천정 등의 건재, 건구 등을 모듈 단위의 크기로 제작함으로써 치수가 몇 개로 패턴화되어 생산성을 높일 수 있다.

원래 관동지역을 포함한 동일본지역 목조 건축의 전통적인 모듈이었지만, 현재에는 전국적으로 목조 이외의 집합주택을 포함한 건축물 전체로 확산되고 있다. 이로 인해 자재의 규격화가 가능하며, 또한 공업화로 안정적인 공급과 비용절감이 가능하기 때문이다. 그러나 규격 외의 모듈을 이용하면 이를 그대로 사용할 수 없어 건물 전체로는 대폭적으로 비용이 상승하게 된다(**그림 2.15**).

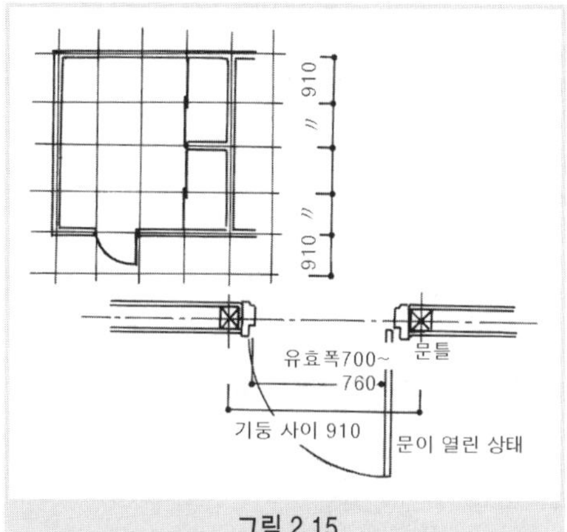

**그림 2.15**
목조주택의 대부분은 그림과 같이 900mm 정도 치수 단위의 조합으로 이루어져 있다.

휠체어 사용자의 편리를 생각하여 복도와 통로의 폭을 현재보다 넓히기 위하여 기본 모듈치수를 변경하고자 한다면, 규격 외의 자재를 조달해야 하며 일반적인 모듈치수에서 가능했던 동일 면적비용보다도 20~25% 정도 많아진다고 할 수 있다.

기본모듈에서 벽 두께를 고려하면 문의 유효폭은 700mm 정도, 복도 폭은 최대 780mm 정도가 되며, 복도에 난간을 설치하면 유효폭은 더욱 좁아지게 된다. 수동·전동 휠체어의 경우 직진이라면 통과할 수 있지만, 복도와 출입구에서 꺾어져서 통과하거나, 실로 들어갈 경우에는 불가능하게 된다. 이렇게 기둥과 벽을 이동하여 통과폭을 확장하는 것은 구조체 자체를 개조하는 것이며, 비용도 많이 들어 실용적이지 못하다.

### (3) 바닥 높이가 높다

일본에서는 거주환경에 최대한 고온·다습의 영향을 받지 않기 위하여 1층 바닥면을 비교적 높게 한다. 특별한 방습의 배려를 하지 않는 한, 건축기준법에서는 지반면에서 1층 바닥면까지 높이를 최저 450mm가 되도록 규정하고 있다. 또한, 대부분 주택에서는 바닥높이가 550~800mm 정도이며, 고품질 고규격 주택일수록 바닥높이가 높아지는 경향이 있다. 이로 인해 현관 내외에 몇 단의 단차가 발생한다. 최근에는 대지 내에서 배수를 좋게 하려고 대지의 지반면을 도로보다 약 10cm에서 1m 정도 높이는 경향이 있다. 그래서 도로에서 현관까지의 접근은 더욱 어렵게 된다.

도심지에서는 현관 주위에 충분한 공간을 확보할 수 없는 경우가 많아 경사로와 단차 제거기 등을 설치하기 곤란한 경우가 많다.

### (4) 거실의 경우 다다미실의 비율이 높다

바닥 재료로 다다미를 사용하는 비율이 높은 것이 특징이다. 다다미는 넘어질 때 위험이 적다는 이점이 있지만, 휠체어를 사용할 때는 주행 시 저항이 크며, 휠체어가 넘어지면 바닥이 손상될 수도 있다. 그리고 목발 사용자에게는 목발이 미끄러지기 쉬우며, 넘어질 위험이 있다. 일반적으로 다다미실은 복도와의 사이에 단차가 생기는 등 불리한 조건이 많다. 개조는 딱딱한 재질의 목재판 등을 설치하게 되며, 최근에는 주택 개조 공사에서 건수도 많아지고 있다.

(5) 거실 간 단차가 많다

다다미방을 중심으로 한 일본의 기존 주택은 복도에서 다다미의 두께에 상당하는 부분만큼 단차가 생긴다. 또한 바닥에서도 통상적으로 20~25mm 정도의 단차가 생긴다. 이를 근본적으로 해결하려면 구조체까지 영향을 미치는 대규모 공사가 되므로 현실적이지 못하다. 낮은 쪽의 바닥을 높여 단차가 생기는 곳에는 **표 2.7**의 그림처럼 쐐기형 판을 둔 경사로 형태로 많이 이루어지고 있다.

(6) 위생공간 주변 환경의 특수성

① **화장실** : 일본의 재래식·기차식 변기 등은 장애를 가진 사람에게 부담이 크다. 전국적으로 보면 주택의 절반 가까이가 재래식 변기로 설치되어 있다. 최근에는 서양식 변기가 많아졌으며, 변기 주위의 면적이 절약 가능하여 변기 주위가 한층 더 좁아진 것도 특징이다. 휠체어 사용자뿐만 아니라 신체를 마음대로 움직이지 못하는 사람에게는 사용하기가 대단히 어렵다. 또한 난간을 설치함으로써 더욱 좁아지게 된다.

② **욕실** : 일본에서는 깊이가 깊은 재래식 욕조에서 어깨까지 담그며 입욕하는 습관이 있으며, 샤워만 하는 사람은 적다. 재래식 욕조는 깊고 높아 사용하기 어렵다. 또한 세면장에서 물을 끼얹는 습관도 있으며, 세면장과 입구의 방수처리를 유리하게 하기 위하여 세면장 바닥 사이에 보통 100mm 정도의 단차를 두고 있다. 이러한 단차 제거는 욕실의 바닥 공사와 함께 욕실 쪽 물이 탈의실 쪽으로 넘어오지 않도록 배려할 필요가 있기 때문에 간단한 공사가 아니다. 또한, 화장실과 욕실 등 물을 사용하는 공간은 공업화에 의한 유닛 일체 성형 형태이며, 이러한 바닥이나 욕조 등의 개조뿐만 아니라 난간의 설치 등도 상당히 어려운 경우가 많다.

(7) 개방적인 공간

일본의 주거에서는 사계절의 자연환경을 유효하게 이용하기 위해 개방적 공간으로 구성된 건물이 지금도 많다. 이러한 건물은 기밀성이 낮고, 공조 등의 건축 설비를 도입하기 어려우며, 에너지 효율도 나쁘다. 동계, 하계 등 공조가 없는 거주환경에는 고령자에게 신체부담이 크다.

#### (8) 고층 주거의 보급

최근에는 고층 주거가 많이 보급되어 있지만, 실태로는 3~5층의 중층 주택이 주류이다. 이런 건물에는 엘리베이터가 없으며, 3층 이상을 일상적으로 오르내리기에는 장년층에게도 부담이 크다고 보고되어 있다.

앞으로 주택 등의 환경 개선 시에는 이러한 문제를 개선한 후에, 장애를 가진 사람들에게 양호한 환경을 어떻게 유지하며 구축해 갈 것인가가 문제가 될 것이다.

### 2) 도면의 작성방법

#### (1) 기본사항

앞에서 서술한 바와 같이, 일본의 주택 건축은 보통 900mm를 기본모듈로 구성되어 있다. 따라서 건물은 모두 이 900mm를 기본으로 한 배수로 건물이 이루어져 있다고 말해도 좋을 것이다. 예를 들어 기둥은 900mm의 모눈종이에서 선이 교차하는 곳에, 벽과 가구는 선을 따라서 설치되어 있다고 할 수 있다(**그림 2.15**).

이러한 모듈은 벽과 기둥의 중심을 지나는 것으로, 예를 들어 벽의 두께가 150mm라면 약 8.3m$^2$ 같은 실은 모듈치수로 2,700mm이더라도, 안쪽은 2,550mm 정도가 된다. 또한, 모듈치수로 900mm의 복도는 안쪽이 750mm 정도 된다. 따라서 각종 자재를 비롯한 건축 재료도 모두 이 모듈 내의 치수범위를 초과하지 않도록 크기가 기본치수로 구성되어 있다. 현행 모듈은 휠체어 사용에서 주택 개조를 하기 어렵게 하는 큰 요인이 되고 있다.

또한, 화장실과 욕실 같은 위생공간의 실이나 현관 등 작은 실은 이 모듈을 1/2, 1/3로 분할한 450mm, 300mm와 같은 치수로 되어 있는 것도 있다. 예를 들어, 화장실에는 1.24m$^2$, 욕실에는 2.5m$^2$와 같은 것도 자주 보인다.

이에 따라 가구도 폭이 1,600mm, 1,200mm, 800mm, 400mm, 안 깊이가 600mm, 450mm, 300mm와 같은 치수 조합으로 되어 있는 경우가 많다.

이러한 규칙을 알아 두면 주택 조사에서 손쉽게 주택 도면을 그릴 수 있으며, 익숙해지면 치수를 재지 않고 눈으로도 파악 가능하다.

또한 개조의 경우에도 이러한 기본모듈을 배려한다. 보통 복도 폭은 모듈치수 900mm이지만, 벽 두께 등을 빼면 유효치수로 780mm 정도, 화장실의 폭도 동일하게 780mm 정도가 된다.

문 폭도 900mm 모듈의 개구부라면, 문틀이나 문 자체의 두께 및 힌지 등의 돌출부분을 빼면 유효폭이 700~720mm 정도가 된다. 이때 휠체어가 직진주행만을 한다면 대부분 통행할 수 있지만, 통로부분이 꺾여 있거나 복도 측면에 실 입구가 있거나 하면 700~720mm 정도의 유효폭에서는 꺾여 들어가기가 거의 불가능하다. 일반적으로 목조주택 등에서 기둥과 벽은 구조상 중요한 역할을 하고 있으므로 쉽게 제거할 수 없다. 그러나 단순히 장식이나 가구의 부착만을 위하여 설치되는 경우도 있으므로 건축 전문가에게 도움을 받을 필요가 있다.

화장실을 확장할 경우에는 외벽의 바깥쪽으로의 확장 또는 인접실에 수납공간 등이 있는 경우에는 그 곳까지 확장하는 사례도 많다.

어떠한 경우라도 기둥과 벽을 개조하려면 건축 전문가와 상담할 필요가 있으며, 이때 건물 공사에서 사용된 도면이 있다면 쉽게 해답을 얻을 수 있을 것이다.

(2) 각 실에 대하여

① **현관** : 건축기준법에서는 지표면에 콘크리트를 시공하는 등 특별한 방습처리를 하지 않는 한, 1층의 바닥 높이는 지반면에서 450mm 이상으로 하도록 정해져 있다. 최근의 건축물에서는 현관 바닥에서 실내의 바닥면까지를 200mm 정도 낮게 설정하는 추세이다. 그러나 이 방식은 도로면에서 현관 바닥부분까지 사이가 수십 cm, 경우에 따라서는 1m 가까이 높게 설정되어 있으며, 대지의 지반면 자체를 높인 경우도 많다. 그래서 현관까지 몇 개의 단을 둔 계단이 생기게 된다. 도심에서는 대지가 좁아 경사로도 설치하지 않고 단차 제거기를 외부에 두는 경우가 있는데, 지붕을 설치하거나 호출용 벨을 설치하는 등의 특별한 배려가 필요해진다.

② **화장실** : 일반 서양식 변기의 높이는 380mm 정도가 많고 자주 사용되는 의자의 높이는 400mm 정도인데, 이러한 높이는 하체에 장애가 있는 사람에게는 결코 일어서기 쉽다고는 할 수 없다.

또한 면적도 좁아 휠체어 사용자와 보조자가 함께 공간을 사용하려면 어려움이 많다.

③ **욕실** : 욕조의 깊이는 재래식 욕조가 600mm 전후, 절충식 욕조는 550mm 전후, 서양식 욕조는 450mm 전후로 되어 있다. 욕조의 폭이 너무 넓다면 신체가 욕조 내에서 안정된 자세를 취하기 어려우므로, 어느 제품도 거의 700mm 정도이다. 또한, 욕조의 길이는 깊이가 얕은 형태일수록 길어, 용적은 일정하게 되는 경향이 있다. 절충식 욕조는 길이도 많이 길지 않으며, 하체장애인의 입욕에 적합하여 많이 이용되고 있지만, 길이가 1,300mm를 넘으면 욕조로 들어갔을 때 발부분의 앞쪽이 끝에 닿지 않아 안정적이지 못하며, 신체의 지지가 어려워지는 경향이 있다.

④ **세면실** : 세면대의 부착 높이는 720mm 정도로 되어 있다. 이것은 성인 남자의 사용을 고려하면 조금 낮은 위치라고 할 수 있다. 그러나 휠체어 사용자에게는 이것이 너무 높으면 사용하기 어려우며, 물이 팔 쪽으로 흘러내리게 된다. 또한, 너무 낮으면 하부공간이 확보되지 않아 휠체어가 접근하기 어려워진다. 따라서 휠체어 사용자는 이 720mm 정도의 치수를 그대로 채용하는 경우도 많다.

선 자세를 취할 수 있는 하체장애인은 신체 균형을 유지할 수 있도록 800mm 정도의 높이로 하는 경우도 있다.

⑤ **주방** : 최근에는 싱크대 높이가 800mm에서 850mm로 그 주류가 이행되고 있다. 그러나 휠체어 사용자가 일반 주방세트를 사용하며, 신체를 기울여 수돗물을 자기 앞으로 끌어당겨 사용하고 있는 사례도 많이 보이고 있다. 단, 높이가 850mm가 되면, 어떠한 형태로든지 배려를 하지 않으면 사용하기 어려운 경우도 많다. 싱크대 개조는 주방의 바닥공사를 수반하는 경우도 많으며, 건축공사 및 설비공사 모두 비용이 많이 든다.

### 3) 이상의 문제를 건축 전문가와 어떻게 해결해 갈 것인가?

이처럼 장애를 가진 사람의 생활환경을 고려한 주택 건축에서는, 경험이 없는 설계자와 시공업자가 당사자의 마음에 드는 건축을 그다지 못하는 경우가 많다. 장애의 상황 등을 충분히 설명 받아 이해를 하였다 하여도 건축 관계자는 흔히 기존의 공법을 중심으로 생각하기 쉬우며, 시공주나 건축 관계자 등 모두가 상식에 따라, 이를 당연한 것으로 생각해 버리기 때문이다.

예를 들어 시공주는 탈의실부터 전혀 단차가 없는 위치에 욕실 세면장이 있기를 원한다고 하자. 그러나 건축의 입장에서는 적어도 100mm 이상 세면장을 낮추지 않으면 방수 처리상의 기술적인 면에서 무리라고 주장하는 경우가 있다. 해결법으로는, 예를 들어 시공주가 단차가 있는 곳에서 휠체어로부터 옮겨 앉을 수 있게 하는 등 별도의 방법으로 이동이 가능하거나, 건축 관계자가 새로운 아이디어를 제시하는 식으로 쌍방이 의견을 교환하는 경우가 많다. 따라서 일반 공사와 비교해 보면, 커뮤니케이션에서 보다 충분한 시간과 장소가 필요하다고 할 수 있다.

이 점에서 한 번이라도 이런 공사를 해 본 건축 관계자는 장애인의 요구를 어떻게 기술적으로 실현시킬 것인가 그 방법을 어느 정도 체득하고 있다. 그러나 이 경우에도 서로의 충분한 의견 교환이 없다면, 지금까지 경험해 왔던 사례를 중심으로 '장애인 주택은 이런 것이다' 같은 고정관념을 가지고 있는 사람도 적지 않다. 시공주가 장애를 입은 지 그다지 오래 되지 않았을 때에는 주택 개조의 정보도 적으므로, 이 점에 충분히 주의하여야 한다.

따라서, 가능하다면 공사를 요청하는 시공업자와 시공주인 장애인 사이에 장애를 이해하고 있는 건축 관계자를 포함시켜, 두 사람의 통역이 되어 상담을 받는 체제가 이루어지는 것이 바람직하다.

# 4 주택 개조를 위한 생활환경 조사와 배리어 프리 디자인

## 4.1 재활을 위한 주택 개조 현황과 과제

재활의료 목적 중 하나가 본인의 능력을 최대한 살린 자립생활의 실현에 있다면, 주택 개조는 그것을 수행하는 데 있어서 대단히 중요한 역할을 하고 있다. 본래, 생활이란 본인 자신이 가진 주체조건으로서의 신체적 능력과 객체조건으로서의 생활공간과의 상호 관계로 성립되므로, 양자를 향상시켜야 비로소 생활 능력이 향상된다. 예를 들어, 퇴원하는 환자의 돌아갈 주택 공간에 따라서는 병원에서 어느 정도 회복되었던 기능을 유지할 수 없는 경우도 있을 수 있으며, 본인의 신체 능력이 현실의 공간 제약에 의해 규정되는 면도 크다. 반대로 환경이 능력 향상을 추진하는 경우도 있다. 이같이 재활의 일환으로서 생활환경의 개선을 인식하여 개념을 규정하는 것이 중요하다. 여기에서 전문가의 역할은 이러한 생활환경과 본인의 신체적 능력과의 적합 상태를 판단하여, 그 관계가 최적의 상태가 되도록 기술적인 지원, 지도, 조정을 하는 것이다.

본 절에서는 생활의 기반이 되는 주택 개조의 의미와 구체적인 방법을 소개한다. 여기서 주택 개조란 장애를 가진 사람들의 생활의 자립, 또는 간병을 하는 사람들의 간병 노력의 경감을 도모하기 위하여 실시하는 주택의 개선과 설계 전반을 말하며, 신축・증개축・개수 및 재활기기의 활용 등을 포함한 것으로 생각할 수 있다. 물리적인 개조가 불가능한 경우 이전하여 거주하는 것까지 포함한 넓은 개념으로서 사용하고 있다.

여기에서는 우선 병원을 중심으로 한 퇴원 환자의 재활에 대한 물리치료사(physical therapist ; PT, 이하 PT), 작업치료사(occupational therapist ; OT, 이하 OT)의 주택 개조의 대응에 관한 실태를 소개한다. 자료는 1990년 6월, 전국의 PT, OT에 대하여 이루어진 우편 앙케트를 분석한 것으로, 무작위 추출에 의한 PT 1,105명, OT 847명을 대상으로, 회답자 수 1,161명(유효 회답률 61%)의 데이터이다.[17]

우선, 구체적인 주택 개조 지도의 실태로서 회답자의 근무처인 병원에서 최근 1개월간 담당한 재활 입원 환자수는 회답자 1명당 평균 50명 정도지만, 이 중에서 주택 개조가 필요하다고 판단된 환자는 약 20% 정도였고, 이 중에서 주택 개조 지도가 실현된 경우는 40% 정도에 지나지 않는다. 결과적으로 담당환자의 8% 정도만 최종적으로 주택 개조 지도가 실시된다. 이러한 비율은 일상업무 중에서는 큰 수치라고 할 수 있다.

**표 2.8**에 따르면 업무로서 파악될 수 있는 것은 전체의 1/4 정도이며, 이 중 주택 개조가 필요한 환자 모두를 지도하고 있는 경우는 전체의 10%에 지나지 않는다. 가장 많은 것이 '업무로서 인식되고 있지는 않지만, 필요에 따라 개조의 지도를 하는 경우가 있다'로 절반

**표 2.8 주택 개조에 대한 업무로서의 인식 정도와 경험한 주택 개조 공사 규모별 인원수**(노무라 외, 1991)[17)]

| 업무로서의 개조 지도 실태 \ 경험한 주택 개조 공사 규모(복수응답) | | 신축*1 | 전면 개축*2 | 부분증 개축*3 | 소규모 개조*4 | 기기 활용*5 | 기 타 | 전 체 |
|---|---|---|---|---|---|---|---|---|
| 있음 | 필요한 모든 환자에게 지도 | 42 | 33 | 87 | 96 | 73 | 1 | 100(121) |
| | 특별히 필요한 환자에게 지도 | 30 | 21 | 61 | 92 | 72 | 2 | 100(175) |
| 없음 | 개조를 지도한 경우가 있음 | 13 | 9 | 50 | 88 | 57 | 3 | 100(636) |
| | 특별히 대응하고 있지 않음 | 3 | 2 | 16 | 49 | 40 | 29 | 100(218) |

숫자는 주택 개조의 업무로서 개조 지도 실태별 응답자 인원수[( )에 나타냄]에 대한 비율(%)이다.
주 : 설문은 아래와 같다.
*1 : 이전에 살던 대지와는 다른 대지에 신축하는 경우에 관여
*2 : 이전에 살던 주택을 모두 철거하고 새롭게 건축한 경우에 관여
*3 : 부분적인 증개축인 경우에 관여
*4 : 건물 구조는 개조하지 않고 손잡이, 설비, 또는 단차 제거 등의 소규모 개조인 경우에 관여
*5 : 건물 구조는 개조하지 않고 보조기기의 활용에만 관여

**표 2.9 팀을 구성하는 직종**(노무라 외, 1991)[17)]

| 직종 \ 근무처 | | 재활·노인 | | | 기타 병원 | | | 기 타 | | | 전 체 | | |
|---|---|---|---|---|---|---|---|---|---|---|---|---|---|
| | | PT | OT | 전체 | PT | OT | 전체 | PT | OT | 전체 | PT | OT | 전체 |
| 팀을 구성하는 직종 | 의사 | 48 | 33 | 39 | 40 | 42 | 40 | 47 | 33 | 40 | 42 | 37 | 39 |
| | 간호사 | 37 | 31 | 34 | 33 | 26 | 30 | 37 | 27 | 33 | 35 | 28 | 31 |
| | 물리치료사(PT) | 62 | 92 | 79 | 60 | 94 | 75 | 55 | 83 | 70 | 60 | 91 | 76 |
| | 작업치료사(OT) | 75 | 53 | 62 | 60 | 59 | 59 | 63 | 54 | 58 | 63 | 56 | 60 |
| | 사회복지사 | 71 | 72 | 72 | 54 | 63 | 58 | 59 | 66 | 63 | 62 | 65 | 63 |
| | 보건사 | 20 | 6 | 12 | 12 | 11 | 11 | 28 | 13 | 20 | 17 | 10 | 13 |
| | 설계사무소·건축설계자 | 20 | 17 | 18 | 13 | 15 | 14 | 21 | 21 | 22 | 16 | 16 | 16 |
| | 시공업자 | 42 | 25 | 32 | 25 | 23 | 24 | 32 | 24 | 28 | 29 | 25 | 27 |
| | 주택·보조기기 제조업자 | 40 | 36 | 37 | 45 | 39 | 42 | 41 | 29 | 35 | 43 | 34 | 38 |
| | 기타 | 3 | 7 | 5 | 5 | 7 | 6 | 8 | 10 | 9 | 5 | 7 | 6 |

숫자는 직종별·근무처별 응답자 인원수에 대한 비율(%)이다.
근무처 범례
'재활·노인' : 일반병원 중 재활병원 및 노인병원에 근무하고 있는 경우
'기타 병원' : 일반병원 중 소아전문병원 및 종합병원, 기타 병원에 근무하고 있는 경우
'기타' : 정신병원과 기타 의료기관 근무 또는 병원 근무 이외의 경우

정도를 차지한다. 또한, 지금까지 경험한 주택 개조 공사의 규모를 살펴보면 '소규모 개조'가 가장 많지만, 업무로서의 개념이 확립되어 있는 경우에는 신축·전면 개축에 관련된 사례도 30~40% 정도 보인다.

실제 주택 개조에서는 병원 내에서 팀을 조직하여 대응하는 경우가 많다. 특히, 업무로서

**표 2.10 주택 개조 내용별 경험자의 비율**(노무라 외, 1991)[17]

| 근무처 / 개조 내용 | 재활·노인 | | | 기타 병원 | | | 기 타 | | | 전 체 | | |
|---|---|---|---|---|---|---|---|---|---|---|---|---|
| | PT | OT | 전체 | PT | OT | 전체 | PT | OT | 전체 | PT | OT | 전체 |
| 손잡이 설치 | 90 | 84 | 88 | 85 | 81 | 83 | 75 | 57 | 65 | 84 | 71 | 78 |
| 바닥의 단차 제거 | 70 | 59 | 65 | 62 | 57 | 60 | 60 | 38 | 47 | 62 | 49 | 56 |
| 변기 교체 | 56 | 52 | 54 | 57 | 49 | 54 | 54 | 35 | 43 | 56 | 43 | 50 |
| 욕실바닥의 미끄럼 방지 | 57 | 48 | 52 | 45 | 43 | 45 | 42 | 36 | 38 | 47 | 40 | 44 |
| 현관에 경사로 설치 | 45 | 40 | 43 | 38 | 38 | 38 | 40 | 24 | 31 | 39 | 32 | 36 |
| 욕조 교체 | 41 | 28 | 35 | 26 | 26 | 26 | 31 | 18 | 24 | 28 | 23 | 26 |
| 출입문 교체 또는 정비 | 34 | 32 | 32 | 26 | 23 | 25 | 27 | 20 | 23 | 27 | 23 | 25 |
| 1층 거실에 경사로 설치 | 31 | 20 | 26 | 21 | 22 | 21 | 24 | 14 | 18 | 22 | 17 | 20 |
| 도로·대지 단차 제거용 경사로 설치 | 23 | 21 | 22 | 19 | 15 | 18 | 25 | 14 | 19 | 20 | 16 | 18 |
| 레버식 수도꼭지 설치 | 26 | 28 | 27 | 13 | 17 | 15 | 19 | 19 | 19 | 16 | 20 | 18 |
| 바닥에 카펫과 시트 설치 | 21 | 20 | 20 | 17 | 16 | 17 | 16 | 8 | 12 | 18 | 14 | 16 |
| 바닥을 목조 바닥으로 개조 | 23 | 14 | 18 | 15 | 13 | 14 | 15 | 7 | 10 | 16 | 10 | 13 |
| 세면기 교체 | 12 | 14 | 13 | 10 | 10 | 10 | 12 | 9 | 10 | 10 | 10 | 10 |
| 현관에 간이 리프트 설치 | 12 | 13 | 13 | 8 | 9 | 9 | 8 | 5 | 7 | 9 | 8 | 9 |
| 수평이동장치 설치 | 5 | 10 | 8 | 8 | 11 | 9 | 13 | 8 | 10 | 8 | 9 | 8 |
| 스위치류의 높이 변동 | 8 | 11 | 9 | 8 | 10 | 9 | 8 | 8 | 8 | 8 | 9 | 8 |
| 조리대의 교체 | 6 | 9 | 7 | 6 | 6 | 6 | 5 | 8 | 6 | 5 | 7 | 6 |
| 엘리베이터 설치 | 4 | 9 | 6 | 4 | 6 | 5 | 7 | 4 | 5 | 5 | 5 | 5 |
| 긴급 연락장치 설치 | 6 | 7 | 7 | 4 | 9 | 6 | 3 | 5 | 4 | 4 | 6 | 5 |
| 도로·대지 단차에 간이 리프트 설치 | 2 | 2 | 2 | 2 | 3 | 3 | 2 | 3 | 3 | 2 | 3 | 3 |
| 환경제어장치의 설치 | 3 | 4 | 4 | 3 | 4 | 4 | 2 | 2 | 2 | 3 | 3 | 3 |
| 출입구의 잠금장치 교체 | 5 | 5 | 5 | 3 | 3 | 3 | 5 | 4 | 5 | 3 | 3 | 3 |
| 이동용 변기 활용 | 70 | 65 | 68 | 71 | 64 | 68 | 57 | 37 | 45 | 67 | 52 | 60 |
| 침대 활용 | 71 | 68 | 69 | 69 | 62 | 66 | 57 | 35 | 44 | 66 | 52 | 59 |
| 기타 보조기기 활용 | 44 | 45 | 45 | 44 | 41 | 43 | 48 | 41 | 38 | 43 | 38 | 41 |
| 기타 | 2 | 7 | 4 | 5 | 6 | 5 | 8 | 11 | 10 | 5 | 9 | 7 |
| 불명 | 6 | 6 | 6 | 8 | 9 | 9 | 14 | 27 | 21 | 9 | 16 | 12 |

숫자는 직종별·근무처별 응답자 인원수에 대한 비율(%)이다.
근무처 범례
'재활·노인' : 일반병원 중 재활병원 및 노인병원에 근무하고 있는 경우
'기타 병원' : 일반병원 중 소아전문병원 및 종합병원, 기타 병원에 근무하고 있는 경우
'기타' : 정신병원과 기타 의료기관 근무 또는 병원 근무 이외의 경우

인식되고 있는 전문성이 높은 재활병원에서는 팀을 조직하기 쉬운 조건이 병원 내에 정비되어 있다고도 생각할 수 있다. 다른 전문가와 팀을 조직할 경우, **표 2.9**에 의해 팀을 구성하는 직종을 살펴보면, PT와 OT 이외에 가장 많은 것이 사회복지사이며, 그 외에 의사와 주택·보조기기 제조업자, 간호사 순으로 나타나고 있다. 어떤 직종과 팀 연계를 하며, 누가 주체적인 입장에 설 것인가는 한 번에 결정할 수 없으며, 현실적으로는

지역자원의 실태, 다른 기관과의 연계 상황 등을 숙지한 후에 최적의 방법을 선택하는 것이 중요하다.

또한 지금까지 주택 개조와 관련된 내용을 보면 **표 2.10**과 같이 난간의 설치를 비롯하여 많은 분야에 걸쳐 있다. 이와 같이 재활의료 측면에서의 주택 개조의 정도와 내용은 복잡하며 광범위하게 걸쳐 있고, 매우 고도의 전문적 대응이 요구되고 있다. 한편으로 현장에서는 지원제도의 이해 부족, 정보・지식 부족을 문제라고 느끼고 있는 사람이 많다. 지식이 없다면 문제의식도 발생하지 않기 때문에 이러한 전문지식을 충분히 숙지하여 주택 개조에 임하는 것이 지원제도의 충실과 함께 중요한 과제라 할 수 있다.

현재 거의 이루어지고 있지 않지만 주택 개조 후의 평가와 지속적 지원이 필요하며, 또한 좀 더 조직적으로 이루어지는 것이 바람직하다. 또한, 거주양식과 환자 개개인에 대응한 재활기기 개발이 필요하며, 제조업자 및 각종 전문가와 협력하여 주택 개조 관련 상품 개발을 지속적으로 수행하는 것도 전문적 기술을 발휘하는 방법으로서 중요하다.

**(大原一興)**

## 4.2 배리어 프리 디자인 주거 관련 제도

고령자나 장애인에게 주거란 생활을 하는 장소인 동시에, 안전하며 안심하고 살 수 있는 공간이어야 한다. 그리고 단순히 단차 제거와 난간의 설치 같은 것뿐만 아니라 여기서 생활하는 모든 사람들의 요구를 최대한 만족시키며, 생활의 질의 향상으로 이어질 수 있는 공간이 되지 않으면 안 된다. 이런 목적을 가진 배리어 프리 디자인에 따른 주거 정비가 요구된다.

지금까지 주거 정비는 주택 개조로서, 재활의 일환으로 장애인과 허약한 고령자에 대한 지도의 하나로서 이루어져 왔다.[18] 또한, 「고령자, 장애인 등이 원활히 이용 가능한 특정 건축물의 건축 촉진에 관한 법률」(1994년)과, 고령자 등이 지역사회에서 안심하고 생활할 수 있도록 책정된 「장수사회 대응 주택 설계 지침」(1995년) 등과 같이 고령자와 장애인의 주거환경에 관한 대책의 하나로서 법률의 정비가 진행되고 있다. 주거 정비의 기본계획은 대상자의 신체 특성과 생활 상황에 대응한 주택 개조 등의 정비, 보조기기의 활용, 필요한 기능훈련 및 적합훈련을 적절히 조합하여 실시하여야 한다. 따라서 건축・보건・복지 각 영역의 전문가와의 연계 및 시스템화, 주택 구조와 공간 등의 문제, 주택 개조의 개시 시기, 경제적・제도적인 지원 등이 중요한 요소가 된다. 특히, 연계 및 시스템화는 동경도 이다바시(板橋) 구와 에도가와(江戸川) 구, 히로시마 현 미쯔기쵸(御調町), 요코하마 시 등에서 선전적인 시도가 이루어지고 있지만, 전국적으로는 이러한 개념이 충분히 기능하고 있다고는 말하기 어렵다.[19] 또한, 경제적 문제는 대상자에게 중대한 문제이며, 주택 개조를 함에 있어서도 중요한 요소이다. 이러한 의미에서 경제적 지원제도는 주택 개조를 촉진하는 동기부여가 되는 것으로 생각할 수 있다.

현재 활용 가능한 관련 제도는 개인(가족 포함)의 자금력 외에 거주지가 속한 자치단체의 조성제도 및 융자제도가 있다. 그리고 1998년 4월에 시행된 개호보험법(介護保険法)의 활용이 추가되었다. 아래에 개호보험, 자치단체에 의한 조성, 융자의 각종 제도를 간략히 서술한다.

### 1) 개호보험법에 의한 주택 개조[20, 21]

개호보험은 65세 이상의 사람(1호 피보험자) 또는 40세 이상 65세 미만의 지정된 질환(치매, 뇌혈관질환, 파킨슨씨병 등 15개 질환이 대상)을 가진 사람(2호 피보험자)이 대상이 된다. 신청접수는 거주지 자치단체의 개호보험에서 하며, 개호인정심사회의 심사・판정을 거쳐 개호도가 인정된다. 인정은 지원요망, 개호요망의 1에서 개호요망 5까지 여섯 단계로 이루어져 있으며, 인정단계에 맞게 보험금액이 정해져 이 금액에 따라 재택 서비스를 조합하여 이용할 수 있다.

서비스 내용은 방문개호, 방문간호, 방문재활 등 13개의 재택 서비스와 개호노인보건시설 등 3개의 시설 서비스가 있다. 서비스 조합은 스스로 하여도 좋지만, 보건・의료・복지 중 하나의 전문자격을 가진 개호지원전문인(이하, 케어 매니저)에게 의뢰하여도 좋다.

케어 매니저는 의뢰자의 요구 발견, 과제분석, 지원목표의 설정, 서비스 계획(케어 플랜)의 입안, 서비스 조정, 서비스 제공, 모니터링, 서비스의 재평가 흐름으로 케어 매니지먼트를 한다. 각종 서비스를 조합한 서비스 계획(케어 플랜)을 제안한다. 의뢰자는 제안 내용을 확인한 후에 서비스 계획을 한다. 사용한 각종 서비스 금액의 10%가 개인 부담이다.

'주택 개조'는 서비스의 하나로 아래의 다섯 항목에서 원칙상 1인 1회 약 200만 원까지의 개조공사가 인정되고 있다. 단, 3단계 변동이나 이전이 있으면 다시 이 서비스를 받을 수 있다.

(1) 난간 설치 및 부대공사(설치 장소와 방법에 주의)

(2) 바닥단차 제거 및 부대공사(경사로, 고정식 발판, 바닥 높임)

(3) 미끄럼 방지 및 이동의 원활화를 위한 바닥재 변동 및 부대공사(플로링, 코르크타일, 카펫 설치)

(4) 출입문 등의 교환 및 부대공사(문과 손잡이 교체 등)

(5) 변기 교체 및 부대공사

위에 적은 주택 개조비 지급의 이용절차는 **그림 2.16**에 나타내었다. 주택 개조비 지급에 필요한 서류는 다음과 같다.

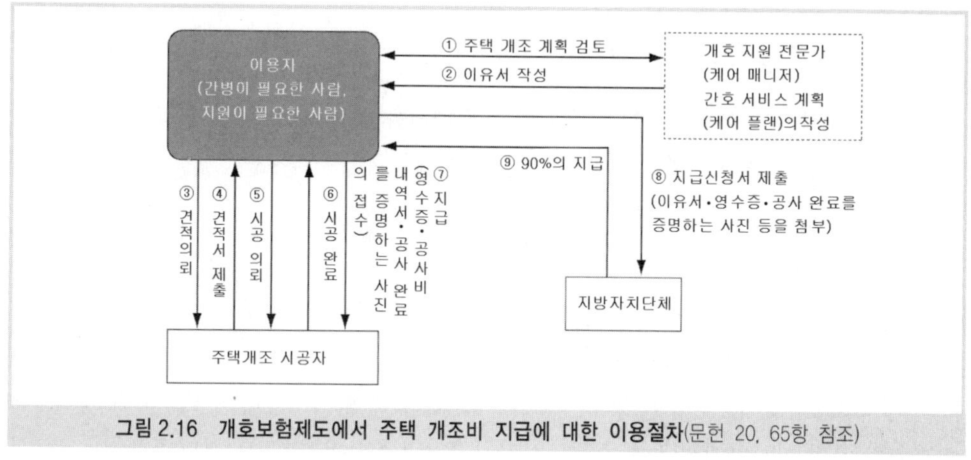


**그림 2.16 개호보험제도에서 주택 개조비 지급에 대한 이용절차**(문헌 20, 65항 참조)

(1) 개호보험에 의한 주택 개조비 지원 신청서

(2) 영수증(지급대상 외의 공사가 있으면 공사비 내역서를 첨부)

(3) 이유서(개조지원 전문직원 또는 지방자치단체 담당직원 등이 주택 개조가 필요한 이유를 적음), 또한 자치단체에 따라서는 복지 거주환경 코디네이터(2급) 취득자(동경상공회의소 설정)가 이유서를 적어도 인정하고 있다.

(4) 완성 후의 상태를 확인할 수 있는 서류(개조 전후의 상태를 일자가 기입된 사진으로 촬영)

(5) 소유자의 승인서(피보험자와 주택 소유자가 다른 경우에 필요)

또한, 개조에 대한 공사비 내역서 작성 시의 유의점은 다음과 같다.

(1) 공사의 전제로서 이루어진 설계 및 적산의 비용 이외는 지급대상이 되지 않는다.

(2) 신축, 또는 새로 거실을 설치하는 증축공사는 대상이 되지 않는다.

(3) 주택 개조비 대상 이외의 공사를 포함하여 실시하는 경우

① 지급대상 부분의 선정 : 면적, 길이 등 수량을 산출하여 선정하며, 각각의 단가를 기입하여 금액을 산정

② 안분법(按分法) : 해체비용 · 재료비 · 공사비 구분이 곤란한 경우에 유용한 방법으로 대상부분을 나누어 그 근거를 명시

(4) 피보험자 스스로가 주택 개조를 하는 경우 : 재료비가 지급대상이 된다. 영수증은 재료를 판매한 업자가 발행한 것으로 한다. 공사 내역서는 사용한 재료의 내역을 기입한다.

(5) 하나의 주택에 복수의 피보험자가 있는 경우 : 지급한도액 관리는 피보험자별로 한다. 동일 부분의 주택 개조가 중복되지 않도록 한다.

### 2) 개호보험법에 의한 보조기기의 대여 · 구입

안전하고 안심할 수 있는 생활을 유지하기 위해서는 주택 개조뿐만 아니라 보조기기의 활용이 중요하다. 개호보험에는 보조기기의 대여 · 구입 서비스가 있다.

보조기기 대여 및 구입 종목은 다음과 같다.

#### (1) 대여종목

① 휠체어, ② 휠체어 부속품(쿠션, 브레이크 등), ③ 특수침대, ④ 특수침대 부속품(사이드 레일, 매트리스 등), ⑤ 욕창 예방용구, ⑥ 자세 변환기, ⑦ 경사로, ⑧ 보행기, ⑨ 보행보조 목발, ⑩ 치매성 노인 배회 감지기구, ⑪ 이동용 리프트(바닥주행식, 고정식 등). 2003년 4월부터 특수침대 부속품의 슬라이딩 보드 및 슬라이딩 시트, 이동용 리프트에서 상하방향만 이동시키는 입욕용 리프트, 단차 제거기, 보조기능이 부착된 의자, 6개의 바퀴가 달린 보행기가 대상이 되고 있다(단, 엘리베이터와 계단 승강기는 제외).

#### (2) 구입종목

① 변기, ② 특수변기, ③ 입욕 보조기기(입욕용 의자, 욕조 내 손잡이, 욕조 내 의자 등), ④ 간이욕조(공기식, 접이식), ⑤ 이동용 리프트 보조기기

그리고 주택 개조의 계획 및 효과판정, 보조기기의 활용 및 적합연습은 대상자의 심신기능과 밀접한 관련이 있으므로 물리치료사와 작업치료사가 실시하는 방문 재활 서비스를 서비스 계획에 도입하면 효과적인 활용을 기대할 수 있다.

### 3) 자치단체에서의 주택 개조 지원 사업[22)]

개호보험의 대상이 되지 않는 장애인과 고령자는 거주지에서의 지원사업을 활용해 볼 만하다. 지원사업의 내용은 실제 보조금을 지급하거나 융자만 하는 등 자치단체에 따라 다르다. 사업과 조성액 등의 활용을 고려한다면 거주지의 복지과 등 담당과로 문의하여도 좋다.

조성의 일부를 소개하면 동경도에서는 개호보험의 인정기준에 해당되지 않았던 65세 이상의 고령자에 대하여 1세대당 200만 원 정도를 주택 개조 예방자금으로 제공하고 있다. 소득제한은 없으며, 부담률은 10% 정도이지만 자치단체의 과세 상황에 따라 바뀌는 경우가 있다. 지원 내용은 개호보험과 동일하다.

그리고 주택설비 개조 예방자금은 65세 이상의 고령자(좀 더 조건을 까다롭게 규정하고 있는 자치단체도 있다)를 위한 욕조 교체(3,790,000원), 싱크대 교체(1,560,000원), 양식변기로 교체(1,060,000원) 등에 많이 지원되고 있다. 계단 승강기[치요타(千代田) 구:

7,000,000원, 오타(大田) 구: 13,320,000원]도 지원대상으로 하고 있는 자치단체가 있다. 대상자는 주택 개조비 지급의 경우와 동일하지만, 기능 저하에 따른 기존 설비의 사용이 곤란한 사람 등으로 규정하고 있는 자치단체도 있다.

지역에 거주하는 장애인과 허약 고령자에게는 이러한 지원사업의 내용, 신청방법, 구체적인 계획 등의 정보가 제공되지 않는 경우도 많은데, 노인보건사업과 개호 예방・생활지원사업, 재택 지원의 상담기관 등에서 보건・의료・복지 전문가에 의한 방문 지도나 정기적인 광고로 주민에게 주지시킬 필요가 있다. 또한, 개호실습・보급센터는 지역주민에게 보조기기 및 주택 개조에 관한 상담・조언, 보조기기의 전시・보급・이용방법 등 정보 제공을 하고 있다. 고령자 종합상담센터는 고령자의 거주환경 개선과 보조기기에 관한 정보 제공 등을 하고 있다. 재택개호지원센터는 보조기기의 전시와 사용방법 등을 지도하고 있다. 이러한 센터는 재택지원의 상담기관으로 자치단체와 민간 사업자에 의하여 운영되고 있다.

#### 4) 주택 개조에 관한 융자제도 및 법률

일본은 「장수사회 대응 주택 설계 지침」(1995년 6월 23일 건설성)에 의하여 장애인을 포함한 고령자가 자택에서 계속 살 수 있도록 하는 주택 설계 지침이 마련되었다.

구체적인 시책으로 다음의 두 종류가 있다.

##### (1) 주택금융공사의 '배리어 프리 타입 기준'(표 2.11)

대상은 자신이 소유하거나 거주하는 주택의 건축을 원칙으로 하고 70세 미만(신청일 현재)으로 공사 대여금에 대한 상환금액의 5배 이상의 수입이 있는 사람 등이다. 대지면적은 100m$^2$ 이상, 한 채당 주택의 바닥면적은 80m$^2$ 이상 280m$^2$ 이하의 주택 등이다. 그 외, 기준금리 적용 주택(175m$^2$ 이하)으로서, 배리어 프리 타입의 기술기준(단차 제거와 손잡이 등의 배려가 있을 것), 환경을 고려한 기술기준(주거의 단열화), 내구성 타입의 기술기준(높은 강도를 유지할 수 있도록 배려한 주거) 등이다.

또한 추가융자로써 장애물 없는 주택공사와 고령자 등 대응 설비의 설치공사가 있다. 신청은 '주택금융공사 업무 취급점'이라는 표시가 있는 금융기관에서 할 수 있다.

##### (2) 연금자금 운용기금의 '연금 배리어 프리 주택자금 융자제도'

대상은 후생연금보험이나 국민연금의 가입연수가 5년 이상인 사람이다. 가입연수와 가입하고 있는 연금에 따라 대여 한도액이 다르다. 그리고 고령자와 함께 사는 사람이나 장애인 등은 추가로 융자를 받을 수 있다. 문의처는 각 지방자치단체의 연금(주택)복지협회이다.

표 2.11 배리어 프리 타입 기준 적합 내용(주택금융공사의 기준금리 적용 주택 조건의 일부 소개)

| 항 목 | 배리어 프리 타입 기준 |
|---|---|
| 실 배치 | 고령자의 침실과 화장실은 같은 층에 배치되어 있어야 한다. |
| 단차 제거 | (1) 고령자 등의 침실이 있는 층의 모든 거실, 화장실 및 탈의실, 현관을 연결하는 복도는 단차가 없는 구조로 한다.<br>(2) 고령자 등의 침실 또는 식사실이 아닌 각 실, 기본적인 일상생활에서 이동경로상에 있지 않은 부분은 기타 부분과의 사이에 90mm 이상의 단차를 설치할 수 있다. |
| 주거 내 계단 | (1) 기울기는 (R/T) 22/21 이하로 한다.<br>(2) 디딤판은 195mm 이상으로 한다.<br>(3) 디딤판(T)과 챌면(R)의 관계는 '50mm≤T+2R≤650mm'로 한다.(단, 홈 엘리베이터와 지하실 등 일상적으로 사용하지 않은 실로 통하는 계단은 예외)<br>(4) 다음의 꺾이는 부분의 치수는 완화할 수 있다.<br>① 꺾이는 부분이 아래계단으로부터 3단 이내인 경우<br>② 꺽이는 부분이 계단참에서 위로 3단 이내인 경우<br>③ 원형 계단으로 하는 경우 계단의 분할비율이 60°, 30°, 30°, 60°가 되는 경우<br>(5) 형태는 직선계단 또는 꺾임계단으로 중간에 계단참을 설치한다.<br>(6) 챌면의 윗면과 아랫면의 단면상 치수는 20mm 이내, 어쩔 수 없는 경우에는 30mm 이내로 한다. |
| 손잡이 | (1) 욕실 및 주거 내의 계단에는 손잡이를 설치한다.<br>(2) 형태는 원칙상 단면 형태가 원형이며 직경 28~40mm의 잡기 쉬운 형태로 한다.<br>(3) 상부 평탄형 손잡이의 사용장소는 원칙상 복도로 한다.<br>(4) 손잡이의 끝부분은 원칙상 벽 쪽 또는 아래쪽으로 굽힌다.<br>(5) 손잡이는 기둥 등에 직접 부착한다.<br>(6) 신체의 지지에 구조적으로 안전하도록 부착한다.<br>(7) 손잡이와 벽의 간격은 30~50mm를 표준으로 한다.<br>(8) 원칙상 손잡이는 도중에 끊어지지 않도록 설치한다. 손잡이가 달라지는 경우에는 손잡이 끝부분 간의 거리를 400mm 이하로 한다.<br>(9) 계단 손잡이를 한쪽에 설치하는 경우 원칙상 위층으로 올라가는 방향으로 이용자가 자주 이용하는 팔 쪽에 설치하며, 높이는 계단 디딤판에서 750mm를 표준으로 한다.<br>(10) 욕실의 손잡이는 용도에 따라 1개 이상 설치한다. 설치부분은 욕조에 들어갈 때의 자세안정용 수직 손잡이를 욕조 가장자리의 벽면에, 욕조 내에서 서거나 웅크리는 동작 등을 위한 L자형 또는 수평 손잡이를 옆쪽 벽면에, 욕실 내 이동을 위한 수평 손잡이를 출입구부터 욕조까지의 벽 등에 설치한다. |
| 복도와 출입구 등의 유효폭 | (1) 고령자 등의 침실이 있는 층의 모든 실의 복도 유효폭은 780mm 이상으로 한다. 기둥이 있는 경우에는 750mm 이상으로 한다.<br>(2) 침실이 있는 모든 실의 출입구 유효폭은 750mm 이상으로 한다.<br>(3) 욕실의 출입구 유효폭은 600mm 이상으로 한다. |
| 욕실 규모 | 짧은 방향을 1,300mm 이상으로 하며, 유효면적을 2.0m$^2$ 이상으로 한다. |
| 기타 바닥마감의 사양이 있다. | |

참고문헌 22를 참조하여 작성.

(3) 2001년 4월에는 「주택의 품질 확보의 촉진 등에 관한 법률」이 시행되었다. 이 법률에 따라 주택성능에 대하여 5단계 등급에 따른 평가기준이 규정되었다. 기준으로는 이동 시(수평이동·수직이동·자세의 변화 및 기대는 행위) 넘어짐 방지, 휠체어 사용 시(통행 보조, 욕조로의 출입, 침대에서 옮겨 앉기 등의 각 동작)의 배려 상태로 분류된다.

(4) 그리고 「고령자의 거주 안정 확보에 관한 법률」이 2001년 4월에 제정되어, 같은 해 10월 1일 시행되었다. 이후, 고령자가 안심하고 생활할 수 있는 거주환경을 실현하기 위하여 민간부문과 기존 주택을 유용하게 활용함으로써, 고령자를 위한 주택을 효율적으로 공급하며 고령자의 입거를 거부하지 않는 주택 정보를 제공하는 제도 등이 규정된 법률로써 다음의 네 개의 축으로 구성되어 있다.

① **고령자를 위한 우량임대주택제도** : 고령자 독신·부부 세대 등을 위하여 장애물 없는 우량임대주택을 공급한다. 이 임대주택을 건축하고자 하는 사업자는 정해진 기준에 적합하다면 각 지방자치단체장의 인정을 받을 수 있으며, 국가와 지방자치단체에 의한 보조와 주택금융공사의 융자와 세제의 우선혜택을 받을 수 있다. 문의처는 각 지방자치단체의 주택과이다.

② **고령자 우선입거 임대주택등록제도** : 고령자의 입거를 거부하지 않는 임대주택 정보를 제공한다. 등록은 무료이다. 후쿠시마(福島) 현에서는 등록된 주택을 고령자를 위한 무장애화의 보조제도로 이용하거나, 등록주택에 생활지도원(life support advisor)을 파견하고 있다. 문의처는 각 지방자치단체의 주택과이다.

③ **종신 건물 임대차제도** : 고령자가 안심하고 지속적으로 거주할 수 있는 임대차계약을 말하는 것으로써, 임차인이 각 지방자치단체장의 허가를 받아, 임대인이 사망했을 시에 임대차계약을 종료할 수 있다. 문의처는 각 지방자치단체의 주택과이다.

④ **주택금융공사 융자 특례로서의 일괄상환형 배리어 프리 개조 융자제도** : 고령자가 주인인 주택의 무장애화를 촉진하기 위하여 받은 융자의 매월 상환금을 융자이자만으로 하는 제도이다. 원금은 신청인이 사망했을 때, 상속인이 상환하거나 자택을 담보처분하여 일괄 상환한다. 문의처는 고령자주택재단 및 주택금융공사이다.

### 5) 맺음말

현재 관련 제도에서 실시하고 있는 주택 개조는 물리적 개조 자체에 의미를 둔 경제적 지원이 중심이 되고 있다. 앞으로는 가족을 포함하여 대상자의 앞으로의 쾌적한 생활공간을 고려했을 때 자기 자금 등을 고려한 주택 개조 계획은 당연히 검토되어야 할 것이다. 개호보험 시행에 따라 관련 제도와 구체적인 사례를 소개하는 장애물 없는 주택 등에 관한 서적[23~25]이 많이 출판되었으며, 배리어 프리에 대한 정보도 점점 확산되고 있다.

중요한 점은 대상자(가족 포함)의 다양한 요구에 대응한 주거공간 만들기라고 할 수 있다. 이러한 의미에서 제도 활용의 중심이 되는 개호보험 중에서 큰 역할을 하는 케어 매니저가 배리어 프리 디자인에 의한 주택 개조를 염두에 둔 케어 계획을 추진하는 것이 중요하다고 할 수 있다. 단순한 개조로 건축 관계자에게 모든 것을 맡겨두는 것이 아니라, 케어 계획 속에 방문 재활과 보조기기 활용 등의 서비스 내용을 도입하는 등 다른 직종의 전문적인 관계와의 협업이 앞으로 더욱 필요하게 될 것이다.

(池田 誠)

## 4.3 생활환경 조사의 수법

생활환경 조사는 특정한 물리적 환경의 무장애화를 도모하기 위하여, 그 공간을 사용하는 장애인의 사용 가능성, 물리적 환경의 정비 가능성과 그 대책을 구체적으로 파악・검토하기 위하여 실시하는 것이다. 생활환경 조사 중에서 주택 개조에 관한 내용은 다음 절에서 다루므로, 여기에서는 장애인이 취직하거나 학교에 입학하면서 직장 또는 학교 등의 지역시설에 대한 생활환경 조사를 대상으로, 가장 세심하게 배리어 프리 디자인을 필요로 하는 휠체어 사용자와 목발 사용자를 대상으로 수법을 서술한다.

생활환경 조사를 실시하는 사람은 조사에 필요한 배리어 프리 디자인의 체크 리스트를 작성하여 장애인의 사용이 예상되는 공간에서 실제로 장애인과 함께 이용해 보고 체크할 필요가 있다. 체크 리스트 항목은 건물의 실태와 장애인의 장애 내용・정도, 활동 내용에 맞추어 작성할 필요가 있다. 특정 개인이 아니라 일반적인 배리어 프리의 개조를 위해서는 제1장 제3절에 나타낸 배리어 프리 디자인의 내용에 근거하여 작성하는 것이 좋다. 특정 개인을 위한 배리어 프리 개조에는 장애인 개개인의 신체기능에 맞춘 최소한의 개조를 실시하는 것이 좋다. 이를 위해서는 제2장 제3절의 내용을 추가할 필요가 있다.

생활환경 조사에서는 대상 건물의 배치도와 각층 평면도를 간단한 것이라도 입수하여 장애인이 사용하는 장소와 이동경로를 기입하며, 그곳에서 실제로 이동해 보고 체크리스트를 참고하면서 문제된 곳의 발견, 측정, 사진 촬영, 개조의 가능성과 개조 내용 및 필요성을 검토하여 도면과 조사표에 기록한다(**표 2.12**). 이때 **그림 2.17**에 나타낸 사용 가능도, 개조 가능도, 기타 수단을 평가하는 것이 바람직하다. 즉, 충분한 배려하에서 사용 가능한 경우는 문제가 없지만, 불충분한 배려 내용으로 사용은 가능한 경우나 사용 불가능한 경우에는 개조 가능도를 평가하여 불충분한 배려 내용으로 개조 가능한 경우 또는 개조 불가능한 경우에는 다른 수단을 확보할 필요가 있다. 즉, 도움을 주는 사람이 옆에서 같이 사용, 다른 경로를 사용, 또는 다른 설비를 대체 사용하는 경우 중에서 적어도 하나 이상의 방법을 확보할 수 있도록 한다.

표 2.12 생활환경 조사표의 기입예

| 공간체크를 할 곳 | | 현황 치수 · 형태 · 재질 | 사용 가능도 | 개조 가능도 | 기타 수단 | 개조방법 · 대응방법 |
|---|---|---|---|---|---|---|
| 경로 | 바닥마감 | 바닥이 울퉁불퉁함 | △ | ○ | | 평탄하게 마감 |
| | 단차 | 높이 100mm의 단차 | × | ○ | | 경사로 설치 |
| | 경사로 | 기울기 1/8, 길이 7m | × | × | AB | 안전상 도움이 필수적 |
| | 배수구 | 배수구 폭 50mm, 깊이 100mm | × | △ | AB | 부분적으로 덮개 설치 |
| | 유효폭 | 일부 800mm | × | × | B | 돌아서 갈 필요가 있음 |
| | 방화문 | 바닥 단차 100mm, 폭 650mm | × | ○ | | 문의 교체, 단차 제거 |
| | 출입문 | 유효폭 750mm<br>문 손잡이 | △<br>× | ○<br>○ | | 유효폭 850mm의 문으로 개조<br>레버식 손잡이로 교체 |
| | 계단 | 폭 1.2m, 손잡이 없음 | × | × | AB | 유효폭이 좁아 손잡이 설치 불가 |
| 엘리베이터 | | 내부 유효폭, 조작버튼, 손잡이 | × | ○ | | 조작버튼, 손잡이 증설 개조 |
| 피난설비 | | 발코니 협소<br>손잡이 없는 비상계단 | ×<br>× | ×<br>× | A<br>A | 인적 도움이 필수적<br>인적 도움이 필수적 |
| 장애인 전용 주차장 | | 넓이, 지붕, 위치, 표시 | △ | ○ | | 입구 부근에 설치 |
| 장애인용 화장실 | | 각 층에 설치<br>설비, 손잡이, 넓이 | ×<br>× | △<br>○ | C | 1층 화장실만 개조 |
| 사무실, 교실 | | 책상, 테이블, 작업대 | × | ○ | | 신규 구입 |

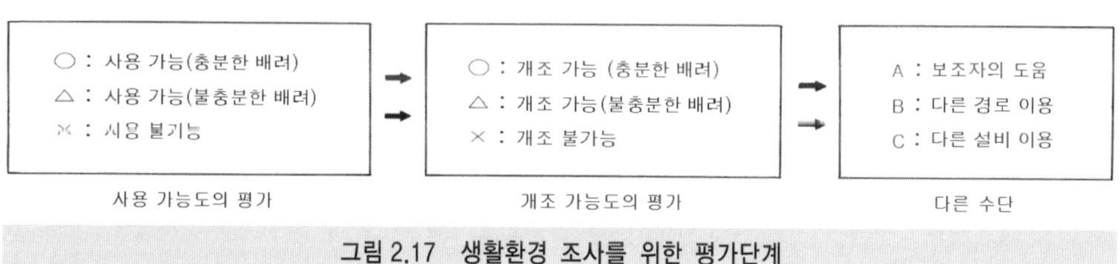


그림 2.17 생활환경 조사를 위한 평가단계

여기서 특히 문제가 많은 화장실, 엘리베이터, 계단의 개조방법을 간단히 서술한다. 기존 화장실을 개조하여 장애인도 사용 가능한 화장실로 개조할 경우(**그림 2.18**), 화장실 내에서 가장 안쪽 변기부스의 문을 밖으로 열게 하고, 손잡이를 부착한 양식 변기를 설치하는 방법이 유효하며, 목발 사용자는 칸막이 안의 넓이가 일반적인 것으로도 가능하지만 휠체어 사용자는 두 개분의 칸막이를 하나로 넓히거나 통로 쪽으로 조금 확장하는 방법을 검토한다. 화장실 내의 문, 통로 폭, 단차 제거, 세면대와 소변기의 손잡이, 비상벨의 설치 등도 함께 검토한다.

기존의 일반적인 엘리베이터를 개조할 경우 동선상 편리한 위치에 있는 것부터 한 대 이상, 비상용 엘리베이터는 우선적으로 개조를 검토한다. 9인승 이상의 엘리베이터는 조작버튼을 낮은 위치에 설치하며, 손잡이도 함께 설치한다. 엘리베이터 홀의 호출버튼은

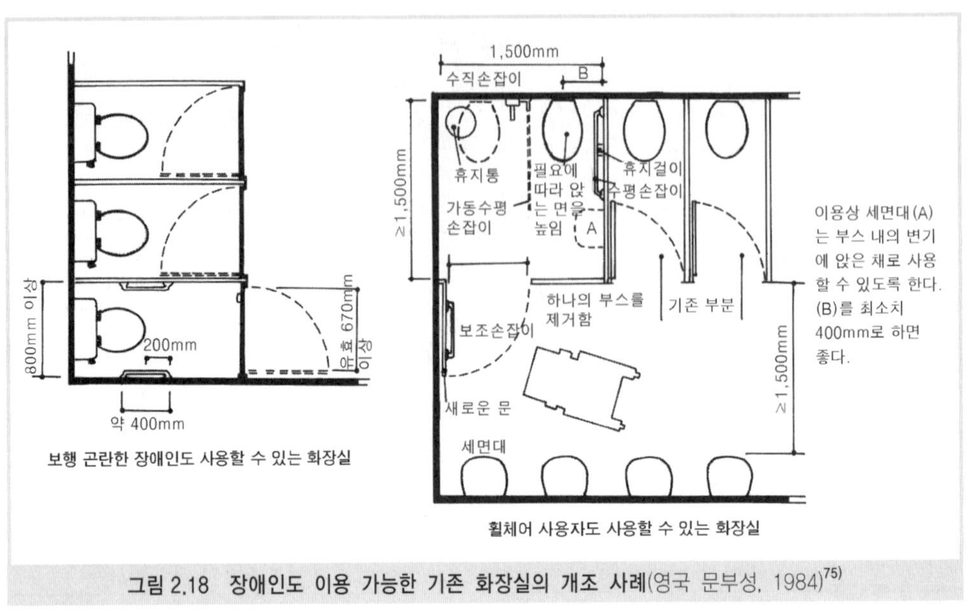

**그림 2.18 장애인도 이용 가능한 기존 화장실의 개조 사례**(영국 문부성, 1984)[75)]

휠체어를 이용하는 장애인이 사용하기 편리하도록 낮은 위치에 설치하며, 개조비용은 정지층이 여섯 개 이내인 경우에는 한 대당 약 3,300만 원, 정지층이 한 개 층 증가할 때마다 약 100만 원이 추가로 든다.

엘리베이터가 설치되어 있지 않은 2층 이상의 건물을 사용하는 경우에는 주로 1층 공간을 이용할 수 있도록 배려하며, 필요에 따라 휠체어 사용자의 계단 오르내림을 보조할 수 있는 대응방안을 검토한다. 보조자 혼자서 보조하지 않으면 안 되는 경우에는 전동식 계단 승강기가 유효하지만, 대형의 기계로서 휠체어를 고정하거나 조작시간이 걸리며, 계단을 오르내릴 때 휠체어 사용자에게 불안정한 느낌을 주며, 전동 휠체어에는 사용할 수 없는 점 때문에 설치되어 있더라도 사용되지 않는 사례가 적지 않은 점에 주의한다.

방재성 · 안전성 확보를 위한 최저 기준인 건축기준법에 의한 계단의 유효폭은 실내 계단에서는 건물의 종류와 규모에 따라, 140cm 이상, 120cm 이상 또는 75cm 이상이다. 예를 들면, 초등 · 중 · 고교의 학생용 계단은 140cm 이상으로 한다. 또한, 실외 직통계단의 유효폭은 모두 90cm 이상으로 한다. 계단의 유효폭은 난간의 안쪽까지 측정되므로, 난간이 설치되어 있지 않은 경우 양쪽에 난간을 설치하면 약 20cm, 한쪽에만 설치하면 약 10cm 정도 유효폭이 좁아진다. 건축기준법상 최저 기준은 때때로 최고 기준으로 설계 · 건축되기 때문에, 법규상 난간 설치는 제한된다는 문제가 눈에 띈다. 기존 계단에 의자식 간이 승강기를 설치하는 경우에도 계단 승강기 의자를 접었을 때 30cm의 유효폭을 확보하는 문제에 주의해야 한다.

생활환경 조사를 실시하는 사람은 조사 결과에 근거하여 관계자 전원, 예를 들어 장애인

본인과 그 가족, 의료 및 복지 관계자, 건물의 관리책임자, 행정담당자, 건축관계자들과 함께 개조할 곳・내용・방법, 필요도・중요도, 개조공사의 방법과 난이도, 관련된 보조 제도와 비용 등을 검토한 후, 최적의 대책을 도출하여 개조를 실시할 수 있도록 한다. 개조 후의 평가는 필수적이며 또한 유지관리도 중요하다

## 4.4 주택 조사

여기에서는 물리치료사와 작업치료사 등이 환자를 병원과 재활시설에서 가정으로 복귀시키는 것을 전제로 하여 이루어지는 생활환경 조사(주택 조사)를 서술한다.

### 1) 주택 개조의 포인트

자립생활형인가 보조를 전제로 하는가에 따라 주택 개조의 포인트는 달라진다. 자립생활형에서는 어떠한 형태로든지 자립적으로 생활하는 점을 중시하며, 보조를 전제로 한 경우에는 보조자의 부담을 최대한 경감시키는 것과 동시에 환자의 자립 가능한 범위와 역할을 고려하여 계획을 세운다.

개조의 필요성이 높은 실은 환자별로 다르지만 뇌졸중에서는 화장실이 가장 높으며, 다음으로 욕실, 거실, 주방, 현관 순이다.[37, 38]

#### (1) 주택 개조 관련 직종

병원에서의 퇴원을 위하여 이루어지는 주택 개조에서의 주택평가팀은 PT(물리치료사), OT(작업치료사), MSW(의료 사회봉사자)로 구성되는 경우가 많다. 지역의 복지 사무소의 장애인 복지국, 시공 건축업자 등이 참여하기도 한다. 시공업자는 장애인 주택 개조의 경험이 없는 경우가 많으므로, 신축이나 대규모 개조 시에는 주택 상담을 실시하는 기관으로부터 개조안을 체크 또는 작성해서 받아, 이에 근거하여 담당자가 세부사항을 검토한다. 생활환경 조사에서 신체기능 상황은 구체적인 주택 개조와 관련된 내용을 기재하며, 특히 담당자가 주택 상담에 동행할 수 없다면 가족이 그 정보를 보고 이해할 수 있도록 기입한다.

어떠한 경우라도 담당자는 환자의 재활된 기능을 유효하게 살릴 수 있는 생활환경의 조정까지 책임을 가지고 지켜볼 필요가 있다.

#### (2) 조사를 실시하는 시기

주택 조사는 재활의 장기목표가 확립된 시기, 즉 이동방법을 포함한 일상생활동작의 방법과 자립도에 대한 예상이 어느 정도 이루어진 시기가 적당하다. 처음부터 재활 목표를

설정한 입원이라면 입원 초기에 주택 조사도 실시하여 그 결과에 근거하여 가정 내의 생활을 예상한 일상생활동작 훈련을 실시하는 경우도 있다. 새롭게 환자의 주말 외박 등을 이용하여 가족으로부터 특별히 조사에 필요하다고 생각되는 정보를 얻어 둔다. 또는 조사 전 날부터 환자를 외박시켜 실제로 가정에서 일상생활동작을 하게 하여 그 결과로부터 구체적인 개조방법을 발견해 가는 것도 좋은 방법이다. 자택 방문의 횟수가 많지 못할 때에는 처음 방문에서 바로 시공업자와 어떻게 개조할 것인가를 직접 의논하는 경우도 있다. 또한, 방문이 불가능할 경우에는 가족과의 면담을 통하여 필요한 부분에 대한 의견을 주고받는 경우도 있다.

#### (3) 가족의 이해와 거주 후의 평가

환자가 장애를 수용하여 적극적인 생활을 보낼 수 있도록 주택 개조의 요점을 가족에게 세세하게 설명하여 합의를 도출한다. 개조 계획 시에는 다른 가족의 생활도 충분히 배려하여야 하며, 최대한 복수의 안을 검토하여 환자와 가족의 조건에 맞는 내용으로 한다. 이때 공적인 부조(扶助)제도에 대한 정보도 제공한다. 개조 후에는 가능한 한 거주 후 평가를 실시하여 당초의 목적에 도달하였는지 체크한다.[39]

### 2) 환자의 신체 능력의 평가와 주택 개조의 방침

#### (1) 환자의 생활행위동작 능력의 평가와 개조

신체기능의 평가는 본장 제3절을 참고로 하여 평가표(**표 2.13**)에 기입한다. 보행 자립이 가능한 사람에게는 단차 제거와 손잡이 설치가 기본적으로 필요하다. 휠체어 사용자에게는 휠체어로 실내를 돌아다닐 수 있는 공간이 필요하다. 일반적인 일본 주택에는 휠체어를 그대로 가지고 들어오기 어려울 수도 있지만, 가구의 배치를 바꾸거나 벽체 일부를 변동함으로써 휠체어 사용이 가능해질 수도 있으므로 휠체어의 회전공간과 유효폭 확보 등을 최대한 검토한다. 환자를 대상으로 단차를 넘을 수 있는 능력을 평가하여 환자가 넘을 수 없는 단차는 모두 제거한다. 일어서거나 단차를 넘거나 옮겨 앉기 등 주택 개조를 할 때에 필요한 능력평가는 100mm 단위의 일어서기 훈련대, 평행봉, 늑목(肋木), 플랫폼, 계단 등 운동훈련실의 기구를 이용해서도 이루어질 수 있다. 손잡이의 부착 위치 등도 이러한 조합방법으로 검토 가능하다.

상체기능도 도달범위와 세부동작 정도를 평가하여 수납방법, 문의 형태, 수도꼭지의 종류 등을 검토한다. **그림 2.19**는 뇌졸중에 의한 오른쪽 마비 환자의 사례로서, 일상적으로 사용하는 기구의 위치와 냉장고 문의 열리는 형태 등에도 배려가 필요하다.

### (2) 바닥에서의 일어서기 능력(표 2.13 : R1-6)

바닥에서의 일어서기에 대한 능력평가는 가장 중요하다. 훈련실에서는 훈련대에 평행한 늑목을 이용하여 손잡이의 위치와 높이를 생각한다. 이 평가는 침구나 침대에서의 일어서기, 욕조로의 출입, 변기에서의 일어서기 등의 실제적인 방법을 생각할 때에 도움이 된다. **그림 2.20**은 보통의 의자에서 손잡이가 있다면 일어설 수 있는 한쪽 마비자(**표 2.13** : R3레벨)가 탈의실에서 일어서기와 침대에서 테이블을 사용하여 일어서고 있는 장면이다.

### (3) 밀어 올리는 동작(푸시 업 능력, 표 2.13 : P1-5)

밀어 올리는 동작은 앉은 자세로 이동(무릎걸음)하는 목·척추 손상자의 옮겨 앉기(transfer) 능력을 상정할 때 중요하다. 옮겨 앉기에는 동일한 높이에서 옮겨 앉는 수평 옮겨 앉기와 수직으로 신체를 들어 올리는 수직 옮겨 앉기가 있다. 가장 높은 수직거리는 바닥에서 휠체어의 앉은 면으로 400mm 가까이 밀어 올리는 능력이 필요하며, 이것이 가능하려면 허벅지의 관절이 충분히 꺾이지 않으면 안 된다.

뇌병변 장애인은 팔꿈치가 자유롭지 못하기 때문에 상체로 신체를 들어 올리기가 상당히 어렵다. 따라서 수직으로 옮겨 앉기는 밀어 올리는 동작이 아니라 하체로 체중을 지지하여 앞을 보면서 옮겨 앉을 곳으로 신체를 끌어당기는 것처럼 이루어지는 경우가 많으며, 하체의 지지성이 없으면 옮겨 앉는 동작 자체가 곤란하다.

신경근 질환자에게서는 들어 올리는 능력을 거의 기대할 수 없으며, 일부 환자만이 동일한 높이의 침대에서 휠체어 등으로 옮겨 탈 수 있다.

### (4) 단차를 넘을 수 있는 능력(표 2.13 : W1-5)

단차를 넘을 수 있는 능력은 계단의 오르내림, 현관 출입, 욕실 출입, 실외의 실용적인 이동과 관련이 깊다. 손잡이 이용으로 각각의 단차를 넘을 수 있을까 없을까를 체크한다. 목·척추 손상으로 앉은 자세로 이동하고 있는 사례에서는 들어 올릴 수 있는 능력의 평가가 단차를 넘을 수 있는 능력이 된다.

### (5) 상체기능(표 2.13 : U1-5)

상체기능과 그 도달범위는 접수 장소 및 방법 등을 정하는 경우에 대단히 중요하다.

### (6) 의사전달(표 2.13 : E1-4)

의사전달이 곤란한 경우에는 커뮤니케이션 보조기기 등의 사용을 고려한다. 건축 설비상 현관에서의 방문객과의 관계 등 필요에 따라 고려한다.

### 표 2.13 생활환경 조사(주택 조사)표

실시일 년 월 일 조사 실시자 성명( ) 기입자 성명( )

1. 환자성명 (남·녀) 생년월일 년 월 일( 세)
   주소 TEL - -
   장애유형
   장애인 수첩 있음·없음 종 급 (신청중)

2. 장애상황의 예측 (a. 불변 b. 나이가 들어감에 따라 악화 c. 악화)
   이동방법 실내이동 방법 ( ) 아래의 *1을 참고하여 기재
   실외이동 방법 ( )

| 항 | 단 계 (해당 사항에 ○표를 함) | 항 | 단 계 (해당 사항에 ○표를 함) |
|---|---|---|---|
| 이동 *1 | A-1 보행 자립(단독 보행·잡고 걸음·목발 보행)<br>A-2 보행 도움(잡고 걸음·목발 보행)<br>A-3 휠체어 자립(수동·전동)<br>A-4 휠체어 도움(수동·전부 도움)<br>A-5 바닥동작 자립(앉아서 걸음·기어 다님·무릎걸음)<br>A-6 바닥동작 도움(누워서 뒹굼·배로 김·앉아서 걸음)<br>A-7 전부 도움(누운 상태·침대에 앉아서·누워서 뒹굼) | 팔의 기능 | U-1 양쪽 팔 모두 사용할 수 없음<br>U-2 한쪽 팔은 정상(뇌졸중 등)<br>U-3 세밀한 동작을 할 수 없음<br>U-4 팔의 도달범위가 좁음 mm (바닥에서)<br>U-5 기타 ( )<br>능숙한 손(좌·우) 능숙한 손 교환(필요·불필요) |
| 앉은 자세 | S-1 앉은 자세 유지 불가<br>S-2 몇 초 간 앉은 자세 유지 가능<br>S-3 30초 정도 앉은 자세 유지 가능<br>S-4 앉은 자세 유지에 문제 없음 | 의사 전달 | E-1 의사를 전달할 수 없음<br>E-2 일상회화 곤란, 전화 불가능<br>E-3 일상회화 가능 전화는 조금 어려움<br>E-4 일상회화, 전화 지장 없음 |
| | | 식사 | 자립·조금 도움·전부 도움 젓가락·스푼<br>방법 ( ) |
| 들어 올리는 동작 | P-1 들어 올리는(push up) 동작 불가능<br>P-2 신체를 들어 올리는 동작 조금 가능<br>P-3 몇 mm 정도라면 가능<br>P-4 100mm 이상 가능<br>P-5 400mm 정도 가능(바닥에서 휠체어를 탈 수 있음) | 배설 | 자립·조금 도움·전부 도움 재래식·양식·이동식<br>방법 ( ) |
| | | 입욕 | 1. 욕조로 출입(자립·조금 도움·전부 도움)<br>2. 몸 씻음(자립·조금 도움·전부 도움)<br>방법 ( ) |
| 옮겨 앉기 동작 *2 | T-1 불가능 *2 침대에서 같은 높이의 의자에 옮겨 앉음<br>T-2 상당히 어려움, 시간도 걸림<br>T-3 조금 곤란하지만 가능함<br>T-4 특별한 문제는 없음 | 세면 | 자립·조금 도움·전부 도움<br>방법 ( ) |
| | | 옷 갈아 입기 | 자립·조금 도움·전부 도움 T셔츠·바지<br>방법 ( ) |
| 일어 서기 동작 | R-1 설 수 없음<br>R-2 500mm의 받침대에서 설 수 있음<br>R-3 400·300mm의 받침대에서 설 수 있음<br>R-4 200·100mm의 받침대에서 설 수 있음<br>R-5 엉거주춤 설 수 있음<br>R-6 바닥에서 무리 없이 설 수 있음 | 정리 | 결과의 정리·개조공간의 포인트<br>기입예 : 단차 제거, 손잡이 설치, 요소에 의자 배치, 휠체어 회전공간 확보 |
| 보행·단차 | W-1 서서 걸을 수 없음<br>W-2 보행 가능하지만 단차를 넘을 수 없음<br>W-3 100mm 정도의 단차라면 넘을 수 있음<br>W-4 200mm 정도의 단차를 몇 단 정도 넘을 수 있음<br>W-5 2층까지의 계단을 오를 수 있음 | | |
| 휠체어 단차 | K-1 단차가 있으면 거의 전진 불가능<br>K-2 20mm 정도라면 어떻게든 넘을 수 있음<br>K-3 50mm 정도까지라면 넘을 수 있음<br>K-4 100mm 정도까지도 넘을 수 있음 | | |

3. 가족상황(가족도를 기입하여 동거범위를 점선으로 기입)

기입예 :

♂72

♀33 별도로 거주

♀29 결혼하여 각자 자녀를 둠

♀65

| 간병인 | 관계 | 연령 | 직업 | 간병에 관계된 시간대 | 건강도 | 주요 간병인 | 기타 |
|---|---|---|---|---|---|---|---|
| | | | | | | | |
| | | | | | | | |
| | | | | | | | |

4. 근린도

가장 가까운 역에서 자택까지의 약도

버스정류장 · 지하철 등 기입, 은행 · 우체국 · 물건 구매를 위한 슈퍼마켓 등의 상점과 학교 등의 이용 장소를 기입한다.

5. 주택 현황

단독주택(자가 · 임대 · 사택) 단층 · 2층 건물 · 3층 건물

아파트(자기소유 · 임대 · 사택) [ ]층 건물의 [ ]층에 거주

엘리베이터 있음 · 없음

6. 공간구성도

사전에 배치도와 함께 정보로서 파악하는 편이 좋다.

한 눈금의 간격은 90cm, 단차는 빨간색, 동선은 파란색으로 기입

현관부터의 동선도 기입

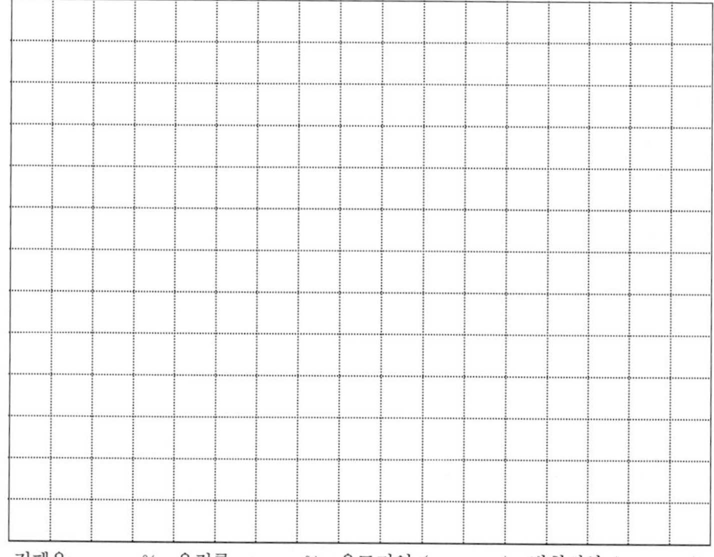

건폐율 ______% 용적률 ______% 용도지역 ( ) 방화지역 ( )

※개조계획안의 설계도는 별지에 작성할 것

표 2.13 계속

7. 주택평가

No　환자성명　주소　TEL　-　-　년　월　일 기입자명

개조계획　공적 융자의 희망　희망함 · 희망 안함

개조에 관계된 비용　(　)만원

개조의 가능성　대규모 개조 · 일부분의 개조 · 건물과는 관계 없는 범위의 개조

* 그림 2.9 참조

| 장 소 | 현황 치수 · 형태 · 재질 · 문제점 기입 | 가능도* 사용 | 가능도* 개조 | 다른 수단* | 개조방법 대응방법 | 개조 결과 |
|---|---|---|---|---|---|---|
| 주차장 유 · 무 | ① 자동차로의 승하차를 위한 휠체어　공간 유/무 | | | | | |
| | ② 현관에서 주차장까지의 접근　지붕의 유/무 | | | | | |
| | 주차장의 넓이　m ×　m | | | | | |
| 접근 | ① 도로에서 현관 출입구까지의 단면도　단위　mm | | | | | |
| | (도로에서 현관까지의 거리와 단차를 기입) | | | | | |
| | ② 경사로의 설치　유 · 무　기울기 | | | | | |
| | ③ 손잡이　유 · 무　위치 | | | | | |
| | ④ 휠체어를 바꿔 타는 공간　유 · 무　수납장소 | | | | | |
| 현관 | ① 넓이　$m^2$　문의 종류 (미닫이문/여닫이문) | | | | 불가능의 경우 다른 출입방법을 고려 | |
| | ② 단차　mm | | | | | |
| | ③ 신발 갈아 신는 공간　유 · 무,　신발 보관함 이용　유 · 무 | | | | | |
| | ④ 손잡이　유 · 무　위치 | | | | | |
| | ⑤ 휠체어 바꿔 타는 공간　유 · 무,　수납공간　유 · 무 | | | | | |
| | ⑥ 스위치의 조작　가능 · 불가능 | | | | | |
| 복도 | ① 실내와의 단차　mm | | | | | |
| | ② 복도의 폭　mm | | | | | |
| | ③ 손잡이　유 · 무　위치 | | | | | |
| | ④ 회전공간(직경 1.5m)　유 · 무 | | | | | |
| 계단 유 · 무 | ① 폭　mm 직선형 · 꺽인 계단　계단참　mm ×　mm | | | | | |
| | ② 디딤판　mm　챌면　mm | | | | | |
| | ③ 손잡이　유 · 무　위치 | | | | | |
| 화장실 유 · 무 | ① 넓이(　mm ×　mm) 입구의 단차　mm | | | | | |
| | ② 문 종류(안여닫이문 · 바깥여닫이문 · 미닫이문 · 기타　) | | | | | |
| | ③ 변기[재래식 · 서양식(좌변기) · 장애인용 · 기타　] | | | | | |
| | 변기의 높이　mm | | | | | |
| | ④ 휴지걸이 | | | | | |
| | ⑤ 세정밸브 | | | | | |
| | ⑥ 손잡이　유 · 무　위치 | | | | | |

표 2.13 계속

| 장 소 | 현황 치수·형태·재질·문제점 기입 | 가능도* | | 다른 수단* | 개조방법 대응방법 | 개조 결과 |
|---|---|---|---|---|---|---|
| | | 사용 | 개조 | | | |
| 탈의실 유·무 | ① 넓이(　　mm ×　　mm) | | | | | |
| | 문의 종류　안여닫이문·바깥여닫이문·미닫이문·기타 | | | | | |
| | ② 옷을 갈아입을 때의 자세유지방법　의자 등 | | | | | |
| | 손잡이　유·무　위치 | | | | | |
| 욕실 유·무 | ① 넓이(　　mm ×　　mm) | | | | | |
| | ② 문의 종류(미닫이문·접이식 문·기타　　) | | | | | |
| | ③ 단차(탈의실의 바닥과 욕실의 바닥　　mm) | | | | | |
| | 욕실의 바닥과 욕조의 위　　mm | | | | | |
| | ④ 욕조의 길이　　mm　폭　　mm | | | | | |
| | 종류(재래식·서양식·절충식)　깊이　　mm | | | | | |
| | 손잡이　유·무　위치 | | | | | |
| | ⑤ 욕실 바닥　타일·목재 널·매트 | | | | | |
| | ⑥ 수도꼭지　욕실바닥에서　　mm 종류 | | | | | |
| | ⑦ 샤워　욕실바닥에서　　mm | | | | | |
| | ⑧ 손잡이　유·무　위치 | | | | | |
| 세면실 유·무 | ① 세면대의 높이　　mm　휠체어 이용 하부공간　유·무 | | | | | |
| | ② 수도꼭지의 종류(　　) | | | | | |
| | ③ 손잡이　유·무　필요성　유·무 | | | | | |
| | ④ 거울의 사용　가능·불가능 | | | | | |
| 침실 유·무 | ① 넓이(　　m²)　바닥(온돌/목재/카펫) | | | | | |
| | ② 이불이나 침대　침대의 높이　　mm | | | | | |
| | ③ 일어서는 방법　손잡이　유·무 | | | | | |
| | ④ 휠체어와 침대와의 옮겨 앉기　침대난간의　유·무 | | | | | |
| 거실 유·무 | ① 넓이(　　m²)　바닥 (온돌/목재/카펫) | | | | | |
| | 침실과의 연속성　유·무 | | | | | |
| | 낮 시간을 보낼 수 있는 환자용 의자 등　유·무 | | | | | |
| 작업 | ① 작업용의 책상 위치·높이 | | | | | |
| | ② 컴퓨터의 위치 | | | | | |
| | ③ 전화나 팩스의 위치 | | | | | |
| 주방 식당 유·무 | ① 넓이(　　m²)　식사실　공용·별도　조리　주·보조 | | | | | |
| | ② 수납공간의 높이, 위치, 형태　접근　가능·불가능 | | | | | |
| | ③ 냉장고의 위치, 개폐방법　접근　가능·불가능 | | | | | |
| | ④ 식기 선반의 위치 | | | | | |
| | ⑤ 싱크대의 수도꼭지 위치(상체도달　가능·불가능) 종류 | | | | | |
| | ⑥ 식사용 테이블의 높이　　mm | | | | | |
| | 휠체어 회전공간　유·무 | | | | | |
| 다용도실 | ① 세탁기의 위치, 조작　가능·불가능 | | | | | |
| | ② 건조대의 위치, 건조, 정리　가능·불가능 | | | | | |
| | ③ 건조기　유·무　조작　가능·불가능 | | | | | |

a. 수도꼭지는 레버식(냉온수 조절 가능)

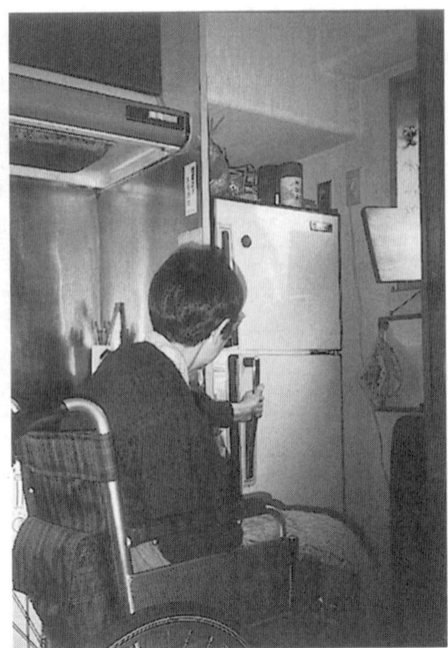

b. 냉장고의 위치와 열리는 방향을 배려

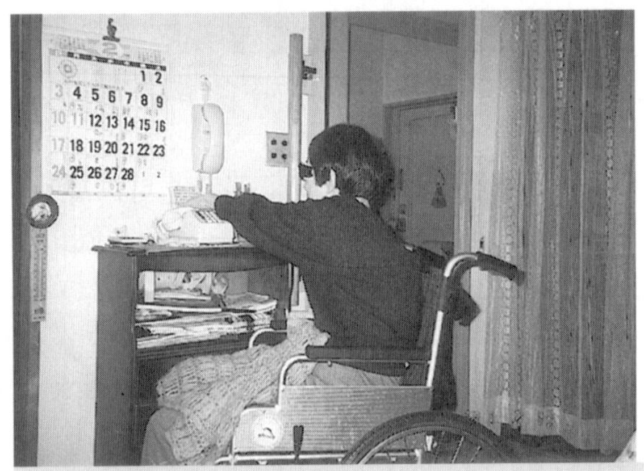

c. 전화기에 손이 도달하도록 한다.

**그림 2.19 뇌졸중 오른쪽 마비 환자(이동 A-3 휠체어 자립)의 상체 도달범위에 대한 배려**

### (7) 기타 일상생활동작

기본적인 일생생활동작으로서 식사, 배설, 입욕, 옷 갈아입기 등을 평가한다(표 2.13).

### (8) 장애의 변동

기능장애는 변하는 경우가 있으며, 어느 단계에서 주택 개조를 하는지 검토할 필요가 있다.

① 나이가 들어감에 따른 신체 능력의 저하 : 어떠한 형태의 질환이더라도 나이가 들어감에 따라 신체기능은 저하한다. 특히 뇌졸중 후유증 환자의 경우 고령자가 많으며, 동작 전반에 도움이 필요하다. 누운 채로 지내야 하는 상태가 되면 오히려 간호의 양이 감소하기 때문에 누운 상태로 지내게 하는 경향이 있다. 그러나 신체를 사용하지 않으면 신체 기능이 오히려 저하되기 때문에 이를 피하지 않으면 안 된다. 예를 들어 휠체어를 실내에서 사용할 수 있도록 해 두면 누운 상태로 지내는 것을 방지할 수 있다. 또한, 가족의 도움을

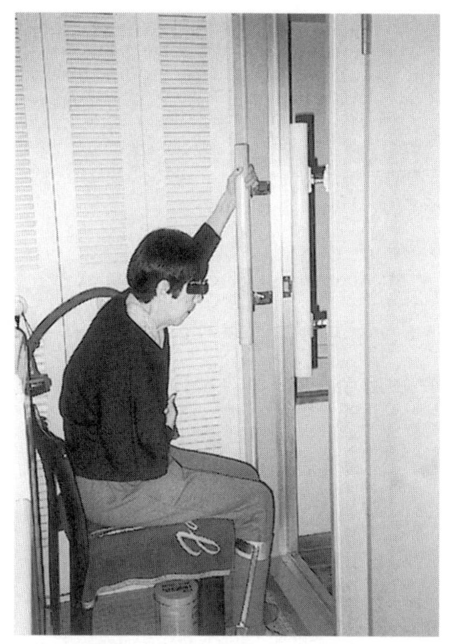

a. 욕실 출입구의 수직 손잡이, 의자는 옷을 갈아입는 데 사용한다.

b. 침대에서의 일어서기, 옆의 장식장에 손을 짚는다.

**그림 2.20 뇌졸중 오른쪽 마비 환자(일어서기 동작 R-3-A 의자에서 손잡이를 이용하여 일어서는 것이 가능)의 일어서기**

줄이기 위한 개조방안은 중요하며, 간호를 맡은 사람이 고령일 경우에는 다루기 쉬운 간단한 보조기기를 준비해 두는 것이 바람직하다.[40)]

② **진행성 질환에 의한 저하** : 진행성 근 디스트로피증(세포 또는 조직의 기능 쇠퇴로 대사장애를 일으키는 질환), 경추・소뇌 변성증, 근위축성 축소경화증 등은 신체 증상이 진행 악화하여 보행 가능한 상태에서 와상(臥床) 상태까지 변화한다. 이런 증상에서는 어느 정도 진행하여 일정한 상태가 수년간 지속되면, 그 시기에 맞추어 최대한 자립 동작이 가능하여 간호가 경감될 수 있도록 주택 개조를 하는 것이 바람직하다.

③ **하루 내의 변동** : 아침과 저녁에 신체상황이 변하는 질환으로는 류머티즘 등이 있다. 손잡이 위치 등 개조 내용을 결정하는 경우 환자의 상태가 좋을 때와 나쁠 때의 조건을 함께 검토할 필요가 있다.

④ **병원의 ADL과 생활에서의 ADL** : 병원에서 일상생활동작 훈련은 큰 목표 중 하나이며, 시간이 걸리더라도 자립생활을 하도록 하는 데 의의가 있다. 실제로 일상생활의 생활시간에는 한계가 있으며, 생활의 활동성이 증대하면 일상생활의 기본적인 부분들에서 시간을 별로 들이지 않고 하고자 한다. 따라서 생활의 충실을 위해서는 도움을 받더라도 동작에 걸리는 시간을 절약하고자 하는 경우도 있다. 반대로 간호를 하는 사람이 있는 경우, 자신이 할 수 있는 것도 하지 않고 간호를 부탁해 버려 가지고 있는 능력도 발휘하지

않은 채 생활하기도 한다. 주택 개조 시 신체기능의 유지 관점에서 사용하지 않음으로써 능력 저하가 발생되는 경우가 없도록 고려한다.

### 3) 주택 평가의 구체적인 방법

#### (1) 주택에서의 환자의 동선 파악

환자의 주택 내 평면도에는 가정으로 복귀 후의 환자의 예상 일일 동선과 출입구 등 동선상에 있는 단차를 측정하여 기입한다(**표 2.13** : 6. 공간구획도). 가정방문이 불가능한 경우에는 공간구획도와 사진에 근거하여 가족으로부터 주택의 상황을 듣고 필요사항을 기입한다.

#### (2) 주택 평가

**표 2.13**의 7. 주택 평가 시트에 근거하여 미리 파악한 체크 포인트를 중심으로 필요사항만을 조사 평가한다.

환자의 기능수준에 따라 어떤 개선이 필요한지 대략적인 목표를 정하여 필요한 곳의 치수를 측정하며 사진촬영을 한다. 실제로 환자에게 동작을 하게 하면서 가족과 연계하여 적절한 방법을 검토한다면 좋을 것이다.

① **주차장** : 주차장의 유무에 관계없이, 자동차에서 내리는 곳부터 평가를 시작한다.[26]

② **현관**(실내외의 출입) : 현관에서 출입이 가능하도록 하는 것은 환자의 생활이 활동적으로 되는 데 대단히 중요하다. 도로에서 문, 현관, 거실까지의 단면에서는 높낮이의 차이와 거리를 측정하여 기록하며, 개조 내용을 확실히 검토할 수 있도록 한다.

아파트는 외부 계단과 엘리베이터도 조사대상으로 한다. 건물 내 공용부분의 난간과 계단 승강기 설치는 건물 관리조합 등의 허가를 얻을 필요가 있다. 현관문은 환자 자신이 스스로 열고 닫을 수 있는지 체크한다. 목발 보행의 경우는 단차를 넘을 수 있는 걸터앉을 것을 두거나 계단 수를 늘려 난간을 설치한다. 신발을 신고 벗는 장소에는 의자와 걸터앉을 것을 놓아둔다면 좋다. 실외에서는 휠체어로 이동하고 실내에서는 목발 보행인 경우에는 휠체어 수납장소를 확보한다. 실내에서도 휠체어와 전동 휠체어를 사용할 경우 현관이 넓다면 휠체어 리프트를 설치할 수 있지만, 현관에서 휠체어로의 출입이 불가능한 경우 정원이나 발코니 등 출입 가능한 개조장소를 찾을 필요가 있다. 거기에 슬로프를 설치(기울기 1/12 이하, 1/20이 바람직하다)할 수 없다면 단차 스켓 등 승강기 이용을 고려한다. 그것도 불가능하다면 현관에 이동식 경사로를 설치하여 도움을 받아 출입할 수 있도록 고려한다. 실내외에서 휠체어를 갈아탈 경우에는 실내용과 실외용 휠체어가 필요하다.

전동 휠체어 사용자 등을 위해 자동문을 설치할 경우 방범이나 프라이버시 관점에서 잠금방법에 대한 배려가 필요하다.[42]

③ **복도나 실내의 단차** : 환자의 하루 동선상에 있는 복도와 실내의 단차는 이동방법에 관계없이 최대한 제거한다.

④ **화장실** : 여기에서는 기저귀나 이동식 변기 사용자 이외의 화장실을 이용하는 환자의 화장실 개조를 서술한다.

배설 동작으로는 화장실의 출입, 속옷의 탈의, 변기로의 이동, 용변 후의 정리가 필요하다. 화장실 넓이, 출입구의 유효폭과 안 깊이, 문의 종류와 여는 방향, 출입구의 단차, 변기 종류, 전기 스위치・세정 밸브・휴지걸이의 위치를 체크한다. 그리고 손잡이 부착 위치 등을 환자의 기능에 맞추어 검토한다.

휠체어를 타고 들어가거나 보조자가 옷을 벗는 동작에 도움을 주는 경우에는 상당히 넓은 공간이 필요하다. 기존의 벽 등을 일부 제거하여 공간을 넓힐 수 있는지 검토한다. 이동군별로 살펴보면 목발 보행군은 손잡이 부착, 앉은 자세 이동군은 단차 제거와 바닥 마감재료 선택, 휠체어군은 휠체어로 출입 가능 여부와 변기로 옮겨 앉기를 할 수 있는 구조로 개조 가능한지를 검토한다. 화장실 내에서 휠체어가 필요 없이 앉은 자세로 이동할 수 있는 경우에는 서양식 변기의 높이만큼 받침대를 설치하고, 그 받침대를 이용하여 휠체어에서 옮겨 앉는 방법도 있다. 전적으로 도움이 필요한 경우에는 자유롭게 움직이는 캐스터를 부착한 샤워 토일렛 의자에 앉힌 채 변기 위로 이동시키는 것도 가능하다.

변기의 종류는 서양식이 좋지만, 일반적인 의자 높이로 일어서기가 곤란한 경우에는 변기의 보조 높이가 필요하다.

손잡이 위치는 보행 곤란사가 일어설 때의 보조로서 또는 휠체어 사용자의 옮겨 앉기 동작 시의 들어올리기(푸시 업) 동작의 지점으로서 중요하다. 또한 겨울철에 화장실 내의 난방도 고려한다. 화장실 사용이 불가능한 경우에는 이동식 변기 사용도 고려한다.[43]

⑤ **탈의실이나 욕실** : 주택 조사에서는 출입구의 유효폭, 문의 종류, 출입구와 세면장의 단차, 욕조와 세면장의 단차, 욕조의 깊이, 수도꼭지와 샤워기의 위치(샤워 중 손이 닿는가)를 측정한다. 세면장 바닥에서 욕조 위 가장자리까지의 높이를 측정하여 평면도에 기입한다. 목발 보행자에게는 손잡이 설치, 단차 제거, 들어가기 쉬운 욕조 높이로 하기 위한 받침대, 욕조 위 가장자리에 앉을 수 있는 판(bath board), 의자 등이 필요하다. 앉은 자세 이동 가능자에게는 휠체어에서 세면장으로 옮겨 앉기 위한 챌면이 있는 벤치, 욕조 출입을 위한 손잡이, 수도꼭지와 샤워기의 위치를 특히 고려한다. 도움이 필요한 사람들을 위해서는 욕조의 출입이나 몸을 씻을 때 도와주기 쉬운 공간이 필요하며 리프트와 수평 이동장치의 설치가 요구된다. 수평이동장치에 대해서는 천정주행형 레일을 설치할 수 있는지 검토한다.

⑥ **세면실** : 세면대 높이, 수도꼭지의 종류, 거울 높이, 손잡이 위치 등을 측정한다. 휠체어 사용자에게는 세면대에 무릎이 들어갈 수 있는 하부공간(클리어런스)을 둔다.

⑦ **침실 · 거실** : 침구를 침대(양식)로 할 것인지 이불과 담요로 할 것인지는 바닥에서의 수직이동(일어서기 동작 등) 능력과 관계가 깊다. 자력 또는 도움을 받는 것에 관계없이 부담이 크기 때문에 휠체어군과 목발 보행군에게는 침대가 좋으며, 앉은 자세 이동군에게는 이불과 담요가 좋다. 기존의 침대가 있다면 그 위치와 높이를 평면도에 기입한다. 침대 높이는 휠체어군은 휠체어와 동일하게, 목발 보행군은 일어서기 쉬운 높이로 한다. 전적으로 도움이 필요한 경우에는 보조자가 보조하기 쉬운 높이로 한다. 이동식 변기를 설치할 필요가 있다면 침대 주변에 하는 경우가 많으며, 침대와 이동식 변기 사이의 이동을 배려하여 침대 난간과 이동식 변기의 고정 손잡이 등에 대하여 배려할 필요가 있다. 침구를 두는 장소와 의료기기의 수납장소, 조명과 공조 등의 스위치 위치는 환자가 사용하기 편리하도록 배려한다.

또한 침실에는 긴급 시 피난을 위한 출입구를 확보할 수 있다면 좋다.

환자가 가족과 거실에서 생활하기 쉽도록 하기 위하여 거실과 침실 사이에는 환자가 혼자서 이동할 수 있도록 배치하면 좋으므로, 기존의 평면도에서 배치 가능성을 고려한다. 작업의 용이성 등을 위해서는 앉기 쉬우며 균형을 유지할 수 있는 장치 등도 고려하도록 한다.

⑧ **주방 · 식사실** : 환자 자신이 조리를 하는지, 조리를 할 경우 주체자인가 보조자인가에 따라 주방 개조의 범위가 정해진다. 주체자인 경우에는 모든 조리과정을 자립적으로 할 수 있도록 하지 않으면 안 되며, 보조자일 경우에는 간단한 식사를 만드는 등 그 내용에 적합한 개조를 한다.

조리 동작에는 조리도구와 식기의 반입, 재료의 반입, 냉장고의 개폐, 가스기구의 사용, 조리대, 싱크대, 조리기구의 고려, 배선, 식사 후 정리, 설거지, 쓰레기 처리 등이 포함된다. 목발 보행, 손잡이 잡고 걷기, 선 자세에서 조리 동작을 할 수 있다면 기존의 설비를 대폭 개조할 필요는 없다.

휠체어 사용자가 사용하기 위해서는 싱크대 하부의 문을 제거함으로써 해결 가능할 수도 있지만, 대규모 개조와 충분한 공간을 필요로 하는 경우가 많으므로 건축 전문가와 연계하여 개조 가능성을 검토한다. 세탁기 사용 등의 가사 동작도 조리 동선에 연계하여 생각해 둔다. 휠체어 사용자가 조리 작업의 보조자라면 휠체어의 회전공간 확보나 단차 제거가 필요하다.

최대한 가족과 함께 식사가 가능하도록 하는 것이 중요하며, 식사실은 의자와 식탁을 사용하는 서양식이 좋다. 식탁 높이를 측정하여 휠체어의 암 레스트(팔걸이)가 식탁에 부딪치는 경우에는 암 레스트를 데스크 타입으로 바꾼다.

⑨ **건조실**(발코니) : 세탁기는 발코니에 두는 경우도 있으며, 휠체어 등으로 세탁기에 충분히 접근하여 세탁물을 꺼낼 수 있도록 한다. 세탁물을 건조시키기 위하여 빨랫줄의

위치와 높이를 상하로 조절하거나, 행거에 건 후 건조하는 등의 배려가 필요하다.

### 4) 개조안의 작성

#### (1) 개조 내용의 결정과 실시 · 평가

독신 거주, 부모의 고령화 등으로 자립하지 않으면 안 되거나 가족이 각각 일을 가지고 있는 등 장애의 경중에 관계없이 혼자서 생활하는 시간이 대단히 긴 자립생활형의 경우에는 어떠한 방법으로든 스스로 할 수 있는 것을 전제로 개조할 필요가 있다. 현관 출입이나 전화 등의 커뮤니케이션, 배설 동작 등은 반드시 자립할 필요가 있다. 물건을 사거나 입욕 등은 간호인 파견 사업 등 복지 서비스를 이용하거나 자원봉사자 등의 협력도 고려한다. 이 경우에는 생활의 이미지가 구체적이지 않으면 개조안을 작성하기 어렵다.

개조를 전제로 하고 있는 사례에서도 자립 가능한 동작은 자력으로 할 수 있도록 하는 것이 중요하다. 개조만으로는 자립할 수 없는 동작은 간호의 용이성을 배려한다. 자립을 도와주는 것과 동시에 가족이 몇 시간이라도 외출 가능하도록 한다는 개념에서 환경제어기기 등과 같은 재활기기의 이용도 고려한다.

이상과 같은 것에 유의하여 개조가 필요한 곳을 나타내어 구체적인 방법을 제시한다. 손잡이의 설치나 받침대의 이용 같은 주택 자체에는 손을 대지 않는 간단한 방법으로 개조할 수 있다면, 그것이 바람직하다.

평가 결과에서 침대의 위치와 가구 등의 배치를 대대적으로 바꾸는 편이 좋은 경우에는 가족과 많이 상담하여 배치의 변환을 시도해 본다. 공사를 함께 해야 할 경우에는 대략적인 포인트를 그림으로 표현하여, 실제로 그대로 할 수 있는지를 시공업자나 건축 전문가와 상세히 검토한다. 특히, 벽의 철거나 배수 계통 등 전문가가 아니면 판단하기 어려운 부분은 반드시 상담을 하지 않으면 안 된다. 개조에 어느 정도 비용을 부담할 수 있는지, 어디에 목표를 두는지 확실히 검토하여 가족도 납득한 형태에서 환자의 퇴원 전까지 개조를 할 수 있다면 좋다.

퇴원 후에는 개조 결과를 평가하는 것이 중요하다. 개조 후의 사용 상황이 충분하지 않은 경우에는 개조 계획의 어디에 문제가 있었는지를 확인하여, 대책을 세울 필요가 있다.

### 5) 질환별 개조의 포인트

질환별 동작 특성에 유의하여 개조 내용의 포인트를 서술한다.

#### (1) 척수손상(사지 마비, 하반신 마비)

척수손상은 자동차 사고나 넘어짐, 스포츠 외상(수영의 다이빙, 체조, 럭비 등)에서 일어나기 쉬우며 젊은 환자에게 많다. 손상 부위에 따라 획득 가능한 일상생활동작이 결정되며, 운동마비, 감각마비, 자율신경마비, 배뇨배변장애 등이 발생한다. 휠체어 이동이 대부분이며 앉은 자세로 이동이 이루어진다. 들어올리기 동작(푸시 업) 능력은 체중이 무겁거나 고령이나 여성 등 상체 근력이 약하거나, 허벅지 관절이 충분히 굽혀지지 않는 등의 마이너스 조건이 있다면 불충분하며, 앉은 자세 이동이나 단차를 넘는 것에 문제가 발생한다. 이동은 대부분 휠체어로 하며, 심한 경추손상의 사지 마비에서는 전동 휠체어 사용자도 보인다.[50)]

(2) 뇌병변

뇌병변 장애는 출산 전후의 어떤 원인으로 뇌에 장애를 입게 되는 것으로, 자세와 운동을 조절하는 능력에 문제가 있으며, 이로 인하여 복합적인 운동에 어려움이 있다. 중증 가사(仮死) 등에 기인하는 경직형(굳어지며, 움직임이 좋지 못함, 경련을 일으키는 형태), 중증 황달 등에 기인하는 아테나아제형(불수의 운동, 움직임이 마음대로 되지 않음)과 양자의 혼합형 등이 있다. 동작을 하거나 자세를 유지하기 위해서는 노력이 필요하며, 성인이 된 후에 운동기능이 악화되는 경우도 많다. 이동은 단독 보행으로 앉은 상태로 하며, 배를 이용하여 구르기나 누운 상태로 지내기까지 다양하다. 주택 개조는 성인이 되었을 때 조금이라도 스스로 할 수 있는 것을 늘리거나, 부모의 고령화에 따른 조리 등을 해야 할 필요 때문에 실시되는 경우가 많다. 아테나아제형에서는 하체를 사용한 동작으로 상당히 많은 것이 가능한 사례도 많으며, 개개인의 장애 상황이 다르므로 환자에게 적합한 방법을 고려한다.[51)]

(3) 신경근 질환

파킨슨씨병, 척수 소뇌 변성증, 근위축성 축소경화증 등이 성인의 신경근 질환에서 비교적 많다. 소아의 경우에는 근원성(筋原性)의 진행성 근 디스트로피증과 선천성 근 디스트로피증, 기타 웰드니히・호프만증 등이 있다. 일반적인 특징은 신체의 근력이 약하며, 말기에는 전면적인 간호가 필요하므로, 개조에서는 간병인을 위한 공간을 계획할 필요가 있다. 안정되며 균형 잡힌 앉은 자세 유지를 위하여 손잡이도 필수적이다.

(4) 뇌졸중・노인[44)]

노인에게 많은 뇌졸중 후유증에 의해 어느 쪽이든 반신장애를 가진 사람이 많다. 마비된 쪽의 손발은 움직임이 나쁘며 관절이 딱딱해지기 쉽다. 말하기가 어려우며, 듣고 이해하는 능력이 떨어지는 등의 장애가 보이는 경우도 있다. 이동은 하나의 목발로 보행하는 경우가 일반적이다. 한쪽 발 관절이 내반첨족(内反尖足 : 발뒤꿈치가 안쪽으로 굽어 발끝으로서 있음)이 되기 쉬우며, 이를 방지하기 위하여 보조기기를 준비하고 있는 경우가 많다. 서 있는 자세를 취할 수 없는 경우는 거의 없지만, 보행이 실용적이지 못할 경우에는 휠체어를 병용한다. 휠체어 조작은 한쪽 손이나 한쪽 발로 구동하여 이루어진다. 손잡이 설치와 단차 제거가 필요하다. 손잡이는 건강한 쪽에 설치하지만, 단차의 오르내림이나 화장실의 출입 등에서는 방향이 반대가 되므로 양쪽에 설치할 필요가 있다.[45~48)]

여기에서는 목발 보행과 휠체어를 병용하고 있는 사례를 소개한다.

KM 씨는 65세로 5년 전 뇌출혈로 인하여 신체의 오른쪽 부분이 마비되었다. 보행은 가능하며, 의자에서 일어설 경우 등에 손잡이가 필요하며, 장거리 이동에는 휠체어가 실용적이다. 손잡이를 사용한다면 계단을 오르는 것도 가능하다. 동경도 장애인 복지센터에서 기능회복 훈련과 일상생활동작 훈련, 휠체어 조작 훈련을 받았으며, 이곳에서 주택상담을 이용하여 주택 개조 후에 가정으로 복귀하였다. 현재, 지역의 주간보호센터에 주 2회 다니고 있다. 주거는 3LDK의 맨션 2층에 회사 임직원인 남편(71세)과 두 명이 살고 있다. 실내에서의 보행 자립, 실외에서의 휠체어 이동 자립과 주부로서의 생활을 자립하는 것이 목표였으며, 훈련단계에서는 목표에 도달하였다. 그러나 실제 생활에서는 편리한 휠체어가 실내에서도 사용되고 있었기 때문에, 보행 능력을 유지하기 위하여 복도를 이용하여 매일 보행훈련을 수십 회 하고 있다. 시집간 두 딸이 가사 지원 등을 위하여 주 1회씩 방문하고 있다. 아래에 구체적인 주택 개조를 살펴본다.

① **단차 해소** : 현관의 출입 단차는 경사로로 해결하였다. 거실과 주방의 단차는 주방 바닥을 80mm 올려 제거하였다. 세면 탈의실과 복도의 단차는 구조상 제거가 불가능하며, 욕실과 화장실 등 물을 사용하는 공간에는 휠체어가 들어갈 수 없다.

② **손잡이 설치** : 화장실과 욕실 모두 출입구 양쪽에 세로형 손잡이를 설치하였다. 앞에서 서술한 것과 마찬가지로 한쪽 마비의 경우는 들어오고 나갈 때의 방향이 다르기 때문에 건강한 쪽에 손잡이를 설치한다는 원칙상 양쪽에 다 필요하다. 욕실은 유닛 베스이기 때문에 내부에는 손잡이를 부착할 수 없었다. 세면장에는 받침대를 두어 단차를 제거하였으며, 욕조로 들어가거나 나올 때에는 의자를 사용하며, 남편에게 도움을 받고 있다. 세면대 옆에는 손잡이를 설치하였다. 세탁기는 선 자세로 조작 가능하다. 침실에는 침대를 두며 침대 옆의 경대를 손으로 잡고 일어선다. 복도에는 양쪽에 손잡이를 설치하였다.

③ **휠체어의 회전공간** : 휠체어의 회전공간은 LDK 입구 부근과 침실 입구 부분에 두 곳을 마련하였으며, 일본식 방 이외는 휠체어로 전부 이동 가능하다.

주방세트는 이전부터 사용해 온 것으로, 80mm 정도 바닥을 높인 만큼 낮게 되어 휠체어로도 사용하기 쉬워졌다. 수도꼭지는 레버형으로 휠체어에 앉아서도 조작 가능하다. 발코니 절반 정도에 받침대를 두어 실내 바닥과의 단차를 없앴으며, 일광욕이나 세탁물 건조 등이 이루어지고 있다.

## 4.5 근린 생활환경 조사

적절한 재활치료를 받아 병원을 퇴원하더라도 퇴원 후의 생활은 자택 내로 제한되는 경우를 자주 보게 된다. 왜냐하면 근린(近隣) 생활환경이 장애물로 이루어져 있거나 가족에게 도움을 받는 등 번거로움을 피하고 싶거나 이웃에게 장애가 있는 모습으로 보이고 싶지 않기 때문이다. 재활치료를 받더라도 장애를 수용하며 새로운 생활을 할 수 있기까지는 어느 정도의 시간과 새로운 경험이 필요하다. 이를 위해서는 근린 생활환경 정비가 필요하다. 생활조사를 통한 경험은 새로운 의욕과 노력을 유발시킬 수 있다.

**표 2.13**의 4. 근린도에는 자택에서 일상적으로 이용하는 주변지역의 범위를 기입하였으며, 실제로 물건을 사거나 역까지의 길 순서에 따른 보행로와 횡단보도의 이용 실태 등을 살펴보았다. 자주 이용하는 건물 출입구에 경사로를 설치하는 등의 개조를 할 때에는 그곳의 책임자와 상담해 보는 것도, 지역 내의 장애물을 제거하여 자립적인 생활을 하기 위한 첫걸음으로서 중요하다고 생각된다.

### 1) 근린 생활환경 조사의 포인트

자립적인 이동에서는 특히 넘어졌을 때의 위험 방지 등 안전에 대한 배려가 중요하다. 어디가, 어떻게 위험한지 체크한다.

#### (1) 도로까지의 접근(표 2.13)

7의 접근성에 관한 평가법을 나타내었으며, 자립적으로 출입이 가능하도록 하는 것이 중요하다.

#### (2) 근린의 도로환경

제7장 제4절 교통 배리어 프리법과 복지마을 정비지침을 참조하여, 안전성이 어느 정도 확보될 수 있는지 체크한다. 보행이 자립적이더라도 속도가 늦다, 신체 균형이 나쁘다, 노면 상황에 맞추어 보폭의 변동 등이 어렵다 등의 경우가 많다. 안전성 확보가 불가능하다면 휠체어와 전동 휠체어의 사용에 연계한 실용성을 생각할 필요도 있다.

휠체어 사용자에게는 가운데가 볼록한 형태의 보도는 옆쪽으로 진행되기 쉬우므로 조작하기 어렵다. 단독인 경우에는 보도의 단차 기울기(8° 이상)가 심하면 뒤로 넘어질 위험성이 있다. 수평 각도기를 이용하여 경사도를 측정하면 좋다.

#### (3) 횡단보도

녹색신호의 표시 시간은 10m 10초의 보행속도를 전제로 되어 있으므로, 목발 보행에서는 대체적으로 횡단 도중에 신호가 점멸하기 시작한다. 10m에 20초가 넘는 보행속도라면 신호가 바뀔 때를 기다려 출발하여도 건너기가 어렵다.

(4) 상점 · 슈퍼마켓

장을 본 후에는 구매한 물건을 운반하지 않으면 안 된다. 실버카나 쇼핑카, 휠체어 등을 유효하게 이용하면 좋다. 슈퍼마켓은 대부분 이용 가능하지만, 상품의 배치와 혼잡 등이 문제가 된다. 자주 이용하는 경우에는 가게의 책임자와도 상담하면 좋다.

(5) 기타

자주 가는 장소, 이용하고자 하는 장소의 건물 상황을 체크해 두는 것도 중요하다. 외출 시 화장실을 이용할 수 없다면 곤란한 경우가 생긴다. 쉽게 이용할 수 있는 화장실을 체크해 둘 필요도 있다.

### 2) 외출 목적별 체크 포인트

(1) 산책

재택 중심의 생활을 하는 사람에게 계절을 느끼며 바깥 공기, 사람들과 접할 수 있는 산책은 즐거운 일이다. 전동 휠체어 등으로 산책 루트를 경험해 보고, 보행로의 장애물을 점검하는 것도 좋다.

(2) 물건 사기

휠체어 또는 전동 휠체어로도 슈퍼마켓 등을 이용할 수 있다. 실제로 물건을 구입해 보고, 상담을 통하여 진열대의 위치와 출입구의 물건 배치 등을 이용하기 쉽도록 한다.

(3) 통근 · 통학

자동차 운전이 가능한 장애인의 경우에는 자가용 자동차를 이용하는 경우가 많다. 또는 가족이 운전하는 자동차 이용도 많다. 그러나 리프트 부착 택시와 공공교통의 이용도 증가하고 있다. 오히려 공공교통기관을 이용하면 의외로 편리할 수도 있으므로 이용 상황을 체크해 본다.

개찰구의 이용이나 플랫 홈으로의 접근, 전차와 플랫 홈의 단차, 계단 손잡이의 설치 상황 등을 조사하여 개조가 필요하다면 각각의 역과 상담하는 것도 좋다.

**(大津慶子)**

# 주택 개조와 보조기기

보조기기는 제2차 세계대전 후 국제적으로 관심이 증가된 정상화(normalization)의 이념에 따라 장애가 있는 사람의 사회로의 완전 참가와 평등을 실현하려고 연구개발・보급되어 왔다.[55)]

고령자와 장애인의 심신기능에 맞춘 보조기기와 거주환경의 정비를 통하여 최대한 자립을 지원하며, 가족이나 보호자의 간병 부담을 경감하기 위해서는 적절한 보조기기의 선택과 정비가 필수적이다. 이를 위해서는 전문적 지식과 기술이 필요하며, 특히 소프트 측면이라고 할 수 있는 적합성을 높이는 기술은 각종 전문직과의 연계 시스템이 확립되어 있는 일부 지역을 제외하고, 그 서비스의 질에 차이가 발생하는 상황에 있다.

2000년 4월 일본에서 개호보험제도가 도입된 이후 보조기기에서 많은 선택항목이 마련되었으며, 휠체어를 비롯한 리프트와 침대 등의 임대 활용까지 포함하면 몇 년 동안의 보급은 상당히 다양화해지는 실정이다. 한편, 재활 영역에서 보조기기와 관련된 사고[56)]는 전체의 약 7%가 있었다고 보고되고 있다. 보조기기의 보급에 따라, 앞으로는 더욱 적합기술의 연구와 기술 이전 및 지도가 요구되고 있다.

본 절과 다음 절에서는 주택 개조와 보조기기를 살펴본다. 먼저 보조기기 전반을 설명하며, 실전 편에서는 주택 개조와 건축 설계 시 새롭게 배려가 필요한 기기류를 일상생활동작과 관련해서 기술한다. 특히 휠체어는 수요의 증대와 중요성을 고려하여 시팅(앉은 자세 유지장치와 적합기술)도 포함하여 기술하고자 한다.

## 5.1 '보조기기'의 의미

### 1) 보조기기의 대상범위와 목적

1993년 10월에 시행된 「보조기기의 연구개발 및 보급의 촉진에 관한 법률」(통칭 '보조기기법', 이하 '법')에 의하면, ① 심신기능이 저하하여 일상생활을 영위하는 데 지장이 있는 고령자와 장애인의 일상생활상 편의를 도모하기 위한 용구(예를 들어 특수침대나 이동용 리프트), ② 심신기능이 저하하여 일상생활을 영위하는 데 지장이 있는 고령자와 장애인의 기능훈련을 위하여 필요한 용구(예를 들어 보행훈련기 등)와 보조기기(예를 들어 휠체어나 보청기 등)로 정의되어 있다. 또한, 법에서는 보조기기의 연구개발과 보급 촉진을 위하여 후생노동성(구 후생성)과 경제산업성(구 통상산업성)의 연계를 도모하며, 지방자치단체의 역할을 명기하고 있다.

다시 말하면 보조기기의 목적은 ① 심신기능의 보완, ② 일상생활의 편리성 강조, ③

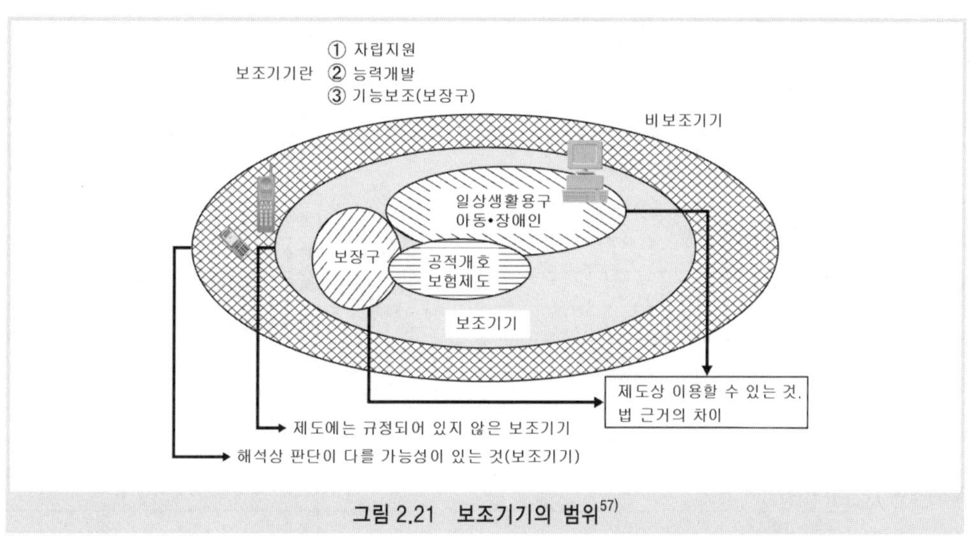


**그림 2.21 보조기기의 범위**[57)]

자립생활의 지원, ④ 개호자의 부담 경감, ⑤ 기능훈련, ⑥ 기능장애의 예방 등이며, 이러한 목적을 달성하기 위하여 다양한 기기가 해당된다고 할 수 있다.

보조기기의 용어와 분류는 **그림 2.21**처럼 사회복지제도상 이용되는 경우와 보조기기의 법적 규제와 관련된 경우, 산업계에서 이용되는 경우에 따라 다르다. 사회복지제도에 따라 지원대상이 되는 보조기기는 **표 2.14**[70)]에 나타낸 것과 같이 보조기기, 일상생활용구로 규정되어 있다.

이러한 보조기기는 지금까지 전문영역에 의해 '복지기기', '보조기기', '보조기기 · 테크니컬 에이드', '재활기기' 등으로 지칭되고 있으며, 법 제정 이후 법률용어로서 일반적으로 '보조기기'로 쓰고 있다. 그러나 최근에는 심신의 기능장애 유무에 관계없이, 사람이 일상생활에 편리한 기기와 지원의 총칭으로서 소프트 측면을 강조하는 지원기술(assistive technology ; AT)의 개념이 국제적으로도 주류가 되고 있다.

그리고 경제산업성(구 통상산업성)에 의한 보조기기의 대상범위는 **표 2.15**에 의하면 재택, 복지시설 및 공공공간에서의 고령자와 장애가 있는 사람의 자립 지원, 개호 지원, 환경 개선 및 기타에 이용되는 '코어영역'과, 범용성이 높으며 비장애인의 이용 비중이 큰 '주변영역'으로 크게 구분되어 있다.

한편, 산업계에서는 좁은 의미의 보조기기, 공용품 및 넓은 의미의 보조기기로 나누어져 있으며, 사가라(相良)[58)]는 보조기기와 사용자의 대응을 **그림 2.22**와 같이 나타내고 있다. 앞으로는 **그림 2.23**에 나타낸 것과 같이 좀 더 유니버설한 발상이 주류가 되며, '주변영역'이 한층 더 확대될 것으로 예상된다.

유니버설 디자인에는 다음의 일곱 가지 원칙이 있다.[59)] 즉 ① 누구에게나 공평하게 사용 가능할 것, ② 사용상의 빈도가 높을 것, ③ 간단하며 직감적으로 알 수 있는 사용법,

표 2.14 사회복지제도의 지원대상이 되는 보조기기

| 지원대상 보조기기 | |
|---|---|
| 시각장애 | 시각장애인용 안전 지팡이 |
| | 의안 |
| | 안경 |
| | 점자기 |
| 청각장애 | 보청기 |
| 음성언어장애 | 인공 후두 |
| 지체장애 | 의지(義肢) |
| | 의장구 |
| | 앉은 자세 유지장치 |
| | 앉은 자세 유지의자 |
| | 휠체어 |
| | 전동 휠체어 |
| | 보행기(차) |
| | 보행보조 지팡이 |
| | 머리 보호 모자 |
| | 머리 균형 유지기기·배변 보조기기 |
| | 수뇨(收尿)기 |
| 내부장애 | 스토마용(인공항문, 인공방광 등) 보조기기 |
| | 가발 |

| 지원대상 일상생활용구 | |
|---|---|
| 하체장애 | 욕조 |
| | 탕비기 |
| | 변기 |
| | 특수매트 |
| | 특수침대 |
| | 특수 소변기 |
| | 입욕 받침대 |
| | 자세 변환기 |
| | 입욕 보조용구 |
| | 이동용 리프트 |
| | 보행 지원용구 |
| | 주택 생활동작 보조용구 |
| 상체장애 | 특수변기 |
| | 워드 프로세스 |
| 의사전달 | 중증장애인 의사전달장치 |
| | 휴대용 회화 보조장치 |
| 시각장애 | 시각장애인용 녹음기 |
| | 기계 |
| | 타임 스위치 |
| | 전자조리기 |
| | 점자 타이프 |
| | 계산기 |
| | 음성식 체온계 |
| | 저울 |
| | 점자도서 |
| | 체중계 |
| | 확대 독서기 |
| | 보행시간 연장 신호기용 소형 송신기 |
| 청각장애 | 청각장애인용 실내 신호장치 |
| | 청각장애인용 통신장치 |
| 시각·청각장애 | 점자 디스플레이 |
| 신장기능장애 | 투석액 가온기 |
| 호흡기 기능장애 | 산소식 봄베 운반차 |
| | 네브라이저 |
| | 전기식 흡인기 |
| 공통 | 화재경보기 |
| | 자동소화기 |
| | 긴급통보장치 |
| 대여 | 복지전화 |
| | 팩스 |
| 공동이용 | 시각장애인용 워드 프로세서 |

④ 필요한 정보를 쉽게 알 수 있을 것, ⑤ 실수에 대한 허용성, ⑥ 낮은 신체적 부담, ⑦ 접근하여 사용하기 알맞은 크기와 규모이다.

일본에서는 2000년 3월, 정부에서 「배리어 프리에 관한 관계각료회의」가 설치되어, 배리어 프리와 유니버설 디자인의 이념이 모든 국민이 안전하며 쾌적한 생활이 가능한 사회의 구축을 위한 기본이념으로 성립되어 있다. 그러나 배리어 프리의 발상은 고령자와 장애인 등 일부의 사람을 대상으로, 장애물을 제거하여 사용하기 편리하도록 하기 위한 배려가 중심이지만, 휠체어용과 일반용으로 통로가 별도로 설치된 건축 등 장애를 가진 사람들의 측면을 무시한 경우도 많다. 유니버설 디자인[60]의 이념은 **그림 2.23**에 나타낸 것처럼 특별취급을 하지 않는 것으로써, 보조기기 상품도 일반상품처럼 누구

**표 2.15 보조기기 대상범위**

| | 코어 영역 | | | | 주변영역 |
|---|---|---|---|---|---|
| | 재택 대 개인 | 시설 대 개인 | 시설 전체 | 공공 | |
| 자립 지원 | A | | B | C 청각장애인용 | D |
| 개호 지원 | ISO 9999에 준한 영역 | | 시설 이동지원용 버스 | 음향신호 | 공용품 |
| 환경 개선 | | | | | |
| 기타(서비스 향상, 에너지 절약 등) | | • 각종 시설 등의 주방, 세탁, 청소 등의 기기 시스템<br>• 시설관리용 컴퓨터 시스템 | | | |

자료 : 「보조기기 산업정책 '98」, 통산성.

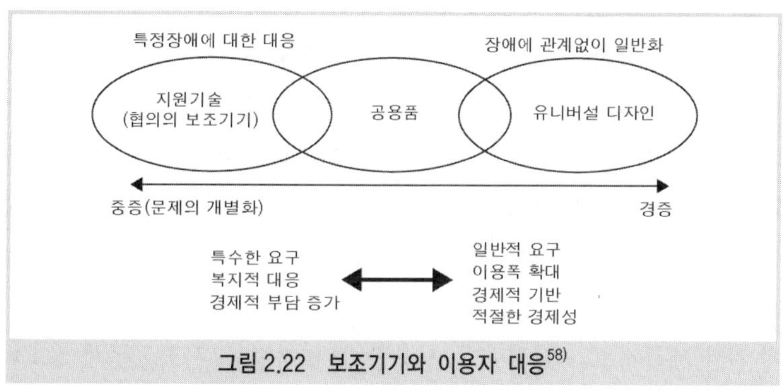


**그림 2.22 보조기기와 이용자 대응[58)]**

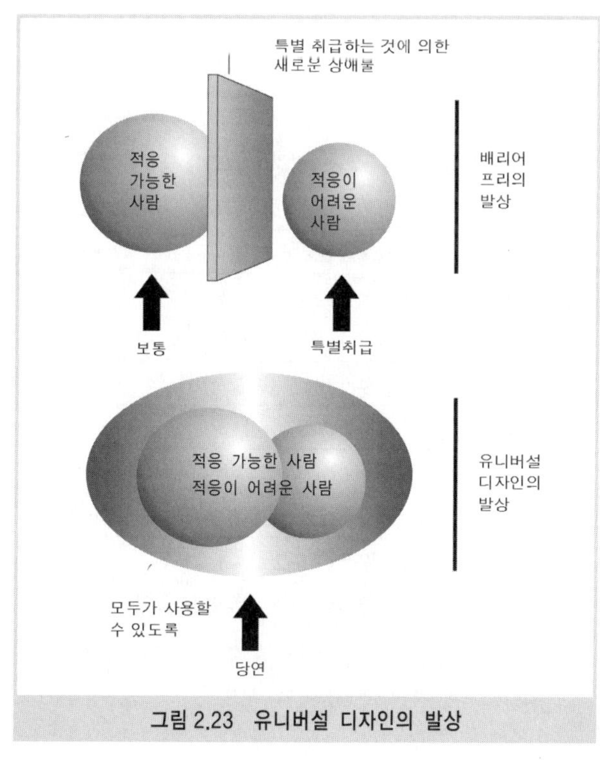


**그림 2.23 유니버설 디자인의 발상**

에게나 사용하기 편리한 제품 만들기를 목표로 하여야 한다.

### 2) 보조기기의 분류와 표준화

국제표준화기구(ISO) 「ISO 9999 rev2(장애인용 보조기기 — 분류법)」에서 보조기기는 의료기구, 훈련기구, 퍼스널 케어 관련 용구, 이동기기, 가사용구, 가구 · 건축설비, 커뮤니케이션 관련 용구, 조작용구, 환경개선기구 · 작업용구, 레크리에이션 용구로 크게 구분된다.

일본에서는 (재)테크노에이드협회[61)]가 보조기기 코드(classification code of technical aids ; CCTA)를 작성하고 있으며, **표 2.16**에 CCTA 95의 대분류 항목을 나타내었다.

그러나 보조기기는 상당히 개별성이 높으며, 규격화가 용이하지 않다는 점에서 안전성과 적합평가를 위한 표준화의 검토가 대단히 중요하다고 할 수 있다. 일본에서는 1997년 5월 1일의 각료 결정 「경제구조의 변혁과 창조를 위한 행동계획」에서 보조기기의 평가와 표준화에 대하여 2001년을 기준으로 대략 20품종의 보조기기의 평가방법을 확립할 것, 15건 정도의 보조기기와 그 시험방법에 관한 JIS화를 추진할 것의 두 가지 목표를 정했다. JIS화된 규격을 **표 2.17**에 나타내었다.

보조기기에 관한 제품정보와 선정방법, 사용방법, 평가정보, 사고 · 문제 정보, 이용자에 관한 신체기능정보에 관해서는 (재)테크노에이드협회의 보조기기 정보시스템(TAIS)(http://www.techno-aids.or.jp)과 경제산업성의 보조기기 종합정보네트(http://www.fukushiyogu.com)에 접속하면 얻을 수 있다.

**표 2.16 보조기기 분류코드 95(CCTA 95)의 대분류 항목[61)]**

| 코드 번호 | 항 목 |
|---|---|
| 03 | 치료훈련용구 |
| 06 | 의장구 |
| 09 | 퍼스널 케어 관련 용구 |
| 12 | 이동기기 |
| 15 | 가사용구 |
| 18 | 가구, 건축설비 |
| 21 | 커뮤니케이션 관련 용구 |
| 24 | 조작용구 |
| 27 | 환경개선기구 · 작업용구 |
| 30 | 레크리에이션 용구 |

http://www.techo-aids.or.jp/system/ccta95.xls.

표 2.17 보조기기의 JIS 규격[62)]

【보조기기】

| 규격 번호 | 규격 명칭 |
|---|---|
| C5512 | 보청기 |
| T0101 | 복지 관련 기구용어[의장구 부문] |
| T0102 | 복지 관련 기구용어[재활기구 부문] |
| T0111-1 | 의장구 구조강도시험 제1부 시험부하원리 |
| T0111-2 | 의장구 구조강도시험 제2부 시험시료 |
| T0111-3 | 의장구 구조강도시험 제3부 주요 구조강도 시험방법 |
| T0111-4 | 의장구 구조강도시험 제4부 주요 구조강도 시험의 시험부하 기준 |
| T0111-5 | 의장구 구조강도시험 제5부 기타 구조강도 시험방법 |
| T0111-6 | 의장구 구조강도시험 제6부 기타 구조강도 시험의 시험부하 기준 |
| T0111-7 | 의장구 구조강도시험 제7부 시험의뢰서 |
| T0111-8 | 의장구 구조강도시험 제8부 시험보고서 |
| T9201 | 수동 휠체어 |
| T9203 | 전동 휠체어 |
| T9204 | 목제 지팡이 |
| T9205 | 병원용 수동식 침대 |
| T9206 | 전동 휠체어의 전자기 양립성 요건 및 시험방법 |
| T9212 | 의족부 |
| T9213 | 의족 무릎부분 |
| T9214 | 금속제 하지보장구용 발목부분 |
| T9215 | 금속제 하지보장구용 가죽 끈 |
| T9216 | 금속제 하지보장구용 무릎부분 |
| T9217 | 인공 갈고리(후크) |
| T9218 | 인공 의수(義手) |
| T9219 | 인공 팔꿈치의 곧은 부분 |
| T9220 | 인공 팔꿈치의 접히는 부분 |
| T9221 | 컨트롤 케이블 시스템 |
| T9222 | 의수 |
| T9223 | 의수용 장식 장갑 |
| T9224 | 의수용 장식 손 |
| T9231 | 수뇨(收尿)기 |
| T9232 | 스토마용품(인공항문, 인공방광 등)에 관한 용어 |
| T9233 | 스토마용품(인공항문, 인공방광 등)의 시험방법 |
| T9240 | 이동지원용 리프트 총칙 |
| T9251 | 시각장애인 유도블록 등의 돌기의 형태·치수 및 배열 |

【공용품】

| 규격 번호 | 규격 명칭 |
|---|---|
| S0011 | 고령자·장애인 배려 설계 지침 — 소비생활 제품의 凸기호 표시 |
| S0012 | 고령자·장애인 배려 설계 지침 — 소비생활 제품의 조작성 |
| S0013 | 고령자·장애인 배려 설계 지침 — 소비생활 제품의 경고음 |
| S0021 | 고령자·장애인 배려 설계 지침 — 포장·용기 |
| S0022 | 고령자·장애인 배려 설계 지침 — 포장·용기 — 개봉성 시험방법 |
| S0023 | 고령자·장애인 배려 설계 지침 — 의복·식료품 |

표 2.18 보조기기의 시장 규모의 추계 결과(경제산업성)

(단위 : 억원)

| 분 류 | | | 2000년도 |
|---|---|---|---|
| 보조기기(좁은 의미) | | | 113,890 |
| 영역 A | | | 112,680 |
| | 가정용 치료기 | | 10,710 |
| | 의장구(넓은 의미) | | 22,710 |
| | | 의장구(좁은 의미) | 3,470 |
| | | 가발 | 10,790 |
| | | 틀니 | 8,450 |
| | 퍼스널 케어 관련 | | 25,390 |
| | | 기저귀 | 8,600 |
| | | 입욕 관련 | 2,310 |
| | | 배설 관련 | 12,850 |
| | | 기타 | 1,630 |
| | 이동기기 등 | | 9,970 |
| | | 목발 · 보행기 | 580 |
| | | 휠체어 | 3,310 |
| | | 장애인 차량 등 | 5,820 |
| | | 기타 | 260 |
| | 가구 · 건물 등 | | 9,060 |
| | 커뮤니케이션 관련 기기 | | 29,590 |
| | 재택 등 개호 관련 분야, 기타 | | 4,910 |
| | 기타 | | 340 |
| 영역 B (복지시설용 기기 시스템) | | | 770 |
| 영역 C (사회참가 지원기기 등) | | | 440 |

http://www.fukushiyogu.com.

### 3) 보조기기의 이용 현황

보조기기의 보급과 이용 현황은 후생노동성을 비롯한 정부의 홈페이지에서 최신 정보를 얻을 수 있다. 1995년 소유자 연인원은 보행보조 지팡이(433천 명), 휠체어(293천 명), 보청기(236천 명) 순으로 많으며, 의료보건정책과 복지제도를 이용하여 소유하고 있는 것으로 나타났다.

또한, 마찬가지로 복지제도에 의해 지원을 받은 일상생활 용구의 소유 상황은 특수침대(77천 명), 보행 지원용구(39천 명), 입욕 보조용구(33천 명)가 상위 세 종류이다. 그러나 자비로 구입한 보조기기의 순위는 보행 지원용구(153천 명), 변기(132천 명), 입욕 보조용구(62천 명), 욕조(45천 명)이며, 위생 관련 용구는 개인적으로 구입하는 경향을 보인다.

경제산업성이 작성한 보조기기의 시장 규모 추계 결과는 **표 2.18**에 나타내었다. IT 시대를 반영하여 커뮤니케이션 기기를 필두로 퍼스널 케어 관련 보조기기의 증가가 예상되고 있다.

### 4) 보조기기에 관련된 국제적인 흐름

개발도상국을 포함한 구미를 중심으로 의료가 고도로 발달된 국가에서는 고령화와 장애의 중증·중복화에 의해 보조기기의 요구는 더욱 높아지고 있다. 미국에서는 오래전부터 ADA(장애를 가진 미국인 법)의 정신에 기초하여 연구가 진행되어 오고 있다. 특히 미국 국립장애인재활연구소에서는 Orphan technology의 연구개발 지원과 유니버설 디자인의 개념과 관련된 건축물, 정보통신기기, 교통기관, 소비재에 대한 연구개발을 주도해 오고 있다.[63)]

**표 2.19 주택 내외에서 이용되는 이동기기**

| 이동 | 기기 | 이동거리 | 치수 사례 | 이용목적과 설치장소 | 종류 등 |
|---|---|---|---|---|---|
| 상하 이동 | 홈 엘리베이터 | 최대 승강행정 10m | 승강로 폭 135cm, 안 깊이 138cm | 상하층으로의 이동, 대규모 단차에 대응 | 2인용과 3인용, 2층용과 3층용, 일방향 출입구와 2방향 출입구 등이 있다. |
| | 단차 해소기 | 최대 250cm 정도 | 테이블 폭 110cm, 테이블 길이 128cm | 도로에서 대지 내, 현관 또는 현관을 대신하는 출입구, 욕실 출입구 등에서의 단차에 대응 | 전동식과 수동식, 휠체어 대응형과 선 자세 대응형, 거치형과 매입형 등이 있다. |
| 단차 이동 | 고정형 계단승강기(휠체어 내용) | 최대 승강거리 25m 정도 | 테이블 폭 85cm, 테이블 길이 120cm | 옥내외에서의 상하층으로의 이동, 계단에 대한 대응 | 직선형·곡선형이 있다. 최대 경사각도는 35° 정도 |
| | 고정형 계단승강기(의자형) | 최대 승강거리 10m 정도 | 최대 폭 62cm<br>좌석 폭 40cm<br>좌석 깊이 37cm | 옥내외에서의 상하층의 이동, 계단에 대한 대응 | 직선형·곡선형이 있다. 최대 경사각도는 55° 정도. 설치 가능한 최저 유효폭 70cm 정도 |
| | 가변형 계단승강기 | | | 옥내외에서의 상하층의 이동, 계단에 대한 대응 | 보조자가 조작. 최대 경사각도 35° 정도. 주택 내 이용은 어려움 |
| 상하 이동 및 수평 이동 | 천정주행식 리프트 | 줄로 끌어올리는 높이 200cm 정도 | 본체 길이 45cm, 폭 31cm | 거실 간 이동, 침실·욕실·화장실·현관 등의 단위공간 내에서의 이동 | 레일 설치는 자유. 턴 테이블에 의하여 방향전환 |
| | 거치식 리프트 | 기둥이 4개인 경우, 이동범위 1.8×2.7m ~ 2.7×3.4m | 기둥이 4개인 경우 길이2.5m×폭3.5m ~ 길이3.4m×폭4.2m, 높이 2.3m | 주로 침실과 거실 내 등, 단위공간 내에서의 이동 | 기둥은 2개 또는 4개. 레일을 가로세로로 설치함으로써 거실 내의 어디라도 이동 가능 |
| | 바닥주행식 리프트 | | 본체 폭 60~93.5cm, 안 깊이 115cm, 높이 116~179cm | 거실 간 이동, 침실·욕실·화장실·현관 등의 단위공간 내에서의 이동 | 좌석 받침대형과 줄로 매다는 형이 있음 |
| | 고정식 리프트 | 이동거리 100cm 정도 | 기둥 높이 200cm, 팔걸이 길이 합계 90cm | 침실·욕실·화장실·현관 등의 단위공간 내에서의 이동 | 기둥과 벽·바닥 등에 승강장치 설치 |

각국의 연구거점을 정리하면 아래와 같다.[63]

일본 : 국립장애인재활센터(http://www.rehab.go.jp) : 후생노동성 직할 연구소
미국 : NIDDR (National Institute on Disability and Rehabilitation Research)(http://www.ed.gov/offices/OSERS/NIDDR) : 교육성의 부
스웨덴 : Handicap Institute(http://www.hi.se) : 정부, 주정부 연합, 특별시 연합에 의한 경영
네덜란드 : IRV(http://www.irv.nl) : Hoens-broek(Maastricht 근교)의 재활센터 내에 설치된 재단
이탈리아 : SIVA(Servizio Informazioni Valutazione Ausili)(http://www.siva.it) Don Carlo Gnocchi Foundation의 연구분야인 S. Maria Nascente Centre의 보조기기 분야
핀란드 : STAKES(National Research and Development Center for Welfare and Health)(http://www.stakes.fi) 사회보건성
덴마크 : Danish Center(http://www.hmi.dk) 비영리재단, 주정부연합회에 의한 지원
노르웨이 : SINTEF UNIMED Rehab 독립법인
캐나다 : Bloorview McMillan Center(http://www.bloorviewmacmillan.on.ca) 장애아동시설

## 5.2 일상생활활동과 보조기기

### 1) 옮겨 앉기용 기기와 평가 포인트

거실 간의 이동과 휠체어로의 이동, 욕실과 현관에서의 이동에는 **표 2.19**, **그림 2.24**에 나타낸 것과 같은 리프트가 사용된다.[64] 천정에 레일을 설치하여 레일에 따라 이동하는 것을 천정주행 리프트라고 하며, 천정면에 직접 레일을 설치하는 것과 기둥으로 천정의 레일을 지지하는 형태가 있다. 바닥면의 단차 유무에 관계없이 이용할 수 있다는 장점이 있다. 한편, 바닥에 단차가 없다면 바퀴가 달린 바닥주행식 리프트를 사용할 수 있다. 행거로 들어 올리는 현수식과 허리 등을 지지하는 받침대식이 있다. 그리고 현관과 욕조 출입구 등 사용목적이 명확하며 짧은 거리의 이동에는 기둥을 중심으로 행거를 이동시키는 고정식 리프트가 있다.

어떠한 리프트라도 이용 시 신체기능에 맞게 들어 올리는 장치를 선정하는 것이 중요하며, 구입하기 전에는 몇 분에서 1시간 정도 시험이용을 하여, 신체에 필요 이상의 부담이 없는지 구조강도를 확인해 두지 않으면 안 된다. 이때 작업치료사와 물리치료사 등의 재활 전문가를 비롯하여 보조기기 제조업자와도 충분히 협의하는 것이 중요하다.

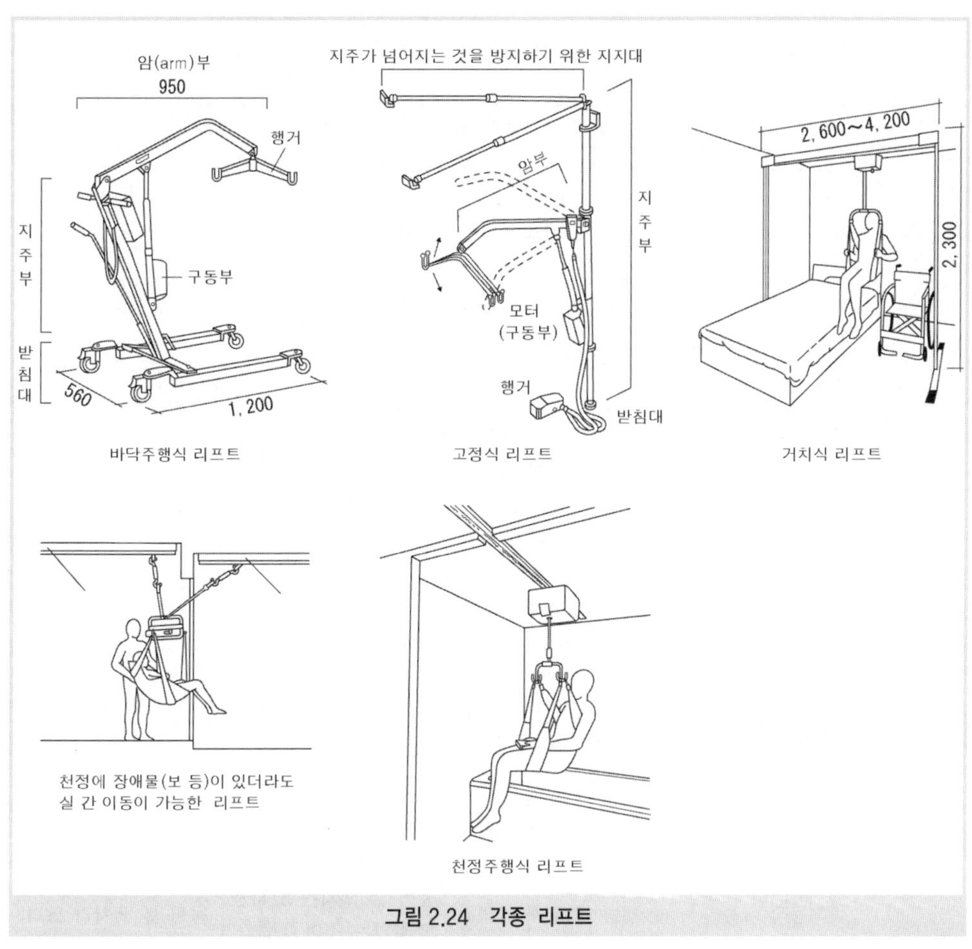


**그림 2.24 각종 리프트**

### 2) 입욕용 기기와 평가 포인트

고령자와 신체에 장애가 있는 사람이 자택에서 입욕할 경우에는 ① 신체 상황, ② 거주환경, ③ 보조기기, ④ 간병 정도를 검토하는 것이 중요하다. 또한, 입욕 동작 측면에서 ① 욕실까지의 이동, ② 의복의 탈의, ③ 신체를 씻는 방법, ④ 욕조로 들어가는 방법을 하나의 흐름으로 파악하여 평가하지 않으면 현실적인 해결에 도달할 수 없다.[65]

**표 2.20**은 입욕 동작의 목적과 대상이 되는 보조기기를 정리하였으며, 입욕 동작의 자립에 도움을 줄 수 있는 보조기기를 **그림 2.25**에 정리하였다. 욕실의 경우 욕조 주위의 손잡이는 신체 균형을 확보하여 안전성을 높이는 데 필수적인 요소이며, 일반적으로 수평 손잡이는 누르면서 일어서기 위하여 사용하고 수직 손잡이는 당겨서 일어서는 데 사용된다. 욕조 내 가장자리에 간이손잡이를 설치한다면, 욕조를 넘을 때 편리하며 안전하다.[66] 선 자세를 유지하는 능력에 문제가 있는 경우에는 걸쳐 앉을 수 있는 판을 사용하면 허리를 걸칠 수 있어 안전하게 한쪽 다리씩 욕조로 들어갈 수 있으며, 신체 방향을 바꾸기

**표 2.20 입욕 관련 목적동작별 보조기기**

| 목적동작 | | 대상기기 |
|---|---|---|
| 입욕준비 | 욕조준비 | 수량, 수온경보기, 욕조온도 관리 시스템, 난방기기 |
| 관련 동작 | 탈의실의 출입<br>탈의실 내에서 옷 갈아입기<br>탈의실 내에서의 이동<br>탈의실 내에서 몸을 닦음 | 손잡이, 리프트(천정주행・바닥주행)<br>샤워의자, 의자<br>손잡이, 샤워의자(바퀴부착형), 리프트(천정주행・바닥주행)<br>샤워의자 |
| 욕실 내 동작 | 욕실로의 출입<br><br>몸을 씻음 | 문(바깥여닫이・미닫이・접이문), 손잡이<br>리프트(천정주행・바닥주행)<br>샤워의자, 의자<br>[몸 씻는 용구] 브러시, 흡착 브러시, 루프식 수건<br>[수도] 온도조절장치 부착 수도꼭지, 레버형 수도꼭지<br>[샤워] 상하이동식 샤워 |
| | 욕실 내에서의 이동<br><br>욕조로 들어감 | 손잡이, 리프트(천정주행・바닥주행), 샤워의자(바퀴부착형)<br>미끄럼 방지용 매트, 테이프<br>[욕조]<br>손잡이 부착형 욕조, 도어식 욕조(개방형, 슬라이드)<br>승강욕조, 손잡이, 욕조용 간이손잡이, 베스보드, 이동용 의자(자립용・보조용), 리프트(천정주행・바닥주행), 욕조 내부용 의자, 욕조용 대, 욕조 내 승강의자(수동, 공기・수압・유압), 욕조 내 미끄럼방지용 매트, 테이프 |
| 간호용품 | 몸을 씻김 | 이동식 욕조, 세면기, 샤워용 모자, |

**표 2.21 배설 관련 기기의 적용[67]**

| 목적동작 | 용변 볼 의사가 없다 | 용변 볼 의사는 있지만 조절하는 것이 어렵다 | 용변 볼 의사가 있다 |
|---|---|---|---|
| 와상 상태 | 기저귀・기저귀 커버<br>소변기*<br>변기(매입형 변기)*<br>장착 소변기<br>소변감지기 | 기저귀・기저귀 커버<br>소변기<br>변기(매입형 변기) | 소변기<br>변기(매입형 변기) |
| 도움을 받아 휠체어로 옮겨 앉을 수 있다 | 기저귀・기저귀 커버<br>변기*<br>변기(매입형 변기)<br>이동식 화장실 | 소변기<br>변기(매입형 변기)<br>요실금 팬티 | 이동식 화장실<br>화장실 손잡이<br>화장실 보조변기<br>화장실 겸용 샤워의자 |
| 앉아 있을 수 있다(몇 시간),<br>도움을 받으면 걸을 수 있다,<br>휠체어를 혼자서 움직일 수 있다 | 기저귀・기저귀 커버<br>이동식 화장실*<br>화장실 손잡이<br>화장실 보조변기 | 이동식 화장실<br>화장실 손잡이<br>화장실 보조변기<br>요실금 팬티 | 이동식 화장실<br>화장실 손잡이<br>화장실 보조변기<br>온수세정변기 |

* 정시적인 간호에 의한 활용이다.
주 : 야간과 그날의 신체 상황에 따라 적응이 달라지므로, 조합하여 활용하는 것이 중요하다.

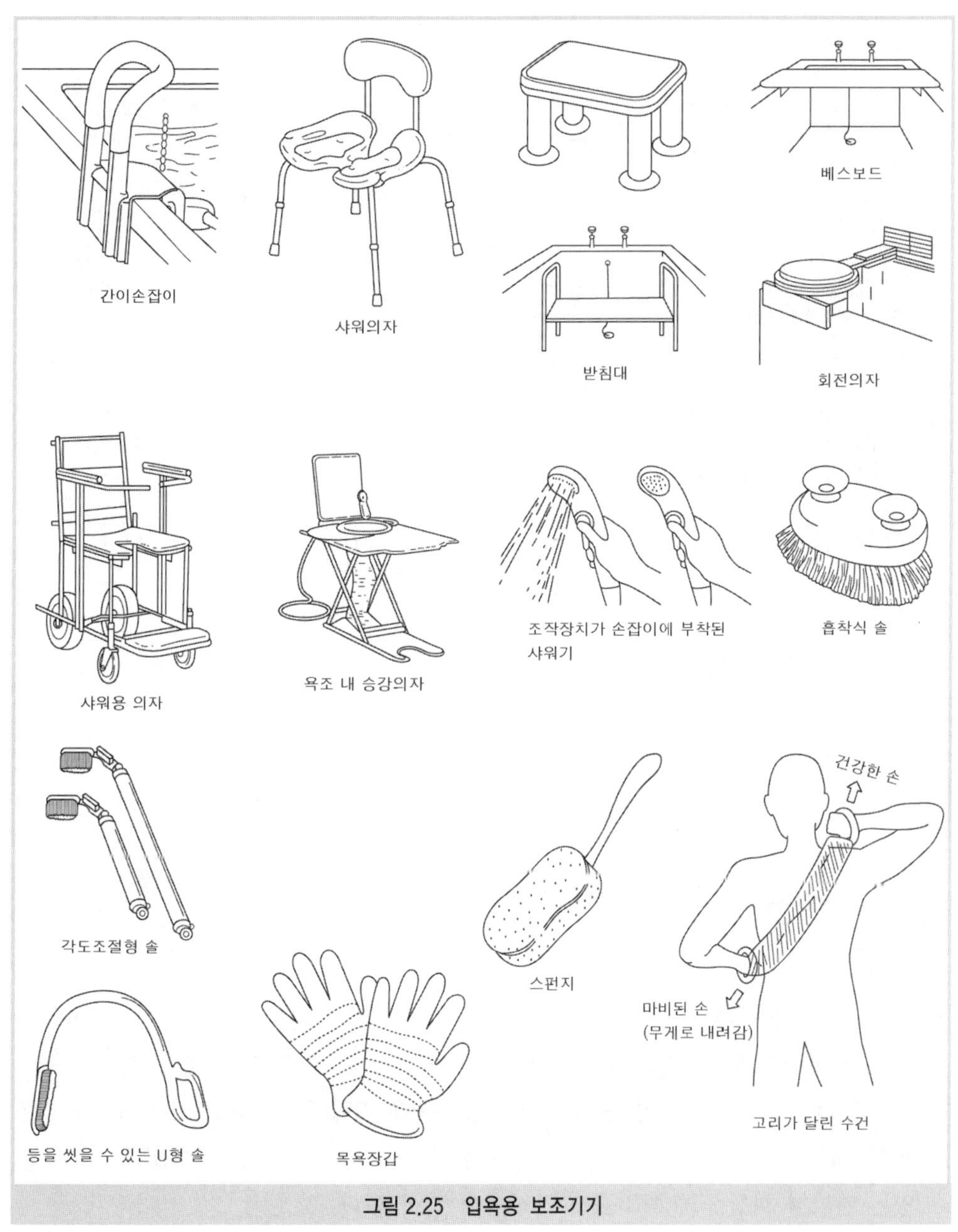


**그림 2.25 입욕용 보조기기**

위한 회전판도 자주 사용되고 있다. 등을 씻을 수 있는 솔과 벽 등에 부착할 수 있는 솔, 고리가 달린 수건 등은 이른바 혼자서도 사용할 수 있는 기구로서, 담당 작업치료사 등에게 상담하면 쉽게 구할 수 있다.

### 3) 화장실용 기기와 평가 포인트

용변의 자립은 이른바 사람의 존엄에 관계된 동작으로서 사생활의 보호가 가장 필요한

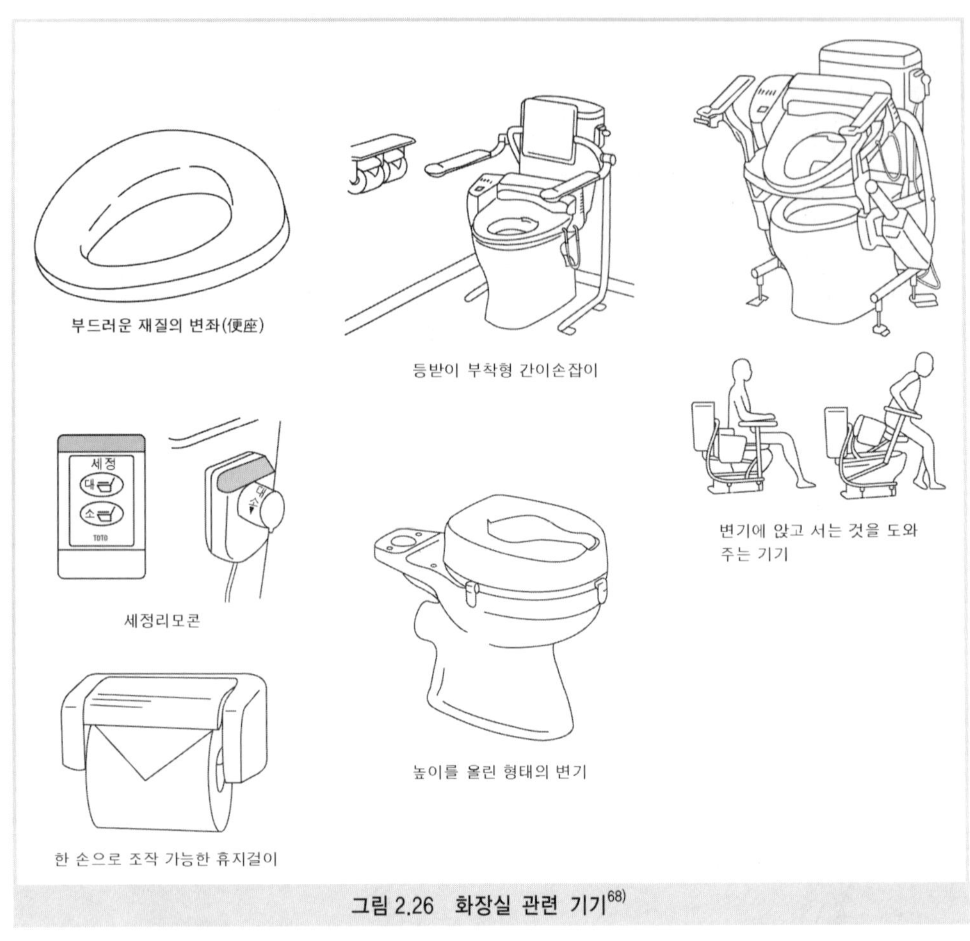

**그림 2.26 화장실 관련 기기**[68]

행위이다. 화장실에서의 동작 자립을 위해서는 먼저 변기를 이용하는지, 침대 주변(침대 위를 포함하여)에서 배설하는지를 결정하지 않으면 안 된다. **표 2.21**[67]은 배설 관련 기구의 적용을 정리한 것이다. 또한, 인공방광·항문을 부착한 사람들은 수뇨(收尿)·수변용(收便用) 파우치를 사용하는 경우도 있으며, 아무런 불편을 느끼지 않고 최소 1시간 정도 이용할 수 있는 자립형 화장실의 설치를 요구하는 사람이 많다.

**그림 2.26**[68]에 다양한 화장실 관련 기구를 나타내었다. 높이를 조금 올린 변기와 오르내리는 것이 가능한 변기는 근력 저하와 다리관절을 움직일 수 있는 범위가 제한된 사람이 쉽게 앉거나 설 수 있게 하고 있다. 온수부착형 난방변기는 장애에 대응하여 조작 스위치의 설치를 고려한 것으로, 사용하기 쉽도록 만들어졌다. 오늘날에는 포터블 토일렛(이동용 간이 화장실)의 경우에도 다양한 종류가 시판되고 있으나, 손잡이가 너무 낮은 문제가 있으며, 이 경우에는 **그림 2.27**과 같이 손잡이를 별도로 구입할 필요가 있다.

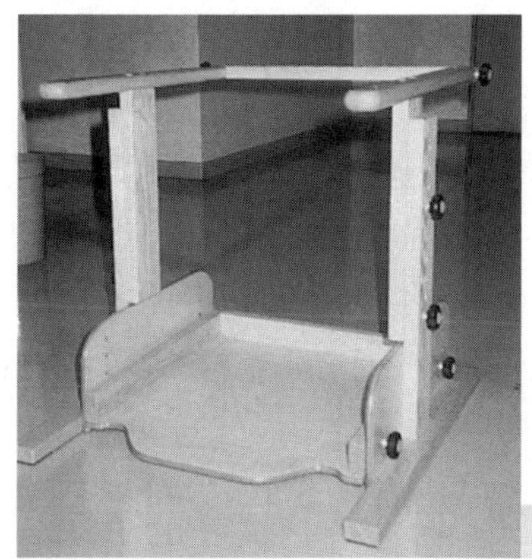

그림 2.27 화장실용 간이손잡이

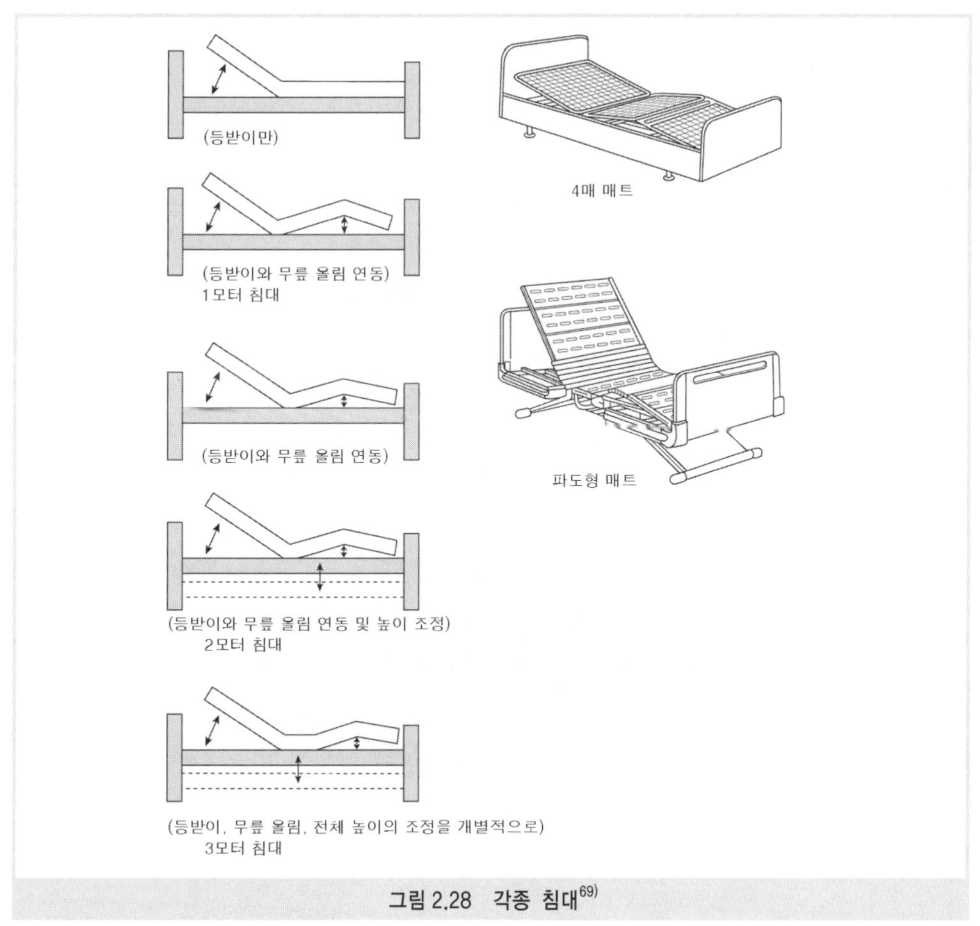


그림 2.28 각종 침대[69)]

### 4) 취침용구와 평가 포인트

사람에 따라 개인차는 있지만 하루의 약 1/3을 차지하는 수면은 특히 고령자와 신체에 장애를 가진 사람에게는 피로를 푸는 것뿐만 아니라 신체의 변형을 예방하며, 건강 증진에 대단히 중요하다. 적절한 취침용구의 선택은 당사자의 활동성을 향상시키는 것과 동시에 간병인의 부담 경감에도 영향을 준다.

침대가 좋은지 바닥에 그냥 눕는 것이 좋은지는 여러 의견이 있지만, 일반적으로는 높이를 조절할 수 있는 전동식 침대를 선택하는 경우가 많다. 침대의 종류를 **그림 2.28**[69]에 나타내었다. 침대를 사용할 때에는 간병인의 공간을 고려하여 설치하는 것이 중요하며, 침대 주변기기인 침대 선반과 매트리스도 신중하게 선택하지 않으면 안 된다. 스스로 움직일 수 있는 빠른 시기부터 욕창 예방을 위한 에어 매트를 사용한다면, 침대 위에서는 근력을 그다지 사용하지 않기 때문에 이차적인 근력저하가 일어날 우려가 있으므로 주의를 요한다. **(菊池恵美子)**

##  배리어 프리와 휠체어

배리어 프리 계획에서는 이동자립과 실외로 자유롭게 외출할 수 있도록 하는 것이 중요한 목적의 하나이다. 중증장애가 있는 사람과 보행이 곤란한 사람에게는 휠체어가 중요한 이동수단이 되는 경우가 많다. 본래, 장애물 없는 계획에서 보조기기의 활용은 자립생활 지원의 중요한 수단이며, 휠체어는 이용자가 신체에 직접 접촉하는 중요한 기기이다. 휠체어 시팅(seating)은 휠체어의 선정 · 적합 기술이며, 중증장애를 가진 사람을 위한 지원기술이다. 여기에서는 휠체어 시팅의 이론에 근거하여 휠체어의 분류, 휠체어의 선정 및 적합방법을 소개한다.

그리고 고령자 영역에서는 개호보험제도의 개시로 휠체어 대여제도가 시작된 시점에서 그 수요가 높아지고 있으며, 다양한 휠체어 중에서 사용목적과 신체기능에 맞추어 휠체어를 선택하는 것이 점점 중요해지고 있다. 아래에 미국과 유럽 등의 휠체어 주류인 모듈러(modular) 휠체어에 대하여 앉은 자세의 능력 분류를 포함한 활용방법을 서술한다.

### 6.1 휠체어 시팅

#### 1) 시 팅

시팅(seating)이란 앉은 자세 유지, 즉 '앉는 것'이며, 중증장애인을 휠체어와 앉은 자세 유지장치(seating system) 등을 사용하여 앉히는 기술이다.[76, 77] 1960년대 후반부터 북미 재활공학의 학문영역에서 장애인 기술지원의 하나로 발전해 왔다.[78, 79] 특히 발달장애인의 재활에서는 일반 휠체어에서는 앉히는 것이 어려운 중증장애인을 휠체어에 맞춰 앉은 자세 유지장치를 이용함으로써 앉힐 수 있게 되었다. 이른바 와상 상태에서 앉히는 것이 어려운 중증장애인의 적절한 앉은 자세 유지는 생리적, 사회적인 측면까지 영향을 미친다. 일본에서는 앉은 자세 유지장치가 1989년에 장애인복지법의 보조기기 교부기준의 대상품목에 추가됨으로써, 시팅이라는 용어가 일반화되었다. 발달장애인의 경우 일본 내에서 1970년대 후반부터 목제의 앉은 자세 유지장치가 사용되어 왔다.

지금까지 휠체어는 장애인 수첩 1・2급의 중증장애가 있는 사람에게 제공되어 왔다. 앉은 자세 유지장치는 의자기능을 중시한 기기로 휠체어에 앉을 수 없는 중증장애인의 앉은 자세가 확보되도록 하고 있다. 앉은 자세 유지장치는 현행 제도상 적용범위는 발달장애인이 중심이 되고 있으며, 성인 장애인과 고령 장애인에게 앉은 자세 유지장치를 이용하는 것은 아직 일반화되어 있지 않다. 미국과 유럽 등에서는 1990년대에 이르러 모듈러 휠체어(modular wheelchair)가 주류를 이루게 되었으며, 휠체어에 앉은 자세 유지에 대해서도 논의되기 시작하였다.[80, 81] 그 후 휠체어 시팅이라는 용어로 발전해 오고 있다.

### 2) 시팅의 목적과 효과

시팅의 목적을 크게 나누면 생명의 유지와 사회 참여라고 할 수 있다. 생명의 유지로는 호흡, 순환, 식사, 소화, 배설, 휴식, 수면에 대한 대응을 들 수 있다. 사회 참여로는 휠체어로 이동, 사회 참여를 위한 이동 시의 자세 유지, 상체 활동, 커뮤니케이션, 학습, 업무 등에 대한 대응을 들 수 있다. 발달장애아동에게는 적절한 자세 유지 확보란 보다 정상적인 발달로 유도하기 위한 역할, 변형과 욕창 등을 예방하는 역할을 한다.[82, 83]

그리고 고령자의 경우 폐용(廢用)증후군 예방에 특히 중요하다. 폐용증후군이란 오랫동안 누워 있음으로써 병적인 상태가 심신에 영향을 미치는 것을 말한다. 특히 고령자에게 그 영향이 크며, 심신 상태가 크게 저하되고, 한번 저하된 기능은 회복이 대단히 어렵다. 고령 장애인에게는 능력 저하와 변형, 심폐기능의 저하, 지적 능력의 감퇴 등이 함께 나타나, 이른바 와상 상태로 이행하기 쉽다. 이러한 상태로 가는 것을 완화시키는 게 시팅의 역할 중 하나이다. 침대에서 떨어져 일정시간을 앉은 자세로 보내는 것은 폐용증후군의 예방으로 이어진다. 그리고 현재로는 조기재활과 와상 예방을 위하여 와상 상태가 되기 전부터 신체기능과 생활목적에 맞는 의자와 휠체어 선택을 포함한 적절한 시팅을 하는 것이 기본으로 되고 있다.

### 3) 고령자의 휠체어 시팅의 중요성

후생노동성에서는 2002년 3월 욕창 대책을 고시하였다. 내용은 욕창 발생의 위험도가 높은 환자에게 욕창 발생을 예방하고, 발생 후 조기에 적절한 처치까지 실시하는 체제를 정비하도록 규정하였다.[84, 85] 그리고 2002년 10월부터 의료기관에서는 욕창 대책에 대한 진료계획서를 제출하도록 하였다. 이 계획서에는 구체적으로 침대 위에서의 위험인자의 평가와 함께, 의자에서의 앉은 자세 유지와 간호 계획이 규정되었다. 의자에서의 대응이란 시팅 대응을 말하는 것인데, 의료기관에서도 시팅에 대한 대응이 본격적으로 필요해졌다.[86, 87]

다음으로 개호보험제도 개시 전의 1999년 3월에 후생성령으로 신체구속의 금지 규정이 만들어졌다. 내용은 다음과 같다. "서비스 제공에서는 해당 입거자(이용자) 또는 다른 입거자 등의 생명이나 신체를 보호하기 위하여, 긴급한 경우를 제외하고는 신체적 구속이나 기타 입거자의 행동을 제한하는 행위를 해서는 안 된다." 이후 신체구속 제로 매뉴얼이 2001년 3월에 발행되었다.[88, 89] 휠체어에서의 신체구속이란 휠체어 시팅의 대응으로 해결 가능하다는 것을 나타내고 있다.[90, 91]

#### 4) 휠체어 시팅에 의한 욕창 예방

일본욕창학회는 욕창 대책에 관한 진료계획서의 대응을 「욕창 대책의 지침」으로 정리한 바 있다. 재활 계획의 개념으로 누운 자세에서 발생하는 욕창은 바르게 누운 자세와 시간을 확보하는 것으로 예방을 요구하고 있다. 중증장애인의 대응으로는 침대 주위의 환경과 생활환경 속에서 얼마나 적절한 자세를 확보할 수 있는가가 큰 열쇠이다. 의료기관에서는 조기퇴원의 흐름이 빨라지고 있으며, 재활훈련 속에서 휠체어 시팅이 도입됨으로써 욕창 예방과 조기퇴원 준비가 추진되고 있다.

## 6.2 제작방법으로 본 휠체어 분류

**용어 해설 : 휠체어 분류**

장애인복지법에서는 일반형, 앞바퀴가 큰 휠체어형, 리클라이닝식 앞바퀴가 큰 휠체어형, 리클라이닝식 한쪽 손 구동형, 레버식 구동형, 손으로 미는 형, 리클라이닝식 손으로 미는 형으로 분류되어 있다. JIS(일본공업규격)에서는 혼자서 이용하는 형태(표준형, 앉은 자세 변환형, 스포츠형, 특수형)와 간병용(표준형, 앉은 자세 변환형, 세정용, 특수형)으로 분류된다.

휠체어는 일반적으로는 JIS(일본공업규격) 규격과 장애인 수첩(자료)에 의한 분류가 있다. 여기에서는 이용자 쪽 입장에서 휠체어의 제작방법에 따라 분류한 휠체어의 구입방법부터 적합까지를 소개한다(**그림 2.29**).[92, 93]

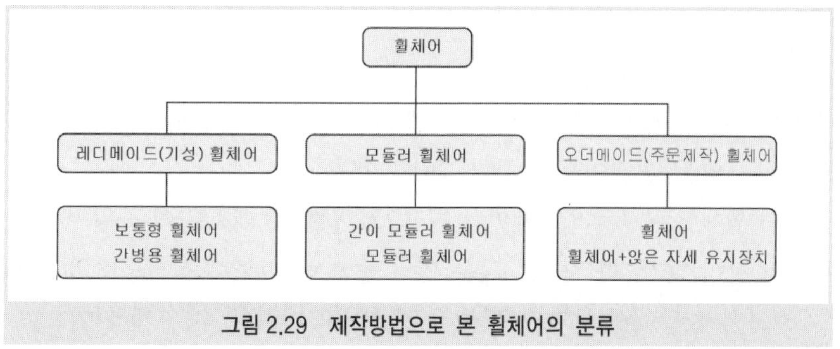

그림 2.29 제작방법으로 본 휠체어의 분류

### 1) 기성제품 휠체어

보통 일반형 휠체어(**그림 2.30**), 간병용 휠체어(구동축이 작은 형태), 등받이 각도를 조절할 수 있는 리클라이닝(reclining) 휠체어를 말한다. 또는 기성제품(ready-made)의 휠체어로서 일반적으로는 병원과 시설에서 사용되고 있는 휠체어이며, 개호보험에서 대여되고 있다. 접을 수 있는 기능이 우선되는 휠체어는 운반역할을 하며, 10분 정도의 이동에 사용되고, 이동한 곳에서 의자 등으로 옮겨 앉는 것이 중요하다. 휠체어 전용 쿠션 등을 사용함으로써 어느 정도 의자로서의 기능을 높이는 것도 가능하다.[94, 95]

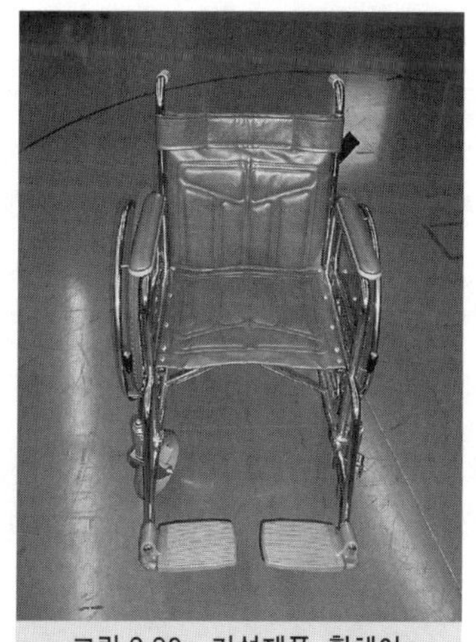
그림 2.30 기성제품 휠체어

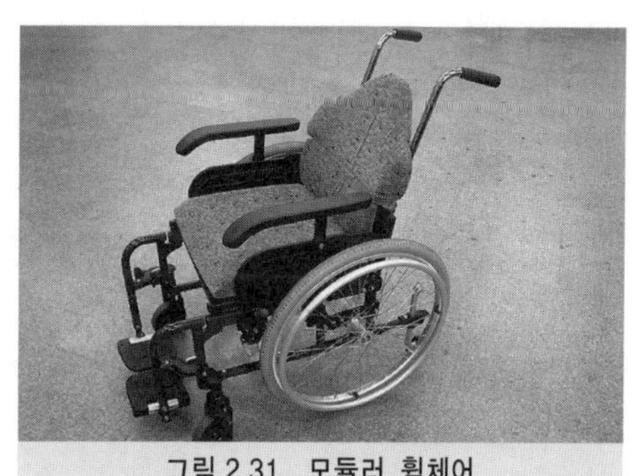
그림 2.31 모듈러 휠체어

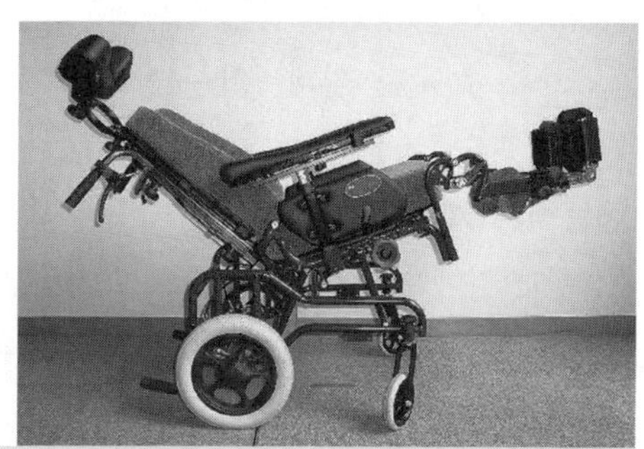
그림 2.32 틸트 · 리클라이닝 기능 부착 모듈러 휠체어

### 2) 모듈러 휠체어

모듈러 휠체어란 휠체어의 각 부품이 규격화되어 있어, 목적에 따라 부품을 선택·조절하여 조립할 수 있는 휠체어를 말한다(**그림 2.31**).

간이 모듈러 휠체어는 모듈러 휠체어의 특징으로 발판(풋 레스트)의 스윙 어웨이, 팔걸이(암 레스트)의 간이 탈착, 허리받침, 앉은 면의 높이 등 일부 조정기능이 있는 휠체어를 말한다. 개호보험제도 개시에 따라 모듈러 휠체어도 대여할 수 있게 되었으며, 시팅을 배려한 모듈러 휠체어의 도입으로 개호를 필요로 하는 사람의 자립도가 높아졌으며, 간병하는 사람의 부담도 줄어들게 되었다.[96, 97]

중증장애인을 위한 틸트·리클라이닝 기능 부착 모듈러 휠체어(**그림 2.32**). 중증장애이며 일반형 휠체어를 이용할 수 없는 경우와 와상 상태의 모든 고령자에게도 앉은 자세 유지 능력과 신체기능에 맞춰 조정할 수 있으며, 틸트 기능과 같은 앉은 면과 등의 각도가 동일한 상태에서 전체를 기울일 수 있는 기능에 의하여 앉는 것이 가능해진다.[98, 99]

### 3) 주문제작 휠체어

신체의 크기와 기능, 생활목적에 맞추어 주문제작(order-made)으로 만들어진 휠체어를 말한다. 일반적으로 장애인 수첩을 가진 장애인이 재활상담소에서 판정을 받아 만드는 휠체어이다. 개호보험제도 개시 전에는 고령자라도 1, 2급 장애인 수첩 소지자라면 만들 수 있었지만, 개호보험 개시 후에는 어려워졌다. 왜냐하면 장애인복지법에서는 개호보험제도가 우선이기 때문에 주문제작으로 만드는 것이 어려워지게 되었다. 그러나 기성제품의 휠체어가 맞지 않는 경우에는 주문제작 휠체어를 제작하지 않으면 안 된다.[98, 99]

### 4) 기타 휠체어

#### (1) 스포츠용 휠체어

장애인올림픽 등으로 장애가 있는 사람도 스포츠를 즐길 수 있는 기회가 늘어나고 있다. 스포츠에서 사용되는 휠체어를 스포츠용 휠체어라고 부르며, 농구용과 경주용 등 각각의 스포츠에 맞춘 휠체어가 사용되고 있다(**그림 2.33**).

#### (2) 전동식 휠체어

중증장애가 있더라도 휠체어를 스스로 조작하고자 하면 전동 휠체어를 사용할 수 있다. 전동 휠체어는 후륜 구동식이 일반적이며 고정된 앉은 면과 앞바퀴가 캐스터 바퀴로 되어 있다(**그림 2.34**). 전동식 휠체어에는 전동 리클라이닝 형태와 앉은 면의 오르내림 기능을 가진 형태도 늘어나고 있어, 자립활동에 도움을 주고 있는 보조기기가 되고 있다.

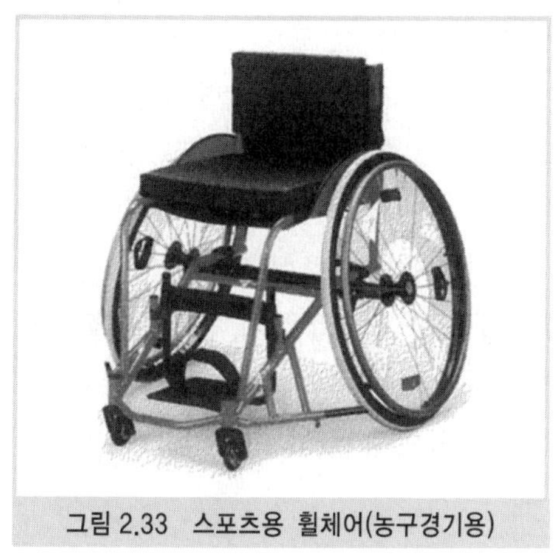

그림 2.33 스포츠용 휠체어(농구경기용)

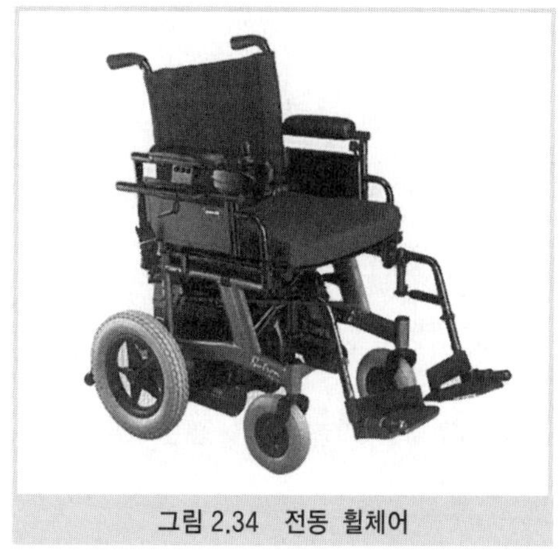

그림 2.34 전동 휠체어

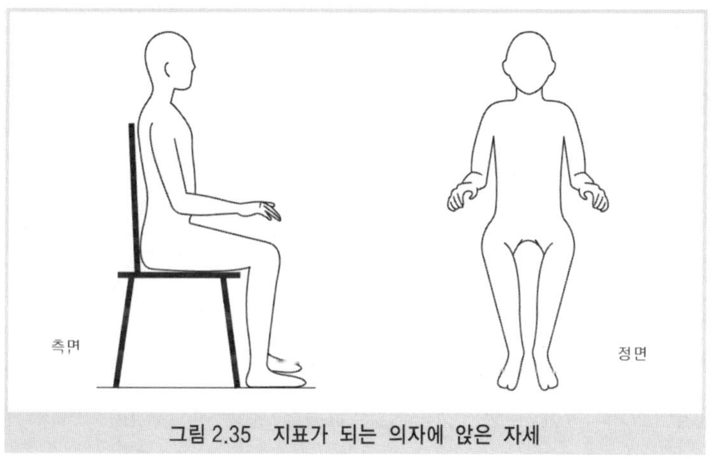


그림 2.35 지표가 되는 의자에 앉은 자세

## 6.3 휠체어의 선정 및 조작방법

### 1) 지표가 되는 휠체어 앉은 자세

사람이 휠체어에 앉은 자세는 옆에서 보면 휠체어에 깊게 걸터앉아 허리부분이 휠체어 등받이에 지지되며 의자에 발꿈치가 꽉 붙게 되어 허벅지 관절부, 무릎 관절부, 발 관절부가 약 90도에 가까운 자세이다(**그림 2.35**).[100, 101] 그리고 정면에서 보면 머리부분이 수직이며 좌우의 어깨와 무릎 높이가 대조적인 위치에 있다. 이 지표가 되는 자세에서는 골반이 중요한 역할을 하며, 이 자세에서 앞으로 기울이면 식사와 작업을 하는 자세가 된다. 또한 이 자세에서 뒤쪽으로 골반이 기울어지면 휴식할 때 자세가 된다.

그러나 슬링 시트의 휠체어에 앉은 자세에서는 슬링 시트의 느슨함과 앉은 면의 각도로 앉으면 금방 골반이 뒤로 기울어지는 상태가 된다(**그림 2.36**). 고령 장애인의 경우 이

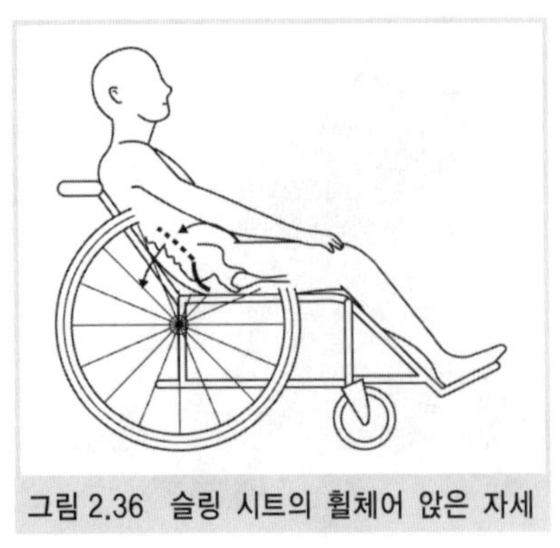
그림 2.36 슬링 시트의 휠체어 앉은 자세

자세에서 신체를 일으킬 수 있는 근력이 없다면 식사도 등받이에 기댄 상태에서 하게 된다. 이것은 곧 '맛있게 먹을 수 없는 상태'를 만들어 버리게 된다. 또한 휠체어에 앉은 자세와 의자에 앉은 자세를 비교하면 휠체어 주행성에 대응한 자세가 되며, 앉아서 식사와 작업을 하기에는 적절하지 않다고 할 수 있다. 식사와 작업을 할 때에는 앉았을 때 등받이가 안정된 의자를 이용하는 것이 기본이 된다.

### 2) 휠체어의 선정 및 조작방법

휠체어는 생활 속에서의 사용목적을 명확히 파악하여 선정하는 것이 중요하다. 여기에 고령자는 휠체어의 의자기능을 고려하여 선택할 필요가 있다. 또한 휠체어를 자립적으로 사용할 것인가, 도움을 받아 사용할 것인가, 또는 이동용으로 사용할 것인가, 의자로 사용할 것인가를 판단할 필요가 있다.

휠체어의 선정 시에는 먼저 본인의 신체적·지적 능력과 간병 필요 정도 등을 기초로 한다(**그림 2.37**). 이용자가 스스로 조작하는 자립생활을 목적으로 하는 경우에는 ① 신체치수, ② 옮겨 앉는 방법, ③ 앉은 자세, ④ 조작방법에 적합하지 않으면 안 된다. 또한 어떠한 환경에서 사용할 것인가, 침대 등의 다른 보조기구와의 관계에 문제가 없는지를 확인한다. 간병인이 조작하는 경우에는 간병인의 능력을 파악하는 것이 휠체어 선정에서는 중요하다.[102, 103]

특히 옮겨 앉는 방법이 중요한데, 이용자가 스스로 휠체어나 침대, 화장실 변기 위로

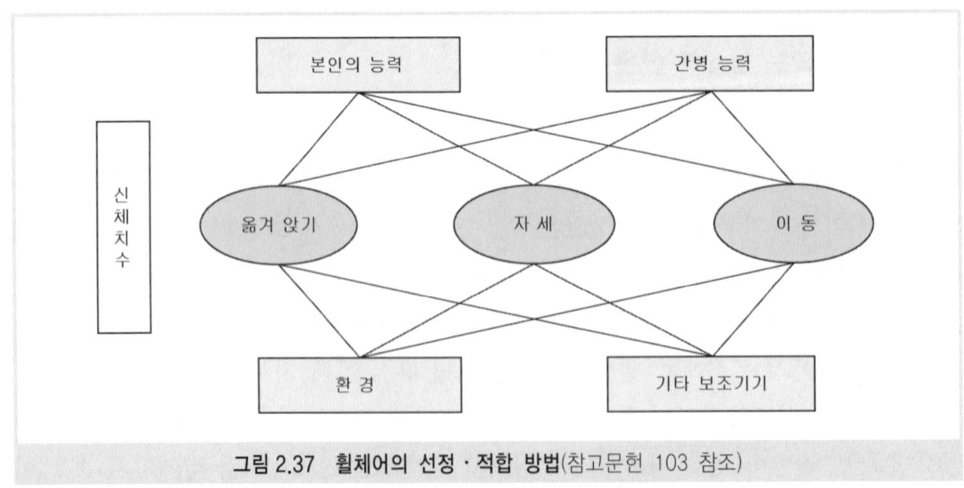

**그림 2.37 휠체어의 선정·적합 방법**(참고문헌 103 참조)

옮겨 앉을 수 있다면 일상생활은 대체로 자립이 된다. 이를 위하여 휠체어에서 가변적인 발판 사용과 팔걸이 탈부착이 간단히 가능하다면 더 유리하다. 또한 옮겨 앉는 부담이 적다는 것은 간병 부담의 경감으로 이어지며, 중증장애인의 와상 상태에 따른 부담을 덜 수 있다. 그리고 실제로는 신체치수에 맞춘 휠체어와 휠체어 전용 쿠션을 이용함으로써, 앉은 자세에서 문제되는 것을 대부분 해결할 수 있다.[104, 105] 이것들은 휠체어 위에서의 신체 균형 유지의 대부분을 해결하는 것이다. 앉은 자세를 취하기 어려운 경우에는 의자 앞면을 올리거나 등받이를 뒤로 젖힐 수 있는 기능의 휠체어를 이용함으로써 앉은 자세의 유지가 가능하다. 신체 변형과 욕창이 있는 사례는 의료기관에서의 확인에 대응하여 욕창 예방기능이 좋은 쿠션과 앉은 자세 유지장치의 대응을 고려할 필요가 있다.

### 3) 앉은 자세 능력의 분류와 시팅 대응

앉은 자세 능력의 분류는 고령자가 의자·휠체어에 앉는 능력을 시설직원과 관리자가 간단하게 평가할 수 있도록 개발된 것이다.[83, 84, 88)]

① **앉은 자세에 문제가 없는 경우** : 앉은 자세가 안정되며 양손을 자유롭게 사용할 수 있다. 또한 스스로 자세를 바꿀 수 있다(**표 2.22**). 앉은 자세에 문제가 없는 경우에도 휠체어의 앉은 면과 등받이를 단단히 고정한 기본의자로 하는 것이 중요하다(**그림 2.38**). 지표가 되는 의자에 앉은 자세에 휠체어 앉은 자세도 근접시킬 필요가 있다.

② **앉은 자세에 문제가 있는 경우** : 자세가 점점 흐트러지며, 손으로 신체를 지지하고 있는 상태. 또는 스스로 자세를 바꾸는 것이 불가능한 상태를 가리킨다. 휠체어에 앉아 스스로 허리부분이 아프지 않도록 바꿀 수 없는 사람에게는 허리부분이 미끄럽지 않도록 쿠션을 사용하도록 한다(**그림 2.39**). 다음으로 옆으로 기울어져 쓰러지는 경우에는 휠체어 전용 측방보호장치를 사용하여 지지한다(**그림 2.40**). 일반적인 베개와 쿠션만으로 휠체어 앉은 자세를 유지하는 것은 곤란하다.

③ **앉은 자세를 취할 수 없는 경우** : 휠체어에 앉은 상태에서 신체에 고통이 유발되며 머리부분과 신체가 금방 기울어지게 되는 상태. 중증장애가 있는 경우에는 앉은 자세

**표 2.22 앉은 자세 능력의 분류**

|  |  |
|---|---|
| 1. 앉은 자세에 문제가 없다 | 특별히 자세가 흐트러지지 않으며 앉아 있을 수 있다. |
| | 스스로 편안하게 앉기 위하여 자세를 바꿀 수 있다. |
| 2. 앉은 자세에 문제가 있다 | 자세가 점점 흐트러지며 손으로 신체를 지지한다. |
| | 스스로 자세를 바꿀 수 없다. |
| 3. 앉은 자세를 취할 수 없다 | 앉으면 머리와 신체가 금방 기울어지게 된다. |
| | 리클라이닝 휠체어와 침대에서 생활하고 있다. |

변형, 욕창의 유무 확인.

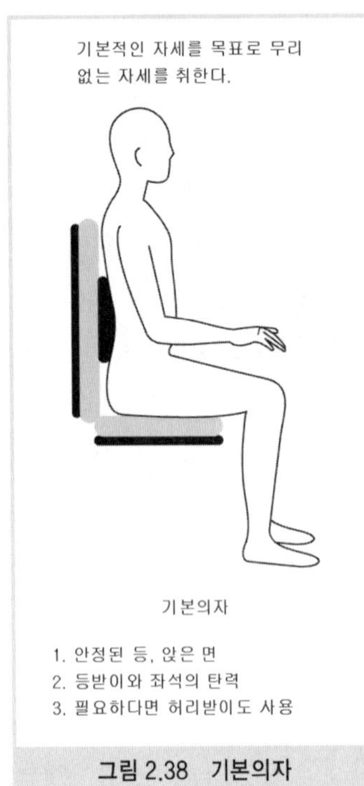

그림 2.38 기본의자

유지기능 부착 휠체어와 앉은 면과 등받이가 거의 동일한 각도로 전체가 기울어지는 틸트기능이 가능한 휠체어를 사용한다(**그림 2.41**). 일반 휠체어에서 앉은 자세를 취할 수 없는 이용자를 무리하게 앉히게 되면 의자에서 미끄러지게 되므로 보호장치가 필요하며, 앉은 면에 욕창이 발생하는 사례가 많다.

#### 4) 휠체어에 앉은 자세 유지 능력 분류에 의한 고령자 시팅 대응 사례

ㅇ앉은 자세 유지 능력에 문제가 없는 경우 : 휠체어 치수와 맞지 않아 앉았을 때 미끄러지게 되는 사례

78세 여성. 신체의 왼쪽부분 마비, 휠체어로 옮겨 앉은 것은 도움을 받아야 가능하고, 시설 내에서는 휠체어로 이동할 수 있다. 신장은 허리가 굽어 135cm 정도, 사용하고 있는 일반형 휠체어는 시설 소유이며 앉은 면의 안쪽과 폭이 맞지 않아, 앉았을 때 엉덩이

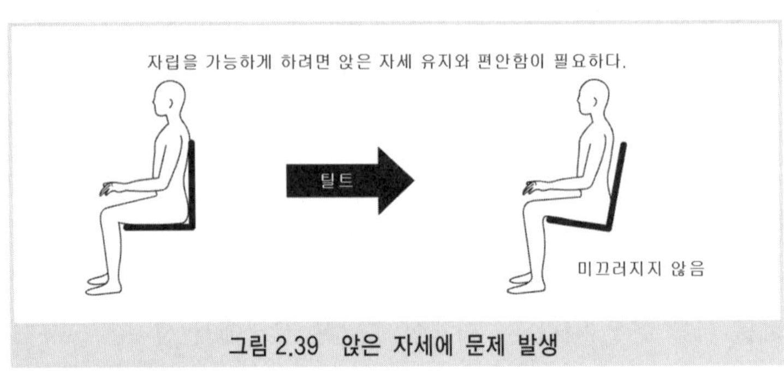

그림 2.39 앉은 자세에 문제 발생

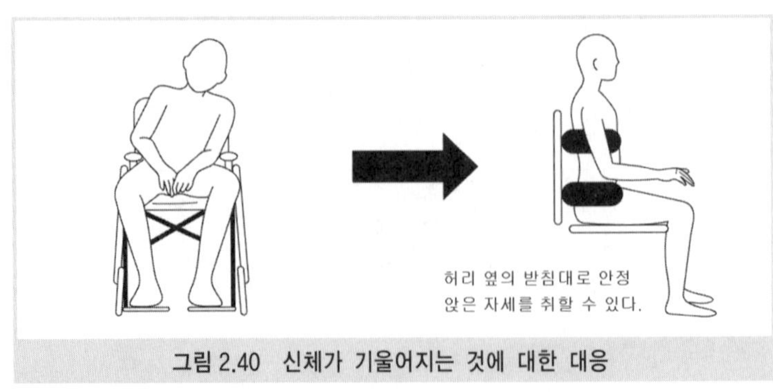

그림 2.40 신체가 기울어지는 것에 대한 대응

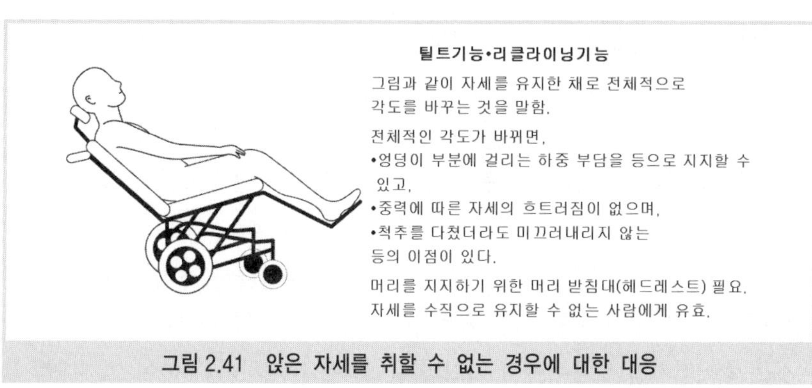


그림 2.41 앉은 자세를 취할 수 없는 경우에 대한 대응

부분이 앉은 면의 앞쪽에 걸터앉게 되어 미끄러지게 된다(**그림 2.42**). 자세가 기울어지는 것은 팔걸이의 높이가 적절하지 않은 것과 발판에서 발부분이 걸쳐지지 않는 데 원인이 있다. 휠체어 조작도 자세의 흐트러짐으로 조작이 어려운 상황이었다. 자세가 안정되지 않아 30분 정도 후 침대로 다시 돌아가는 경우가 많았다.

**휠체어 조정** : 일반형 휠체어 시트에 휠체어 전용 쿠션을 설치하였다. 또한 앉은 면의 안 깊이를 조정하며 등받이 쪽에 전용으로 6cm 정도의 두터운 쿠션을 고정하였다. 이러한 대응으로 휠체어에서의 앉은 자세는 안정되며, 보호장치의 필요성은 없어졌다(**그림 2.43**). 팔걸이 높이도 쿠션의 두께 때문에 어느 정도 신체치수에 맞추어졌다. 1회의 앉아 있는 시간은 1시간 이상이었으며, 시설 내의 취미활동에도 자주 참가하게 되어 침대에서 떨어져 있는 시간도 길어졌다. 안정된 자세에서 식사도 할 수 있게 되었으며, 음식물을 흘리는 경우도 줄어들게 되었다.

**과제** : 일반형 휠체어 폭은 조정할 수 없기 때문에 조작성이 떨어진다. 그리고 등받이에 쿠션을 두었기 때문에 신체 전체가 앞쪽으로 이동하여 바퀴 조작이 어렵게 된다. 앞으로

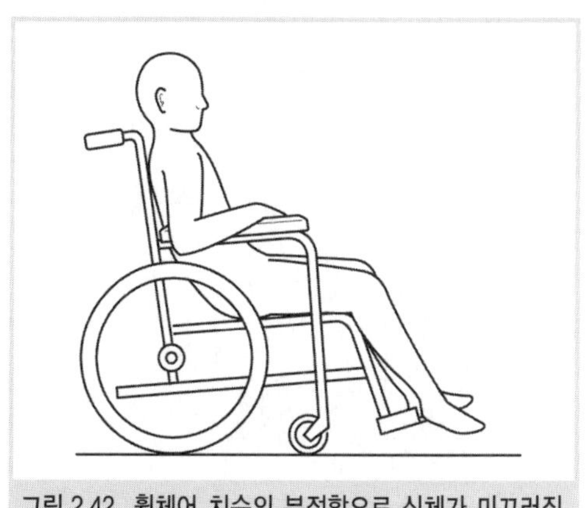

그림 2.42 휠체어 치수의 부적합으로 신체가 미끄러짐

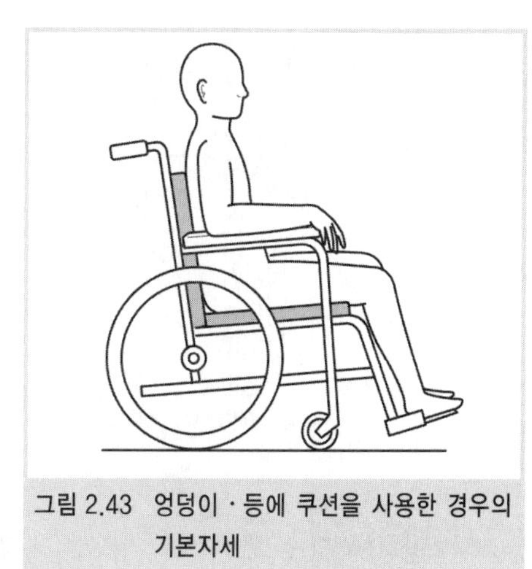

그림 2.43 엉덩이 · 등에 쿠션을 사용한 경우의 기본자세

휠체어를 도입하는 경우 앉은 폭 36cm 정도, 차축의 부착 위치를 조정할 수 있는 휠체어가 요구된다.

○앉은 자세 유지 능력에 문제가 있는 경우 : 치매증상이 진행되며 휠체어 위에서 신체 고정을 하고 있는 사례

88세 여성. 치매증상이 진행되며 보행이 어려워 휠체어를 사용하게 되었다. 초기에는 휠체어 발판을 밟고 일어서는 등 위험한 동작이 있어 억제대를 사용하였다. 그 후 일어서고자 하는 것은 없어졌지만 휠체어에서 미끄러져 내림을 방지하기 위하여 억제대를 사용하였

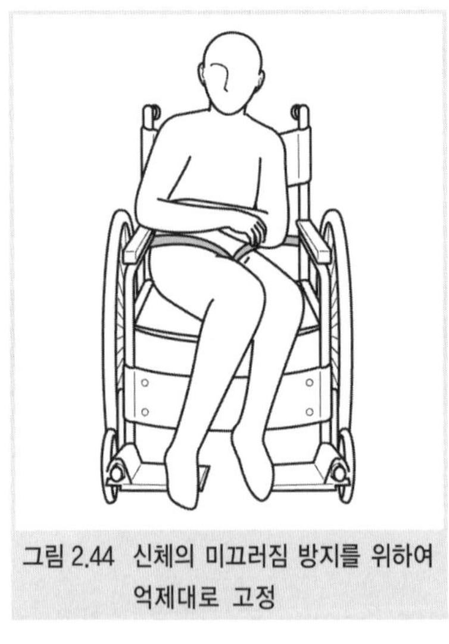

그림 2.44 신체의 미끄러짐 방지를 위하여 억제대로 고정

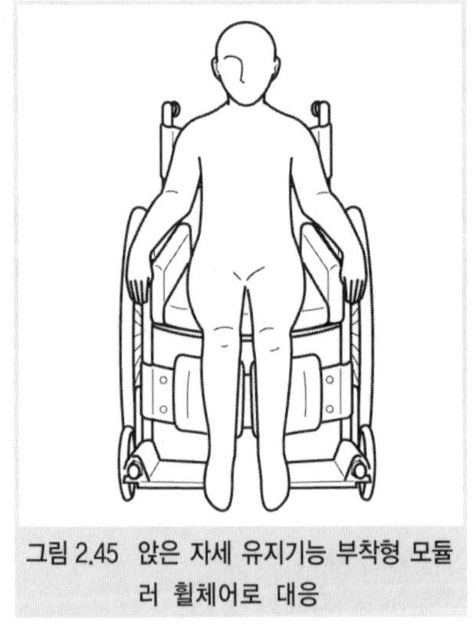

그림 2.45 앉은 자세 유지기능 부착형 모듈러 휠체어로 대응

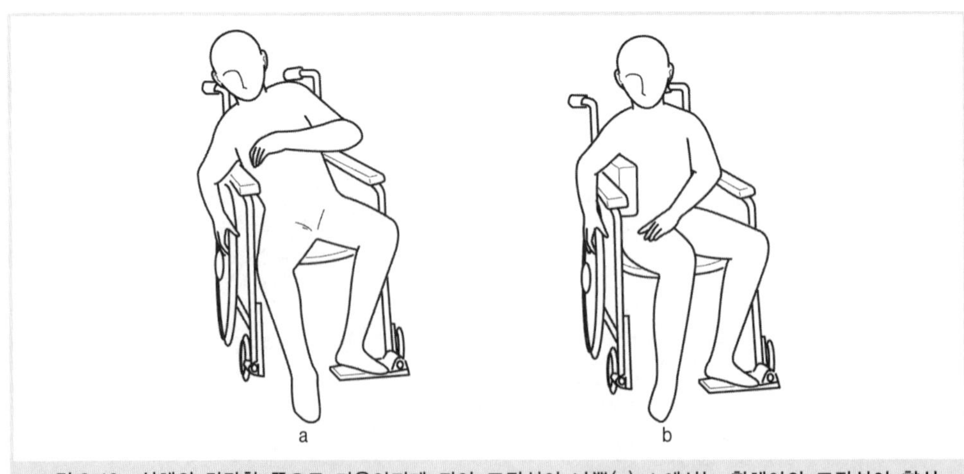


그림 2.46 신체의 건강한 쪽으로 기울어지게 되어 조작성이 나쁨(a). b에서는 휠체어의 조작성이 향상

다(**그림 2.44**). 억제대를 사용하면 등받이에 고정되기 때문에 스스로 식사하기가 어렵게 된다.

**휠체어 조정** : 치매증상의 진행과 신체기능의 저하를 배려하여 모듈러 휠체어를 사용하였다. 신체치수에 맞춰 모듈러 휠체어의 각 부분을 조정하며, 앉은 면의 쿠션성을 높였으며, 미세하지만 등받이 각도를 조절할 수 있게 함으로써 억제대는 필요 없어졌다(**그림 2.45**). 신체 고정 시에는 식사도 전부 도움을 받았지만, 앉은 자세가 안정됨으로써 식사도 일부 스스로 할 수 있게 되었다. 그 후 앉은 자세를 취할 수 없는 중증의 와상 상태로 이행되었지만 휠체어에 머리 받침대를 장착하여 1일 3회의 식사와 그 전후의 행위 등 일정시간의 활동을 확보할 수 있었다.

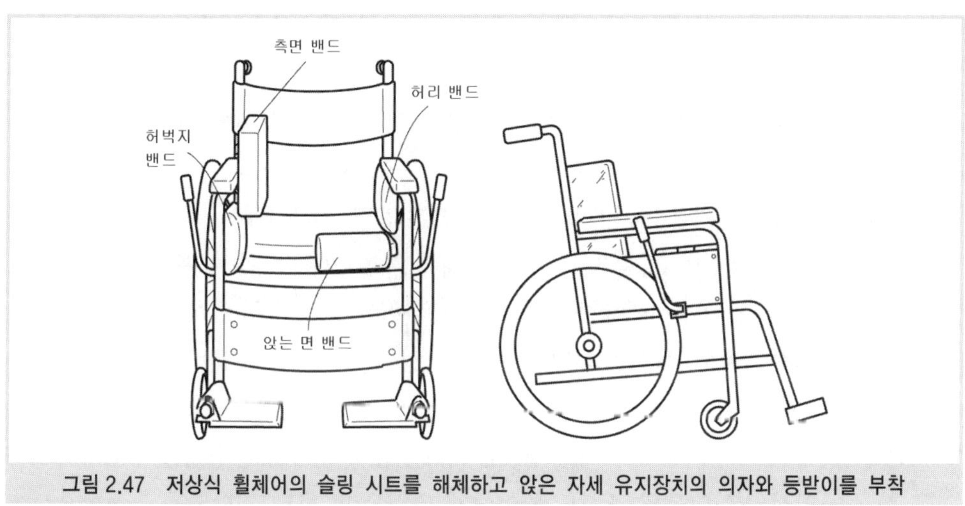


그림 2.47 저상식 휠체어의 슬링 시트를 해체하고 앉은 자세 유지장치의 의자와 등받이를 부착

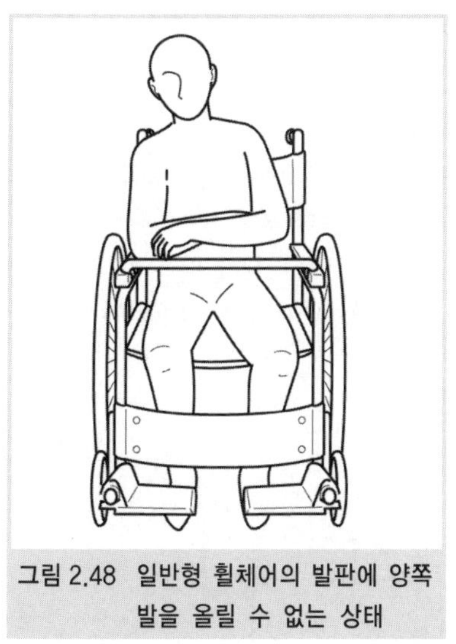

그림 2.48 일반형 휠체어의 발판에 양쪽 발을 올릴 수 없는 상태

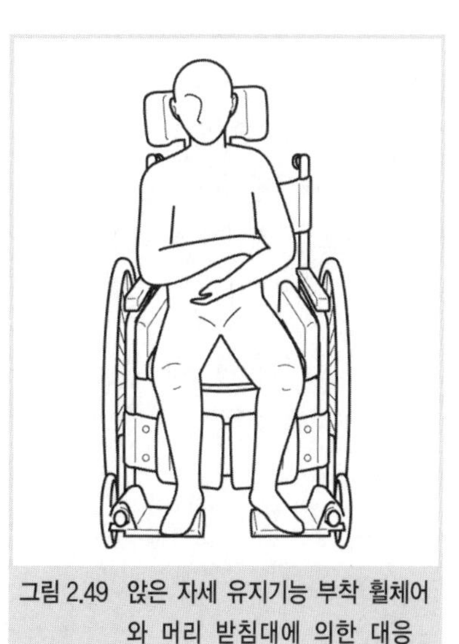

그림 2.49 앉은 자세 유지기능 부착 휠체어와 머리 받침대에 의한 대응

○앉은 자세 유지 능력에 문제가 있는 경우 : 휠체어를 혼자서 이용하는 데 어려움이 있는 사례로 앉은 자세 유지장치를 사용

81세 여성. 12년 전에 신체의 왼쪽 부분이 마비되었으며, 장애인 수첩에 의하여 저상식 휠체어를 지원받아 한 손과 한 발로 조작하여 사용하였다. 이후 휠체어에서의 균형이 신체의 건강한 쪽으로 자꾸 기울어짐으로써 조작의 실효성이 떨어지게 되었다(**그림 2.46a**). 그리고 30분 정도에 엉덩이와 허리 부분에 통증을 호소하였다.

**휠체어 조정** : 휠체어의 조작성 향상과 자세 안정을 목적으로 저상식 휠체어의 슬링 시트를 제거하고 앉은 자세 유지장치의 의자와 등받이를 부착하였다(**그림 2.47**). 오른쪽 방향으로 기울어짐을 방지하기 위해 테이블 지지대를 오른쪽에 장착하였다. 신체가 가운데로 균형이 잡혀 자세가 개선되고, 휠체어의 조작성이 향상되었다(**그림 2.46b**). 그리고 엉덩이와 허리 부분의 통증이 줄어들어 휠체어에서 앉아 있는 시간이 연장되었다.

○앉은 자세를 취할 수 없는 경우 : 앉은 자세를 취할 수 없는 사례에 틸트・리클라이닝 기능이 있는 모듈러 휠체어로 휠체어 억제 파이프를 제거한 사례

83세 남성. 뇌경색에 의한 양쪽마비로서 ADL 전부 간병. 커뮤니케이션 불가능. 개인용의 일반형 휠체어를 사용하며, 양쪽 다리 마비로 다리를 발판에 올려놓지 못하는 상태로써, 미끄러져 내리는 것을 방지하기 위하여 휠체어 팔걸이에 고정용 철제 파이프를 부착하고 있었다(**그림 2.48**). 20분 정도가 되면 괴로운 표정이 되며 큰 괴성을 지른다.

**휠체어 조정** : 다리의 마비에 맞추어 모듈러 휠체어의 틸트・리클라이닝 각도를 조절함으로써 앉은 자세 유지가 가능하게 되었다(**그림 2.49**). 동시에 머리 받침대를 부착함으로써 앉은 자세가 안정되고 고통의 표정도 줄어들게 되었으며, 틸트의 각도를 조정함으로써 1회 2시간 정도의 앉은 자세가 확보되었다.

**용어 해설 : 앉은 자세 유지장치**

앉은 자세 유지장치는 1989년에 장애인복지법의 보조기기 교부기준의 대상품목에 추가되었다. 기존에는 1・2급의 장애인 수첩 소지자에게만 휠체어가 제공되었다. 앉은 자세 유지장치는 의자기능을 중시한 기기인데, 휠체어에 앉을 수 없는 중증장애인의 앉은 자세가 확보되게 되었다. 현재 제도의 적용범위는 발달장애를 가진 사람 중심이며, 성인 장애인과 고령 장애인에게 앉은 자세 유지장치의 이용은 일반화되어 있지 않다.

(木之瀬 隆)

## 참고문헌


1) 野村みどり, 高山あかね：ハウスアダプテーションに関する研究1, 2. 1995年度日本建築学会開東支部研究報告集, 1996, pp. 173-180.
2) 延藤安弘, 住田昌ニほか：新建築学体系14. ハウジング, 彰国社, 1985, pp. 15-19, 323-329.
3) 堀川進 : 후게서(後揭書) 7), p. 131.
4) 新井敦子 : 후게서(後揭書) 7), p. 61.
5) 野村みどり：英国におけるハウスアダプテーション その1. 高齢者定住推進計画に開する考察, 1993年度日本建築学会開東支部研究報告集, 1993, pp. 209-212.
6) 大原一興, 野村みどり, 横山勝樹. 英国におけるハウスアダプテーション その2. 事例にみる住宅改造の方法, 1993年度日本建築学会関東支部研究報告集, 1993, pp. 213-216.
7) 高齢者のすまいづくりシステム研究委員会(編)：日本のハウスアダプテーション一建築・医療・保建・福祉の連携による住宅改造のシステム化をめざして. 財団法人 住宅総合研究財団, 1993, pp. 79-106.
8) Statham, R., Korczak, J., Monaghan, P : Department of the Environment, House Adaptations for People with Physical Disabilities, a Guidance Manual for Practitioners, HMSO, 1988.
9) 野村みどり監訳：住まいのバリアフリー ハウスアダプテーション 実務者のための手引書. 建築技術, 2002. (위의 8)의 번역서)
10) Care & Repair : Meeting the Needs '92.
11) Department of the Environment and Welsh Office House Renovation Grants.
12) 国立職業リハビリテーションセンター : 肢体不自由者の利用を考慮した環境設計マニュアル. 国立職業リハビリテーションセンター, 1988.
13) 八藤後 猛：肢体不自由者の身体機能と要求される環境改善との関係について — その1 —. 職業リハビリテーション研究, 2, 国立職業リハビリテーションセンター, 1985.
14) 八藤後 猛：肢体不自由者の身体機能と要求される環境改善との関係について — その2 —. 職業リハビリテーション研究, 3, 国立職業リハビリテーションセンター, 1986.
15) 八藤後 猛 : 講座 車いす使用者の利用を考慮した住宅改造. 理学療法ジャーナル, 6 : 401-406, 1990.
16) 田中 理：車いすとリハビリテーション工学一車いすの移動機能, 駆動特性, 走行性能一. 総合リハビリテーション, 10 : 765-772, 1986.
17) 野村みどり, 大原一興：理学療法士と作業療法士の住宅改造に関する研究 — その 1-4. 1990年度日本建築学会関東支部研究報告集 計劃系, 1991. 1, pp. 113-128.
18) 池田 誠：リハビリテーションにおける住宅改造の位置づけと関連制度, バリア・フリーの生活環場論 (第2版). 医歯薬出版, 2002, pp. 95-99.
19) 高齢者のすまいづくりシステム研究委員会編：ハウスアダプテーション. 住宅総合研究財団, 1995, pp. 7-41.
20) 成田すみれ, 野村 歓ほか：福祉住環鏡コーディネーター検定3級テキスト (改訂版). 東京商工会議所, 2003, pp. 62-72.
21) 成田すみれ, 田中 賢：福祉住環鏡コーディネーター検定3級テキスト (改訂版). 東京商工会議所, 2003, pp. 35-42, 69-78
22) サンワコーポレーション編：バリアフリー・デザインがイドブック (2002年度版). 三和書籍, 2001, pp. 359-410.
23) 西村伸介 : 介護保険で住宅改修, 東京法令出版, 2000.
24) 家の光協会編 : 高齢者にやさしい住宅増改築実例集, 家の光協会, 1999.

25) (株)U.P.E.編：バリアフリーの家 (新築・改築実例集), 永岡書店, 2001.
26) 朝日新聞厚生文化事業団：お年寄りの介護用品購入の手引. 1988.
27) 稲満雅弘：在宅訪問活動の実態と採算. 理孝療法ジャーナル, **24(9)**：609-614, 1991
28) 建設省住宅局住宅生産課ほか：高齢化対応住宅リフォームマニュアル. 日本住宅リフォームセンターほか, 1990.
29) 厚生省社会局・児童家庭局・援護局(監修)：社会福祉六法(昭和62年版). 新日本法規出版, 1986.
30) 高齢者のすまいづくりシステム研究委員会(編)：日本のハウスアダプテーション. 住宅総合研究財団, 1993.
31) 高齢者のすまいづくりシステム研究委員会(編)：ハウスアダプテーション. 住宅総合研究財団, 1995.
32) 相良ニ郎・他：リハビリテーションのための住まいづくり. 日本リハビリテーション工学協会, 1989.
33) 社会資源研究会(編)：福祉制庶要賢. 川島書店, 1989
34) 全国社会福祉協議会：高齢者の住宅増改築相談マニュアル. 1990.
35) 東京都. 社会福祉の手引. 1990.
36) 野村 観：高齢者・障害者に対する住宅関連制度, 高齢者・障害者の住まいと改造のくふう. 保健同人社, 1989.
37) 安藤徳彦：片まひ患者の家屋改造計劃. 総合リハ, **10**：129-135, 1982.
38) 浅田 進ほか：当センターの家屋改造指導(特に脳血管障害者について). リハ医学, **14**：313-314, 1977.
39) 宮下八重子：ホームエバリュエーション. 理・作・療法, **21-1**：4-10, 1987.
40) 三田幸恵ほか：関節リウマチ患者のための手すり. 理・作・療法, **22-6**：358-363, 1988.
41) 半田一登：玄関の改造のアイデアと問題点. PTジャーナル, **24-4**：249-254, 1990.
42) 内山幸久：高位頚損向け玄関自動扉システム仕様. 第5回リハ工学カンファレンス講演論文準, 1990, pp. 187-190.
43) 栗津原昇ほか：浴室・便所の改造の基本的考え方と改造の実際. PTジャーナル, **24-3**：197-204, 1990.
44) 石神重信ほか：在宅障害老人の生活環境整備. 総合リハ, **15-7**：507-513, 1987.
45) 富田政夫：在宅片まひ障害者の手すり. 理・作・療法, **22-6**：352-357, 1988.
46) 中西功悦ほか：脳卒中のホームエバリュエーションの経験. 理学療法研究, **6**：28-31, 1989.
47) 高田京子ほか：在宅脳卒中者の車椅子利用状況. 理・作・療法, **19-2**：75-78, 1985.
48) 子安元子ほか：脳卒中後遺症者のフォローアップ一車椅子使用度と在宅者との関係. 理・作・療法, **19-2**：85-88, 1985.
49) 和才嘉昭ほか：脊髄損傷-対まひと四肢まひ. 土屋弘吉ほか：日常生活動作(ADL)評価と訓凍の実際. 第2版, 医歯薬出版, 車京, 1984, pp. 162-218.
50) 佐藤弘一ほか：脊髄損傷者のための手すり. 理・作・療法, **22-6**：364-370, 1988.
51) 寺山久美子ほか：自助具・介護用具. 東京都社会福祉協議会, 東京, 1986, pp. 30-40.
52) 坂本貞一郎ほか：福祉機器の開発に関する研究. 昭和50年度研究業績報告書, 福祉機器の開発センター, 1976.
53) 加倉井周一：ISO(国際標準化機構)によるリハビリテーション機器の国際規格分類(案)について. リハ医学, **26(5)**：407, 1989
54) 日本作業療法士協会・機器対策委員会(編)：福祉機器の利用について. 作業療法, **9(1)**：1990.

55) 岩谷 力：リハビリテーション医学白書. 日本リハビリテーション医学会, 2003, p. 94.
56) 石山直季：作業療法における“ヒヤリ・ハツト”に関する調査. 平成十年度卒業研究論文集, 3-10, 2002.
57) 相良ニ郎：住環境のバリアフリ一. 彰国社, 2002, pp. 34-35.
58) 전게서(前掲書) 57), p. 35.
59) 総理府編：平成12年度版障害者白書. 2000, pp. 18, 24.
60) 洗練された商品：読売新聞 2003年 5月 15日 (朝刊).
61) (財)テクノエイド協会の福祉用具情報システム(TAIS)：http://www.techno-aids.or.jp/system/ccta95.xls
62) 福祉用具・共用品に関する JISの制定状況. 日本生活支援工学学会誌1：2002, p. 1-72.
63) 전게서(前掲書) 55), p. 101.
64) 菊池恵美子：コンパクト建築設計資料集成. バリアフリ一, 日本建築学会編, 2002, p. 29.
65) 전게서(前掲書) 64), p. 39.
66) 作業療法学全書(改訂第2版)第9券作業療法技術論1：義肢, 装具リハビリテーション機器, 住宅改造. 協同医書出版, 1999, p. 198-201.
67) 전게서(前掲書) 64), p. 32.
68) 河添龍志郎. 住環境のバリアフリ一. 彰国社, 2002, pp. 60-61.
69) 전게서(前掲書) 65), pp. 62-63.
70) 전게서(前掲書) 55), p. 95.
71) 時事通信社(編)：'93-94福祉機器用品最新情報. 時事通信社, 1993.
72) ハンダ付け実戦講座. 初歩のラジオ, 2：31-33. 1986.
73) 白土義男：IC利用工作のノウハウ. 日本放送出版協会, 1981.
74) 第5回リハ工学カンファレンス講習会資料(Bコース：操作スイッチの製作), 日本リハビリテーション工孝協会. 1990.
75) 영국 문부성·Department of Education and Science, Architects and Building Group：Access for Disabled People to Educational Buildings. Design Note 18, 2nd ed., 1984.
76) Adrienne Falk Bergen, Jessica Presperin, Travis Tallman：Positioning for Function. Published by Valhalla Rehabilitation Publications, Ltd., 1990.
77) Letts RM：Principles of Seating The Disabled. CRC Press, Boca Raton, 237-245, 1991.
78) Elaine Trefler, Douglas A. Hobons, Susan Johnson Taylor, et al：Seating and Mobility. Therapy Skill Builders, Memphis, 281-292, 1993.
79) William C.Mann, Joseph P.Lane：Assistive Technology for Persons with Disabilities The Role of Occupational Therapy. The American Occupational Therapy Association, inc. 1991.
80) Rory A. Cooper：Wheelchair Selection and Configuration. 1998
81) 木之瀬 隆：シ一ティングの進歩とアシスティブテクノロジ一, 作業療法ジャ一ナル31：43-47, 1997.
82) 木之瀬 隆ほか；OTマニュアル シ一ティングシステム, (社)日本作業療法士協会, 2000
83) 木之瀬 隆, 広瀬秀行：高齢者の車いす座位能力分類と座位保持装置. リハビリテ一ション・エンジニアリング 13(2)：4-12, 1998.
84) 日本褥瘡学会編：褥瘡対策の指針. 2002.
85) 日本看護協会編集：褥瘡ケアがイダンス. 日本看護協会出販会, 2000.
86) 広瀬秀行：車いすでの褥瘡予防. 臨床看護, 27(9)：1403-1407, 2001.
87) 広瀬秀行：リハビリテ-ション工学面から見た褥瘡予防. リハビリテ一ション匿学 39(8)：

497-503, 2002.
88) 厚生労働省身体拘束ゼロ作戦推進会議編：身体拘束ゼロへの手引き, 身体拘束をなくすための「車いす」や「いす」. 30-36, 2001.
89) 広瀬秀行, 木之瀬 隆：高齢者に対するシーティングシステムアプローチ. 93-97看護技術, 48(10)：93-97, 2002.
90) 大津慶予, 木之瀬 隆：シーティングシステム研究会 50回記念誌. 2001.
91) 木之瀬 隆, 広瀬秀行：座位保持姿勢の基本的な考え方とシーティングシステム一高齢者向けの座位保持装置一. 作業療法ジャーナル 30(6)：465-472, 1996.
92) 木之瀬 隆：高齢者のシーティング②モジュラー車いすを基本とした車いすの選定・適合方法, 自立支援とリハビリテーション. 1(2)：103-110, 2003.
93) Bengt Engstrom：Ergonomics Seating And Wheelchairs, Seminars in Japan, 1998.
94) 木之瀬 隆：高齢者のシーティング その① シーティングの役割と普通車いすの問題点. 自立支援とリハビリテーション増刊号 1(1)：93-98, 2003.
95) 広瀬秀行ほか：車いすクッションの使い方とメンテナンス. リハビリテ-ション・エンジニアリング 16(3)：11-13, 2001.
96) 木之瀬 隆：シーティングシステムの進歩とアシスティブ・テクノロジ-. 作業療法ジャーナル 31：43-47, 1997.
97) 高橋正樹ほか：からだにやさしい車いすのすすめ. 三輪書店, 1994.
98) 沢村誠志監修：介護福祉士のための福祉用具活用論. 中央法規, 2000.
99) 黒田大治郎：福祉用具供給システムの課題(介護保険とリハビリテーション). 総合リハ 28(1)：75-82, 2000.
100) Osa Littrup Jackson：Therapeautic Consideration For The Elderly, Churchill Livingstone：93-111, 1987
101) Susan C.H.：Wheelchair Needs Of the Disabled, Therapeautic Considerations for the Elderly, Churchill Livingstone, 1989.
102) 市川きよし編集：福祉用具のアセスメントマニュアル. 中央法規出版, 1998.
103) 日本リハビリテーション工学協会編. 車いすの選び方・使い方. 2000.
104) 木之瀬 隆：高齢者のシーティング その③ 車いすシーティングによる身体拘束ゼロと褥瘡予防. 自立支援とリハビリテーション 1(3)：86-93, 2003.
105) 美濃良夫：ナースのための褥瘡ケアハンドブック. 医薬ジャーナル社, 2000.
106) 木之瀬 隆：モジュラー車いすとシーティングシステム. 作業療法ジャーナル 33：335-340, 1999.

3장

# 장애물 없는 주택 계획

## 3장 장애물 없는 주택 계획

본장에서는 고령자 · 장애인 주택에 대한 주택 사정 및 정책 등의 현황과 과제를 포함하여, 배리어 프리 디자인의 개념을 기초로 한 설계 · 계획을 서술한다.

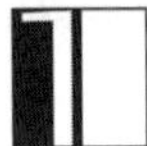

# 주택의 개념

### 1.1 주생활의 개념

인간은 도구를 발견한 이후, 도구를 사용하여 자연에 대응하며 자연을 인간에게 유용한 것으로 가공하여 생활수단을 획득 · 생산하여 왔다. 그리고 이러한 생활수단을 소비함으로써 생명(노동력)을 재생산하여 살아왔다. 이러한 행위를 우리들은 생활이라고 부른다. 이와 같은 생활은 생명(노동력)을 소비하여 생활수단을 생산하는 과정인 노동생활과, 생활수단을 소비하여 생명(노동력)을 재생산하는 과정인 소비생활로 구분할 수 있다.

낮은 생산력 단계의 사회에서 소비생활이란 '먹고, 자는 것'이 전부였지만, 고도로 발달된 높은 생산력을 가진 사회에서는 자기 스스로가 자유롭게 활용 가능한 시간과 여가시간이 증가되었다. 이러한 의미에서 소비생활을 좀 더 세분화하면 가정생활과 여가생활로 분류하여 생각할 수 있다.

주생활(住生活)은 이러한 소비생활의 일부를 지지하는 물적 기반, 즉 주택이라는 공간 · 장소로부터 소비생활을 대상화한 개념이며, 주택에서 이루어지고 있는 모든 소비생활을 지칭하고 있다.

### 1.2 주택의 기능

**표 3.1**은 주택 내에서 세계 각 민족이 어떠한 행위를 하고 있는가에 대한 문화인류학적 조사 결과이다. 수면 · 휴식, 성교, 육아 · 교육, 취사, 식사, 가계, 격리와 같은 행위가 어느 민족에서나 공통의 사례임을 알 수 있다. 일본의 주택은 좀 더 복잡한 기능을 가지고 있음을 알 수 있다.

주택 기능의 최우선은 인간의 생명을 지키는 것이다. 주택은 지붕, 기둥, 바닥, 벽이라는 것으로부터 이루어지는 공간 · 장소이다. 이에 의해 비, 눈, 바람, 외기(外氣), 지반의 냉기, 낙하물 등으로부터 인간의 몸을 지키며, 체온저하나 물리적 압박 등의 위협으로부터 인간의 생명을 지키는 역할을 하고 있다. 또한 주택은 쉘터(shelter)로서의 역할과 외부의 적으로부터 생명을 보호하는 역할도 하고 있다.

주택은 지붕, 기둥, 바닥, 벽으로 공간을 구획하여 영역과 방을 만들며, 안심하고 인간의 생활행동이 가능한 공간 · 장소를 만든다. 그곳에서는 매일의 식사 · 취침 · 부부생활 · 단란한 가정생활을 안심하고 유지하는 것이 가능하다.

주택은 실의 집합체로서 집을 만들며 자신의 영역을 정하여 혼자가 될 수 있는 공간을 확보하며(프라이버시 확보), 타인과 교류하는 공간을 확보한다(커뮤니케이션 확보).

프라이버시와 커뮤니케이션은 자기 확립을 추구함과 더불어, 타인과의 교류를 통하여 자신의 사회화를 확립하며, 개인 · 가족 · 친족 · 사회를 구성하게 하며, 사회적인 관계를 창조하여 문화적 활동을 성립시키는 기초를 만든다.

**표 3.1 주택 내에서의 행동**(이시게, 1971)[1)]

| 행동 \ 사회 | 하짜피족 | 다토가족 | 이라크족 | 스와히리 | 메가루하족 | 모니족 | 서부다니족 | 통가 | 일본 |
|---|---|---|---|---|---|---|---|---|---|
| 수면 · 휴식 | ● | ● | ● | ● | ● | ● | ● | ● | ● |
| 배 설 | | | | ● | | | | ● | ● |
| 입 욕 | | | | ● | | | | ● | ● |
| 화장 · 옷입기 | | | | | | | | | ● |
| 성 교 | ● | ● | ● | ● | ● | | | ● | ● |
| 육아 · 교육 | ● | ● | ● | ● | ● | ● | ● | ● | ● |
| 세 탁 | | | | | | | | ● | ● |
| 취 사 | ● | ● | ● | ● | ● | ● | ● | ● | ● |
| 식 사 | ● | ● | ● | ● | ● | ● | ● | ● | ● |
| 재물 관리 | ● | ● | ● | ● | ● | ● | ● | ● | ● |
| 생 업 | | ○ | ○ | | | | | | |
| 접 객 | ● | ● | ● | ● | ● | ● | ● | ● | ● |
| 신 앙 | | | | ○ | ○ | | | | ● |
| 격 리 | ● | ● | ● | ● | ● | ● | ● | ● | ● |
| 지적 활동 | | | | | | | | | ● |
| 오 락 | | | | | | | | | ● |
| 미적 활동 | | | | | | | | | ● |
| 은 퇴 | | | | | | | | | ● |

● 주로 주거 내 공간에서 이루어지는 행동이다.
○ 주거 내 공간에서 행동의 일부가 이루어진다.

즉, 주택은 인간의 생명과 생활을 유지 · 재생산하며, 인간의 사회와 문화를 유지 · 재생산하는 기능을 가진 가장 중요한 물적 기반이라고 할 수 있다. 이러한 주택과 그 주변에서 이루어지는 모든 소비생활을 주생활이라고 하며, 주택과 주생활을 합쳐서 주거라고 하며, 주거를 둘러싼 환경을 주환경(住環境)이라고 부르고 있다.

# 2 고령자 주택 계획

## 2.1 고령 사회와 가족

21세기 사회의 특징을 일반적으로 '고령 사회'라고 하는 것처럼, 인구 분포에서 차지하는 고령자의 비율이 상당히 높아지리라 예상되고 있다.

일반적으로 65세 이상의 사람이 차지하는 인구 비율이 7%를 넘는 사회를 고령화가 진행되고 있는 '고령화 사회', 14% 이상을 고령화가 이미 진행된 '고령 사회'라고 정의하고 있다(**그림 3.1**). 일본은 고령화 속도가 상당히 빨라, 65세 이상의 인구가 차지하는 비율이 7%에서 14%에 도달하는 기간이 프랑스 125년, 미국 65년, 스웨덴 80년에 비해 25년이라는 속도로 진행되고 있다.

고령화 진행의 원인으로 첫째는 출생률의 저하에 의한 아동의 감소, 둘째는 평균수명이 길어졌다는 점을 들 수 있다.

고령화에 따라 주생활의 기초가 되는 가족 형태도 변하고 있다(**그림 3.2**). 고령자와

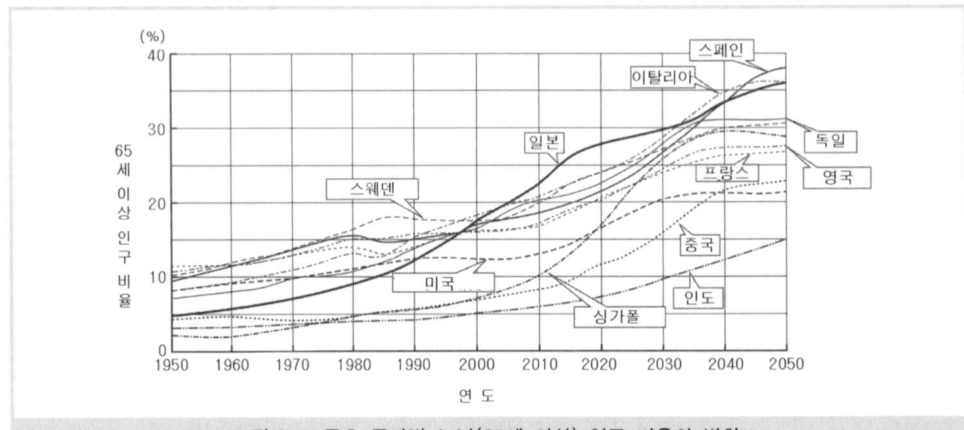


**그림 3.1 주요 국가별 노년(65세 이상) 인구 비율의 변화**

자료 : UN, 「World Population Prospect」; 일본 총무성 통계국, 「국세조사」; 국립사회보장·인구문제연구소, 「일본의 장래추계 인구」, 2002년 1월 참조.

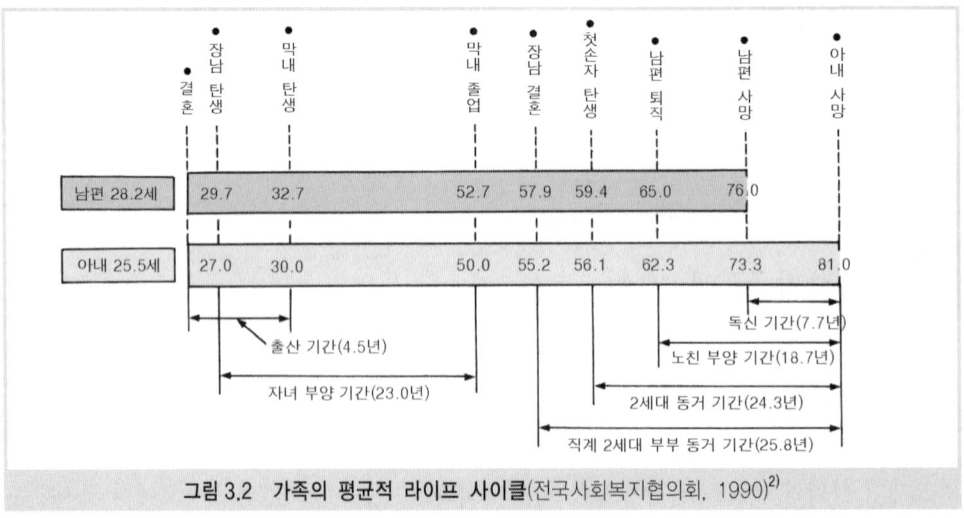


**그림 3.2 가족의 평균적 라이프 사이클**(전국사회복지협의회, 1990)[2)]

같이 생활하면서 늙은 부모를 부양하는 기간이 장기화됨과 함께, 여성이 혼자 사는 기간도 장기화되고 있다. 고령화에 따른 장애도 뚜렷하게 나타나고 있으며, 장애인으로 인정되고 있는 사람들 중 고령자의 비율도 증가하고 있다. 특히 75세 이상의 후기 고령자에게 '치매', '중풍'과 같은 문제가 많이 발생하며, 심각한 문제가 되고 있다.

고령자를 포함한 세대 동향을 살펴보면(**그림 3.3**), 세대수의 급격한 증가와 함께 특히 독신 세대와 고령자 부부 세대는 비율·절대수 모두 급격히 증가하고 있다. 함께 살고 있는 세대 비율은 감소하고 있지만 절대수는 증가하고 있다. 이와 같은 이유에서 고령자의 특성을 충분히 배려한 주택 계획이 앞으로 점점 더 중요해진다.

## 2.2 노년기의 주생활 특징

인간이 노년기에 쓸쓸함을 느꼈을 때 그 주생활은 다음과 같은 특징을 가지고 있다고 말할 수 있다.

첫째로, 노년기에는 지금까지의 직업에서 정년퇴직하여 새롭게 제2, 제3의 일에 종사하거나 일로부터 완전히 은퇴하는 것이 일반적이다. 그리하여 가정생활과 여가생활의 비중이 지극히 커지게 된다.

생활시간 구조를 보면(2000년 NHK 국민생활시간조사), 2차 활동(일과 가사 등의 의무적 활동)이 고령화와 함께 남녀 모두 현저히 감소하며, 1차 활동(수면과 식사 등의 생리적 활동)과 3차 활동(여가활동)의 비중이 상당히 높아져 젊었을 때와 비교해서 주택 내에서 생활하는 시간이 상당히 많아진다.

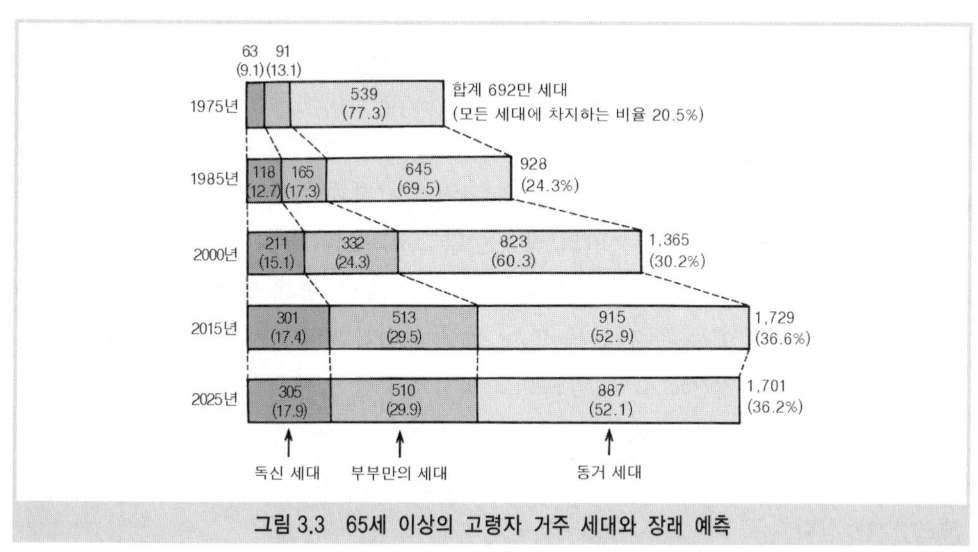


**그림 3.3 65세 이상의 고령자 거주 세대와 장래 예측**

특히 1차 활동 시간이 길어져서, 50대까지 10시간 전후였던 것과 비교하여 60대 초반에는 남녀 모두 11시간 가까이 되며, 70세 이상에서는 12시간을 넘는다. 이 중에서 수면은 60세 이상에서 8시간을 넘고, 70세 이상은 9시간을 넘는다. 주생활에서는 신변생활 환경의 구축이 중요한 과제가 된다. 3차 활동 중에서는 '텔레비전, 라디오, 신문, 잡지' 시간이 길어지므로, 주택 내에서 여가생활을 보내는 방법이 중요한 과제가 된다.

둘째, 고령화에 따른 생리기능의 저하, 감각기능의 저하, 신체기능의 저하, 정신적·지적 기능의 변화에 따른 주생활의 변화가 일반적으로 보인다.

생리기능의 변화로는 외형적 변화, 예비력(신체적 기력의 변화), 항상성(homeostasis : 체내 환경을 외부 환경의 변화에 따라 자동으로 조정하는 능력), 감염에 대한 면역력 감퇴 등이 나타나고 있다. 감각기능의 변화로는 청각, 특히 높은 음역의 청각이 저하하며, 미각에서는 특히 짠맛을 느끼는 감각이 저하하는 것으로 나타난다. 시각, 후각, 촉각, 통각도 저하한다. 신체기능의 변화로는 신장·체중·가슴둘레 등이 평균적으로 점점 감소하며, 하반신이 약해지며, 보폭이 좁아져 넘어지기 쉽다. 악력, 민첩성, 지구력 등도 저하한다. 정신적·지적 기능은 언어적 지능과 심리적·사회적 자극에 대한 감수성 저하 등이 보이지만, 반대로 지식의 증가와 인격의 성숙에 따른 발달도 보인다.

이런 변화로 보통 고령자의 일상생활동작 능력은 저하되며, 특히 75세 이상에서 급격하게 나타나 생활하는 동안 타인의 도움과 간병이 필요해지고, 결국에는 '치매', '중풍' 등이 되는 수도 있다. 그래서 거주생활의 행동권역이 점점 좁아지며, 이전에는 아무것도 아닌 생활환경이 불편하고 위험해질 수 있다. 고령자의 사고 중 사망률이 가장 높은 것은 교통사고이며, 다음으로 넘어짐과 추락이다. 가정 내 사고로는 넘어짐과 추락이 가장 많은 것으로 나타나, 편리성과 안정성 확보가 중요한 과제가 되고 있다.

셋째, 고령자는 나이가 들어감에 따른 질병의 발병률, 의료시설에서의 검진율, 사망률이 높게 나타나며, 언제나 질병·죽음과 근접한 생활을 보낼 수밖에 없는 생활을 한다. 고령자의 주생활에서는 보건위생 관리와 함께 질병의 간호, 죽음에 대한 정신위생 관리 등이 중요한 과제가 되고 있다.

넷째, 가족관계의 변화이다. 65세 이상의 고령자와 함께 거주하는 세대는 전체 평균 세대의 약 36%, 65세 이상의 부부만의 세대는 약 28%, 독신 세대는 약 19%이다(2001년). 함께 거주하고 있는 경우에는 자식 세대 부부의 아이들과 함께 생활하는 경우가 많다. 함께 살지 않는 경우에는 부부 단독 또는 독신 세대가 된다. 특히 여성은 혼자 사는 세대의 비율이 높고, 기간도 길다. 앞으로 고령자를 포함한 세대수는 점점 더 증가하며, 특히 부부 단독 또는 혼자 사는 세대의 비율이 높아질 것으로 생각된다. 노년기에는 이러한 가족관계의 급격한 변화가 발생하므로, 그에 맞는 주생활·주택을 계획·설계하지 않으면 안 된다.

다섯째, 고령자의 소득구조의 변화이다. 보통 직업을 가진 고령자 비율은 낮으며, 고령자 세대의 평균 소득도 점점 낮아져 전체적으로 소득이 낮은 층과 높은 층으로 이분화되는 경향이 있다. 자신의 집을 가지고 있는 비율은 높으나 연금과 보험에 의지하여 생활하는 층이 증가하며, 소비 지출이 낮아져 부득이하게 생활수준의 저하를 가져오기도 하며, 주택 및 자산 관리가 중요한 과제가 되고 있다.

그러나 위에서 서술한 특징들은 일반적·평균적인 경우로서 고령자라고 해도 그 개인차가 상당히 크다. 건강한 사람도 있고, 사회적으로도 중요한 역할을 하며 활약하는 경우도 많다. 또한 앞으로 고령자 수가 증가함에 따라 건강한 고령자도 늘어날 것으로 생각된다. 그러나 심신의 상태가 어떻든지 간에 고령자가 편리하고 쾌적한 주거생활을 할 수 있도록 하는 것이 중요하다. 이를 위하여 이러한 주생활 형태의 특징을 충분히 고려하면서 다양한 문제점을 극복하여, 쾌적하고 편리하며 안전성이 높은 위생적인 주거·주환경으로 정비하는 것이 대단히 중요한 과제라고 할 수 있다.

## 2.3 고령자의 거주 형태

고령자는 심신기능의 상태, 경제 상태, 가족 형태가 다양하며, 각각의 상태에 따라서 사회적 보호, 지원, 간병 등의 서비스가 필요하다.

고령자의 심신기능 상태는 일반적으로는 나이가 들어감에 따라 다음과 같은 단계를 거친다.

① 대체적으로 모든 것을 스스로 할 수 있는 시기

② 어느 정도 허약한 상태가 되어 식사·입욕·배설 등의 신변 생활 행위는 스스로 할 수 있지만, 조리·청소 등의 생활 관련 행위는 도움이 필요한 시기

③ 생활 관련 행위뿐만 아니라 식사·입욕·배설 등의 신변 생활 행위도 도움이 필요한 시기

④ 생활 관련 및 신변 생활 행위의 도움뿐만 아니라, 간호·의료 행위가 일상적으로 필요하며, 경우에 따라서는 터미널 케어(terminal care : 임종기를 돌보아주는 간병)가 필요한 시기

경제조건이나 가족의 간병조건이 마련된 경우에는 자기 집, 공영·공단·공사의 임대주택, 민영 임대주택에 관계없이 ①~③의 단계는 재택 거주가 가능하지만, ④의 단계에서는 병원 입원 또는 사회복지시설 입소라는 거주 형태를 취하는 경우가 있다. 그러나 혼자 사는 세대의 경우에는 ③의 단계에서도 재택조건에 따라서는 입원·입소 또는 가족과의 재동거가 되는 경우가 많다.

저소득인 경우와 가족간병이 이루어질 수 없는 경우에는 ①~③이라도 시설입소가

있을 수 있다.

거주의 장소로는 각종 병원이나 사회복지시설로 노인병원, 노인보건시설, 특별양호노인 홈, 실비노인 홈, 유료노인 홈 등이 있다. 스웨덴 · 영국 · 미국 등에서는 고령자의 약 90%가 일반주택에, 약 5~6%가 시설 · 병원에, 1~4%가 서비스 하우스 등의 케어 가능한 주택에 거주하고 있는 것으로 추측된다(1976~1982년). 일본에서는 일반주택에 약 95%, 시설 · 병원 거주자는 고령자의 약 5% 정도로 나타나며, 케어 가능한 주택 시스템이 아직 충분하지 못하고, 시설이나 병원 중에서는 병원의 입원율이 높은 점 등이 특징적이다. 앞으로 노인보건시설, 케어 하우스(식사 서비스가 가능한 실비노인 홈의 새로운 유형)에서의 거주율이 증가할 것으로 예상된다.

## 2.4 고령자의 주택 실태

주택 실태를 살펴보면 세대수의 급격한 증가와 함께 세대 구성원의 소규모화가 진행되고 있다. 국민생활기초조사에서 65세 이상의 사람이 있는 세대수는 2001년에 약 1,636만 7천 세대로(전 세대의 35.8%), 이 중에서 단독 세대는 약 318만 세대(65세 이상의 사람이

**표 3.2 세대 구성별로 본 65세 이상 동거 세대 수의 변화**

| 연 도 | 전 체 | 비 율 | 단독 세대 | 부부만의 세대 | 어느한쪽이 65세 이상인 세대 | 모두 65세 이상인 세대 | 부모와 미혼자녀만의 세대 | 3세대의 세대 | 기타 세대 | 65세 이상만의 세대 |
|---|---|---|---|---|---|---|---|---|---|---|
| 추정수(천 세대) | | | | | | | | | | |
| 1975 | 7,118 | (21.7) | 611 | 931 | 487 | 443 | 683 | 3,871 | 1,023 | 1,069 |
| 1980 | 8,495 | (24.0) | 910 | 1,379 | 657 | 722 | 891 | 4,254 | 1,062 | 1,659 |
| 1985 | 9,400 | (25.3) | 1,131 | 1,795 | 799 | 996 | 1,012 | 4,313 | 1,150 | 2,171 |
| 1990 | 10,816 | (26.9) | 1,613 | 2,314 | 914 | 1,400 | 1,275 | 4,270 | 1,345 | 3,088 |
| 1995 | 12,695 | (31.1) | 2,199 | 3,075 | 1,024 | 2,050 | 1,636 | 4,232 | 1,553 | 4,370 |
| 2000 | 15,647 | (34.4) | 3,079 | 4,234 | 1,252 | 2,982 | 2,268 | 4,141 | 1,924 | 6,240 |
| 2001 | 16,367 | (35.8) | 3,179 | 4,545 | 1,288 | 3,257 | 2,563 | 4,179 | 1,902 | 6,636 |
| 구성 비율(%) | | | | | | | | | | |
| 1975 | 100.0 | - | 8.6 | 12.1 | 6.8 | 6.2 | 9.6 | 54.4 | 14.4 | 15.0 |
| 1980 | 100.0 | - | 10.7 | 16.2 | 7.7 | 8.5 | 10.5 | 50.1 | 12.5 | 19.5 |
| 1985 | 100.0 | - | 12.0 | 19.1 | 8.5 | 10.6 | 10.8 | 45.9 | 12.2 | 23.1 |
| 1990 | 100.0 | - | 14.9 | 21.4 | 8.4 | 12.9 | 11.8 | 39.5 | 12.4 | 28.6 |
| 1995 | 100.0 | - | 17.3 | 24.2 | 8.1 | 16.1 | 12.9 | 33.3 | 12.2 | 34.4 |
| 2000 | 100.0 | - | 19.7 | 27.1 | 8.0 | 19.1 | 14.5 | 26.5 | 12.3 | 39.9 |
| 2001 | 100.0 | - | 19.4 | 27.8 | 7.9 | 19.9 | 15.7 | 25.5 | 11.6 | 40.5 |

주 : 1995년의 수치는 효고 현을 제외한 것이다.

자료 : 1985년 이전은 후생성의 「후생행정기초조사」, 1990년 이후는 후생노동성의 「국민생활기초조사」.

있는 세대의 약 19%), 부부 단독 세대는 454만 5천 세대(65세 이상이 있는 세대의 약 28%)로 증가하고 있으며, 한편 3세대 동거 세대도 417만 9천 세대(65세 이상의 사람이 있는 세대의 약 26%)가 되고 있다(표 3.2). 65세 이상의 사람이 거주하는 세대수는 증가하고 있으며 단독 세대·부부 단독 세대도 계속 증가하고 있다. 반대로 3세대 동거 세대는 세대 수와 비율 모두 감소하기 시작하였으며 이러한 경향은 앞으로도 계속되리라 생각되어, 고령자의 주택 수요, 특히 독신자용, 고령자 부부용 주택 수요는 급격히 증가하리라 생각된다. 고령자가 혼자 살고 있는 세대는 여성이 압도적으로 많으며, 고령자 부부 세대의 한쪽도 역시 여성이므로 고령자 문제는 또한 여성 문제라고도 할 수 있을 것이다.

이러한 세대 구성으로 이루어져 있는 고령자는 우선 어디에 살고 있는가? 국세조사에서 살펴보면, 주택이 아니라 시설 등에 거주하는 고령자는 4.7%이다(전국, 2000년). 일본의 고령자 거주의 특징 중의 하나는 병원이나 요양소 입원자의 비율이 높다는 것이다. 입원자 중 10~20%는 이른바 사회적 입원이라고 할 수 있으며, 질병의 상태는 개선되었음에도 불구하고 주택과 자택에서 간병이 어려워 어쩔 수 없이 입원해 있는 사람들이라고도 할 수 있어 주택 문제의 일면을 보여주고 있다.

주택의 소유 현황을 살펴보면(표 3.3), 대체로 자신의 집에 살고 있는 경우가 많고, 다음으로 민영 임대주택, 공영 임대주택, 급여주택, 공단·공사 임대주택의 순이다. 지역별로 보면 대도시권에서는 대체로 자가 비율이 전국 평균과 비교해 약간 낮고, 지방에서는 높게 나타나고 있다. 또한 고령 독신 세대의 자가 비율은 상당히 낮고, 민영 임대주택의

**표 3.3 세대 유형, 주택 소유 관계별 고령자 동거 세대수(전국, 1998년)**

| 세대 유형 | 전 체 | 자 가 | 임 대 주 택 | | | | | | |
|---|---|---|---|---|---|---|---|---|---|
| | | | 전 체 | 공영 임대 | 공단·공사 임대 | 민 영 임 대 | | | 급여 주택 |
| | | | | | | 목조·설비 전용 | 목조·설비 공용 | 비목조 | |
| 전체수(천 세대) | | | | | | | | | |
| 세대 총수 | 43,922 | 26,468 | 16,730 | 2,087 | 864 | 5,249 | 177 | 6,624 | 1,729 |
| 고령자가 있는 세대 | 13,857 | 11,814 | 2,037 | 575 | 164 | 880 | 34 | 332 | 51 |
| 고령자 독신 세대 | 2,425 | 1,584 | 838 | 224 | 51 | 382 | 30 | 142 | 9 |
| 고령자 부부 세대 | 3,508 | 2,978 | 529 | 173 | 55 | 212 | 2 | 75 | 14 |
| 기타 고령자 세대 | 7,924 | 7,252 | 669 | 179 | 59 | 287 | 2 | 115 | 28 |
| 비율(%) | | | | | | | | | |
| 세대 총수 | 100.0 | 60.3 | 38.1 | 4.8 | 2.0 | 12.0 | 0.4 | 15.1 | 3.9 |
| 고령자가 있는 세대 | 100.0 | 85.3 | 14.7 | 4.2 | 1.2 | 6.4 | 0.2 | 2.4 | 0.4 |
| 고령자 독신 세대 | 100.0 | 65.3 | 34.6 | 9.2 | 2.1 | 15.8 | 1.2 | 5.9 | 0.4 |
| 고령자 부부 세대 | 100.0 | 84.9 | 15.1 | 4.9 | 1.6 | 6.0 | 0.1 | 2.1 | 0.4 |
| 기타 고령자 세대 | 100.0 | 91.5 | 8.4 | 2.3 | 0.7 | 3.6 | 0.0 | 1.5 | 0.4 |

주 : 주택의 소유 관계 '불명확'을 포함한다.
자료 : 「주택통계조사」, 1998년.

**표 3.4 65세 이상의 세대원이 있는 일반 세대 등의 주택소유형태별 수입**(단위 : %)

| | 전체수 | 2,000만 원 미만 | 2,000~3,000만 원 | 3,000~4,000 | 4,000~5,000 | 5,000~7,000 | 7,000~10,000 | 10,000~15,000 | 15,000~20,000 | 20,000만 원 이상 |
|---|---|---|---|---|---|---|---|---|---|---|
| 65세 이상의 세대원이 있는 일반 세대 | 100.0 | 22.0 | 14.7 | 13.8 | 10.7 | 14.2 | 13.5 | 7.5 | 2.1 | 1.4 |
| 자가 | 100.0 | 17.7 | 13.7 | 14.2 | 11.3 | 15.5 | 15.2 | 8.5 | 2.3 | 1.6 |
| 공영임대 | 100.0 | 56.3 | 21.9 | 10.6 | 5.3 | 3.9 | 1.4 | 0.3 | 0.1 | 0.1 |
| 공단회사의 임대 | 100.0 | 27.3 | 24.3 | 18.6 | 10.7 | 10.8 | 5.9 | 1.9 | 0.3 | 0.1 |
| 민영임대(목조) | 100.0 | 51.4 | 19.0 | 10.8 | 6.7 | 6.2 | 3.7 | 1.4 | 0.4 | 0.3 |
| 민영임대(비목조) | 100.0 | 36.1 | 19.6 | 13.8 | 9.2 | 9.7 | 6.7 | 2.8 | 1.0 | 1.0 |
| 급여주택 | 100.0 | 13.1 | 12.4 | 11.4 | 11.8 | 15.3 | 17.5 | 11.0 | 3.9 | 3.5 |

자료 : 총무청, 「주택통계조사」, 1998년.

비율이 상당히 높아져 약 23%에 달한다. 일반적으로 대도시의 거주층, 고령 독신 세대가 공영 임대주택에 거주하고 있는 비율은 일반 세대의 전국 평균보다도 높아서 고령자 주택 문제에서 공영 임대주택이 담당하고 있는 역할의 중요성을 엿볼 수 있다.

주택의 소유 현황별로 본 수입 계층별 구성을 주택통계조사에서 살펴보면(**표 3.4**), 급여주택 거주층은 수입 계층이 폭넓게 분포하고 있으며, 비교적 고수입층이 많아 연간수입 5,000만 원 이상이 약 51%가 된다. 다음으로 수입 계층이 비교적 높은 층이 많은 것은 자가 거주층으로서 연간수입 5,000만 원 이상이 43%로 나타나고 있다. 이와 비교하여 민영 임대주택(목조), 공영 임대주택 거주층은 저수입층이 많다. 민영 임대주택(목조)은 3,000만 원 미만의 수입층이 약 70%, 공영 임대주택은 3,000만 원 미만의 수입층이 약 78%가 되고 있다. 민영 임대주택(목조가 아닌 주택)은 3,000만 원 미만의 수입층이 약 56%로 조금 낮지만, 고수입층도 많아 폭넓은 분포를 보이고 있다. 공단과 공사의 임대주택에 거주하는 층은 중간 수입층 비율이 조금 많은 것으로 나타나고 있다. 이상과 같이, 고령자의 주택 소유 상황에 따라 수입 계층별로 일종의 거주 분류가 되고 있으며, 이러한 경향은 일반 세대의 거주 경향과 비슷하게 나타났다.

그렇다면 이러한 주택 소유 상황별 거주수준을 살펴보기로 한다(**표 3.5**). 거주수준이란 "국민이 안정되고 여유 있는 거주생활을 영위하는 것이 가능하도록, 건설성이 주택건설 5개년 계획에서 정한 목표"를 말하며, 다음과 같은 기준이 정해져 있다.

'최저거주수준' : 계획기간 중 가능한 한 빠른 시간 내에 모든 세대가 확보 가능하도록 하는 수준

'유도거주수준' : 2000년까지 반수의 세대가 확보 가능하도록 하는 수준

'유도거주수준(誘導居住水準)'은 다시 도시거주형과 일반형으로 구분되며, '도시거주형'은 도시의 중심 및 그 주변에서 공동주택 거주를 가정한 것으로 되어 있으며, '일반형'은

교외 및 지방에서 단독주택 거주를 가정하고 있다. 이러한 각 거주수준에서는 ① 거주실(침실, 식사실, 거실 등), ② 설비(화장실, 욕실 등), ③ 주택의 환경, ④ 세대인원별 주택 규모(실 구성, 거주실 면적, 주택 전용면적, 주택 총면적)를 중심으로 그 기준이 표시되어 있다. 이른바 '최저거주수준'은 인간으로서의 존엄을 지킬 수 있는 거주의 최저수준이며, 도시거주형 유도거주수준은 집합주택 거주에서 당면목표로 하여야 할 수준이며, 일반형 유도거주수준은 단독주택에서의 당면목표로 하여야 할 수준이라고 말할 수 있다.

주택통계조사에서는 ①의 거주실과 ④의 세대인원별 주택 규모(거주실의 면적)에 의해 판정하고 있다. 고령자 독신 세대의 경우를 보면, 최저거주수준(침실 7.5m$^2$ 확보, 식사실 겸 주방으로서 7.5m$^2$ 확보), 도시거주형 유도거주수준(침실 9.9m$^2$ 확보, 식사실 겸 주방으로서 13.2m$^2$ 확보), 일반형 유도거주수준(침실 9.9m$^2$ 확보, 식사실 겸 주방으로서 13.2m$^2$ 확보, 여유실 7.5m$^2$ 확보)으로 되어 있다. 고령자 부부 세대의 경우에는 최저거주수준(침실 9.9m$^2$, 식사실 겸 주방으로서 7.5m$^2$ 확보), 도시거주형 유도거주수준(침실 13.2m$^2$, 거실 9.9m$^2$, 식사실 5m$^2$, 주방 5m$^2$ 확보), 일반형 유도거주수준(침실 13.2m$^2$, 거실 9.9m$^2$, 식사실 5m$^2$, 주방 5m$^2$, 여유실 9.9m$^2$ 확보)으로 되어 있다.

**표 3.5**에서 '설비 등의 조건을 만족시키고 있다'는 각 수준을 만족시키는 것뿐만 아니라 화장실과 전용 욕실이 있는 것이며, '주택 수리가 필요 없음 또는 작은 수리를 필요로 함'은 건물의 주요 부분에 작은 수리조차 필요로 하지 않는 것과 부분적인 수리가 가능한 것으로, 유지관리가 양호한 상태에 있는 주택의 의미로 이해할 수 있다.

자기 집을 소유하고 있는 층의 최저거주수준을 살펴보면 대체적으로 일정 수준 이상에 놓여 있다. 그러나 자가임에도 고령자 독신 세대의 주택에서 노후화가 진행하고 있다고 생각된다. 자가에서 도시거주형 유도거주수준 미만 세대는 고령자를 포함한 세대, 고령자 독신 세대에서 각각 30% 정도로 높지만, 고령자 부부 세대는 약 14% 정도로 낮아진다. 3세대 동거 세대는 자가의 비율이 높아서 대체적으로 자가의 특징을 나타내고 있으며, 비율도 약 62% 정도로 상당히 높아진다. 거주수준 이상에서 설비조건이 양호한 주택은 자가에서 고령자 부부 세대가 60% 정도로 비교적 높지만, 고령 독신 세대는 약 37%로써 조금 낮은 수치로 나타난다. 3세대 동거 세대는 약 19%로 상당히 낮아진다.

자가로서 일반형 유도거주수준 미만 세대는 고령자를 포함한 세대, 고령자 독신 세대에서 40~50%대로 올라가지만, 고령자 부부 세대는 약 30%대이다. 3세대 동거 세대는 약 83%로 더욱 높아진다. 거주수준 이상으로 설비조건이 좋은 주택은 자가에서는 고령자 부부 세대가 50%대로 역시 비교적 높지만, 고령 독신 세대는 약 30%로, 3세대 동거 세대는 약 9%로 대단히 낮아진다. '수리를 필요로 하지 않는……'의 경우도 설비수준과 거의 같은 경향이다. 자가의 경우에는 고령자 부부 세대, 고령자 독신 세대, 3세대 동거 세대의 순으로 주택의 거주수준은 저하하고 있다고 생각할 수 있다. 임대주택 세대에서는 대체로

**표 3.5 65세 이상 동거 세대의 거주수준**(단위 : %)

| | 전체 | 최저거주수준 | | | | 도시거주형 유도거주수준 | | | | 일반형 유도거주수준 | | | |
|---|---|---|---|---|---|---|---|---|---|---|---|---|---|
| | | 수준 이상의 세대 | 수준 미만의 세대 | 수준 이상이며 설비조건 만족 세대 | 주택 수리가 필요 없거나 작은 수리 필요 세대 | 수준 이상의 세대 | 수준 미만의 세대 | 수준 이상이며 설비조건 만족 세대 | 주택 수리가 필요 없거나 작은 수리 필요 세대 | 수준 이상의 세대 | 수준 미만의 세대 | 수준 이상이며 설비조건 만족 세대 | 주택 수리가 필요 없거나 작은 수리 필요 세대 |
| 세대 전체 | 100.0 | 89.3 | 9.5 | 79.6 | 71.4 | 46.7 | 52.1 | 30.2 | 29.3 | 27.5 | 71.3 | 19.9 | 19.3 |
| 자가 | 100.0 | 96.9 | 2.7 | 74.7 | 88.1 | 63.8 | 36.2 | 42.2 | 41.0 | 40.3 | 59.7 | 29.5 | 28.6 |
| 임대 | 100.0 | 79.1 | 20.9 | 63.4 | 60.6 | 20.2 | 79.8 | 11.5 | 11.1 | 7.4 | 92.6 | 4.7 | 4.5 |
| 공영 임대주택 | 100.0 | 71.7 | 28.3 | 58.6 | 56.8 | 15.1 | 84.8 | 7.8 | 7.7 | 3.9 | 96.1 | 1.8 | 1.7 |
| 공단·공사 임대주택 | 100.0 | 74.8 | 25.2 | 67.0 | 67.3 | 12.5 | 87.5 | 6.7 | 6.6 | 2.7 | 97.3 | 1.7 | 1.7 |
| 민영 임대주택(목조·설비 전용) | 100.0 | 76.7 | 23.3 | 58.4 | 53.7 | 19.6 | 80.4 | 10.6 | 9.8 | 7.4 | 92.6 | 4.6 | 4.2 |
| 민영 임대주택(목조·설비 공용) | 100.0 | 57.5 | 42.5 | - | - | 2.1 | 97.9 | - | - | 0.4 | 99.6 | - | - |
| 민영 임대주택(비목조) | 100.0 | 87.7 | 12.3 | 76.4 | 75.3 | 26.0 | 74.0 | 15.8 | 15.6 | 9.4 | 90.6 | 6.4 | 6.3 |
| 급여주택 | 100.0 | 88.2 | 11.8 | 78.5 | 76.1 | 26.0 | 74.0 | 16.8 | 16.8 | 12.2 | 87.8 | 8.7 | 8.3 |
| 65세 이상과 동거 세대 총수 | 100.0 | 94.1 | 5.9 | 83.2 | 79.1 | 55.6 | 44.4 | 35.5 | 33.8 | 35.8 | 64.2 | 25.0 | 23.9 |
| 자가 | 100.0 | 97.1 | 2.9 | 88.8 | 84.7 | 61.2 | 38.8 | 39.8 | 37.9 | 40.3 | 59.7 | 28.5 | 27.2 |
| 임대 | 100.0 | 76.0 | 24.0 | 50.9 | 46.5 | 23.1 | 76.9 | 10.9 | 9.9 | 9.5 | 90.5 | 5.0 | 4.5 |
| 공영 임대주택 | 100.0 | 81.6 | 19.0 | 58.2 | 55.2 | 23.1 | 76.9 | 9.5 | 9.1 | 6.5 | 93.1 | 2.6 | 2.5 |
| 공단·공사 임대주택 | 100.0 | 78.8 | 21.0 | 70.6 | 68.4 | 15.4 | 84.6 | 8.1 | 8.0 | 2.9 | 97.1 | 1.2 | 1.2 |
| 민영 임대주택(목조·설비 전용) | 100.0 | 75.9 | 24.1 | 45.5 | 39.2 | 23.5 | 76.5 | 1.1 | 9.4 | 10.6 | 89.4 | 5.7 | 4.9 |
| 민영 임대주택(목조·설비 공용) | 100.0 | 26.6 | 73.4 | - | - | 3.8 | 96.2 | - | - | 0.8 | 99.2 | - | - |
| 민영 임대주택(비목조) | 100.0 | 81.1 | 18.9 | 66.1 | 64.7 | 29.8 | 70.2 | 15.8 | 15.6 | 13.3 | 86.7 | 7.9 | 7.8 |
| 급여주택 | 100.0 | 83.4 | 16.6 | 69.6 | 65.9 | 34.1 | 66.1 | 22.4 | 21.1 | 21.8 | 78.4 | 15.6 | 14.6 |
| 65세 이상 독신자만의 세대 총수 | 100.0 | 92.2 | 7.8 | 66.3 | 59.3 | 68.4 | 31.6 | 36.8 | 32.8 | 51.6 | 48.4 | 29.5 | 26.5 |
| 65세 이상 독신 세대 총수 | 100.0 | 92.1 | 7.9 | 66.3 | 59.4 | 68.3 | 31.7 | 36.8 | 32.8 | 51.4 | 48.6 | 29.5 | 26.4 |
| 자가 | 100.0 | 98.0 | 2.0 | 79.7 | 71.5 | 87.1 | 12.9 | 50.3 | 44.9 | 72.4 | 27.6 | 42.8 | 38.4 |
| 임대 | 100.0 | 82.3 | 17.8 | 44.1 | 39.1 | 37.0 | 63.0 | 14.3 | 12.5 | 16.4 | 83.6 | 7.3 | 6.4 |
| 공영 임대주택 | 100.0 | 97.0 | 3.0 | 62.3 | 57.9 | 50.0 | 50.0 | 15.4 | 14.4 | 19.0 | 81.0 | 6.3 | 6.0 |
| 공단·공사 임대주택 | 100.0 | 93.5 | 7.1 | 81.8 | 78.6 | 50.0 | 50.0 | 19.5 | 18.8 | 11.7 | 89.0 | 3.2 | 3.2 |
| 민영 임대주택(목조·설비 전용) | 100.0 | 85.1 | 14.9 | 39.2 | 32.3 | 34.8 | 65.3 | 14.6 | 11.8 | 16.5 | 83.5 | 7.8 | 6.4 |
| 민영 임대주택(목조·설비 공용) | 100.0 | 25.2 | 74.6 | - | - | 4.1 | 95.7 | - | - | 0.8 | 99.0 | - | - |
| 민영 임대주택(비목조) | 100.0 | 86.7 | 13.3 | 63.0 | 61.3 | 47.4 | 52.8 | 21.6 | 21.2 | 24.3 | 75.7 | 13.1 | 12.9 |
| 급여주택 | 100.0 | 84.8 | 15.2 | 57.6 | 53.0 | 56.1 | 45.5 | 28.8 | 25.3 | 36.4 | 63.6 | 21.2 | 18.2 |
| 65세 이상 부부 세대 총수 | 100.0 | 97.7 | 2.3 | 86.1 | 81.1 | 75.7 | 24.3 | 56.0 | 53.5 | 58.6 | 41.4 | 45.9 | 44.0 |
| 자가 | 100.0 | 99.2 | 0.8 | 90.9 | 86.0 | 86.5 | 13.5 | 65.1 | 62.2 | 69.7 | 30.3 | 54.9 | 52.7 |
| 임대 | 100.0 | 90.9 | 9.1 | 64.9 | 59.5 | 28.8 | 71.2 | 16.6 | 15.5 | 10.4 | 89.6 | 6.6 | 6.1 |
| 공영 임대주택 | 100.0 | 96.1 | 3.9 | 70.4 | 66.8 | 24.0 | 76.0 | 14.8 | 14.5 | 3.3 | 96.7 | 2.0 | 1.9 |
| 공단·공사 임대주택 | 100.0 | 96.7 | 3.3 | 86.3 | 83.3 | 17.5 | 82.9 | 13.3 | 13.3 | 2.1 | 97.9 | 1.7 | 1.7 |
| 민영 임대주택(목조·설비 전용) | 100.0 | 88.1 | 11.9 | 57.2 | 49.6 | 30.2 | 69.8 | 15.4 | 13.6 | 13.4 | 86.8 | 8.2 | 7.3 |
| 민영 임대주택(목조·설비 공용) | 100.0 | 41.4 | 56.9 | - | - | 5.2 | 94.8 | - | - | 1.7 | 98.3 | - | - |
| 민영 임대주택(비목조) | 100.0 | 93.8 | 6.9 | 82.5 | 80.6 | 42.2 | 58.4 | 27.2 | 26.9 | 16.3 | 84.4 | 11.3 | 11.3 |
| 급여주택 | 100.0 | 92.4 | 6.7 | 77.1 | 72.4 | 51.4 | 47.6 | 37.1 | 35.2 | 35.2 | 64.8 | 28.6 | 26.7 |
| 3세대 동거 세대 총수 | 100.0 | 91.9 | 8.1 | 83.4 | 77.2 | 38.3 | 61.7 | 18.8 | 18.3 | 16.7 | 83.3 | 9.7 | 9.4 |

주 : 65세 이상의 독신 세대는 65세 이상의 독신자만의 세대와 18세 미만의 사람으로 이루어진 세대를 포함. 65세 이상의 부부 세대는 65세 이상의 부부만의 세대와 18세 미만의 사람으로 이루어진 세대를 포함. 3세대 동거 세대는 부부와 18세 미만 및 65세 이상인 사람을 포함하는 세대.

자료 : 총무청, 「주택통계조사보고」, 1998년.

자가의 경우보다 거주수준이 나쁘다.

임대주택 중에서도 특히 민영 임대주택(목조·설비 공용)의 거주수준이 낮으며, 최저거주수준 이하가 고령자 부부 세대에서 41%, 고령자 독신 세대에서 25%로 나타나고 있으며, 도시거주형 유도거주수준, 일반형 유도거주수준까지 거의 도달하고 있지 않아, 이러한 주택에 대한 거주 개선이 시급하다고 할 수 있다. 최저거주수준 이상의 주택은 임대주택에서는 공영주택, 민간 임대주택(비목조)이 약 80%대로 조금 높은 수치를 나타내고 있다.

그러나 특히 공영주택에서는 최저거주수준을 만족하는 것이 오히려 당연한 것으로 생각할 수 있기 때문에, 반대로 수준 미만의 세대가 19% 정도 되는 것은 문제라고도 할 수 있다. 또한, 설비 상황 등도 좋지 않으며, 전체의 약 절반 가까이가 설비조건을 만족시키지 못하고 있으며, 수리를 필요로 하는 상황에 있다. 공영주택, 민간 임대주택(비목조)도 도시거주형 유도거주수준, 일반형 유도거주수준이 되면 상당히 수치가 낮아진다. 공단·공사 임대주택은 최저거주수준 이상이 약 79%이며, 거의 공영주택과 같지만 설비수준 등은 공영 임대주택보다 조금 상황이 좋다. 공영 임대주택보다 건설연도가 비교적 새롭기 때문이라고 할 수 있다. 그러나 역시 도시거주형 유도거주수준이나 일반형 유도거주수준은 상당히 수치가 낮아진다. 민영 임대주택(목조·설비 전용)은 공영 임대주택이나 공단공사 임대주택보다 거주수준은 낮아지지만, 설비 등의 수준은 비교적 높다. 도시거주형 유도거주수준이나 일반형 유도거주수준이 되면 공영 주택이나 민간 임대주택(비목조)보다 수치가 낮아지지만, 설비 등의 수준은 다른 것보다 조금 높다.

1인당 연면적을 살펴보면(2000년 조사), 전국 일반 세대 33.8m$^2$에 비하면 65세 이상의 친족이 있는 일반 세대 40.9m$^2$와 고령자 세대가 조금 넓지만 대도시에서는 전국 일반 세대와 비슷한 경향이며, 조금 좁아진다.

주택 통계를 통하여 고령자의 주택 사정을 개략적으로 살펴보았으며, 도시, 특히 민간 임대주택 거주 독신 고령자의 주택 사정의 어려움과 함께 공영주택에 대한 대책이 아직 충분하지 못함을 알 수 있다. 고령자의 주택 사정이나 문제는 이러한 일반적인 통계지표로만 이해할 수 있는 것은 아니다. 일본의 주택 사정의 일반적인 어려움에 더하여, 고령자의 특성을 기초로 하여 복잡한 주택 문제의 실상을 파악할 수 있다. 그 특성의 첫째는, 나이가 들어가면서 심신기능의 저하에 따른 문제가 있다. 허약 상태에서 간병 필요 상태 또는 치매 상태로의 변화에 맞는 주택 공급 여부를 판별하는 시점이 필요할 것이다. 둘째로, 고령자는 보통 사회의 제일선에서의 은퇴로 인해 사회적·경제적 의욕 저하 경향을 보인다. 따라서 사회적인 격동의 흐름을 정면으로 받기에는 상당한 어려움이 따른다. 이러한 의미에서 고령자는 이중의 주택 문제를 안고 있다고도 할 수 있다.

버블경제의 붕괴에 따른 경제적 불황으로 노숙자와 간이 기숙사에서 살 수밖에 없는 사람들이 급증하고 있다. 이들 중에는 고령자가 적지 않다. 의학적 관점에서는 병원에서의 입원치료가 필요하지 않더라도 가정과 기타 여러 가지 이유로 입원할 수밖에 없는 사람들도 있다.

프라이버시가 충분히 보장되지 않은 주택에서 살 수밖에 없는 노인 홈의 사람들이 있다. 도시의 재개발로 자신이 지금까지 익숙하게 살아온 지역에서 쫓겨나는 많은 고령자도 있다. 토지·주택 세금의 급등과 상속세가 너무 높아져, 세금을 내지 못하고 자신들의 토지·주택을 처분하고 다른 토지로 이사해 가는 고령자도 많다. 민간 임대주택의 가격 급등으로 계속 사는 것이 어렵게 된 고령자도 많다.

과소지역에 계속 사는 것이 어려워 도시로 주거를 이동함으로써 고립생활을 해야 하는 고령자도 많다. 공영주택이나 공단주택 등의 개축 계획으로 익숙하게 살아온 단지를 떠날 수밖에 없는 사람들도 급증하고 있다. 불량주택 거주로 인하여 건강을 잃어버리게 되는 고령자도 적지 않다.

심신기능의 저하가 원인이 되어 주택 내에서의 추락·넘어짐 때문에 죽음에 이르는 사례도 적지 않다. 어떤 원인으로 입원하게 되어 재활치료를 받은 후에 다시 주택 생활에 맞게 주택 개조를 할 필요성도 매년 증가하고 있다. 일상생활에서의 재해로는 주로 화재 등이 높게 발생하고 있다.

고령자의 주택 문제는 단지 주택 규모의 크고 작음이 아니다. 안심하고 지역사회에서 계속 거주할 수 있을지의 여부, 나이듦에 따른 심신기능의 저하에 대응 가능한 사회적 생활보호 시스템과 거주 시스템의 보장 여부 등의 관점에서도 고찰되어야 한다. 이러한 의미에서 고령자 주택정책의 과제는 대단히 큰 것이라고 할 수 있다.

## 2.5 고령자의 주택정책

### 1) 주택정책의 역사

개인의 노력으로는 도저히 해결할 수 없는 국민의 주택 사정이나 문제를, 사회정책의 일환으로서 일정 기준 이상의 개선·개량을 목적으로 이루어지는 국가·지방자치단체의 주택에 관한 정책·시설을 주택정책이라고 한다. 일본에서 주택정책은 내무성이 지방공공단체에 공익주택 건설을 권장하여(1919년), 주택조합법, 임대토지 임대주택법이 시행되었으며(1921년), 재단법인 동윤회(同潤會)가 설립된(1924년) 시기에 성립되었다고 할 수 있다.[5] 그러나 고령자를 위한 주택정책이 명확한 형태로 이루어졌던 것은 노인 세대 중에서 주택에 어려움을 겪고 있던 사람들을 위한 노인 세대용 공영주택이 실시(1964년)되면서부터이다(**표 3.6**).

이후 입거대상 세대주 연령을 60세 이상으로 완화하였으며(1971년), 노인 동거 세대·2세대 주택 등의 건설비 인하와 융자제도의 창설(1972년), 페어 주택·동거용 주택의 공급을

**표 3.6 고령자 · 장애인을 둘러싼 주거 · 거주 환경 시책의 흐름**(다카하시, 1990 일부 수정)[6)]

◆는 특히 주목해야 할 흐름

| | 장애인 시책의 주요 흐름 | 고령자 시책의 주요 흐름 | 관련 흐름 |
|---|---|---|---|
| 1945 | | | ◎일본 헌법 |
| 1950 | ≪장애인복지법 시행≫ | | ≪생활보호법≫ |
| 1951 | | | ≪공영주택법≫ |
| 1952 | ◇장애인 여객요금 할인 규칙 | | |
| 1955 | | | ≪일본주택공단 발족≫ |
| 1960 | ≪정신박약자 복지법≫<br>≪장애인 채용촉진법≫ | | |
| 1961 | | ≪주택자금 임대제도≫ | [북미에서 노멀라이제이션의 움직임] |
| 1963 | | ≪노인복지법≫ | *이 시기부터 중증장애인의 시설대책이 구체화되기 시작(북미에서 케어형 주택 건설 시작) |
| 1964 | | • 노인 세대를 위한 공영주택 | |
| 1967 | • 장애인 세대를 위한 공영주택 | | |
| 1968 | • 북해도 「중증장애인 세대용 공영주택」 | | |
| 1969 | | • 공영 페어 주택 | |
| 1970 | ≪심신장애인 대책 기본법≫ | • 북해도 「독신자용 노인주택」<br>• 노인복지의 종합시책에 대하여 (중앙정부 심의위원회) | *이 시기에 통합정책이 전성<br>◆점자블록의 본격적 사용 |
| 1971 | • 심신장애인 세대용 공영주택(개정)<br>• 지적장애인용 통근 기숙사 | • 노인 세대용 공영주택의 입거 세대주 연령 60세로 완화 조치 | ◆센다이(仙台) 시에서 장애인 생활권 확대운동 개시<br>(센다이 시의 백화점이 개조됨) |
| 1972 | 〈심신장애인 대책 협의회 중간고시〉<br>• 주택공단 · 장애인 세대에 대한 우선조치<br>*이 시기, 지자체(장애인 세대용 주택정비자금)의 (조성/임대)단독사업 개시 | • 노인거실 정비자금 임대제도<br>• 노인 동거 세대 추가임대(공적 자금)<br>• 노인 동거 세대용 공영주택<br>• 공단 페어 주택 | *북미에서 장애인 자립생활 운동 |
| 1973 | ◆장애인 모델 도시사업<br>(1973~1975, 53개시 지정) | • 북해도 '노인복지 기숙사' | *이 해를 '복지원년'으로 지칭<br>◆제1회 휠체어 시민집회(센다이 시)<br>◆동경도 다카다노바바(高田馬場) 역에서 시각장애인 추락사 |
| 1974 | • 주택금융공사<br>장애인 세대에 대한 우선조치<br>◆마치타(町田) 시 복지환경 정비요강<br>• 도영(都營) 휠체어 이용 가능 주택 건설방식 채용<br>동경도 중증 뇌병변 장애인 등 간병인 파견사업 | • 유료노인 홈 설치운영 지도지침 | *복지에 대한 개념 변화론(오일쇼크에 의한 영향이 컸음) |
| 1975 | ◆전동 휠체어가 일상생활 용구로<br>• 장애아동 가정을 위한 복지주택 구상 | ◆나가노(中野) 구 노인 아파트 | ◆휠체어 가이드 맵 만들기가 활발<br>◆스웨덴의 건축법 개정(42a) |
| 1976 | ◆도(都) 케어형 주택검토위원회<br>◆고베(神戶) 시 복지를 위한 조례 · 시민복지계획 | | ◆복지환경 정비요강 각지에 파급<br>◆휠체어 버스 승차거부 사건<br>(가와사키(川崎) 시) |
| 1977 | | | • 1977 미국 Reha. Act. 504조 시행<br>*77일본건축학회 건축계획위원회 핸디 캡 소위원회 설치 |
| 1978 | ◆장애인 주택설비자금 임대제도<br>• 도(都) '지적장애인 생활기숙사' | ◆히로시마(廣島) 현 '소규모 노인 홈' | |
| 1979 | ◆장애인 복지도시사업(인구 10만 명 이상)<br>• 지적장애인 복지 홈<br>*각지의 지적장애인 소규모 주택에 자치단체의 지원 개시 | | ≪특수학교 취학의무제≫ |

표 3.6 계속

| | 장애인 시책의 주요 흐름 | 고령자 시책의 주요 흐름 | 관련 흐름 |
|---|---|---|---|
| 1980 | ◆고령자・장애인 케어 시스템 기술의 개발개시(통산성)<br>◆도 장애인 복지센터 자립생활 프로그램 | • 금융공사 '2세대 추가융자' | ≪공영주택 개정≫ 독신입거 제도 |
| 1981 | 【국제장애인의 해】<br>◇주택・도시 공단(휠체어 사용자 세대용 대응주택)<br>◆하치오지(八王子) 자립 홈 개설 | | |
| 1982 | 〈장애인복지심의회〉「앞으로의 장애인 복지를 추진하기 위한 종합시책에 대하여」 답신<br>「장애인 대책에 관한 장기계획」 발표<br>◆장애인의 이용을 배려한 건축설계표준(건설성)<br>• 오사카 'MAI 하우스 구상' | | * 시설체계의 정비가 시작됨 |
| 1983 | ◆공공교통터미널 장애인용 시설정비 가이드라인 | ≪노인 보건법≫<br>• 오사카 '가령(加齡) 주택'<br>동「고령화 시대의 주택 설계 지침」 | ◆미・일 장애인 자립생활 세미나<br>자립생활 운동에 관한 일본 국내외 정보 교환 |
| 1984 | ≪장애인복지법 개정≫(장애인 복지 홈) | | |
| 1985 | ◆카나가와(神奈川) '케어형 주택' 시행(민간주택)<br>◆요코하마(横浜) 시 '그룹 홈 사업' | • 공단근린주택 우선입거 | • 복지주택기기 임대제도(통산성)<br>◆전국적으로 복지환경 정비요강(기준) 개선이 시작됨 |
| 1986 | ≪국민연금법 개정≫<br>• 장애기초연금 제도<br>◆북해도 도영 '케어형 주택'<br>◆『동경도의 종합적인 복지마을 만들기 추진에 대하여』<br>◆「장애인이 살기 좋은 마을 만들기 추진사업」(인구 5만 명 이상) | ◆지역 노인 시스템 개발육성 사업<br>◆지역 고령자 주택 계획<br>• 실버 하우징 구상<br>• 금융공사 '고령자・장애인용 설비융자'<br>• 니이가타(新潟) 현 '복지 아파트' | |
| 1987 | • 장애인 복지 홈<br>정원 10명 이상으로 운영비 이동기기 보조<br>≪장애인 고용촉진법 개정→장애인 고용촉진법으로≫<br>≪정신위생법 개정→정신보건법≫<br>오사카 시 전신 장애인 간병인 파견사업 | • 앞으로의 실버 서비스의 개념에 대하여(복지심의위원회)<br>◆동경도 '실버피아' 사업 발족(세타가야 구, 메구로 구, 무사시노 시)<br>• 건설성 '장수사회에서 거주환경 향상기술의 개발'<br>≪노인보건법 개정≫ '노인보건시설' 창설 | |
| 1988 | ◆『동경도 복지마을 만들기 정비지침』 시행 | • 고령자 종합상담 시스템 전국적 전개<br>•『동경도의 실버피아』 사업 | ◆재활 세계대회(동경)<br>◆공영・공단 5층 건축물에 EV 설치 |
| 1989 | • 지역생활 지원사업<br>(지적장애인 그룹 홈 제도 발족)<br>사이타마 현 장애인 간병인 파견 사업 | ◆이다바시 구 민간주택 임대방식의 실버피아<br>• 가루이자와정, 효고현, 고베시 실버하우징<br>• 토쿠시마(德島) 시 실버 하우징<br>• 유료노인 홈 설치운영 지도지침 개정<br>•'케어 하우스' 건설 지침<br>•'후루사토 21 건강장수의 마을 구상' | • 미국주택법 개정(장애인의 차별 금지) |

표 3.6 계속

| | 장애인 시책의 주요 흐름 | 고령자 시책의 주요 흐름 | 관련 흐름 |
|---|---|---|---|
| 1990 | 삿뽀르 시 중증장애인 간병료 조성시행사업 | •'케어 하우스' 운영 개시 | •미국 「장애를 가진 미국인 법」 성립 |
| 1991 | 장애인 자립 지원 사업 | | |
| 1992 | 도로교통법 개정(장애인용 휠체어의 정의의 명확화) | 노인보건복지 계획 작성 지침 | 국제 장애인의 10년 마지막 해<br>호주 「DDA 연방 장애인 차별금지법」 제정 |
| 1993 | 운수성 「철도역의 엘리베이터 정비지침」 책정<br>장애인기본법의 교부 | | 아시아태평양 장애인의 10년(1993~2002년) 행동과제 결정 |
| 1994 | 「고령자, 장애인 등이 원활히 이용 가능한 특정 건축물의 건축 촉진에 관한 법률」(하트 빌딩법) 공포 | 생활복지공간 정비요강 책정<br>주택 마스터플랜 책정<br>고령자를 위한 공공임대주택 정비계획 책정 | |
| 1995 | 장애인 대책본부 '장애인 플랜(노멀라이제이션 7개년 전략)' 책정 | | 영국 「장애인 차별 금지법」 제정 |
| 1997 | | 유료노인 홈의 설치운영 지도지침<br>개호보험법 공포 | |
| 1999 | 운수성 「철도역의 엘리베이터 및 에스컬레이터의 정비지침」 책정 | | |
| 2000 | 교통 배리어 프리법 시행 | 공영주택 스톡 종합개선사업<br>개호보험 개시 | |
| 2001 | | 실버 하우징 프로젝트의 실시에 대하여(요강)<br>「고령자의 거주 안정 확보에 관한 법률」 공포<br>고령자를 위한 우량주택제도 | |

촉진하여 독신 노인의 입거를 가능하게 하는(1980년) 등의 정책이 만들어졌다. 또한 고령화 사회 대책으로서, 각 지방자치단체(일본의 시정촌)에서의 고령자 주택 수요의 파악을 기초로 한 주택 계획 모델사업 — 지역 고령자 주택 계획(1986년), 고령자가 일정한 케어 서비스를 받을 수 있는 집합주택 모델사업 — 실버 하우징 프로젝트(1987년) 등이 창설되었다. 고령자를 위한 아파트 임대사업 같은 지방자치단체가 독자적으로 실시하는 정책도 이루어졌다. 1990년 실비노인 홈의 한 형태로 식사 서비스가 딸린 거주시설 '케어 하우스'가 창설되어 복지 측면에서의 거주의 장에 대한 공급이 시작되었다.

1992년 법적 계획으로 노인보건복지 계획이 작성되기 시작하여 노인복지의 계획적 건설이 유도되기 시작하였다. 1994년 생활복지공간 정비요강이 책정되어, 특별히 고령자를 배려한 공간 정비의 관점에서 거주환경을 고령 사회에 맞추기 위한 근본적인 주택정책으로의 전환이 이루어지기 시작하였다. 주택의 기본체계가 고령자를 포함한 다양한 사람들에게 살기 좋은 거주공간이 되도록 하려는 방향으로 주택 마스터플랜이 만들어졌으며, 고령자를 위한 공공임대주택 정비계획 등이 자치단체에서 만들어지기 시작하였다.

1997년 개호보험법이 공포되었으며, 2000년 개호보험이 실시되어 고령자를 위한 주택 개조도 일부 개호보험의 적용대상이 되었으며, 재택개호의 활성화를 위한 주택 개조의 촉진도 추진되었다. 2001년 「고령자의 거주 안정 확보에 관한 법률」이 공포되어 고령자의 입거를 받아들여야 하는 주택등록제도, 고령자를 위한 우량 임대주택 공급계획 책정, 나이가 들어감에 따른 대응형 구조를 갖춘 주택으로의 개량지원 조치, 고령자 거주 지원센터의 설치 등이 제도화되었다.

### 2) 고령자에 대한 주택정책 등

현재의 고령자에 대한 주택정책 이외에 고령자를 배려한 건축물·마을 정비사업 정책 등을 정리하면 **표 3.7**과 같다.

### 3) 고령자 배려 주택의 실례

각 지역에서 고령자의 심신기능의 특성을 배려하여 설계된 주택이 건설되고 있다. 아래에 몇 가지 사례를 소개하고자 한다.

#### (1) 노인 동거 세대(히가시 오사카 카노우 주택, 그림 3.4)

오사카에서는 비교적 이른 시기부터 「고령화 시대의 주택 설계 지침」(1981년)을 만들어, 고령화에 맞게 지속적으로 거주 가능한 주택의 개념으로 노인 동거 세대를 위한 주택을 건설해 왔다. 이 주택은 제1호로 지어진 주택이다(1982, 83년 건설).

① 각 실 전체의 채광, 통풍을 확보한다.

② 바닥 사이와 수납장, 침대를 놓을 수 있는 앨코브를 확보한다.

③ 주택 외부로 직접 나갈 수 있도록 한다.

④ 현관에서 다른 실을 거치지 않고 노인실로 들어갈 수 있도록 한다.

⑤ 화장실은 노인실과 가까이에 설치한다. 난방이 가능하도록 콘센트를 설치한다.

⑥ 경사로를 이용하여 주택에 진입한다.

⑦ 주택 내의 단차를 최대한 제거한다.

⑧ 호이스트 설치가 가능하도록 구조를 미리 계획해 둔다.

등의 배려를 하고 있다.

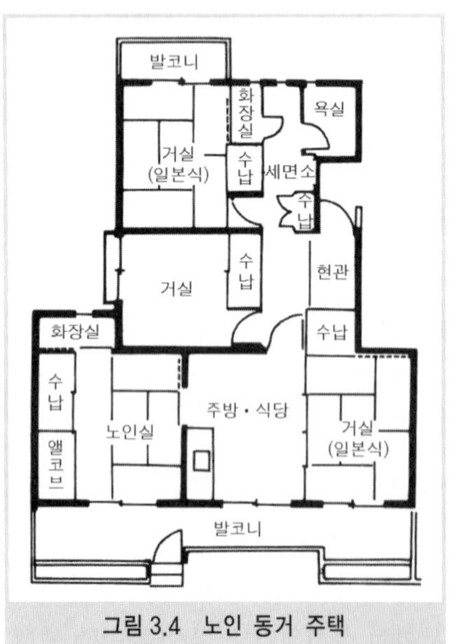


**그림 3.4 노인 동거 주택**
주택 전용면적 77.57m², 발코니 15.55m²

<table>
<caption>표 3.7 고령자에 대한 주택 · 건축물 대책</caption>
<tr><th></th><th>고령자 세대</th><th>고령자 동거 세대</th><th>고령자와 자녀부부의 2세대</th></tr>
<tr><td rowspan="2">공영 주택</td><td>【노인 세대를 위한 공영주택】<br>• 노인(60세 이상) 부부 세대 등의 설비를 배려한 공영주택의 정비를 추진함과 동시에 이 세대는 특히 주택 사정이 어렵다고 생각되므로 우선입거를 실시한다.<br>【독신입거】<br>• 50세 이상의 사람에게 독신 입거를 인정한다.</td><td>【법규상의 규모 제한 특성(특별 규모 증가)】<br>• 노인(60세 이상)을 포함한 6인 이상 세대를 위한 공영주택 규모의 상한을 일반적인 경우보다 5m² 높게 한다.(80m²→85m²)</td><td>【페어 주택】<br>• 자녀 부부가 거주하는 주택에 인접하며 독립된 노인용 주택을 설치하는 페어 주택을 공급한다.</td></tr>
<tr><td colspan="3">【새롭게 설치된 공영주택의 고령자 신체기능 저하를 배려한 사양의 표준화】<br>【노인 대책을 위한 설계 · 설비를 하는 경우의 표준 공사비의 가산】<br>【일정한 한계하에서 사업주체의 재량에 따라 입거수입 기준의 인상】<br>【1989년도 이전에 건설된 기존 공영주택을 고령자 등의 이용에 적합하도록 설비 개선 실시】</td></tr>
<tr><td rowspan="2">공단 주택</td><td>【입거의 우선】(임대 및 분양 주택)<br>• 고령자(60세 이상)를 포함한 세대의 당선율을 일반의 10배로 함과 동시에 입거주택은 1층 또는 엘리베이터 정지층에 있는 주택을 우선적으로 정하고 있다.<br>【주택변동제도】(임대주택)<br>• 고령(60세 이상)을 위해 현 주택에서 거주가 곤란하게 된 경우, 1층 또는 엘리베이터 정지층으로 주택 변동을 우선적으로 인정한다.<br>【지정단지에서의 특별모집】(임대주택)<br>• 고령자(60세 이상)를 배려한 주택 개선 등을 하는 단지를 지정하며, 고령자(60세 이상)를 포함한 세대는 특별모집을 실시한다.<br>【고령자를 위한 우량임대주택 모집】(임대주택)<br>• 국가의 「고령자를 위한 우량임대주택제도」를 활용하여 고령자(60세 이상의 독신자 또는 60세 이상의 동거자가 배우자, 60세 이상의 친족 또는 특별한 사정에 의하여 동거가 필요하다고 공단이 인정한 친족)를 위한 개량주택의 모집을 한다.<br>【분양주택의 최저 일시금의 감액】<br>• 고령자(65세 이상)를 포함한 세대에게 최저 일시금을 700만 원 감액한다(단, 감액 후의 금액이 2,000만 원 이하인 경우에는 2,000만 원)</td><td>【입거의 우선】(임대 및 분양 주택)<br>좌동<br>【주택변동제도】(임대주택)<br>좌동<br>【지정단지에서의 특별모집】(임대주택)<br>좌동<br>【고령자를 위한 우량임대주택 모집】(임대주택)<br>좌동<br>【분양주택의 최저 일시금의 감액】<br>좌동<br>【대형분양주택의 상환이율의 우대】<br>• 고령자(65세 이상) 동거가족 세대수(5인 이상 세대)에게 125m²를 넘는 대형분양주택의 상환이율을 당초 10년간 우대한다.</td><td>【근린주거의 우선】(임대주택)<br>• 고령자 세대와 부양 세대가 동일 또는 인접한 지자체에 속하는 주택에 가깝게 살 수 있도록 입거 및 주택변동제도에서 우대조치를 강구한다.<br>【고령자를 위한 우량임대주택의 모집】(임대주택)<br>좌동<br>【장수사회에 맞는 주택 건설】<br>• 고령자의 안전, 편리성을 배려한 3세대 주택 등을 건설</td></tr>
<tr><td colspan="3">【엘리베이터가 설치된 중층주택(3~5층 건물)】 공급<br>【신설 공단주택에서는 장수사회 대응 사양(손잡이, 경사로 설치 및 단차 제거 등)으로 한다.】</td></tr>
</table>

표 3.7 계속

| | 고령자 세대 | 고령자 동거 세대 | 고령자와 자녀부부의 2세대 |
|---|---|---|---|
| 공적 융자 | 【장수사회 대응 주택의 우대】<br>• 장수사회 대응 주택에 기준금리 적용<br>• 배리어 프리 주택 공사비 할인융자 1,500만 원/호(고령자 등 대응설비 설치공사 병설의 경우 2,500만 원/호) | 【장수사회 대응 주택의 우대】<br>좌동 | 【장수사회 대응 주택의 우대】<br>좌동 |
| | 【주택개량공사 중에서 장수사회 대응 주택공사 등에 대한 융자】<br>• 기본 융자액이 통상 5,300만 원이며 10,000만 원이 한도액 | 【주택개량공사 중에서 장수사회 대응 주택공사 등에 대한 융자】<br>좌동 | 【주택개량공사 중에서 장수사회 대응 주택공사 등에 대한 융자】<br>좌동 |
| | | 【고령자 등 동거주택 할인융자】<br>• 3,000만 원/호 | 【고령자 등 동거주택 할인융자】<br>• 3,000만원/호 |
| | 【승계상환제도】<br>• 고령자(60세 이상)에 대한 융자라도 일정한 친족을 후계자로 지정하여 그 사람이 변제를 계속하는 경우에는 통상의 상환기간을 적용한다(일정 요건을 갖춘 2세대 주택을 건설하는 경우에는 최장 50년) | 【승계상환제도】<br>좌동 | 【승계상환제도】<br>좌동<br>【주거확장 특별주택(친족입거형)】<br>① 신(新)입거형 : 자녀가 부모(60세 이상)가 거주하는 주택을 신축, 구입 또는 개조하는 경우 융자 실시<br>② 자녀 입거형 : 부모가 자녀가 사는 주택을 신축, 구입 또는 개조하는 경우에 대하여 융자를 실시 |
| | 【사망 시 일괄상환형 융자제도】<br>• 주택자산을 활용하여 고령자 주택의 개조 등을 하는 경우 특별한 상환방법으로 융자를 해 준다. | 【사망 시 일괄상환형 융자제도】<br>좌동 | 【사망 시 일괄상환형 융자제도】<br>좌동 |
| | 【고령자를 위한 케어형 부착공사 주택에 대한 융자】<br>• 지방주택공급공사 등이 직접 또는 일괄적으로 공급하는 고령자를 위한 케어 부착형 주택에 건설비(80% 이내) 융자 실시 | | |
| 기타 | 【주택 마스터플랜(지역 고령자 주택 계획)】<br>• 고령 사회에 대응한 주택 및 부대시설 등의 건설 · 개조, 관리 · 운영 등에 관한 사항을 포함한 주택 마스터플랜(지역 고령자 주택 계획)을 책정하며, 이 계획에 근거한 주택 · 거주환경의 정비를 추진한다.<br>① 보조 내용 : (가) 계획책정비 보조(1/3) (나) 추진사업비 보조(1/3)<br>【실버 하우징 · 프로젝트】<br>• 고령자의 생활 특성을 배려한 설비 등을 정비하여 라이프 서포트 어드바이저에 의한 서비스 제공이 이루어지는 주택(공공임대주택) 공급을 추진한다.<br>① 사업주체 : 지방공공단체, 도시기반정비공단, 지방주택공급공사 등<br>② 입거 대상자 : 고령자 독신 세대(60세 이상), 고령자만으로 구성된 세대, 고령자 부부 세대(부부 중 어느 한쪽이 60세 이상이라면 충족), (사업주체의 장이 특히 필요하다고 인정되는 경우에는 장애인 독신 세대, 장애인만으로 구성된 세대, 장애인과 그 배우자만으로 구성된 세대, 장애인과 고령자 또는 고령자 부부만으로 구성된 세대도 입거 가능)<br>③ 보조 내용 등 : (가) 고령자 주택정비계획 책정비 보조(1/3) (나) 사업비 보조<br>【고령자를 위한 우량임대주택】<br>• 고령 사회의 진전에 따라 증대하는 고령자 독신 · 부부 세대 등의 거주 안정을 추진하기 위하여 민간 임대주택을 활용하며, 고령자의 신체기능에 대응한 설계, 설비 등 고령자를 배려한 양질의 임대주택 공급의 촉진을 목적으로 한다.<br>① 사업주체 : 원칙으로는 민간 토지소유자 등. 도시기반정비공단, 지방주택공급공사 등도 가능<br>② 입거대상자 : 고령 독신자 · 고령 부부 세대 등(수입에 따른 요건은 없음)<br>③ 보조 내용 등 : 민간사업자의 경우<br>(가) 계획책정비 보조(국가 1/3, 지방 1/3) | | |

표 3.7 계속

| | |
|---|---|
| 기타 | (나) 건설·개조비 보조(주택 공용 부분, 가령 대응구조 정비비)(국가 1/3, 지방 1/3)<br>(다) 집세 대책 보조(국가 1/2, 지방 1/2)(일정소득 이하의 세대가 대상)<br>【등록주택의 무장애 개조 사업】<br>• 고령자거주법에 근거하여 고령자 입거를 거부하지 않는 주택으로 각 지방자치단체장 등에 등록된 임대주택의 공용 부분의 무장애화에 관련된 비용에 대한 보조를 실시(국가 1/3, 지방 1/3, 국비보조 한도액 : 1,000만 원).<br>【공사주택】<br>• 신설지방주택공급공사 주택의 고령자 신체기능의 저하를 배려한 사양의 표준화<br>【사람에게 친근한 마을 만들기 사업】<br>• 고령자 등을 배려한 마을 만들기를 추진하며 고령자 등의 사회 참여를 촉진하기 위하여 시가지에서 고령자 등의 쾌적하며 안전한 이동을 확보하기 위한 시설의 정비, 고령자 등의 이용을 배려한 건축물의 건축 촉진을 도모<br>① 보조 내용 :<br>(가) 정비계획 작성(보조율 1/3)<br>(나) 시가지에서 도로공간 등과 일체가 된 이동 시스템 등의 정비(보조율 1/3)<br>움직이는 보도, 경사로, 엘리베이터, 장애인용 주차시설, 기타 시가지에서 고령자·장애인의 쾌적하며 안전한 이동을 확보하기 위한 시설 등에 보조를 하며, 그 정비를 촉진한다.<br>(다) 불특정 다수의 사람이 이용하는 건축물의 정비(보조율 1/3)<br>하트 빌딩법에 근거한 인정 건축물 중에서 공익적 시설을 포함한 건물에 대하여 그 공익적 시설에 이르는 이동 시스템 및 이동 시스템과 일체적으로 정비되는 공공공간의 정비에 대한 보조를 하며, 정비를 촉진한다.<br>② 교통안전사업 등의 중점적 실시<br>폭이 넓은 보도, 보도의 단차 제거, 입체 횡단시설(승강시설 설치), 커뮤니티 도로 등 교통안전시설 등의 중점적 정비를 실시<br>【사람에게 친근한 건축물 정비사업】<br>• 고령자, 장애인 등의 사회 참여를 촉진하는 양질의 건축물 정비를 촉진하기 위하여 고령자, 장애인 등을 배려한 백화점, 극장, 호텔, 노인 홈 등의 정비에 필요한 자금에 관한 저리융자를 실시<br>① 융자기관 : 일본정책투자은행 등<br>② 융자조건 : (일본정책투자은행의 경우)<br>(i) • 융자대상 : 2,000m² 이상의 인정 건축물<br>• 융자비율 : 40%<br>• 대출금리 : 신축에서는 정책금리 II, 신축 이외는 정책금리 III<br>(ii) • 융자대상 : 2,000m² 이상의 특정 건축물 중에서 하트 빌딩법의 기초적 기준에 적합한 건물<br>• 융자비율 : 신축에서는 30%, 신축 이외는 40%<br>• 대출금리 : 신축에서는 정책금리 I, 신축 이외는 정책금리 II<br>또한 인정 건축물 중 출입구, 복도, 계단, 화장실, 주차장, 대지 내 통로의 정비는 더욱 저리융자 실시(NTT-C형)<br>① 융자금리 : 정책금리 II의 3/4, 하한은 기간별 금리(사업주가 제3섹터인 경우는 무이자)<br>② 상환기간 : 원칙 15년 이내<br>③ 대상시설 : 특정 시설 |

자료 : 「2002년 국토교통행정 핸드북」 참조.

### (2) 노인 독신 세대를 위한 주택(후지사키 복지 주택, 그림 3.5)

가와사키(川崎) 시와 같이 대도시에서 밀려나 주택 확보에 어려움을 겪고 있는 고령자가 안심하고 자립적인 생활을 지역에서 오랫동안 유지할 수 있도록 민간주택 임대방식으로 공급받은 집합주택(1991년)이다. 정원은 독거노인 20인.

① 욕실, 화장실에 난간을 설치하였다.

② 단차를 최대한 낮게 하였다.

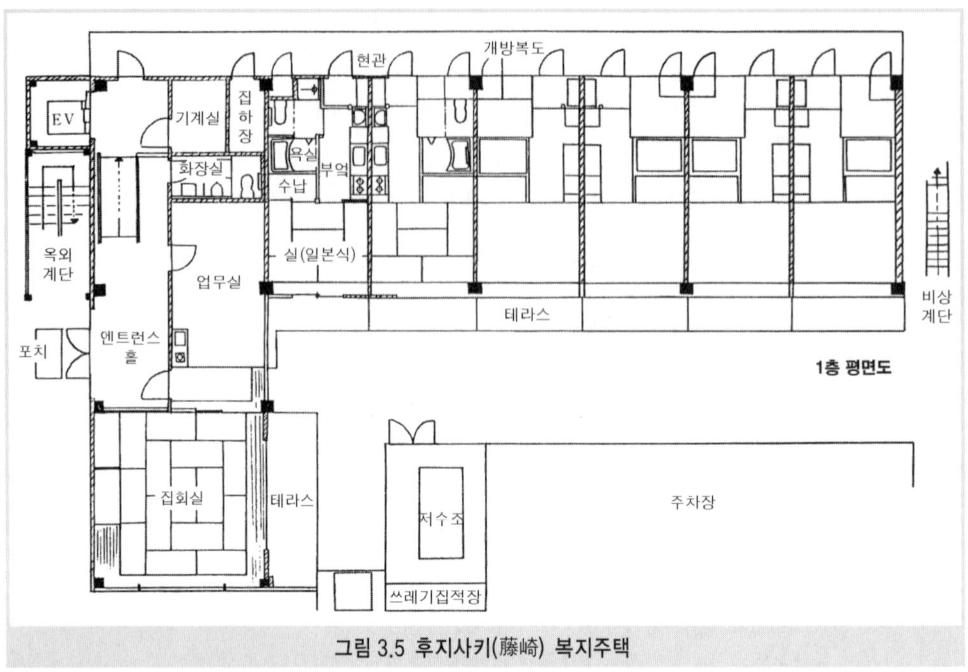


그림 3.5 후지사키(藤崎) 복지주택

③ 3층 주택에 엘리베이터를 배려하였다.

④ 남향 거실로 통풍, 채광을 배려하였다.

⑤ 실외 급탕기, 전기조리기(200V) 등 방화를 배려한 설비를 설치하였다.

⑥ 긴급 통보 시스템을 거실, 화장실, 욕실에 설치하고 경비보호회사에 긴급 통보가 가능하게 하였다.

⑦ 12시간 이상 화장실을 사용하지 않을 경우, 긴급 통보되는 생활리듬 온 시스템이 있다.

⑧ 순회 상담원을 배치하며, 업무실과 집회실을 설치하였다.

등의 배려가 있다. 또한 이전 거주하고 있던 주택과의 임대료의 차이는 임대료 지원제도를 활용하고 있다.

### (3) 고령자 부부 세대를 위한 주택(아사다 제2주택, 가와사키 시, 그림 3.6)

1층 부분의 전체 16호 중에서 5호를 고령자용 주택으로 계획하였으며, 일반주택과의 통합을 목적으로 하고 있다. 고령자 부부를 입주대상으로 부부가 서로 도와 생활하며, 부부 중 어느 한쪽이 새롭게 분양이 필요하거나 혼자가 되어도 공적인 지원을 받아서 지역사회 내에서 가능한 한 오래 생활할 수 있도록 배려하고 있다. 주택 내의 설계상의 배려는 그림과 같다. 또한 전체가 모일 수 있는 집회소에는 고령자 전용실과 설비가 충실한 탕비실을 설치하였으며, 앞으로의 지역 급식 서비스도 가능하다.

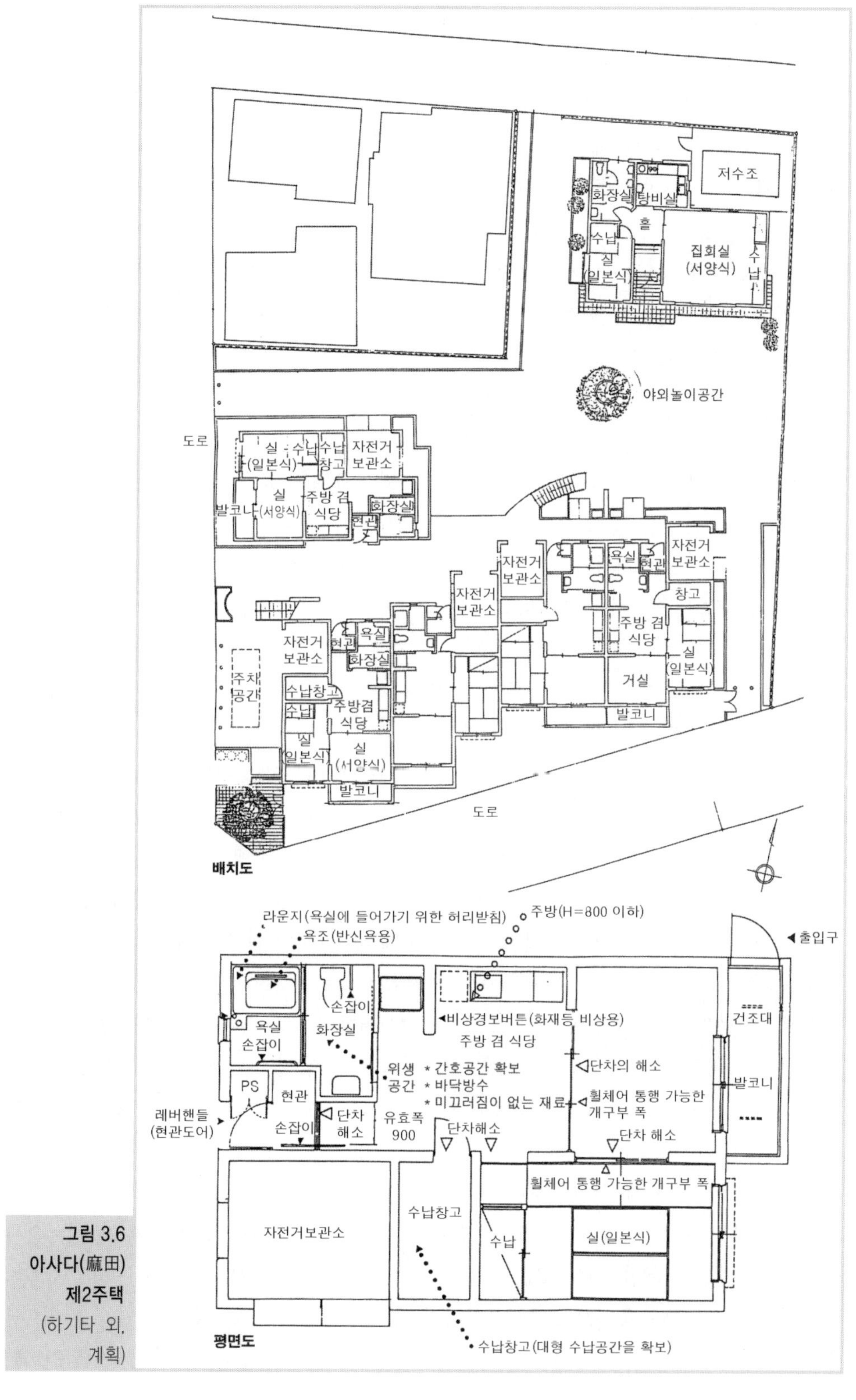


**그림 3.6 아사다(麻田) 제2주택** (하기타 외, 계획)

(4) 서비스 주택(실버피아 히가시-호리키리, 동경도 카츠시카 구, 그림 3.7)

국가의 실버 하우징 제도를 활용하여 동경도에서 독자적으로 추진한 형태가 실버피아(고령자를 위한 서비스 주택) 제1호이다. 총 110호 중에서 고령자를 위한 주택은 24호. 고령자를 위하여 충분히 배려된 주택(A, B동)과 함께, 카츠시카(葛飾) 구의 고령자 재택 서비스 센터(C동)를 병설하였다. 고령자의 안전을 특히 배려하였으며, 그림과 같이 긴급 통보(너스 콜 호출 버튼), 생활리듬 센서(현관이나 화장실 문이 12시간 이상 개폐되지 않으면 통보가 됨), 외출 시에는 자동 정지하게 되는 화재・가스 경보설비가 설치되어 있다. 생활을 지원하는 사람으로 관리인(warden)을 배치하였으며, 관리인은 이웃 사람으로서 입거자의 안부 확인, 일상적인 이야기 상대 등의 지원을 하고 있다.

#### 4) 고령자 주택정책의 앞으로의 과제

마지막으로 고령자의 공공주택정책에 대한 앞으로의 주요 과제를 고찰하고자 한다.

첫째로 필요한 것은, 고령자의 주거・거주 환경의 수준에 대한 정책적・기술적 목표수준의 설정이다. '주택택지심의회'의 답신에 유도목표수준 등이 나타나 있지만, 보다 구체적인 국가적 최소기준 만들기가 필요하다.

둘째로는, 앞에서 기술한 고령자의 주거・거주 환경의 목표수준에 근거한, 새로운 형태의 기본적인 주택 유형 개발이 필요하다. 고령자 수는 앞으로도 계속 증가하여, 평균적으로 인구의 20~25% 정도는 될 것이다. 지역에 따라서는 이 이상의 비율도 예상된다. 즉, 고령자의 거주란 일반적이며 보통의 경우가 된다는 것이다. 이로 미루어 보면, 지금까지의 주택 스톡은 대부분 고령자에 대한 배려가 되어 있지 않다. 앞으로는 일반주택에도 최저한이라도 고령자에 대한 배려가 필요할 것이다. 그렇게 된다면 고령자가 거주하지 않더라도 일반 거주에 적합한 주택으로서 공급이 가능하게 되며, 주택 공급의 가변성이 높아질 뿐만 아니라 고령자도 보다 자유롭게 일반주택 내에서 거주하기 쉬워지지 않을까? 이른바 새로운 국민주택라고 할 수 있을 주택의 개발이 필요한 것은 아닐까?

셋째로는, 라이프 사이클에 맞춘 거주 시스템 개발이 필요하다. 지금까지는 고령자가 심신기능이 저하해야만 시설이나 병원에 입원하곤 했지만, 지역 케어 시스템의 정비와 함께, 최대한 오래 같은 지역사회에서 거주하며 유지할 수 있는 거주 시스템 개발이 필요할 것이다. 이른바 고령자의 '케어 주택'의 개발이 필요하다는 것이다.

넷째로는, 라이프 사이클에 맞춘 거주 시스템 개발이 지금까지는 동거를 위한 주택 개발에 중점을 두어 왔다고 할 수 있다. 앞으로의 가족 거주 형태를 생각해 볼 때, 지금까지의 예측 이상으로 독신 거주, 고령자 부부 거주가 증가할 것이다. 앞으로는 독신 거주, 고령자 부부 거주를 중심으로 한 획기적인 주택정책을 전개할 필요가 있을 것이다.

**(萩田秋雄)**

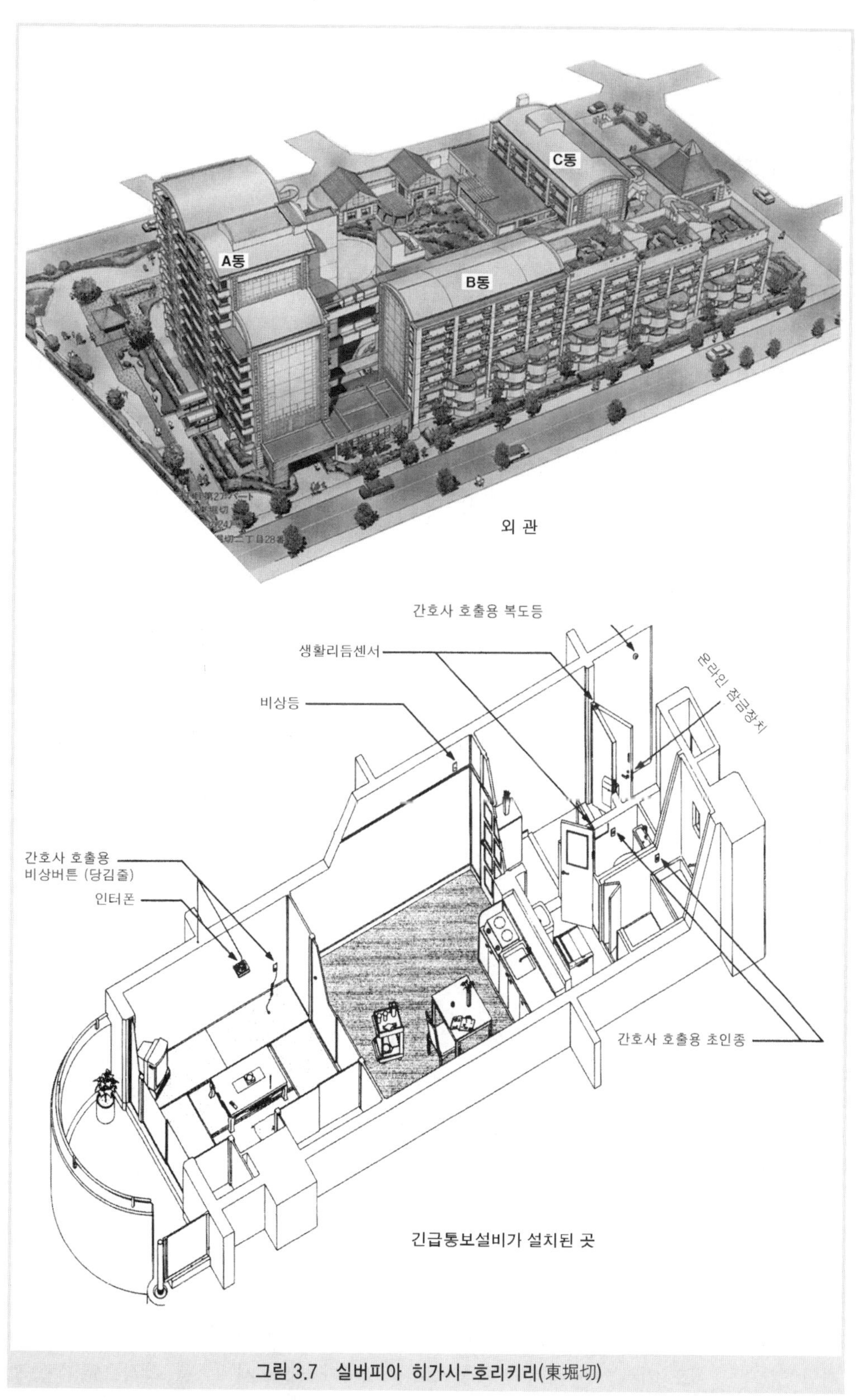


그림 3.7 실버피아 히가시-호리키리(東堀切)

# 고령자 주택 계획의 개념

## 3.1 고령자 주택이 갖추어야 할 기본조건

고령 사회에서 주택의 기본조건으로는 다음에 나타내는 바와 같이 고령자에게 중요한 주생활의 세 가지 측면, 즉 안전, 안정, 안심을 뒷받침할 수 있는 역할이 요구된다.

1) '안전'한 주생활을 위하여

사고를 미연에 방지하며, 안전성을 배려한 주생활일 것. 즉 사용하기 편리하며 쾌적한 거주공간, 지역사회와의 관계를 양호하게 유지할 수 있는 주거일 것.

2) '안정'된 주생활을 위하여

살아오면서 익숙한 주택을 떠나기 싫어하는 고령자에게 안정된 생활을 확보하기 위하여 시간적 변화에 대응 가능한 주거일 것.

3) '안심'할 수 있는 주생활을 위하여

고령자가 안심하고 생활할 수 있도록 필요한 각종 생활 관련 서비스를 받기 쉬운 주거일 것. 비상시의 대응을 고려하여 케어 서비스가 주택 내에 도입되는 것을 예상한 주거일 것.

이러한 주생활의 세 가지 측면을 뒷받침하려면 물리적인 주택공간만의 정비로는 불충분하며, 지역에서의 생활을 뒷받침할 수 있는 각종 건강보험・의료・복지 서비스와 인적 네트워크 등에 의한 배려도 크다고 할 수 있다. 주택 계획・설계에서는 이러한 사회적 자원을 충분히 활용할 수 있도록 배려된 공간을 마련하는 것이 중요하다.

## 3.2 기본 계획방침

다음으로 좀 더 구체적으로 주택을 계획할 때의 기본 계획방침을 살펴보면, 이하의 세 가지가 중요하다.

1) 고령자의 자립을 지원하기 위한 거주공간으로 정비한다

고령자 자신이 가능한 한 자립된 생활을 보낼 수 있는 거주공간으로 정비한다. 특히 심신기능이 저하된 고령자의 특성에 맞게 남아 있는 능력을 활용하기 위한 설비의 도입과 건축적 배려가 필요하다. 고령자가 단독으로도 자립하여 편리하게 사용할 수 있는 것을 기본으로, 안전한 설비・공간을 계획한다.

또한 프라이버시의 존중을 기본으로 하며, 자신의 취미와 습관을 살려서 개성적인 개인공간의 충실도 기본적인 배려의 방침으로 중요하다. 케어 서비스를 전적으로 수동적

인 자세로 받음으로써 퇴행성 질환이 발생되고 자립도가 저하되는 경우도 있다. 생활환경 형성에 주체적으로 대응할 수 있도록 스스로 관리 가능한 공간이 확보되는 것이 중요하다. 그리고 고령자 자신이 주택 부위와 설비의 청소, 점검, 보수 등을 일상적으로 할 수 있도록 유지 관리의 용이함도 중요한 배려사항이라고 할 수 있다.

2) 고령자 자신의 나이가 들어감에 따른 변화와 가족의 성장 등 시간 변화에 대응한다

고령자의 생활에는 다양한 라이프 스타일과 라이프 스테이지가 있으며, 개개인의 생활도 나이가 들어감에 따라 일정하지는 않다. 가족과의 관계에서 공간 구획의 변화, 심신기능의 변화에 따른 거주실 변화·증개축·설비의 도입 등 시간적 변화에 대응한 가변성 있는 계획이 중요한 관점이 된다.

더욱이, 다양한 시간 변화에 맞춘 방의 교체·개축·이전 등으로 공간을 변화시킨 경우에도 고령자가 자신의 공간을 재현하는 것이 용이하도록 배려해 둔다. 또한, 생활방식에 따라서 공간을 개성적으로 연출할 수 있도록 배려해 두는 것도 중요하다.

3) 젊은 층에게도 생활하기 쉽고 친근한 공간으로 한다

고령자의 생활은 적당한 인적 커뮤니티에 의하여 뒷받침되는 면이 크다. 고령자의 주거를 고령자만이 이용하는 공간으로 격리시키는 것은 바람직하지 않다. 또한, 기본적으로는 고령자 이외의 사람이 사용하기 어려운 공간이 되어서는 안 되며, 모든 연령층에게 사용하기 편리한 주택을 표준으로 한다. 독신으로 거주하고 있는 경우에는 방문자를, 동거 세대에게는 가족을 아무런 불편 없이 초청할 수 있는 접객공간 등이 필요하다. 외부와의 만남이 자연스럽게 가능하도록 하는 배려도 필요하다. 두우미 등이 활용 면에서도 주택이 개방적인 것이 바람직하다.

안전 측면에서도 기기설비에만 의지하여 개별적으로만 대응할 것이 아니라 지역 네트워크 등을 통한 사람들과의 만남 속에서 안전성을 높일 수 있는 방안 등도 고려한다.

## 3.3 주택환경 정비의 방법별 유의점

### 1) 신축 시의 유의점

특별히 심신기능의 저하가 현저한 고령자가 가족에 포함되어 있지 않더라도 고령자 주택 설계 지침은 누구에게라도 사용하기 쉬운 형태로 되어야 한다. 특히 고령자 주생활 요구가 발생한 후에, 비교적 대응이 쉽고 처음부터 어느 정도의 심신기능의 변화에 대응할 수 있는 주택을 계획하기 위해서는 기본적으로 ① 현관까지의 휠체어 접근성의 확보, ② 출입문·통로폭의 확보, ③ 단차의 제거라는 세 가지 사항이 이루어져야 한다. 휠체어의 이동성이 확보될 수 있기 때문에, 앞으로 새로운 필요성이 발생하더라도 욕실 등 최소한의 개조로 대응 가능하다. 이러한 형태를 표준으로 하는 것이 바람직하다.

2) 증개축 시의 유의점

뇌혈관 장애 후유증 등으로 주택 개조의 필요성이 발생한 경우에는 병원에서 퇴원 전 재활치료의 일환으로 병원의 물리치료사, 작업치료사 등 담당의 훈련이 이루어진다. 그렇지만 직원이나 병원의 실태에 따라 훈련의 범위가 제각각이므로, 증개축이 필요한 주택에서는 병원 직원과의 연락과 더불어 어떤 형태로든지 지역 상담을 이용하는 것이 바람직하다.

재택 고령자에게 증개축의 요구가 발생한 경우에는 각 자치단체의 상담 창구와 재택 간병지원센터 또는 재택상담소 등의 기관에서의 개조 상담을 통하여 전문적이고 기술적인 지도를 받는다. 또한 주택에 방문하는 복지사와 방문 재활치료사 등의 지도가 필요한 경우에도 동일한 각 창구의 기술 상담을 받는 것이 바람직하며, 보조제도의 활용방법 등을 검토한다.

3) 실의 교환 및 거주 전환 시의 유의점

고령자에게는 살아오면서 익숙해진 공간을 떠나서 새로운 공간에 적응해 가는 것이 쉬운 일은 아니다. 익숙하게 사용하기까지는 넘어짐・추락 등의 위험이 발생하기 쉽기 때문에, 특히 야간에 배설 관련 행위를 위한 화장실 이용 시의 안전성을 고려한다. 예를 들어, 고령자가 이용하는 거실과 화장실 사이에 위험성이 없는가를 점검하여, 난간의 설치 등을 추가로 계획한다.

그리고 거주공간이 바뀌는 경우에는 이전에 살던 주거의 거실의 가구・공간・장식 등을 이용하여 기존의 안정된 생활을 이전 후의 거실에도 재현할 수 있도록 한다. 보통 고령이 된 후에 공간이 급격하게 변하면 상당한 부담이 되며, 적응하기도 어렵다.

## 3.4 고령자를 위한 주택 설계 지침

### 1) 주택 설계 지침의 기본개념

고령자 주택을 계획할 때는 실제 거주할 고령자를 시간성이나 개별성을 가진 존재로서 고려하는 것이 중요하다.

고령기에는 보통 심신기능의 저하가 보이는 경우가 많다. 그래서 심신기능의 변화에 따라 주택공간에도 시간적 변화가 요구된다. 그리고 고령자의 생활은 지금까지의 인생의 집적으로써, 고령기의 생활 변화 형태는 대단히 개별적이다. 단순히 심신기능이 저하하여 생활공간을 축소하는 것만으로는 그 생활의 특징을 한눈에 파악할 수 없다.

이런 점에서 설계상의 배려로는 기본항목과 권장항목의 두 단계로 설정해 두는 것이 중요하다. 즉, 기본항목은 어떠한 변화가 발생하더라도 적절하게 대응할 수 있도록 하는 것이며, 권장항목은 특별한 대응이 필요하게 된 경우의 대응방법을 나타낸 것이다.

지금까지 「장수사회 대응 주택 설계 지침」 등 주로 신규로 공급되는 주택 사양을 나타내는 공적인 설계 지침이 만들어져 왔지만, 2001년의 「고령자의 거주 안정 확보에 관한 법률」에 근거하여 기존의 지침을 종합한 것으로 「고령자가 거주하는 주택의 설계에 관한 지침」이 국토교통성에 의해 고시되었다. 여기에서 그 지침의 내용을 소개하고자 한다.

## 고령자가 거주하는 주택의 설계 지침

(국토교통성 고시 제1301호) 2001년 8월 6일

### 제1 취지

이 지침은 고령자가 거주하는 주택에서 고령화에 따른 신체기능의 저하가 발생한 경우에도 고령자가 계속 살아갈 수 있도록 일반적인 주택 설계상의 배려 사항을 나타낸 것이며, 특정 신체기능의 저하와 장애가 발생한 거주자를 위하여 개별적으로 배려할 경우에는 해당 거주자의 상황에 맞게 이 지침에서 규정한 것 이외의 설계상의 노력을 해야 할 경우가 있다.

그리고 이 지침은 고령자가 거주하는 주택 및 실외부분이 고령자의 이동 등(수평이동, 수직이동, 자세의 변화를 포함한 모든 행위)에 따른 넘어짐 방지를 위한 기본적인 조치 또는 도움이 필요한 경우를 상정하며, 휠체어 사용자가 기본 생활행위[일상생활공간[고령자 이용을 상정한 하나의 주요 현관, 화장실, 욕실, 탈의실, 침실(이하 '특정 침실'이라 함), 식사실 및 특정 침실이 있는 층(접지층(지상층 중에서 가장 낮은 위치에 있는 층을 말함. 이하 동일) 제외)에 있는 발코니, 특정 침실이 있는 층에 있는 모든 거실과 이것을 연결하는 하나의 주요 경로를 말함. 이하 동일]에서 이루어지는 배설, 입욕, 취침, 식사, 이동, 기타 이것에 수반되는 행위를 말함]를 하는 것을 쉽게 하기 위한 기본적인 조치를 확보하기 위하여 필요한 사항을 규정하는 것으로 한다.

그리고 사항에 따라서는 위의 조치에 근거한 사양을 기본항목으로 규정함과 동시에, 고령자의 이동 등에 따른 넘어짐 등의 방지를 특히 배려한 조치 또는 도움이 필요한 경우를 상정하며, 휠체어 사용자가 기본 생활행위를 쉽게 하는 점을 특히 배려한 조치가 확보된 사양을 권장항목으로 규정한다.

또한 이 지침은 사회 상황의 변화와 기술의 진전 등 필요에 따라 개선하는 것으로 한다.

### 제2 주택의 전용부분에 관한 지침

1. 적용범위

모든 주택에 적용한다.

2. 지침

(1) 실의 배치

가. 기본항목 : 일상생활공간 중에서 화장실이 특정 침실에 속하는 층에 있을 것.

나. 권장항목 : 일상생활공간 중에서 현관, 화장실, 욕실 및 식사실과 탈의실, 세면실(있는 경우에 한함)이 특정 침실에 속하는 층에 있을 것. 단, 홈 엘리베이터[출입구의 유효폭이 750mm 이상(통로 등에서 직진하여 출입할 수 있는 위치에 설치된 것은 650mm 이상) 등 휠체어로 사용 가능한 것에 한함]가 설치되어 있으며, 일상생활공간 중에서 화장실이 특정 침실이 있는 층에 있으면 예외로 한다.

(2) 단차

가. 기본항목

① 일상생활공간 내의 바닥이 단차가 없는 구조(5mm 이하의 단차가 발생하는 경우를 포함. 이하 동일)일 것. 단, 다음에 열거한 것은 예외로 한다.

a. 현관 출입구의 단차로 신발을 갈아 신는 곳과 현관 바깥의 고저차를 20mm 이하로 하며, 신발을 갈아 신는 곳과 현관 위의 고저차를 5mm 이하로 할 것

b. 현관에서의 단차

c. 실외에 면하는 개구부(현관 출입구 제외)의 출입구

d. 거실부분의 바닥 중에서 다음에 제시하는 요건을 만족시키는 것과 그 외 부분의 바닥의 300mm 이상 450mm 이하의 단차

(i) 휠체어의 이동에 지장이 없는 위치에 존재하는 것

(ii) 면적이 3m$^2$ 이상 9m$^2$(해당 거실의 면적이 18m$^2$ 이하의 경우에는 해당 면적의 1/2) 미만일 것

(iii) 해당 부분의 면적의 합계가 해당 거실 면적의 1/2 미만일 것

(iv) 긴 변(공사를 수반하지 않은 철거 등을 확보할 수 있는 부분의 길이를 포함)이 1,500mm 이상일 것

(v) 기타 부분의 바닥보다 높은 위치에 있을 것

e. 욕실 출입구의 단차로서 20mm 이하의 단순단차(단차가 하나인 경우. 이하 동일)로 한 것 또는 욕실 내외의 고저차를 120mm 이하, 넘을 수 있는 높이를 180mm 이하로 하며 손잡이를 설치한 것

f. 발코니의 출입구 단차. 단, 접지층을 가지고 있지 않은 주택에서는 다음에 열거한 것과 함께, 발코니와 디딤판(너비 300mm 이상이며 유효폭이 600mm 이상으로, 해당 디딤판과 발코니의 단 거리가 1,200mm 이상이며, 1단인 것에 한함. 이하 나①b를 제외하고 동일)과의 단차 및 디딤판과 현관 바닥과의 단차로 180mm 이하의 단순단차인 것에 한함.

(i) 180mm(디딤판을 설치하는 경우에는 360mm) 이하의 단순단차로 한 것

(ii) 250mm 이하의 단순단차이며 손잡이를 설치할 수 있도록 한 것

(iii) 실내측 및 실외측의 높이가 180mm 이하의 단차(디딤판을 설치하는 경우에는 실내측의 높이가 180mm 이하이며, 실외측의 높이가 360mm 이하의 단차)로 하며, 손잡이를 설치할 수 있도록 한 것

② 일상생활공간 외의 바닥이 단차가 없는 구조일 것. 단, 다음에 열거하는 것은 예외로 한다.

a. 현관 출입구의 단차

b. 현관과 거실과의 단차

c. 출입구와 거실과의 단차

d. 발코니 출입구의 단차

e. 욕실 출입구의 단차

f. 실내 또는 실부분의 바닥과 기타 부분의 바닥의 90mm 이상의 단차

나. 권장항목

① 일상생활공간 내의 바닥이 단차가 없는 구조일 것. 단, 다음에 열거한 것은 예외로 한다.

a. 가①의 ac 및 d에서 규정한 것

b. 현관 출입구의 단차로 110mm[접지층에 있는 현관인 경우에는 180mm, 디딤판(너비 300mm 이상이며 유효폭이 600mm 이상으로, 1단에 한함)을 설치하는 경우에는 360mm] 이하인 것과, 디딤판과 현관 바닥과의 단차로 110mm(접지층에 있는 현관의 경우에는 180mm) 이하로 한 것

c. 발코니의 출입구 단차로 180mm(디딤판을 설치하는 경우에는 360mm) 이하의 단순단차로 한 것과 발코니와 거실과의 단차로 180mm 이하의 단순단차로 한 것

② 일상생활공간 외의 바닥이 가②에 규정한 요건을 만족할 것

(3) 손잡이

가. 기본항목

① 손잡이가 다음의 표 (가)항에서 제시한 공간별로 (나)항에 규정한 요건을 만족할 것. 단, 화장실, 욕실, 현관 및 탈의실은 일상생활공간 내에 있는 것에 한함.

| (가) | (나) |
|---|---|
| 공 간 | 손잡이 설치요건 |
| 계 단 | 적어도 한쪽(기울기가 45도를 초과하는 경우에는 양쪽)과 바닥에서 높이가 700mm에서 900mm의 위치에 설치되어 있을 것. 단, 홈 엘리베이터가 설치되어 있는 경우에는 예외로 한다. |
| 화장실 | 서거나 앉기 위한 편의시설이 설치되어 있을 것 |
| 욕 실 | 욕조로 들어가거나 나오기 위한 편의시설이 설치되어 있을 것 |
| 현 관 | 거실로 올라오거나 내려갈 때, 신발을 신거나 벗기 위한 편의시설이 설치되어 있을 것 |
| 탈의실 | 탈의를 위한 편의시설이 설치되어 있을 것 |

② 넘어지는 것을 방지하기 위한 손잡이가 다음의 표 (가)항에서 제시한 공간별로 (나)항에 규정된 요건을 만족할 것. 단, 외부의 지면, 바닥 등에서 높이가 1m 이하의 범위 또는 개폐할 수 없는 창, 기타 넘어질 우려가 없는 경우에는 예외로 한다.

| (가) | (나) |
|---|---|
| 공 간 | 손잡이 설치요건 |
| 발코니 | a. 난간 기타 발이 걸려 넘어질 위험이 있는 부분(이하 '난간 등'이라 함)의 높이가 650mm 이상 1,100mm 미만인 경우에는 바닥면에서 1,100mm 이상의 높이가 되도록 설치되어 있을 것<br>b. 난간 등의 높이가 300mm 이상 650mm 미만인 경우에는 난간 등에서 800mm 이상 높이가 되도록 설치되어 있을 것<br>c. 난간 등의 높이가 300mm 미만인 경우에는 바닥면에서 1,100mm 이상 높이가 되도록 설치되어 있을 것 |
| 2층 이상의 층 | a. 창틀 기타 발이 걸려 넘어질 위험이 있는 부분(이하 '창틀 등'이라 함)의 높이가 650mm 이상 800mm 미만인 경우에는 바닥면에서 800mm(3층 이상의 층에서는 1,100mm) 이상 높이가 되도록 설치되어 있을 것<br>b. 창틀 등의 높이가 300mm 이상 650mm 미만인 경우에는 창틀 등에서 800mm 이상 높이가 되도록 설치되어 있을 것<br>c. 창틀 등의 높이가 300mm 미만인 경우에는 바닥면에서 1,100mm 이상 높이가 되도록 설치되어 있을 것 |
| 복도 및 계단(개방되어 있는 쪽에 한함) | a. 난간 등의 높이가 650mm 이상 800mm 미만인 경우에는 바닥면(계단의 경우에는 디딤판)에서 800mm 이상 높이가 되도록 설치되어 있을 것<br>b. 난간 등의 높이가 650mm 미만인 경우에는 난간 등에서 800mm 이상 높이가 되도록 설치되어 잇을 것 |

③ 넘어짐 방지를 위한 손잡이는 바닥면(계단에서는 디딤판의 끝부분. 나③에서도 동일) 및 측벽 등 또는 창대 등(측벽 등 또는 창대 등의 높이가 650mm 미만인 경우에 한함. 나③에서도 동일)으로부터 높이가 800mm 이내 부분에 설치되어야 하며 간격이 안치수로 110mm 이하일 것.

나. 권장항목

① 손잡이가 다음의 표 (가)항에서 제시한 공간별로 (나)항에 규정된 요건을 만족할 것. 단, 화장실, 욕실, 현관 및 탈의실의 경우에는 일상생활공간에 있는 것에 한함.

| (가) | (나) |
|---|---|
| 공 간 | 손잡이 설치요건 |
| 계 단 | 양쪽(기울기가 45도 이하이며 홈 엘리베이터가 설치되어 있는 경우에는 적어도 한쪽)과 바닥에서 높이가 700mm에서 900mm 위치에 설치되어 있을 것 |
| 화장실 | 서거나 앉기 위한 편의시설이 설치되어 있을 것 |
| 욕 실 | 욕실 출입, 욕조의 드나듦, 욕조 안에서 서거나 앉을 때 자세 유지와 세면 시 서거나 앉기 위한 손잡이가 설치되어 있을 것 |
| 현 관 | 거실로 올라오거나 내려갈 때 신발을 신거나 벗기 위한 손잡이가 설치되어 있을 것 |
| 탈의실 | 탈의를 위한 손잡이가 설치되어 있을 것 |

② 넘어짐 방지를 위한 손잡이가 가②에 제시한 요건을 만족할 것.

③ 넘어짐 방지를 위한 손잡이는 바닥면과 측벽 등 또는 창대 등에서의 높이가 800mm 이내 부분에 있어야 하며, 간격이 나③에서 제시한 요건을 만족할 것.

(4) 통로 및 출입구의 폭

가. 기본항목

① 일상생활공간 내의 통로 유효폭은 780mm(기둥 등의 장소에서는 750mm) 이상일 것.

② 일상생활공간 내의 출입구(발코니의 출입구 및 주방 출입구는 제외. 이하 동일)의 폭(현관 및 욕실 출입구는 여닫이문에서는 자재의 두께, 미닫이문에서는 문이 벽으로 들어가고 남은 부분을 감안한 통행상 유효폭으로 하며, 현관 및 욕실 이외의 출입구는 조그만 개조에 의하여 확보 가능한 부분의 길이 포함)이 750mm(욕실 출입구는 600mm) 이상일 것.

나. 권장항목

① 일상생활공간[(1)나에서 규정한 홈 엘리베이터를 설치하는 경우에는 해당 엘리베이터와 일상생활공간 사이의 경로를 포함] 내에 통로 유효폭이 850mm(기둥 등의 장소에서는 800mm) 이상일 것.

② 일상생활공간 내에 출입구의 폭(현관 및 욕실 출입구는 여닫이문에서는 자재의 두께, 미닫이문에서는 문이 벽으로 들어가고 남은 부분을 감안한 통행상 유효폭으로 하며, 현관 및 욕실 이외의 출입구는 공사를 수반하지 않는 철거 등에 의하여 확보 가능한 부분의 길이를 포함)이 800mm 이상일 것.

(5) 계단

가. 기본항목 : 다음에 제시하는 요건을 만족시킬 것. 단, 홈 엘리베이터가 설치되어 있는 경우에는 예외로 한다.

① 기울기가 22/21 이하일 것. 단 높이 치수의 2배와 디딤판 치수의 합이 550mm 이상에서 650mm 이하이며, 디딤판의 치수가 195mm 이상일 것.

② 챌면의 위쪽과 아래쪽의 경사 차이가 30mm 이하일 것.

③ ①에서 제시한 각 부분의 치수는 회전계단의 부분에서는 디딤판의 좁은 쪽 끝에서 300mm 위치의 치수로 할 것. 단, 다음의 어느 하나에 해당하는 부분에서는 ①의 규정 중에서 각 부분의 치수에 관한 것은 적용하지 않는 것으로 한다.

a. 90도 굴곡 부분이 아래층 바닥에서 위로 3단 이내로 구성되며, 동시에 디딤판의 좁은 쪽 형상이 모두 30도 이상이 되는 회전계단 부분

b. 90도 굴곡 부분이 계단참에서 위로 3단 이내로 구성되며, 동시에 디딤판의 좁은 쪽 형상이 모두 30도 이상이 되는 회전계단 부분

c. 180도 굴곡 부분이 4단으로 구성되며, 동시에 디딤판의 좁은 쪽 형상이 밑에서부터 60도, 30도, 30도 및 60도의 순으로 이루어진 회전계단 부분

나. 권장항목 : 다음에서 제시한 요건을 만족할 것. 단, 홈 엘리베이터가 설치되어 있으며, 나의 ①에서 ④까지에 제시한 요건을 만족하는 경우에는 예외로 한다.

① 기울기가 6/7 이하이며, 단 높이 치수의 2배와 디딤판 치수의 합이 550mm 이상에서 650mm 이하일 것.

② 챌면의 위쪽과 아래쪽의 경사 차이가 30mm 이하이며, 챌면이 설치되어 있을 것.

③ 회전계단 등 안전상 문제가 있다고 생각되는 형태가 설치되어 있지 않으며, 최상단에서 통로 등으로 들어간 부분 및 최하단에서 통로 등으로 돌출된 부분이 설치되어 있지 않을 것.

④ 디딤판에 미끄럼 방지를 위한 부재를 설치하는 경우에는 해당 부재가 디딤판과 동일면으로 되어 있을 것.

⑤ 디딤판의 끝 부분과 챌면을 기울기가 60도 이상 90도 이하 면에서 자연스럽게 이어지는 형태로 할 것과 기타 조치로 계단코가 돌출되지 않은 형태로 되어 있을 것.

(6) 각 부의 넓이 등

가. 화장실

① 기본항목 : 일상생활공간 내의 화장실이 다음에 제시한 요건의 어느 하나를 만족한다.

a. 긴 변(약간의 개조로 확보 가능한 부분의 길이를 포함)이 안목치수로 1,300mm 이상일 것

b. 변기의 앞쪽과 옆쪽에 변기와 측의 거리(문의 개방으로 확보 가능한 부분 또는 약간의 개조로 확보 가능한 부분의 길이 포함)가 500mm 이상일 것

② 권장항목 : 일상생활공간 내의 화장실의 짧은 쪽 변(공사를 수반하지 않은 철거 등으로 확보 가능한 부분의 길이 포함)은 안목치수로 1,300mm 또는 변기 뒤쪽 벽에서 변기 앞까지의 거리를 500mm를 더한 값 이상으로 한다.

나. 욕실

① 기본항목 : 일상생활공간 내의 욕실이 다음에 제시한 요건을 만족한다.

a. 욕실의 짧은 쪽 변이 단독주택에서는 안목치수로 1,300mm 이상, 단독주택 이외의 용도로 쓰이는 건축물 내의 주택의 욕실에서는 안목치수로 1,200mm 이상일 것

b. 욕실 면적이 단독주택에서는 안목치수로 2.0m$^2$ 이상, 단독주택 이외의 용도로 쓰이는 건축물 내의 주택의 욕실에서는 안목치수로 1.8m$^2$ 이상일 것

② 권장항목 : 일상생활공간 내 욕실의 짧은 쪽은 안목치수로 1,400mm 이상이며 면적은 안목치수로 2.5m$^2$ 이상으로 한다.

다. 특정 침실

① 기본항목 : 특정 침실의 면적이 안목치수로 9m$^2$ 이상으로 한다.

② 권장항목 : 특정 침실의 면적이 안목치수로 12m$^2$ 이상으로 한다.

(7) 바닥 및 벽의 마감

주거 내의 바닥·벽의 마감은 미끄러움, 넘어짐 등에 안전성을 배려한 것으로 한다.

(8) 가구 등

가. 기본항목 : 가구는 열고 닫기 쉬우며 안전성을 배려한 것으로 할 것. 또한 능숙한 손 및 잠금장치를 사용하기 쉬운 형태의 것으로 하며, 적절한 위치에 부착되어 있어야 한다.

나. 권장항목

① 가에 제시한 요건을 만족한다.

② 가구 등에 이용되는 유리, 거울 중에서 신체에 접할 가능성이 있는 것은 안전유리로 한다.

(9) 설비

가. 기본항목

① 일상생활공간 내의 화장실 변기가 좌변기식일 것.

② 욕조의 가장자리 높이 등이 고령자의 입욕에 지장이 없는 등 안전성을 배려한 것으로 할 것.

③ 주거 내의 급수급탕, 전기 및 가스 설비가 고령자가 안심하고 사용할 수 있는 안전장치가 갖춰진 조리기구 설비 등을 사용하는 등 안전성을 배려한 것이며, 조작이 용이할 것.

④ 주거 내의 조명설비가 안전상 필요한 곳에 설치되어 있으며, 충분한 조도를 확보할 수 있어야 할 것.

⑤ 가수누출검지기 등(가스를 사용하는 경우에 한함) 및 화재경보기가 고령자가 주로 사용하는 주방에 설치되어 있을 것.

⑥ 통보장치가 가능한 한 화장실 및 욕실에 설치되어 있을 것.

나. 권장항목

① 가의 ①~④에 제시한 요건을 만족할 것.

② 가스누출검지기 등(가스를 사용하는 경우에 한함), 화재경보기 및 자동소화장치 또는 스프링쿨러가 고령자가 주로 사용하는 주방에 설치되어 있을 것.

③ 화재경보기가 특정 침실에 설치되어 있을 것.

④ 통보장치가 화장실, 욕실 및 특정 침실에 설치되어 있을 것.

(10) 온열환경

각 거실 등의 온도차를 가능한 한 없앨 수 있도록 단열 및 환기를 배려한 것으로 하며, 거실이나 화장실, 탈의실, 욕실 등에서 겨울철 사고 등을 미연에 방지할 수 있도록 난방설비 등을 갖출 수 있는 구조로 할 것.

(11) 수납공간

일상적으로 사용하는 수납공간을 적절하게 하고 무리가 없는 자세로 수납할 수 있는 위치에 설치되어 있을 것.

(12) 기타

현관에는 가능한 한 벤치 등을 설치할 수 있는 공간이 확보되어 있으며, 신발을 벗는 공간에는 필요에 따라 이동식 경사로가 설치되어 있을 것.

### 제 3 단독주택의 실외부분에 관한 지침

1. 적용범위

단독주택에 적용한다.

2. 지침 : 접근 등은 다음에 제시한 요건을 만족할 것.

가. 주거로의 접근통로 등이 보행 및 휠체어 이용을 배려한 형태, 치수 등에 적합할 것.
나. 실외계단의 기울기, 형태 등이 오르내리기에 안전상 지장이 없을 것.
다. 실외의 조명설비가 안전성을 배려한 충분한 조도를 확보할 수 있을 것.

### 제 4 단독주택 이외의 주택 공용 및 실외 부분의 적용지침

1. 적용범위

단독주택 이외의 주택에 적용한다.

2. 지침

(1) 공용계단

가. 기본항목

① 각 층을 연결하는 공용계단 중에서 적어도 하나가 다음의 a~d(주거가 있는 층에서 엘리베이터를 이용할 수 있는 경우에는 c 및 d)에 제시한 요건을 만족할 것.

a. 디딤판이 240mm 이상이며, 단 높이 치수의 2배와 디딤판 치수 합이 550mm 이상에서 650mm 이하일 것

b. 챌면의 위쪽과 아래쪽의 경사차가 30mm 이하일 것
c. 최상단에서 통로 등으로 들어간 부분 및 최하단에서 통로 등으로 돌출된 부분이 설치되어 있지 않을 것
d. 손잡이가 적어도 측면에, 그리고 디딤판에서 높이가 700mm에서 900mm의 위치에 설치되어 있을 것

② 직접 외부로 개방되어 있는 공용계단에서는 다음에 제시한 요건을 만족할 것. 단, 높이 1m 이하의 계단 부분은 예외로 한다.

a. 넘어짐 방지를 위한 손잡이는 측벽 또는 650mm 이상 1,100mm 미만인 경우에는 디딤판 끝에서 1,100mm 이상 높이에, 측벽 등의 높이가 650mm 미만인 경우에는 측벽 등으로부터 1,100mm 이상 높이에 설치되어 있을 것
b. 넘어짐 방지를 위한 손잡이는 디딤판의 끝부분 및 측벽 등(측벽 등의 높이가 650mm 미만인 경우에 한함)으로부터 높이가 800mm 이내 부분에 설치되어야 하며, 간격이 안치수로 110mm 이하일 것

나. 권장항목

① 각 층을 연결하는 공용계단 중에서 적어도 하나가 다음에서 제시하는 요건을 만족한다.

a. 기울기가 7/11 이하이며, 단 높이 치수의 2배와 디딤판 치수 합이 550mm 이상에서 650mm 이하일 것
b. 챌면의 위쪽과 아래쪽의 경사차가 20mm 이하이며, 챌면이 설치되어 있을 것
c. 계단참에서 꺽이는 계단 또는 직선계단이며 최상단에서 통로 등으로 들어간 부분 및 최하단에서 통로 등으로 돌출된 부분이 설치되어 있지 않을 것
d. 디딤판에 미끄럼 방지를 위한 부재를 설치하는 경우에는 해당 부재가 디딤판과 동일면으로 되어 있을 것
e. 디딤판의 끝 부분과 챌면을 기울기가 60도 이상 90도 이하의 면에서 자연스럽게 이어지는 형태로 하며, 기타 조치로 계단코가 돌출되지 않은 형태로 되어 있을 것
f. 손잡이가 양쪽에, 디딤판에서 높이가 700mm에서 900mm 위치에 설치되어 있을 것

② 직접 외부에 개방되어 있는 공용계단은 가②에서 제시한 요건을 만족한다.

(2) 공용복도

가. 기본항목 : 각 주택에서 건물 출입구, 공용시설, 다른 주택 기타 일상적으로 이용하는 공간으로 이어지는 적어도 하나의 경로상에 존재하는 공용복도가 다음에서 제시하는 요건을 만족한다.

① 공용복도의 바닥은 단차가 없는 구조로 한다.

② 공용복도의 바닥에 고저차가 발생하는 경우에는 다음에 제시한 요건을 만족한다.

a. 기울기가 1/12 이하(고저차가 80mm 이하인 경우에는 1/8 이하)의 경사로가 설치되어 있을 것 또는 해당 경사로 및 단이 병설되어 있을 것
b. 단이 설치되어 있는 경우에는 해당 단이 (1)가①의 a~d에 제시한 요건을 만족할 것

③ 손잡이가 공용복도(다음의 a 및 b에 제시한 부분 제외)의 적어도 한쪽에, 바닥에서 높이가 700mm에서 900mm의 위치에 설치되어 있어야 한다.

a. 주택 기타 실의 출입구, 교차하는 동선이 있는 부분, 기타 어쩔 수 없이 손잡이를 설치할 수 없는 부분
b. 현관, 기타 손잡이에 따라 통행하는 것이 동선을 상당히 연장시키는 부분

④ 직접 외부로 개방되어 있는 공용복도(1층에 있는 것 제외. 나④에서도 동일)에서는 다음에 제시하는 조건을 만족한다.

a. 넘어짐 방지를 위한 손잡이는 측벽 등의 높이가 650mm 이상 1,100mm 미만인 경우에는 바닥에서 1,100mm 이상의 높이에, 측벽 등의 높이가 650mm 미만인 경우에는 측벽 등으로부터 1,100mm 이상의 높이에 설치되어 있을 것
b. 넘어짐 방지를 위한 손잡이는 바닥 및 측벽 등(측벽 등의 높이가 650mm 미만인 경우에 한함)으로부터 높이가 800mm 이내 부분에 설치되어야 하며 간격이 안치수로 110mm 이하일 것

나. 권장항목 : 각 주택에서 건물 출입구, 공용시설, 다른 주택, 기타 일상적으로 이용하는 공간으로 이어지는 적어도 하나의 경로상에 존재하는 공용복도가 다음에서 제시하는 요건을 만족한다.

① 공용복도의 바닥이 단차가 없는 구조로 한다.

② 공용복도의 바닥에 고저차가 발생하는 경우에는 다음에 제시한 요건을 만족한다.

a. 기울기가 1/12 이하의 경사로 및 단이 병설되어 있으며 각각의 유효폭이 1,200mm 이상일 것 또는 고저차가 80mm 이하이며 기울기가 1/8 이하의 경사로 또는 기울기가 1/15 이하의 경사로가 설치되어 있으며, 유효폭이 1,200mm 이상일 것

b. 손잡이가 경사로 양쪽에, 동시에 바닥면에서 높이 700mm에서 900mm의 위치에 설치되어 있을 것

c. 단이 설치되어 있는 경우에는 해당 단이 (1)나①의 a～f에 제시한 요건을 만족할 것

③ 손잡이가 나③에서 제시한 요건을 만족한다.

④ 직접 외부로 개방되어 있는 공용복도에서는 나④에 제시한 요건을 만족한다.

(3) 유효폭

가. 기본항목 : 주택이 있는 층에서 엘리베이터를 이용할 수 없는 경우에는 해당 층에서 건물 출입구가 있는 층 또는 엘리베이터 정지층에 이르는 하나의 공용계단의 유효폭이 900mm 이상으로 한다.

나. 권장항목 : 각 주택에서 엘리베이터를 거쳐 건물 출입구까지 유효폭 1,400mm 이상의 공용복도를 경유하여 도달할 수 있어야 한다.

(4) 엘리베이터

가. 기본항목

① 각 주택(건물 출입구가 있는 층에 있는 것 제외)에서 엘리베이터 또는 공용계단(1층 부분의 이동에 한함)을 이용하여 건물 출입구가 있는 층까지 도달 가능하며 해당 주택(엘리베이터를 이용하지 않고 건물 출입구에 도달할 수 있는 것 제외)에서 엘리베이터를 거쳐 건물 출입구에 이르는 적어도 하나의 경로상에 있는 엘리베이터 및 엘리베이터 홀이 다음에 제시한 요건을 만족한다.

a. 엘리베이터 및 엘리베이터 홀이 다음에 제시하는 요건을 만족할 것

(i) 엘리베이터의 출입구 유효폭이 800mm 이상일 것

(ii) 엘리베이터 홀의 한 변을 1,500mm로 하는 정방형 공간을 확보할 수 있을 것

b. 건물 출입구에서 엘리베이터 홀까지의 경로상의 바닥이 단차가 없는 구조일 것

c. 건물 출입구와 엘리베이터 홀에 고저차가 발생하는 경우에는 다음에 제시하는 요건을 만족할 것

(i) 기울기가 1/12 이하의 경사로 및 단이 병설되어 있으며, 각각의 유효폭이 900mm 이상일 것 또는 고저차가 80mm 이하이며 기울기가 1/8 이하의 경사로 또는 기울기가 1/15 이하의 경사로가 설치되어 있으며, 동시에 유효폭이 1,200mm 이상일 것

(ii) 손잡이가 경사로의 적어도 한쪽에, 동시에 바닥면에서 높이 700mm에서 900mm의 위치에 설치되어 있을 것

(iii) 단이 설치되어 있는 경우에는 해당 단이 (1)가①의 a～d에 제시한 요건을 만족할 것

② 엘리베이터 승강 버튼 및 내부 조작판은 휠체어 이용자를 배려한다.

나. 권장항목

① 각 주택(건물 출입구가 있는 층의 것은 제외)에서 엘리베이터를 이용하여 건물 출입구가 있는 층까지 도달 가능하며 해당 주택에서 엘리베이터를 거쳐 건물 출입구에 이르는 적어도 하나의 경로상에 있는 엘리베이터 및 엘리베이터 홀이 다음에 제시한 요건을 만족한다.

a. 엘리베이터 및 엘리베이터 홀이 다음에 제시하는 요건을 만족할 것

(i) 가①a에 제시한 요건을 만족할 것

(ii) 엘리베이터의 내부 깊이가 안목치수로 1,350mm 이상일 것

b. 가①b에 제시한 요건을 만족할 것

c. 건물 출입구와 엘리베이터 홀에 고저차가 발생하는 경우에는 (2)나②의 a～c에 제시한 요건을 만족할 것

② 가②에 제시한 요건을 만족한다.

(5) 접근 등

주요 단지 내 통로 및 건물 출입구가 보행 및 휠체어에서의 이동 안전성 및 편리성을 배려한 구조로 한다.

(6) 바닥 마감재

접근, 건물 출입구, 계단, 경사로, 공용복도 등의 바닥마감이 미끄럼이나 발이 걸리는 것 등 안전성을 배려한 구조로 한다.

(7) 조명설비

실외 접근 및 공용부분의 조명설비가 안전성을 배려한 충분한 조도를 확보할 수 있어야 한다.

### 2) 각 실 계획의 사례 : 고령자를 위한 거실(그림 3.8)의 예

여기에서는 각 실의 계획상의 배려에 대한 사례로 거실에서의 유의점을 **그림 3.8**에 나타내었다. 고령자에게 거실은 안전성과 쾌적성이 강하게 요구되는 공간이며, 특히 심신 기능이 급격히 떨어진 경우에는 침실이 하루의 대부분을 지내는 장소로서 중요한 의미를 지니게 된다. 질환으로 누워서 지내야 되는 경우 등 앞으로의 변화도 고려해 둘 필요가 있다.

### 3) 주택 집합 계획의 사례

#### (1) 사회적 환경

① **사회적 제도와의 연계** : 고령자와 관련된 시설로는 노인복지시설, 보건의료기관, 집회시설, 교양문화시설 등이 있다. 고령자가 안전하고 쾌적한 생활을 보내는 데에는 이러한 시설의 서비스가 필요하기 때문에, 집합주택의 입지에서는 이러한 정비 현황과 계획 등에 관해서 충분한 조사를 실시하는 것이 필요하다.

집합주택은 기존의 지역복지 서비스를 받는 것이 가능한 조건의 지역에 입지하는 것이 바람직하지만, 부족한 서비스 거점의 정비를 단지 계획에 맞추어 공용시설로서 계획・정비하는 것도 중요하다. 특히, 고령자를 위한 사회복지시설이나 의료시설 등과 병설・인접시키는 것은 케어 서비스가 필요하게 되었을 때의 안도감을 위해서도 바람직하다.

한편, 공공서비스 시설의 정비가 뒤쳐진 지역에서는 단지 내의 집회소 등과 공용시설의 공간을 활용하여 주간보호(day care)시설 등으로의 통원 서비스 기능에 대응한 이용도 가능하도록 고려하는 것도 중요하다.

② **사회적 네트워크 중시** : 고령자가 안전하고 쾌적한 생활을 보내기 위해서는 앞의 항의 모든 시설과의 연계도 중요하지만, 극히 일상적인 생활행위와 긴급 시의 1차적 대응은 같이 살거나 인접해 살고 있는 가족을 비롯하여 근린 커뮤니티로부터 유지되는 것이 현실이다.

따라서 동일 단지 내에 자녀 세대의 가족이 살고 있는 경우 각각의 주택에 적절한 배치를 고려하는 것, 또한 근린 커뮤니티의 형성을 배려한 주 동과 동 간의 공유공간의 설치 및 배치도 중요하다.

특히 단지를 재개발할 경우에는 기존 커뮤니티를 파괴하지 않고 존속시키는 계획적 배려가 중요하다. 예를 들어, 커뮤니티 활동의 단위와 그 그룹의 존속, 현관문의 개방성, 공유공간의 청소 당번 등을 재개발 후의 생활에도 유지・활용하도록 배려한다.

③ **고령자를 위한 집합주택** : 고령자를 위한 집합주택은 집합에 따른 복지 서비스의 공급 집중 등의 이점이 있으므로, 고령자를 위한 주택의 안정적 확보의 한 방법으로

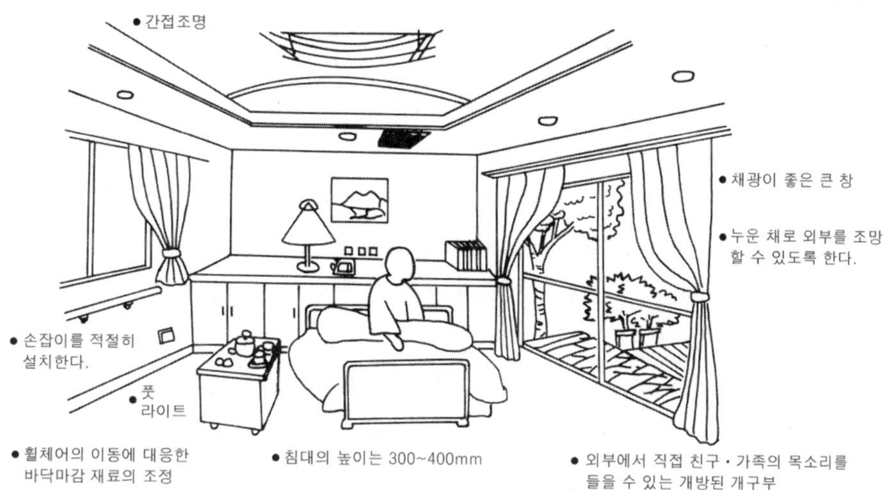


그림 3.8 고령자를 위한 거실의 예

1. 위치

(1) 외부 소음으로부터 수면 등이 방해받지 않는 위치에 있도록 한다.

(2) 긴급 시 피난과 이웃집과의 만남, 원예 등의 즐거움, 장래의 재택 서비스 도입 등을 고려하여, 정원과 발코니 등으로부터 직접 옥외로 나갈 수 있도록 한다.

(3) 현관에서 다른 실을 통과하지 않고 직접 출입할 수 있도록 한다.

(4) 접지층(집합주택에서는 현관과 동일 층, 엘리베이터 정지층)에 설치한다.

(5) 화장실・욕실 등을 가까이에 설치한다(특히 화장실은 가까운 것이 좋다).

(6) 프라이버시를 지켜야 할 곳은 지켜주며, 간병하는 가족의 눈이 도달하기 쉽게 한다.

(7) 하루의 대부분을 침실에서 생활하는 사람도 많기 때문에 가능한 한 본인이 선호하는 위치에 배치하며, 일조나 통풍, 환기, 창에서의 조망이 좋은 위치 및 구조로 한다.

(8) 독립하여 위치해 있는 경우에는 일일이 신발을 벗지 않아도 되도록 주요 실과의 연계성도 배려한다.

(9) 고령자실이 침실과 거실의 기능을 겸하고 있는 경우, 예를 들어 가구 등을 이용하여 그 공간이 구분되어 있는 것이 바람직하다.

(10) 외부에서 직접 친구 등이 방문 가능하도록 한다.

(11) 화장실, 욕실 등과 단차 없이 이동 가능하도록 한다.

2. 규모

(1) 다양한 이용방법을 기대할 수 있는 여유공간을 만든다. 예를 들어, 벽장을 이후에 전용 화장실 등으로 개조하여 사용하는 것도 고려한다.

(2) 수평 트랜스퍼 부착 경로를 고려한다.

(3) 베개 부근에는 물건이 쌓이기 쉬우므로 일상적으로 사용하는 물건을 놓아두는 공간을 준비하며, 동시에 일상적인 행동반경 내에 수납부분을 많이 설치하여 쉽게 이용할 수 있도록 한다. 단, 벽장의 위쪽 부분이나 천장 아랫부분 같은 높은 곳에 수납해야 하는 것은 피한다.

(4) 부부의 경우는 13.2m$^2$ 정도의 넓이가 필요하다.

(5) 고령자가 좋아하는 물건과 과거의 추억에 연계된 것, 예를 들어 나무나 가족의 사진, 그림 등이 배치 가능한 공간이 필요하다.

(6) 휠체어가 침대 옆에 놓여, 침대 메이킹과 간병이 쉽도록 충분한 공간을 확보한다.

(7) 휴대용 변기를 사용할 수 있는 넓이를 침대 주변에 확보한다.

3. 손잡이(난간)

(1) 필요에 따라 설치한다.

(2) 침대에는 넘어짐 방지용 난간을 부착하면 일어날 때에도 편리하다. 등받이용 의자 등으로 대용도 가능하다.

4. 바닥 마감재

(1) 청결하고 청소하기 쉬운 것으로 한다.

(2) 실금(失禁) 등의 경우를 고려하여 청소가 쉬운 것으로 설치한다. 예를 들면, 타일 카펫 등 더럽혀진 부분을 부분적으로 교체할 수 있게 하는 것이 좋다.

5. 조명·채광

(1) 베개 가까이에 조명 스위치를 둔다.

(2) 빛을 조절할 수 있는 것이 바람직하다.

(3) 질환으로 누워 지낼 상황이 되면 천정에서의 빛이 직접 눈에 닿아 눈부시지 않도록 간접조명으로 하는 것이 좋다. 적어도 광원이 직접 노출되지 않고 피복된 것을 사용한다.

6. 냉난방

(1) 냉・온기가 직접 신체에 닿지 않도록 배기구의 위치에 주의한다.

(2) 환기가 충분히 가능하도록 배려한다. 열교환형 환기선 등이 좋다.

7. 설비・기구

(1) 동거의 경우 자녀 세대와의 라이프 스타일의 차이와 고령자의 자립지향을 고려하여, 침실에 병설된 전용 화장실과 자취 설비가 있는 것도 바람직하다.

(2) 고령자 전용실이 독립되어 있는 경우에 설치해 두어야 할 설비로는 화장실, 세면소, 간단한 자취 설비(주방), 욕실, 의복을 넣어두는 작은 방, 응접과 수작업이 가능한 작은 실 등이 있다.

(3) 전화, 텔레비전, 콘센트, 전등 등의 스위치는 한쪽에 모아서 바로 손이 닿을 수 있는 곳에 설치한다.

(4) 수납과 이불 건조의 측면을 고려하여 수납장의 선반과 창틀의 높이를 낮게 한다.

(5) 침대 밑의 캐스터 부착 수납, 슬라이딩 수납 등 사용하기 편리하도록 고려된 수납방법을 활용한다.

(6) 화장실, 욕실을 근접시키는 것이 바람직하다.

8. 비상통보설비

(1) 건강 급변 등의 긴급사태를 대비하여 긴급 벨과 통보 가능한 기구 등을 베개 근처 바로 닿을 수 있는 거리에 설치하는 것이 바람직하다. 넘어졌을 때에도 고려하여 침대 옆의 바닥면 가까이에도 설치해 두는 것이 좋다.

(2) 긴급 시 외에 일상적으로 가족을 호출하기 위한 벨과 인터폰 등을 설치해 둔다.

9. 기타

(1) 문밖과 화장실의 세정, 부엌의 소리 등 소음에 방해받지 않도록 배려한다(구조, 배치, 설비기종의 선택).

(2) 테라스, 툇마루 등이 있으면 좋다.

(3) 휠체어 이용자의 경우는 전용실의 바닥을 의도적으로 높여 허리를 걸칠 수 있는 변기와 침대 높이와 맞출 수 있다면 좋다(높이는 400~450mm 정도로 한다).

(4) 벽면에는 킥 플레이트(챌면)를 설치한다.

중요한 의미를 가진다고 생각할 수 있다.

고령자를 위한 집합주택에는 크게 나누어 다음의 세 가지 종류를 생각할 수 있다.

i ) 고령자 배려 주택 : 고령자에게 일상생활상의 서비스는 공급하지 않지만, 주로 건강한 고령자의 사용을 배려하여 주택 설계가 이루어지고 있는 주택

ii) 자립지원형 고령자 주택 : 고령자의 자립을 지원하기 위한 서비스를 그때그때 필요에 맞게 받을 수 있도록 제도적으로 배려되어 있는 주택

iii) 너싱 홈 : 상시 간병이 필요한 고령자를 위한 간호(너싱) 케어의 공급이 가능한 주택

이러한 세 가지 유형에서는 입거와 동시에 보장하는 케어 서비스의 정도와 종류에 따라 필요한 상주 직원과 공용실의 의미가 다르다. 예를 들어, ii) '자립지원형 주택'에서는 관리와 서비스를 위한 직원이 상주하는 경우가 많지만, 이 직원이 어느 정도의 간호 서비스를 하는가에 따라서 공용실 등의 설치방법이 차이가 난다. 또한, 하나의 동 안에서 'i )와 iii)', 'ii)와 iii)'을 복합하여 설치하는 형태도 가능하다. 어떤 형태를 취하더라도 집합의 이점을 살려 최대한의 간호 서비스가 보장되는 것이 바람직하다.

그러나 한편으로 고령자만이 집적하는 특수한 상황을 형성하는 것은 바람직하지 않으며, 지역에 개방된 집합주택으로서 의미를 지니는 것이 중요하다. 이를 위해서는 고령자 서비스 센터 등의 시설을 병설하는 등 지역으로의 서비스 개방이 바람직하다.

### (2) 주동 계획, 단위세대로의 접근

#### ① 단위세대 배치(그림 3.9)

i ) 단위세대 유형

a. 앞으로는 어떤 단위세대라도 고령자가 거주할 가능성이 있다고 전제하여, 모든 단위세대에 최저한의 건축·설비적인 배려를 해 두는 것이 바람직하다.

b. 하나의 주동에 고령자만을 집합시키지 말고, 젊은 독신 세대, 핵가족 세대, 3세대 등 다양한 세대를 혼재시키는 것이 바람직하다.

ii) 단위세대 배치

a. 고령자의 단위세대가 배치되는 층에는 피난방법을 특히 배려한다.

b. 고령자의 단위세대는 사회적 접촉의 중요성과 신체조건을 고려하여 계단의 오르내림이 적은 접지층이 바람직하지만, 건강한 고령자와 간병인이 있는 동거 세대 등은 특별히 계단의 단수에 관계없이 거주하는 것으로 하여, 접지층에만 고령자가 집중되지 않도록 배려하는 것도 중요하다.

c. 커뮤니티 형성과 서비스의 효율을 고려하여 고령자 주택은 소단위의 그룹화로 하며, 분산 배치가 바람직하다.

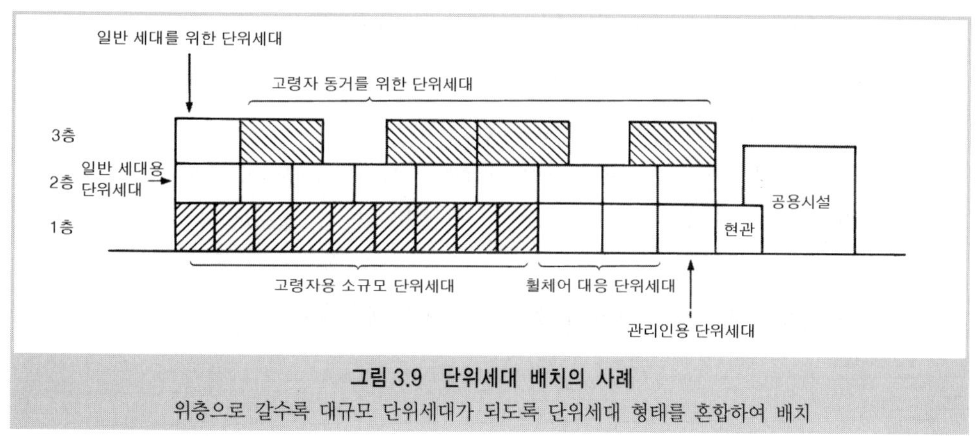


**그림 3.9 단위세대 배치의 사례**
위층으로 갈수록 대규모 단위세대가 되도록 단위세대 형태를 혼합하여 배치

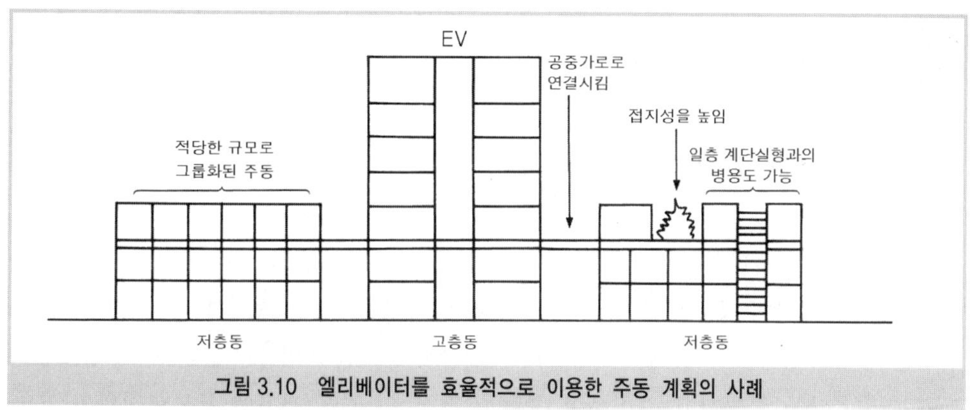


**그림 3.10 엘리베이터를 효율적으로 이용한 주동 계획의 사례**

② 주동(柱棟) 유형(그림 3.10)

a. 일반적으로 피난의 용이성 등을 고려하면 저층 주동 유형이 바람직하지만, 엘리베이터를 도입하면 접지층 이외의 층에서 고령자의 거주가 비교적 용이하게 되는 등 단위세대의 배치 계획상의 자유도가 증가하므로 가능한 한 엘리베이터를 도입할 수 있도록 배려한다.

b. 엘리베이터 설치의 효율성에 더하여 근린과의 적정한 접촉 등을 고려한다면, 고령자가 입거하는 집합주택에서는 공용복도형의 주동이 바람직하지만, 효율성에 따른 과도한 대규모화는 피하는 게 좋으며, 고령자의 커뮤니티 형성을 위하여 소단위를 중시한 주동 유형의 결정이 바람직하다.

③ 단위세대로의 접근

a. 각 단위세대의 입구(현관) 앞 공용부분은 방문객을 맞이하고 이웃 사람과 커뮤니케이션하는 장으로서 심리적으로나 실용적으로도 중요하기 때문에, 공간의 설치물에 배려를 할 수 있게 하거나, 마음의 여유를 가질 수 있도록 하는 등의 배려가

필요하다(예를 들면, 벤치나 앨코브, 문을 설치한다).

b. 거실과 주방 등의 실을 공용복도에 면하게 하는 등 외부에 개방되도록 함으로써 일상적인 안부 확인도 하기 쉽도록 한다.

c. 고령자는 하루 중 주택 내에 있는 시간이 많기 때문에, 이웃 주민이 방문할 때에 폐쇄적인 현관에서가 아니라 남쪽에서 직접 방문할 수 있도록 하는 접근도 바람직하다.

d. 계단실형에서는 발코니로의 접근로를 확보해 두는 것 등도 생각할 수 있다.

# 4 장애인을 위한 주택 계획

## 4.1 장애인 주택의 개념

모든 인간에게 생활의 장으로서의 주택은 생존해 가는 것뿐만 아니라 보다 나은 삶을 살아가는 데 대단히 중요하며 기초적인 장소이다. 특히, 생활 속에서 어떠한 형태로든 심각한 장애를 겪게 되는 장애인에게 주택은 대단히 중요한 의미를 지닌다. 어느 장애인은 능력이 있음에도 불구하고 자립하여 주택을 가질 수 없기 때문에 부모형제의 보호를 받으며 생활할 수밖에 없어, 자신의 가능성을 펼치지도 못한 채 일생을 보내는 경우도 있다. 또 어느 장애인은 자신의 장애와 맞지 않은 주택에 살도록 강요받음으로써 거의 외출을 할 수 없으며, 생활권이 좁아져서 고독한 생활을 보내는 경우도 있다. 또한 주방에 설계상의 배려가 되어 있지 않아 오랜 시간 동안 신체를 비틀어 조리를 하여 신체를 더욱 악화시키고 생명을 단축시키는 경우도 있다. 이와 같이 장애인에게 주택의 의미는 대단히 크며, 주택을 적절히 보장받지 못함으로써 인권뿐만 아니라 때에 따라서는 생명까지도 영향을 받을 수 있다.

그리고 주택에서 자립생활을 계속 유지해 가기 위해서는 공사에 관계없이 그 장애에 보다 적절히 대응할 수 있는 주택의 의미 부여가 중요하다. 즉, 장애인의 장애 유형과 정도를 배려하여 설계된 주택은 일상생활 속에서의 도움의 필요성을 줄일 수 있으며 생활의 자립도도 높일 수 있다.

장애인에게 주택의 의미는 이와 같이 대단히 중요한 의미를 가지는 것이라고 할 수 있다.

## 4.2 장애인 주택의 실태

### 1) 지체장애인 주택의 실태

그럼, 장애인 주택의 실태는 어떤지를 살펴보기로 한다. **표 3.8**은 각종 문헌을 참고로 한 장애인의 주택 소유 현황을 나타낸 것이다. 1987년의 후생성 조사에 의하면(**표 3.9**), 전체적으로 자기 집에 거주하는 사람이 78.8%(1980년 조사 80.4%)로 상당히 많으며, 임대는 17.8%(1980년 조사 17.4%)로 나타났다. 장애의 종류별로 살펴보면 청각장애의 자기 집 비율이 82.5%(1980년 조사 85.7%)로 가장 높게 나타났다.

지역에 따라서 차이는 있지만 전체적으로 자기 집 비율이 일반 세대와 비교해 볼 때 높으며, 동거하는 가족의 간병을 받고 있는 형태로 나타났다.

**표 3.8 장애인 세대의 주택 소유 형태**(단위 : %)

| 운영주체 \ 소유 형태 | 자 가 | 임 대 주 택 | | | | | 기 타 |
|---|---|---|---|---|---|---|---|
| | | 전 체 | 공 영 | 공사공단 | 급여주택 | 민영임대 | |
| 1983 주택통계 | 62.4 | 37.3 | 5.4 | 2.2 | 5.2 | 24.5 | 0.3 |
| 1980 전국실태조사 | 80.4 | 17.4 | 4.5 | 0.5 | 1.1 | 11.3 | 2.2 |
| 1987 전국실태조사 | 78.8 | 17.8 | 7.5 | | 1.2 | 9.1 | 3.5 |
| 1983 나카노 구 | 50.0 | 38.4 | 6.6 | 2.7 | 3.5 | 25.6 | 7.5 |
| 1984 사가미하라 시(1, 2급) | 46.6 | 50.6 | 1.1 | 4.6 | 1.7 | 32.2 | 2.8 |
| 1984 시마네 현 | 82.3 | 7.9 | 2.3 | - | 0.5 | 5.1 | 9.8 |
| 1981 나가사키 현 | 80.9 | 18.1 | 5.6 | - | 1.0 | 11.5 | 1.0 |

자료 : 1) 『주택통계조사』, 총무청, 1983년.
2) 『전국장애인실태조사』, 후생성, 1980년, 1987년.
3) 『나카노(中野) 구의 장애인 생활현황과 행정수요기초조사 보고서』, 나카노 구, 1983년.
4) 『사가미하라(相模原) 시 재활요구 조사』, 사가미하라 시, 1984년.
5) 『장애인 실태조사 보고서』, 시마네(島根) 현, 1984년.
6) 『나가사키(長崎) 현 장애인 실태조사 보고서』, 나가사키 현, 1981년.
다카하시 작성.

**표 3.9 장애인 세대의 장애 종류별로 본 주택 소유 현황**(단위 : %)

| 장애 종류 | 전 체 | 자 가 | 임 대 주 택 | | | | 기 타 | 무응답 |
|---|---|---|---|---|---|---|---|---|
| | | | 전 체 | 공영·공사 공단주택 | 급여 주택 | 민영 임대주택 | | |
| 전 체 | 100.0 | 78.8 | 17.8 | 7.5 | 1.2 | 9.1 | 3.0 | 0.5 |
| 시각장애 | 100.0 | 73.0 | 21.5 | 9.3 | 1.0 | 11.2 | 5.1 | 0.4 |
| 청각장애 | 100.0 | 82.5 | 13.6 | 7.1 | 0.8 | 5.8 | 3.2 | 0.8 |
| 지체장애 | 100.0 | 79.6 | 17.4 | 7.2 | 1.2 | 9.0 | 2.6 | 0.5 |
| 내부장애 | 100.0 | 76.5 | 20.9 | 7.9 | 1.3 | 11.6 | 2.4 | 0.3 |

1987년 후생성 조사.

주택 개조를 희망하는 사람(**표 3.10**)은 898,000명으로 전체의 37.2%(1980년 조사 852,000명, 43.1%)로 나타났다. 개조를 희망하는 장소는 '화장실'이 48.1%(1980년 조사 52.8%), '욕실'이 46.3%(1980년 조사 47.4%), '거실'이 23.0%(1980년 조사 26.4%)의 순으로 되어 있다.

1980년의 후생성 조사를 토대로 주택 개조 희망자를 장애 유형별로 살펴보면 다음과 같다.

| | |
|---|---|
| 주택 개조 희망자 | 43.1% |
| 동(同) 시각장애인 | 40.2% |
| 동(同) 청각장애인 | 35.7% |
| 동(同) 지체장애인 | 47.6% |
| 동(同) 상체장애인 | 43.2% |
| 동(同) 하체장애인 | 49.7% |
| 동(同) 신체기능장애인 | 50.9% |
| 동(同) 내부장애인 | 34.5% |
| 동(同) 중복장애인 | 48.8% |

지체장애인이 47.6%로 그 비율이 높다. 개조를 가장 희망하는 장소는 '화장실'로 52.8%, 다음으로 '욕실' 47.4%, '거실' 26.4% 순으로 나타나고 있다. 장애 종류별로 보면, 하체장애인과 중복장애인의 '화장실' 개조 요구가 각각 61.4%, 63.6%로 많으며, 또한 청각장애인의 '거실' 개조 요구가 23.0%로 많이 나타나는 것이 특징적이다. 다음으로 장애 정도별로 살펴보면, 전체적으로 역시 '화장실', '욕실'의 개조 요구가 높지만, 1·2급의 비교적 중증장애인은 '거실'의 개조를 희망하는 비율이 높은 것이 주목된다.

### 2) 지적장애인을 포함한 세대의 주택 사정

#### (1) 주택의 종류별 소유·임대 상황

지적장애인을 포함한 세대가 거주하는 주택의 소유나 임대 상황에 관한 전국조사는 이루어진 적이 없다. 또한 최근에도 특별히 이러한 조사는 그다지 이루어지지 않고 있다. 조금 오래된 데이터이지만 각 지방자치체의 실태조사 보고에 따르면 **표 3.11**과 같다.

전체적으로 자가 비율은 50~80%, 공단·공사 주택은 1~5%, 공영주택은 8~10%, 임대

**표 3.10 개조장소별 개조 희망 현황**(단위 : 천 명)

| 개조 희망자 | 개조 희망 장소 | | | | | | | | | | | | | | | |
|---|---|---|---|---|---|---|---|---|---|---|---|---|---|---|---|---|
| | 현 관 | | 욕 실 | | 화장실 | | 부 엌 | | 복 도 | | 계 단 | | 거 실 | | 기 타 | |
| | 희망자 | 구성비 | 희망자 | 구성비 | 희망자 | 구성비 | 희망자 | 구성비 | 희망자 | 구성비 | 희망자 | 구성비 | 희망자 | 구성비 | 희망자 | 구성비 |
| 898 | 122 | 13.6 | 416 | 46.3 | 432 | 48.1 | 172 | 19.1 | 44 | 4.9 | 115 | 12.8 | 207 | 23.0 | 111 | 12.4 |

1987년 후생성 조사.

| 실시지역(조사실시연도) | 자가 | 공단・공사 | 공영 | 임대주택 ・민간 임대아파트 |
|---|---|---|---|---|
| 표 3.11 지적장애인 세대의 주택 소유 현황(단위 : %) | | | | |
| 가와사키(1969) | 55.9 | 2.2 | 8.8 | 23.5 |
| 미야기(1971) | 81.5 | 4.6 | | 12.8 |
| 동경(1973) | (15세 이상) 63.4 | 0.9 | 10.1 | 21.8 |
| | (15세 미만) 45.0 | 5.1 | 11.6 | 27.7 |
| 히로시마(1978) | 72.99 | 6.32 | | 14.37 (기타) |

자료 : 1) 가와사키(川崎) 시 : 장애인 실태조사, 1969년.
2) 미야기(宮城) 현 : 사회복지종합조사 보고서, 1972년 3월.
3) 동경도 : 1973년도 동경도 장애인 실태조사보고서.
4) 히로시마 현 : 지적장애인 실태 및 요구조사 결과.

주택・임대아파트(민간)는 10~20%대로 나타났다. 일반주택 상황과 비교해 보면, 자기 집 비율이 높다.

### (2) 주택 내 활동의 장애 현황 및 주택의 개조 요구(표 3.12, 3.13)

다음으로 주택의 장애 현황을 1973년 동경도 조사에 의해 살펴보면, 지적장애인(15세 이상)을 포함한 세대에서는 전체 23.5%의 사람이 주택 내 활동에 어려움을 겪고 있으며, 어려움을 겪는 가장 많은 이유로는 '좁기 때문에'가 46.3%를 차지하고 있다. 다음으로 '퇴실 요구를 받기 때문에'가 12.8%, '건물의 노후화' 12.0% 등으로 나타났다. 또한 행정 측면에 대한 요구로서 주택 문제를 든 사람은 전체의 20.6%로 나타나 있다. 주택의 개조 요구는 전체의 10.9%의 사람이 '있다'고 응답하였으며, 욕실・화장실의 개조 요구가 많았다.

지적장애아(14세 미만)를 포함한 세대에서는 전체의 37.3%의 사람이 주택 내 활동에 어려움을 겪고 있어, 성인의 경우보다 조금 많이 나타났다. 그 이유의 첫 번째는 '주택이 좁은 것'이며, 다음으로 '설비가 불완전하기 때문에'로 나타나 있다. 또한, 행정 측면에 대한 요구로서 주택 문제를 든 사람은 전체의 33.3%로 나타났다. 주택의 개조 요구는 20.6%이며, 특히 중증이나 최중증 장애인이 37.4%, 33.3%로 상당히 높은 비율을 나타냈다. 역시 욕실・화장실의 개조 요구가 많다.

이상 지적장애인을 포함한 세대의 주택 상황의 개략을 살펴보았지만, 자료의 제약상 주로 동경도의 자료를 중심으로 서술하였다. 전체적으로 약 20~40%의 사람들이 주택 내 활동에 어려움을 겪고 있으며, 어떠한 형태로든지 주택정책을 희망하고 있는 사람은 20~30%, 주택의 개조를 희망하고 있는 사람은 10~20%로 나타나 있다. 최근의 땅값 상승, 도시의 주택 사정의 악화로 점점 더 주택 내 활동의 어려워지는 것으로 예상할 수 있다.

**표 3.12 주거 내 활동의 어려움 정도 · 장애 정도별 지적장애인 수 · 비율(%, 명)**

15세 이상

| | 전체 | 어려움이 없다 | 별로 어려움이 없다 | 어렵다 | 어떻게 하지 않으면 안 될 정도로 어렵다 | 잘 모르겠다 |
|---|---|---|---|---|---|---|
| 전체 | 100.0 (6,186) | 40.1 | 36.0 | 17.4 | 6.1 | 0.4 |
| 1급 | 100.0 (300) | 28.0 | 46.0 | 22.0 | 4.0 | - |
| 2급 | 100.0 (894) | 36.9 | 36.6 | 16.8 | 6.7 | - |
| 3급 | 200.0 (2,850) | 38.1 | 38.8 | 18.5 | 4.2 | 0.4 |
| 4급 | 100.0 (2,142) | 45.9 | 29.4 | 15.4 | 8.7 | 0.6 |

**표 3.13 주거의 곤란 정도 · 장애 정도별 지적장애인 수 · 비율(%, 명)**

14세 이상

| | 전체 | 어려움이 없다 | 별로 어려움이 없다 | 어렵다 | 어떻게 하지 않으면 안 될 정도로 어렵다 | 잘 모르겠다 |
|---|---|---|---|---|---|---|
| 전체 | 100.0 (4,092) | 22.4 | 40.0 | 28.6 | 8.7 | 0.3 |
| 1급 | 100.0 (324) | 18.5 | 35.2 | 31.5 | 14.8 | - |
| 2급 | 100.0 (834) | 22.3 | 33.9 | 30.2 | 12.2 | 1.4 |
| 3급 | 100.0 (2,076) | 22.8 | 44.0 | 26.0 | 7.2 | - |
| 4급 | 100.0 (858) | 23.1 | 38.4 | 32.2 | 6.3 | - |

## 4.3 장애인 주택정책의 역사적 전개

이상과 같이 장애인의 주택 현황에 대하여, 일본에서의 장애인 주택정책의 역사적 경과는 어떠한 형태로 이루어져 왔는가를 살펴본다. 일본에서의 전후 장애인 주택정책의 역사는 다음의 네 기간으로 구분하여 고찰할 수 있다.

제 I 기 : 전후에서 1966년까지의 기간이다. 이 시기는 장애인에 대한 주택정책이 특별한 형태로 나타난 게 아니라, 「생활보호법」에 따른 생활보호 세대의 '주택 지원' 및 「공영주택법」에 따른 공영주택 제2종 주택(저소득층을 위한 주택), 「생활보호법」에 따른 기숙사 제공 시설 등과 같은 주로 저소득자를 위한 주택 보장의 제도화가 이루어졌다. 장애인 세대의 대다수는 저소득 세대라고 추측되기 때문에, 이러한 종류의 주택 보장을 받고 있던 장애인 세대도 적지 않았으리라 생각된다.

이 시기의 장애인 주택정책은 거의 표면화되지 않았으며, 「아동복지법」(1947년), 「장애인복지법」(1949년), 「지적장애인복지법」(1960년)이 제정되어, 장애인에 대한 사회복지정책의 기초가 만들어졌지만, 유감스럽게도 이러한 각 법에는 주택에 대한 법적 의미 부여가 이루어지지 않고, 복지시설을 중심으로 한 수용보호적 정책의 색채가 강하여, 주택정책을 복지의 기초로 하는 구미 각국과는 다른 방향을 걷게 되었다. 비록 일부분이지만, 1961년 '세대 갱생자금 대여'(후생사무차관 지침)에 의해, 장애인 주택자금 대여와 관련된 제도가 처음으로 등장하였다. 저소득 세대에 한정하지 않고, 장애인 수첩을 교부받은 모든 장애인에게 장애인 갱생자금, 생활자금 및 주택자금의 대여를 시행하는 제도이다.

그러나 이 제도도 이 시점에서는 그다지 실효성이 없었다고 할 수 있다.

제Ⅱ기 : 1967년에서 1979년까지의 기간이다. 이 시기에는 장애인 관련 주택정책이 점점 본격화되기 시작하여 일정한 성과를 얻었다. 이 시기를 몇 개의 단계로 구분하여 고찰해 본다.

제Ⅱ-1기(1967~1969년) : 1967년 4월 「공영주택법」의 개정으로 공영주택 제2종 특정목적주택(이하 '특목주택')에 장애인 세대를 위한 주택을 포함시켜 장애인을 위하여 특별히 설계된 주택(또는 기존 주택)의 공급을 위한 제도상의 계기가 만들어졌다. 이것은, 장애인 복지심의회의 답신 "장애인에 관해서는 통근상의 장애, 종사하고 있는 직종의 한정 등의 이유로 공영주택 모집 시의 장애인 세대수, 우선입주의 검토, 주택 구조에 관해서 지원할 것"의 영향을 받아서 시행된 것이다.

그리고 1969년 '일상생활 용구의 지원제도'로 탕비기, 욕조, 변기 등의 주택기기가 제공되기 시작하였고, 복지 서비스 면에서의 대책도 이루어지기 시작하였다. 그러나 이 시기의 특목주택의 건설 등은 충분하다고 할 수 없으며, 다음 시기를 위한 준비단계라고 할 수 있다.

제Ⅱ-2기(1970~1972년) : 이 시기는 특목주택의 발전기라고 할 수 있다. 우선, 1970년 「장애인 대책 기본법」이 제정되어 제22조에 '주택의 확보 등'이라는 형태로 "국가 및 지방공공단체는 장애인을 위한 주택을 확보함과 동시에, 장애인의 일상생활에 적합하도록 주택의 정비를 촉진하는 데 필요한 시책을 강구하지 않으면 안 된다."로 명시되어 있다. 또한 제2항에서는 공공시설 등의 이용에서도 적절한 배려가 이루어지도록 필요한 시책을 강구하지 않으면 안 되는 것으로 되어 있다. 이의 영향으로 1971년 건설성은 「장애인 세대를 위한 공영주택의 건설에 대하여」라는 지침을 발표하여, ① 장애인의 통근 및 일상생활에 편리한 입지조건, ② 원칙상 단층집 또는 공동주택의 1층 부분으로 할 것, ③ 설계의 측면에서는 가능한 한 장애인의 생활에 적합하도록 배려할 것 등의 방침을 제시하고 있다.

이것의 영향으로 국가 및 지방공공단체는 특목주택의 건설을 추진하였다. 또한, 주택공단에서는 1972년 ① 장애인을 포함한 세대에 대하여(노인을 포함하여) 모집 호수의 10% 범위 내에서 일반 응모자와 비교하여 5배의 비율우선 조치를 결정, ② 신규 임대주택에 당첨된 경우 고층주택에서는 엘리베이터 정지층을 우선적으로 선정, ③ 주택 변동에서는 중층주택의 경우에는 1층, 고층주택에서는 엘리베이터 정지층에 우선적으로 선정하는 등의 비율 우선, 주택 선정 우선 등을 실시하였다.

제Ⅱ-3기(1973~1979년) : 기본적으로는 앞 기간의 연장선상에 있는 시기이지만, 몇 개의 새로운 시책도 발표되었다. 1973년 '신체장애인 복지모델 도시' 제도와 1979년 '장애인 복지도시 추진사업'이 창설되어, 주택뿐만이 아니라 도시환경 정비에도 일정한 제도적 기초가 만들어졌다.

또한, 1974년 주택금융공적자금 '장애인 동거할인 제도', 1977년 '장애인 고용납부금 제도'에 근거한 조성금, '장애인 등의 주택 등에 대한 확보조성금 제도', 1978년 '장애인 주택정비자금 대부 제도'가 창설되어, 주택건설자금 융자금 측면에서의 제도화가 이루어졌다.

그리고 1974년 「노인을 위한 주택 계획, 장애인을 위한 주택 계획 — 공영주택을 중심으로 한」, 1975년 「지적장애인을 포함한 세대를 위한 주택 계획」, 1976년 「장애인의 이용을 고려한 설계 자료」 등의 주택 설계 기술지침에서도 일정한 연구 축적이 이루어졌다.

지역복지 서비스에서도 각종 제도가 만들어져 간병인 파견, 일상생활 용구의 공급제도의 확충, 통소훈련제도의 확충이 이루어졌다.

제Ⅲ기(1980~1984년) : 이 시기에는 지금까지의 제Ⅱ기의 모든 제도에 한층 더 충실을 기하였고, 동시에 국제 장애인의 해의 '완전 참가와 평등' 이념에 영향을 받아, 일반 주택정책과 장애인 주택정책을 통합적으로 시스템화하였다. 1980년 독거노인과 독거장애인의 공영주택 입거가 인정되었다. 본래 금지되었던 것이 문제인 제도였지만, 이 공영주택법 개정으로 독거장애인이 지역사회 안에서 자립생활을 할 수 있는 기초가 만들어졌다.

1982년 9월 주택도시정비공단에서는 「1981년도의 주택건설 계획에서의 장애인 대책에 대하여」를 발표하여, "휠체어 사용자, 노인, 목발 사용자 및 시각장애인의 생활의 편리 등을 위하여 지금보다 한층 더 단지 계획 측면에서 배려하고, 나아가 그 일부를 휠체어 사용자를 포함한 세대의 거주가 가능하도록 하는 대책을 강구한 주택"을 계획하였으며, 또한 이러한 주택의 설계는 비장애인 세대 및 휠체어 이용자를 포함한 세대 양쪽 모두에 대응 가능한 계획으로 하였다.

또한 통산성에서는 노인과 장애인을 포함한 주택의 개발 프로젝트를 추진하였으며(1980년), 다음과 같은 레벨 Ⅰ~Ⅳ의 주택 유형을 예상하여 모든 장애 단계에 맞는 주택 시스템화를 도모하면서 주택 설비기기나 부품 등의 개발도 지향하였다.

레벨 Ⅰ 주택 : 이 단계의 주택은 평균 거주수준 이상의 주택 규모를 확보한 일반주택으로서, 적어도 건축 시에 다음의 레벨 Ⅱ 주택으로의 배려를 해 두는 것이 바람직하다.

레벨 Ⅱ 주택 : 이 단계의 주택은 휠체어 사용자도 방문 가능하며, 동시에 보행 곤란으로 휠체어를 이용하는 사람에게도 지속적인 생활을 할 수 있도록 하였다. 즉, 이 단계의 주택은 현관까지는 모든 장애가 접근 가능하도록 함과 동시에, 주택지 내의 주요 부분이 휠체어로도 접근 가능하도록 하였다. 또한 이 단계의 주택은 가족의 누군가가 휠체어를 사용하게 되더라도 다음의 레벨 Ⅲ 주택으로의 이행이 용이하도록 하는 배려가 요구된다.

레벨 Ⅲ 주택 : 이 단계의 주택은 주택의 현관 주위와 모든 내부 공간 및 설비가 휠체어 사용자에게도 사용(거주) 가능하도록 하였다. 또한 이 단계의 주택은 거주자가 좀 더 중증이 되더라도 다음의 레벨 Ⅳ 주택으로의 이행이 용이하도록 하는 배려가 요구된다.

레벨 Ⅳ 주택 : 이 단계의 주택은 중증의 장애인에게도 가능한 한 자립생활이 가능함과 동시에 가족 등에 의한 간병이 용이하도록 배려하였다.

이러한 몇 가지 사례는 아직 구상과 개발 단계에서 일부 상품화 주택으로 시공되고 있는 것이지만, 특징적인 것은 첫째, 장애의 다양성에 대응한 주택의 시스템화를 목적으로 하고 있으며, 둘째, 비교적 가벼운 장애의 휠체어 사용자를 포함한 장애인의 거주 요구를 반영한 주택[입구에 접근 가능한 통로폭의 확보, 단차가 제거된 주택, 이른바 모빌리티 하우징(영국)]을 비장애인도 사용 가능한 형태로 공급하여, 고령화 사회에도 대응 가능한 주택을 만들어 가고자 하는 방향성을 지니고 있다는 점이다.

제Ⅳ기 : 1985년 이후의 시기에 해당한다. 지금까지의 특목주택에 추가하여 케어형 주택제도가 시행되기 시작하였다. 케어형 주택이란 "일상생활에서 어떠한 형태로든지 신변동작의 도움, 생활 관련 동작의 지원을 필요로 하는 사람들이 지역사회 내에서 자립된 생활을 보낼 수 있도록, 특히 생활의 기초가 되는 주택과 지원수단을 확보하며, 그 유기적 결합을 목적으로 한 새로운 주거 시스템"이라고 정의할 수 있다.

1985년에는 카나가와(神奈川) 현 '케어형 주택' 시행사업, 요코하마 시 '그룹 홈 사업', 1986년에는 홋카이 도영(道營) '케어 부착형 주택' 등 다양한 형태로 시행되고 있다. 아직 장애인의 '케어형 주택'은 소수의 사례에 그치고 있지만, 1989년에 지적장애인의 그룹 홈(지역생활 지원사업)이 국가제도로서 성립하게 되어, 재택복지 · 지역복지의 방향으로 보다 적극적인 시책이 이루어지고 있다.

## 4.4 지체장애인을 위한 주택 계획의 실례

장애인, 특히 지체장애인에 관한 배리어 프리 디자인은 제1장에 서술되어 있으므로, 여기에서는 주택 계획의 실례를 살펴보고 여러 가지 배려 사항을 서술하고자 한다.

### 1) 지체장애인을 위한 단독주택

**그림 3.11, 3.12**는 남편이 하반신 마비로 휠체어를 상용하고, 부인은 손에 가벼운 장애가 있는 부부의 주택이다.

① 현관을 없애고 직접 단차 없이 거실로 들어오도록 한다.
② 휠체어에서 창밖을 바라볼 수 있도록 개구부를 낮게 한다.
③ 차고의 문은 원격조작으로 개폐할 수 있도록 한다.
④ 휠체어에서도 사용 가능한 전화기를 설치한다.

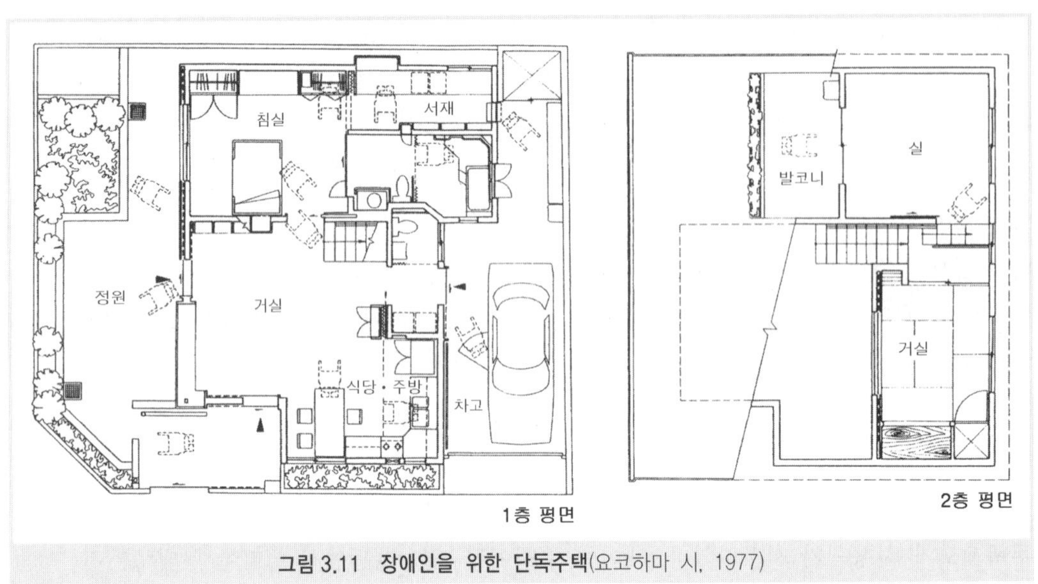


그림 3.11 장애인을 위한 단독주택(요코하마 시, 1977)

a. 단차가 없이 연속된 주거공간과 허리 높이로 뚫린 창.

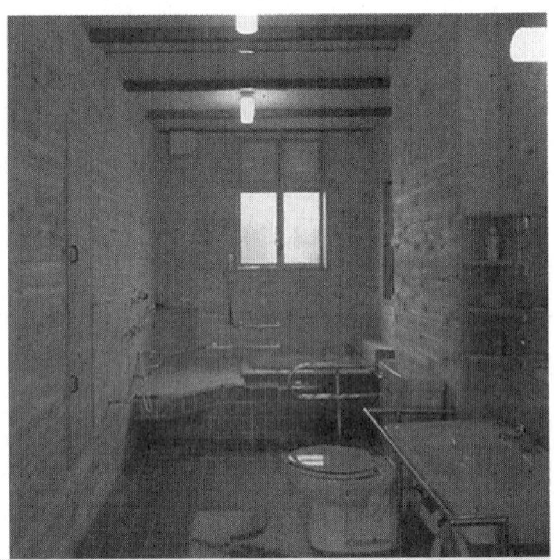

b. 위생공간 : 이전 주택에서는 두 명이 보조하였던 입욕도. 여기에서는 혼자서도 사용 가능하다.

그림 3.12 장애인을 위한 단독주택의 실내

⑤ 휠체어에 의한 접근과 이동이 가능한 욕조를 설치한다.

⑥ 누운 자세에서도 전화 · 텔레비전 등의 조작이 최대한 가능할 수 있도록 한다.

등의 배려를 하여, 자립생활을 가능하도록 하고 있다.

### 2) 지체장애인을 배려한 2세대 주택[미타카(三鷹) 시]

주택업자에 의해 상품화된 장애인 · 고령자 배려의 주택이다.

가족 개개인의 조건에 맞추어 배려하고 있다.

아버지 50세(비장애인), 어머니 45세(휠체어 사용자), 딸 23세(비장애인, 1층 거주), 할아버지(경증의 신체 오른쪽 마비), 할머니 72세(비장애인)로 설정되어 설계되어 있다.

각종 배려는 도면에 대한 해설과 함께, 생활의 변화에 맞추어 평생 거주 가능한 개념으로 설계되어 있다(**그림 3.13, 3.14**).

### 3) 하프 메이드 방식의 휠체어 집합주택(그림 3.15)

동경도가 운영하고 있는 휠체어의 표준 계획이다. 1973년 이후, 하프 메이드(half-made) 방식(실내를 미완성의 상태로 두고 입거자가 결정된 후, 그 입거자에 맞추어 설계・시공하는 방식)을 취하고 있다.

현관, 거실, 주방, 화장실 등은 고정되어 있다. 거실의 바닥 높이, 설비・장치의 높이와 설치방식(변기・세면기, 주방 유닛 등)은 입거자에 맞추어서 결정할 수 있다.

이러한 방식은 입거자의 요구에 상당 부분 대응할 수 있어 매우 좋지만, 사전평가방식의 어려움, 설계・시공 간의 모순, 입거자 간의 요구 조정 등의 어려운 점도 가지고 있다.

### 4) 중증 지체장애인 케어를 할 수 있는 주택(그림 3.16)

사회복지법인에 장애인의 케어 파견을 위탁하여, 케어 센터로부터의 요구에 대응하여 케어를 파견하는 방식을 취하고 있는 공영 케어 주택. 1986년 설치, 각 주택으로서 독립 가능하도록 설계되어 있다.

① 겨울의 눈과 추위에 대한 대책으로 현관을 나서면 외부 복도가 있다.
② 현관 내의 단차를 제거하였다.
③ 화장실은 양식으로 손잡이를 설치하였다.
④ 조리대는 상하로 움직일 수 있게 하였으며, 높이 조절이 가능하다.
⑤ 필요에 따라 리프트 설치가 가능하도록 되어 있다.
⑥ 긴급경보 버튼을 설치하였다.

등의 배려가 되어 있다.

### 5) 케어형 주택 '샬롬'(그림 3.17)

욕실・화장실・식당・주방을 공동으로 배치한 공동생활형 케어 주택이다.

민간주택의 임대방식으로 집세, 운영비, 케어료를 위한 지원금[카나가와(神奈川) 현]을 내고 있으며, 유료 자원봉사자(care worker)를 수시 채용하여 케어를 하는 방식. 각 거실에는 작은 싱크대가 달려 있다.

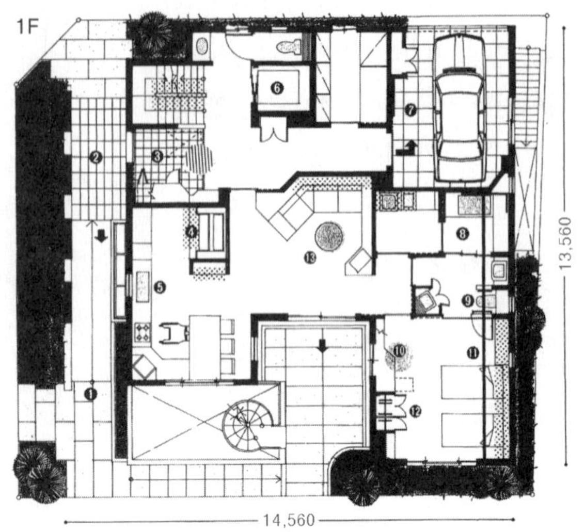


**1F 자녀 세대 영역**

① 현관 접근/완만한 경사의 경사로를 설치하여 현관 접근성을 높였다.
② 현관 포치/휠체어로 출입하기 쉽도록 넓은 공간을 확보하고, 현관에는 자동문을 설치하였다.
③ 현관 홀/바닥의 단차를 유압으로 오르내릴 수 있는 '단차제거기'를 사용함으로써 현관의 단차를 제거하고 있다.
④ 회전식 수납함/의자만으로도 높은 곳의 선반을 유효하게 이용할 수 있는 회전식 수납함을 설치하였다.
⑤ 유연한 주방 유닛/휠체어 사용을 배려하였다.
⑥ 엘리베이터/생활범위가 넓어지는 것과 동시에, 환경조건이 좋은 2층에 고령자와 장애인의 거주공간이 무리 없이 배치 가능하게 된다.
⑦ 빌트인 카리지/비가 오는 날에도 젖지 않고, 휠체어에서 자동차로 옮겨 앉는 것이 가능하게 된다.
⑧ 배려 욕실/욕실은 휠체어로 접근 가능하도록 욕실 바닥과 화장실, 탈의실, 세면대의 바닥이 같은 높이로 되어 있다.
⑨ 탈취 변기/화장실 주위를 항상 청결하며 쾌적하게 유지한다.
⑩ 다용도 코너/휠체어로 이용 가능하게 되어 있다.
⑪ 수평이동장치/장애인의 자립기간이 늘어나고, 간병인의 노력도 경감시킨다.
⑫ 리프트 행거/휠체어에 탄 채로 편안하게 의복을 수납 가능하다.
⑬ 거실/휠체어에서 내려 가족과 동일한 자세로 쉬면서 단란하게 보낼 수 있도록 배려하고 있다.

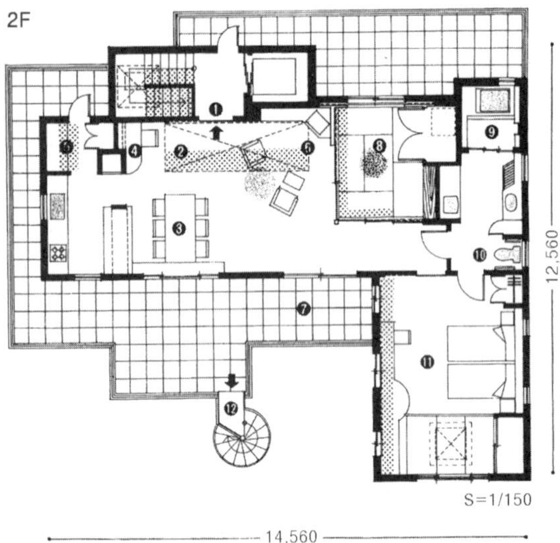


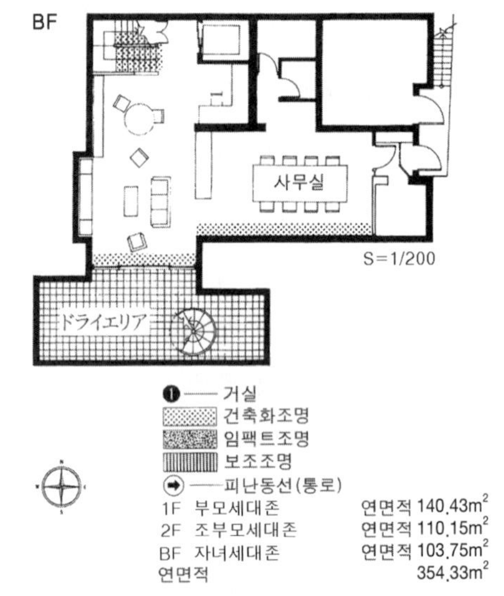


⇥ 피난동선/세 방향으로의 피난을 배려한 동선이며, 현관과 차고, 중정에서 외부로 나갈 수 있도록 되어 있다.

**2F 부모 세대 영역**

① 슬라인드 클로저(잠금장치가 부착된 문)/조부모 세대의 현관 출입문
② 천창/개방감이 풍부한 천정과 내부로 유입되는 빛에 의하여 쾌적한 공간을 연출하고 있다.
③ 대형 식탁/편안하게 쉴 수 있는 대형 식탁을 설치하였다.
④ 조부모를 위한 데스크 코너/LD의 코너를 이용하여 할아버지의 책상을 설치하였다.
⑤ 높이 조절이 가능한 선반/주방의 수납 선반에는 상하로 오르내리는 기능을 가지게 하였다. 선반을 상하로 높이 조절이 가능하도록 하여 꺼내기 쉬운 위치에서 물건을 꺼낼 수 있다.
⑥ 거실/텔레비전 코너에는 조부모가 하루의 대부분을 보내는 공간이므로, 앉은 자세 유지가 가능한 팔걸이의자를 설치하였다.
⑦ 정원/발코니를 이용한 원예 코너를 두었다.
⑧ 개방적인 거실/LD와 연결된 거실이다.
⑨ 욕실/이후 보행이 곤란하게 되거나 휠체어를 사용할 경우를 대비하여 편리하게 이용 가능하도록 배려하고 있다.
⑩ 탈의・세면・화장실/화장실에는 탈취변기를 설치하는 등 아주 세심한 배려를 하고 있다.
⑪ 주침실/햇볕이 잘 드는 남쪽에 배치, 화장실이나 욕실과의 동선을 배려하고 있다. 수평 트랜스퍼의 설치도 가능하다.

**그림 3.13 휠체어 배려 설계 주택**(설계・시공・세키스이 하우스 주식회사)

휠체어로도 사용 가능한 주방

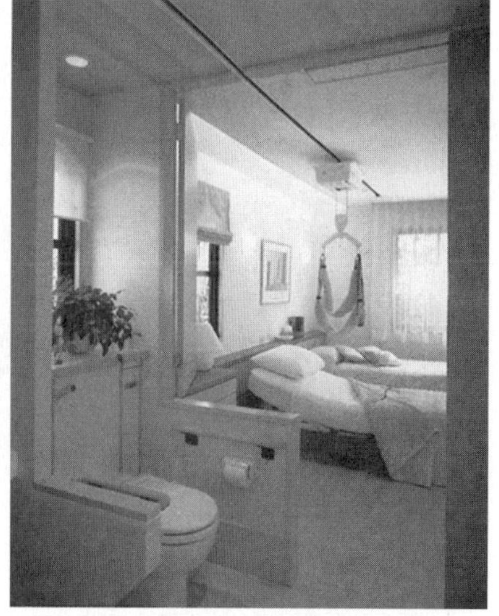
리프트로 화장실과 욕실로 이동 가능

휠체어가 안전하게 통행 가능한 문의 폭

단차 없이 외부로 나갈 수 있음

**그림 3.14 휠체어 배려 설계 주택의 실내**

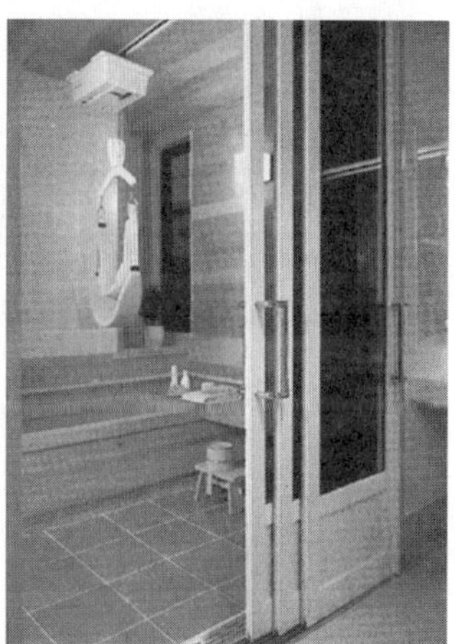
욕실로도 단차 없이 출입 가능

① 현관을 경사지게 한다.
② 외부용 전동 휠체어에서 실내 바닥으로 이동하기 위한 플랫폼을 설치한다.
③ 욕실은 난간을 설치하며, 욕조를 바닥에 매입하는 형식이다.
④ 화장실은 양식으로 두 곳에 설치한다.
⑤ 각 거실에는 전화를 설치한다.

등의 배려를 하고 있다.

### 6) 시각 및 청각 장애인을 위한 주택 계획

시각장애인은 장애의 특성상 공간 인지가 곤란한 경우가 많다. 그렇기 때문에 기본적으

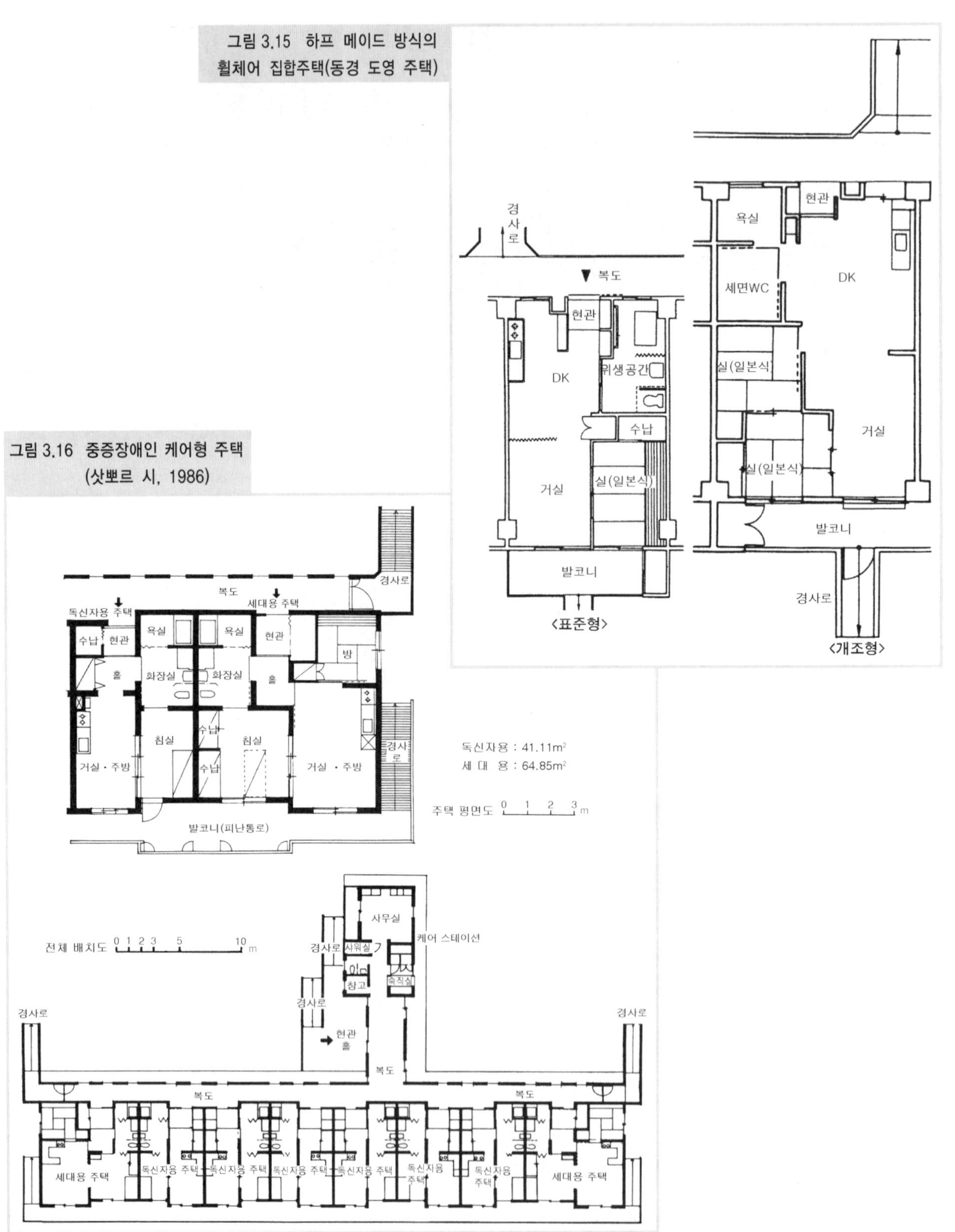


그림 3.15 하프 메이드 방식의 휠체어 집합주택(동경 도영 주택)

그림 3.16 중증장애인 케어형 주택 (삿뽀르 시, 1986)

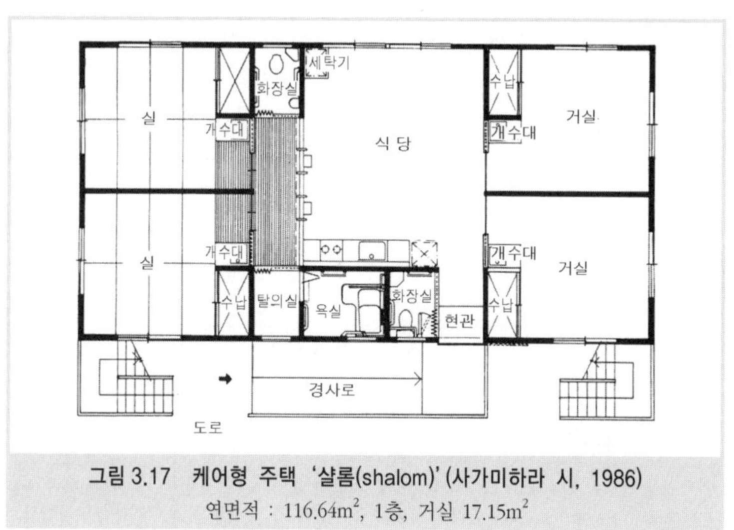


**그림 3.17 케어형 주택 '샬롬(shalom)' (사가미하라 시, 1986)**
연면적 : 116.64m$^2$, 1층, 거실 17.15m$^2$

로는 촉각·청각·평형감각·진동감각 등의 감각을 이용하여 알기 쉬운 공간 구성으로 할 필요가 있다.

청각장애인은 반대로 시각과 진동감각 등을 모두 활용하여, 시각적으로 알기 쉬운 공간, 한눈에 알아볼 수 있는 공간으로 하는 것이 기본적으로 중요하다.

마쯔이(松井)는 그 배려 사항을 다음과 같이 정리한다(표 3.14).[3)]

## 4.5 지적장애인을 위한 주택 계획

### 1) 주택 계획의 기본

지적장애인은 장애의 정도와 내용이 상당히 다양하다. 거의 움직일 수 없는 상태부터 일반 비장애인과 생활행위 능력이 거의 다르지 않는 사람까지 여러 형태이다.

이러한 다양한 상태에는 일반적으로 다음 항목에서 설계상의 배려가 필요하다.

(1) 안전상의 배려

① 주방의 가스 등은 화기가 꺼진 경우에는 자동적으로 밸브가 닫히는 것으로 한다.

② 개별 난방으로 석유난로 등 화재의 위험이 있는 것은 피한다.

③ 유리 창 등은 망입 유리 등이 바람직하다.

④ 발코니의 난간은 타고 넘을 수 없도록 하는 계획이 필요하다.

⑤ 화재 시 두 방향 피난을 고려한다.

(2) 알기 쉬운 공간으로 할 것

기본적으로 중증의 아동·성인은 부모나 보호자 친족의 안부 확인이나 행위의 확인이 필요하므로, 한눈에 알아볼 수 있는 알기 쉬운 공간 구성으로 한다.

표 3.14 시각 및 청각 장애인을 위한 주택 계획에서의 배려 사항[3)]

| 항목 | 요소 \ 장애유형 | 시 각 장 애 인 | 청 각 장 애 인 |
|---|---|---|---|
| 접근 | 대지로의 입구(건물로의 입구) | · 일반도로(공도)에서 대지로의 통로 위치를 확인하는 것이 어려우므로 바닥재료에 변화를 주거나 점형블록 등으로 접근하기 쉽도록 해 둔다. | |
| | 배수구 | · 배수구가 있는 경우, 넘어져 부상당할 위험이 있으므로 덮개 등을 설치해 둔다. | · 좌동 |
| | 보도 · 차도의 분리 | · 안전을 위하여 일반도로(공도)와 동일하게 완전히 분리해야 한다. | · 뒤쪽의 자동차 접근을 알아차리기 어려우므로 완전히 분리해야 한다. |
| | 버스 · 택시 승하차장 | · 승하차장이 일정하지 않으면 방향감각을 잃어버릴 경우가 있어 위험하다. 또한 승하차장의 위치를 확인할 수 있도록 바닥재료의 변화와 점형블록을 설치해 둔다. | |
| 외부 경사로 | 구 배 | · 경사로의 경우 내려가는 방향에서 도달점이 불명확하여 불안감을 가질 수 있으므로, 바닥재료의 변화와 점형블록을 설치할 필요가 있다. | |
| | 폭 | · 대면 보행의 경우에도 부딪히지 않도록 충분한 폭을 둔다. 또한 오르내리는 방향을 정해 둔다면 좋다. | · 수화로 회화가 가능하므로 옆으로 두 사람이 나란히 걸을 수 있는 폭 이상으로 한다. |
| | 난 간 | · 유도 역할을 하고 있으므로, 도중에 중단된다든지 하지 않는다. 특히 계단참에서 중단되지 않는다. 반드시 평탄한 위치까지 연장한다.<br>· 점자 안내판 등으로 이 난간은 어디로 유도하고 있으며, 현재지는 어디인지 등의 정보를 제공하는 것도 필요하다. | |
| 외부 계단 | 디딤판, 챌면 | · 특히 내려올 때, 계단이 어디에서부터 시작되는지를 알 수 없다면 위험하기 때문에, 예를 들면 점형블록 등으로 명시할 필요가 있다.<br>· 약시자의 경우 챌면과 디딤판 구별이 어려울 수 있으므로, 가능한 한 챌면과 디딤판 색을 달리하는 등의 배려가 필요해진다.<br>· 전체적으로 동일한 높이로 한다. 다르다면 헛디딜 위험이 있다. | · 좌동 |
| | 난 간 | · 계단 표시, 오르내림의 시작과 끝 등의 표시를 점자 촉지도 등으로 표시해 둔다.<br>· 평탄한 위치까지 연장시켜 둔다. | |
| | 기 타 | · 비바람으로부터 몸을 보호하기 위하여 지붕의 설치가 바람직하다. 특히, 적설지역에서는 미끄러지기 쉬워 제설장치를 설치하거나 지붕 설치가 필요해진다. | |
| 주출입구 | 위 치 | · 위치 확인이 명확히 되지 않기 때문에 유도 블록이나 음성 등으로 유도할 필요가 있다. | |
| | 낙하 방지 | · 지반면의 단차가 있는 경우 낙하방지의 방법으로 연석 등을 설치해 둔다. 또한, 계단 · 경사로를 설치할 경우에는 그 위치를 확인할 수 있도록 해 둔다. | · 지반면과 단차가 있는 경우, 특히 이야기하는 동안 주변상황을 판단하기 어려우므로 넘어지는 것을 방지하기 위한 난간 등을 설치해 둔다. |
| | 처 마 | · 우산을 접고 펼 수 있는 처마를 반드시 설치한다. | · 낙하물의 인지가 어려우므로 처마는 반드시 설치한다. |
| 공용 복도 | 폭 | · 대면 통행을 하여도 부딪히지 않도록 충분한 폭을 둔다. | · 수화로 이야기를 나누는 경우가 있으므로, 옆으로 두 사람이 나란히 걸을 수 있는 폭 이상으로 한다. |
| | 난 간 | · 유도를 위하여 난간을 설치한다. 방향과 위치를 명확히 하기 위한 점자 플레이트(촉지도) 등을 설치해 둔다.<br>· 난간은 도중에 중단되지 않도록 한다. 돌출 부분이 있는 경우에는 반드시 꺾은 난간을 설치하며, 각이 있는 부분을 둥글게 하거나 부드러운 재질의 완충재로 덮는다. | |
| | 밝기 · 조명 | · 밝기로 방향을 감지한다든지 하면 현재지를 알 수 있기 때문에, 밝은 복도로 한다. 어두운 경우에는 조명으로 보완한다. | · 정전 시, 특히 비상시의 경우 빛으로 유도가 이루어지므로, 조명기구는 배터리 내장형으로 한다. 또한, 바닥면의 가까운 위치에 유도등을 반드시 설치하는 것이 바람직하다. |

표 3.14 계속

| 항목 | 요소 \ 장애유형 | 시 각 장 애 인 | 청 각 장 애 인 |
|---|---|---|---|
| 공용 복도 | 기 타 | · 복도의 형태는 최대한 단순하며 짧은 것으로 한다. T자형과 같은 복도는 충돌할 위험이 있으므로 가능한 한 피한다.<br>· 소화기 등의 설비는 복도에 알코브를 설치하여 통행 부분으로의 돌출은 피한다. | |
| 공용 계단 | 위 치 | · 최대한 주택에 가까운 위치로 설치하여 알기 쉽게 한다.<br>· 특히 내려올 때, 계단이 어디에서부터 시작되는지 알 수 없어 넘어질 위험이 있으므로, 위치를 발바닥으로 알 수 있도록 바닥재료를 바꾸거나 점형블록을 설치한다.<br>· 약시자의 경우 계단의 색과 다른 부분의 바닥색을 달리 하여 계단의 위치를 알린다. 또한, 항상 야간조명을 설치하여 위치를 표시한다. | |
| | 디딤판, 챌면 | · 모든 계단은 동일한 높이로 한다. 다르다면 헛디딜 위험이 있다.<br>· 약시자의 경우 디딤판과 챌면의 색을 달리하여 계단코의 위치를 명확하게 한다. | · 좌동 |
| | 난 간 | · 계단수 표시, 오르내림의 시작, 끝의 표시를 점자 플레이트(촉지도) 등으로 표시한다.<br>· 난간은 평탄한 부분까지 연장해 두며, 둥근 형태의 난간은 끝부분을 휘어지게 하여, 난간에 부딪치더라도 부상을 입지 않도록 배려한다. | · 좌동 |
| | | | · 정전 시, 특히 비상시의 경우 빛으로 유도가 이루어지므로, 조명기구는 배터리 내장형으로 한다. 또한, 바닥면의 가까운 위치에 유도등을 설치해 두면 유효하다. |
| 엘리베이터 홀 | 위 치 | · 가능한 한 각 주택에 가깝게, 알기 쉬운 위치로 한다.<br>· 엘리베이터 문의 위치를 확인할 수 있도록, 전면에 유도 블록 등을 설치한다. 또한 문의 개폐 시에는 소리에 의한 표시가 필요하다.<br>· 벽·바닥에는 층수의 표시가 필요하다.<br>· 외부 조작버튼의 위치로 유도할 수 있도록 난간이나 유도 블록을 설치한다. | |
| | 조작판 (컨트롤 패널) | · 조작버튼의 위치를 알 수 없어 모든 버튼을 조작하는 경우도 있으므로, 버튼의 작동방법을 고려한다.<br>· 층수 표시를 손가락으로 알 수 있도록 하거나 소리에 의해 전달한다. | |
| | 기 타 | · 오르내림에 위험이 없도록, 광전관으로 안전장치를 설치한다. 또한, 문의 개폐 속도를 늦추는 것도 고려한다. | · 오르내리기에 위험이 없도록 광전관으로 안전장치를 설치한다. 엘리베이터 내부를 볼 수 있는 투과성 유리창을 설치한다. |
| 출입구 개폐 부분 | 여닫이문 | · 개폐 방향이 명확하지 않으면 문에 머리를 부딪치거나 손가락이 끼는 경우가 있으므로, 최대한 주의를 한다. 가능하면 설치하지 않는다.<br>· 반쯤 열려 있는 문을 인지하지 못하여 머리를 부딪치는 경우가 있으므로 여닫이문을 사용하는 경우에는 도어체크 등을 설치하여 안전을 도모한다. | · 문의 개폐 시에 발생하는 소리의 크기를 알 수 없으므로, 주차 등의 음의 발생을 방지하는 방법을 취한다. |
| | 미닫이문 | · 일반적으로 시각장애인의 경우 미닫이문이 가장 안전하다고 하지만, 너무 가벼우면 손이 끼일 우려가 있다. 또한, 문이 열려 있다면 문의 위치를 알 수 없어 곤란한 경우가 있다. | · 문의 개폐 시에 큰소리가 발생하는 경우가 있으므로, 소리의 발생을 방지하는 방법을 취한다. |
| | 자동문 | · 소리 등으로 개폐 방식을 알려 주는 방법으로 배려가 필요하다.<br>· 음과 촉각 등으로 위치를 알려 주는 방법으로 배려가 필요하다. | · 개폐 방식을 알려 주는 방법에 대한 배려가 필요하다. |
| | 기 타 | · 약시자의 경우 전면 유리나 큰 유리창 등은 그 곳에 창이 있음을 인지하기 어려워 부딪치는 경우가 있으므로, 알기 쉬운 위치에 망입 유리 등의 배려가 필요하다. | · 문의 반대쪽 상황을 인지할 수 없으므로, 유리 등으로 반대쪽을 인지할 수 있도록 한다. |
| 현관, 홀 | 신발 갈아 신는 곳 | · 신발 갈아 신는 곳을 명확히 한다. 예를 들어, 바닥 재질이나 색을 달리한다.<br>· 현관 문틀까지의 높이는 허리를 굽혀 신발을 벗을 수 있을 정도의 높이가 좋다. 너무 낮으면 외부 오물이 실내로 들어올 가능성이 있다. | · 방문객을 알려 주는 플래시램프의 스위치를 설치한다. 또한, 플래시램프는 부저 또는 차임과 병용하면 좋다. |

표 3.14 계속

| 항목 | 장애유형 요소 | 시 각 장 애 인 | 청 각 장 애 인 |
|---|---|---|---|
| 현관, 홀 | 기 타 | · 난간을 설치하면 서서 신발을 벗을 경우 비틀거리지 않고 벗을 수 있다.<br>· 우편함은 점자 우편물이 들어갈 수 있는 크기로 한다.<br>· 현재 일본에서는 맹도견의 수가 적지만, 맹도견을 이용하고 있는 사람을 위하여 맹도견을 어디에 둘 것인지 등의 고려가 필요하다. | · 의사전달방법으로 필담을 하는 공간으로서 홀 내에 간이 테이블과 카운터 등이 있다면, 방문객이 있을 때 편리하다. |
| 주 방 | 보존·수납 공간 | · 물품을 구매해서 모아두는 경우가 많으므로 보존공간을 충분히 둔다.<br>· 냉장고 설치장소를 확보함과 동시에 대형을 고려해 둔다.<br>· 식기류의 수납공간은 최대한 고정화하여 손이 도달하는 범위로 한다. 또한, 2열로 수납하면 식기류 위치 확인이 어려우므로 가능한 한 1열로 한다. | |
| | 화기 | · 조리용으로는 전기가 가장 안전성이 높다. 가스·석유 등을 사용하는 경우는 가스탐지기나 연기탐지기 등을 설치한다. 특히 가스의 경우에는 자동점화식으로 한다. 또한 조리 중 불이 꺼지더라도 알지 못하는 경우가 있으므로, 불이 꺼졌을 때 자동으로 밸브를 닫을 수 있는 설비가 필요하다.<br>· 가스 배관의 경우는 특히 발이 걸려 넘어지거나 밟아버리는 경우 등이 없도록 배려한다. | · 가스불이 꺼졌을 때 가스가 나오는 소리를 듣지 못하고 발견하지 못하는 경우가 있으므로, 불이 꺼졌을 경우 자동으로 가스 밸브가 닫힐 수 있도록 하는 설비가 필요하다.<br>· 화재 및 기타 위험을 알려 주는 '플래시램프'가 필요하다. |
| | 기 타 | · 씻은 것과 씻지 않은 것을 구별하는 의미에서도 싱크대는 2조식으로 하거나 싱크를 크게 하여, 안에 식기 세척용 대야를 넣을 수 있도록 한다. | · 조리 중 방문객을 알려 주는 의미에서도 '호출용 플래시램프 등'을 확인할 수 있는 위치에 설치한다. |
| 식사실 | 식사공간 | · 식사공간은 독립된 형태가 좋다. 다른 부분과 겸용을 할 경우 현황인식과 뒤처리에 혼란을 가져올 위험이 있다. | |
| | 식 탁 | · 식탁은 조금 큰 것으로 하며, 옆 사람과의 사이에도 여유가 있도록 한다. | |
| 다이닝 키친 | 공 간 | · 이동 시 요철(凹凸)이 있으면 부딪히는 등의 위험이 따르므로, 요철이 없도록 한다. | · 시각을 차단하지 않는 형태가 바람직하다. 최대한 거실을 포함한 형태가 된다면, 시각을 유효하게 활용할 수 있다. |
| 거 실 | 위 치 | · 거실 위치는 가능한 한 남쪽으로 하며, 햇빛이 잘 들어오도록 한다.<br>· 독립된 거실을 설치하는 것이 바람직하다. 특히, 너무 넓을 필요는 없으며 합리적인 편이 좋다. | · 거실에서 각 실이 보일 수 있도록 배려하는 것이 바람직하다. |
| | 수 납 | · 책 등을 거실에 놓을 경우 점자도서는 일반도서에 비해 수배에서 수십 배의 양이 되므로, 일반서가보다 크게 설치할 필요가 있다. 도서의 크기는 보통 A4판이 많으며, 그보다 작은 것은 없다.<br>· 수납선반 등을 설치할 경우에는 요철이 없도록 주의한다. | · 팩스 사용이 일반화되어 있으므로, 그 공간을 염두에 둔다.<br>· 텔레비전 시청 시, 소리를 루프에서 보청기로 직접 보내는 기기 등을 사용하는 경우가 있다. |
| | 창 | · 외부에서 엿볼 수 있는 부분은 불투명유리로 한다.<br>· 커튼이나 블라인드를 부착할 수 있도록 배려한다. | · 좌동 |
| | 기 타 | | · 방문객을 알려 주는 '플래시램프'를 설치할 수 있도록 배려한다. |
| 침 실 | 공 간 | · 전용 침실로 하는 것이 바람직하다. 또한, 침구는 침대식이 좋다. 바닥에 이불을 까는 경우 사람을 밟는 경우가 있다.<br>· 벽면에 요철을 두지 않도록 한다. 가구 등을 두는 경우에는 미리 그 위치를 확보하여 벽면과 평탄하게 되도록 고려한다. | · 개실의 도어에는 타인의 방문을 알려 주기 위한 '플래시램프'를 설치한다. |
| | 위 치 | · 외부에서 엿볼 수 없는 위치로 한다.<br>· 최대한 햇볕이 잘 들어오는 위치로 한다. | · 좌동 |
| | 창·개구부 | · 창유리를 불투명으로 해서 외부에서 엿볼 수 없도록 배려한다.<br>· 커튼이나 블라인드 등의 설치가 가능하도록 한다. | · 좌동 |
| | 콘센트 | · 전기 배선은 되도록 짧게 하여 발이 걸려 넘어지지 않도록 한다. 그리고 콘센트는 최대한 위치를 달리하여 많이 설치해 둔다. | |
| | 기 타 | | · 야간의 비상시 연락방법이 과제가 된다. 지금은 바이브레이터(진동기)를 베개 밑에 두어 인지하는 방법이 있지만, 베개가 비틀어질 경우를 고려하면 보다 확실한 방법이 필요하다. |

표 3.14 계속

| 항목 | 요소 \ 장애유형 | 시 각 장 애 인 | 청 각 장 애 인 |
|---|---|---|---|
| 화장실 | 소변기 | · 대체로 주변이 더럽혀지기 쉬우며 벽에 거는 스톨(stole) 형식이나 들어 올리는 스톨식은 비교적 더러움이 적다. 단, 어떤 경우라도 받침대 등에 발 위치를 표시해 둘 필요가 있다.<br>· 자신의 위치를 확인할 수 있도록 난간을 설치한다. | |
| | 대변기 | · 재래식 변기의 경우 변기의 위치를 나타내는 발 받침대를 설치한다. 또한, 난간을 설치하면 자신의 이용 위치를 확인시키는 것이 가능하다.<br>· 양식변기의 경우 변기의 위치를 알 수 있다. 그러나 변좌가 지저분한 것을 알아차리지 못하는 등의 불안이 있다. | |
| | 바 닥 | · 더러워졌을 때 곧 물로 씻을 수 있는 바닥재료로 한다. | |
| | 기 타 | | · 사용 여부를 알 수 있는 표시를 문 등에 설치할 필요가 있다. |
| 세면대·세면장 | 선반·보관함(구급상자) | · 머리가 부딪칠 위험이 있는 선반은 최대한 피한다.<br>· 구급상자는 최대한 벽면에서 돌출시키지 않고 벽면 내에 설치한다. 어쩔 수 없이 돌출부분이 있는 경우에는 각을 없애는 계획을 하여 부딪치더라도 위험이 없도록 한다. | · 좌동 |
| | 세면대 | · 물이 넘치는 것 등을 알지 못하므로 물이 넘치지 않는 세면기를 선정한다.<br>· 세면기를 안에 넣어 사용할 수 있을 정도로 큰 것이 좋다. | · 좌동 |
| | 바 닥 | · 물이 튀는 등으로 지저분해질 수 있으므로 잘 더러워지지 않는 재질을 선정한다. | |
| | 급수전 | · 어려운 조작의 수도 및 급수전은 이용방법을 잘 알 수 없다. | · 좌동 |
| | 거 울 | · 약시자의 경우 거울 앞은 밝게 해 둔다. | |
| 욕 실 | 욕 조 | · 욕조의 높이는 세면장에 앉은 채로, 욕조의 뜨거운 물을 퍼낼 수 있을 정도로 한다. 너무 낮아서 세면장과의 구획이 명확하지 않으면 욕조로 넘어질 우려가 있다. 또한 세면장의 오물이 욕조 내에 들어가 버릴 우려도 있다. | |
| | 바 닥 | · 바닥재료는 그다지 미끄럽지 않은 재질로 선정하며, 가급적 지저분한 것이 부착되지 않는 것을 사용한다. | |
| | 샤 워 | · 온수의 지저분한 상태나 신체에 부착된 오물 등을 잘 알 수 없기 때문에, 탕에서 나올 때 샤워 등을 설치해 두면 좋다. | |
| | 급탕수전 | · 그다지 복잡한 것은 피하며, 물과 온수의 구별이 가능하도록 하며 그 간격을 조금 두고 배열하여 설치한다. | |
| | 기 타 | · 욕실 내에는 물 때문에 불이 꺼질 우려가 있으므로 화로를 설치하지 않는다.<br>· 출입구에 유리를 사용하는 경우는 있는데, 부딪치더라도 위험이 없는 것으로 한다. | |
| 탈의실 | 위 치 | · 밖에서 엿보이지 않도록 배려한다. | |
| | 넓 이 | · 너무 넓으면 물건을 떨어뜨렸을 경우 찾기 어렵다. | |
| 공통사항 | 바 닥 | · 고저차를 그다지 두지 않으며, 전체를 통일된 바닥높이로 한다.<br>· 각 실별로 바닥 마감재를 다르게 하면, 현재 자신이 어느 방에 있는지 판단하는 데 도움이 된다.<br>· 전체를 가능한 한 덜 더러워지는 재질로서, 청소하기 쉬운 것으로 한다. | |
| | 벽 | · 벽면을 짚고 걷기 때문에 만짐으로써 지저분해지거나 벗겨지거나 부서져 떨어져 내리지 않는 재료를 선택한다.<br>· 벽면은 빛 반사가 큰 재료는 피한다. 약시자의 경우에는 방향감각을 잃어버릴 우려가 있다. | |

마쯔이 작성, 1984 일부 보완.

### (3) 간병하기 쉬운 공간으로 할 것

일부 최중증의 아동·성인은 직접 신변의 생활행위에 도움이 필요한 경우가 많다. 또한 실금(失禁) 등이 있는 경우가 많으므로, 간병을 위한 공간을 배려할 필요가 있다.

(4) 활기찬 활동이 가능한 공간이 필요

일상생활의 행위에 대한 훈련이나 놀이를 통한 발달 촉진 등이 아동에게 필요하기 때문에, 넓은 개실과 거실 등과 같은 활기 있는 활동을 할 수 있는 공간이 필요하다.

(5) 친근한 공간으로 할 것

가족과 친구 등에게 심리적으로 친근하게 받아들여져, 안정된 기분으로 활동할 수 있는 공간이 될 수 있도록 하며, 최대한 일반적인 가정의 따뜻한 분위기가 연출되도록 공간 구성을 하는 것이 바람직하다.

### 2) 그룹 홈의 실례(그림 3.18)

1989년 이후 지적장애인이 지역에서 자립하여 생활할 수 있는 장소・주택으로서 그룹 홈이 제도화되었다. 한 주택당 4~5명이 입거하며, 직원이 상주하거나 통근하며 생활 지도나 지원을 실시하고 있는 공동거주주택이다. 그룹 홈의 요강은 모두 202항으로 이루어져 있다.

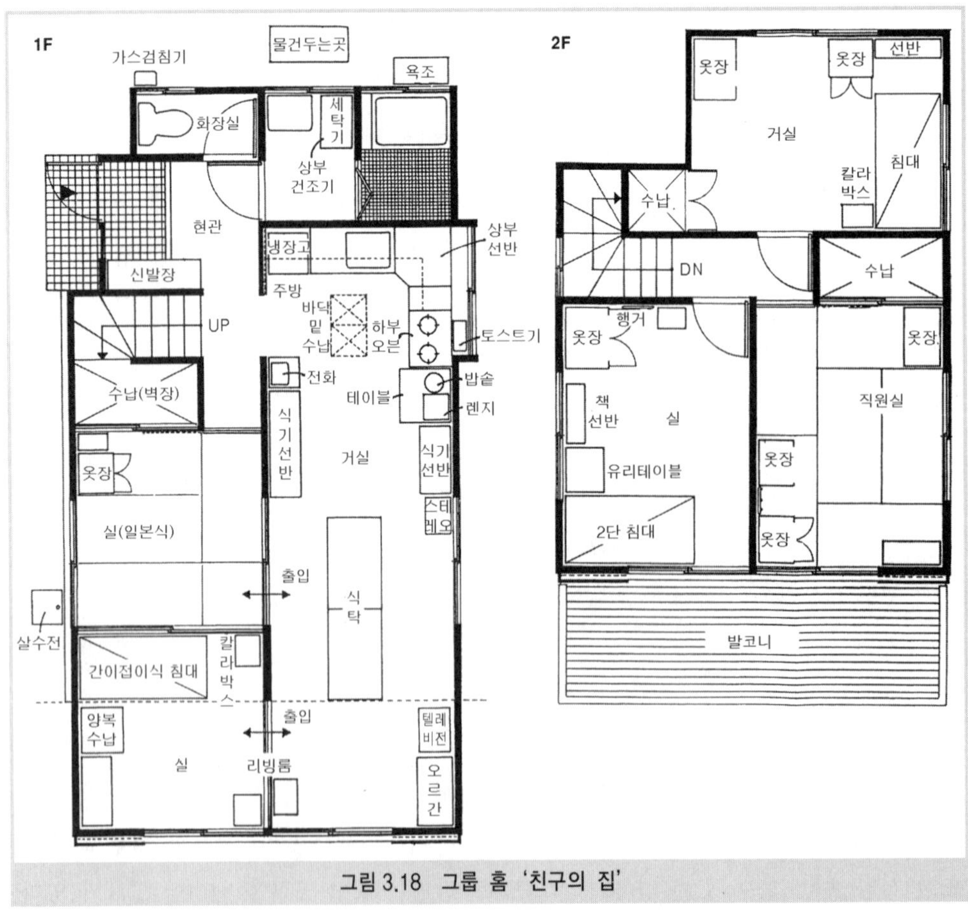


그림 3.18 그룹 홈 '친구의 집'

실례는 민간주택을 개조하여 건설된 요코하마 시 그룹 홈 '친구의 집'이다. 각 실은 개실로서 공동식당을 가지고 있다. 거실은 체험 입거자가 있을 경우에는 일부를 구획해서 침대를 이용하여 개실화하고 있다.

## 4.6 장애인 주택정책의 현황과 과제

### 1) 장애인 주택정책의 현황

장애인의 주택정책을 개략적으로 살펴보면 **표 3.15**와 같다.

### 2) 장애인 주택정책의 문제점과 앞으로의 과제

이상 장애인의 주택 사정 및 정책 현황을 개략적으로 살펴보았으며, 다음으로 주요 문제점과 앞으로의 주택정책의 방향성과 과제를 간단히 정리하고자 한다.

첫째 문제점으로는 장애인이 거주할 수 있는 공영주택의 절대수가 부족하다는 점이다. 좀 더 장기적인 계획을 가지고 주택의 공급을 생각할 필요가 있다.

둘째 문제점으로는 제도상의 기준이 제각각이며, 일정 소득이 있으면 그나마 제도상의 혜택을 받지 못한다. 또한 비교적 경증의 장애인에 대한 제도가 거의 없으며, 특히 지적장애인은 기준에서 벗어나 있는 경우가 많다. 최대한 평등한 형태로서의 통일이 바람직하다.

셋째 문제점으로는 장애인을 위한 주택정책이 특정 목적주택 중심주의여서 지역사회나 지역주민과 통합된 형태로의 주택 계획으로 되어 있지 않은 경우가 많으며, 장애인이 지역에서 고립되는 경우가 많아지게 된다. 일반주택에 통합된 형태로의 주택 공급이 바람직하다.

앞으로 장애인에 대한 주택정책의 기본적인 과제는 첫째로 장애인에 대한 주택정책의 의미를 일반적인 주택정책과의 관계에서 재검토하는 것이다. 현재, 장애인의 주택은 특정 목적주택으로서 '특수한 주택'이라는 법적 개념정의가 되어 있다. 이에 따라 지역사회에서도 '특수한 주택군(群)'으로 취급되어 고립된 생활을 강요받는 경우가 적지 않다.

처음부터 비교적 중증장애인을 위한 주택은 이러한 배려가 필요한 경우가 있다. 그러나 우선 모든 공영주택에 일정한 배려가 전제될 필요가 있다. 즉 비교적 경증의 장애인과 중증이더라도 공적인 또는 사적인 도움의 배려를 확보할 수 있는 사람, 자기 혼자 일반주택에 거주하기 원하는 사람들은 입구에 접근 가능한 통로폭의 확보, 단차를 제거한 주택, 이른바 모빌리티 하우징(영국)이라면 충분히 거주 가능하다고 할 수 있다. 더욱이 이러한 주택에 작은 개조로 여러 가지 주택 설비기기를 부착할 수 있는 상세 계획이 있다면, 또는 입주 전에 거주자의 요구에 맞추어 계획과 설비기기의 부착이 가능한 시스템이 있다면(메뉴 방식) 보다 많은 장애인의 주택 선택 가능성이 열릴 수 있게 된다. 이미

| 표 3.15 장애인 동거 세대 등에 대한 주택정책 | | |
|---|---|---|
| | 장애인 세대 | 장애인(동거) 세대 |
| 공영 주택 | 【독신 거주】<br>• 장애인에게 독신 거주를 인정한다. | 【장애인을 위한 공영주택】<br>• 장애인과 함께 거주하는 세대에게 규모, 설비 등의 측면을 배려함과 동시에 우선입거를 할 수 있는 공영주택을 공급한다. |
| | 【일정 범위 내에서 사업주체의 재량에 의한 입거 우대기준의 조정 가능】 | |
| 공단 주택 | 【입거 우대(임대주택 및 분양주택)】<br>• 장애인(4급 이상의 지체장애인 또는 상시 간병을 필요로 하는 중증의 지적장애인 등)을 포함한 세대에게 당선율을 1급의 10배 이상으로 하며, 입거주택은 1층 또는 엘리베이터의 정지층으로 할당한다.<br>【주택변동제도(임대주택)】<br>• 장애인(4급 이상의 지체장애인 또는 상시 간병을 필요로 하는 중증의 지적장애인 등)을 위한 현 주택의 거주가 어려워진 경우 1층 또는 엘리베이터의 정지층으로 주택 변동을 우선적으로 인정한다.<br>【지정단지에서의 특별모집(임대주택)】<br>• 장애인의 사용습관을 배려한 주택 개선 등을 하고 있는 단지를 지정하며, 장애인(4급 이상의 지체장애인 또는 상시 간병을 필요로 하는 중증의 지적장애인 등)과 함께 거주하는 세대에게 이러한 주택으로의 특별모집을 실시한다.<br>【분양주택의 최저 일시금 감면】<br>• 장애인(2급 이상의 지체장애인 또는 상시 간병을 필요로 하는 중증의 지적장애인 등)과 함께 거주하는 세대에게 최저 일시금 700만 원을 감면한다(단, 감면 후 액수가 2,000만 원이 안 되면 2,000만 원)<br>【대형 분양주택의 상환이율의 우대】<br>• 장애인(2급 이상) 동거가족 세대(5인 이상의 세대)에게 125m$^2$가 넘는 대형 분양주택의 상환이율을 당초 10년간 우대한다. | |
| | 【장애인의 생활을 배려한 주택 공급】<br>• 설비 등(계단의 손잡이나 엘리베이터의 점자 조작판 등)의 측면을 배려한 주택을 공급한다.<br>【엘리베이터가 설치된 3~5층 주택의 공급】<br>【신설 공단주택에 대한 장수사회 대응 사양(손잡이, 경사로의 설치 및 단차 제거)으로 한다.】 | |
| 공적 자금 융자 | 【장수사회에 대응한 주택의 우대】<br>• 장수사회 대응 주택에 대한 기준금리의 적용<br>• 무장애 주택 공사비 융자 1,500만 원/가구(고령자 등 대응설비 설치공사 병설의 경우 2,500만 원/가구)<br>【주택 개조공사 중 장수사회 대응 주택공사 등에 대한 융자】<br>• 기본 융자액이 일반적으로 5,300만 원이며 1억 원이 한도액이다. | |
| | | 【고령자 등 동거주택 융자제도】<br>• 3,000만 원/가구 |
| 기타 | 【실버 하우징 프로젝트】<br>사업주체의 장이 특히 필요하다고 인정될 때는 장애인 세대의 입거가 가능 | |

자료 : 「2002년 국토교통행정 핸드 북」.

미국에서는 연방정부의 지원을 받아 건설된 주택 전부를 접근이 가능하지 않으면 안 되게 하고 있으며, 그 중 10%의 주택은 장애인을 위하여 특별히 설계된 것으로 공급하지 않으면 안 되도록 규정하고 있다.

두 번째 과제는 장애인 주택정책의 종합화・시스템화이다. 장애인이 지역사회에서 살아가기 위해서는 주택이나 소득의 보장, 지역복지 서비스(가사도우미 파견이나 이동

## 지적장애인 지역생활 지원사업 실시 요강

### 제1 목 적

지적장애인 지역생활 지원사업은 지역 내에 있는 지적장애인 그룹 홈(공동생활을 영위하는 지적장애인에게 식사 제공 등의 생활지원 체제를 정비한 형태. 이하 '그룹 홈'이라 칭함)에서의 생활을 바라는 지적장애인에게 일상생활에서 지원을 실시함으로써 지적장애인의 자립생활을 도와주는 것을 목적으로 한다.

### 제2 운영주체

이 사업의 운영주체는 지적장애인 원호시설, 지적장애인 통근 기숙사 등의 시설을 경영하는 지방공공단체 및 사회복지법인 등으로 한다.

### 제3 운영주체의 선정 등(생략)

### 제4 입거대상자

그룹 홈의 입거 대상자는 만 15세 이상의 지적장애인으로 다음 요건 중 하나에 해당하는 자로 한다.

1. 일상생활상 지원을 받지 않으면 생활이 가능하지 않거나 적당하지 않을 경우
2. 몇 명이 공동생활하는 데 지장이 없을 정도로 신변자립이 가능한 경우
3. 취로(복지적 취로 포함)하고 있는 경우
4. 일상생활을 유지하기에 부족하지 않는 수입이 있는 경우

### 제5 그룹 홈의 요건

그룹 홈은 다음의 기준으로 한다.

1. 정 원

그룹 홈의 정원은 4인 이상으로 할 것.

2. 입지 조건

(1) 그룹 홈은 긴급상황 등에도 운영주체가 신속하게 대응할 수 있는 거리에 있을 것.

(2) 생활환경이 충분히 배려된 장소에 있을 것.

3. 건물의 확보

원칙으로 해당 운영주체가 건물의 소유권 또는 임차권을 가질 것.

4. 설비

(1) 일상생활에 지장을 느끼지 않고 보내기 위해 필요한 설비가 있으며, 봉사자가 입거자에게 적절한 지원이 가능한 형태일 것.

(2) 개개의 입거자의 거실 바닥면적은 1인용 거실에서는 $7.4m^2$ 이상, 2인용 거실에서는 $9.9m^2$ 이상으로 할 것. 또한, 1거실당 2인까지로 할 것.

(3) 거실이나 식당 등 입거자가 상호 교류가 가능한 장소를 설치하고 있을 것.

(4) 보건위생 및 안전이 확보되어 있을 것.

5. 간병인

(1) 1그룹 홈에 간병인을 배치할 것.

(2) 간병인은 지적장애인의 복지 증진에 열의가 있으며, 몇 명의 지적장애인의 일상생활을 적절히 지원하는 능력을 가지고 있는 사람으로 할 것.

(3) 간병인은 그룹 홈의 운영주체와 위탁계약 또는 채용계약을 한 사람일 것.

### 제6 그룹 홈의 운영

운영주체는 다음의 업무를 행한다. 또한, (2)(5)(6)의 업무는 전부 또는 일부를 봉사자에게 하도록 할 수 있다.

(1) 봉사자를 선정하고 봉사자 대체요원을 확보할 것.

(2) 입거자에게 식사 제공, 건강관리 · 금전관리 지원, 여가 이용의 조언 등 일상생활에 필요한 지원을 할 것.

(3) 긴급 시나 직장 등의 문제에 대한 대응 및 재산관리 등 입거자에게 (2)에 서술한 부분 이외의 필요한 지원을 할 것.

(4) 봉사자의 지도, 감독, 지원, 연수를 행할 것.

(5) 입거자의 생활 상황, 식사의 내용 등에 관한 기록을 행할 것.

(6) 입거자 부담금을 징수하여 그것을 적정하게 처리함과 동시에 그와 관련된 모든 장부를 정비할 것.

(7) 그룹 홈의 운영에 관련된 모든 회계장부를 정비할 것.

### 제7 원호의 실시자(생략)

### 제8 입거 및 퇴거의 결정(생략)

### 제9 입거자 및 봉사자의 비용 부담

집세, 음식물 비용, 광열상하수도비 및 기타 공통경비는 입거자 및 봉사자가 각각 부담하도록 한다.

### 제10 비용 지불의 변제(생략)

### 제11 경비의 보조(생략)

보장, 주택기기의 제공·대여, 의료 보장 등)가 필수적이다. 하지만, 지역사회에서 거주할 경우 다양한 장애가 발생하는 수가 많다.

현재의 시스템이 지역에서 장애인의 생활을 지지하는 종합적인 시스템으로 기능해 가기 위한 시책이 필요하다.

세 번째 과제는 특히 중증장애인이 지역에서 자립하여 살아가기 위한 서비스의 질과 주택의 질에 대한 연구 개발 및 실전이다. 장애인 스스로도 자립생활을 실현하기 위한 연구개발과 요구운동을 활발히 하고 있으며, 케어를 할 수 있는 주택의 사례가 여러 가지 형태로 건설되고 있지만, 이러한 것들을 지원하는 국가의 제도적 기반은 지적장애인의 그룹 홈을 제외하고는 대부분 없는 것이 실상이다.

이상으로 장애인 주택 문제의 현황과 주택정책의 역사적 경과, 주택정책의 문제점, 앞으로의 주요 문제들을 고찰하였다. 장애물 없는 주택을 실현해 가기 위해서는 장애인 자신이 주택정책 형성에 참여하는 노력과 주택 요구 운동에 기대하는 바가 크다고 할 수 있다. **(萩田秋雄)**

## 참고문헌


1) 石毛直道：注居空間の人類学(SD選書). 鹿島出版会, 東京, 1971, p. 243.
2) 全国社会福祉協議会：図説高齢者白書, 1990.
3) 日本建築学会(編), 松井寿則・他：日本建築学会設計計劃パンフレット27, ハソディキャップ者配慮の住宅計劃, 彰国社, 1984, pp. 56-57.
4) 児玉桂子. 高橋儀平：寮母ヘルパ一家政学(2)住居. 全国社会福祉協議会. 1990, p. 26.
5) 本間義人：内務省住宅政策の教訓 — 公共住宅論序説, 御茶の水書房, 東京, 1988, p. 3.
6) 高橋儀平：高齢化社会と住居, 居住環境. 東洋大学工業技術研究所報告 No.12, 1990.
7) 特集バリアフリ一の住宅. 建業文化, 36(11)：59, 1981.
8) 전게서(前掲書) 3), p. 38.
9) ケア付き住宅を考える. ケア付住宅研究集会報告書・資料集
10) (財)横浜市在宅障害者接護協会・横浜市グル一プホ一ム連絡会：私たちもまちの中で生きたい一グル一プホ一ム設立の手びき.

4 장

# 배리어 프리 사회복지시설 계획

## 4장 배리어 프리 사회복지시설 계획

사회복지시설의 개념 · 역사를 살펴보며, 장애인 · 고령자를 위한 사회복지시설의 현황과 계획방법, 과제를 서술한다.

# 사회복지시설의 개념

사회복지라는 단어는 일반적으로 여러 가지 뜻으로 사용되고 있으며, 사용하는 사람에 따라 여러 가지 의미를 내포하고 있다. 넓은 의미로는 "개인 및 그룹이 표준적인 생활 및 건강을 유지하기 위해 계획된 여러 가지 사회적 서비스와 제도의 조직적 체계"로써, 인간의 행복을 추구하는 계획적 · 사회적 서비스와 모든 제도의 총체적인 부분을 지칭한다. 이에 대하여 좁은 의미로는 "사회복지란 국가로부터 도움을 받고 있는 사람, 장애인, 아동, 기타 지원을 필요로 하는 사람이 자립하여 그 능력을 발휘할 수 있도록 필요한 생활지도, 재활보조 및 유도, 기타 지원을 실시하는 것을 말한다."라는 것처럼, 일본의 현행 제도를 기초로 공적 · 사적인 지원을 필요로 하는 사람을 대상으로 하는 조직적 · 사회적 활동을 의미하고 있다.

그러나 이러한 정의는 기본적으로는 저소득자를 위주로 한 대책으로서, 빈곤구제적 측면에서의 사회복지 개념을 의미하고 있으며, 현대의 사회적 상황에 맞지 않는 것이라 할 수 있다. 즉, 고도로 발달한 자본주의 사회에서 국민의 빈곤 상황은 대단히 폭넓고 복잡한 내용으로 이루어져 있으며, 사회복지정책도 단순히 경제적 빈곤만이 아니라 개인 인격의 사회적 부적응 현상까지 포함된 인간의 삶에 걸친 광범위한 생활 전반의 문제가 대상이 되고 있는 상황이다. 여기에서는 이러한 경향을 포함하여 사회복지의 개념을 넓은 의미로 파악하며, "국민의 생활 문제에 대한 장기간에 걸친 국민운동의 성과이며 이에 대한 국가적 대응 측면에서 이루어진 생활권 보장정책의 하나로서, 개인 또는 집단에게 화폐 · 현물 · 서비스를 공급하는 공적 · 사적의 조직적 · 계획적 활동"으로 파악한다.

사회복지시설이란 이러한 사회복지활동의 중요한 요소의 하나이며, 현물 · 서비스를 공급하는 물적 시스템을 의미한다. 그러나 사회복지시설이 단순히 시설 · 설비를 지칭하는 것은 아니다. 시설 · 설비를 이용하여 목적을 수행하는 시스템 전부를 말하는 것이다.

# 2 장애인을 위한 지역시설

## 2.1 장애인 복지의 기본개념

장애인을 위한 지역시설과 입소시설을 서술하기 전에 장애인 시설의 계획에 필요한 장애인 복지의 기본적 개념을 고찰하고자 한다.

장애인이란, 어떠한 원인으로 심신기능에 장애가 발생하여 그 결과 일상생활활동의 수행에서 능력 저하가 나타나며, 이러한 기능장애와 능력 저하의 결과로서 사회적으로 불리한 상태에 처해 있는 사람이라고 말할 수 있다. 장애인은 때로는 그 장애 때문에 인간으로서의 권리를 침해받는 상태에 처하게 된다.

이러한 입장에서 장애인 복지의 기본개념을 고찰해 보자면, 첫째로, 장애인의 기본적 인권 옹호의 원칙 속에서 살펴보지 않으면 안 된다.

1975년 국제연합(UN)은 장애인의 권리선언을 발표하였다. 이 중에서 "장애인은 다른 사람들과 동일한 시민권 및 정치적 권리를 가진다."라고 하여, 적절한 의학적 관리, 물리적 치료, 교육, 훈련, 재활 및 지도를 받을 권리, 경제적 보장, 일정 생활수준을 누릴 수 있는 권리, 직업을 가질 권리, 간병인을 둘 수 있는 권리, 착취나 학대로부터 보호받을 권리, 정당한 사법절차를 받을 수 있는 권리가 명시되어 있다. 오랜 차별과 학대의 역사로부터 만들어진 이러한 권리선언에서는 "인권과 기본적 자유, 평화, 인간의 존엄과 가치 및 사회적 정의의 모든 원칙에 대한 신념을 재확인하며" 사회의 진보와 발전은 장애인의 권리를 지키지 않고서는 이루어지지 않는다고 제창하고 있다.

오늘날에도 장애인의 일부는 교육·노동의 권리 등을 보장받지 못한 채 집에 갇혀 있는 경우가 많다고 할 수 있다. 이러한 상황을 그냥 묵시하지 않으며 인권 옹호를 위하여 노력하지 않으면 안 된다.

둘째로는 교육, 훈련, 의료, 재활, 노동, 스포츠·여가와 같은 인간의 여러 가지 활동을 통하여 개인, 집단, 사회라는 측면에서 장애인을 위한, 그들의 인간으로서의 발달, 자립, 자기실현을 보장할 수 있는 사고방식, 즉 종합적 재활(치료교육)체계의 수립을 지향하는 것이 필요하다.

재활이란 단순히 '기능훈련', '재활치료'와 같은 좁은 의미가 아니라, '장애에 대하여 기능적 능력을 가능한 한 최고 단계에 도달할 수 있도록 개체를 훈련 또는 재훈련시키기 위하여 의학적·사회적·교육적·직업적 수단을 병행하는 것과 함께 조정하는 것'(세계보건기구)과 같은 의미이며, 포괄적인 존재로서 인간의 전인적 측면에서의 권리 회복, 전인적 사회 참가를 의미하고 있다고 생각할 수 있다.

## 표 4.1 사회복지시설 및 관련 시설 체계

| 시설 명칭 (근거법령 / 주요 시설기능) | | 법률에 의한 시설 | 지침에 의한 시설 | 기타 | 입소 | 통소 | 일시보호 | 기타 | 예방 | 상담 | 발견·검사·진단 | 방문지도 | 일시보호·보호 | 의료·간호 | 거주·생활 | 보육·요육 | 교육·요육 | 생활지도 | 의학적 재활 | 직업적 재활 | 사회적 재활 | 노동·직업재활 | 스포츠·여가 | 문화·교류 | 연구·연수 | 간접 서비스 | 기타 |
|---|---|---|---|---|---|---|---|---|---|---|---|---|---|---|---|---|---|---|---|---|---|---|---|---|---|---|---|
| 공통 | 보건소 | ○ | | | | ○ | | | ○ | ○ | ○ | ○ | | ○ | | | | | | | | | | | ○ | ○ | ○ |
| | 복지사무소 | ○ | | | | ○ | | | ○ | ○ | ○ | ○ | | | | | | | | | | | | | | | ○ |
| | 공공직업안정소 | ○ | | | | ○ | | | | ○ | | | | | | | | | | | | | | | | | ○ |
| | 사회봉사활동 센터 | | | ○ | | ○ | | | | ○ | | | | | | | | | | | | | | ○ | ○ | ○ | |
| 아동복지 | 특수교육 센터 | | | ○ | | ○ | | | | ○ | | | | | | | | | | | | | | | ○ | | |
| | 아동상담소 | ○ | | | | ○ | ○ | | ○ | ○ | ○ | ○ | ○ | | | | | | | | | | | | ○ | | ○ |
| | 복지사무소 가정아동상담실 | | ○ | | | ○ | | | ○ | ○ | ○ | | | | | | | | | | | | | | | | |
| | 조산시설 | ○ | | | | | | ○ | | ○ | ○ | | | ○ | | | | | | | | | | | | | |
| | 유아원 | ○ | | | ○ | | | | | | | | ○ | | ○ | ○ | | ○ | | | | | | | | | |
| | 모자기숙사 | ○ | | | ○ | | | | | | | | | | ○ | | | ○ | | ○ | ○ | | | | | | |
| | 보육소 | ○ | | | | ○ | | | | | | | | | | ○ | | ○ | | | | | | | | | |
| | 산간 보육소 | | ○ | | | ○ | | | | | | | | | | ○ | | ○ | | | | | | | | | |
| | 가정양호기숙사 | | | ○ | ○ | | | | | | | | ○ | | ○ | | | ○ | | | | | | | | | |
| | 양호시설 | ○ | | | ○ | | | | | | | | ○ | | ○ | | | ○ | | | | | | | | | |
| | 심신장애아동 종합통원센터 | | ○ | | | ○ | | | ○ | ○ | ○ | | | | | ○ | ○ | ○ | | | | | | | | | |
| | 소규모 통원시설 | | ○ | | | ○ | | | | | | | | | | ○ | | ○ | | ○ | | | | | | | |
| | 지적장애아동시설 | ○ | | | ○ | | | | | | | | | | ○ | | ○ | ○ | | ○ | | | | | | | |
| | 지적장애특수학교·기숙사 | ○ | | | ○ | ○ | | | | | | | | | ○ | | ○ | ○ | | ○ | | | | | | | |
| | 시각지적장애아동시설 | ○ | | | ○ | | | | | | | | | | ○ | | ○ | ○ | | ○ | | | | | | | |
| | 자폐증아동시설 | ○ | | | ○ | | | | | | | | | | ○ | | ○ | ○ | | ○ | | | | | | | |
| | 지적장애아동 통원시설 | ○ | | | | ○ | | | | | | | | | | ○ | ○ | ○ | | ○ | | | | | | | |
| | 시각장애아동시설 | ○ | | | ○ | | | | | | | | | | ○ | | ○ | ○ | | ○ | | | | | | | |
| | 시각장애특수학교·기숙사 | ○ | | | ○ | ○ | | | | | | | | | ○ | | ○ | ○ | | ○ | | | | | | | |
| | 청각장애아동시설 | ○ | | | ○ | | | | | | | | | | ○ | | ○ | ○ | | ○ | | | | | | | |
| | 청각장애특수학교·기숙사 | ○ | | | ○ | ○ | | | | | | | | | ○ | | ○ | ○ | | ○ | | | | | | | |
| | 난청유아통원시설 | ○ | | | | ○ | | | | | | | | | | ○ | ○ | ○ | | | | | | | | | |
| | 허약아동시설 | ○ | | | ○ | | | | | | | | | | ○ | | ○ | ○ | | ○ | | | | | | | |
| | 병약특수학교·기숙사 | ○ | | | ○ | | | | | | | | | | ○ | | ○ | ○ | | ○ | | | | | | | |
| | 지체장애아동시설 | ○ | | | ○ | | | | | | | | | ○ | ○ | | ○ | ○ | | ○ | | | | | | | |
| | 지체장애아동 통원시설 | ○ | | | | ○ | | | | | | | | ○ | | ○ | ○ | ○ | | ○ | | | | | | | |
| | 지체장애아동 양호시설 | ○ | | | ○ | | | | | | | | ○ | | ○ | | ○ | ○ | | ○ | | | | | | | |
| | 지체장애아동 특수학교·기숙사 | ○ | | | ○ | ○ | | | | | | | | | ○ | | ○ | ○ | | ○ | | | | | | | |
| | 중증심신장애아동시설 | ○ | | | ○ | | | | | | | | | ○ | ○ | ○ | | ○ | | | | | | | | | |
| | 중증심신장애아동시설 위탁국립요양소 | | ○ | | ○ | | | | | | | | | ○ | ○ | ○ | | ○ | | | | | | | | | |
| | 진행성근위축증아동 위탁국립요양소 | | ○ | | ○ | | | | | | | | | ○ | ○ | | | ○ | | | | | | | | | |
| | 모자 단기입원시설 | | | ○ | ○ | | | | | | | | | | | ○ | | ○ | | | | | | | | | |
| | 정서장애아동 단기치료시설 | ○ | | | ○ | | | | | | | | | | ○ | ○ | ○ | ○ | | | | | | | | | |
| | 교호원 | ○ | | | ○ | | | | | | | | | | ○ | | ○ | ○ | | ○ | | | | | | | |
| | 아동관 | ○ | | | | ○ | | | | | | | | | | | ○ | | | | | | | | | | |
| | 아동유치원 | ○ | | | | ○ | | | | | | | | | | | | | | | | | | ○ | ○ | | |
| | 특수학급 | ○ | | | | ○ | | | | | | | | | ○ | ○ | ○ | ○ | | | | | | | | | |
| 모자복지 | 모자복지 센터 | ○ | | | | ○ | | | | ○ | | | | | | | | ○ | | ○ | | | | | ○ | | |
| | 모자휴양 홈 | ○ | | | | | | ○ | | | | | | | | | | | | | | | | ○ | ○ | | |
| | 모자건강 센터 | ○ | | | | ○ | | | ○ | ○ | ○ | ○ | | ○ | | | | | | | | | | | | | |

표 4.1 계속

| 시설 명칭 | 근거법령 / 주요 시설기능 | 법률에 의한 시설 | 지침에 의한 시설 | 기타 | 입소 | 통소 | 일시보호 | 기타 | 예방 | 상담 | 발견·검사·진단 | 방문지도 | 일시보호·보호 | 의료·간호 | 거주·생활 | 보육·요육 | 교육·요육 | 생활지도 | 의학적 재활 | 직업적 재활 | 사회적 재활 | 노동·직업재활 | 스포츠·여가 | 문화·교류 | 연구·연수 | 간접 서비스 | 기타 |
|---|---|---|---|---|---|---|---|---|---|---|---|---|---|---|---|---|---|---|---|---|---|---|---|---|---|---|---|
| 부인보호 | 부인보호시설 | ○ | | | ○ | | | | | | | | ○ | | ○ | | | ○ | | ○ | ○ | ○ | | | | | |
| 지적장애인복지 | 지적장애인 재활상담소 | ○ | | | | ○ | | | | ○ | ○ | ○ | | | | | | | | | | | | | | | |
| | 지적장애인 재활시설(입소) | ○ | | | ○ | | | | | | | | ○ | | ○ | | | ○ | | ○ | ○ | ○ | | | | | |
| | 지적장애인 재활시설(통소) | ○ | | | | ○ | | | | | | | | | | | | ○ | | ○ | ○ | ○ | | | | | |
| | 지적장애인 직업재활시설(입소) | ○ | | | ○ | | | | | | | | ○ | | ○ | | | ○ | | ○ | ○ | ○ | | | | | |
| | 지적장애인 직업재활시설(통소) | ○ | | | | ○ | | | | | | | | | | | | ○ | | ○ | ○ | ○ | | | | | |
| | 국립의료원 노조미의 원(園) | ○ | | | ○ | | | | | ○ | ○ | | ○ | ○ | ○ | | ○ | ○ | | ○ | ○ | | | | ○ | | |
| | 심신장애인 복지작업소 | | ○ | | | ○ | | | | | | | | | | | | ○ | | ○ | ○ | ○ | | | | | |
| | 공동작업장 | | | ○ | | ○ | | | | | | | | | | | | ○ | | ○ | ○ | ○ | | | | | |
| | 지적장애인 긴급일시보호시설 | | | ○ | | | ○ | | | | | | ○ | | ○ | | | ○ | | ○ | ○ | | | | | | |
| | 지적장애인 통근기숙사 | | ○ | | ○ | | | | | | | | | | ○ | | | ○ | | | | | | | | | |
| | 지적장애인 복지 홈 | | ○ | | ○ | | | | | | | | | | ○ | | | ○ | | | | | | | | | |
| | 지적장애인 생활 홈 | | | ○ | ○ | | | | | | | | | | ○ | | | ○ | | | | | | | | | |
| 장애인복지 | 장애인 재활상담소 | ○ | | | | ○ | | | | ○ | ○ | ○ | | | | | | | | | | | | | | | |
| | 지체장애인 재활시설 | ○ | | | ○ | | | | | | | | | | ○ | | | ○ | | ○ | ○ | | | | | | |
| | 시각장애인 재활시설 | ○ | | | ○ | | | | | | | | | | ○ | | | ○ | | ○ | ○ | | | | | | |
| | 청각언어장애인 재활시설 | ○ | | | ○ | | | | | | | | | | ○ | | | ○ | | ○ | ○ | | | | | | |
| | 내부장애인 쟁활시설 | ○ | | | ○ | | | | | | | | | | ○ | | | ○ | | ○ | ○ | | | | | | |
| | 장애인 양호시설 | ○ | | | ○ | | | | | | | | | | ○ | | | ○ | | ○ | ○ | | | | | | |
| | 중도장애인 직업재활시설 | ○ | | | ○ | | | | | | | | | | ○ | | | ○ | | ○ | ○ | | | | | | |
| | 장애인 직업재활시설 | ○ | | | ○ | | | | | | | | | | ○ | | | ○ | | ○ | ○ | ○ | | | | | |
| | 중도장애인 직업재활시설 | ○ | | | ○ | | | | | | | | | | ○ | | | ○ | | ○ | ○ | ○ | | | | | |
| | 장애인 통소 직업재활시설 | ○ | | | | ○ | | | | | | | | | | | | ○ | | ○ | ○ | ○ | | | | | |
| | 장애인 긴급일시보호시설 | | | ○ | | | ○ | | | | | | | | ○ | | | ○ | | ○ | ○ | | | | | | |
| | 장애인 복지공장 | ○ | | | ○ | ○ | | | | | | | | | ○ | | | ○ | | ○ | | ○ | | | | | |
| | 장애인 복지 홈 | | ○ | | ○ | | | | | | | | | | ○ | | | ○ | | | | | | | | | |
| | 지체장애인 자립 홈 | | | ○ | ○ | | | | | | | | ○ | | ○ | | | ○ | | ○ | ○ | ○ | | | | | |
| | 케어형 주택 | | | ○ | ○ | | | | | | | | ○ | | ○ | | | ○ | | | | | | | | | |
| | 장애인 재활센터 | | | ○ | ○ | ○ | | | ○ | ○ | ○ | | ○ | ○ | | | | ○ | ○ | ○ | ○ | | | | | | |
| | 보조기기 제작시설 | ○ | | | | | | ○ | | | | | | | | | | | | | | | | | ○ | ○ | |
| | 점자도서관 | ○ | | | | ○ | | | | | | | | | | | | | | | | | | | | ○ | |
| | 점자출판시설 | ○ | | | | | | ○ | | | | | | | | | | | | | | | | | | ○ | |
| | 치료소 | | ○ | | | ○ | | | | | | | | ○ | | | | | | | ○ | | | | ○ | | |
| | 맹인안내견 훈련소 | | | ○ | | | | ○ | | | | | | | | | | | | | | | | | ○ | ○ | |
| | 시각장애인 홈 | | ○ | | | ○ | | | | | | | | ○ | | | | ○ | | | | ○ | | | | | |
| | 장애인 복지센터 | ○ | | | | ○ | | | | | | | | | | | | | | | | | ○ | ○ | ○ | | |
| | 시각장애인 복지센터 | | | ○ | | ○ | | | | | | | | | | | | | | | | | ○ | ○ | ○ | | |
| | 청각장애인 복지센터 | | | ○ | | | | ○ | | | | | | | | | | | | | | | ○ | ○ | ○ | | |
| | 심신장애인 휴양 홈 | | | ○ | | ○ | | | | | | | | | | | | | | | | | ○ | ○ | ○ | | |

표 4.1 계속

| 시설 명칭 (구분) | 시설 명칭 \ 근거법령 / 주요 시설기능 | 법률에 의한 시설 | 지침에 의한 시설 | 기타 | 입소 | 통소 | 일시보호 | 기타 | 예방 | 상담 | 발견·검사·진단 | 방문지도 | 일시보호·보호 | 의료·간호 | 거주·생활 | 보육·요육 | 교육·요육 | 생활지도 | 의학적 재활 | 직업적 재활 | 사회적 재활 | 노동·직업재활 | 스포츠·여가 | 문화·교류 | 연구·연수 | 간접서비스 | 기타 |
|---|---|---|---|---|---|---|---|---|---|---|---|---|---|---|---|---|---|---|---|---|---|---|---|---|---|---|---|
| 정신장애 | 주간보호시설 | | ○ | | | ○ | | | | | | | | ○ | | | | ○ | ○ | ○ | ○ | | | | | | |
| | 정신위생 사회생활 적응시설 | | ○ | | ○ | | | | | | | | | | ○ | | | ○ | | | ○ | | | | | | |
| | 공동주거 | | | ○ | ○ | | | | | | | | | | ○ | | | ○ | | | ○ | | | | | | |
| | 정신장애인 지역공동작업소 | | | ○ | | ○ | | | | | | | | | | | | ○ | | ○ | ○ | ○ | | | | | |
| 피폭자 | 원자폭탄 피폭자 양호 홈 | | ○ | | ○ | | | | | | | | | ○ | ○ | | | ○ | ○ | | | | | | | | |
| | 피폭자 온천요양소 | | | ○ | | | | ○ | | | | | | | | | | | | | | | ○ | ○ | | | |
| | 피폭자 양호연구센터 | | | ○ | | | | ○ | | | | | | | | | | | | | | | ○ | ○ | | | |
| | 한센씨 병 요양소 | | | ○ | ○ | | | | | ○ | ○ | | | ○ | ○ | | | ○ | ○ | | | | | | | | |
| 공통 | 장애인 재활센터 | ○ | | | | | | ○ | | ○ | | | | | | | | ○ | | | | | ○ | ○ | | | |
| | 심신장애인 보양소 | | | ○ | | | | ○ | | | | | | | | | | | | | | | ○ | ○ | | | |
| | 장애인 스포츠센터 | ○ | | ○ | | ○ | | | | | | | | | | | | | | | | | ○ | ○ | ○ | | |
| | 근로장애인 체육관 | ○ | | | | ○ | | | | | | | | | | | | | | | | | ○ | ○ | ○ | | |
| 노인복지 | 양호노인 홈 | ○ | | | ○ | | | | | | | | | | ○ | | | ○ | | | | | | | | | |
| | 특별양호노인 홈 | ○ | | | ○ | | | | | | | | | | ○ | | | ○ | | | | | | | | | |
| | 실비노인 홈 A형, B형 | ○ | | | ○ | | | | | | | | | | ○ | | | ○ | | | | | | | | | |
| | 유료노인 홈 | ○ | | | ○ | | | | | | | | | | ○ | | | ○ | | | | | | | | | |
| | 노인 보건센터 | ○ | | | ○ | | | | | ○ | | | | ○ | ○ | | | ○ | | | | | | | | | |
| | 노인 복지센터 | ○ | | | | ○ | | | | | | | | | | | | ○ | | | | | ○ | ○ | ○ | | |
| | 노인휴양의 집 | ○ | | | | ○ | | | | | | | | | | | | | | | | | | ○ | | | |
| | 노인휴양 홈 | ○ | | | | | | ○ | | | | | | | | | | | | | | | ○ | ○ | ○ | | |
| | 시각장애노인 홈 | ○ | | | ○ | | | | | | | | | | ○ | | | ○ | | | | | | | | | |
| | 데이 서비스 시설 | | ○ | | | ○ | | | | | | | | | | | | ○ | ○ | ○ | ○ | | | ○ | | | |
| | 케어 센터 | | | ○ | | ○ | ○ | | | | | | ○ | | | | | ○ | ○ | | | | | | | | |
| | 하프 웨이 하우스 | | | ○ | ○ | | | | | | | | | | ○ | | | ○ | | | ○ | | | | | | |
| | 노인 급식센터 | | | ○ | | | | ○ | | | | | | | | | | | | | | | | | | ○ | |
| | 노인 복지사업단 | | | ○ | | | | ○ | | | | | | | | | | | | ○ | | ○ | | | | | |
| | 고령자 직업상담소 | | ○ | | | | | ○ | | ○ | | | | | | | | | | | | | | | | | |
| 기타 | 구호시설 | ○ | | | ○ | | | | | | | | ○ | | ○ | | | ○ | | | | | | | | | |
| | 재활시설 | ○ | | | ○ | | | | | | | | | | ○ | | | ○ | | | | | | | | | |
| | 의료보호시설 | ○ | | | ○ | ○ | | | | | | | | ○ | ○ | | | | | | | | | | | | |
| | 무료소액진료시설 | ○ | | | | ○ | | | | | | | | ○ | | | | | | | | | | | | | |
| | 직업재활시설 | ○ | | | ○ | | | | | | | | | | | | | | | | | | ○ | | | | |
| | 기숙사제공시설 | ○ | | | ○ | | ○ | | | | | | | | ○ | | | | | | | | | | | | |
| | 숙박소 | ○ | | | ○ | | ○ | | | | | | | | ○ | | | | | | ○ | ○ | | | | | |
| | 근린보호관 | ○ | | | | ○ | | | | ○ | | | | | | | | ○ | | | | | | ○ | | | |
| | 산간 보건복지관 | ○ | | | | ○ | | | | ○ | | | | | | | | ○ | | | | | | ○ | | | |

치료교육이란 장애인의 심신장애에 기인하는 다양한 문제를 고려하여 장애인의 발달을 촉진하기 위한 발달교육과, 지각・인지・운동・언어 등의 발달 저해요소에 대하여, 심리・학습・행동의 치료지도를 지향하는 것으로 이해할 수 있다.

이러한 재활(치료교육)에 대한 종합적 보장체제가 필요하며, 이를 위해서는 지금까지의 보건・의료・복지・교육・여가 등의 다양한 시설의 네트워크화를 도모하지 않으면 안 될 것이다.

셋째로는 사회 내에서 평범한 인간으로서 가능한 한 여유롭고 인간적인 생활을 할 수 있도록 케어(처우)에 관한 개념(인간으로서, 동시에 전문가로서 장애인을 어떠한 태도로 접하는 게 좋은가, 또한 어떠한 방법으로 도움의 손길을 뻗치면 좋을 것인가)이 필요하다. 이러한 사고방식은 통상 노멀라이제이션(normalization : 정상화)의 원칙이라고 할 수 있다. 지금까지의 장애인에 대한 케어는 보호 측면이 강조되어 사회 격리정책이 취해지고 있었다. 이러한 정책에 따라서 일정한 감호(監護)・보호・지도가 있었다. 그러나 지역사회 내에서 융화하여 지극히 당연하며 평범한 생활이 충분히 가능하다는 것이 다양한 실험에서 증명되고 있으며, 이미 일부 국가에서는 시설 형태의 케어는 폐지하여 그룹하우스 등과 같은 주거 측면에서의 대응이 이루어지고 있다.

노멀라이제이션의 개념 자체는 지극히 당연한 것처럼 보이지만, 현실의 사회구조 내에서 실현해 가기에는 대단히 어려운 것이라고 할 수 있다. 그러나 장애를 가진 사람들과 함께 사는 사회야말로 진정한 민주주의 사회라고 할 수 있으며, 앞으로의 사회에서도 이러한 원칙을 기초로 한 시책을 전개해 가는 것이 요구되고 있다.

이러한 노멀라이제이션의 개념을 지향하여 지역사회와의 통합을 추구하는 것을 일반적으로 인티그레이션(integration : 통합화)이라고 하며, 앞으로 지역사회의 복지시설은 이러한 원칙하에서 가능한 한 소규모화・지역화되는 것이 바람직하며, 동시에 지역사회에서 전문기관으로서 지역사회의 관련 분야에 대한 모든 문제를 해결하는 거점으로 계획되어 실제적으로 기능해 가는 것이 바람직하다.

## 2.2 장애인과 지역시설

인간은 자신의 거주지와 주거를 정하여, 그 주거를 중심으로 일정한 지리적 범위(지역) 내에서 일상생활을 영위하는데, 그 생활을 원활히 수행하기 위하여 필요로 하는 사회적・공공적 생활 관련 시설을 '지역시설'이라고 할 수 있다.

일상적으로 이루어지고 있는 인간의 생활행위는 복잡하므로, 여기에 맞는 지역시설 또한 많은 종류가 있다. 당연한 이야기이지만 시설에 입소해 있든지 재택생활을 하고 있든지 장애인은 시민이며 주권 행사자이다. 또한, 이러한 지역시설을 자유롭게 이용할 권리도 있다. 그러나 현재의 지역시설・공공시설은 프로그램 측면뿐만 아니라 물리적 시설 측면에서도 대단히 이용하기 어려운 구조로 되어 있다. 여기서 장애인은 지역시설・공공시설을 이용하기 쉽도록 하기 위한 운동을 하면서, 스스로의 고유의 요구에 근거한 여러 가지 장애인 전용 지역시설을 창출하여 왔다.

이 책에서는 장애인의 전용적 사용을 목적으로 계획되어진 지역시설을 중심으로, 그 현황과 기본적인 계획개념을 고찰하고자 한다. 장애인의 입주시설도 원칙적으로 그 지역에서의 생활거점이라는 의미에서 지역시설이라고 말할 수 있지만, 여기에서는 재택장애인의 자립생활 지원을 목적으로 한 통소(通所)・일시보호를 중심으로 한 시설을 대상으로 한다.

## 2.3 장애인 지역시설의 분류

이러한 지역시설은 우선 크게 나누어 보면 직접 서비스 시설과 간접 서비스 시설로 분류된다. 직접 서비스 시설은 장애인에 직접 대응하여 서비스를 제공하는 시설이다. 이 서비스 기능은 생활의 필요에 따라 여러 가지가 있다. '예방', '상담', '발견・진찰・진단', '일시보호', '의료・간호', '거주・생활', '보육・교육・요육(療育)', '생활지도', '의학적 재활', '직업적 재활', '사회적 재활', '노동・생산', '스포츠・여가', '문화・교류', '교육・연수' 등의 기능으로 생각할 수 있다. 이러한 직접 서비스 시설은 일반적으로 복합적 기능을 제공하고 있다.

시설의 이용 형태에서 살펴보면 '입소', '통소', '일시보호'가 있으며, '통소' 이용은 '주간이용', '야간이용'이 있다. 즉, **그림 4.1**에서 나타내는 것과 같이 분류할 수 있다.

간접 서비스 시설은 '인적', '물적', '정보' 등의 공급 서비스 시설이다. 예를 들어, '인적' 측면에는 가사도우미(home helper) 파견센터, 케어 서비스 공급센터 등이 있다. '물적' 측면에는 급식센터, 보조기기센터, 보조기기 수리 서비스 센터, 보조기기 제작시설 등이 있다. '정보' 측면에는 복지자료센터, 점자도서관 등이 있다. 이러한 간접 서비스 시설은 현재로서는 대단히 정비가 부족한 상태에 놓여 있지만, 앞으로 지역 서비스 시스템의 정비가 충실히 이루어진다면 중요한 거점시설이 될 것이다.

**표 4.1**에서 현행 제도에 기초한 장애인의 주요 지역시설과 그 기능을 파악할 수 있으며, 이러한 시설 이외에도 지방자치단체가 단독으로 설치하고 있는 다양한 지역시설이 존재한다. 복지작업소(치바 시 등), 생활실습소(동경도), 지역활동 홈(요코하마 시) 등이 있다. 또한, 장애인과 그 가족이 주로 만든 인가를 받지 않은 많은 장애유아교실과 소규모 작업장이 있다.

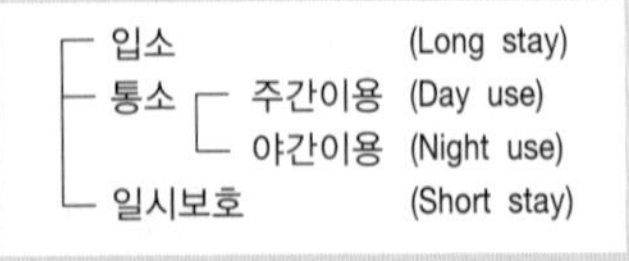

- 입소 (Long stay)
- 통소
  - 주간이용 (Day use)
  - 야간이용 (Night use)
- 일시보호 (Short stay)

**그림 4.1 이용 형태로 본 시설의 분류**

## 2.4 장애인 지역시설의 동향

유아・아동 복지 분야에서는 아동의 특수학교 의무화 시행에 따라, 지금까지 학생을 중심으로 한 각종 통원시설이 유아의 (일부에서는 성인의) 통원시설로 되고 있다. 일부 유아는 지역보육소가 받아들여 혼합보육을 실시하고 있다. 아동은 기본적으로는 학교에 다니고 있으며, 각종 특수학교・청각장애학교・시각장애학교・특별지원학급이 기본적인 지역시설로 되어 있다.

지적장애인 복지 분야에서는, 특수학교를 졸업한 후에 갈 수 있는 곳이 그다지 많지 않은 상황에서 공동작업장・복지작업장과 같은 소규모 작업장 만들기 운동이 활발하게 이루어지고 있으며, 실제 소규모 작업장이 증가하고 있다.

지체장애인 복지 분야에서도 마찬가지로 소규모 작업장 만들기 운동이 활발하게 이루어지고 있으며, 역시 증가하고 있다. 그리고 지체장애인 복지센터, 지체장애인 재활센터와 같은 종합적이며 광역적인 서비스 권역을 가진 시설이 건설되고 있다. 청각장애인, 시각장애인의 지역시설은 그다지 늘어나고 있지 않지만, 전용의 복지센터를 건설하자는 요구가 많아지고 있다. 또한 지체장애인의 자립생활센터를 만들자는 움직임도 나타나고 있다. 아무튼 재택복지를 적극적으로 진행하자는 관점에서 본다면 현재의 지역시설의 정비 수준은 대단히 낮으며, 많은 문제를 가지고 있다.

## 2.5 장애인 지역시설의 사례

앞에서 장애인 지역시설의 기본적 요건과 현황을 살펴보았으며, 아래에 전형적이라고 할 수 있는 사례를 소개하면서 그 의미를 고찰하고자 한다.

### 1) 장애인 지역활동 홈

**그림 4.2**[7)]는 요코하마 시의 미도리(綠) 구 장애인 지역활동 홈 '미도리 복지 홈'이다. 요코하마 시에서는 국가의 제도와 관계없는 시 단독 사업시설로서, 각 구에 이와 같은 사업을 진행하고 있다. 장애인의 발달훈련의 장, 사회 참가・자립생활 훈련의 장, 지역주민과의 교류의 장으로서, 장애인에게 가장 가깝고, 일상생활권에 있어야 할 시설이라고 할 수 있다. 유아부터 성인까지, 가벼운 장애에서 중증의 장애까지 다양한 장애인(연 70~80명)이 매일 이용하고 있다. 전임 직원은 없지만, 관계 단체에서 운영위원회를 만들어 자주적 운영을 하고 있다. 지역에 가장 밀착되어 있는 시설이므로 모든 유형의 장애인이 이용하고 있다. 이러한 유형의 시설은 다음과 같은 배려가 필요하다.

① 오고가는 것이 중요하므로 셔틀차량용의 주차공간을 확보한다.

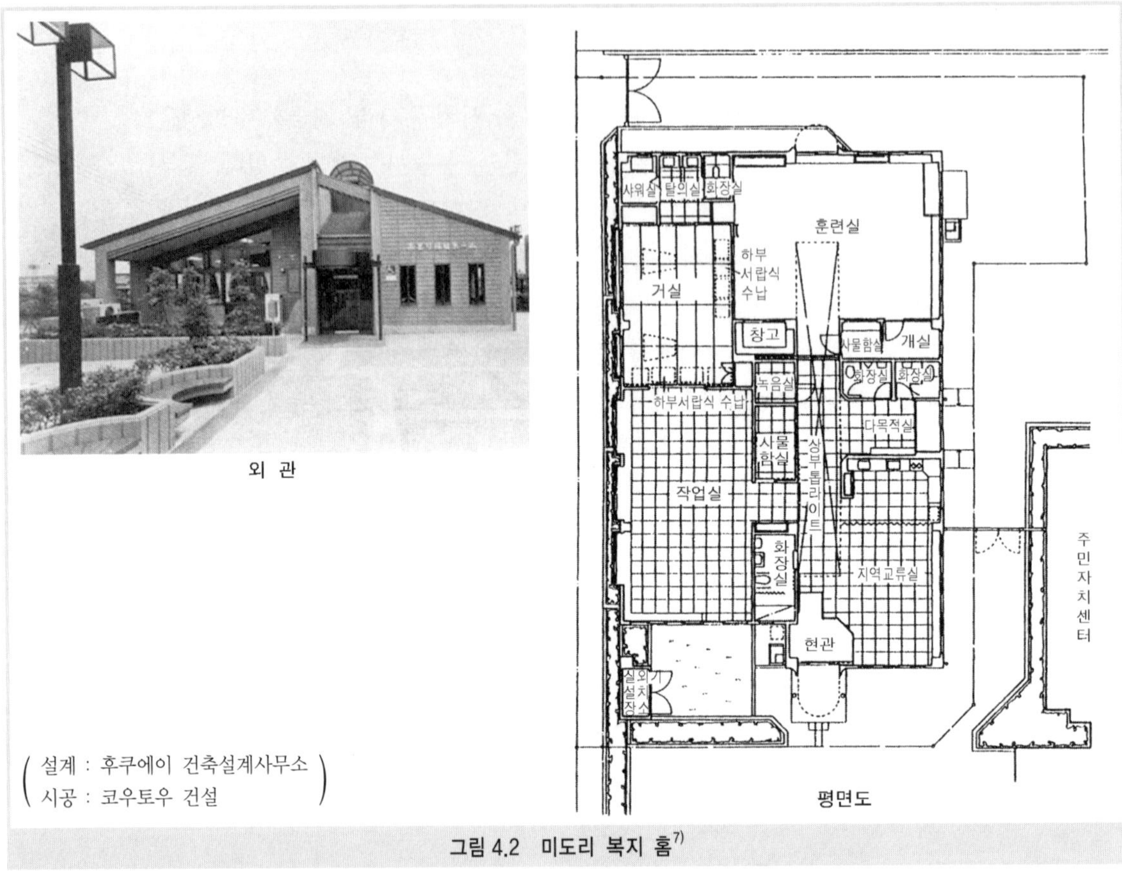


외 관

평면도

그림 4.2 미도리 복지 홈[7)]

② 전체적으로 밝은 분위기를 조성한다.

③ 휠체어로 사용 가능한 화장실(중증장애인의 탈의를 위한 간이침대 설치가 요구됨) 및 무릎으로도 사용 가능한 바닥과 단차가 없는 화장실을 설치한다.

④ 유아 훈련의 장은 넘어져도 부상을 당하지 않는 재질의 바닥이 바람직하다.

⑤ 성인 장애인의 작업공간은 작업 내용에 따라 가변적으로 대응할 수 있도록 하며, 수납장소를 충분히 확보한다.

⑥ 자립생활 훈련이 가능하도록 욕실, 숙박 가능한 실, 주방이 필요하다.

⑦ 위탁 가공품 등을 제작하는 경우에는 물품의 반출입이 가능한 출입구를 고려한다.

⑧ 바자회 등의 행사가 필요하므로, 이를 위한 외부공간의 확보가 바람직하다.

#### 2) 장애인 복지센터

**그림 4.3**[8)]은 후지사와(藤沢) 시의 장애인 복지센터 '태양의 집'이다. 법정 제도에 의한 시설을 복합화하여 자치단체의 핵이 되는 시설로 되어 있다. 지적장애아동의 통원시설,

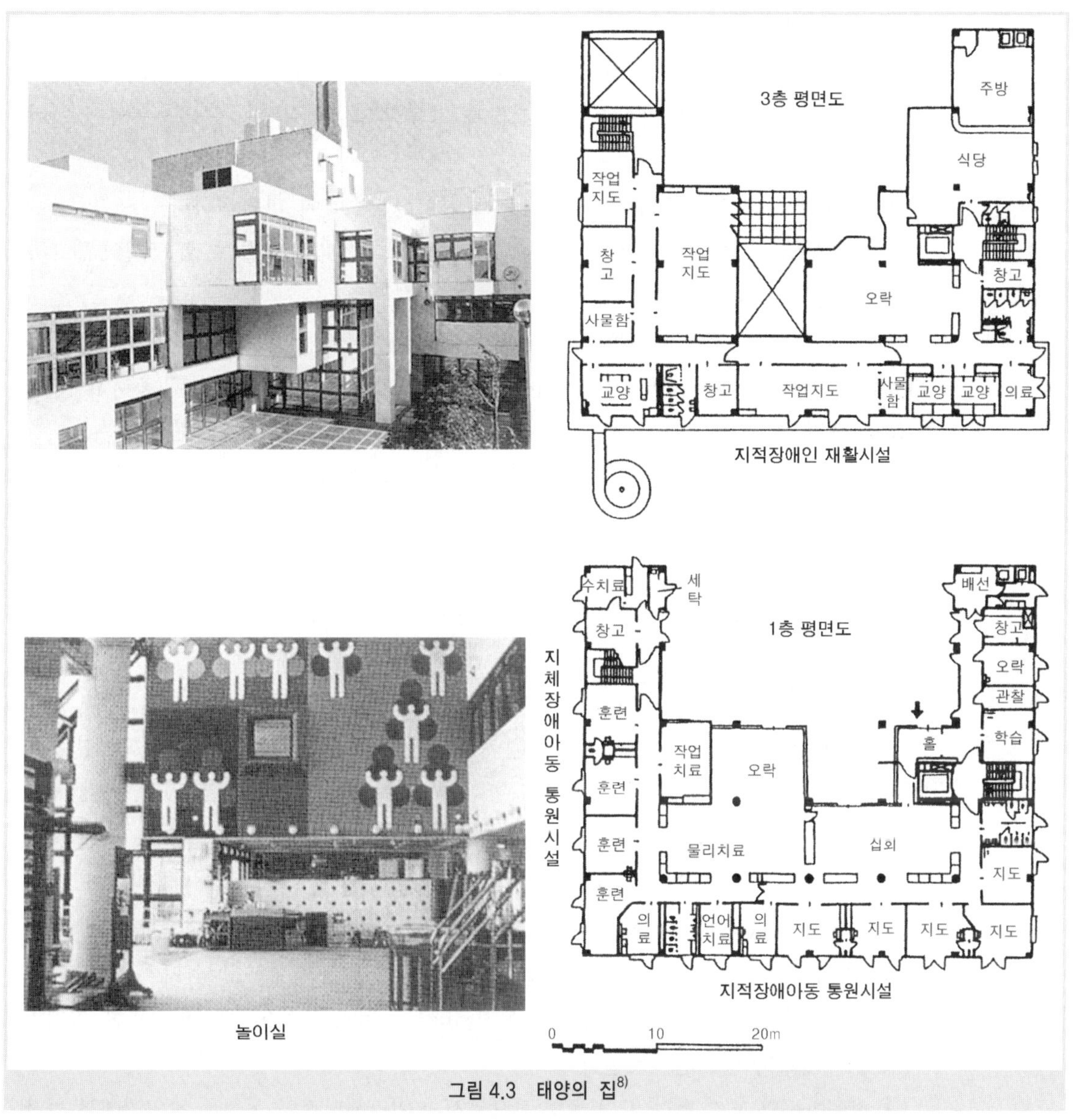


그림 4.3 태양의 집[8)]

지체장애아동의 통원시설과 같은 유아 중심시설을 핵으로, 지적장애인을 위한 통원재활시설을 같이 설치하고 있다. 그 외에 점자도서관과 장애인 체육시설을 부설하고 있다.

이러한 법정시설을 중심으로 한 지역시설은 통원버스 등을 보유하는 것이 가능하므로, 비교적 광역권을 포괄할 수 있다. 자치단체의 중심시설인 이러한 유형의 시설은 다음의 점에서 배려가 필요하다.

① 통원용의 대형 버스나 자가용 차량에 의한 통원이 이루어지므로 충분한 주차공간이 필요하다.

② 지체장애인이 이용하고 있는 시설에서는 휠체어로 사용 가능한 화장실(중증장애인의 탈의를 위한 간이침대의 설치가 요구됨) 및 바닥과 단차가 없는 화장실 등을 설치한다.

③ 관찰실이 설치된 개인・소집단 지도가 가능한 실, 대집단이 모일 수 있는 실이 필요하다.

④ 언어치료・재활치료 등의 전문적 치료실이 있는 것이 바람직하다.

⑤ 보호자를 동반한 통원이 이루어지는 경우에는 보호자가 기다릴 수 있는 실이 필요하다.

⑥ 성인 장애인의 작업공간은 작업 내용에 따라서(예를 들어 도자기 제작) 전용공간을 확보함과 동시에, 가변적으로 대응 가능한 공간도 확보하며, 수납장소를 충분히 둔다.

⑦ 자립생활 훈련이 가능하도록 욕실・주방 등이 필요하다.

⑧ 원칙적으로 급식을 제공하는 것이 바람직하며, 작업・훈련 공간과는 별도의 장소에 식당을 설치한다.

⑨ 위탁 가공품 등을 제작하는 경우에는 물품의 반입과 반출 동선을 고려한다.

⑩ 바자회 등의 행사를 위한 외부공간의 확보가 바람직하다.

### 3) 요육센터

**그림 4.4**[9]는 치바(千葉) 시 요육(療育)센터이다. 법정 제도를 중심으로 복합화하였으며, 치바 시 전역을 서비스 권역으로 함과 동시에, 시내의 작업소와의 네트워크를 형성하고 있다. 요육상담소, 지체장애아동의 통원시설, 난청유아 통원시설, 지적장애인을 위한 통소 재활시설로 구성되어 있다. 요육상담소, 지체장애아동 통원시설, 난청유아 통원시설은 별도의 대지에 있는 지적장애아동 통원시설과 함께, '심신장애아동 종합통원센터'(국가 지정)로 되어 있다. 이 외에 지체장애인 복지센터 B형을 병설하고 있다.

이러한 유형의 시설은 앞 항의 장애인 복지센터와 동일한 배려가 필요하다. 또한, 아래의 사항에 유의하지 않으면 안 된다.

① 장애아동의 조기 발견 및 치료의 장으로서의 치료센터적인 시설은 광역권에서 가장 필요로 하고 있는 시설이다. 장애아동과 그 부모에게 쉽게 받아들여질 수 있는 분위기로 만드는 것이 필수적이다.

② 의학적・심리적・사회적 검사・진단・치료 방침의 확정, 재진단 등의 흐름에 맞춘 전문적인 공간의 배치가 필요하다. 보호자에 대한 지도도 중요한 의미를 가지므로 보호자 대기실 등도 필요하다.

장애인 복지센터 B형 시설은 각종 상담에 대응함과 동시에, 창작이나 가벼운 작업, 스포츠, 여가, 일상생활훈련 등의 사업을 실시하고 있는 시설이다.

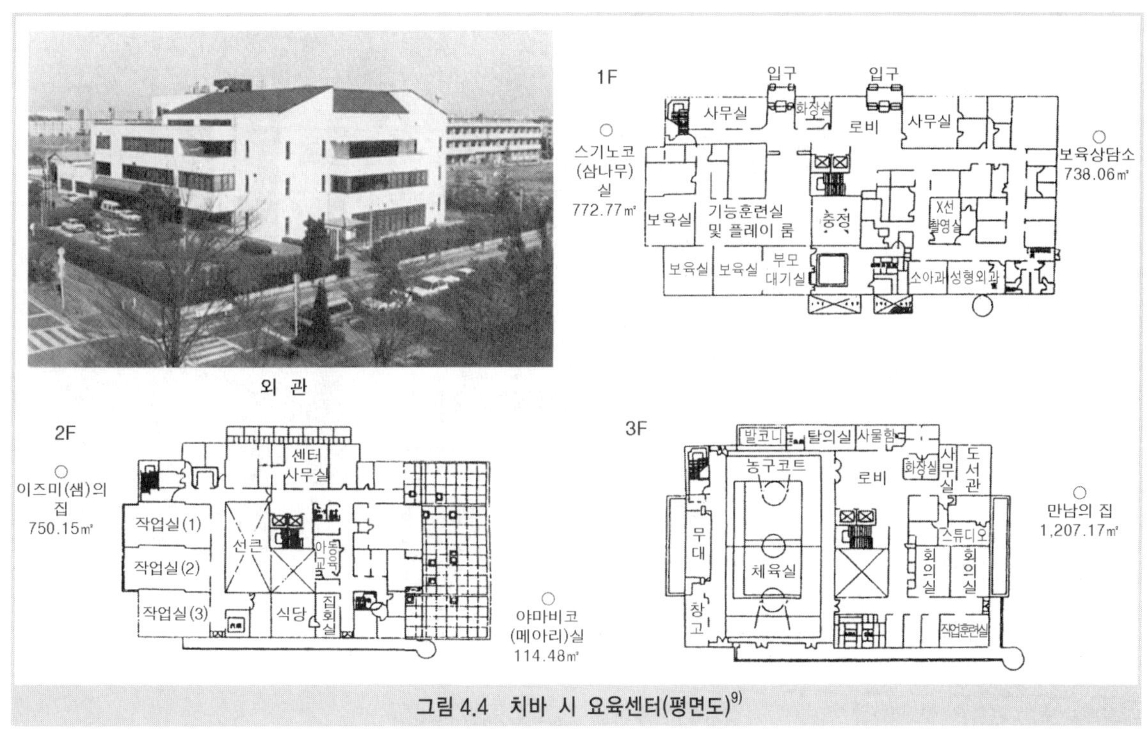


그림 4.4 치바 시 요육센터(평면도)[9]

### 4) 장애인 노동복지센터

**그림 4.5**[7]의 '유타카 장애인 노동복시센터'는 법정 지적장애인 직업재활시설(통소), 지체장애인 직업재활시설(통소)에 나고야(名古屋) 시의 단독사업 '재택장애인 주간보호사업' 시설을 복합화한 것이다. 빈 병이나 빈 깡통의 선별작업, 봉제, 가벼운 작업을 중심으로 지적장애인 · 지체장애인, 중증의 장애를 가진 사람 · 가벼운 장애를 가진 사람이 혼연일체가 되어 적극적인 노동의 장을 실현하고 있다. 재활용 작업은 나고야 시 3개 구의 빈 병 · 빈 깡통의 선별작업을 하고 있으며, 1일 평균 16톤의 처리를 하고 있다.

지역사회의 환경미화 및 재활용과 같은 작업을 통하여 지역에 공헌할 수 있는 노동의 장을 확립하고 있는 이러한 지역시설은, 앞으로 가장 필요한 시설이라고 할 수 있다.

이러한 유형의 시설은 앞 항의 장애인 복지센터와 동일한 배려가 필요하다. 또한, 아래와 같은 주의를 필요로 한다.

① 노동 · 직업 재활의 내용이 명확한 경우에는 그 작업동선을 충분히 배려한 공간구성으로 하지 않으면 안 된다.

② 적극적인 직업재활을 중심에 둔다면 경우에 따라서는 위험한 환경이 될 수가 있다. 안전에 충분히 배려할 필요가 있다.

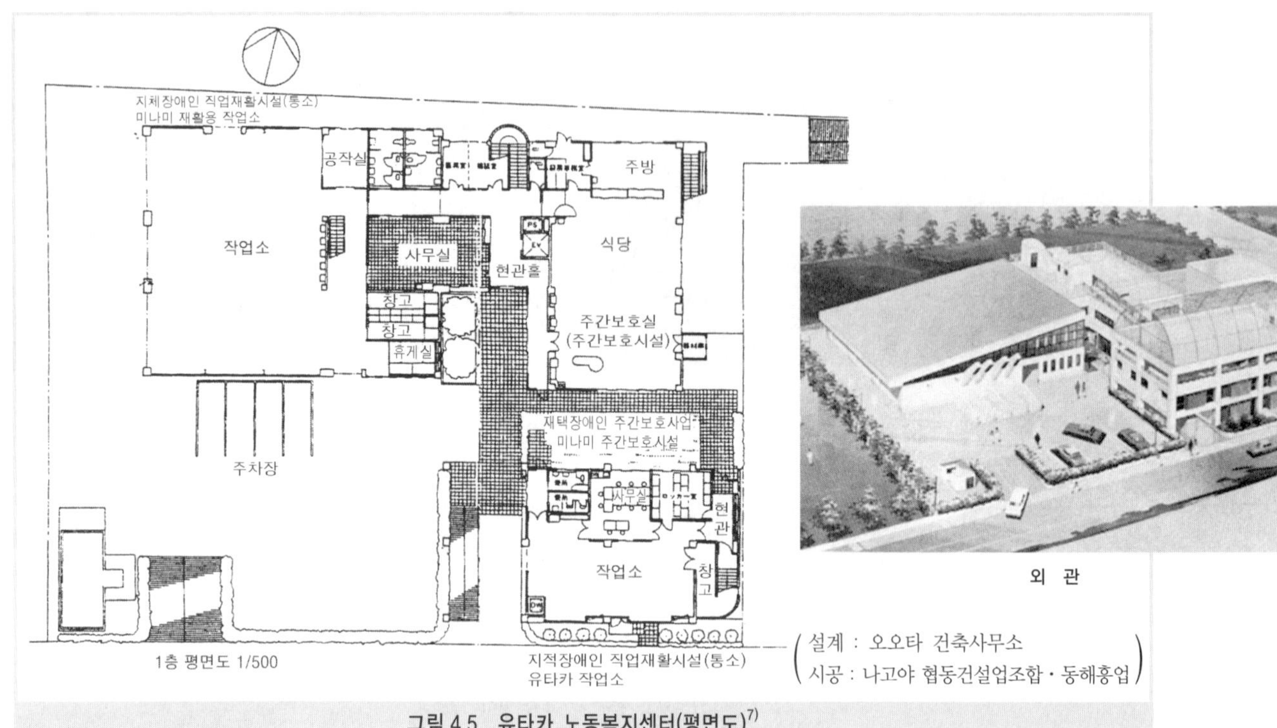


그림 4.5 유타카 노동복지센터(평면도)[7]

### 5) 장애인 스포츠센터

**그림 4.6**[8]은 오사카 시 장애인 스포츠센터이다. 스포츠센터는 현재는 지체장애인 복지센터 A형(각 지방자치단체 및 정부령 지정도시 대상), B형(인구 10만 명 정도의 지역 대상)의 제도에 의해 설립되고 있지만, 본 센터는 오사카 시 단독으로 설립된 시범 센터이다.

이러한 센터는 장애인 스포츠 · 교류의 거점으로 중요한 시설이다. 이러한 거점시설을 핵으로 하여, 각 지역의 일반 스포츠센터도 장애인이 편리하게 이용할 수 있도록 하는 것이 중요하다. 이러한 유형의 시설은 다음과 같은 점을 배려할 필요가 있다.

① 2층 건물 이상의 경우에는 이동용 엘리베이터나 경사로의 설치가 바람직하다.

② 수영장(풀)은 경사로를 설치하거나, 휠체어 사용자가 들어가기 쉬운 구조이거나, 리프트를 설치하여 수영장 내로 들어갈 수 있도록 하는 배려가 필요하다.

③ 수영장 주변은 시각장애인 등이 위험하지 않도록 밝고 분명하게 보이는 색과 미끄럽지 않은 바닥으로 한다.

④ 수영장 탈의실은 남녀용 이외에 부모와 자녀용(이성의 경우)도 필요하다.

⑤ 휠체어를 사용하는 장애인이나 중증장애인이 사용할 수 있는 탈의실 · 샤워 코너가 필요하다.

⑥ 볼링장은 장애인에게 인기가 많으므로 설치가 요구된다.

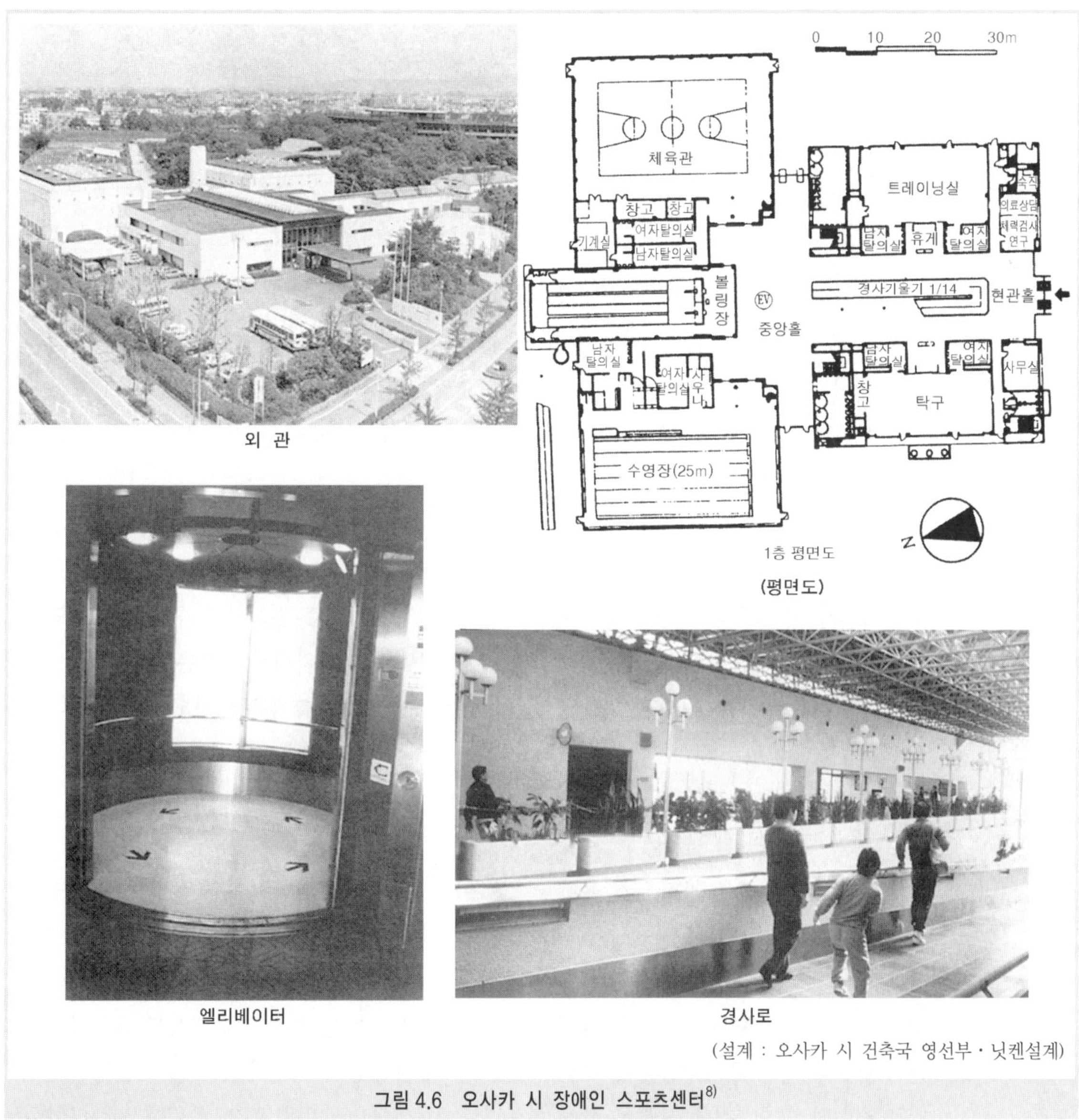

(설계 : 오사카 시 건축국 영선부 · 닛켄설계)

그림 4.6 오사카 시 장애인 스포츠센터[8)]

⑦ 체육관은 적어도 휠체어 농구가 가능한 넓이로 한다.

⑧ 시각장애인을 위한 탁구장이 필요하다(회의실 등의 공간과 겸용 가능). 장애 유아 · 학생용의 다목적 놀이공간이 있다면 좋다. 기타 양궁장, 외부에 장애 유아 · 학생용의 수영장이 있다면 좋다.

⑨ 자원봉사자실도 확보할 수 있다면 좋다.

이상 전형적이며 지역시설로서 바람직한 사례를 몇 가지 소개하였으며, 실제 이 시설은 복합기능을 가지고 있는 경우가 많다. 최대한 주택에서 가까운 시설을 이용하고자 한다면,

여러 가지 유형의 장애를 가진 사람이 모이는 것은 필연적이다. 나아가 어떠한 장애인도 받아들일 수 있는 가변성 있는 운영도 필요할 것이다.

## 2.6 장애인 지역시설의 과제

### 1) 장애인 지역시설의 서비스 권역

지역시설은 인적 · 물적인 정비 상황에 따라 서비스를 공급할 수 있는 지리적 범위가 있다. 아무리 훌륭한 시설을 가지고 있다 하더라도 이송수단이 없다면 서비스 공급권역은 좁아져 버리게 된다. 장애인 측면에서 보면 매일 일상적으로 이용하는 시설이기 때문에 최대한 주거와 가까운 곳에 위치할 필요가 있다. 그리고 이동수단이 정비되어 있지 않은 경우에는 이용하는 것이 불가능하다. 현재, 장애인을 위한 지역시설은 이러한 모순을 항상 가지고 있으므로, 일부 지역주민들은 이러한 지역시설을 거의 이용할 수 없는 처지에 있다.

현재 아동의 교육의 장은 의무교육제도에 근거하여 대체로 일상생활권 내에 확보되어 있지만, 장애아동을 위한 재활의 장, 성인 장애인의 훈련 · 직업재활의 장은 충분히 확보되어 있지 않다. 이러한 시설은 일상생활권, 적어도 중학교권역에 1곳 정도는 필요하다고 할 수 있다.

### 2) 장애인 지역시설의 제도적 모순

장애인 지역시설은 국가의 법률에 근거하여 국고 보조 · 지방자치단체의 보조를 받아 정비하는 시설과, 지방자치단체 단독으로 정비하는 시설, 전혀 공적인 지원 없이 무인가 상태에서 만들어지는 시설이 있다. 무인가시설은 설립 후에 운영비용의 일부를 보조받는 경우가 있지만, 대단히 부족하다. 더구나 동일한 시설기능을 설정해 두더라도 내용상으로는 상당히 격차가 큰 것으로 나타나고 있다. 결국, 장애인의 처우에서 차별을 발생시키고 있는 것이다. 또한, 현행 시설은 장애 유형별로 성립되어 있지만, 지역 차원에서는 다양한 장애인이 이용하고 있다. 혼합 지원이 가능한 제도가 필요할 뿐만 아니라 향후 근본적인 대책이 필요하다.

### 3) 인티그레이션(통합화)의 과제

이러한 장애인 전용 지역시설은 자칫하면 장애인이 지역사회에서 고립되는 요인으로 될 수 있다. 시설에서의 활동을 통하여 지역사회와의 교류에 힘씀과 동시에, 일상적으로는 일반 공공시설을 활용하고 또한 이러한 시설과 네트워크도 구축할 필요가 있다. 예를 들어, 장애인 스포츠센터나 일반 지구 스포츠센터 · 민간 스포츠시설의 지도원 등에게 연수를 실시하여, 장애인 스포츠에 대한 이해를 깊게 해 주고, 장애인이 지구 스포츠센터를 이용하는 데 거점이 되도록 한다. 이러한 지역 교류와 네트워크 구축은 장애인 지역시설이 참된 의미의 지역시설이 될 수 있는지에 관한 시금석이 될 것이다. 장애인 지역시설은 지역주민을 장애인의 참된 이해자로서 만들어 주며, 지역에 '함께 사는 사람들과의 울타리'가 되며, 자주적인 지역 정비를 만들어 가는 기초가 될 것이다.

## 장애인 입소시설

### 3.1 장애인 입소시설이란

장애인 입소시설은 지금까지 '수용시설'이라고 일컬어져 왔던 것처럼 '보호 수용', '사회 격리' 성격이 강하였다고 할 수 있다. 시설에서 보이는 이러한 성격은 앞으로는 개선해야 할 필요가 있다. 본래 입소시설이란 주로 다음과 같은 기능과 목적을 가지고 있는 것으로 생각할 수 있다.

① 경제적・가정적으로 가족이 충분히 도움을 줄 수 없게 된 경우 본인을 보호하며, 그 생명의 안전을 확보할 것

② 생명에 대한 안전 확보의 기초에 서서 본인의 일상생활을 원활히 수행하며, 최대한 여유로운 생활을 보낼 수 있는 환경으로 정비하여 지도할 것

③ 사회적인 자립생활의 확립을 목적으로 생활지도, 기능훈련, 작업・직업 지도, 직업재활, 교육 등에 대한 도움을 줄 것

④ 작업의 장으로서의 직업재활활동을 실시할 것

⑤ 이러한 활동을 통하여 장애인의 인격적・사회적 발달을 도모할 것

⑥ 지역사회의 사회적 자원으로서 시설의 전문적 기능을 지역사회의 다양한 장애인 문제 등의 해결에 도움을 줄 것

앞으로 이러한 기능・목적의 명확화를 추구하며, 특히 생활의 장으로서의 시설의 의미를 다양하게 모색할 필요가 있다.

## 3.2 지적장애인 입소시설

### 1) 지적장애인 관련 시설의 체계

지적장애인에 관한 현재의 사회복지제도 및 시설 관련 체계는 출생에서부터 죽음에 이르기까지 각각의 연령대에서 어떠한 형태의 사회적 지원이 필요한지를 규정하는 등, 대단히 다양하며 복잡한 내용으로 이루어져 있다. 이러한 관련 내용을 라이프 사이클의 흐름에 맞추어 정리한 것이 **그림 4.7**[10]이다.

영・유아기에는 발견・진단, 상담・지도, 조기교육・조기치료와 관련된 기관・시설이 있다. 가능한 한 빨리 발견하여 최대한 빨리 치료함으로써 장애 정도를 경감시키는 것이 가능한 경우도 있다고 보고되고 있다.

학령기에는 1979년의 특수학교 교육이 의무화된 이래 가정 또는 지적장애아동시설에서 특수학교로 통학하는 경우가 많아졌으며, 지금까지의 취학 유예・면제 아동을 주로 교육하였던 지적장애아동 통원시설의 학생수는 점점 감소하고 있으며, 이 시설은 점점 유아를 중심으로 하는 시설로 바뀌고 있다. 지적장애아동시설은 원칙적으로는 18세 미만의 아동

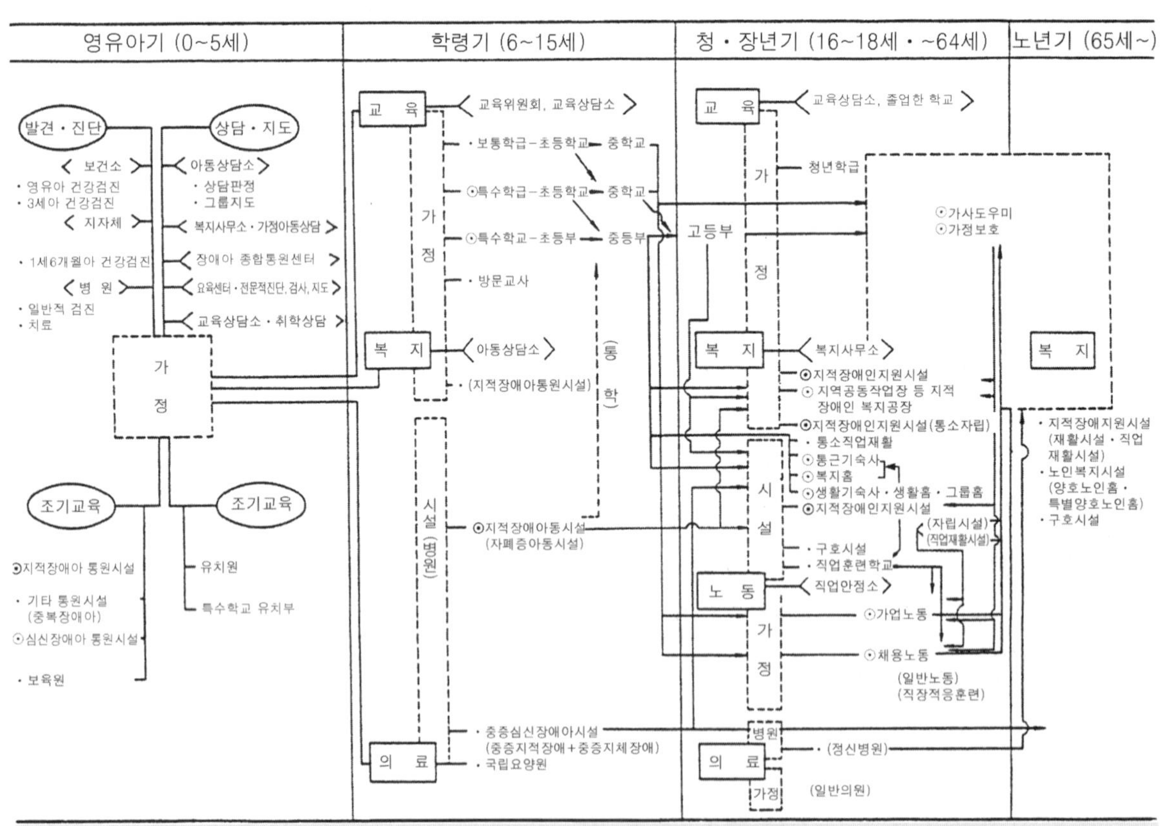

**그림 4.7 지적장애인의 라이프 사이클로 본 관련 시설**(일본지적장애인협회 1983, 일부 수정)[10]

을 대상으로 하고 있지만, 특례를 인정하고 있으며, 성인이 되어서도 갈 곳이 없어 입소를 계속 유지하는 경우도 많다. 지적장애아동시설에는 중증의 아동을 위한 건물의 설치가 인정되고 있다. 자폐증 아동시설은 아동복지법에 의한 지적장애아동시설로 규정되어 있으며, 제1종 자폐증 아동시설(병원에 수용하는 것을 필요로 하는 경우), 제2종 자폐증 아동시설(병원에 수용하는 것을 필요로 하지 않는 경우)로 구분되어 있다. 가정환경의 개선 및 생활 능력의 향상을 위한 시책으로서 지적장애인 생활 능력 훈련사업, 재택 장애인 긴급보호사업, 장애인 단기치료사업, 장애인 순회치료 상담사업, 장애인 시설 수영장(풀) 개발사업 등이 있다.

청・장년기에는 지적장애인 지원시설로서 입소 또는 통소의 재활시설, 직업재활시설이 있다. 입소 재활시설에는 중증장애인을 위한 동(棟)의 설치가 인정되고 있다. 거주시설로는 지적장애인 통근 기숙사와 지적장애인 복지 홈이 있지만, 그 외 지방자치단체 단독 사업으로 대략 4, 5명을 입소단위로 하는 소규모 거주시설로 지적장애인 생활기숙사(동경도), 지적장애인 생활 홈[카나가와(神奈川) 현] 등의 시설이 있다. 또한 국가 제도로서 지역생활 지원사업에 의한 그룹 홈이 있다. 지적장애인의 사회 참가 촉진 대책으로는 지적장애인 복지공장, 지적장애인 통소 지원사업 등이 있지만, 이 외에도 무인가시설로서 지역공동작업장 등이 있다.

고령기의 시설은 지금부터의 과제라고 할 수 있다. 일반 특별양호노인 홈, 양호노인 홈에 입소하는 경우도 있지만, 입소재활시설이나 직업재활시설에 그대로 머무는 경우도 많으며, 이러한 시설에서의 고령화가 문제가 되고 있다. 또한 고령자 전용이 임소 재활시설도 비록 적지만 조금씩 설립되고 있다.

### 2) 지적장애인 재활시설 및 직업재활시설(그림 4.8)

#### (1) 목적・기능

지적장애인 재활시설은 법적으로는 지적장애인복지법에서 "18세 이상의 장애인을 입소시켜 보호함과 동시에, 그 재활에 필요한 지도 및 훈련을 실시하는 것을 목적으로 한다."로 되어 있다. 여기서 말하는 보호란 단지 경제적인 보호만을 의미하는 것이 아니라, "지적장애인도 육체적으로는 성인이더라도 아동과 동일한 약자이므로 특별히 보호하여야 하며, 그 보호의 의의도 상당히 포괄적으로 정의되어져 있어, 예를 들어 지적장애인의 가정에서 지적장애인이 부당한 지위에 있지 않도록 가정환경을 조정하는 것도 보호에 해당한다."라는 것처럼, 지적장애인의 인격을 사회적 차원에서 보호한다는 개념을 포함하고 있다.

또한 재활이란 "심신상의 장애 또는 기타 사회경제적인 각종 원인에 기인하여 정상적인 사회생활이 어려운 사람이 스스로 또는 타인의 지도훈련 지원에 의해 그 장애를 극복하여

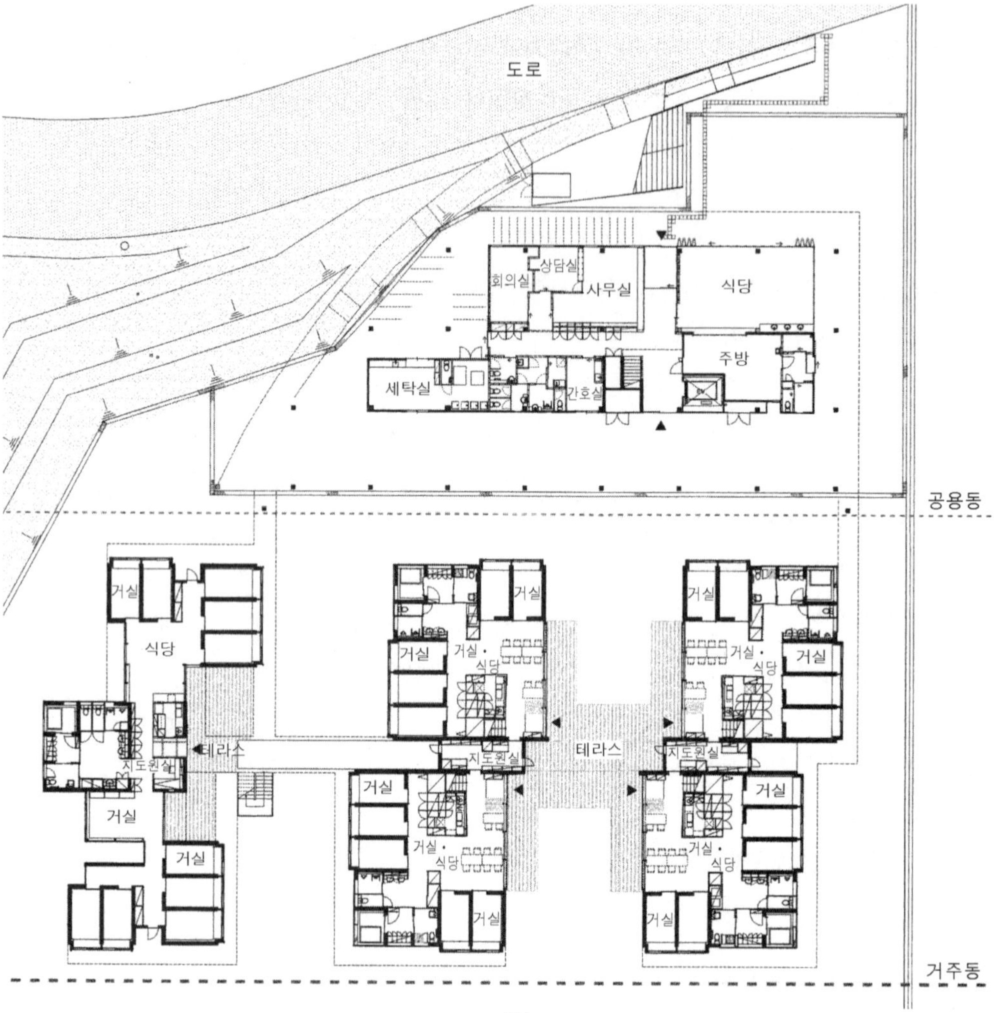

도로

회의실
상담실
사무실
식당
주방
세탁실
간호실

공용동

거실
식당
거실
거실·식당
테라스
지도원실
거실
거실
거실·식당
거실
거실
거실
거주동

1층

외관

입거자가 앞으로 그룹 홈과 (집합)주택으로 이전하여도 살기 쉽도록 주택 분위기에 가까운 형태를 취하고 있다. 거주동은 60명의 입거자가 전부 개실로 10명씩의 작은 그룹으로 나누어 생활하고 있으며 가정적이며 안정된 분위기에서 최대한 자립적인 생활을 할 수 있도록 배려하고 있다. 거주는 식당·거실을 1·2층에 있는 거실(침실)이 L자 형태로 둘러싼 계획이며, 식당·거실의 안정된 분위기를 높임과 동시에, 같은 동뿐만 아니라 다른 동에서도 거주자에 대한 직원의 배려를 느낄 수 있도록 직원실에서 공용공간을 바라보기 쉬운 구조로 하고 있다. 공용동은 데크 테라스를 가운데 두고 작업실을 설치하였으며, 지역주민과의 교류를 목적으로 외부에서 내부의 활동을 볼 수 있게 하고 있다. 또한 가족·후원자 등이 참여할 수 있도록 게스트 룸, 자원봉사실을 배치하고 있다.

그림 4.8 하나미즈키(지적장애인 입소재활시설)

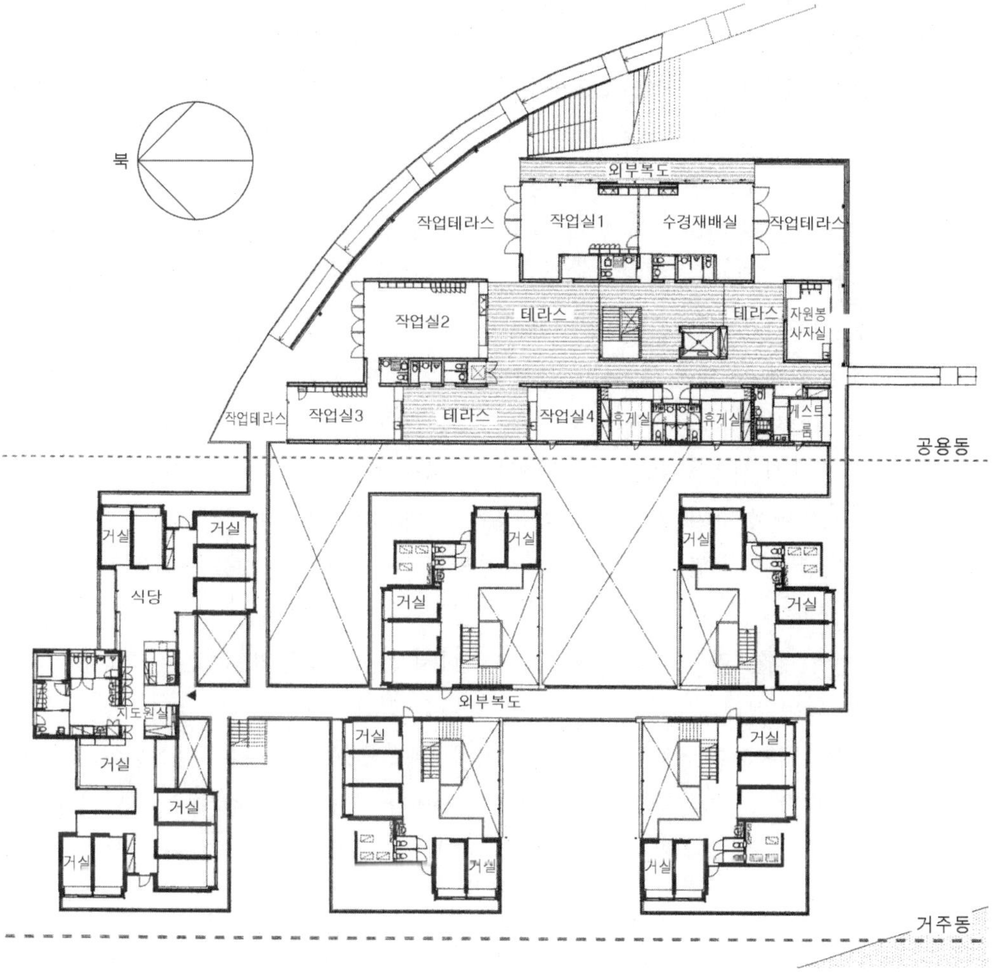

북
외부복도
작업테라스
작업실1
수경재배실
작업테라스
작업실2
테라스
테라스
자원봉사자실
작업테라스
작업실3
테라스
작업실4
휴게실
휴게실
게스트룸
공용동
거실
거실
식당
거실
거실
거실
거실
지도원실
외부복도
거실
거실
거실
거실
거실
거실
거실
거주동

2층

거실과 중정

소 재 지 : 요코하마 시 코호쿠 구
건 축 주 : 사회복지법인 요코하마 공생회
규　　모 : 지상 2층

| | |
|---|---|
| 대지면적 | 5,687.43m² |
| 건축면적 | 2,080.04m² |
| 연 면 적 | 2,775.92m² |
| 거주동 연면적 | 1,517.90m² |
| 공용동 연면적 | 1,129.11m² |

구　　조 : 거주동 · RC조 일부 철골조
공용동 · 철골조
설계감리 : HAL/하루 건축연구소
카네바코(金箱) 구조설계사무소
치쿠(知久) 설비계획연구소
시　　공 : 마쯔오(松尾) 공무점(건축)
코우신(興信) 공업(공조 · 위생)
푸소(扶桑) 전기(전기)

건전한 사회생활과 가정생활을 영위할 수 있도록 하는 것을 말한다. 일반적으로는 독립적 자활생활이라는 의미에서 직업적인 자립재활이 중시되지만, 반드시 그것에 한정되는 것이 아니라 중증의 지적장애인으로 일상생활에서의 도움 일체를 타인의 보조에 의하였던 사람이 시설에서의 지도훈련을 받은 결과 옷을 갈아입거나 식사를 혼자서도 할 수 있는 것도 재활로 해석할 수 있다."[12]로 되어 있다.

이와 같이 재활시설의 경우 법적으로는 어디까지나 자립적 재활을 목적으로 설립되어 있지만, 최근에는 입거자의 중증화 경향이 뚜렷하게 진행되고 있어, 어쩔 수 없이 장기 입소하는 경우가 많기 때문에, 오히려 처음부터 장기 입소를 전제로 하여 계획하는 편이 바람직하다고 할 수 있을 것이다. 이와 비교하여 장애인의 취업과 기능회복훈련을 주로 담당하는 직업재활시설은, 1967년의 법률 개정에서 어느 정도 직업으로서 보호직업재활이 가능한 사람에게 시설을 별도로 구분하여 설치하고자 하는 목적으로 창설되었으며, 지적장애인복지법에서 "18세 이상의 지적장애인으로써, 채용되기에 어려운 사람을 입소시켜 기능회복에 필요한 훈련을 실시하면서 직업을 주어 재활시키는 것을 목적으로 하는 시설"로 되어 있다.

이 경우의 재활이란 "일정한 보호지도 아래에서 자신의 노동의 대가로서 자기의 생활비를 벌 수 있는 상태가 되는 것"으로 정의할 수 있다.

이와 같이 재활시설과 직업재활시설은 지적장애인 보호시설로서 일체화되어 있던 것이 분리된 것이지만, 그 기본적인 개념 등은 거의 동일한 것이라고 할 수 있으므로, 이하에서는 재활시설—입소—의 계획을 중심으로 서술하면서, 필요에 따라 직업재활시설도 거론하고자 한다.

#### (2) 계획의 목표

실제의 시설을 설계할 때의 구체적인 설계목표는 다음과 같다. 첫째, 입거자의 건강과 생명을 보호하는 생활환경으로 해야 한다는 것이다. 지적장애인이 보통 어떠한 보호나 지도도 받지 않고 사회에 나갔을 경우에는 자기의 생명을 지키는 것도 불가능하여, 생명에 위험을 초래하는 경우도 발생할 수 있다. 시설에 입소하는 것은 무엇보다도 생명의 안전을 지키는 것이기도 하다.

둘째, 시설은 일상생활의 장이기도 하므로, 최대한 보편적이며 여유로운 생활의 장으로 계획해야 한다. 의식주의 기본적인 생활에서부터 여가공간에 이르기까지의 생활의 장의 계획은 단순히 시설 내뿐만 아니라 근린사회와의 연계까지 포함하여 고려할 필요가 있다.

셋째, 사회적인 자립생활을 지향하여 생활지도, 기능훈련, 작업·직업 지도, 직업재활 등의 내용을 최대한 장애의 상황이나 정도에 맞추어 준비해야 한다.

넷째, 시설은 입거자뿐만이 아니라 다양한 전문기능을 가진 직원들의 직장이기도 하므로, 최대한 일하기 편리한 공간 구성으로 해야 할 필요가 있다.

다섯째, 시설 입거자는 동시에 지역사회의 일원이기도 하므로, 시설을 최대한 사회화하는 방향으로 계획할 필요가 있다. 입거자의 생활공간의 프라이버시를 보호하면서 체육관, 운동장, 공원, 회의실 등은 지역 개방을 고려할 필요가 있다.

### (3) 안전 계획

지적장애인은 개개인의 상태가 다양하고 갑작스런 위험에 대처할 수 없는 경우가 많으며, 피난 시의 이동이 곤란한 경우도 많다. 또한 주위의 위험에 대하여 상황 파악이 불가능한 경우도 많으므로, 충분한 주의가 필요하다.

① 외부공간의 주요 배려 사항

ⅰ) 낭떠러지, 웅덩이, 구멍 등의 위험한 곳으로 출입할 수 없도록 한다(추락사, 익사의 위험).

ⅱ) 수영장은 사용 시 이외에는 출입할 수 없도록 한다(익사의 위험).

ⅲ) 맨홀, 정화조 설비의 덮개를 고정한다(물건이 빠지거나, 추락사의 위험).

ⅳ) 설비관계의 모든 실에는 출입할 수 없도록 한다(화상, 감전의 위험).

② 내부공간의 주요 배려 사항

ⅰ) 깨질 가능성이 있는 유리창에는 망입 유리, 수지성 유리를 사용하는 것도 좋다. 보통 유리의 경우에는 파손 시 잘게 깨져 흩어지지 않도록 안전 피막을 스프레이해 두는 등의 배려가 필요하다.

ⅱ) 천정 등의 형광등은 수지성 유리 등으로 보호한다.

ⅲ) 실내의 난방기구, 선풍기 등은 안전 커버를 부착하거나 손이 닿지 않는 곳에 설치한다.

ⅳ) 복도는 미끄럽지 않도록 한다. 계단은 미끄럼 방지 마감재, 난간을 설치한다.

ⅴ) 콘센트는 안전커버를 부착하거나 손이 닿지 않는 곳에 설치한다.

ⅵ) 화장실은 숨는 장소가 되므로, 내부를 외부에서 점검 가능하도록 한다. 변기에 이물질을 빠뜨리는 경우도 있으므로, 수리가 용이하게 될 수 있도록 한다.

ⅶ) 문을 열고 닫을 때에 문틀에 손이 끼이는 경우가 있으므로, 그 대책이 필요하다.

ⅷ) 세면실 등에 있는 소독액을 마시는 사람도 있으므로, 이에 대한 배려가 필요하다.

ⅸ) 옥상에는 추락 방지를 위한 금속망 등을 설치한다.

ⅹ) 욕실 내 욕조의 가장자리는 낮은 편이 좋다. 욕조 내의 수도꼭지와 샤워실의 샤워기꼭지에서는 너무 뜨거운 물이 나오지 않도록 한다.

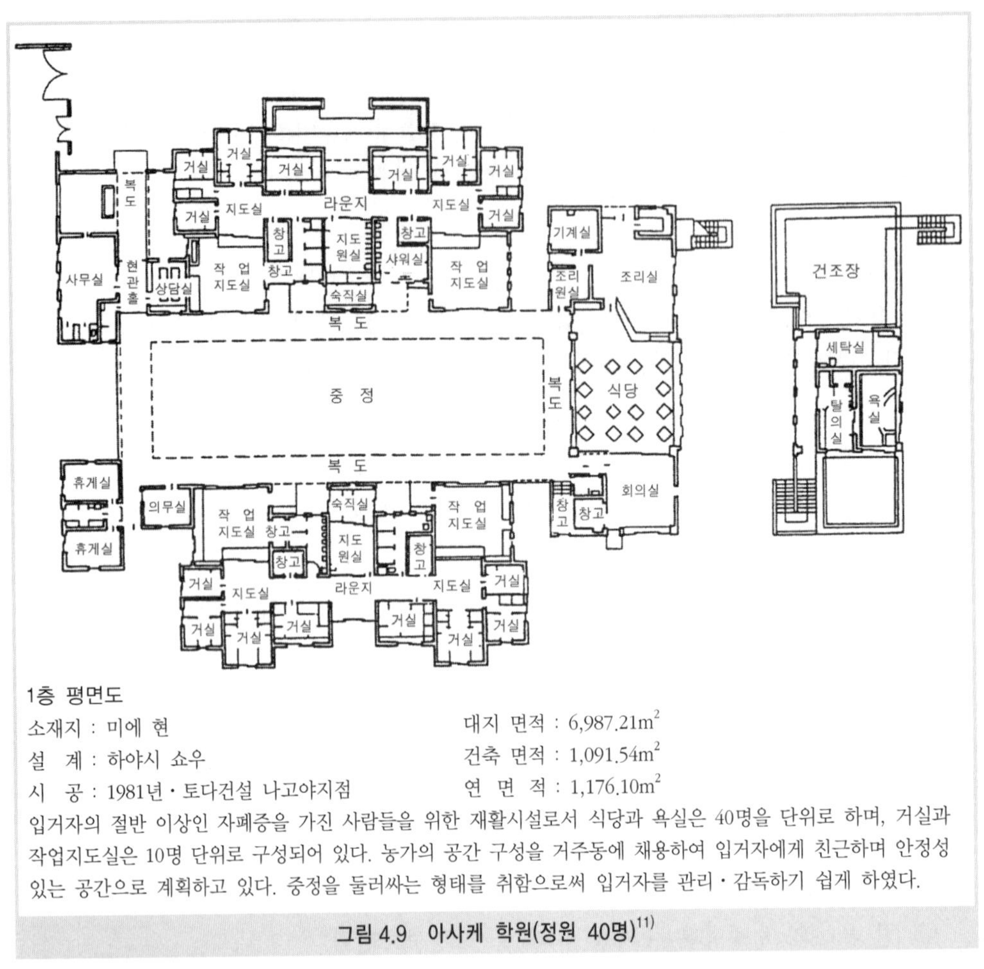


1층 평면도

소재지 : 미에 현
설 계 : 하야시 쇼우
시 공 : 1981년 · 토다건설 나고야지점

대지 면적 : 6,987.21m$^2$
건축 면적 : 1,091.54m$^2$
연 면 적 : 1,176.10m$^2$

입거자의 절반 이상인 자폐증을 가진 사람들을 위한 재활시설로서 식당과 욕실은 40명을 단위로 하며, 거실과 작업지도실은 10명 단위로 구성되어 있다. 농가의 공간 구성을 거주동에 채용하여 입거자에게 친근하며 안정성 있는 공간으로 계획하고 있다. 중정을 둘러싸는 형태를 취함으로써 입거자를 관리 · 감독하기 쉽게 하였다.

**그림 4.9 아사케 학원(정원 40명)[11]**

### 3) 자폐증 아동시설(그림 4.9)[11]

자폐증 아동시설은 1980년 후생성 아동가정국장 지침에서 지적장애아동시설의 일종으로 규정되었다. 이 시설은 병원에 수용할 필요가 있는 자폐성을 가진 아동을 입소시키는 제1종과 병원에 입원시킬 필요가 없는 제2종 자폐증 아동시설 두 가지 종류로 구분되어 있다. 자폐증에 대한 학문적인 정의와 시설의 개념에 관한 견해는 아직 정립되어 있지 않다. 사사키(佐々木 正美) 씨는 "자폐아에 공통적으로 보이는 유 · 소아기의 기본적인 장애는 여러 단계에서 보이는 '지적 발달의 늦음'과 '언어 획득의 장애' 외에 시각 · 청각 · 촉각 · 통각 · 공간각 등 다양한 환경자극에 대한 '지각과 인지의 장애', '사람에 대한 감정 교류의 장애', '운동을 조절하는 기능의 장애' 등으로 생각할 수 있다."[13] "가장 중요한 본질적인 장애는 '지각과 인지'에 관한 통합기능의 장애이다."[13]라고 서술하고 있다. 지적장애와의 관계에 관해서는 "대부분의 자폐아에게 지적장애가 있다."고 말하고 있다.

이와 같은 자폐증 아동에 대한 기본적인 배려는 "자폐증 아동의 인지 능력, 즉 정보처리 능력에 대하여 가장 자연적이며 치우침이 없는 환경자극을 통하여 불안과 혼란 없이 이해하며 대응할 수 있도록 주의 깊게 조절해 줄 수 있을 것, 이와 같은 생활과 학습, 놀이의 장이 시기적절하게 아동의 발달에 맞추어 제공됨으로써, 자폐증 아동의 환경인지 능력과 통합적인 운동 능력이 향상될 수 있도록 배려할 것"[13]이라고 할 수 있다. 이를 위하여 ① 안정된 생활환경, ② 다양한 내용이 가능한 치료교육적 공간, ③ 충분한 운동시설, ④ 일반학교, 보육원, 유치원 등과 교류가 가능한 입지조건 등이 요구된다.

#### 4) 중증 심신장애아동시설

중증 심신장애아동시설은 법적으로는 "중증의 지적장애 및 중증의 지체장애가 중복된 아동을 입소시켜 보호하며, 치료 및 일상생활의 지도를 하는 것을 목적으로 한다."로 되어 있다. 시설의 최저 기준으로는 필요한 설비・직원인데, 치료법에 병원에서 필요한 설비, 의사, 간호원, 약제사 등이 규정되어 있으며, 이른바 병원으로서의 성격과 아동복지 시설로서의 성격 양쪽을 필요로 하고 있다. 중증 심신장애아동이라도 시설에 따라서 장애 내용이 다르며, 이른바 '누운 채 지내야 하는 중증아동', '회유(回遊)형 중증 아동', '정신발달, 신체기능 어느 한쪽이 중증인 경우' 등이 있다. 병원으로서의 성격을 강조하여 큰 방에 너스 스테이션을 두는 경우가 많지만, 장애의 내용에 따라 생활의 장으로서 안정된 소집단의 거실이 필요하며, 적극적인 대응이 요구되므로 다양한 활동이 가능한 플레이 룸, 햇볕이 잘 드는 선 룸, 휠체어 등으로 산책이 가능한 외부공간 등의 배려가 요구된다.

#### 5) 지적장애인 통근 기숙사, 지적장애인 복지 홈

지적장애인 통근 기숙사는 "직업을 가지고 있는 지적장애인을 직장으로 출퇴근시키면서 일정기간 입소시켜, 대인관계의 조정, 여가의 활용, 건강관리 등 독립적 재활에 필요한 사항의 지도를 실시함으로써, 입거자의 사회적응 능력을 향상시켜 지적장애인의 원활한 사회 복귀를 도모함."을 목적으로 하고 있다. 입소 대상자는 15세 이상으로써 정원은 대체적으로 20명, 입소기간은 2년 이내를 원칙으로 하고 있다. 통근 기숙사는 가장 중요한 생활의 장소이므로, 거실에 충분한 배려가 필요하다. 1실 2~4명이라는 규정이 있지만, 이러한 제한된 조건 내에서도 개인의 프라이버시를 확보할 수 있는 코너 등의 설치에 주의를 할 필요가 있다. 가능한 한 개인실로 계획하는 것이 바람직하다.

독립재활을 목적으로 지도를 실시한다는 필요성에 따라 식당, 조리실, 세면실, 세탁실 등은 사용하기 편리하고 지도하기 쉬운 공간을 확보하는 것이 바람직하다. 이와 비교하여 복지 홈은 "직업을 가지고 있으나 가정환경이나 주택의 사정에 따라 현재 안정적인 주거를 요구하고 있는 지적장애인들에게 독립된 생활을 보장해 줌으로써, 직업에 필요한

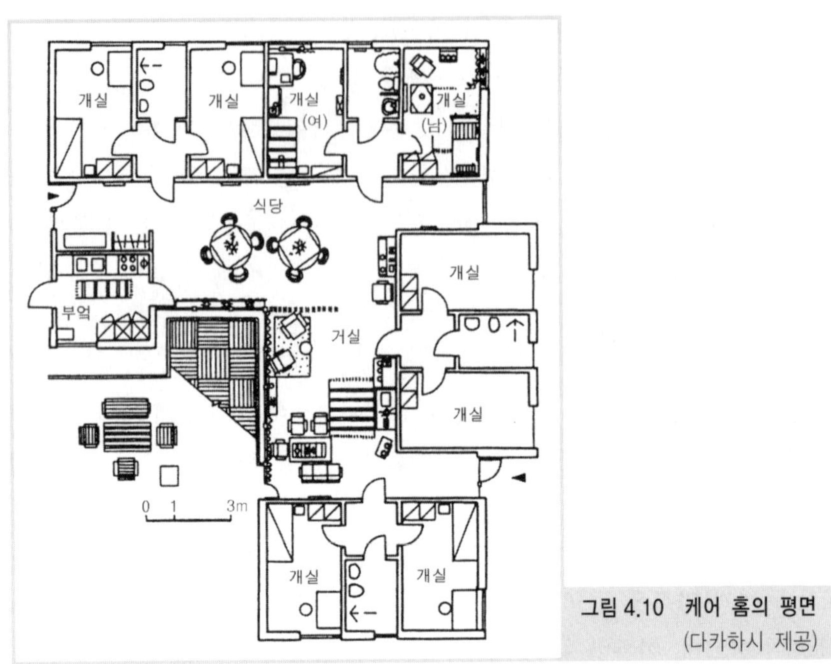


그림 4.10 케어 홈의 평면
(다카하시 제공)

일상생활의 안정성을 확보하고 사회 참가를 권장할" 목적으로 만든 시설이다. 복지 홈은 정원을 약 10명으로 하는 약간 적은 규모이며, 입거 기한에는 제한이 없다. 통근 기숙사를 나온 사람과 입소시설에서 지역기업 등에 취직한 사람들의 생활의 장으로서 설립되었다. 거주자에 따라서는 상당 기간 동안 거주하는 경우도 예측되므로, 거실은 개인실로서 최대한 개인의 프라이버시를 확보하면서 전체적으로는 가정적인 분위기를 느낄 수 있도록 하는 것이 바람직하다. 관리인실에 관리인 가족이 거주하는 경우에는 적어도 2DK 이상의 넓이를 확보하며, 프라이버시를 확보할 수 있도록 하는 것이 바람직하다. 지역주민과의 교류를 도모하기 위하여 오락실, 집회실 등을 지역에 개방하는 것도 생각할 수 있다. 이 경우 외부에서 회의실에 직접 출입이 가능하도록 계획할 필요가 있다. 스웨덴의 케어 홈은 이러한 시설과 비슷한 시스템이라고 할 수 있다(**그림 4.10**).

## 3.3 지체 · 시각 · 청각 장애인 입소시설

### 1) 지체 · 시각 · 청각 장애인 관련 시설의 체계

**표 4.2**는 현행 제도체계에서의 라이프 사이클 측면에서 살펴본 지체 · 시각 · 청각 장애인 관련 사업 및 시설체계이다.

영유아기의 경우에는 건강검진 등에 의하여 조기 발견된 경우에는 보육의료를 받아 최대한 조기 치료를 실시하도록 하고 있다.

**표 4.2 라이프 사이클로 본 지체 · 시각 · 청각 장애인 사업과 시설**

| 영유아기 | 소 년 기 | 성 년 기 | 노 년 기 |
|---|---|---|---|
| 0세 | 6세 · 15세 · 18세 | 20세 · 40세 | 65세 · 70세 |

**발생예방** …… 모자보건대책

**조기발견**
- … 선천성 대사이상 등 검사
- 건강검진(영아, 1세6개월아, 3세아, 유아)
- 보건소 · 아동상담소 등에 의한 상담지도
- 보건사업(노인보건법)

**보건의료**
- 건강보험
- 육성의료 — 재활의료 — 노인의료(노인보건법)
- 소아만성특정질환대책
- 난치성질병대책

**조기치료보육**
- 심신장애인 종합통원센터
- 통원시설(지체장애아, 난청유아)
- … 장애아동 통원사업
- 장애아보육

**수당연금**
- 특별아동부양수당 지급 — 장애기초연금 제공, 특별장애인수당 제공
- 장애아동복지수당 지원 — (경과적 복지수당 제공)

**재택대책**

*복지서비스*
- 장애 인정(장애인수첩, 보육수첩 제공)
- 아동상담소 · 가정아동상담실(복지사무소)에 의한 상담 지원 — 재활상담소 · 복지사무소 등에 의한 상담지도
- 장애인 · 지적장애인 상담원 · 민생(아동)위원
- 민간단체에 의한 상담 지원
- 보조기기 교부(아동복지법) — 보조기기 교부(아동복지법) 검사 · 재활상담 · 재택중증장애인 방문진료사업
- 일상생활용구 지원
- 가정봉사원 파견
- 장애인 부양 보험제도
- 장애인 치과 진료사업
- 장애인 시설 지역 치료보육사업 — 노인주간보호사업

*사회참가대책*
- 재택장애인 주간보호사업
- 통소지원사업
- 보호작업장
- 복지 홈
- 단기거주사업
- 장애인이 살기 좋은 마을 만들기
- 노인클럽활동 등 사회참가촉진사업

**시설대책**
- 특수학교
- 지체장애아동시설
- 중증장애아동시설
- 국립요양원 진행성 근위축증 장애인 위탁병원
- 장애인 재활시설 — 실비노인 홈
- 장애인 직업재활시설 — 노인 홈
- 장애인 치료보호시설 — 특별요양노인 홈
- 노인복지센터 등
- 장애인 복지센터 등

주 : 각 복지법에서의 장애인 서비스 체계의 원칙
- 아동복지법 : 18세 미만
- 장애인복지법 : 18세 이상
- 노인복지법 : 65세 이상

학령기에는 역시 특수학교의 의무화 이래 지역의 학교에 다니는 사례가 많아졌으며, 통원시설은 유아 또는 성인 중심의 시설로 이루어져 있다. 치료를 계속하고 있는 아동은 지체장애아동시설에 입소하면서 치료를 받음과 동시에 학교교육도 받는다. 생활의 장인 동시에 치료의 장(지체장애아동시설은 병원도 된다)이나 교육의 장도 된다.

성인이 장애를 당하였을 때에는 병원 등에서 치료를 거친 다음 의학적 재활과 사회자립 훈련을 받은 후 시설에 입소하는 것으로 된다. 입소시설은 크게 재활훈련의 장인 재활시설과, 보호직업재활의 장인 직업재활시설, 상당한 중증의 장애를 가지며 의학적 간호가 필요한 장애인의 생활・훈련의 장인 치료보호시설 등이 있다.

고령기에는 지체・시각・청각 장애인 전용시설이 특별히 없다. 청각장애와 시각장애를 가진 경우에는 전용시설이 필요하며, 앞으로의 과제라고 할 수 있다.

#### 2) 지체장애아동시설

지체장애아동시설은 "지체장애가 있는 아동을 치료함과 동시에, 독립적인 재활에 필요한 지식기능을 전수하는 것"을 목적으로 한다. 이 시설은 사회복지시설이며 동시에 병원이기도 하다. 또한 입소 대상이 학생이므로 의무교육을 보장하지 않으면 안 된다. 따라서, 이러한 생활과 치료, 교육의 장으로서의 상호관계가 중요하다.

심리적으로 불안정한 상태에 놓여 있는 아동에게 안심하고 생활할 수 있도록 배려가 필요하다. 부모에 대한 훈련이 반드시 필요하기 때문에 부모 훈련 동(棟)을 함께 설치할 필요가 있다. 아래에 그 사례를 나타내었다.

미야기(宮城) 현 세이시타쿠토우엔[미야기 현 나토리군 츄우보우쵸(名取郡 秋保町)]

기본설계 / 동북대학 켄(寛) 연구실

설　　계 / 자오(蔵王) 건축설계사무소

건　　설 / 1973년

정　　원 / 입원아 220명, 부모자녀 동반 입원 15명

대지면적 / 30,618m$^2$

건축면적 / 8,606m$^2$(개조부분 946m$^2$)

연 면 적 / 10,731m$^2$(개조부분 946m$^2$)

**그림 4.11**[11]의 세이시타쿠토우엔(整肢拓桃園)은 병원으로서의 기능에 충실하면서, 치료단계에 따라 공간 구성을 그룹화하였으며, 경증병동과 중증병동은 생활공간으로서의 여유로움을 만들기 위한 계획으로 시도되었다. 부모훈련동은 심리적으로 안정을 취할 수 있는 공간 구성을 확보하기 위하여 독자적인 중정을 가지고 있다.

### 3) 지체 · 시각 · 청각 장애인 재활지원시설

지체 · 시각 · 청각 장애인 재활지원시설은 "지체장애인, 시각장애인, 청각 · 언어 장애인, 내장기능에 장애가 있는 사람을 입소시켜서 그 재활에 필요한 치료 및 훈련을 실시하는 것"을 목적으로 한 시설이다. 각 장애 유형별로 시설이 독립되어 있지만(예를 들어 시각장애인 재활시설 등), 최근에 시각장애인이나 청각 · 언어 장애인들의 입소가 줄어들고 있기 때문에, 지체 · 시각 · 청각 장애인 재활지원시설로서 다양한 장애인이 입소할 수 있도록 하고 있다.

원칙적으로 입소는 1년으로 의학적, 심리적, 직업적 재활을 실시하고 있다. 이에 대하여 중증장애인 재활지원시설은 "직업적 재활은 곤란하지만, 적어도 혼자서 할 수 있는 동작기능이 회복될 가능성이 있다고 판정되는 중증의 장애인을 입소시켜 재활에 필요한 치료 및 훈련을 실시하는" 시설이다. 원칙적으로 입소기간은 5년이다.

기능훈련, 물리치료, 작업치료, 언어훈련, 심리치료 등의 재활의 장의 확립이 중요하며, 동시에 자립을 위한 가정생활 훈련의 장도 중요하다. 또한 원칙적으로 통과시설이지만 실제로는 장기간 동안 입소하는 경우가 많으므로, 거실의 설치가 반드시 요구된다. 현재는 4인실 등도 많지만, 앞으로는 개인실로 해야 할 필요성이 있다.

### 4) 지체 · 시각 · 청각 장애인 직업재활시설

지체 · 시각 · 청각 장애인 직업재활시설은 "지체 · 시각 · 청각 장애인으로서 취업에 어려움을 겪고 있는 사람 또는 생활에 어려움을 겪고 있는 사람 등을 입소시켜 필요한 훈련을 실시하며, 직업을 제공하여 재활시키는" 시설이다. 보다 중증의 장애인에게는 중증장애인 직업재활시설이 있다. 입소기간은 모두 상황에 맞추어 적절히 결정하는 것으로 되어 있다.

직업적 훈련의 장이므로 작업실의 충실이 주요 과제이다. 직업재활의 종목은 시대에 따라 변할 가능성이 있으므로 가변적 공간으로 한다. 또한 물품의 운반 등 외부와의 연락이 필요하므로 주의할 필요가 있다. 이 시설도 역시 실제로는 장기간 동안 입소하는 경우가 많으므로 생활공간의 확립, 특히 거실의 확립이 요구된다. 아래에 사례를 나타내었다.

**요시비노 사토(吉備の里)(중증장애인 직업재활시설, 정원 50인)**

소 재 지 / 오카야마현 카모쵸(岡山県 加茂町)

설　　계 / 현대계획연구소

시　　공 / 1983년, 아이사와 공업, 호우타니 공업

대지면적 / 34,152m$^2$

건축면적 / 2,516m$^2$

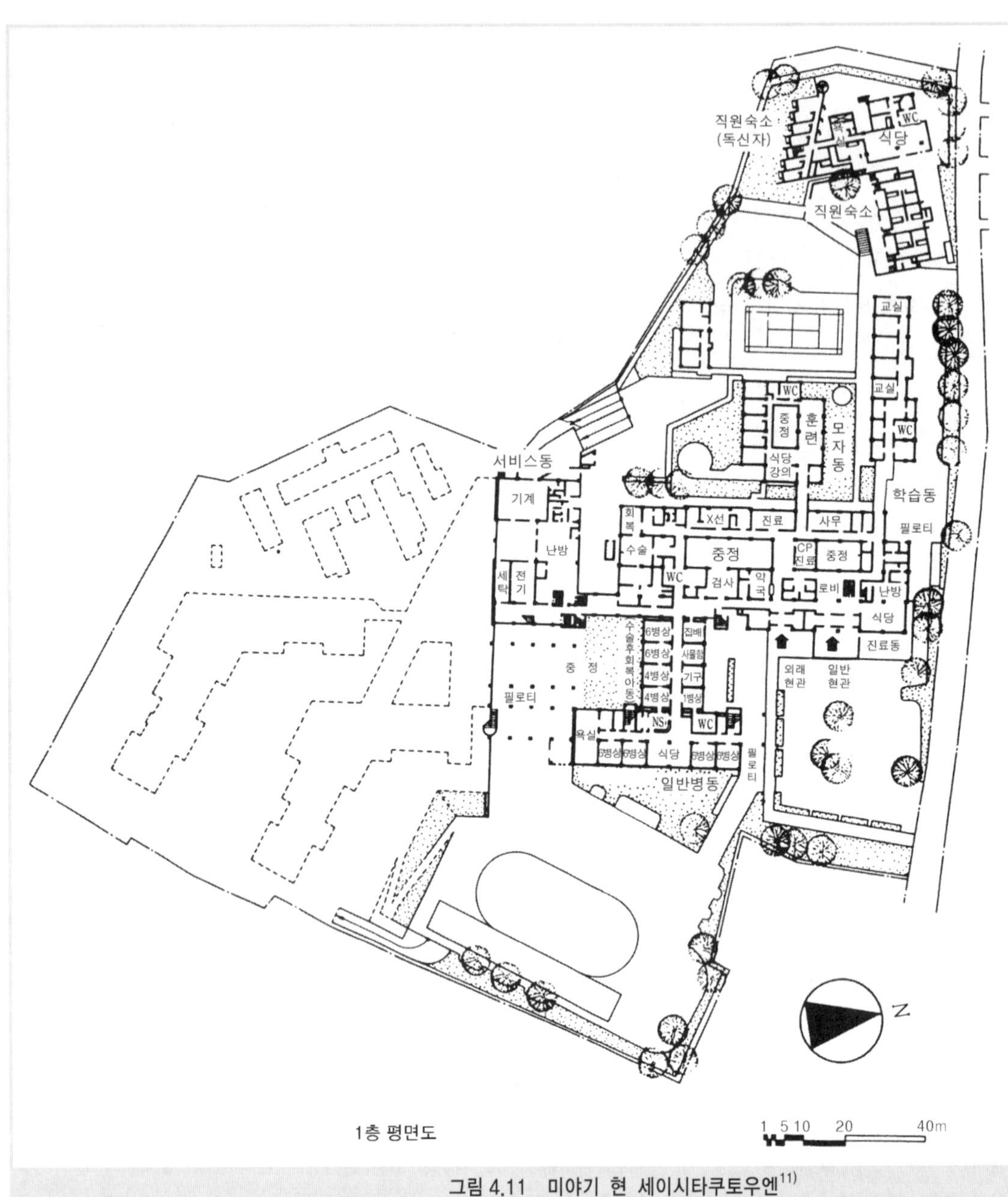


**그림 4.11 미야기 현 세이시타쿠토우엔[11)]**

연 면 적 / 2,156.1m$^2$

본 시설은 전체를 한눈에 알아보기 쉬운 공간 구성으로 되어 있으며, 거실 주변은 중정을 중심으로 구성되어 생활공간으로서의 안정감을 제공하고 있다.

작업실은 대규모 공간으로서, 직종의 변동 등에 대응할 수 있도록 가변적인 공간으로 구성되어 있다(**그림 4.12**).[7)]

2층 평면도

### 5) 지체 · 시각 · 청각 장애인 치료보호시설

지체 · 시각 · 청각 장애인 치료보호시설은 "상시 도움을 필요로 하는 중증장애인을 입소시켜 치료 및 보호를 실시하는" 곳이다. 입소기간에 특별한 규정은 없다.

장기간에 걸친 생활의 장소이므로 생활공간의 확립, 특히 거실의 확립이 요구된다. 거실에 자립생활을 지원하는 기기, 예를 들면 리프트 등의 설치가 필요하다. 또한 장애의

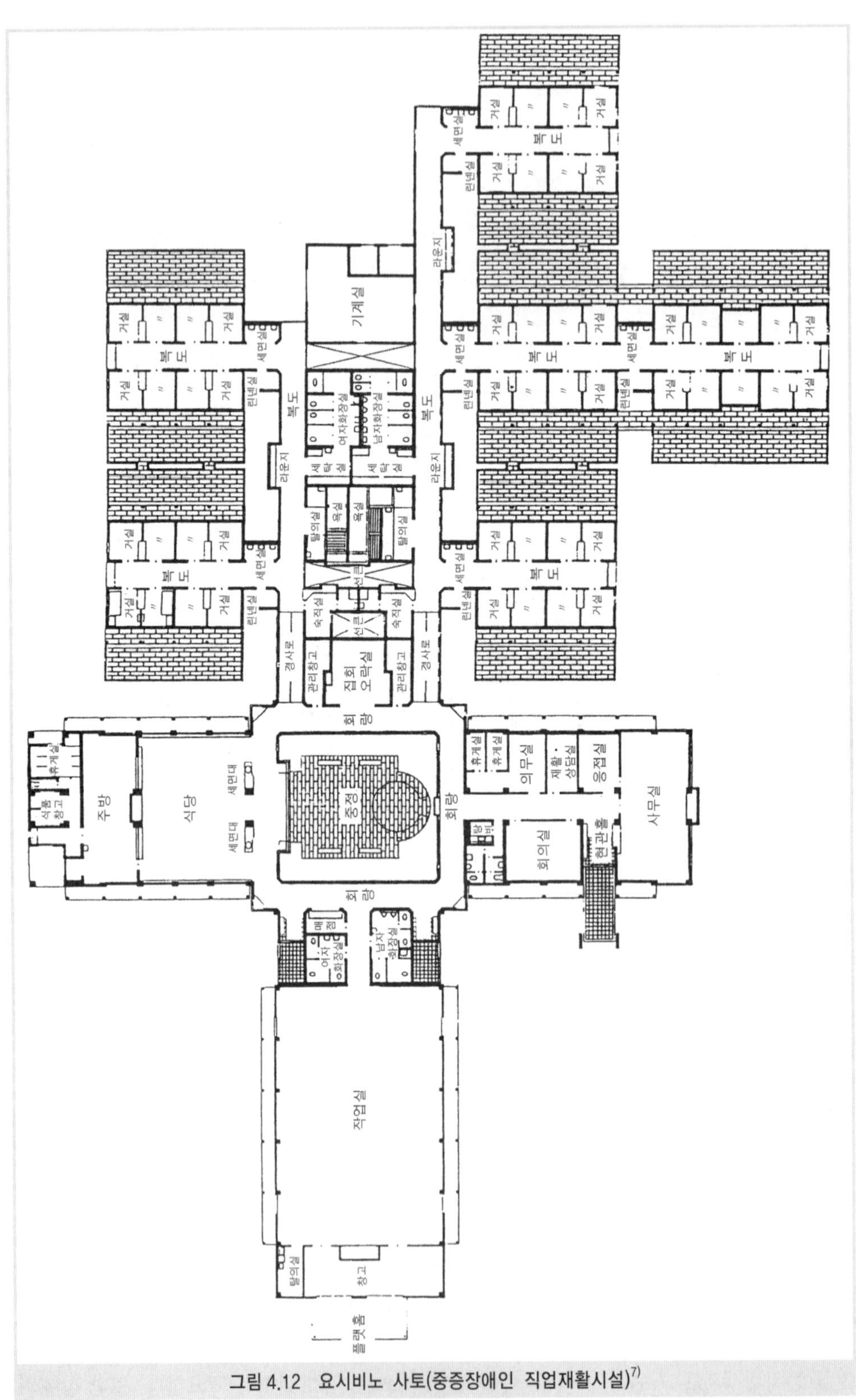


그림 4.12 요시비노 사토(중증장애인 직업재활시설)[7)]

종류와 정도가 각양각색이므로 장애의 다양성에 맞춘 욕실, 화장실의 복수 설치가 필요하다. 아래에 사례를 나타내었다.

요코하마 리버사이드 토츠가 홈(정원 60인)

소 재 지 / 카나가와(神奈川) 현 요코하마 시

설 계 / 쿠니 건축사무소

시 공 / 1983년, 타이쇼우 건설, 코우카이쿠미 공동기업체

대지면적 / 7,762m$^2$

건축면적 / 3,572m$^2$

연 면 적 / 4,516m$^2$

본 시설은 장기간의 입소가 예상되므로 각 거실의 프라이버시 확보를 배려하면서, 생활의 장으로서의 공용공간인 데이 룸의 충실화를 도모하고 있다. 욕실은 장애의 다양성에 맞추어 세 종류를 갖추고 있으며, 화장실은 위급한 상태에서도 대응 가능하도록 설치되어 있다(**그림 4.13**).[7)]

#### 6) 지체 · 시각 · 청각 장애인 복지 홈

지체 · 시각 · 청각 장애인 복지 홈은 "신체상의 장애로 인하여 가정에서 일상생활을 하는 데 지장이 있는 장애인에게 자립된 생활을 보낼 수 있도록 하는" 시설이다. 시설이라기보다는 본래 주택이지만, 케어체제가 정비되어 있지 않으므로 중증의 사람은 입소하기 어렵다. 주택으로서 자립된 생활을 보낼 수 있도록 거실의 규모와 기기의 설치가 중요하다.

## 4 고령자를 위한 복지시설 계획

### 4.1 고령자의 케어 서비스 요구에 대응한 시설 종류

고령자를 위한 시설은 자립생활을 보장함과 동시에, 주택과 가정의 기능을 최대한 보강하기 위하여 발생되어 지금까지 발전해 오고 있다. 특히 발생 초기 단계에서는 주택기능이나 가족간호 기능의 부족한 부분을 보완하는 것이었는데, 경제적으로 주거 취득이 어려운 사람과 가족이 없어 신체적인 도움을 받을 수 없는 사람이 보호받을 수 있는 사회적 약자의 구호시설로서의 의미가 많았다. 그러나 근대에 이르러 국민 전체의 생활수준의 향상과 생활의 다양성에 대응하여, 이 시설은 특정 계층의 사람들을 위한 것이

**그림 4.13 요코하마 리버사이드 토츠카 홈(장애인 치료보호시설)**

아니라, 자립생활을 지향하는 사람들의 생활을 보다 좋게 하기 위한 것으로서 자리매김하고 있다.

실제 시설로는 생활거점 자체를 옮겨 다양한 케어 서비스를 집중적으로 받을 수 있는 '거주시설'과, 생활거점은 자택에 두고 통소 또는 방문에 의해 각종 케어 서비스를 받을 수 있는 '지역시설'이 있다. 대부분의 노인 홈은 전자에 해당하며, 넓은 의미로 해석하면 관리인 서비스를 받을 수 있는 집합주택부터 간호의료 케어 서비스를 받을 수 있는 병원까지 이 범주에 해당하는 것으로 생각할 수 있다. 후자는 주간보호시설과 노인복지센터 등이지만, 넓게는 고령자 대상의 각종 서비스 등이 이루어지는 지역주민을 위한 커뮤니티 센터 등도 이 개념의 범주에 포함된다고 할 수 있다.

한편, 고령기에는 다양한 케어 서비스가 필요하다. 이것은 고령화의 단계, 심신기능의 정도, 가족의 상황과 경제 기반 등 생활에서의 개인차와 크게 관련되어 있으며, 이에 따라 필요한 케어 서비스의 종류와 조합도 매우 다양하다.

이러한 케어 서비스의 내용 중에서 개개인에게 적절한 것을 선택·조합하여 처방하며, 그 제공방법을 생각해 가는 것(케어 매니지먼트)이 고령자의 생활을 구축하는 데 있어 중요하다. 특히 거주시설에 입거하는 것은 생활거점을 이동하는 것이므로, 고령자에게는 심리적·사회생활적으로 부담이 되는 경우가 많기 때문에 거주시설을 선택할 때에는 신중하게 대처하는 것이 필요하다. 지역 서비스를 이용하여 가능한 한 자립생활을 유지할 수 있을 것, 또한 거주시설에 입거하더라도 그 후에는 이동하지 않아도 되도록 생활거점 이동횟수를 최대한 적게 하도록 하는 것이 바람직하다. 이를 위해서는 케어 서비스의 요구에 대응하여 생활거점을 바꾸는 방법보다는 다양한 조합에 의해 가변적으로 대응하는 것이 중요하다.

여기서, 케어 서비스와 생활거점과의 조합을 다시 한 번 정리해 보면, 서비스를 받는 장소(in home인가 out home인가)와 그 서비스를 공급하는 사람이 어디에 사는가(on-site인가 off-site인가)에 따라 **표 4.3**과 같이 크게 네 가지로 분류할 수 있다.* 실제 특정 종류의 케어 서비스는 특정 종류의 시설에서만 공급되는 것이 현실이지만, 개념적으로는 각각의 케어 서비스에 대하여 이러한 네 가지 방법을 생각할 수 있다.

이러한 개념에 따라 각종 시설의 개념과 의의를 이해하며, 실제로 고령자를 위하여

**표 4.3 케어 서비스 공급방법의 분류**

| | in home support<br>케어 서비스를 주택 내에서 받음 | out home support<br>케어 서비스를 주택 밖에서 받음 |
|---|---|---|
| on-site service<br>서비스 직원은 동일 건물 내에 주재 | 거주자와 동일 건물에 서비스 제공자가 상시 거주하며 주택 내에서 서비스가 이루어진다. 노인 홈 등의 거실에서의 케어 서비스를 받는 형태가 여기에 해당한다. | 동일 건물에 서비스 직원이 상시 거주하고 있지만, 주택 외부의 공용 부분 등에서 서비스가 이루어진다. 고령자용 주거동에 통합 설치된 서비스 센터에서 식사 서비스를 받는 경우 등이다. |
| off-site service<br>서비스 직원은 별도의 건물에서 방문 | 서비스 직원은 별도의 대지에서 방문하여, 주택 내에서 서비스를 받는다. 방문 간호와 홈 헬퍼가 자택으로 방문하여 서비스를 행하는 경우 등이다. | 서비스의 제공 장소도 받는 장소도 자신의 주택 외부인 경우이다. 주간보호센터 등을 이용하여 서비스를 받는 경우 등, 일반적인 시설이용 서비스가 여기에 해당한다. |

* 林玉子 외 : 心身機能の低下に對應した高齢者の住生活ニーズの類型化と居住様態に關する研究. 新住宅普及會, 1992 ; 外山 義 : The Elderly and Their Environment in Sweden 등의 분류에 따른다.

시설이용 계획을 세울 때에는 다양한 생활요구에 대응한 적절한 계획을 세우는 것이 중요하다.

## 4.2 거주시설의 계획

### 1) 거주시설의 현황

#### (1) 거주시설의 분류

현재 후생성의 고령자 복지 시책으로서 제도화되어 있는 입소시설(노인 홈)은 **표 4.4**와 같으며, 대부분 입거하는 고령자의 심신기능의 정도에 따라 설정되어 있다.

입소하기 전에는 자립생활을 하고 있던 고령자도 장기간 입소해 있다 보면, 노령화에 따른 심신기능의 저하가 현저히 나타나게 된다. 따라서 건축된 지 일정 기간이 경과한 시설에서는 자연적으로 간호가 필요한 사람이 많아지게 된다. 이런 이유로 현재로서는 노후화된 양호노인 홈에 대해서 원칙상 신설은 하고 있지 않으며, 노후화로 인한 개축의 경우에는 케어 기능을 강화한 특별양호노인 홈(개호노인복지시설)으로, 또는 일부를 거주

**표 4.4 후생노동성에 의한 고령자를 위한 시설복지 대책(입소시설) 현황**(후생노동성, 2002)[16)]

| | 시 설 명 | 사 업 개 요 | 현황(2002. 10. 1) 시설수 | 현황(2002. 10. 1) 정원(명) | 전년도 대비 시설수 | 전년도 대비 정원(명) |
|---|---|---|---|---|---|---|
| 입소형 | 특별양호노인 홈 | 65세 이상의 사람으로서 신체상 또는 정신상의 현저한 장애로 상시 간호가 필요하며, 자택 내에서 이러한 지원을 받는 것이 곤란한 자를 입소시켜 돌봐준다. | 8,046 | 330,916 | 219 | 16,724 |
| 입소형 | 양호노인 홈 | 65세 이상의 사람으로서 신체 또는 정신, 환경, 경제적인 이유로 자택 내에서 지원받기 곤란한 자를 입소시켜 돌봐준다. | 954 | 66,686 | 3 | 74 |
| 입소형 | 실비노인 홈 | 일정 소득 이하의 60세 이상 사람 등으로, 가정환경이나 주택 사정 등의 이유로 거주에서 생활상의 곤란을 느끼는 사람을 입소시켜, 급식 및 일상생활상 필요한 편의를 제공한다(이용자는 계약에 의해 입소한다). | | | | |
| 입소형 | A형 | 생활상담, 긴급 시의 대응, 급식, 간호 등의 서비스를 제공한다. | 241 | 14,293 | △4 | △239 |
| 입소형 | B형 | 생활상담, 긴급 시의 대응 등의 서비스를 제공한다(식사는 스스로 해결). | 36 | 1,688 | △2 | △130 |
| 입소형 | 케어 하우스 | 생활상담, 긴급 시의 대응, 급식 등의 서비스를 제공한다(휠체어로 생활하기 쉬운 점 등 주택으로서의 기능을 중시하며, 입거자가 허약하게 될 경우에는 재택복지 서비스의 도입에 의한 대응). | 1,437 | 56,386 | 140 | 5,579 |
| 입소형 | 유료노인 홈 | 상시 10명 이상의 노인을 입소시켜 급식 및 기타 일상생활상의 편의를 제공한다. | 508 | 46,561 | 108 | 5,116 |

성을 강화한 실비노인 홈(케어 하우스)으로 부분적으로 기능을 전환하는 경우가 많다.

보통 개설 초기의 입거자의 심신조건을 지속적으로 유지하기는 어려운 일이므로, 시설의 물리적 환경에서 휠체어에 대한 배려는 물론 심신기능이 저하된 경우의 안전한 이동공간, 고령화가 진행된 경우의 의료・간호 케어를 위한 공간 등을 새롭게 계획해 둘 필요가 있다. 이와 같이 시간적 변화에 대응한 시설 계획을 세우는 것이 중요하다.

이 외에 노인보건법에 의한 시설로서 노인보건시설(개호노인보건시설)이 있으며, 이것은 주로 병원에서의 집중적이고 전문적인 치료를 마친 고령자가 재활교육을 받은 후 자택으로 복귀하기 위한 시설로 설정되어 있다. 시설의 운영방침에 따라 다르지만, 실제로는 장기간 재소하고 있는 사람이 많다.

### (2) 개호보험에 의한 변화

지금까지 개호에 필요한 고령자를 위한 시설은 노인복지시설로서의 특별양호노인 홈, 노인보건법에 의한 노인보건시설, 그리고 의료시설인 요양형 시설군과 같은 것이 유사한 형태로 개별법의 제도 속에서 설치되어 있지만, 현재의 실태로는 그곳에 입소・입원하고 있는 고령자의 상태는 매우 비슷하다. 2000년에 시행된 개호보험제도에 의해 각각 개호노인복지시설, 개호노인보건시설, 개호요양형 의료시설로 불리게 되었으며, 단가와 가산액의 종류 등이 다르지만, 모두 개호보험에서 개호수당이 지불되는 것으로 되었다(**그림 4.14** 참조). 개호보험에서는 이러한 차이를 최대한 줄여 모두 하나의 카테고리로 하도록 방향성을 명확히 제시하고 있다.

따라서 지금까지의 개별적 법률과 체계에 의해 설치된 시설 간의 차이는 많이 줄어들었다고 할 수 있다. 전체적으로는 적극적인 '시설요양'보다도 오랫동안 시설에 거주하는 '생활'을 중심으로 하는 시설로 변화해 가는 경향을 나타내고 있다. 특히, 이용자의 선택이 가능하게 된다면

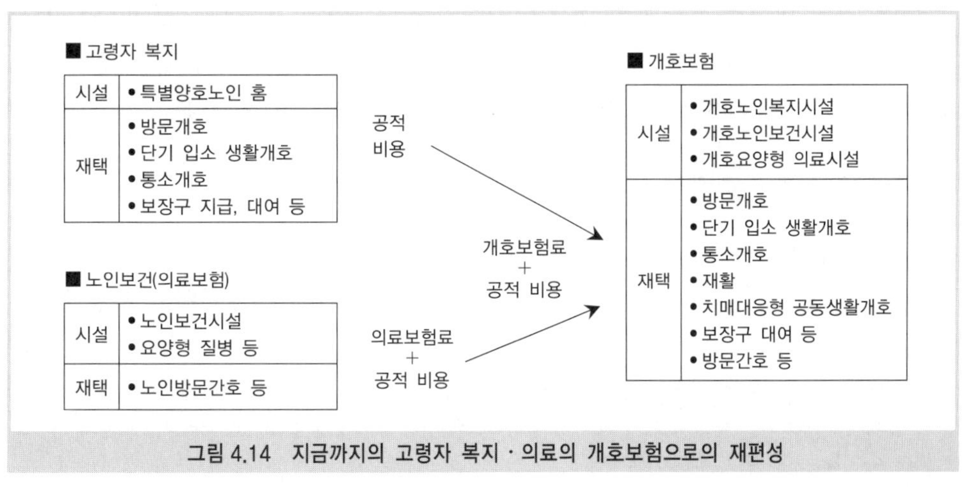


**그림 4.14 지금까지의 고령자 복지・의료의 개호보험으로의 재편성**

**표 4.5 1인당 시설 면적과 거실 면적**

| 시설의 종류 | 거실 면적 | |
|---|---|---|
| 거주주체의 시설 | | |
| 유료노인 홈 | 거실 1인 | 16.5 $m^2$/명 |
| 동 | 2인 | 12.4 $m^2$/명 |
| 실비B | 거실 1인 | 16.5 $m^2$/명 |
| 동 | 2인 | 12.4 $m^2$/명 |
| 실비A | 거 실 | 6.6 $m^2$/명 |
| 케어 하우스 | 거 실 | 21.6 $m^2$/명 |
| 양호(모든 개실) | 거 실 | 7.425$m^2$/명 |
| 양호 이외 | 동 | |
| 개호주체의 시설 | 거 실 | 10.65$m^2$/명 |
| 개호노인복지시설(특별양호노인 홈) | (소규모 생활단위형 특별요양) | 13.2 $m^2$/명 |
| 개호노인보건시설(노인보건시설) | 요양실 | 8.0 $m^2$/명 |
| 개호요양형 의료시설(요양형 병상군) | 병 실 | 6.4 $m^2$/명 |
| 병 원 | 병 실 | 4.3 $m^2$/명 |
| 그룹 홈 | 거 실 | 7.43$m^2$/명 |

보다 거주성을 중시한 공간으로 기대할 수 있으며, 경영 측면에서도 필요할 것으로 고려된다.

그리고 최근 급증하고 있는 것으로 이러한 시설 이외에 개호보험에서 거주 케어의 하나의 메뉴로 여겨지고 있는 치매대응형 공동생활개호(치매성 고령자 그룹 홈)가 있다. 이것은 치매성 고령자 5~9명 정도가 거주하는 작은 단위로서 생활개호를 하며, 일반주택보다도 조금 규모가 큰 건축물로서 시설 정비를 위한 보조도 실시하고 있다는 점에서, 형태 측면에서는 거주시설의 하나라고 생각해도 좋다. 단, 그것은 의미상 어디까지나 대규모 시설에서 생활이 곤란한 거주자를 위한 '주택'이라고 할 수 있다.

#### (3) 시설과 거주공간 규모의 현황

시설의 규모 면에서 살펴보면, 현재의 시설의 거주수준(최저기준)은 **표 4.5**와 같다. 거주실의 면적 면에서 노인 홈, 간호시설 양쪽 모두 주택이 갖추어야 할 거주수준*과 비교해 보면, 거주의 장으로는 대단히 불충분한 규모라고 할 수 있다.

### 2) 시설의 기본구성 개념

#### (1) 간호 · 생활 단위

시설은 병원과 마찬가지로 간호단위를 기본으로 구성된다. 간호직원의 운영관리상

* 국토교통성 제8기 주택건설 5개년 계획에 의하면 중고령자 독신의 경우 거주실 면적은 15$m^2$이 최저거주수준이며, 이것을 상회하는 것은 유료, 실비B, 케어 하우스뿐이다. 그러나 실제 도시형 유도거주수준의 거주실 면적 23$m^2$를 넘지 않는 것이 실태이다.

대략 50병상 정도를 1단위로 하는 경우가 많다. 간호업무와 직원관리 측면에서 볼 때 이 단위의 규모가 매우 커진다면 입거자와의 커뮤니케이션이 약해져 개개인의 상황을 이해하기 어렵게 되며, 반대로 아주 작아진다면 현실적으로는 야근의 로테이션과 여유 있는 인원 배치가 어렵게 된다. 한편, 생활하는 입거자 측면을 고려한 생활단위의 적정한 규모로는 기존의 일괄적이고 대규모를 최대한 피하며, 가족 규모・휴먼 스케일의 작은 그룹 규모에 의한 생활영역을 형성할 수 있도록 하는 것이 중요하다.

이것은 특히 입소한 지 얼마 되지 않으며 정신적으로 불안정한 고령자와 치매성 노인 등에게는 가정적 규모의 생활로서 타인과 어울리도록 함으로써 생활이 안정되며, 시설 적응을 촉진하는 효과도 기대할 수 있기 때문이다.

얼핏 보면 관리 쪽과 생활 쪽의 요구가 상반되는 것 같지만, 야근의 관리단위와 낮 동안의 생활단위를 구분하여 생각할 수 있으며, 소프트 측면의 관리단위를 기존처럼 하여도 하드 측면의 공간단위를 생활주체로 설계해 두는 것도 가능하다. 또한, 소규모화에 따른 생활관리에 입거자 스스로가 참여하는 부분이 커지게 되며, 일상생활에서의 자립의 효과도 기대할 수 있다. 이것은 간접적으로는 간호 노력의 경감으로도 이어질 수 있다. 이러한 것들을 고려하면서 관리상 적정하다고 생각되는 규모와 입거자 쪽에서 본 규모 사이에서 조정을 추진해 가는 것이 중요하다.

### (2) 공적 공간과 사적 공간의 분리와 단계적 정비

일반적인 생활에서는 개인의 침실 등 대단히 사적인 공간에서부터 가족과 공용하는 공간, 나아가 지역주민과 공용하는 공간 등과 같이 단계적인 생활권의 확장과 공간이 대응하고 있다. 한편, 현재의 대다수 노인 홈의 생활공간 내 거실에는 철저한 사적 공간이 확보되어 있지 않으며, 공용공간에도 시설 내 집단단위의 일괄적인 공간만이 마련되어 있는 경우가 많다. 거주시설의 계획에서는 개인의 영역을 명확히 구분하여 생활에 대한 단위를 몇 단계로 설정하며, 공사의 공간을 단계적으로 정비하는 것을 기본으로 한다.

### (3) 신형특별양호(개실과 유닛 케어)

앞에서 서술한 것과 같은 공간 구성의 필요와 유효성으로부터 2002년도부터 특별양호 노인 홈의 개실화와 유닛 케어를 시설의 원칙으로 한 '신형특별양호'의 건설이 이루어지게 되었다. 거실의 개실적 공간화와 생활단위의 소규모화, 그리고 다양한 사회적 교류를 위한 공간 만들기가 기본요소가 된 시설 계획이다. 이 새로운 제도에서는 입거자로부터 이용비에 추가하여 건설비도 별도로 징수할 수 있도록 하였는데, 실질적인 거주공간화가 진전되는 큰 계기가 되었다. 이에 의하여 특히 새롭게 건립되는 시설에서는 앞으로 주거공간화가 더욱 가속화될 것으로 생각된다.

이에 의하여 지금까지의 여러 가지 어려운 상황에서도 개실화의 추구, 새로운 시설 케어의 도전을 시도해 온 의욕적·선진적인 시설의 노력이 인정되게 되었다. 앞으로 이러한 시설이 급증하는 진정한 의미가 발휘할 수 있도록 하기 위한 몇 가지 유의점을 서술하고자 한다.

우선, 건설비와 개호비용의 분리와 같은 재원의 문제와, 개실화·유닛 케어화와 같은 물리적인 시설 정비의 문제를 분리하여 생각해야 한다는 점이다. 재원의 문제와 물리적 시설 정비는 개별적으로 생각하면 모두 앞으로의 고령자 거주시설의 방향성을 결정하는 시책·제도이다. 그러나 이번에 이 양자가 동시에 적용되어 신형특별양호의 촉진이 이루어졌기 때문에 오해의 소지도 나타났다. 신형특별양호는 곧 풍요로운 시설, 또는 일반적인 시설보다도 부가가치가 높은 시설이라는 오해이다. 오히려 신형특별양호가 '신형'이 아니라 '현대형'으로 미래의 표준형으로 자리매김해 갈 필요가 있다. 그리고 개실과 유닛이라는 시설 형태에 대한 규정방법이 너무 형식적이 되면, 단지 개실을 그룹화하는 모델 계획만이 만연할 가능성도 있다. 본래는 운영이념에 대응한 평면 형태가 필요하지만, 물리적인 형태가 선행되고 여기에 운영이 규정되어 버리는 것에 주의가 필요하다.

### 3) 개실화의 개념과 의의

신형특별양호 중 조건이 되고 있는 거주시설의 개실화 개념에서 우선 그 의의·효과를 간단히 설명하고자 한다.(상세한 것은 문헌 18 참조)

#### (1) 프라이버시의 확보

우선 프라이버시의 확보는 공동생활을 하는 데 있어 최소한의 당연한 권리이며, 개실화로 얻을 수 있는 가장 큰 이점이라고 할 수 있다. 프라이버시의 확보는 개인의 존엄을 지키는 데 필수적이며, 주거로서의 최소한의 조건이라고 할 수 있다.

#### (2) 입거자 간의 문제 해결

지금까지 개실화된 시설의 사례에서 보면, 이전까지의 입거자 간의 문제 해결에 있어 복합화된 실의 구성보다도 많은 효과가 있다고 할 수 있다. 이는 개실화를 지향하는 시설이 크게 기대하고 있는 점일 것이다. 단, 이것은 현실의 빈약한 상황 속에서 본래 있어서는 안 되는 것이 해결되었다는 것을 의미하는 정도에 지나지 않는다. 즉, 문제 해결은 당연한 배려이지만, 유감스럽게도 그것도 되어 있지 않는 것이 현실이다. 문제 해결은 개실화가 가져온 효과의 동기이지만, 도달해야 할 목표라고는 할 수 없다.

### (3) 자기공간 관리와 애착

ADL(Activities of Daily Living : 일상생활동작) 능력을 넓은 의미로 해석하면 단순한 신체기능 능력뿐만이 아니라 생활관리 능력까지도 포함할 수 있다고 생각할 수 있다. 그 중에 하나가 공간관리 능력이다. 이것은 자신의 신체 상황에 대응하여 공간을 사용하기 쉽도록 하는 것으로, 예를 들어 일어서기 위한 손잡이와 의자를 어떤 위치에 설치할 것인가를 자신이 평가하여 적절한 방법을 선택하는 능력이다. 자기공간의 관리는 생활을 영위하는 데에 중요한 사항이며, 이를 위하여 개인이 책임을 가지고 전유할 수 있는 영역으로서 개실이 필요하게 된다. 그리고 자신의 공간이 자신의 전용 소유가 됨에 따라 공간에 대한 애착도 증가하게 된다. 이들이 상승효과가 되어 애착감이 높아지면 더욱 자신의 것으로 관리하고자 하는 의욕도 높아지게 된다.

### (4) 개성의 표출

공동생활 중에는 다른 사람과의 관계에서 자신의 정체성(identity)을 확인하거나 표현하고자 하는 욕구가 생긴다. 자유롭게 자신의 공간을 장식하며 애착을 가지고 관리하게 되면, 자연히 자신의 취미나 재능 등을 통하여 '개성의 표출'이 쉬워진다. '표출'이란 주택 등에서 개성적인 실의 표시(장식 등을 하는 것) 등을 함으로써, 예를 들어 좋아하는 나무와 꽃을 장식하거나, 개성적인 표찰 등을 생각해 보거나 하는 것이다. 이것은 공용공간에서는 그다지 볼 수 없지만, 자유롭게 개별관리 가능한 개실이라면 풍부한 표출이 발휘될 수 있으리라 예측된다.

### (5) 활동성의 향상

직원과 입거자 사이에는 '케어를 한다 또는 케어를 받는다'라는 절대적이며 부동의 관계가 성립되어 있으며, 그것은 활동성의 저하를 의미하여 시설병(institutionalism : 시설로 인한 또 다른 질병)이 되기 쉽다. 이것을 없애기 위해서는 입거자가 스스로 관리할 수 있는 공간을 기반으로 시설 내 생활을 자신이 결정할 수 있도록 하는 것이 중요하다. 입거자가 케어를 받는 '객체'가 아니라 케어를 요구하는 '주체'가 되는 것은 활동성의 향상 측면에서 중요하다. 실제로 개실화란 스스로가 공간에 책임을 가지며 활동범위를 확장하는 '거점'을 가지는 것이 되며, 이에 따라 활동성도 높아질 것을 기대해 볼 수 있다.

### (6) 풍부한 공동생활의 실현

개실화는 개인생활의 확보나 충실에만 이점이 있는 것이 아니다. 개실 확보에 의하여 공적・사적 생활의 구분이 명확해짐으로써, 오히려 커뮤니케이션이 활발해지는 효과를 기대할 수도 있다. 즉, 공동생활의 적극적인 의의가 나타날 것이다. 개실화란 개별생활을 유지하는 것이 아니라, 보다 좋은 공동생활을 실현하는 데에 그 의의가 있다. 이를 위하여 주의해야 할 점은 시설의 개실화는 동시에 공용공간의 충실이 수반되지 않으면 의미가 없다라는 점이다. 단지 개실을 나열시키는 것만으로는 그 효과는 반감된다. 공용공간의 충실은 개실화를 위한 중요한 조건의 하나이다.

### 4) 개실화를 위한 조건

개실화를 철저히 하기 위해서는 두 가지 조건이 필요하다. 우선, 시설운영방식과 전체 평면 계획의 조건으로서 생활그룹 단위를 적정=소규모로 한다. 이것이 형태로서의 유닛 케어의 필요성이 된다. 왜냐하면 개실화를 하게 되면 일반적으로 거실의 규모에 대응하여 복도의 길이가 길어지며, 이에 따라 직원의 동선이 길어져 부담이 커질 수 있기 때문이다. 그리고 공용공간이 대규모 단위로 한 곳에 설치되면, 역시 그 곳까지의 동선이 길어지며 입거자도 불편해진다. 동선을 짧게 하기 위해서는 간호단위와 생활단위의 소규모화가 필수적인 요소가 된다.

다른 하나는 의무・효과와 중복되지만, 앞에서 이야기한 '공용공간의 충실'이다. 아무렇게나 개실을 나열한 평면을 만드는 것이 아니라 공동생활을 할 수 있는 공간이 확보되어 있지 않으면 안 된다. 이것도 '신형특별양호'의 조건이라고 할 수 있다.

개실화・유닛 케어의 실행과 보급은 현재 노인 홈의 역할을 생각해 볼 때 커다란 진전이라고 할 수 있다. 그러나 그것만으로 현재의 노인 홈이 안고 있는 모든 문제가 한꺼번에 해결될 수 없다는 것을 깨닫지 않으면 안 된다. 현행의 적은 면적 조건에서 '무조건 개실'을 지향하여 작게 분할한 개실을 밀집시켜 확보하는 것만으로는 빈약한 공간이 되어 버릴 우려가 있다. 유닛으로 완결된 공간이 그룹의 폐쇄성을 높여 버릴 가능성도 많다. 면적 조건이나 운영기반과의 중복을 충분히 검토하여 조건에 맞는 최적의 해법을 구하기 위한 면밀한 계획이 필요하다. 이를 위해서는 앞에서 서술한 '여유로운 공동생활의 실현'을 이해한 후, 제한된 면적 속에서 최대한 여유로운 공간을 만드는 것이 필요하며, 우수하며 사려 깊은 설계자에 의한 설계 계획적인 제안이 대단히 높게 요구된다.

유닛 평면 형태가 중앙 홀을 둘러싸고 완결된 형태인지, 한눈에 알기 쉬운 평면형으로 계획되었는지 등은 신경 쓸 필요가 없다. 평면 형태는 대지 조건과 다른 유닛과의 연결 관계 등에 대응하여 최적인 것을 결정하면 되므로, 물론 한 예로 개실만이 나열된 형태는 좋지 않지만 획일적으로 생각할 필요는 없다. 작은 그룹이라면 다양한 형태가 가능하다.

### 5) 시설의 주거화의 흐름

#### (1) 주거화의 의미

신형특별양호의 출현 등에 나타난 고령자 개호시설의 최근의 동향을 개략적으로 살펴보면, 종합적으로 '주거화'의 경향을 나타내고 있다고 할 수 있다. 일괄적인 수용시설의 분위기가 아니라 가정과 같은 생활환경의 실현, 그리고 케어의 의미도 개별성과 이용자의 주체성을 존중한 개별 케어를 지향하는 것이 최근의 흐름이라고 할 수 있다.

'주거화'가 의미하는 것은 무엇인가? 예를 들어 거주환경으로서의 안정된 분위기의 확보, 이용자 · 거주자가 그곳에 귀속감을 가질 수 있는 생활환경이면서 직접 정비에 참여할 수 있는 건축환경, 다양한 개성을 확인할 수 있는 포용력 있는 디자인일 것이다. 그 곳에는 사람의 '생활'이 포함되어 있다는 것을 기본적으로 생각하며, 삶(거주하다+생활하다)의 일체성을 확보하는 것이다. 즉, '전개된 생활의 중시+주거의 실현'이라는 것이 가능하다.

그러나 여기에는 큰 오해가 있는 것이 현실이기도 하다. 즉, 생활의 중시를 오해하여 전문적인 접촉이 없는 방임생활, 이에 더하여 서민의 주생활을 재현한다는 오해에 근거하여 협소하며 과밀한 빈곤 주거환경, 나아가 '간병 없는 생활+빈곤한 거주환경의 재현'이라는 오해의 중층구조가 되어 버리면 어찌할 수 없는 열악한 시설공간으로 돼 버린다. 보통의 생활을 중시한다는 것은 살고 있는 사람에게 무조건 맡겨 버린다는 것이 아니며, 설계상 다양한 배려를 소홀히 하는 것도 아니며, 오히려 세심하며 자연스런 배려를 하는 것으로, 여기에는 대단히 높은 전문성이 요구되는 것이다.

최근 만연하고 있는 '주거화'라는 화제를 이야기하기 전에, 이러한 오해가 발생하지 않도록 하는 공통 인식을 모두가 가지며, 먼저 오해를 바로잡는 것이야말로 현재의 과제라고 할 수 있을 것이다. 이를 위해서는 시설적 부분이 아니라 전문적인 고령자를 위한 케어의 본래 의미와 보통의 생활이라고 불리는 '주생활의 원형'을 추구하는 것이 필요하다고 할 수 있다.

### (2) 주거화 방법에서 유의점

생활 · 주거란 거주자 주체에 의한 프로세스로서, 시설건축에 의하여 처음부터 주어지는 것이 아니다. 이러한 기초적인 원칙을 끝까지 고려하는 것이 필요하다. 여기에서는 이를 위하여 필요한 시점을 두 가지 서술하고자 한다.

먼저, 시설개호에서 '케어를 하다 · 케어를 받다'라는 '관계의 절대성'으로부터 해방되는 것이 중요하다. 여기에서는 개호 지원에 따라 개호하는 입장과 거주자와 같이 개호를 받는 입장이 적대적으로 고정되어 버리는 것을 관계의 절대성이라고 부르고 있다. 이러한 관계에서 해방되어 이용자의 주체성이 회복되는 것이 시설 케어의 기본과제라고 생각된다. 주거로서의 공간에는 이러한 고정화가 존재하지 않는다. '주거화'란 절대적인 관계성을 본래의 생활이 가지고 있는 정상적인 관계로 회복시키는 것이다.

다음으로 생활과 개호를 일체화시켜 받아들이는 것으로, '리빙+케어'가 아닌 두 가지가 동시에 진행되는 '리빙 케어'라는 시점이 필요하다. 리빙 케어라는 단어는 리빙과 케어의 사이에 '•'와 '+'가 붙지 않은 하나의 단어로서 받아들여져야 한다는 것이다. 어느 때는 생활의 시간과 장소, 어느 때는 개호의 시간과 장소라는 단절은 일상생활에서는 있을 수 없는 일이다. 그것들은 연속적이며 앞뒤가 일체인 관계라고 할 수 있다. 생활이란 원래 두 가지 의미를 모두 가지고 있다고 생각할 필요가 있다.

### 6) 그룹화의 가능성

#### (1) 작은 공동체로서의 공간

현재 필요한 개호공간의 기능은 자립개호보다는 오히려 자립촉진을 위한 계기이며, 고령자의 기능회복를 위한 기회 제공이다. 직접적 개호・개조의 케어라는 개념에서 지원, 조장, 격려, 변호, 촉발, 공감, 동기부여, 자각의 보조, 용기부여 등과 같은 키워드로 정리할 수 있다. 이러한 기능들은 제도적인 시설환경에서는 불가능하며, 오히려 작은 공동체 환경에서 가능하다고 할 수 있다.

작은 세계관을 가진 공동체 환경은 큰 시설의 유닛화라는 흐름보다도, 오히려 최근에는 그룹화의 형태를 취하며 실현되고 있다. 그것은 주로 치매성 고령자의 그룹 홈에서 시험적으로 시도되고 있다. 이러한 그룹화의 의의는 시설과 주택 양쪽의 장점을 합친 것만이 아니라 별도의 새로운 의미와 가치가 창조되고 있다는 것이다. 그것은 앞에서 이야기한 '케어를 하다・케어를 받다'라는 '관계의 절대성'으로부터의 탈피라고 할 수 있다. 그 곳에서는 케어를 담당하고 있는 직원과 거주자의 인간관계를 수직적이 아닌, 그렇다고 완전히 대등한 수평적 관계도 아닌 적절히 역할을 변화시켜 교환하는 '횡단성'(F. 캐터리의 제창에 의함) 개념에 의하여 실현시키고자 한다. 이에 의하여 소집단에 주체성・주관성을 가진 활동이 생기며, 함께 거주하며 서로 지키고 살 수 있는 공동의 생활집단이 실현 가능해진다.

작은 공동체의 세계관을 가진다는 것은 하나의 주택으로서의 통일성을 가진다는 것이기도 하다. 하나의 세계 속에서 일관된 연속성을 확보하기 위해서는 출입구, 창, 거실과 복도 등의 접점의 설계가 상당히 중요해진다. 거실이 주택 규모처럼 작고 아담하더라도 복도의 폭과 천정 높이, 마감 등이 기존의 대규모 시설처럼 느껴지게 한다면 연속성은 끊어져 버리게 된다. 개별 단위공간의 완결성에 집착하지 않는 설계가 필요하다.

#### (2) 유닛 케어와 그룹화 계획의 개념

일본에서는 신형특별양호에 대한 제도적 유도는 별로 없으며, 앞으로는 거주시설을 소규모의 유닛으로 분절하고자 하는 유닛 케어가 주류가 될 것이다. 현재의 시점에서 유닛 케어형의 시설 평면이란 실제로는 클러스터형으로 구성되는 경우가 많으며, 작은 그룹이 보다 큰 단위에 속하며, 그것이 시설 전체에 속하는 식의 종속형 구조로 이루어진 경우가 많다.

종속형 구조의 클러스터형 구성은 트리(tree) 구조가 되며 통제 및 관리 시스템으로 바뀔 가능성도 많다. 건축가이기도 한 C. 알렉키잔더는 오래전, 도시생활은 구성원이 그룹화되는데, 상위의 그룹에 귀속되는 것과 같은 나무형태의 관계인 '트리 구조'를 하고 있는 것이 아니라 자유롭게 복수의 교류관계를 가지고 있다는 점을 지적하며, 트리 구조의 모델은 도시와 생활의 복잡함과 활기를 잃어버리게 한다는 비판적인 분석을 하였다. 이러한 '도시는 트리형 구조가 아니다'와 마찬가지로 생활의 장 역시 트리형 구조가 아니다. 일본에서는 아직 사례가 적지만 대규모 시설을 분할하는 것은, 역발상으로서 작은 그룹 단위 개개의 자주성·독립성을 확보하고 난 후 집합하여 전체를 구성하는 시설이야말로 새로운 시대의 시설로서 현재 요구되고 있다는 점을 지적해 두고 싶다. 따라서 그룹화 계획 개념은 단순히 대규모 시설을 분할하는 것이 아니라 '그룹화의 집합체'로서 기능하도록 요구되고 있다고 할 수 있다.

### 7) 사례에서 보는 유닛 케어의 공간(그림 4.15, 4.16)

여기에서 소개하는 '케어타운 타카노스'는 노인보건시설이지만 개호보험제도에 의하여 특별치료보호 노인 홈과 노인보건시설의 영역 구분 없이 유사화를 시도하여 계획된 것으로, 유닛 케어와 개실에 의한 공간 구성을 시범적으로 도입한 개호노인시설의 한 모델이라고 할 수 있다. 여기에서는 전형적인 유닛 공간을 가진 시설을 소개하며, 그 계획의 이념을 고찰해 보고자 한다.

#### (1) 생활을 위한 소규모 단위

전체적으로는 노인보건시설 80실과 단기거주 30실의 거주부문으로 구성되어 있다. 거주를 위한 건물은 단층구조로 대지 전체에 분산배치되어 있다. 배치도를 보면 알 수 있듯이 14개의 유닛이 복도와 공용공간으로 연결되는 구성으로 이루어져 있다. 하나의 유닛은 8실의 개인 요양실과 소규모의 주방이 설치된 거실을 가지고 있다.

여기에서 의도하고 있는 것은 '소규모로 생활하기 위한 단위'이다. 어디까지나 케어를 위한 공간이 아니라 생활을 위한 공간으로 이루어져 있다. 시설 외부에서 입거할 때의 심리적인 충격(트랜스퍼 쇼크)을 가능한 한 없애기 위해서는 적응을 위한 친근한 소규모 공간이 필요하다. 왜냐하면 소규모 생활을 위한 단위를 공간적으로 보장하는 것이 중요하기 때문이다.

그리고 이러한 유닛 공간은 자립적인 그룹 단위의 생활을 지지하는 것이 되어야 한다. 이를 위하여 작은 주방과 식사도 할 수 있는 거실공간이 확보되어 있으며, 그것을 중심으로 하여 각 거실이 둘러싸고 있는 형태로 이루어져 있다. 단층의 이점을 살려 이러한 거실에는

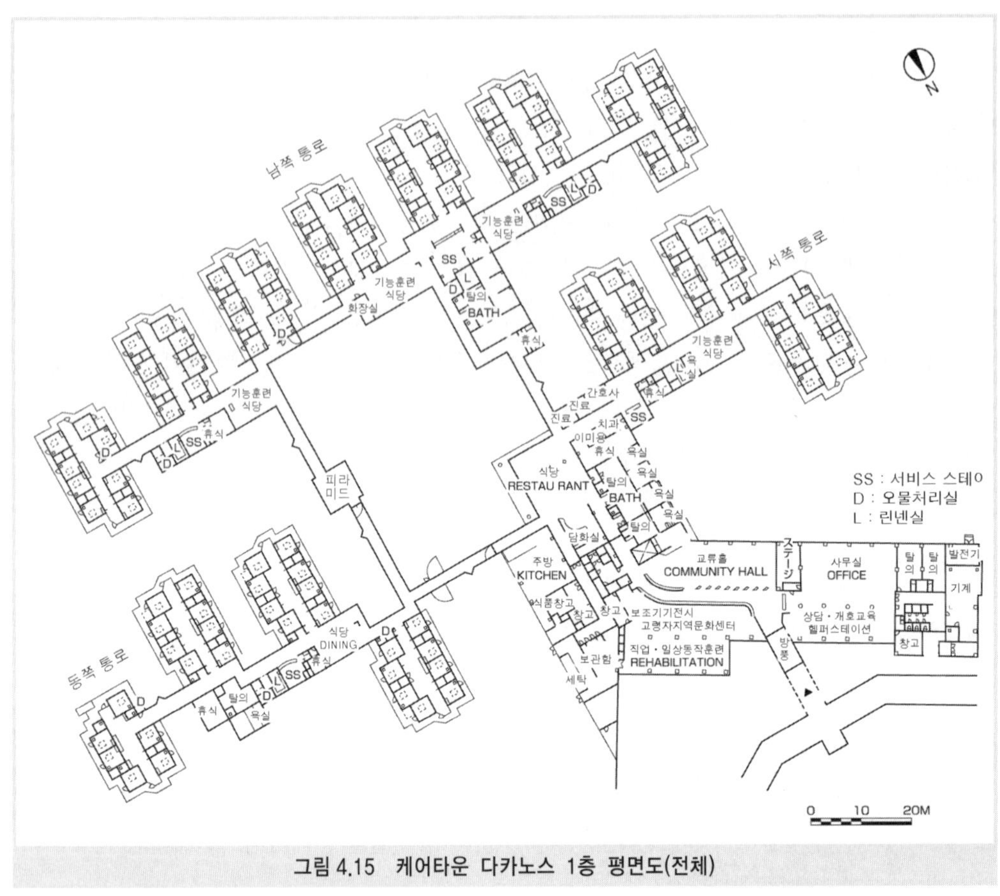


그림 4.15 케어타운 다카노스 1층 평면도(전체)

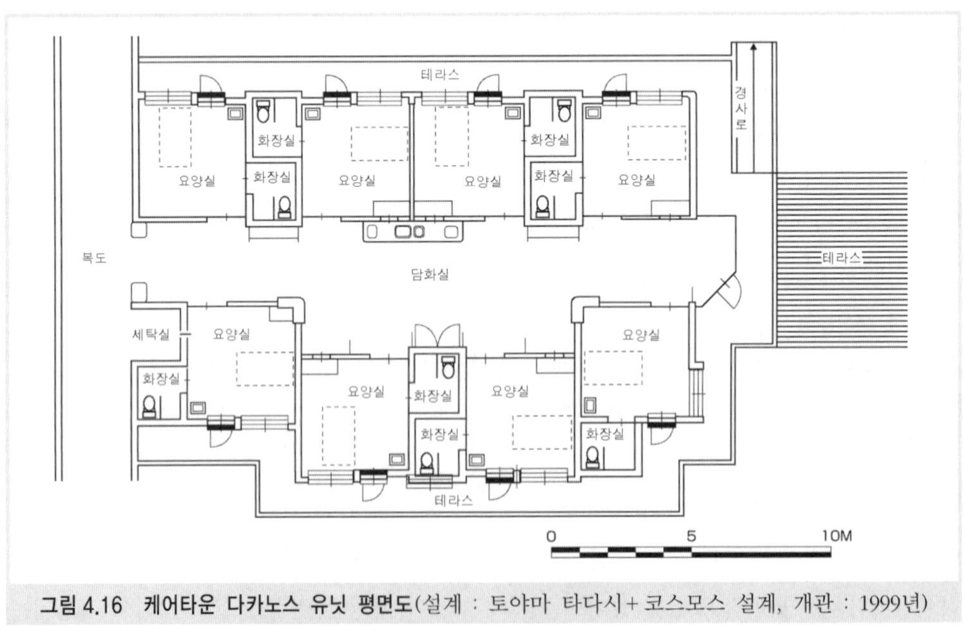


그림 4.16 케어타운 다카노스 유닛 평면도(설계 : 토야마 타다시+코스모스 설계, 개관 : 1999년)

톱 라이트로부터 밝은 빛이 비춰지고 있다.

유닛 공간의 독립성 수준은 각각의 그룹별 선호도를 반영하여 차를 마시거나 간단한 조리 등의 자발적 행위를 풍부하게 하며, 거주공간에 대한 애착을 높여 다양한 장식과 개성적인 표현으로 바꿀 수도 있게 되어 있다.

#### (2) 거실과 공용공간의 의미

거실에는 개별 화장실이 설치되어 있어, 개개의 생활공간의 독립성을 확보하고 있다. 이와 같은 개별성에 대한 배려는 소규모 공동생활에서 중요한 부분이 된다. 더욱이 거실과 공용공간 사이에는 작은 창이 있으며, 테이블이 설치되어 있다. 사적인 공간과 공적인 공간 사이의 경계가 부드럽게 연결되도록 배려되어 있다.

거실그룹의 공간과 공용공간의 경계는 복도로 적절한 거리를 둠으로써 확보되어 있다. 복도를 걸으면서 중정을 여유롭게 즐길 수 있다. 눈이 많은 북쪽 지역의 특성을 고려한 배려라고 할 수 있다.

케어단위별로 설치되어 있는 공용공간은 재활기기가 설치된 전용실 개념의 기능훈련실이 아니라, 일상생활 속에서 자연스럽게 활동에 참가할 수 있도록 한 주방과 식당이 설치되어 있어 일상적인 훈련의 장으로 되고 있다. 여기에서는 대규모 시설에서 가끔씩 느낄 수 있는 거주의 장에서 갑자기 훈련의 장으로 바뀌어 버리게 되는 공간의 위화감을 느낄 수 없다.

### 8) 거주성 향상을 위한 기본적 시설

#### (1) 환경의 생활공간화(공간적 개성화에 대한 대응)

① **프라이버시의 확보** : 주택은 생활의 재생산의 장이다. 이를 위해서는 혼자가 될 수 있는, 즉 프라이버시의 확보가 중요하다. 시설 내의 생활에서는 거실이 생활의 중심적인 장소가 되며, 최종적으로는 안심하고 생활할 수 있는 공간이 된다. 만약, 거실이 대규모의 인원 때문에 혼잡한 공간이라면 개인의 프라이버시는 충분히 확보되지 못하며, 특히 24시간의 공동생활에서는 항상 대인관계 속에서 긴장을 하지 않으면 안 된다. 프라이버시를 확보한 생활의 장소로서의, 혼자서 조용히 지낼 수 있는 장소로서의 공간이 필요하다.

② **정체성(identity)의 존중** : 정체성을 보장하는 개별공간을 확보하는 것이 중요하다. 생활하는 전용공간에 애착을 가질 수 있도록 개성화하며, 각 실과 개개인의 개성이나 정체성을 타인에게 표현할 수 있도록 개성적인 현관 등이 만들어질 수 있는 계획을 준비해 둔다.

③ **연속성(continuity)의 존중** : 입소 전의 생활을 계속 유지할 수 있도록, 연속성을 중시한 개별공간 정비의 자유성을 확립하는 것이 중요하다. 예를 들어, 입거 전의 주택에서 쓰던

가구와 커튼 등을 가지고 와서 그것들을 자유롭게 배치할 수 있도록 하며, 개인이 자유롭게 바꿀 수 있는 벽이나 가구, 장식 등을 마련하여 입주 전 주거의 인테리어를 재현할 수 있도록 배려한다.

(2) 케어의 연속성(시간적 개성화에 대한 대응)

① **거주 연속성을 위한 케어 서비스** : 심신기능의 저하에 대응하여 케어 서비스를 강화할 수 있는 체제가 필요하다. 시설 내부에서 이러한 서비스가 충분히 제공되지 못할 경우에는 외부에서라도 대응할 수 있도록 한다.

특히 특별양호노인 홈에서는 중증의 간호를 필요로 하는 사람이 많으며, 의료 케어의 필요성도 높아 말기 의료를 포함하여 중증의 의료 케어가 필요해지는 경우도 있다. 그리고 질병의 종류도 많아 내과뿐만이 아니라 안과와 이비인후과 등의 진료도 필요하다. 치과 진료 등의 요구도 높다. 의사의 개별적 대응에 추가하여 공립병원 등 다양한 요구에 대응할 수 있는 특정의 후방지원 병원을 확립해 두는 것도 필요하다.

② **잔존 능력의 유지·자립도의 향상을 목표로 한 재활** : 노인 홈에서의 재활이란 병원이나 노인보건시설처럼 적극적인 사회 복귀를 주목적으로 하는 것은 아니다. 오히려 생활시설의 역할로서 일상생활의 유지를 도모한 재활을 중시할 필요가 있다.

전반적인 생활 내에서 일상적이며 자연스러운 재활을 유도하는 생활을 모든 직원이 장려할 수 있는 방법의 확립이 필요하다. 시설공간에는 전문적인 기능복귀훈련실을 강화하여 설치하는 것뿐만 아니라, 예를 들어 배설 등의 자립을 확보하기 위하여 개별 화장실이나 세면실 등을 설치하는 것이 중요하며, 잔존 능력을 최대한 발휘할 수 있는 공간과 생활요소를 계획할 필요가 있다.

③ **자립 촉진을 위한 개별공간화** : 신체 주변의 활동을 최대한 오랫동안 혼자서 할 수 있도록 공간을 정비하는 것이 중요하다. 이를 위해서는 잔존 능력을 최대한 발휘할 수 있도록, 거주공간으로서의 개별공간을 지역 내의 일반주택에 최대한 가까운 형태로 완비하는 것이 필요하다.

## 4.3 지역시설의 계획

### 1) 지역시설의 현황

후생노동성에 의한 고령자 복지시설로는 이용형 시설인 노인 복지센터, 휴식의 집(노인정), 노인휴양 홈이 있다. 이 중에서 노인휴양 홈은 경치가 좋은 곳이나 온천 등의 휴양지에서 이용할 수 있는 시설이며, 지역주민을 위한 지역시설은 아니다. 이러한 이용형 시설은 주로 건강한 고령자가 자유롭게 이용하기 위한 시설로서, 자주적인 노인 클럽활동 등의 여가 대책과 레크리에이션 등을 통한 건강 유지에 크게 기여하고 있다.

한편, 재택복지 대책으로 규정된 시설로는 주간보호시설이 있다. 이는 주로 허약한 노인을 대상으로 낮 동안 시설을 이용하는 데 있어 입욕, 식사, 건강 유지, 일상동작훈련 등의 서비스를 받을 수 있으며, 스스로 다니는 것이 곤란한 신체 상황에서도 다닐 수 있도록 기본적인 운송 서비스가 이루어지고 있다. 또한 이용형 시설과는 달리 이용자는 시설에 이용 등록을 하며, 일정한 프로그램에 따라 개개인에게 가장 적절하다고 생각되는 케어가 제공된다. 나아가 중증인 사람과 치매성 노인을 대상으로 한 프로그램 등은, 특히 가정에서의 간호 부담을 경감할 수 있다는 의의를 가지며, 가족에 대한 시책이라는 점도 특징이다.

특별치료보호 노인 홈과 병설하고 있는 지역시설은 며칠간의 입소 케어인 단기 체재(short stay)와 몇 주에서 몇 개월간 입소 케어인 중기 체재(middle stay)의 기능을 가지는 경우가 많다. 그리고 1박 2일간의 서비스인 투 데이 서비스(two day service) 등도 시도되고 있다. 이와 같이 종합적인 기능을 가지는 지역시설에서는 1일 내의 짧은 시간만의 케어에서부터 특별치료보호 노인 홈에서의 장기 거주에 이르기까지, 일관된 케어 서비스를 개인의 요구에 대응하여 제공할 수 있다.

또한, 이 외에도 복지시책은 아니지만, 노인 보건시설과 의료기관에서 이루어지는 노인 주간보호가 있으며, 여기에서는 의사에 의한 처방을 포함하여 보다 전문적인 훈련 등이 이루어지고 있다.

### 2) 이용권역과 지역성을 고려한 이동 서비스의 개념

장애인을 포함한 이용자의 이용권역은 보행자립자인 경우와 다르다. 가장 큰 요소로는 운송버스에 의한 이용을 고려해야 하는 것이다. **표 4.6**은 어느 시설에서의 이용권역을 나타낸 것으로서, 이동 서비스와 도보 이용(휠체어로 이동하는 것 포함)과의 범위의 차이에 의하여 이중의 권역으로 되어 있다.

운송버스를 이용할 경우, 이용자 수가 갑자기 많아지게 되면 시설 쪽의 계획에 따라 통소일(通所日)과 경로, 동료가 일방적으로 결정됨으로써 이용자가 자유롭게 선택할 수가 없다. 앞으로는 도보 이용자의 자유 이용의 테두리를 넓힐 수 있도록 소규모권역에서의 배치를 고려하는 것이 요구된다.

이동 서비스의 의의는 자력으로 시설에 다닐 수 없는 고령자에게, 교류・참가의 동기를 부여하는 데 필수적일 뿐만 아니라 효율적이며 정기적으로 이용자를 확보할 수 있다는 점 등이 있다. 새롭게 승차 인원수 등을 기초로 이용자 수를 설정함으로써, 시설운영 계획도 세우기 쉽다. 또한, 이동 서비스를 지원하고 있는 직원이 이용자의 자택까지 방문하는 것이 가능하다면, 자택생활 및 주변상황의 파악, 가족에 대한 간단한 지도・조언

**표 4.6 주간보호시설의 이용권의 사례**

| | | 50%권 | 80%권 | 100%권 |
|---|---|---|---|---|
| 시간거리 이용권 (1985년 대상 118명) | 도보 이용 | 9.6분 | 19.0분 | 32.0분 |
| | 운행버스 | 17.2분 | 37.2분 | 60.0분 |
| 직선공간거리 이용권 (1980년 대상 50명) | 도보 이용 | 0.25km | 0.53km | 0.65km |
| | 운행버스 | 1.7km | 5.0km | 11.5km |

주 : 카나가와(神奈川) 현 내 k시설의 조사에 따름. 또한, 50%권이란, 시설에 가까운 사람부터 수를 세어 이용자 전체의 50%가 다니고 있는 범위. 따라서 100%권의 수치는, 시설로부터 가장 먼 사람까지의 거리를 나타낸다.

등이 이루어지므로, 수동적인 자세에서의 자유 이용시설과는 달리 이용자와 직원과의 새로운 관계가 전개될 수 있다.

한편, 이동 지원에 관한 문제점도 많이 지적되고 있다. 예를 들어, 이용권이 너무 넓어 시간이 걸린다면, 특히 중증의 장애를 가진 이용자는 체력적으로 견딜 수 없으며, 또한 전체적으로 이용자 수가 줄어드는 문제점이 발생하고 있다. 이러한 것들은 이동 지원방법만으로는 해결할 수 없으며, 지역에서의 적정한 시설 배치 계획이 전제되는 것이 중요하다는 점을 보여주고 있다.

### 3) 지역 분산과 복합화의 시점

지역시설은 대규모이며 전문성이 높은 것보다는 소규모라도 지역에 밀착된 분포로 이루어지는 형태가 바람직하다. 지역의 다양한 시설, 예를 들어 학교, 보육원, 집합주택, 커뮤니티 센터, 출장소, 우체국 등과의 통합 설치・복합화가 이루어진다면, 다세대간의 교류가 이루어져 고령자 시설이 지역에 밀착되었다고 인식될 수 있다. 또한, 식사와 레크리에이션 등 동일한 활동 요구를 가진 어린이나 장애인 등과 복합 이용을 시도해 보는 것도 바람직하다. 특히 도시에서는 복합화에 의한 대지의 효율적 이용이 가능하다는 점도 중요한 관점이라고 할 수 있다.

그리고 지역 분산을 위해서는 어느 한 시설에서 전문적인 기능을 충실히 하는 것보다 지역 전체에서 통합적으로 다양한 활동이 가능하도록, 단일 개체의 시설기능은 한정되더라도 시스템적으로 정비하는 것이 중요하다. 기능을 분산하여 시설별로 특색 있는 활동을 전개하며, 그것을 순회 운송버스의 네트워크 등으로 연계시키는 것도 고려할 수 있다.

**(大原一興)**

## 참고문헌


1) Friedland, W. A. : Introduction to School Welfare U.S.A. 1975.
2) 社会保障審議会 : 社会保障制度に関する勧告. 1950.
3) 和島芳男 : 叡尊・忍性. 吉川弘文館, 東京, 1959.
4) 芹沢 勇 : 社会福祉施設管理論.ミネルヴァ書房, 京部, 1977
5) 滝川政治郎 : 長谷川平蔵 — その生涯と人足場. 朝日選書198, 朝日新聞社, 東京, 1982, p. 159.
6) 津曲祐次, 金子喜美子 : 滝乃川学園の歴史一精神薄弱施設史研究序説. 社会事業研究 No. 2, 1974, p. 33.
7) 建築思潮研究所(編) : 建築設計資料, 第14号, 心身障害者福祉施設. 建築資料研究社, 東京, 1986, pp. 44-48, 96-101, 187-194, 200-206.
8) 萩田秋雄 : 障害者地域施設の計画. 総合リハビリテーション, 8(12) : 988-990, 1990.
9) 千葉市療育センター(編) : 療育センターの概要. 1986
10) (財)日本精神薄弱者愛護協会編 : 精神薄弱施設運営の手引き. 1983.
11) 筧 和夫, 吉田あこ, 萩田秋雄 : 福祉施設・レクリエ-ション施設の設計. 新建築学体系32, 彰国社, 東京, 1987, pp. 145, 147.
12) 厚生省社会局 : 精神薄弱者福祉法 — 逐条解釈と運用.
13) 樋田豊治(編), 佐々木正美, 小池文英 : 精神薄弱ハンドブック一医療編. (財)日本精神薄弱者愛護協会.
14) 林 玉子・他 : 心身機能の低下に対応した高齢者の住生活ニ一ズの類型化と居住様態に関する研究. 新住宅普及会, 1992.
15) 外山 義 : The Elderly and Their Environment in Sweden.
16) 厚生労働省 : 厚生労働白書. 2002.
17) 栗原嘉一郎, 吉田あこ, 佐藤 平, 富江伸治(編著) : 社会福祉への建築計画. (株)オ-ム, 1978, pp. 10-11.
18) 大原一興他 : 個室のある老人ホ-ム. 萌文社, 1995.
19) C. アレキザンダ一(押野見邦英訳) : 都市はツリ一ではない. デザイン 66 : 07-08.

5장

# 배리어 프리 병원 계획

## 5장 배리어 프리 병원 계획

병원이 다른 건물과 다른 점은 이용자로서 환자의 존재이다. 병원에서 환자가 충분한 진료와 간호를 받기 위해서는 그들을 둘러싼 물리적·심리적 장애물을 제거하여 건강을 회복할 수 있도록 환경을 정비할 필요가 있다. 이 장에서는 병원 건축에서 이러한 환자를 둘러싼 환경을 중심으로 설명한다.

# 역사 속의 병원[1)]

### 1.1 치유의 장의 변천

기생충에 감염된 조개류와 뇌막염에 걸린 공룡 등 인류 출현 이전의 화석동물에도 질병의 흔적이 보인다.[2)] 질병은 인류의 탄생보다도 오래되었다. 인류의 역사도 또한 질병과 함께 해 왔으며, 인류의 발생과 동시에 의료행위가 이루어져 왔다고 생각된다.

고대국가 그리스의 가장 오래된 의술의 신 아폴론, 이집트의 사람 몸에 새의 머리를 가지고 있는 의술의 신 토트(Thot)와 임호텝(Imhotep), 중국의 신농(神農)·황제(黃帝), 일본에서의 대국주신(大國主神)·소언명신(少彦名神) 등 실재 증거가 없는 것도 많지만, 의술의 선조로서 특정 신과 인물이 신격화되고 숭배되었다. 아폴론의 아들 아스클레피오스는 그리스에서 최고의 의술의 신이었으며, 에피다우로스와 코스, 그리고 페르가몬 등에 있는 신전은 모두 공기가 깨끗하고 경치가 좋은 토지에 세워졌다. 병을 가진 사람들이 많이 모여 며칠간 머물면서 낮에는 입욕이나 연극 관람, 스포츠를 즐기면서, 또한 약제요법을 받으며, 밤에는 꿈속에서 아스클레피오스 신과 뱀의 방문을 받으며 꿈치료를 하는 치유의 장이었다.

기원전 5세기 고대 그리스의 피오클라테스는 동서고금을 통하여 존경받은 임상의사인데, 치료의 기본은 양호한 환경하에서 식사, 수면, 휴식, 운동을 하는 것이었다. 4세기에는 기독교도인 여성 파비오라에 의해 로마에 최초의 일반시민용 병원이 세워졌다고 한다. 일본에서도 8세기 나라(奈良)시대에 시락원(施樂院)·비전원(悲田院)이 세워져, 노년이 된 승려와 병이 든 빈민계층이 그곳에서 보호받았던[3)] 종교색이 강한 치유의 장이 존재했다.

유럽의 중세에는 기독교 수도원이 주로 치유의 장을 제공하였다. 여기에서는 순례자와 여행자가 숙박하였고, 또한 병을 가진 사람을 수용하여 치료하였다. 9세기의 베네딕트파 성(聖) 갈 수도원에서는 예배당을 중심으로 수도사와 여행자용 숙사가 설치되었으며, 그 외 요양동을 중심으로 의사의 집, 욕실, 약초원이 세워졌다. 의사들은 간단한 외과수술을 하였으며, 신에게 소원을 빌면서 약초를 재배하며, 조제를 하여 병을 가진 사람을 치료·간호하였다. 미신적 치료행위도 많아 5～17세기에 유행한 왕의 몸을 만지는 것만으로도 낫는다는 로열 터치는 그 전형이라고 할 수 있었다.

시대를 거치면서 벨기에의 성(聖) 존 병원과 같이 예배당보다 요양동 쪽이 규모 면으로 커지는 사례도 나타나 독립된 병원 건축이 출현하게 되었다. 15세기 이탈리아의 오스페달레・마죠레는 다른 건물로 전용(轉用)이 많았던 시대에 병원으로 지워진 드문 사례로서, 설계수준도 대단히 높았다. 여기에서는 예배라는 정신적 치유에 대한 배려와 함께, 채광과 위생상의 환경 정비가 이루어졌다. 빈번하게 유행한 전염병 환자를 격리하기 위하여 대규모 수용소도 세워졌다.

몇 겹의 벽으로 둘러싸여 외부와의 연락경로를 극단적으로 제한한 형태로 만들어졌으며, 도시의 성벽 밖에 위치하였고, 많은 환자를 수용함으로써 대단히 열악한 환경의 치유의 장이 되었다. 정신병원도 마찬가지로 몇몇은 형무소같이 지어진 형태도 있었다. 이러한 상태는 정신병 환자의 처우개선이 이루어진 19세기까지 계속되었다.

병원으로서 기록이 남아 있는 것은 650년경에 건립되었다고 전해지는 프랑스의 오텔듀가 있다. 이 병원은 1195년 파리의 시테 섬으로 이전되어 센 강을 따라 강둑에 무질서하게 증축되었다. 전염병이 있었을 때는 대단히 혼잡하여, 한 침대에 3～6명의 환자가 잤다고 하며, 병원 내 감염으로 사망자 수가 퇴원자 수를 상회하는 상황이었다. 감염의 원인은 알지 못했지만, 충분한 환기가 감염 방지에 유효한 것을 경험적으로 알고 있었기 때문에 7세기경부터 십자형과 방사형, 차륜형(자동차의 바퀴 형태) 건물동의 배치, 그리고 통풍이 쉬운 지붕 형태 등 병동 환기 시스템의 건축적 시도가 이루어지기 시작하였다. 18세기에는 각 병동을 별도의 동으로 하는 파빌리온형이 주류로 자리 잡기 시작하였다.

중세의 유럽에서는 수도원과 대학을 중심으로 의학이 존속되어 왔지만, 그 사이에 페르시아, 인도, 아라비아에서는 동방과의 교역을 이용하여 새로운 약제와 화학의 발견 등 학문이 발달하였다. 아라비아에는 아비센나라는 의학역사상 뛰어난 인재가 출현하였다. 근세 유럽의학은 르네상스 이후 16세기부터 새롭게 진보의 길에 들어선다. 해부학의 베사리우스, 외과의 명의 파레를 비롯한 물리학・화학의 발전과 함께 수세기에 걸쳐 생체의 움직임이 탐구되며, 19세기 말 근대의학의 비약적인 발전의 기초를 형성하였다.

19세기에 활약한 나이팅게일은 크리미아 전쟁 당시 야전병원의 체험을 통하여 병동의 요양환경과 관리 시스템의 개선으로 사망률이 큰 폭으로 낮아진다는 것을 실증하여, 허버트 병원(**그림 5.1**)으로 대표되는 나이팅게일 병원의 개념을 제창하였다. 그녀는 먼저 병원 건축은 '환자에게 해를 주지 않을 것', 그리고 '외관이 아름답고 멋진 것이 아니라 환자에게 신선한 공기・채광・적정한 온도를 공급할 수 있을 것'을 주장하였다. 그리고 일조・통풍・감염 방지를 위하여 병상 간격을 충분히 하고 천정을 높이며, 숙련된 간호사로부터 쉽게 간호받을 수 있도록 30병상 정도의 대규모 병실을 중심으로 한 독립병동을

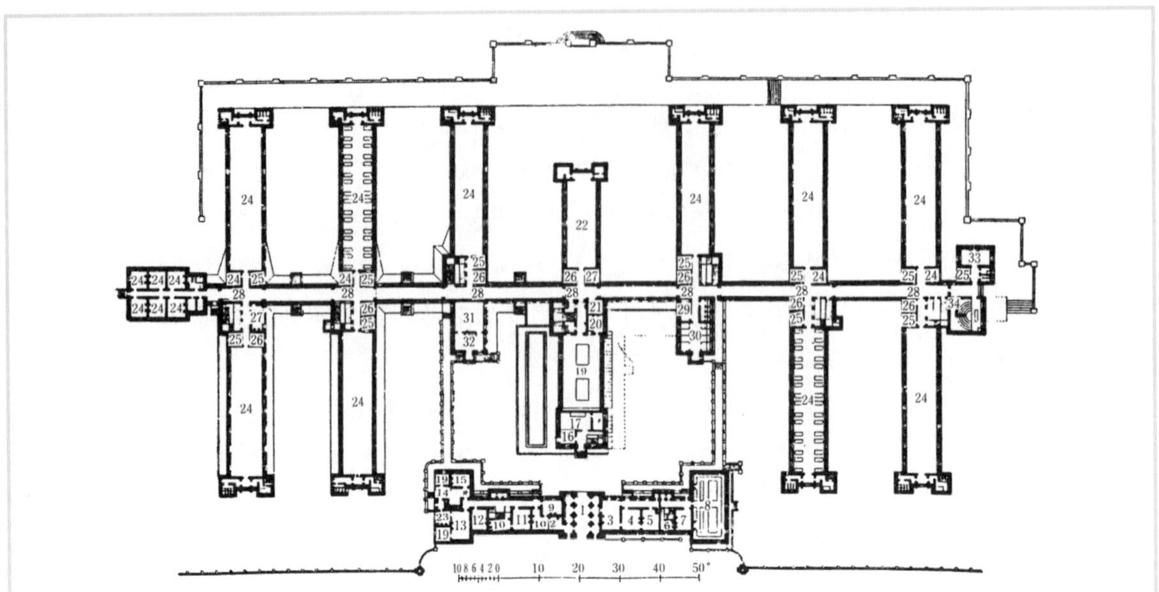

1. Entrance, 2. porter, 3. waiting room, 4. examination room, 5. surgery, 6. nurse's laundry, 7. mending laundry, 8. clean linen, 9. director, 10. clerk, 11. chief physician, 12. registry, 13. captain of orderlies, 14. sergeant major, 15. paymaster, 16. chief cook, 17. steward, 18. clerk, 19. library, 20. librarian, 21. porter, 22. dayroom, 23. officer's dwelling, 24. ward, 25. nurse, 26. pantry, 27. washroom, 28. elevator, 29. dressing room, 30. bath, 31. pharmacy, 32. drugs, 33. operating room, 34. amphitheater

그림 5.1 허버트(Herbert) 병원 · 병동 평면도[19]

복도와 연결한 병원 형태를 제창하였다. 이것은 유럽뿐만 아니라 남북전쟁 당시 미국에도 파급되었으며, 그 후 병원 건축에 큰 영향을 주어 근대병원이 출현할 때까지 주류가 되었다.

## 1.2 근대병원의 성립

19~20세기에 걸쳐 과학 및 공학기술상의 중요한 발명 · 발견으로 질병의 원인이 해명되기 시작하였다. 수많은 병원균과 항생물질이 발견되었으며, X선과 라듐도 진료에 응용되었다. 근대의학의 여명기라고 할 수 있다. 방사선을 진료에 적용하고, 세포학과 생화학에 기초한 검사수법을 개발하고, 지혈 · 마취 · 멸균기술을 기반으로 한 수술의 발전 등으로 병원은 자연과학에 근거하여 정확한 진단과 치료를 실천하는 장으로 재생되었다. 그러나 이러한 의료기술이 병원 건축에 영향을 주기에는 아직 어느 정도의 시간이 필요했다. 그 이전에 기계환기와 인공조명, 엘리베이터의 개발은 병원 형태에 영향을 주었다. 20세기 초반에 출현한 기계환기를 나이팅게일 병동에 적용한 사례와 고층병동이 그것이다. 또한, 20세기 전반에 유행한 결핵의 치료용으로 당시의 유일한 치료법이었던 대기 · 안정 · 영양

을 주요 개념으로 한 새너토리움 건축이 세계 각지의 요양지에 건설되었다.

병원에 대한 일반적인 견해에도 변화가 나타났다. 기존에는 병에 걸리면 집에 간호사를 고용하여 간단한 수술은 의사가 주방에서 실시하였다. 따라서, 병원은 어떠한 이유로 가정에서 치료를 할 수 없는 사람을 수용하는 장소였다. 이처럼 의사의 치료를 받을 수 있는 사람은 부유층과 상류계급에 한정되어 있었다.[4] 근대에 이르러 교육과 생활수준의 향상으로 병원의료에 대한 의식이 변화하였으며, 일반인들도 병원을 진료받는 장소로 이용하게 되었다. 그곳에서는 의사를 비롯하여 각종 전문직이 의료기기가 모인 많은 실에서 복잡한 조직·인간관계를 가지면서 직무를 수행하는 광경이 보이게 되었다. 병원 기능이 정적에서 동적으로 변화하였으며, 하나의 환자에 대한 진료가 많은 부문의 활동에 뒷받침되어 이루어지게끔 되었다. 이와 같은 흐름 속에서 의료 기술 및 기기의 개발은 순조롭게 발전하였으며, 고가의 의료기기를 적은 숫자의 전문직원이 다룰 수 있도록 시설·설비를 집약한 결과 새롭게 방사선부, 검사부, 수술부 등이 출현하였다. 이른바 진료부분의 중앙화이다. 한편, 조리·조제·소독멸균·물품 보관과 병력 관리 등의 업무도 중앙화되었다. 따라서 이전에는 병원의 거의 전체를 차지하던 병동도 하나의 부문으로 구성되기 시작하였다.

중앙화는 다양한 사람과 물건의 움직임을 불러일으켰다. 병원 내에는 빈번한 물품 이동이 발생하였으며, 각종 정보 교환이 이루어지게 되었다. 이러한 활동을 담는 그릇으로서의 건축은 마치 공장과 같이 동선 단축과 물품 반송의 효율화를 주목적으로 하여, 건물 전체가 수평·수직 방향으로 컴팩트한 형태가 되었다. 공조·조명·반송·통신설비가 이와 같은 형태를 실현 가능하게 하였다. 병동에서는 1940년대부터 기계환기·인공조명을 전제로 복수의 복도형이 출현하였으며, 대지의 제약이 많은 도시형 병원에서 많이 채용되었다. 병실을 외기 쪽으로 배열한 원형과 방사선형의 병동도 이러한 형태의 변형으로 생각할 수 있다.

이 시기부터 병원 형태는 병동과 기타 부문을 상하로 겹친 한 동(블록)형, 진료관계부문을 저층부에서 돌출시킨 형 등 엘리베이터를 중심으로 한 수직형 지향과, 간선통로에 전체를 연결하거나 저층의 각 층에 관련 부문을 배치하여 수직방향의 움직임을 최대한 없앤 수평형 지향으로 나누어지게 되었다. 나이팅게일 병원의 전통이 강한 영국에서는 수평형 지향이 지금도 뿌리 깊게 남아 있다.

병원 건축에서 증개축에 관한 내용은 빠질 수 없다. 1950년대에 영국의 병원건축가 J. 위크스는 '유연성'과 '무한정성'을 연구하여, 노스 위크 파크 병원으로 대표되는 끝부분이 개방적이며 내부 개조가 쉬운 동을 증축의 여지로 생각하여 완만하게 연결하는 형태를 제창하였다. 한편, 그리니치 지구 종합병원과 캐나다의 맥 마스터 헬스 사이언스 센터에서 보이는 것처럼, 설비층을 광범위하게 도입하여 내부의 공간구획과 설비배관에 유연성을 주는 방식을 실현한 사례도 나타났다. 20세기 후반에는 일본에서 다익형(多翼型)의 제안과 표준화·CAD 이용 등 세계 각지에서 이 문제와 관련하여 건축적으로 다양한 시도가 이루어져 왔다.

## 1.3 일본 의료와 병원의 근대화

일본에서는 고대로부터 한방의학을 중심으로 치료가 이루어져 왔지만, 서양의학의 유입으로 포르투갈 인 아르메이드가 1557년에 현재의 오이타(大分) 현에 최초의 서양식 병원을 건설하여 의료를 시작하였다. 그 후 일본의 막부에서는 1722년 코이시가와(小石川) 요양소를 창설하였지만, 어디까지나 한방이 중심이었으며 쇄국정책으로 서양의학의 발전은 늦어지게 된다. 이러한 시대를 거쳐 1774년 의학서 『해체신서』(解體新書)의 완성, 1805년 전신마취수술의 성공으로 이르게 된다. 19세기가 되면서 독일인 시볼트가 일본을 방문하여 종두법을 전래하는 등 점점 서양의학이 인정되기 시작하였으며, 1858년에 각지에서 종두법을 보급하기 위한 종두소(種痘所)가 설치되었고, 1861년 네덜란드 인 폼페의 주도에 의해 본격적인 서양식 병원인 나가사키 요양소가 설립되는 등 메이지 유신을 전후하여 현재의 병원의 전신이 되는 시설이 건설되기 시작하였다. 메이지 정부는 서양의학 보급을 위하여 우선 의사의 양성을 급선무로 하여 의학과 그 실습소인 병원을 설립하였다. 서양에서는 사람들을 수용하여 간호하는 장에 진료기능이 부가된 병원이 만들어졌던 점과 비교하여, 일본에서는 의사의 양성·업무의 장에 환자를 수용하는 형태의 과정을 거쳐 왔으므로 진료기능 중시의 경향이 강하며, 이것이 현재의 병원이 '요양의 장'이 아니라 '치료공장'과 같은 모습을 띠게 된 원인으로 생각할 수 있다.

동경대학 의학부의 전신인 동경의학교(東京醫學校)와 병원이 1876년에 혼고우다이(本鄕台)로 이전하였으며, 내과·외과를 나눈 목조 단층 파빌리언 형태로 건설되었다. 이후 일본 적십자병원 등에서 이러한 형식이 제2차 세계대전이 끝날 때까지 답습되게 된다.

제2차 세계대전 후 미국의 병원 관리 개념에 따라 합리적인 병원의 운영과 설계가 필요하게 되었다. 1950년의 목조 2층 종합병원 모델 계획(**그림 5.2**)[5]은 간호단위의 확립과 진료부문의 중앙화 등 이후 일본의 병원 계획 발전의 선도자가 되었다. 전후 50년 사이에 서양에서 나타난 다양한 사례를 배우면서 병원 건축계획의 연구가 발전하였으며, 아직 면적에서의 부족 등의 문제가 남아 있지만, 일본의 병원 건축은 거의 세계 일류수준에 근접하고 있다고 말할 수 있다.

일본에서는 국민 1인당 GNP가 세계 평균치에 도달한 시기인 1961년에 국민보험제도를 확립하였으며, 이후 일본은 병원 내의 병상수 추가를 거듭해 왔다. 30년 동안에 병상수는 인구비에 대비하여 세계 최고 수준에 도달하였다. 보험제도는 아직 많은 문제를 안고

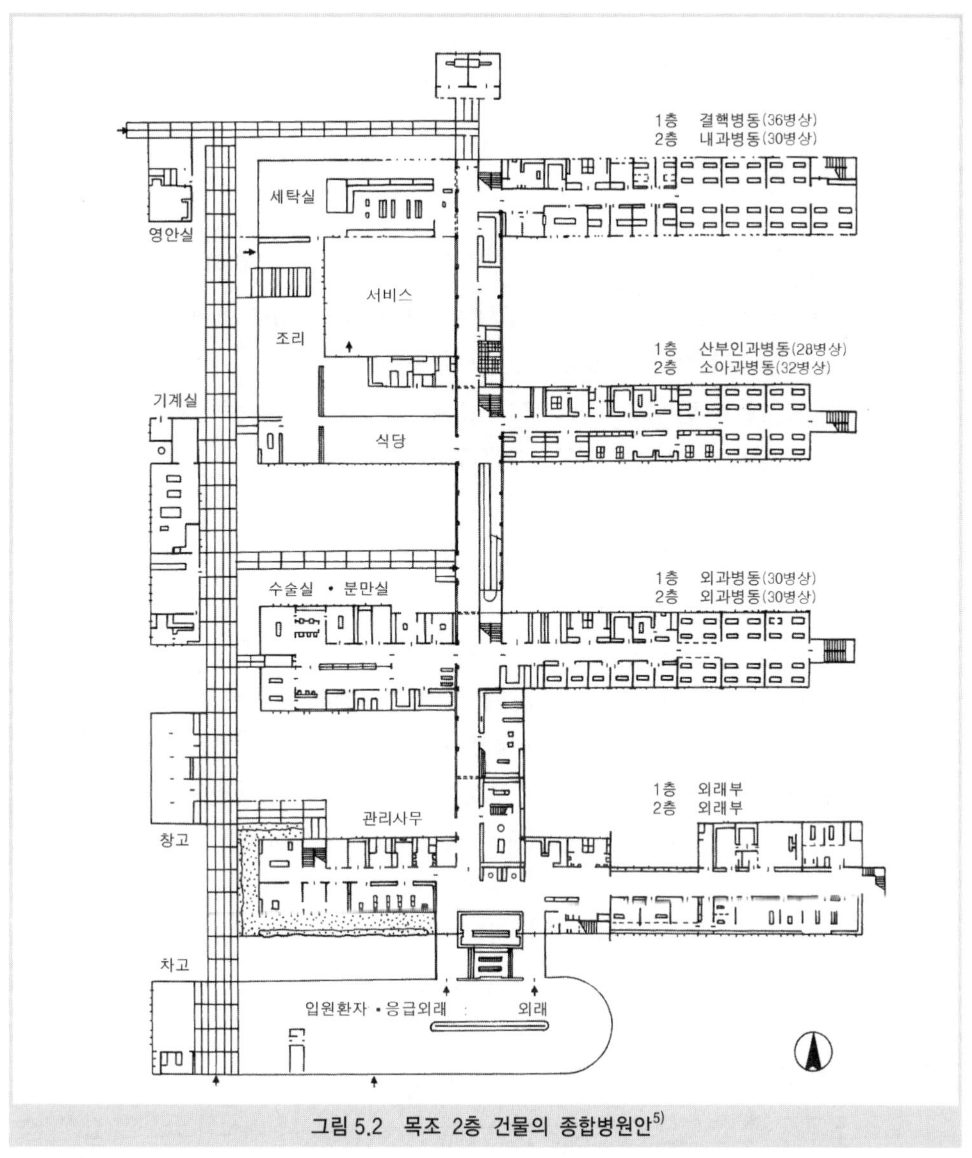


그림 5.2 목조 2층 건물의 종합병원안[5)]

있지만, 전국 어느 병원에서도 조금만 참고 기다린다면 별 걱정 없이 최신 의료기기를 이용한 진료를 받을 수 있다. 즉, 의료에 대한 높은 수준의 접근성은 자랑할 만하다고 할 수 있다. 이와 같은 양적 충족이 이루어진 현 시점에서 질적인 부분으로의 전환이 논의될 필요가 있다.

# 2 사회 속의 병원

## 2.1 질병과 문화

어떠한 상태를 질병이라고 부를지 이를 객관적으로 규정하기는 대단히 어렵다. 이것은 각각의 문화에 따라서 다르기 때문이다. 문화인류학에서는 질병을 문화적 개념으로서의 'illness'와 병리학적 개념으로서의 'disease'를 구별하여 취급하자고 주장하고 있다. 다음에 이야기할 나이팅게일의 질병에 대한 개념 규정은 전자에 가깝다. 즉, 질병은 개인과 그 사람이 속하는 사회의 생리적 부조화로서 인식된다. 전자를 문화적 질병, 후자를 병리학적 질병으로 부른다 하더라도 이것들은 대립개념으로서가 아니라, 후자가 전자에 포함되는 개념구조로 생각하는 것이 좋다.

어느 문화가 가지고 있는 특유의 제도와 관습이 일으키는 질병의 특수 사례로서, 구루병을 들 수 있다. 이 질병은 중앙 뉴기니아의 동쪽 고지대에 살며 Fore어를 쓰는 사람들 사이에서 보이는 지방병인데, 어린아이들과 성인 여성에게 최대의 사인(死因)이 되고 있다. 일어서기와 보행이 불안정하며, 진행성 소뇌실조가 지속적으로 일어나 말기에는 안구 운동 이상과 정신 이상이 나타나 3~6개월 만에 사망하는 질병이다. 성인 여성과 어린아이가 잘 걸리는 이유는 식인 습관으로 뇌를 먹는 것은 여성뿐이며, 이 뇌 속에는 병원균이 되는 바이러스가 존재하기 때문이라고 볼 수 있다. 따라서 이 질병은 특수한 습관에서 발생한 문화적 질병이라고 할 수 있다. 이러한 의미에서 물고기의 생식과 거름을 비료로 하여 발생하는 기생충병, 그리고 공해병과 고혈압성 질환 등도 문화적 질병이라고 부를 수 있다.

질병이란 무엇이며, 그리고 그것을 어떠한 환경에서 치료할 것인지는 나이팅게일이 남긴 말을 참고로 할 수 있다. 그녀는 크리미아 전쟁 중 야전병원에서의 근무와 간호라는 일을 전문직으로 확립한 것 등으로 이름이 널리 알려져 있지만, 이 외에도 병원 건축에서도 예를 들어 '병원 각서'의 내용 중에 다음과 같은 구체적인 지적을 하고 있다.

① 질병이란 무엇인가? 질병은 건강을 유지하고 있는 조건을 제거하고자 하는 자연의 움직임이다. 질병은 사실상 형용사이지 실태를 가지는 명사가 아니다.

② 건강이란 무엇인가? 건강이란 신체의 양호한 상태를 나타내는 것뿐만 아니라 우리가 가지는 힘을 충분히 활용할 수 있는 상태를 나타낸다.

③ 병원의 본래 기능은 환자의 건강을 최대한 빠르게 회복시키는 것이다.

④ 내과적이 아닌 외과적 치료가 절대적으로 필요한 시기가 지났다면, 어떠한 환자라도 하루라도 더 오래 병원에 머무르게 할 필요는 없다. 이것은 예외 없는 법칙이라고 할

수 있다.

⑤ 그렇다면 일상활동에 아직 적응할 수 없는 환자를 어떻게 하면 좋은가. 모든 회복기 환자를 위한 별도의 병원을 설치해야 한다.

⑥ 회복기 환자용 병원이 갖추어야 할 제1의 조건은 병원과 전혀 비슷하지 않다는 점이다. 상당히 잘 갖추어진 회복기 환자용 병원은 작은 주택이 나열된 것과 같은 형태이지 않을까.

⑦ 병원이라는 것은 어디까지나 문명 발달 중 하나의 중간단계에 지나지 않으며, 실제 어떤 경우에도 모든 환자를 수용할 수 있는 것은 아니다.

질병이란 크거나 작거나 그 사람의 생활습관과 그가 속한 사회의 문화적 배경이 관련되어 있으므로, 치료를 하는 데 있어 인간을 마치 기계로 간주하여 부품의 교환과 수선을 하는 것만으로는 충분하지 않다. 이런 면에서 나이팅게일이 지적하는 바와 같이, 병원은 환자를 일시적이라도 장기간 그곳에 머무르게 하지 않도록 하며, 또한 가능한 한 환자를 가정 또는 사회 내에서 치료하도록 하는 것이 바람직하다. 반대로 말하면, 병원은 환자가 질병에 맞설 수 있을 만큼의 힘을 기르는 장소이고, 이를 위하여 의료적인 지원을 행하는 장소라고 생각해야 할 것이다.

## 2.2 지역과 병원

1933년경의 조사에 의하면, 국민의 약 65%가 의료를 받을 수 없는 상황에 처해 있다는 보고가 있다. 이러한 상태는 국민보험제도가 실시되기 시작한 1961년까지 계속된다. 이것을 기점으로 일본에서는 병원을 주체로 한 의료 서비스가 제공되게 된다.

의료법에서는 "의료는 국민 스스로의 건강 유지를 위한 노력을 기초로 하여 병원, 진료소, 개호노인보건시설, 기타 의료를 제공하는 시설(이하 '의료제공시설'이라 함), 의료를 받는 사람의 거주공간 등에서 의료제공시설의 기능에 맞게 효율적으로 제공받지 않으면 안 된다."(제1조 제2항 2)로 규정되어 있다. 여기에서 병원이란, "의사 또는 치과의사가 공중 또는 특정 다수인을 위하여 의료업 또는 치과의료업을 행하는 장소로서, 20인 이상의 환자를 입원시키기 위한 시설을 말한다."(제1조의 제5항 1)로 규정되어 있다.

또한, '병원' 중에서 "지역에서 의료의 확보를 위하여 필요한 지원에 관하여 다음에서 제시한 요건에 해당하는 것은, … [중략] … 지역의료 지원병원으로 부를 수 있다."(제4조)로 하며, ① 다른 병원이나 진료소로부터 소개받은 환자에게 의료를 제공하며, 해당 병원에 근무하지 않는 의사 등의 의료종사자의 진료와 연구・연수에 건물과 의료시설・기구를 이용시키는 체제가 갖추어져 있을 것, ② 구급의료를 제공할 수 있을 것 등 6개의 항목을 그 요건으로 하고 있다.

그리고 이외에 ① 고도의 의료를 제공하는 능력, ② 고도의 의료기술의 개발과 평가를 수행하는 능력 등 8개 항목에 해당하는 병원을 "특정기능병원"(제4조의 제2항)으로 부를 수 있다고 규정되어 있다. 참고로 '종합병원'이라는 병원의 종별은 존재하지 않는다.

한편, 병상(病床)의 종류로는 ① 정신 병상, ② 감염증 병상, ③ 결핵 병상과, 이외에 주로 장기간 요양을 필요로 하는 환자를 입원시키는 ④ 요양 병상, 이외에 ⑤ 일반 병상의 5개가 "병상의 종별"(제7조의 제2항)로 규정되며, 이러한 개별 병상이 각 지방자치단체가 정하는 '의료계획'(5년마다 각 지역에 필요한 병상수, 즉 기준 병상수를 정한 것)에 따라 정비되게 된다.

병원 건축을 특징짓는 것은 그곳에 환자가 존재하는 데에 있다고 앞에서 서술하였다. 어느 지역에 병원이 세워지는 경우, 가장 먼저 그 지역에는 어떤 의료수요가 있는지, 그리고 어떠한 병원이 필요한지를 파악하지 않으면 안 된다. 영국과 같이 국영의료 중심인 국가에서는 각각의 병원이 가지고 있는 역할과 지역적 대응범위가 명확하게 이루어져 있지만, 일본과 같이 다양한 운영주체의 병원이 독자적인 경영과 운영방침으로 설립되어 환자가 어느 병원이라도 자유롭게 선택할 수 있는 국가에서는 다음과 같은 항목을 충분히 고려할 필요가 있다.

① 어느 지역에서 발생하는 환자를 어떤 병원에서 진료하는가(수료권)

② 수료권(受療權)의 확인과 함께 각 병원이 진료대상으로서 취하고 있는 지역(진료권)

③ 진료권 내에서의 환자의 질병 구조

④ 진료권 내에 있는 의료 공급 상황, 즉 병원과 병상 수, 배치 상황, 의사와 간호사 등의 의료요원 또는 진단 및 진료 기기 등과 같은 의료자원의 충족 상황

⑤ 진료권 내에서의 이러한 사항에 대한 미래상

이상과 같은 상황을 이해한 후 병원의 구체적 건축 계획에 직면하게 되며, 실제로는 병원을 이용하는 환자가 어떠한 속성을 가진 환자인가에 따라 구성과 시설 계획이 달라지기 때문에, 지금까지 건축분야에서는 주로 병원에 있는 환자상을 알고자 하는 조사·연구가 이루어져 왔다.

본래 의료시설이란 다양한 질환에 적절하게 대응하지 않으면 안 되므로, 이러한 기능을 명확하게 하지 않으면 안 된다. 뉴 타운 계획 시에 진행된 연구에서는 1960년대에 이러한 의료시설의 기능분담을 명확하게 하기 위한 필요성과, 그 구체적 보건의료 시스템이 이미 제안되었지만, 많은 사람들이 그 개념에는 동의하였으나 실현되지는 않았다. 그러나 최근에 개정된 의료법에서는 지역의료 계획과 의료시설 기능분담이 명시되는 등 그것이 실현되려는 움직임이 보이고 있다(**그림 5.3**).

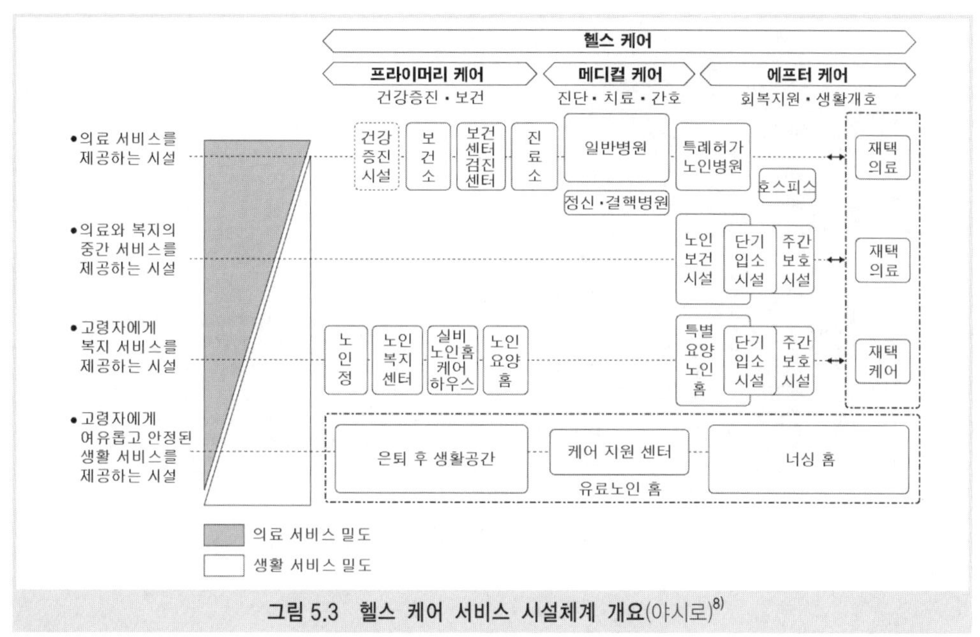


**그림 5.3 헬스 케어 서비스 시설체계 개요**(야시로)[8]

# 3 방문의 장으로서의 병원

## 3.1 외래진료의 이미지

외래환자는 초진 또는 재진의 환자로, 또 한편으로는 시간외 또는 구급환자로 일반적으로 분류되고 있다. **그림 5.4**는 요코하마 시민병원에서 실시한, 외래환자가 병원을 방문했을 때 어떠한 흐름으로 병원 내를 이동하고 있는지를 조사한 결과이다.[9] 대부분의 환자가 각 과 진찰실에서 진료를 받은 후 계산창구로 향하며, 계산을 마치고 약국에서 약을 받아 병원에서 나오고 있다. 그러나 이러한 일반적인 환자의 움직임뿐만이 아니라 건강검진이나 신체검사 및 방사선진단과 재활부문을 다니는 경우도 적지 않다.

대부분의 일본인들은 이러한 대형병원의 외래를 '기다림, 대기'와 '헤매는 공간'이라고 비평한다.

이전에 일반인들이 가지고 있는 외래진료 수속에 대한 이미지를 파악하기 위한 조사를 실시하였다.[10] 외국에서 오랫동안 살다 온 일본계 2세에게 대형병원의 외래진료를 받는 방법을 설명한 후, 수속과정에 대하여 의견을 받는 방법으로 이루어졌다. 사람에 따라 상이한 절차 중에서 몇 가지 공통적인 행위도 있었다. 그리고 실제로 이루어지고 있는

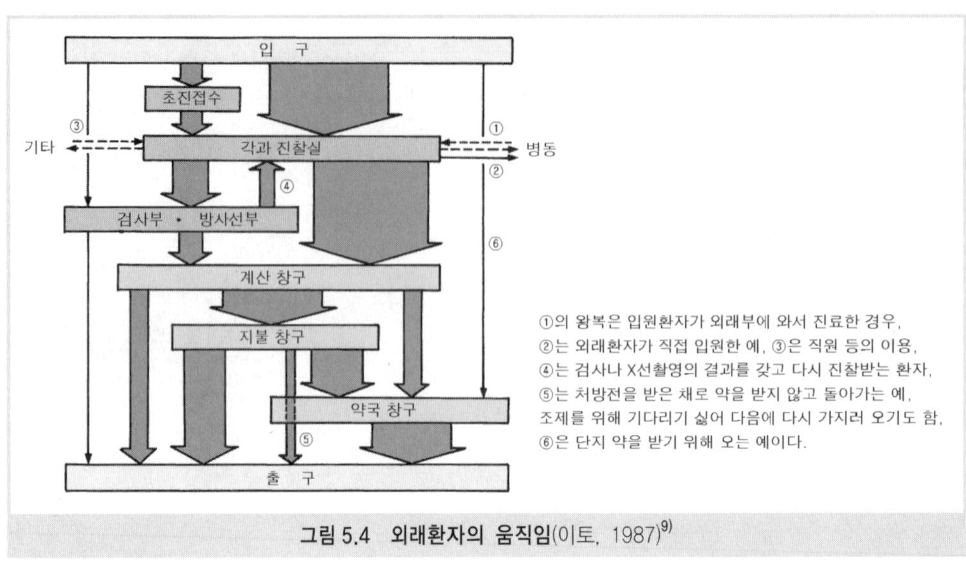


**그림 5.4 외래환자의 움직임**(이토, 1987)[9)]

절차를 12개의 병원에서 조사 · 기록하였으며, 이들을 비교해 보았을 때 접수와 수납 방식에서 차이가 많이 보였다(**표 5.1**). 또한 병원별로 절차에도 조금씩 차이가 있었다. 외래부문 전체의 구성부터 진찰실과 치료실 및 접수의 배치에 이러한 차이가 보여(**표 5.2**) 환자를 혼란스럽게 하고 있었다.

환자 개개인이 병원에 왔을 때부터 무엇에 주의하여 행동하고 있는가, 사람들이 어떤 장소에서 어떤 자세로 기다리고 있는가를 그림과 비디오를 준비하여 기록 분석하였다. 의자가 비어 있어도 서 있는 환자, 진료실 내에서 멍하니 기다리고 있는 환자, 기다리는 시간이 신경이 쓰여 독서에도 집중할 수 없는 환자 등 그 심리를 알 수 있는 몇 가지 단서를 얻을 수 있었다(**그림 5.5**).

환자를 둘러싼 정보환경도 주목할 필요가 있다. 어느 내과의 대기실에서는 호출방송이 실제로 1.9분에 1회의 비율, 전체 방송과 다른 과까지 포함하면 1.4분에 1회의 비율로 이루어지고 있다. 환자는 자신이 언제 호출될지 모르기 때문에 모든 호출에 귀를 기울이고 있다. 그러나 이와 같이 병원 쪽에서 마련하고 있는 것은 이른바 '관리된 정보'이며, 대기실에 있는 환자는 이외에도, 예를 들어 시계를 보거나 접수나 대기하는 사람을 보거나 환자 간의 이야기를 듣고 옆의 환자와 직원에게 묻는 등 자신의 상황에 관한 여러 가지 '관리되지 않은 정보'를 취득하여 판단하고 있음을 알 수 있다.

병원을 방문하는 환자는 외래진료부를, 많은 사람들과 함께 장시간 기다리며, 복잡한 절차에 따라 이곳저곳 가지 않으면 안 되는 알기 어려운 장소라는 이미지를 잠재적으로 가지고 있다. 이와 같이 자신이 얻은 정보에 의한 이미지와 현실 사이의 차이가 환자에게 있어서 문제가 되고 있다.

**표 5.1 접수방식과 이미지 조사건수[10)]**

| | 종합접수 | 중앙접수 | 각 진료과 | | 종별 | 병 원 명 | 이미지 조사건수 |
|---|---|---|---|---|---|---|---|
| 초진<br>재진 | | | | 재진시 중앙접수로 가는 경우 | 기본형 | 무사시노(武藏野) 적십자 병원<br>동경의과 치과대학 부속병원<br>국립병원 국제의료센터 | |
| 초진<br>재진 | | | | | 반자동화 | 동경 테이신(遞信) 병원<br>동경대학 의학부 부속병원 | 16 |
| 초진<br>재진 | | | | | 완전자동화 | 공립 마토이시가와(松任石川) 중앙병원 | |
| 기타 | | | | | | 자치의대 부속 오미야(大宮) 의료센터 | |
| 초진<br>재진 | | | | 재진시 직접 진료과로 가는 경우 | 기본형 | 카가와(香川) 현립 중앙병원<br>도립 히로오(廣尾) 병원<br>일본 의과 대학병원 부속병원 | 2 |
| 초진<br>재진 | | | | | 과별중앙접수 | | 2 |
| 초진<br>재진 | | | | | 완전과별접수 | | 1 |

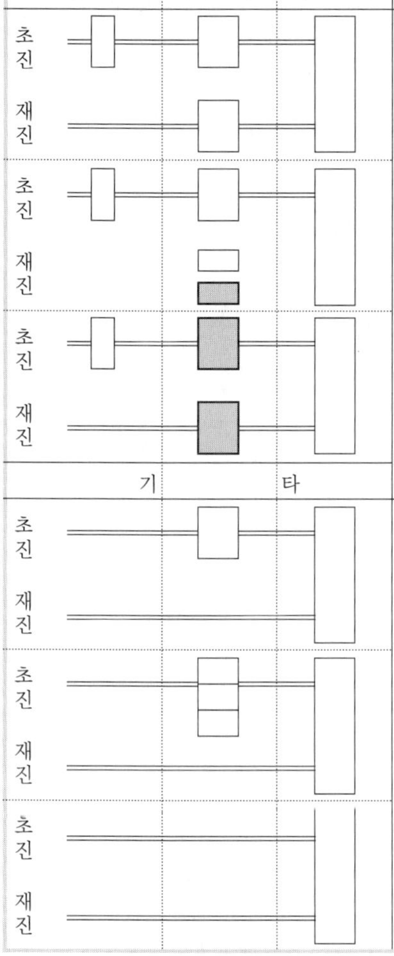

주 : 1) 종합안내는 있는 경우와 없는 경우를 같은 분류로 하였다.
2) ■는 자동 접수기에 의한 접수이다.

## 3.2 '대기' 문제

'대기(待期)' 문제는 일본의 병원 의료개념 부분까지 이야기하지 않으면, 근본적인 해결은 바랄 수 없는 숙명적 배경을 지니고 있다. 우선, 외래환자 수의 문제가 있다. 서구와 같이 통원은 진료소, 입원은 병원과 같은 기능분담이 명확하지 않으며, 환자가 의료시설을 자유롭게 선택할 수 있는 일본에서는 보다 고도의 의료를 추구하여 점점 대형병원 지향으로 되어 왔다. 다수의 환자가 몰려든다면 '3시간 대기하여 3분 진료'와 같은 상황이 나타나게 된다. 이러한 문제의 기초에는 병원 쪽은 외래부에서 아무런 스크리닝(screening, 선별

**표 5.2 대기실 · 진찰실 · 처치실의 관계**(오오하라, 1991)[11]

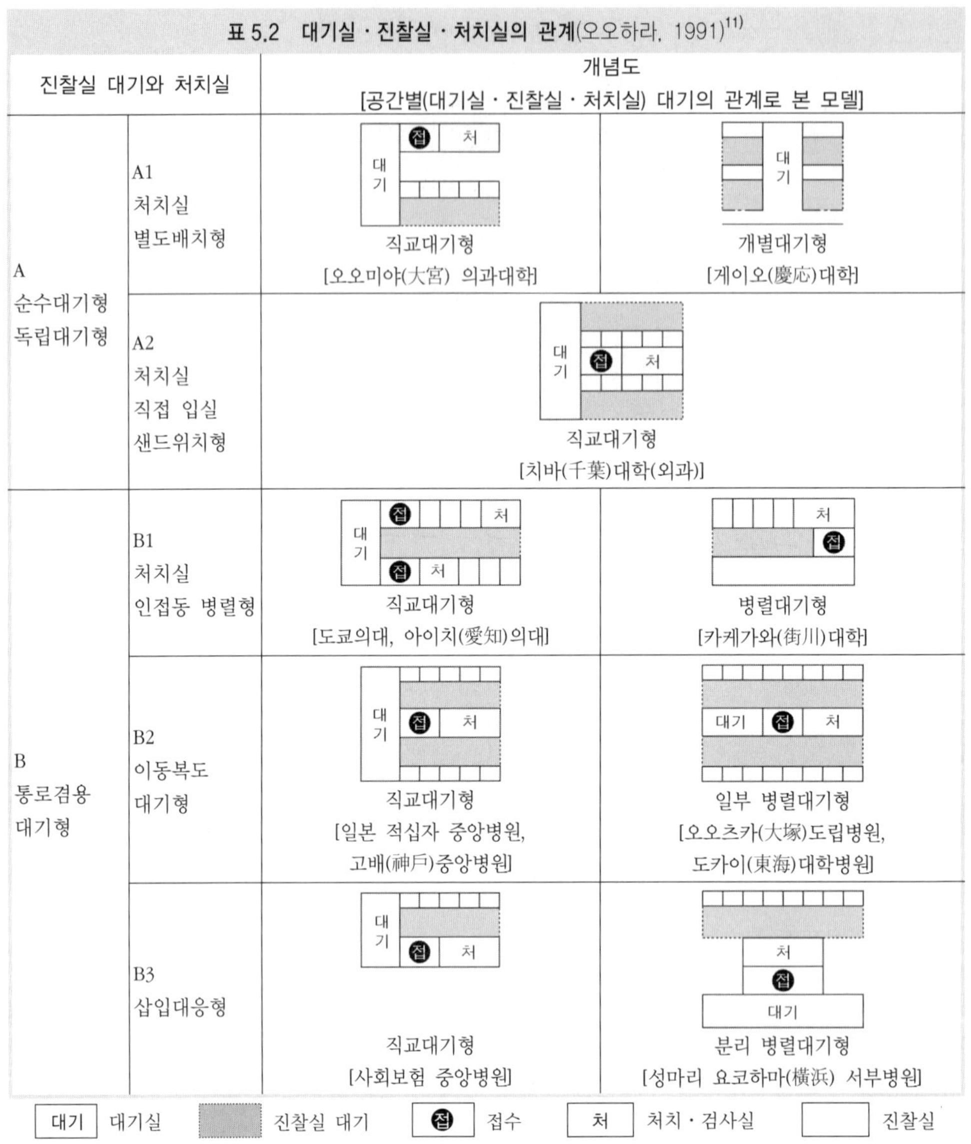

| 진찰실 대기와 처치실 | | 개념도 [공간별(대기실 · 진찰실 · 처치실) 대기의 관계로 본 모델] | |
|---|---|---|---|
| A 순수대기형 독립대기형 | A1 처치실 별도배치형 | 직교대기형 [오오미야(大宮) 의과대학] | 개별대기형 [게이오(慶応)대학] |
| | A2 처치실 직접 입실 샌드위치형 | 직교대기형 [치바(千葉)대학(외과)] | |
| B 통로겸용 대기형 | B1 처치실 인접동 병렬형 | 직교대기형 [도쿄의대, 아이치(愛知)의대] | 병렬대기형 [카케가와(街川)대학] |
| | B2 이동복도 대기형 | 직교대기형 [일본 적십자 중앙병원, 고배(神戸)중앙병원] | 일부 병렬대기형 [오오츠카(大塚)도립병원, 도카이(東海)대학병원] |
| | B3 삽입대응형 | 직교대기형 [사회보험 중앙병원] | 분리 병렬대기형 [성마리 요코하마(横浜) 서부병원] |



작업)도 하지 않은 채 환자를 받아들이며, 환자는 조금이라도 고도의 진료를 받기 위하여 의료기기가 정비된 대형병원으로 모여 드는 현황이 존재하고 있다. 이를 해결하려면 병원의 이용방식 자체를 포함한 의료 제공 시스템을 재고할 필요가 있으며, 최근의 지역의료 지원병원과 특정기능병원에서는 외래율의 목표치를 정하거나 진찰료를 높게 설정하는 등의 대책이 이루어지고 있다.

이와 같이 진료소와 병원과의 연계를 도모하여 소개제(紹介制)를 도입하여 구급한 경우를 제외하고 고도의 진찰을 필요로 하지 않는 환자가 오는 것을 감소시킬 수 있다면, '대기' 문제의 해결은 용이하게 된다. 단, 환자 입장에서 본다면, 예를 들어 진료의 결과가

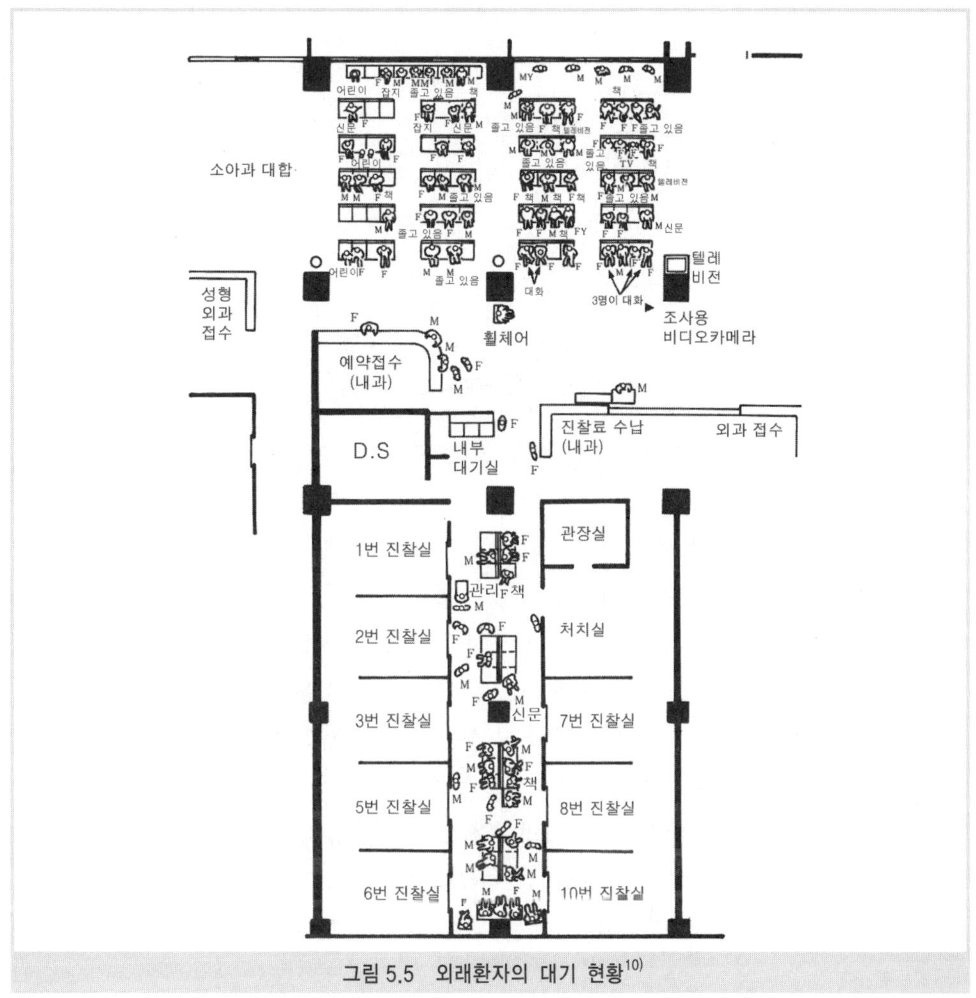


그림 5.5 외래환자의 대기 현황[10)]

감기라고 하더라도 진료하기 이전에는 큰 병일지도 모른다는 불안감을 가지고 있으며, 그로 인해 조금이라도 고도의 진료기기가 갖추어진 큰 병원으로 발길을 돌려 버리게 되는 것과 같은 심리적 불안을 제거할 수 없다는 것도 사실이다.

그리고 다른 기관에서 소개받은 입원예비 환자는 다시 한 번 그 병원 외래에서 일련의 진료를 받은 후 입원이 허용되며, 이와 같이 입원을 위한 통과절차로서의 외래진료도 진료 업무량을 증대시켜 '대기'를 발생시키는 요인이 된다.

어느 시간대에 환자가 집중한다는 것도 문제가 있다. 동일한 환자수라도 넓은 범위의 시간대로 분산시킨다면 '대기'는 발생하지 않는다. 여러 가지 이유에서 전면적인 성공의 사례는 적지만, 진료시간 예약제를 적절하게 도입할 수 있다면 이러한 문제 해결에 도움이 된다.

당연히 도착시각이 균등하게 이루어졌을 경우에는 이러한 환자들을 처리할 수 있을

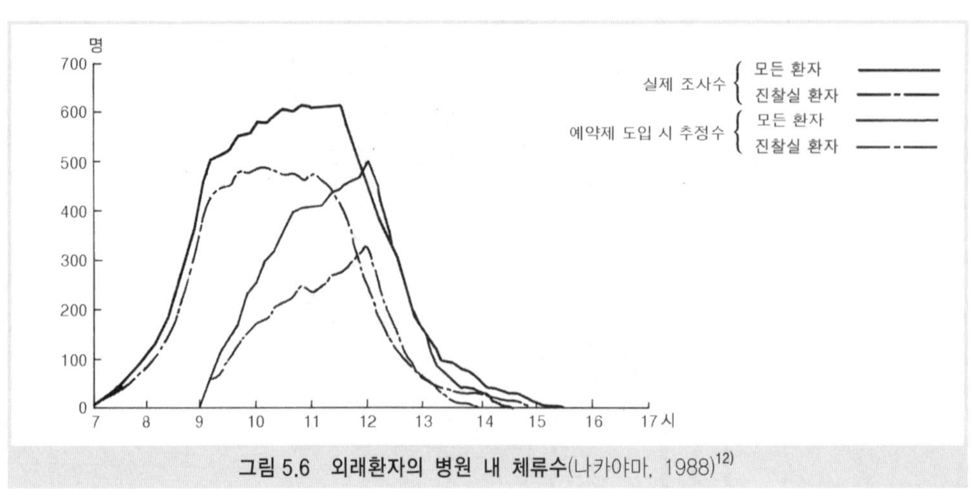


**그림 5.6 외래환자의 병원 내 체류수**(나카야마, 1988)[12]

만큼 진료실과 의사수가 갖추어져 있지 않으면 의미가 없다. 나카야마(中山) 등은 예약제를 채용하고 있지 않은 외래부문에서 체류 환자수를, 예약제를 도입함으로써(병원에 오는 시각을 집중되지 않게 만든다) 22% 정도 감소시킬 수 있다는 시뮬레이션 결과(**그림 5.6**)를 보고하였다.[12] 실제로는 예약제를 채용해도 문제가 없는 것은 아니다. 즉, 환자 쪽에서 이러한 제도에 익숙하지 않아 예약시각이 되어도 나타나지 않거나, 예약시각보다 상당히 빨리 병원에 오거나, 심지어 진찰 시작시각이 늦거나, 진료가 예정 시각대로 이루어지지 않는 문제 등이 발생한다. 예약제가 대기의 문제를 없애는 유효한 방법임에는 분명하지만, 도입에는 이와 같은 다양한 관리상의 검토가 이루어지지 않으면 안 된다.

그러나 이러한 현황에서도 개선 가능한 문제는 적지 않다.

### 3.3 '대기'의 발생 메커니즘

최근에 다양한 진시회와 박람회가 빈번하게 개최되고 있으며, 그 때마다 개찰구에서 발생하는 행렬을 줄이고자 하는 시도가 방송매체를 통하여 일반에게 알려지고 있다. 병원 건축 분야에서는 애초부터 이러한 문제를 외래부문에서 대기의 문제로 받아들여 해결하고자 하고 있다. 대표적으로 요시타케(吉武)의 연구[13]에서는 다음과 같은 대기의 발생 메커니즘을 분명히 하고 있다.

대기실 W는 시설 이용자 X와 그들이 이용하고자 하는 시설 Y와의 관계에서, X가 방문할 경우 Y의 처리 능력이 충분치 못하기 때문에 발생하는 '넘치는 사람들의 집합소'가 된다. 따라서 W의 규모는 X의 방문에서 구하는 것이 아니라 그 이전에 Y의 규모가 결정되지 않으면 안 된다. 대기의 성격에는 ① 약국에서 자신의 약이 만들어지는 것을 기다리는 '작업 대기', ② 진료실 앞에서 앞 사람의 진료가 끝나는 것을 기다리는 '순번 대기', ③

진료시간 전에 온 경우 '출발 대기', ④ 현관에서 만나기로 한 사람을 기다리는 '상호 대기'로 구분되며, 이것이 연속적으로 발생하는 경우가 많다.

환자의 대기 관점에서 '상호 대기'는 '출발 대기'의 일종으로 간주되므로, 나머지 3개의 유형을 분석하면 다음과 같다. '출발 대기'는 방문시간과 정시에 진료를 개시하고 있는지의 여부와 관련이 있으며, 이 시간의 단축은 환자와 직원의 의식을 바꾸지 않으면 해결할 수 없다. 그리고 예를 들어 환자로부터 처방전을 받은 후 조제작업을 하는 것이 아니라, 의사가 처방한 시점부터 시작한다면 '작업 대기'는 단축할 수 있다. 처방전 주문 발생원 입력은 이러한 효과를 기대한 수법이다. '작업 대기'란 환자에게는 자신을 위하여 사용되는 시간이므로, 직원이 최대한 능률적으로 작업을 하고 있다면 어느 정도 기다릴 수밖에 없다. 수납 계산을 위한 컴퓨터 도입과 같이 한 작업당 작업시간을 단축하는 것은 바로 '작업 대기'의 단축으로 이어진다. 그러나 '순번 대기'는 타인의 작업 대기를 자신의 시간에 포함해서 기다리는 것이 되므로 물리적으로나 심리적으로 가장 큰 문제가 된다. 이러한 경우 의사나 진찰실 수 또는 창구의 수를 늘리거나, 환자가 진찰실 앞에 도착하는 시간을 진찰 개시시간에 맞추어 둠으로써 쓸데없는 대기를 피하는, 즉 진료받는 시간을 다시 한 번 예약해 두는 방식을 채용해 볼 수 있다.

그리고 '대기'는 병원 관리 시스템에도 영향을 받는다. 환자는 진찰뿐만 아니라 검사부와 방사선부를 이용할 때마다 '대기'를 하게 된다. 진료부문의 중앙화는 각 장소에서의 대기를 발생시켰다고 말할 수 있다. 특히 대규모의 외래에서는 각 장소에서의 대기가 누적되어 환자의 병원 체재시간이 상당히 길어지게 된다.

현재와 같은 중앙 진료부문의 성립 이전에는 각 진료과가 필요한 진료기기를 개별적으로 보유한 채 외래진료가 이루어졌기 때문에, 환자는 각각의 진료과의 창구에서 접수를 마친 후(각 과 접수방식), 진찰 순번을 기다리는 것이 일반적이었다. 진료기록카드(카르테)에 관해서도 각 과별로 보관되어 있었다. 이후 진료부문의 중앙화와 함께 진료기록카드도 중앙 보관되어, 중앙화된 창구에서 접수를 하는(중앙접수) 방식으로 되어 왔다. 환자가 자신의 진료기록카드를 가지고 걸어서 검사부문과 조제실·수납 등을 돌아다니는 모습은 현재 거의 볼 수 없게 되었지만, 한편으로 기록부의 이송시간을 고려할 필요가 생겼다. 접수에 관해서 최근에는 초진 환자만 중앙에서 접수를 하며, 재진 환자는 각 과 또는 몇 개의 집합된 진료과 단위에서 접수를 하는(블록접수) 방법이 일반화되고 있다.

지금까지 병원의 관리·건축·설비 분야에서 각 과별 초진·재래의 환자수, 계절 변동, 평균 진료 소요시간, 검사와 방사선의 진료량 등이 조사되어 외래 업무의 실태가 분명해졌다. 그러나 현재로는 이것들이 '얼마나 효율적으로 환자들을 처리할 수 있을까'라는 명제 중 주로 관리기능의 강화에만 공헌해 왔을 뿐이라고 말할 수 있다. 이 자체가 결코 나쁘다고 할 수는 없지만, 환자를 군중으로 취급하려 함으로써 환자 개개인에 대하여 고통받는 인간으로 보는 부분을 소홀히 했다는 점도 부정할 수 없다. 이에 대하여 일본의 많은 병원에서 채용되고 있는 중간 대기방식은 기다리는 시간을 이용하여 예비 진료표를 기입하고 체중과 혈압을 측정할 수 있으며, 순번이 다 된 환자를 가까이 대기시켜 의사를 기다리지 않게 하여 능률을 향상시킬 수 있으며, 한편으로는 긴 대기시간을 이분함으로써 환자의 심리적 조바심을 경감하는 역할도 하고 있다. 따라서, 이것은 대기시간의 단축뿐만 아니라 진료 능률을 우선시킴으로써, 환자의 기분을 진정시키는 취지에 대한 대책이라고도 말할 수 있다(**그림 5.7**).

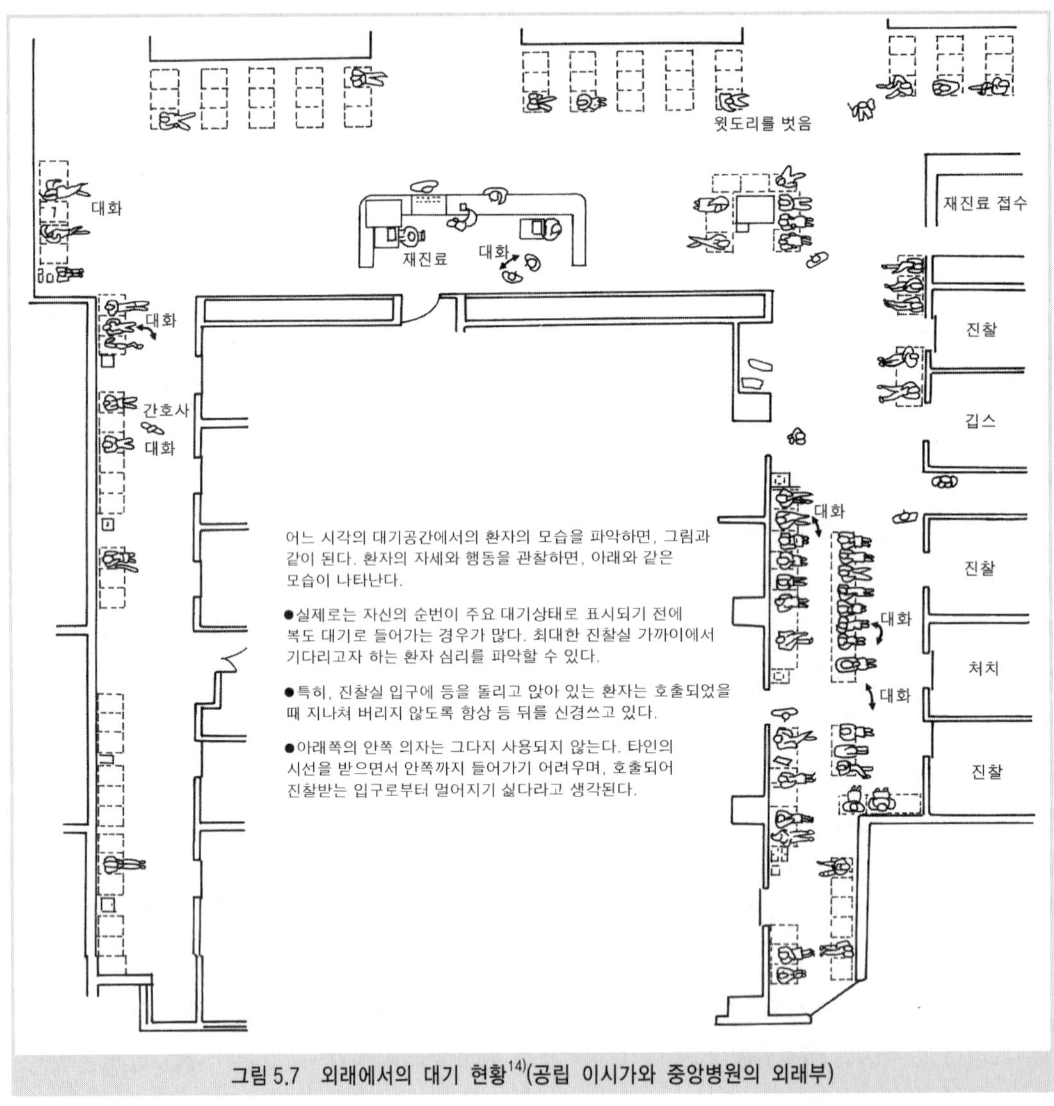


**그림 5.7 외래에서의 대기 현황**[14]**(공립 이시가와 중앙병원의 외래부)**

## 3.4 '대기'를 위한 공간

표 5.3 각 부문의 이용자 수(%)

| | 생리검사 | X선 진단 | 약 국 |
|---|---|---|---|
| A 병원 | 2.8 | 11.6 | 58.4 |
| B 병원 | 2.5 | 5.4 | 64.0 |
| C 병원 | 2.4 | 8.7 | 59.0 |
| D 병원 | 1.9 | 9.5 | 36.5 |
| E 병원 | 1.8 | 7.6 | 52.5 |

신건축학대계 참조.

외래에서는 어떤 방법을 선택하더라도 기본적으로 시설 Y가 이용자 X에 대하여 여유 있게 설치되어 있지 않다면 필연적으로 기다림이 발생하므로, 이러한 대기 상태를 조금이나마 쾌적하게 보낼 수 있도록 계획하는 것이 필요하다. 외래환자는 앞의 **그림 5.4**에 나타낸 것처럼 여러 부문을 이동하며, 각각의 부문에서 기다리게 된다(각 부문의 이용자 수는 **표 5.3**과 같다). **그림 5.8**에는 진찰실 또는 진료부문・약국・수납 등에서의 대기공간의 사례를 나타내었으며, 환자의 대기에 대한 배려로 진찰 대기 부분에 자연광을 도입하여 밝은 분위기로 하고, 약국 대기 또는 접수・수납 대기 부분을 개방하여 넓은 공간으로 하는 등 설계상의 노력이 보인다.

**그림 5.9**에는 미국의 외래진찰 대기공간 사례를 나타내었는데, 일본의 사례와는 다르게 대기공간이 소규모로 분절되어 있으며 인테리어와 디자인이 세련된 점 등을 알 수 있다. 기능상의 여러 가지 문제 해결과도 연결하여, 대기공간의 거주성을 향상시킬 수 있는 노력이 요구된다.

## 3.5 '헤매임' 문제

외래의 '헤매임'에서 실제로 발생하는 문제점을 파악하기 위하여 일주일 동안 환자의 길안내 상황을 병원 직원에게 기록하여 받았다. 진찰 후 검사부와 방사선부로 이동 중 헤매는 경우가 빈번하게 발생하였다. 이유는 여러 가지가 있지만, 우선 병원 내의 공간이 알기 어려운 것을 들 수 있다. 그러나 흥미롭게 각 부문에 대한 이미지와 명칭에서 병원과 환자 쪽이 차이가 보였다(**표 5.4**). 예를 들어, 병원은 검사부와 방사선부를 명확히 구별해 두었는데, 환자는 뢴트겐 촬영도 하나의 검사로 생각하는 경향이 있다. 그렇게 되면 뢴트겐

**표 5.4 병원에 따른 검사부문의 분류・호칭과 환자의 인식・호칭의 차이**[10]

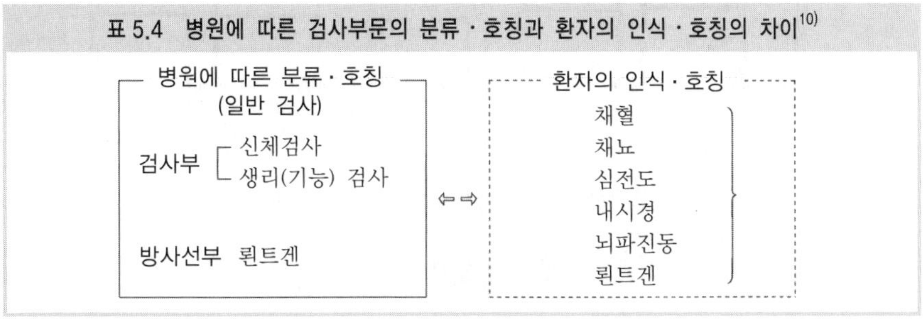

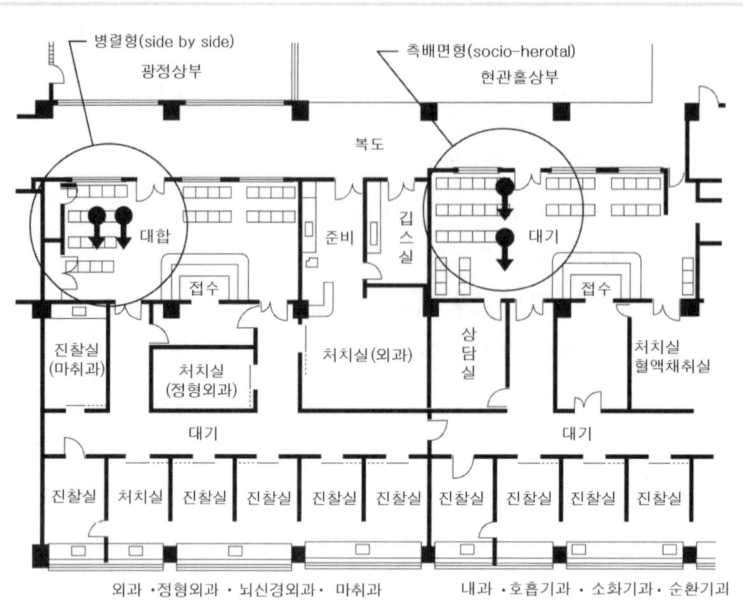


신코(神鋼) 병원의 대기공간

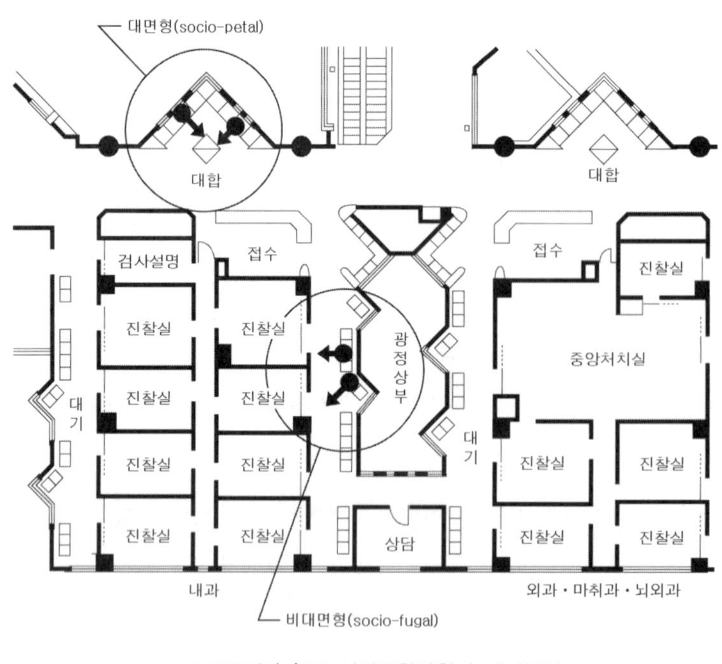


오오무타(大牟田) 시립종합병원의 대기공간

**그림 5.8 외래부의 사례**

**그림 5.9** Brigham and Women's Hospital **대기실**(나카야마 제공)

을 촬영하기 위해 검사부를 찾아 헤매는 경우가 생기게 된다. 검사부와 방사선부가 옆에 있다면 문제는 적지만, 층이 다른 경우에는 더욱 헤매게 된다.

안내표시도 환자의 실제 행동과 표시와의 관계가 희박하다는 것을 알 수 있었다. 예를 들어 '소변검사를 위하여 처치센터로 향하였지만, 머릿속에는 소변검사라는 단어밖에 없으므로 처치센터의 표시를 보더라도 인식하지 못하고 지나쳤다'라든지, '신체기능검사' 라고 적혀 있더라도 환자는 그 곳에서 심전도를 찍는다고는 생각하지 않은 경우도 있다.

## 3.6 '헤매임'과 '대기'의 공간적 해결

'헤매임'은 안내표시의 정비만으로는 해결할 수 없다. 생각의 지도에 조각되어 있는 자신만의 기준을 가질 것, 즉 외부가 보이도록 하고 각 부문의 분위기를 달리하는 점 등이 중요하다. 이와 같이 외래의 '헤매임'은 건축부문과 진료절차의 복잡함에 기인하는 경우가 많으며, 각 병원의 독자적인 개선이 기대된다.

외래환자가 여러 부문을 이동하는 경우를 생각하면, 이러한 이동공간은 처음 방문한 환자에게 매우 알기 쉽게 계획되어야 한다. 우선, 환자가 병원을 방문할 때, 도보 또는 자동차의 이용에 관계없이 병원의 현관이 어디에 있는지 한눈에 파악할 수 있도록 배치 계획의 단계에서부터 검토하지 않으면 안 된다. 그리고 현관에 도착한 후 가고자 하는 방향과 길을 이해할 수 있으며, 자신이 병원 내의 어느 위치에 있는가를 파악할 수 있도록 하는 계획이 필요하다. 최근에는 현관홀을 관통하는 개방화 수법이 이루어지고 있다. 이는 병원이 규모가 커짐에 따라 각 진료부문이 커지고 환자의 이동거리가 길어짐으로써, 몇 개의 층으로 이루어진 외래·검사 부문 등을 한눈에 파악하여 알기 쉽게 하는 역할을 하기도 한다(**그림 5.10, 5.11**).

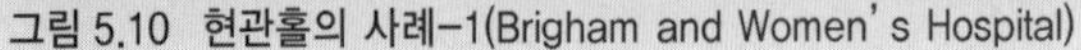

그림 5.10 현관홀의 사례-1(Brigham and Women' s Hospital)

그림 5.11 현관홀의 사례-2(공립 이시가와 중앙병원)

헤매임은 이러한 대공간에서 소공간(일반적인 천정높이를 가진 공간)으로 이동하는 경우에 주로 발생하며, 가령 대기공간을 분절시키더라도 환자는 언제 자신의 이름이 호출될지 불안하므로 결국 접수창구 앞으로 모이게 되는 결과로 되어 버린다(**그림 5.7**).[14] 환자의 헤매는 장소가 공간의 크기가 급변하는 지점에서 나타나는 점과, 소공간이, 위에서 말한 미국의 사례와 같이, 더욱 작은 공간으로 분절되는 점 등은 앞으로의 공간 구성 계획 내에서 고려할 필요가 있다.

이러한 문제를 해결하기 위해서는 병원 지리학(hospital geography)의 발상이 유효하다.[15] 거리나 산속을 걸을 때처럼 지리적인 정보를 건물에 적절히 부가하는 것이 제일 중요하다. 외래환자나 입원환자로서는 익숙하지 않은 병원 내에서 적절한 정보를 파악하여 판단하지 않으면 안 된다. 다양한 형태의 정보를 얻기 위한 노력과 심리적 부담은 상당히 크다. 이것은 병원 내의 안내표시와 음성안내 같은 공적인 것뿐만 아니라 환자가 어떤 환경에서 자신에 관한 각각의 정보를 얻기 쉬울까도 고려하여야 한다.

병원 지리학은 개별 환자가 어떤 환경에서 자신에 관한 정보를 얻기 쉬울까를 고려한 것이므로, '대기' 문제에서도 대기시간을 단순히 단축하는 것뿐만 아니라 환자 입장에서 병원 내 체재시간 전체를 얼마나 쾌적하고 유효하게 보낼 수 있을까도 주목하고 있다. 따라서 앞에서 서술한 바와 같이 아트리움 · 온실 · 선큰(sunken) 가든 등을 도입하거나, 중정이나 광정(光庭)에 대기공간을 계획하는 등 물리적 환경을 개선하는 것은 최소한의 필요요소이지만, 그것만으로는 목적을 달성할 수 없다. 환자는 여전히 대기실에 얽매여 있고, 자신의 병을 걱정하면서 대기시간에 별로 하는 일 없이 무료하게 보내고 있을 뿐이기 때문이다. 기다리고 있어도 순번에 안절부절하지 않거나, 대기실에서 멀어져도 자신의 상황을 누군가가 알고 있는 등의 심리적인 쾌적감을 얻고 나서야 비로소 목표에 도달한 거라고 생각할 수 있다.

앞으로의 고령화 사회의 도래에 대비하여, 환자는 사회와의 연계를 최대한 유지한 채로 진료를 받는 것이 바람직하다. 이를 위하여 외래진료에 대한 명확한 정비가 중요하다고 할 수 있다. 또한, 환자 스스로가 자신의 질병을 극복하는 데 의욕을 가질 수 있는 환경 만들기를 고려하여야 할 것이다.

## 4 요양의 장으로서의 병원

### 4.1 통계로 본 환자의 생활

병원에서 입원환자의 생활을 위한 시설로는 화장실과 세면실 또는 식당 등 다양하게 들 수 있겠지만, 어느 정도의 환자가 이러한 시설을 이용할 수 있는가를 파악할 필요가 있다. 요시무라(吉武)는 1958년 당시의 상황을 문헌으로 정리하였으며, 그 내용 중에서 병원이 환자의 조기퇴원을 전제로 하는지의 여부에 따라 이러한 시설의 규모 계획이 달라진다는 것을 나타낸 영국의 연구 결과를 소개하고 있다. 바꿔 말하면, 조기퇴원을 추진하고자 하는 병원은 환자의 생활행위에 대한 간호 노력과 인원의 필요성뿐만 아니라, 기존의 병원 규모를 상회하는 시설로 정비할 필요가 있다는 것을 나타내고 있다.

이러한 조기퇴원의 개념은 최근 일본에도 정착되었다고 생각할 수 있지만, 간호사 등의 인원 부족으로 실제로는 상당히 어려움을 겪고 있다(뒤에 몇 가지 시도를 소개하고자 한다).

한편, 생활 관련 시설의 이용 가능한 환자수와 이용 형태는 병원의 방침뿐만이 아니라 환자 개개인의 연령과 병원 체류기간, 수술의 유무와 수술 후의 경과일수, 질병의 내용 등에 따라서도 다르다. 환자가 하루의 행위로서 배설・세면・식사・입욕・옷 갈아입기를 병동 내의 어느 장소에서 하였는지를 기록한 조사[16]에서는(**그림 5.12**) 고령일수록 또한 병원 체류기간이 길어질수록 병상 위에서 용변을 해결하는 환자의 비율이 증가하고 있다. 그리고 수술 후의 경과일수가 늘어날수록 화장실을 이용하는 환자의 비율이 증가하고, 또한 순환기계 질환과 근골격계 질환, 골절 등의 손상 환자가 병상 위에서 용변을 해결하는 경우가 많다는 점을 알 수 있다.

병동은 일반적으로 내과・외과계 또는 호흡기・순환기과와 같은 진료과목별로, 또한 소아, 노인과 같은 연령단계별로, 그리고 중증・중등증(中等症)・경증 등과 같은 간호도별로 분류할 수 있지만, 실제로는 이러한 형태를 혼합하여 구성하고 있는 경우가 많다.

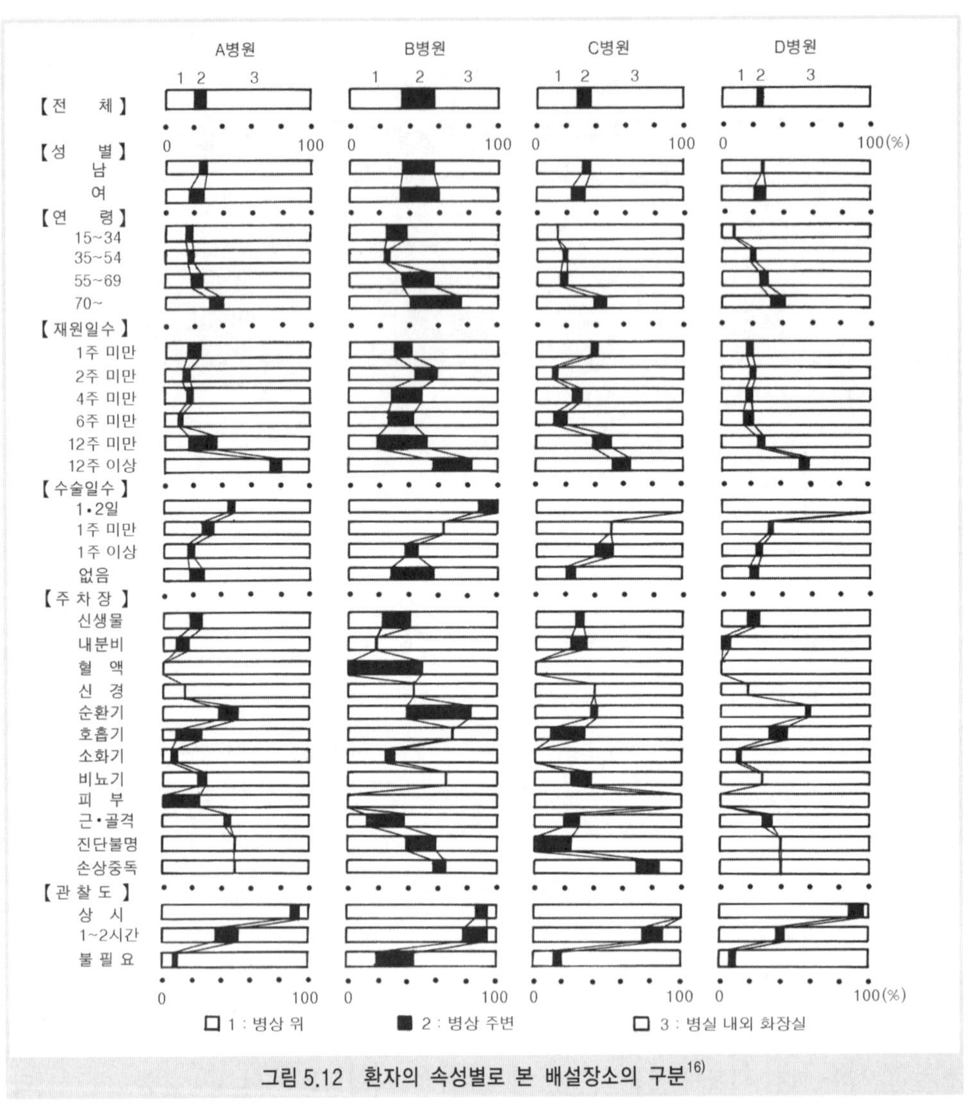


그림 5.12 환자의 속성별로 본 배설장소의 구분[16)]

환자의 속성을 파악하는 것은 이러한 간호단위의 구성을 결정하기 위해서도 필요하다.

이토(伊藤) 등은 PPC(progressive patient care)를 일본에서 실현할 경우 경증(self care unit)·중등도(intermidiate care unit)·중증(intensive care unit ; ICU)의 각 병동이 어느 정도의 환자수를 설정해 두면 좋은지를 검토하기 위하여 '생활 자유도'(표 5.5)와 '간호 관찰의 정도'(표 5.6)로 구분하여, 각각의 환자가 어느 분류에 해당하는지를 조사하였다.[17)] 이 중에서 중증(ICU) 병동이 대상으로 해야 할 환자수는 3~5%라는 점 등을 지적하고 있다. 이와 같이 병원 내의 환자 실태를 그 속성으로 파악하는 것은 직접적으로 간호단위(제5절 5.1 참조)의 구성, 각각의 병동에 대한 평면 계획과 시설 계획에 유용하다고 할 수 있다.

**표 5.5 생활의 자유도**(이토, 1967)[17]

| |
|---|
| Ⅰ. 항상 누운 채로 생활 |
| Ⅱ. 침대 위에서 몸을 일으킬 수 있음 |
| Ⅲ. 병실 내에서 어느 정도 걸을 수 있음 |
| Ⅳ. 일상생활의 대부분이 자유로움 |

**표 5.6 간호관찰의 정도**(이토, 1967)[17]

| |
|---|
| A. 항상 옆에서 관찰하지 않으면 안 됨 |
| B. 1시간 이내마다 관찰하지 않으면 안 됨 |
| C. 2시간에 한 번 정도의 비율로 관찰하지 않으면 안 됨 |
| D. 특별히 관찰을 지속할 필요는 없음 |

입원환자를 대상으로 병동 내의 생활을 파악하기 위하여 이루어진 조사[18]에서는 아침 5시에서 7시 사이에 이루어지는 간호사의 순회를 전후로 한 기상시간부터, 야간 9시의 소등에서 취침에 이르기까지의 14~16시간 동안, 아침·점심·저녁식사와 예정된 검사 이외에 간호사로부터 간호를 받는 시간은 약 60분 정도, 의사로부터 진찰·치료를 받는 것은 약 5분 정도, 다른 환자와의 교류에 약 30분, 방문객 등과 약 100분의 접촉을 가진다 같은 내용이 기록되었다. 즉, 대부분의 시간은 이른바 안정시간으로서, 자신의 병상 주변에서 혼자 보내고 있음을 알 수 있다.

## 4.2 의식과 행동으로 본 환자의 생활

입원 당초부터 퇴원하기까지 입원환자의 의식과 행동이 어떠한 형태로 변해 가는지를 알기 위한 조사를 실시하였다.[19] 아래에 정형외과 병동에 입원한 환자의 사례(**그림 5.13**)를 나타내었다.

이 환자는 입원 당시 5인실 내의 3인 병상이 배열된 중앙에 위치하여서 "폐쇄되고 고립된 느낌이 들어 잠을 잘 수가 없었다."라고 하였다. 그 후 창쪽 환자가 퇴원하여 그곳으로 이동하자 어느 정도 안정이 되었다. 그 동안 처음에는 로비와 같이 편안하게 느껴졌던 면회 코너가 그 앞쪽의 너스 스테이션으로 인하여 신경이 쓰이기 시작하였으며, 가족과의 친밀한 이야기 등을 위하여 데이 룸을 이용하게 되었다. 또한 같은 실의 환자와 함께 아침식사 전에 데이 룸에 가서 차를 마시면서 창밖으로 지나가는 사람의 모습 등을 보면서 외부세계의 모습을 파악하는 것이 일과가 되었다.

이와 같이 입원환자는 입원 처음부터 퇴원하기까지 병원이라는 환경에서 다양하게 익숙해져 간다(환경의 체제화라고 함).[19] 조사에서 얻은 몇 가지의 경향을 나타내면 다음과 같다.

① 입원 시 환자는 간호사로부터 또는 입원안내에서 병원 내에서의 생활방법과 모든 실의 배치안내를 듣게 된다. 이러한 것들을 '관리된 정보'라고 부르고 있지만, 실제로 환자는 정해진 일과를 보내는 과정 속에서 우연히 장소와 사물을 접하며 알게 된다. 이러한 것들을 '관리되지 않은 정보'라고 한다. 이와 같이 양 측면에서 정보를 얻음으로써

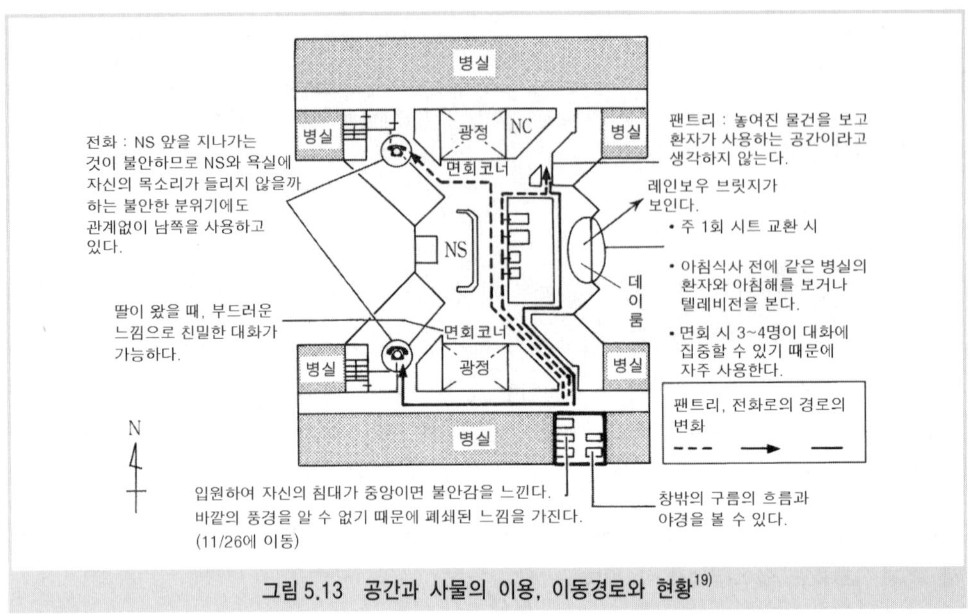


**그림 5.13 공간과 사물의 이용, 이동경로와 현황**[19)]

환자는 병원 내의 다양한 장소와 사물을 확인하며 알아 가게 된다.

② 그러나 앞의 사례에서 나타나는 바와 같이 어느 시기가 되면 환자는 너스 스테이션 등을 의식하게 된다. 즉 '환자처럼' 지시받은 대로 움직이지 않으면 안 된다(환자 역할행동)라는 의식이 존재하기 때문에, 의료종사자들의 감시에 신경을 쓰게 된다.

③ 이러한 상황에서 환자는 병원과 설계자가 설정하고 있는 기능과 규칙, 또는 암묵적으로 인정하고 있는 약속들과는 다른 장소 · 공간과 사물의 이용 행태를 보게 된다.

④ 특히, 설정한 것과 다른 행동들로는 모든 익명적인 행동 또는 환자 역할과는 반대의 회피적 행동을 들 수 있다. 즉, 관리의 눈으로부터 떨어진 장소 또는 많은 사람들이 있기 때문에 오히려 자신의 존재에 주위의 이목이 집중되지 않는 장소에 머무르며, 상념에 잠긴다거나 전화를 하는 등의 경향이 보인다.

⑤ 이와 같이 병원 내의 다양한 장소와 상황들을 알아 가며, 이러한 것들을 병원 내의 생활적인 일과로 받아들임으로써, 각각의 행동과 상황에 대응할 수 있는 장소와 사물을 환자 한 사람 한 사람이 다양하게 의미 부여를 하고 있다.

## 4.3 병실 · 병상 주위 공간

현재 중증(ICU) 병동이나 감염증 병동과 같은 특수한 병실을 제외하면, 일반적인 병실 형태는 금세기 초에 계획된 개구부에 대하여 병상이 평행으로 놓여 있는 배치(코펜하겐형)이다(**그림 5.14**). 병실의 안 길이를 깊게 하여 병동 전체의 길이를 짧게 할 수 있다는

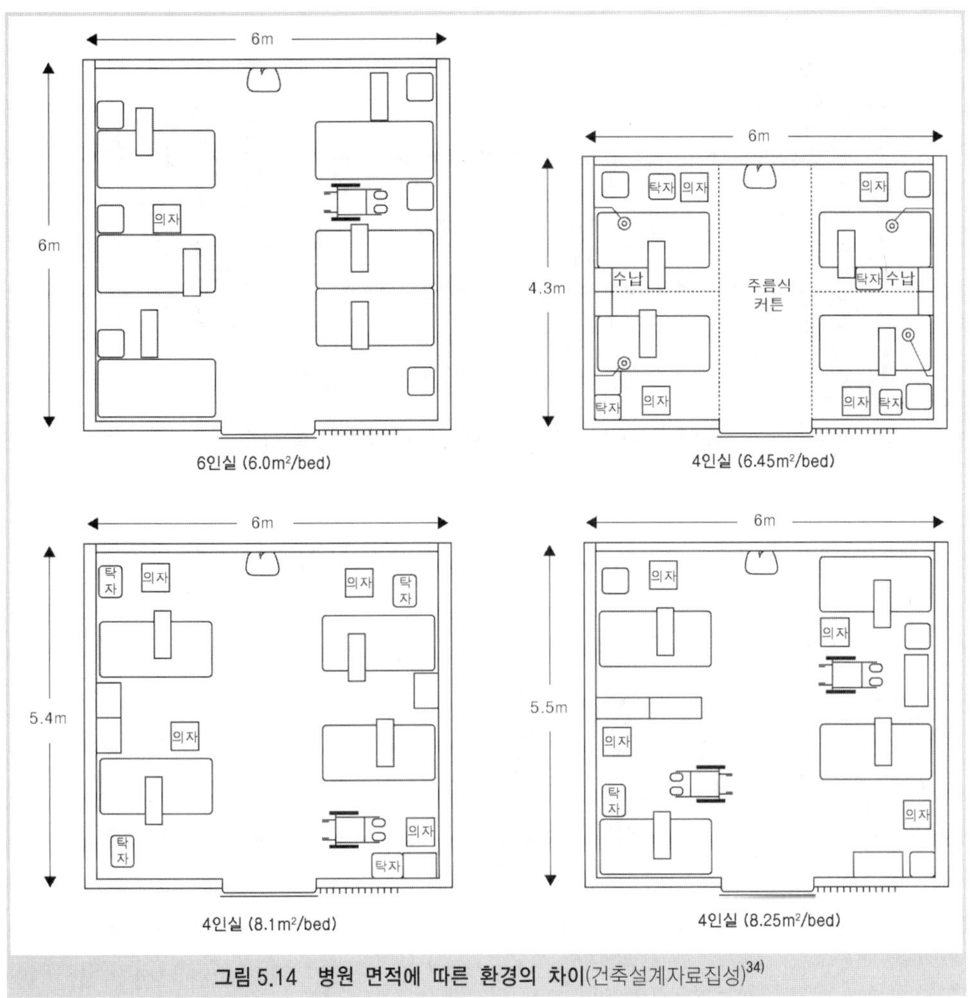


**그림 5.14 병원 면적에 따른 환경의 차이**(건축설계자료집성)[34)]

점에서 간호사의 동선거리를 단축할 수 있으며, 복도부분의 면적을 절약할 수 있다는 등의 이점이 많다. 그러나 환자의 생활거점이 되는 장소라는 점이 그다지 고려되지 않은 채, 무비판적으로 채용되었던 사실은 의문을 가지지 않을 수 없다.

오래전, 이른바 나이팅게일 병동에서의 병상은 개구부가 직각으로 배치되어 있었지만 (**그림 5.15**), 원칙적으로는 각 병상별로 개구부를 가지고 있었다. 당시 병원에 입원하고 있던 환자는 지금으로 말한다면 중증 환자이므로, 이 병상 배치는 간호사가 병상의 어느 쪽에서나 접근하기 좋은 형태였다. 또한 각 병상에 개구부가 있다는 것은 그녀의 저서[7)]에서 인용하면, "좋은 병동이란 외관의 아름다움이 아니라 환자에게 항상 신선한 공기와 빛, 그것에 따른 (적절한) 실의 온도를 공급할 수 있는 구조"로 하는 것에 적합한 형태이다. 오늘날 건축설비의 기술수준이 높아져 이러한 빛 · 신선한 공기 · 적절한 실의 온도를 기계적으로 공급하는 것이 일반화되었으므로, 개구부가 가지는 의미를 별로 고려하지

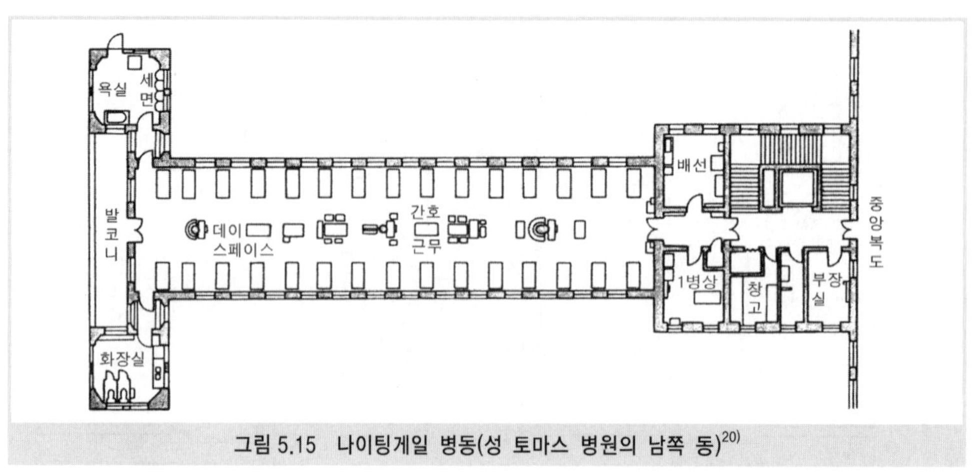

그림 5.15 나이팅게일 병동(성 토마스 병원의 남쪽 동)[20]

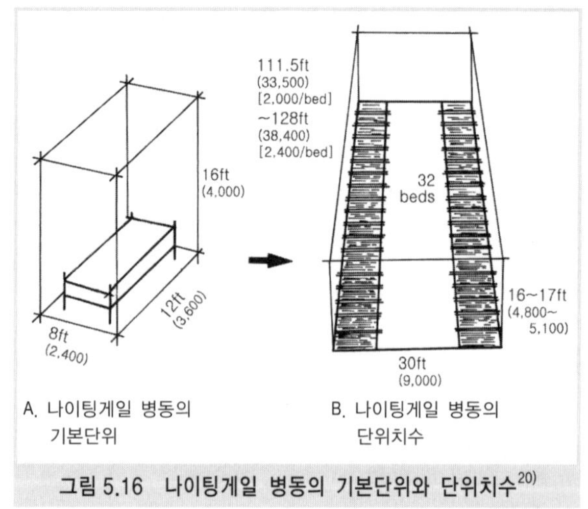

그림 5.16 나이팅게일 병동의 기본단위와 단위치수[20]

않게 되었지만, 현재의 기술에서도 각 병상별로 개별적인 환경제어가 가능할 정도의 수준에는 아직 도달하지 않았으며, 환자 자신을 둘러싼 환경을 자신의 의지로 조절할 수 없다는 점에서는 다시 한 번 생각할 여지가 있다.

한편, 병상과 병상 사이 간격(또는 병상과 벽 사이 간격)이 어느 정도면 좋은가라는 논의가 필요하다. 나이팅게일에 의하면, 주로 감염 방지라는 면에서 1병상당 기적[공기의 체적]으로서 약 $41m^3$를 확보할 필요가 있다고 되어 있으며, 이를 고려하면 기본단위는 **그림 5.16**과 같다.[20] 즉 병상 간격(병상과 병상 사이의 치수)은 1.5m가 된다. 병상 간격은 간호라는 관점에서도 검토되어야 할 문제이다. 이 치수를 파악하기 위하여 몇 가지의 간호행위(**표 5.7**)를 모의실험하였으며, 포터블 X선 촬영 이외에는 대략 1.2~1.5m의 공간이 병상 주위에 있다면, 대부분의 간호행위를 포함할 수 있다라는 결과를 얻었으며,[21] 이 수치는 영국에서의 몇몇 연구결과[22]와도 부합하고 있다.

그리고 병상 주위가 환자의 생활장소라는 관점에서도 이 문제를 논의해야 할 것이다. 우에노(上野) 등의 모의환자를 대상으로 한 심리실험[23]에서는 병상 간격이 1.5m 정도일 때 가장 심리적으로는 쾌적하다는 결과도 도출되었다. 또한 오래된 병동에서 새로운

**표 5.7 실험에 의한 기본 간호동작[21)]**

| 기본동작(선택의 주요 이유) | 구체적인 측정동작 | 비 고 |
|---|---|---|
| 1. 병상 정리(S.F) | ① 환자가 병상에 누운 상태에서의 정리 | 병상 시트 갈기와 그 전후의 일련의 동작 |
| 2. 자세 변환(F) | ① 바로 누운 자세 ↔ 옆으로 누운 자세<br>② 바로 누운 자세 ↔ 선 자세 | 소요 직원수 파악 |
| 3. 옮겨 앉기 간호(S.F) | ① 병상 ↔ 휠체어 | |
| 4. 세면 · 머리감기(S.F) | ① 세면 · 면도<br>② 병상 위에서의 머리감기 | 소요 물품, 온수의 준비와 정리 |
| 5. 배설의 도움(S.F) | ① 병상 위에서의 대변<br>② 병상 옆 휴대용 변기 | 변기의 취급 |
| 6. 식사 · 투약 도움(F) | ① 배선 · 식사 · 정리의 모든 개조<br>② 영양관리<br>③ 약물 투여(내복약) | 받침대, 보조기기 |
| 7. 체온 · 맥박 · 혈압 측정(F) | ① 체온 · 맥박 측정<br>② 혈압 측정 | 기록장소 및 용구 보관장소 |
| 8. 링거 교환 · 주사(F) | ① 링거투여대 설치, 교환<br>② 주사(근육 · 정맥) | |
| 9. 붕대 교환(S.F) | ① 사지<br>② 흉부 · 복부<br>③ 머리부분 | 붕대 교환 이동카트 배치 |
| 10. 흡입 · 산소치료(E) | ① 산소마스크<br>② 인공호흡기 사용 | |
| 11. 기도 확보 · 기도 내 호흡(E) | ① 흡인기 사용<br>② 기관절개 | |
| 12. 위 · 장 세척(E) | ① 위관 사용<br>② 관장 · 직장관 사용 | |
| 13. 응급소생(E) | ① 심장 정지 시의 소생 | A-I 처치 |
| 14. 회진(S.F) | ① 일상적<br>② 학생 · 수련의 | |
| 15. 이동식 X선 촬영(S) | ① 병상 옆에서 흉 · 복부<br>② 발부분에서 뇌부분 | |
| 16. 검사자료 채취(F) | ① 채혈<br>② 채취 | |

주 : 1) S는 넓은 Space(공간)가 필요하다고 생각되는 것이다.
F는 Frequent(자주), 또는 일상적으로 이루어진다고 생각되는 것이다.
E는 Emergent(응급)하게 처치가 필요하다고 생각되는 것이다.
2) A-I 처치 : Airway, Breathing, Circulation, Drugs, E.C.G, Fibrillation, Gauge, Hypotherm, Intensive.

병동으로 이동한 환자의 생활 변화를 기록한 연구에서는 병상 주위의 공간이 넓어짐으로써, 환자의 생활행위에 자유도가 증가한다는 결과도 얻고 있다. 한편, 일본의 몇몇 병원에서 실측한 결과 병상 간격이 평균 0.6m 정도인 점을 생각한다면, 병상 주위의 공간을 앞으로 보다 향상시키지 않으면 안 된다고 생각할 수 있다.

## 4.4 사례로 본 병실 · 병상 주위 공간

이러한 상황을 포함하여 현재 '개실적 다병상실(多病床室)'이라는 총칭으로 병실 설계의 새로운 시도가 보이고 있으므로 몇 가지 사례를 소개하고자 한다.

① **단국대학교 병원(그림 5.17)**[25] : 이 병원은 앞의 나이팅게일 병동의 현대판이라고 할 수 있으며, 다병상실 내에서 간호사가 환자에게 간호를 하는 모습과 활동을 환자가 볼 수 있어 안심할 수 있다. 동시에, 이전의 나이팅게일 병동이 병상 사이에서 혼란했던 프라이버시 문제를 거리로서 해결했던 것을 빗변형으로 배치함으로써 해결하고 있다. 이 계획은 실현되지는 않았지만 4병상실에 적용한 사례가 일본에서도 나타나게 되었다. 그러나 4병상실과 다병상실 사이에는 본질적인 개념 차이가 있다.

② **니시코베(西神戸) 의료센터(그림 5.18)**[26] : 이것은 앞의 코펜하겐형 병실에서 발전한

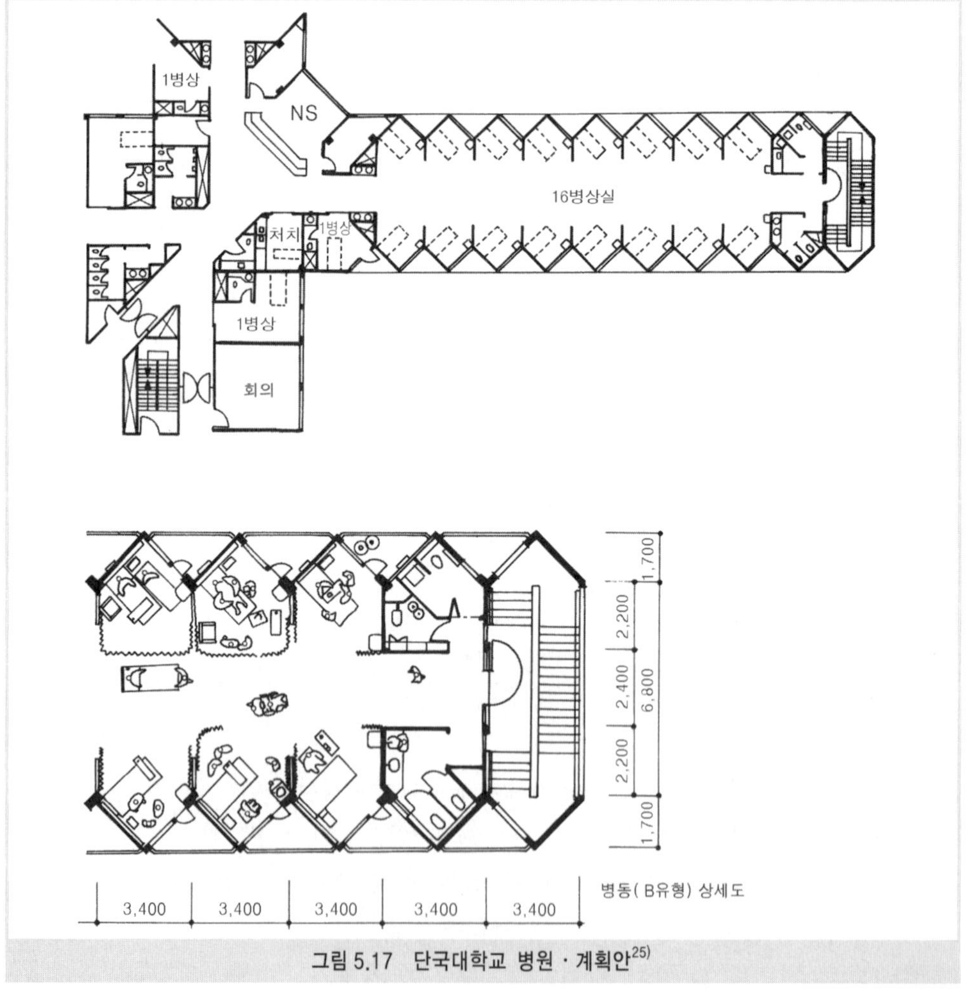


그림 5.17 단국대학교 병원 · 계획안[25]

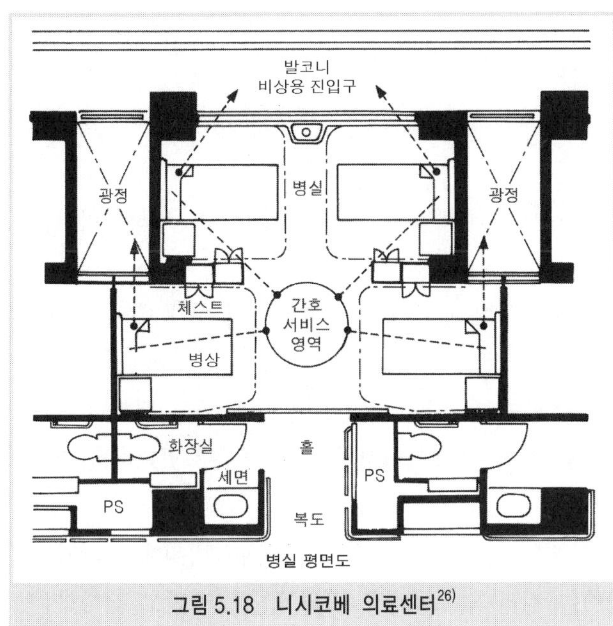


그림 5.18 니시코베 의료센터[26]

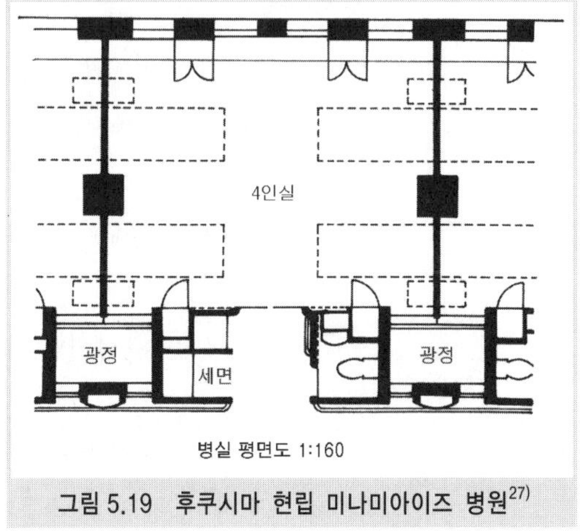


그림 5.19 후쿠시마 현립 미나미아이즈 병원[27]

것이라고 할 수 있다. 복도 쪽 병상에 있는 환자도 빛과 공기 또는 조망 등과 같은 자연환경을 창 쪽 환자를 신경 쓰지 않고도 조절할 수 있는 것이 특징이다. 반대로 창 쪽 환자도 복도 쪽 환자를 신경 쓸 필요 없이 커튼과 블라인드를 개폐할 수 있다. 그러나 한편으로 병상 코너로의 고립이 뚜렷하게 나타나게 되며, 창 쪽보다도 오히려 복도 쪽의 병상 위치를 선호하는 현상도 보이고 있다.

③ **후쿠시마 현립 미나미아이즈(福島縣立 南會津) 병원(그림 5.19)**[27] : 이것도 마찬가지로 코펜하겐형 병실의 발전으로 볼 수 있지만, 니시코베 의료센터가 외부를 복도 쪽 환자의 개구부로 취하고 있는 것에 비하여, 이 병원에서는 복도 쪽에 광정을 만들어 자연환경을 조절할 수 있도록 시도되었다. 그 결과 복도 내부에도 빛이 들어올 수 있게 되었다. 또한 이 평면형에서는 니시코베 의료센터가 복도의 사람들 통행과 의료간호의 활동에 거부하는 형태였던 것을, 복도 쪽의 창을 사용하여 환자 자신이 이러한 활동에 대하여 선택적으로 조절할 수 있도록 시도되었다.

## 4.5 병실에서의 프라이버시

최근, '치료'와 '쾌적'이라는 키워드가 병원 환경에서 논의되고 있다. 이러한 개념은 아직 정리된 것은 아니지만, 양쪽 모두에 공통적으로 프라이버시 확보의 필요성을 말하고 있다. 우선 프라이버시란 무엇인지 간단히 살펴본다.

일반적으로 프라이버시라고 하면 혼자가 될 수 있는 상태라고 바로 생각하는 경향이 있는데, 아래의 것들을 간과하기 쉽다.

① 가족과 친구 등 마음을 열 수 있는 사람들과 있을 수 있는 상태에서도 프라이버시는 얻을 수 있다.

② 많은 사람들 속에서 자신이 익명적으로 존재할 수 있는 상태에서도 프라이버시는 얻을 수 있다.

③ 또한 사적인 환경이란 절대적인 것이 아니라 공적인 환경과의 상대적인 상태에 있다.

④ 따라서 사적과 공적의 중간영역에 타인의 접근과 자연환경 또는 가구 등의 반입과 배치를 조절하며, 친한 사람들과 공유할 수 있는 프라이버시를 실현할 수 있도록 환경을 계획하지 않으면 안 된다.

이러한 관점에서 앞에서 본 최근의 병실 계획의 시도를 평가하면, 병원에서 환자는 반드시 폐쇄되거나 고립되는 것만이 아니라 의료·간호 직원에게 보호받고 싶다라는 의식이 있음을 생각한다면, 자연히 단국대학교의 병실 계획에서 보이는 것과 같은 병동에서의 프라이버시의 개념도 앞으로 재검토될 필요가 있다고 보인다.

### 4.6 위생공간

병상 주변뿐만이 아니라 환자가 생활하는 모든 시설에는 화장실·욕실 등의 위생공간이 있다. 이것들은 주로 경제적 이유에서 지금까지 병동의 한 곳에 집합시켜 설치해 왔다. 호텔 등에서 근래에 각 실별로 이것을 설치하고 있는 현황과 비교한다면 이상하다고 할 수 있다. 아래에는 위생시설에 관계된 문제와 그 대응을 요약하였다.

① 화장실(**그림 5.20**) : 80% 정도의 환자가 위생시설을 스스로 이용할 수 있음에도 불구하고 병동에서 한 곳에 집합시켜 놓는다면, 보행거리상 편도 약 30~40m 정도가 된다. 조기회복의 치료효과를 위하여, 특히 화장실을 병상에서 최대한 가깝게 배치하는 것은 회복을 촉진하는 데 유효하다는 점이 주장되어 왔으며, 이러한 위생시설이 가깝게 있다면, 무리를 해서라도 그 시설들을 이용하려는 환자는 적지 않다.

이러한 시설을 모든 병실에 단기간에 마련하기는 어렵지만, 적어도 화장실·세면실 정도는 병동의 몇 곳에 분산하여 배치하는 것이 좋다. 실제로는 방음이나 방취에 대한 배려와 건설비용의 측면에서 실현되기 어려운 경우도 적지 않지만, 전자에 대한 대책은 기술적인 문제로서 현재에는 거의 해결 가능하다. 한편으로 지금까지 한 곳에서 이루어졌던 축뇨(蓄尿)처리가 화장실이 분산됨으로써 어려워지리라 예상되지만, 실제로 분산 화장실을 채용한 병원에서는 자동화된 축뇨설비와 간호업무의 계획으로 이러한 문제를 충분히

축뇨선반 : 24시간 공조가 이루어지고 있기 때문에, 선반과 화장실 내에 냄새가 나지 않는다.

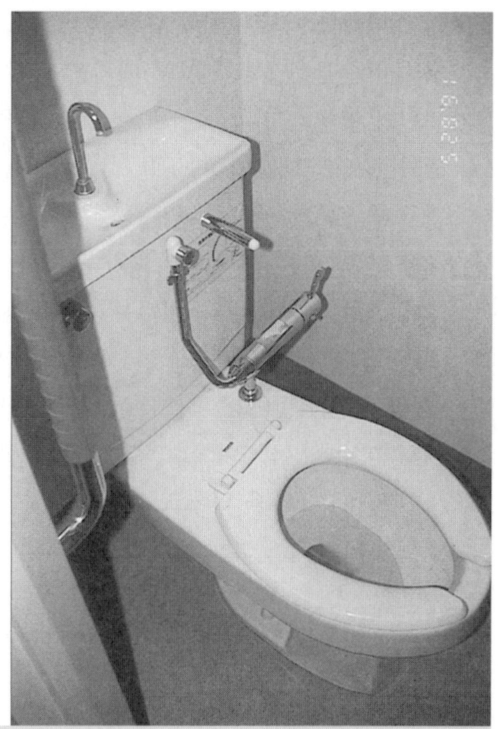

변기에 부착된 축뇨병 세정기 : 계량이 끝나면 소변은 변기로 흘려보내며, 세정기를 이용하여 병을 씻는다.

**그림 5.20 분산 화장실과 축뇨선반의 사례**(공동건축설계사무소 제공)

극복하고 있다.

② **세면실** : 세면행위에는 의외로 많은 도구가 필요하다. 수건・비누・칫솔・치약・컵・면도세트・빗・화장품세트 등이다. 이러한 물건은 일시적으로 세면기 주변에 놓아두지 않으면 안 되므로, 화장대를 설치하는 의의는 크다고 할 수 있다. 특히 안경과 틀니를 사용하는 사람에게는 더욱 그러하다. 또한 세면의 경우 물을 모아서 사용하는 습관이 있음을 생각하지 않으면 안 된다. 전용으로 사용할 수 있다면 문제는 적지만, 공용에서는 각자의 세면기를 준비해 두지 않으면 안 된다. 더욱이 병실 내에서 이루어지는 간호행위에서 물을 이용하는 경우도 많으며, 세면기의 용도는 넓다. 그 배치와 수, 형태, 필요한 급수전의 종류 등에 세심한 배려가 필요하다.

③ **식사** : 오버 베드 테이블(over bed table)의 보급으로 병상 위에서 식사가 쉬워진 반면, 보행 가능한 사람마저도 병상 위에서 식사를 하고 있다. 병상 머리맡의 테이블에 설치된 카운터를 끄집어내어 그 위에 식판을 놓고 식사하는 사람도 있지만, 현재 상황으로는 병상 머리맡의 테이블 높이와 크기 면에서 반드시 쾌적한 자세를 취할 수 없다는 것과, 벽을 향한 채 식사하는 부분을 생각할 필요가 있다. 현재로서는 환자용 식당이

병동 내에 설치되어 이와 같은 문제는 상당부분 해결되었지만, 식당이 충분히 활용되기 위해서는 급식체제와 인원 배치도 동시에 검토해 두지 않으면 안 된다. 단순히 병동 직원의 업무가 번잡하게 될 뿐으로, 다른 간호 서비스의 부담을 줄일 수 있는 효과를 얻기 힘들기 때문이다. 또한 식당과 데이 룸의 공용이 많이 논의되고 있으나, 설치될 가구의 종류와 치수가 다르다는 것에 주의할 필요가 있다. 어떤 경우라 하더라도 서로 대응될 수 있는 면적의 확보가 필요하다.

④ **입욕** : 병동 내의 면적 때문에 욕실은 병동 내에 작은 것이 한 곳 설치되는 것이 일반적인 상황이다. 남성과 여성을 오전·오후로 시간대를 구분해서 이용하도록 하는 경우를 많이 볼 수 있다. 대신 두 개의 병동을 하나의 층에 모아 놓은 경우에는 욕실을 두 개의 병실에 인접하여 설치함으로써, 욕실 사용의 자유도를 증가시키는 경우가 가능하다. 또한 병동의 욕실을 없애고, 전체적으로 한 곳에 모아 쾌적한 큰 욕실과 가족욕실을 설치한 시도가 이미 몇 군데의 병원에서 실시되어 호평을 받은 바도 있다. 또한 최대한 자력으로 이용할 수 있도록, 휠체어를 탄 채로 들어갈 수 있고, 난방설비가 설치된 샤워 룸과 욕실 한쪽에 머리를 감고 세탁이 가능한 코너를 설치하는 등 아직 고려해 볼 정비요소는 많다.

## 4.7 가족 · 방문객을 위한 공간

대부분의 환자에게는 가족 등의 방문객이 방문하고 있다. 어느 병원의 조사에 따르면, 약 65% 정도가 환자의 가족(시중 등의 목적이 주)이며, 나머지 10%가 친족, 25%가 학교와 직장 관계, 또는 이웃 등의 이른바 지인이다.[28)]

일반적으로 기준 간호를 하는 병원의 경우, 진료보수 청구상의 제약으로 환자가 직원 이외의 사람으로부터 간호를 받는 것은 인정하고 있지 않으며, 환자의 약 80% 정도(소아의 경우 대부분의 모든 환자에게)가 가족이나 방문객으로부터 도움을 받고 있지만, 이러한 사람들의 도움만으로는 환자의 생활행위에 대한 간호가 불가능하다. 그러나 병원 직원의 업무 과중과 가족에 의한 간호의 중요도를 고려했을 경우, 이들에 대한 병원 쪽의 배려 또한 건축상 무시할 수 없는 부분이다.

환자의 가족 또는 간호를 하는 사람이 밤낮으로 환자를 간호하지 않으면 안 될 경우, 그들이 머물 공간이 문제가 된다. 병원에서는 이러한 사람들의 휴식장소를 공식적으로 제공하지는 않으므로, 결국 환자의 병상 주변이 그들의 장소가 되고 만다. 앞에서 지적한 바와 같이, 일본에서의 일반적인 침대 주변 공간은 60~90cm 정도이므로, 여기에 이들이 앉아 있다면 당연히 환자의 생활공간은 병상 위로 한정되어 버린다. 더욱이 침대 주변에는 환자의 소지품 수납을 위한 수납장이 설치되어 있지만, 간호를 하는 사람들이 자고 일어나기 위한 의류와 침구 및 식품 등 여러 가지 물품이 침대 주변에 넘쳐나게 된다. 이러한 실태에 대해서 적어도 어떠한 형태로든지 정비를 고려하지 않으면 안 된다.

우선 건축적으로 대응하기 전에 병원에 입원하고 있는 환자 자신의 문제, 바꾸어 말하면 간호를 받는다는 의미를 생각할 필요가 있다. 친한 사람의 간호를 받을 수 있다면 환자는 정신적인 안정을 얻기 쉽고, 가벼운 마음으로 간호를 부탁할 수 있다. 친한 사람이 이러한 시간을 가지지 못할 경우, "적어도 신체 주변의 도움(물리적인 도움)만이라도" 다른 사람에게 의존하는 경우도 있다. 이를 고려한다면 간호에 관한 전반적인 내용을 일괄한 '완전간호'를 중심으로 하는 표면적인 건축 대응에 대해서는 다시 생각할 필요가 있다.

실제로는 환자의 상태에 따라 간호를 하는 것이 묵인되는 경우도 적지 않다. 특히 소아환자의 경우, 어머니가 옆에서 함께 자고 일어나는 경우도 적지 않다. 미국에서는 최근에 어머니가 환자와 생활을 함께 함으로써 얻게 되는 치료효과에 대한 논의가 이루어지고 있다고 한다. 또한, 임종을 맞이하는 환자 역시 대부분의 경우 가까운 가족이 보살피고 있다. 환자가 어디서 마지막을 맞이할 것인가라는 것이 논의되고 있지만, 자택에서 가족과 함께 보내기 위해서는 임종 시 의료 측면에서의 지원체제 등 해결해야 할 문제도 적지 않아, 당분간은 병원에서 많은 사람들이 임종을 맞이할 것이다라고 한다면, 환자의 친한 사람이 보살필 수 있는 환경으로 정비되어야 할 것이지만, 개인 병실이 이 부분을 담당하고 있는 것이 일본의 현황이라고 할 수 있다. 시설적 대응을 어떻게 할 것인가라는 문제는 임종기 환자에게 병원이 어떻게 대처할 것인가라는 논의 없이는 생각할 수 없다.

한편, 방문객의 문제도 환자의 입원생활에서 중요하다. 방문객이 1회에서 수회 방문하더라도 환자 쪽에서 본다면 방문받을 일자를 선택할 수 없기 때문에, 항상 방문객들의 응대에 쫓기는 나날이 될 수 있는 등 환자에게 반가운 일만은 아니다. 건축적인 해결보다 먼저 환자가 면회를 받아들일지에 대한 선택이 가능한 관리・운영상의 대책을 검토하지 않으면 안 된다. 많은 환자가 침대 주위에서 방문객을 맞이하고 있지만, 이 경우 침대 주위의 넓이나 가구 등이 검토대상이 된다. 환자는 방문객 모두를 거부하는 것이 아니라 대부분의 경우 방문객의 방문으로 기운을 얻는 셈이므로, 다른 환자에 대한 배려를 고려한다면 어디에서 맞이할 것인지도 생각해야 한다.

## 4.8 병원에서의 생활공간

이전까지 계속된 병원의 기능체계는 특정 기능병원과 요양형 병상군(病床群)의 신설 등을 규정한 1992년 6월의 제2차 의료법 개정으로 세분화되었다. 여기서 요양형 병상군이란 "장기 입원을 필요로 하는 환자에게 적합한 의료를 제공하기 위하여 일반 병상 안에 요양형 병상군의 제도를 만든다."로 규정되어 있으며, 장기 입원에 한정되었지만 병원이 생활의 장으로 정의되기에 이르렀다. 이후 제4차 의료법 개정(2000년 12월)에서는 병상 구분에서 요양 병상으로 규정되었다. 여기에서는 '요양형 병상군'을 대상으로 이루어진 조사의 결과를 소개하고자 한다.

여기서 '장기 입원을 필요로 하는 환자'는 다음과 같이 설정된다.

① 대상 질환은 뇌혈관장애·골관절계 질환·내과계 만성질환(치료방침이 확립되어 있는 것)·외과계 수술 후의 재활을 주목적으로 한 환자이다.

② 단, DOA(dead on arrival) 후의 식물인간 상태(persistent vegetative stage ; PVS) 또는 보조기기를 필요로 하는 상태의 환자와 신경질환, 치매 등의 환자는 '장기 입원을 필요'로 하지만, 요양성 병상군의 대상이 되기 어렵다.

③ 그러나 한편으로 치매증상을 수반하는 질환과 사회적 입원 또는 요양형 병상군에 속하며 수술이 필요한 환자도 설정하지 않으면 안 된다. 즉, 요양 중 갑작스런 변화로 기관지 절개와 뇌혈관장애의 재발작, 감염증 등에 대한 배려가 필요하다.

따라서 요양형 병상군에서는 자택으로 돌아가기 위하여 환자 가족에 대한 교육과 지원 같은 일시적 케어를 규정할 필요가 있으며, 또한 재활 프로그램은 만성기의 내과계 질환과 수술 후의 환자부터 정형외과적 질환까지 폭넓게 대응하지 않으면 안 된다. 즉, 전문적 재활에 대한 대응은 물론 병상 주변에서의 재활과 일상생활을 지지하기 위한 재활 프로그램에 대응할 수 있도록, 병동·병실 계획에서의 공간 구성이 주택의 형태를 띠지 않으면 안 된다.

이러한 환자를 대상으로 하는 요양형 병상군은 구체적으로는 어떤 형태일까. 아래에 평면 계획의 사례를 설명하고자 한다(**그림 5.21**).

① 사회·재택 복귀를 목표로 하는 일상생활 재활에 맞게 능동적 행동을 장려할(동기부여) 수 있도록, 그리고 장기간 입원생활을 보내는 데 대해 일상적 생활요소를 적절하게 준비하는 것이 요양형 병상군의 병동·병실 평면 계획에서의 기본개념이다.

보다 구체적으로는 생활거점으로서의 거주장소를 다양하게 설정하는 것, 즉, i) 각자의 침대 주위, ii) 몇 명(병상)이 모여 있는 병실, iii) 몇 개의 병실이 모여 있는 클러스터, iv) 클러스터가 모여 있는(또한 관리의 단위이기도 한) 병동이라는 4개의 단계를 설정하여, 각각의 중심에 거주장소로서의 거실·주방과 면회실·식당·다목적실 등의 생활공간을 배치하고 있다.

② 동시에 이러한 생활공간에는 일상생활 재활의 일환으로서의 기능이 필요하다. 구체적으로는 우선 화장실·세면대 등은 최대한 각각의 침대에 가깝게 배치하며, 자택으로 복귀와 각각의 환자의 다양한 장애기능을 고려하여 획일적인 형상을 피하도록 계획하고 있다. 화장실은, 특히 휠체어로 편리하게 이용할 수 있는(간병인도 같은 실이 가능한) 면적을 분산하여 배치하였으며, 이용자가 상황에 맞추어 편리하게 사용할 수 있도록 클러스터 단위에 대응하여 두 개 단위로 설정하고 있다.

그림 5.21 요양형 병상군의 병동 평면 계획안[29]

또한, 세면대는 환자의 몸가짐에 대한 관심부터 다른 사람과의 접촉 의욕으로까지 이어지는 장치이기도 하므로, 몇 개를 나열하는 배치를 피하도록 배려하였다. 더욱이 위생상의 기능으로서 샤워실을 설치하여 환자 자신이 간병인의 손을 빌리지 않고 사용할 수 있도록 하며, 배변 후와 실금 후에 몸을 씻을 수 있도록 설정하고 있다. 그리고 이를 위하여 오물 세정대와 샤워의자 · 탈의코너(벤치)도 설치하고 있다. 욕실은 환자 각자의 동작 능력에 맞는 욕조를 설치하였으며, 완전보조 형태의 기계욕과 사람의 힘을 빌린 간호욕(개별 욕조)을 설치하였으며, 이동 리프트로 이동과 옮겨 앉기에 대한 보조를 배려하고 있다.

③ 환자의 요양생활을 지원하는 간호 · 개호의 특징은 일반병원과는 다르다. 직접 간호(진료보조 업무)를 준비한 후 병실로 이동하여 의료처치를 하고 스테이션에 돌아가 정리하는 형태 또는 업무분담제+담당분담제 등과 같은 형태가 아니라, 의사 · 세라피스트들과

협동하여 설정되며, 개개인의 환자에 대응한 ADL의 목표에 책임을 가지며, 병동의 다양한 생활 형태를 고려하여 목표 달성을 지원하는 것이다.

따라서 이러한 의미에서 간호・보조의 거점[직원/서브스테이션(st)이라고 함]을 분산 배치하며, 이러한 스테이션에서 대부분의 간호・개호 업무를 처리할 수 있도록 기능 설정을 충실히 하고 있다.

④ 특히 요양생활의 거점인 병실 계획에서는 모든 병실을 개인실로 구성하고자 하는 일본의 상황을 고려하여, 적어도 같은 실의 다른 사람과 시선 교차가 없도록 하였으며, 채광이나 통풍・조망을 스스로가 조절할 수 있도록, 이른바 '개실적 다병상실' 구성을 취하고 있다.

또한 병실 규모는 휠체어 이용을 전제하여야 하며, 1병상당 병상 측면 방향 2.8m 정도를 기준으로 하고 있다. 병실 전체의 크기는 최근의 병동 사례에서 보이는 1병상당 $8m^2$[세면・화장실・전실(前室)을 포함한 안치수]와 비교했을 때, 이러한 모든 설비를 제외한 면적으로 $8m^2$를 확보하도록 고려하고 있다.

최근의 고령 사회에 대응한 의료제도의 변화 움직임은 빠르며, 요양형 병상군이라는 제도에서부터 마침내 병상 구분에서 '일반 병상'과 '요양 병상'의 양자에 '회복기 재활병동'이라는 진료보수상의 규정이 추가되게 되었다. 회복기 재활병동은 원래 질환의 증상이 발생한 후 조기에 이루어지는 재활이 전제가 되며, 급성기를 벗어난 환자가 지역생활에 복귀를 목표로 일상동작훈련 등을 하는 것으로, 앞으로의 고령자 의료에서 중요한 역할을 담당할 것으로 기대된다.

## 간호의 장으로서의 병원

### 5.1 간호와 관리 단위

일본에서는 대부분의 경우 50명 전후의 환자 그룹에 15명 전후의 간호사 그룹이 치료・간호를 하고 있으며, 이 환자와 간호사 그룹을 간호단위라고 부른다. 건축적으로는 이 단위가 하나의 동 또는 층, 양 끝에 위치하는 형태를 취한다는 점에서 병동이라는 용어는 일반적으로 간호단위와 같은 의미로 쓰인다. 그러나 실제 간호 현장에서는 병동 전체를 하나의 팀으로 하여 입원환자를 간호하는 경우는 드물며, 몇 개의 작은 팀으로 나누어 환자를 분담하는 경우가 많고, 순수하게 간호를 위한 그룹을 간호단위라고 한다면 이러한 작은 팀을 간호단위라고 할 수 있으며, 병동과 같은 의미로 취급되고 있는 그룹은 오히려 관리 · 운영상의 단위, 즉 관리단위로 불려야 한다. 여기에서는 실질적인 간호를 위한 그룹을 간호단위로 부르기로 하며, 몇 개의 간호단위를 모은 관리 · 운영상의 단위를 관리단위로 부르고자 한다. 그리고 병동은 어디까지나 건축적인 형태를 나타내는 용어로 말하고자 한다.

**표 5.8 간호단위의 종류**

| 질환별 | 연령별 | 간호도별 |
|---|---|---|
| 내과계 | 신생아 | 중점 간호 |
| 외과계 | 소 아 | 중등도 간호 |
| 산부인과 | 성 인 | 자기 간호 |
| 정신과 | 노 인 | 장기 간호 |
| 결핵 | | |
| 전염병 · 감염증 | | |

간호단위는 일반적으로 내과 · 외과와 같은 진료과별, 소아 · 노인과 같은 연령 구성별, 중증 · 경증과 같은 간호도별로 분류할 수 있다(**표 5.8**). 또한, 순환기 · 호흡기와 같은 장기별 구성도 오늘날 시도되고 있다. 그러나 실제로는 이러한 분류축이 상이한 단위가 하나의 병원 내에서 혼재하는 경우가 많다. 간호 측면에서는 환자의 상태에 맞춰 간호직원을 배치하는 것을 목적으로 고안된 간호도별 병동 구성(progressive patient care ; PPC)이 주목받고 있다. **표 5.8**에 있는 것처럼 병원 내에서의 간호도별 병동 구성은 ① 중점 간호(intensive care), ② 중등도 간호(intermediate care), ③ 자기 간호(self care), ④ 장기 간호(long-term care)로 나누어지지만, 이토(伊藤) 등은 앞의 **표 5.5, 5.6**에 나타낸 생활자유도와 간호관찰 정도의 각 구분에서, 간호 관찰의 정도가 A인 동시에 생활자유도가 I인 환자를 ①에

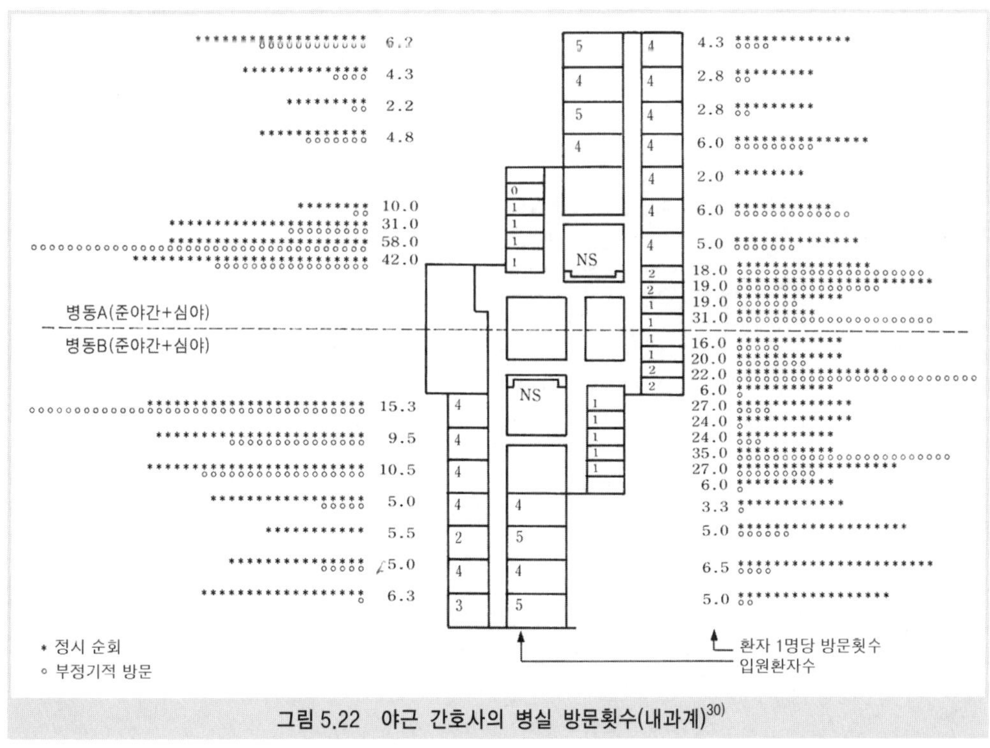


그림 5.22 야근 간호사의 병실 방문횟수(내과계)[30]

해당하는 것으로 하며(정확하게는, ICU+α로 하고 있지만), 또한 C인 동시에 Ⅳ인 환자를 ③에 해당하는 것으로 생각하며, 입원기간이 3개월을 초과하는 경우를 ④의 환자로 하며, 그 이외를 ②의 환자로 하고 있다.[16] PPC에 따른 병동 구성원리를 도입하는 병원이 나타났지만, 실제로는 중점 간호 병동(intensive care unit ; ICU)의 병상 회전율을 높이기 위하여 ICU로부터의 전출 환자를 수용할 수 있는 중증 병동(post ICU : step-down 병동)을 설치하여 운용하고 있는 사례가 보인다. 그리고 일반 병동에서도 빈번한 간호와 관찰을 필요로 하는 환자가 너스 스테이션 주변에 모여(**그림 5.22**),[30] 그 곳을 ICU라고 부르고 있거나 ICU만을 PPC의 개념과 다르게 설정하고 있는 상황 등과도 맞물려 생각한다면, 중등도 간호와 자기 간호의 구분을 재고할 필요가 있다고 보인다.

## 5.2 간호의 방식과 거점

간호사의 역할분담의 방법은 크게 다양한 간호업무(**표 5.9**)를 각각의 간호사가 분담하여 실시하는 업무분담방식과, 간호사가 환자를 분담하여 담당하는 환자분담방식으로 나눌 수 있다. 업무분담방식이 확실히 효율적이지만, 한 사람 한 사람의 환자를 통합적으로 간호할 수 없다는 결점이 있다. 한편, 담당하는 환자를 정하여 **표 5.9**에 나타낸 것처럼 모든 업무를 담당 간호사 혼자서 하도록 하는 것도 현실적이지 않다. 여기서 분담 가능한 업무를 분담함과 동시에, 담당 환자도 정하여 간호할 수 있는 팀 너싱이 현실적인 방식으로 정착해 왔다. 최근에는 환자에게 주치의가 있는 것처럼 환자 개개인에게 담당 프라이머리 너스(기초 간호사)가 붙는 방식(프라이머리 너싱)이 미국을 중심으로 퍼지고 있다. 환자에

**표 5.9 일본간호협회에 의한 간호업무 구분**

| | | |
|---|---|---|
| 1. 신체의 청결 | 13. 진료·치료 도움 | 22. 간호 직원 및 학생 지도 |
| 2. 입퇴원 시 도움 | 14. 호흡순환관리 | 23. 약제업무 |
| 3. 약물 투여(주사 제외) | 15. 측정 | 24. 물품관리 |
| 4. 식사 도움 | 16. 검사 | 25. 의료기구·재료 취급 |
| 5. 관찰 | 17. 의사에게 보고·연락 | 26. 병실 내부의 환경정비 |
| 6. 환자의 이동 지원 | 18. NS 간의 보고 | 27. 병실 외부의 환경정비 |
| 7. 배설 도움 | 19. 환자 및 가족에게 연락 | 28. 너스 콜 |
| 8. 신체 주변의 도움 | 20. 기록 | 29. 병동 외부로의 연락 |
| 9. 안전 확보 | 21. 가족 지도·상담 | 30. 전화에 의한 연락 |
| 10. 편의 도움 | | 31. 메시지 업무 |
| 11. 자립 지원 | | 32. 사무 업무 |
| 12. 임종 시 간호처치 | | 33. 관리 업무 |
| | | 34. 직원의 건강관리 |
| | | 35. 기타 |

게 항상 자신의 전부를 알아줄 수 있는 사람이 존재한다는 점에서 주목할 만한 발상이지만, 일본에서는 간호 인원 또는 책임소재 같은 점에 문제가 있어, 정착하기에는 아직 이르다고 할 수 있다.

팀 너싱을 전제로 한 병동 건축에서는 간호거점(너스 스테이션) 계획이 중점이 된다. 지금까지 많은 병동에서는 **표 5.9**에 나타낸 간호업무 전부를 하나의 너스 스테이션에서 실시해 왔지만, 본래는 각각의 업무에 적합한 장소가 있기 마련이다. 건축 분야에서는 오래전부터 너스 스테이션을 병동 내 어디에 둘 것인지 시행착오를 겪어 왔다. 쿠리하라(栗

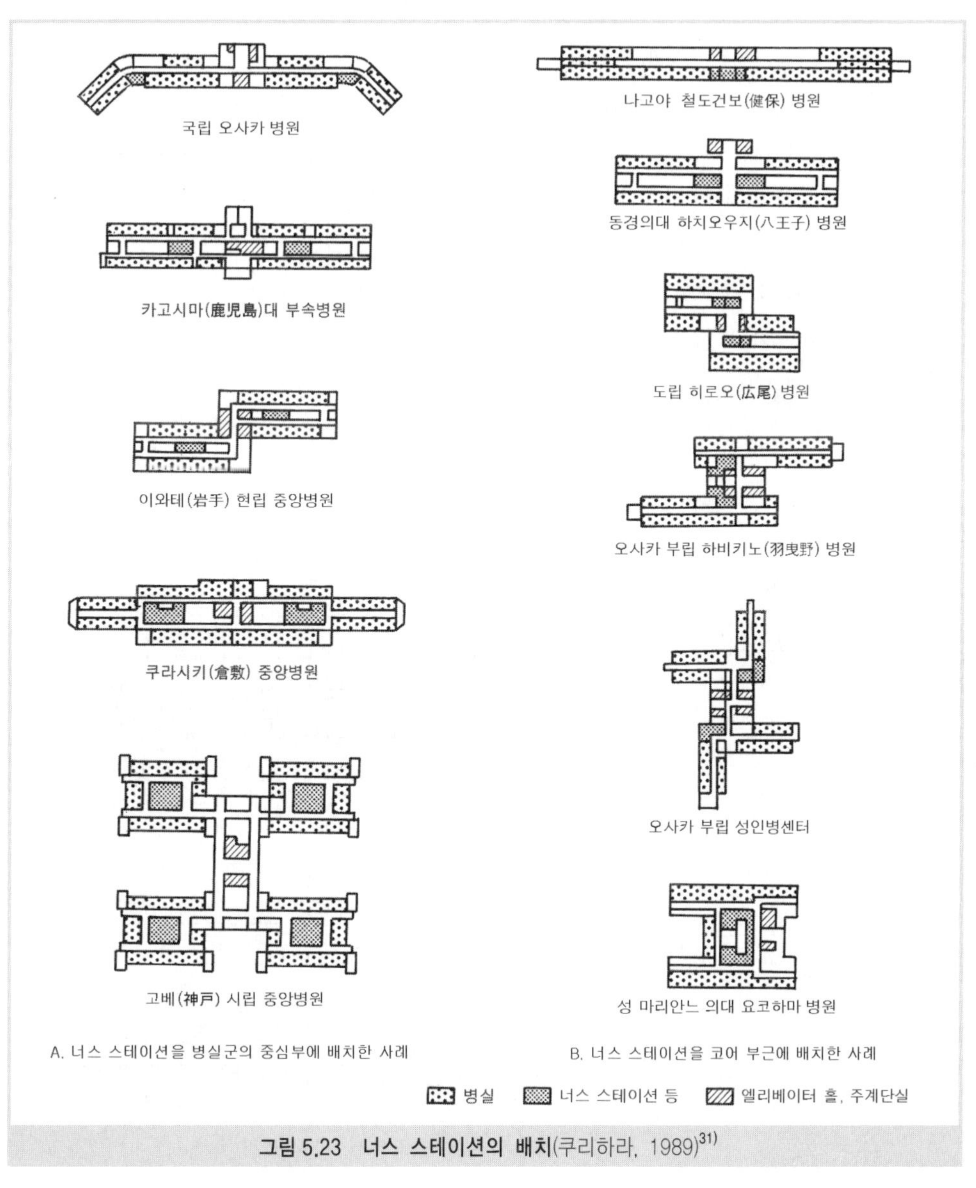


**그림 5.23 너스 스테이션의 배치**(쿠리하라, 1989)[31)]

原)는 이러한 병동에서의 너스 스테이션의 배치에 관한 변천과정을 정리하고 있다(**그림 5.23**). 즉, 위치를 결정하는 방법의 하나는 환자의 중심에 배치하여야 한다와, 다른 하나는 병동 관리상 엘리베이터 홀과 병동 입구 근처에 배치하여야 한다는 두 개의 큰 흐름이 있다고 지적하였다. 그리고 직접간호의 거점은 보다 간호단위의 중심에, 간접간호의 거점은 보다 관리단위의 중심에 위치하여야 한다는 생각을 기초로, 지금까지 하나였던 너스 스테이션을 기능 분리하여 관리상의 거점(administrative control center ; ACC)과 간호상의 거점(team care center ; team conference center ; team control center ; TCC)을 분리한 미국 병동의 평면 구성 사례를 소개하고 있다. 일본에서도 몇 개의 병원에서 이와 비슷한 시도가 이루어지고 있으며, 이러한 병원에서 각각의 거점간호업무 내용에 대한 조사가 이루어지고 있다[32](**그림 5.24, 5.25**).

간호거점에서는 직접간호를 위한 준비작업이 중심으로 이루어지며(빈도・시간 모두 약 80%), 관리거점에서는 기록업무를 중심으로 이루어지는 것(빈도로 60%, 시간으로 85%)과 같은 실태가 보인다. 그러나 이러한 간호 및 관리 거점의 분리와 분산화는 아직 연구・계획에서 초기 단계에 있으며, 야근 시 체류 문제와 입원 기록카드의 소재, 의사와의 연락 문제 등 해결해야 할 점도 적지 않다.

다만, 간호거점이 분산된 결과 환자는 간호사들이 좀 더 자신들의 곁에서, 자신들을 위하여 일하는 모습을 볼 수 있음을 유쾌하게 생각하고 있는 것처럼 보인다.[33] 실제 미국의 병원에서 너스 스테이션이 **그림 5.26, 5.27**의 장소를 나타내고 있다고 설명하고 있으며,

**그림 5.24 간호대상 병동 평면의 개념도**(쿠리하라, 1989)[31]

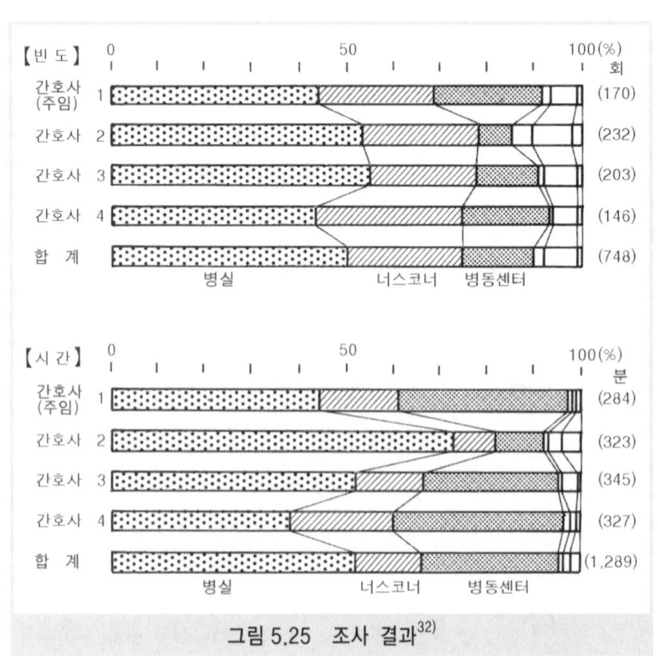


**그림 5.25 조사 결과**[32]

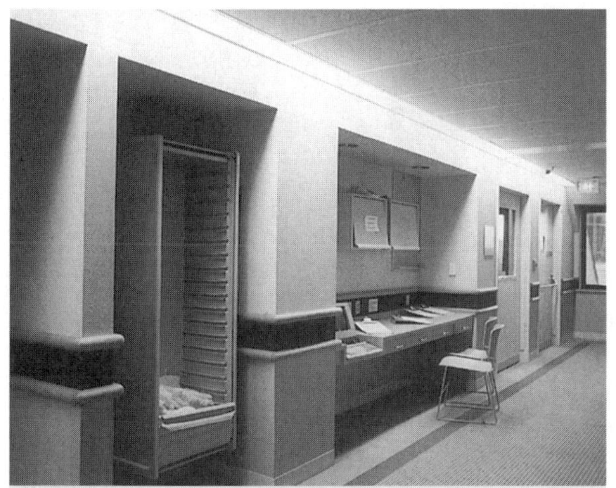

그림 5.26 너스 바 · 너스 스테이션의 사례

그림 5.27 너스 스테이션의 사례

간호용 물품을 병실 입구에 분산 배치하는 너스 바(nurse bar, **그림 5.26**)가 많은 병원에 도입되고 있다. 너스 스테이션의 기능과 형태에 관해서는 병동 계획 시 현재의 장단점을 포함하면서 새로운 발상을 도입하여야 할 필요가 있다.

## 6 진료의 장으로서의 병원

진료란 환자의 증상을 정확하게 파악하여 어디가 나쁜지, 다시 말해서 병명을 확정하는 진단과, 그 진단 결과에 근거하여 질병을 치료하기 위하여 적절한 수단을 결정하고 적용하는 치료로 구분할 수 있다. 전자에는 인체에서 채취한 소변과 혈액 등의 검체를 검사하는 검체검사, 인체의 생리기능을 직접 조사하는 생리검사, X선을 비롯한 전자선 · 베타선 · 감마선 · 입자선 등의 방사선을 이용하여 신체의 내부를 직접 조사하는 방사선 진단, 라디오아이스토브(RI)를 이용하여 인체의 생리기능과 검체의 검사를 실시하는 핵의학 검사가 포함된다. 또한 후자에는 수술 또는 분만, 방사선과 전자선 등을 이용한 방사선 치료(부문으로서는 방사선 부문으로 취급되는 경우가 많다), 질환의 치료와 병행하여 심신의 장애를 치료하는 재활, 신장의 장애에 의한 혈액 중 노폐물 여과 · 배출기능 저하를 인공신장에 의하여 대행하는 혈액 투석 등이 포함된다. 이러한 업무를 실시하는 각 부문 중에서 재활부까지를 아래에 서술한다.

## 6.1 검체검사부

검체검사에는 **그림 5.28**에 나타낸 바와 같은 움직임을 고려할 필요가 있다.[34] 대부분의 환자가 이 부문에 직접 이동해 갈 필요는 없으며, 환자로부터 채취한 검체만이 이송된다면 좋다. 입원환자는 주로 병동에서 검체 채취가 이루어지므로 특별히 문제는 없지만, 외래환자의 검체를 어디서 채취하는가에 따라 환자에게 불필요한 이동을 강요하는 경우가 되거나 직원수 등에 영향을 미친다. 특히 이 부문의 규모가 커지게 되면 이러한 문제가 뚜렷이 나타나게 된다. 따라서 대형 병원의 경우 채뇨실・채혈실 등과 함께 소검사실을 외래 부문에 설치함으로써 문제를 해결하고 있는 사례가 많이 보인다.

한편, 검체의 이송방법도 검토해 두지 않으면 안 된다. 검체의 이송은 하루에 몇 회를 정하여 정기적으로 옮기는 정시 이송과, 정시 이송에서 빠뜨린 검체를 옮기는 임시 이송, 그리고 수술부와 구급부 또는 ICU 등에서 옮겨지는 긴급 검사를 위한 이송으로 구분할 수 있다. 정시 이송은 사람 손으로 하는 것이 일반적이지만, 임시 또는 긴급 이송은 소형 기계식 자동차 등을 이용할 것인가, 사람 손으로 할 것인가는 그 빈도와 검사의 내용, 이송기기의 비용과의 관계로 결정되는 수가 많다.

그 밖에 이 부문에서는 미생물과 혈액검사 등에 사용하는 기구로부터의 감염에 충분히 주의하지 않으면 안 된다. 폐기물 처리방법의 검토와 함께, 작업의 흐름에 유의하여 세정멸균실을 적절하게 배치할 필요가 있다. 또한 병리 검사실 등에서의 공기 관리, 특히 악취의 발생에 대한 건축적 대응이 필요하다.

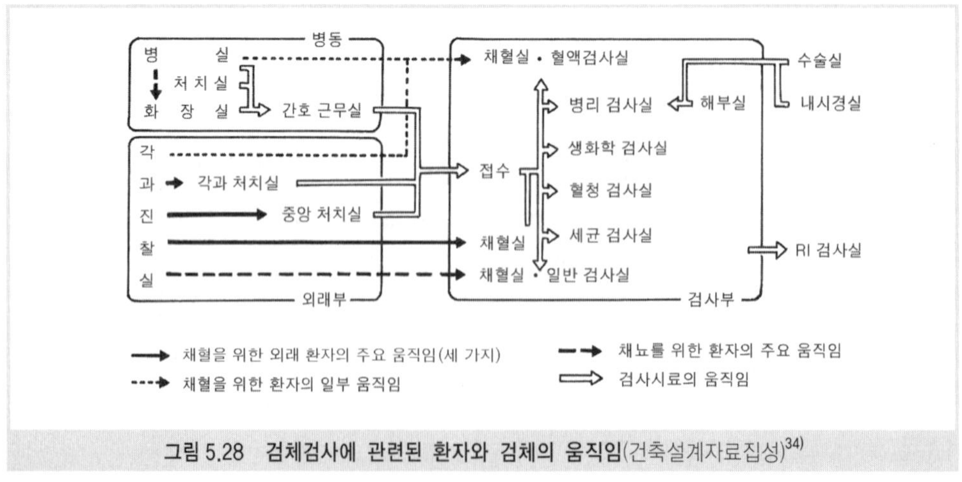

**그림 5.28 검체검사에 관련된 환자와 검체의 움직임**(건축설계자료집성)[34]

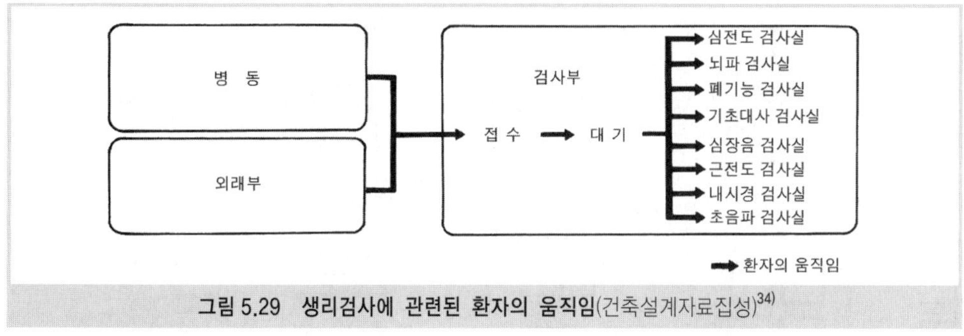


**그림 5.29 생리검사에 관련된 환자의 움직임**(건축설계자료집성)[34)]

## 6.2 생리검사부

생리검사는 **그림 5.29**와 같은 움직임에 주의할 필요가 있다.[34)] 검체검사와는 달리 환자 자신이 그 장소에서 직접 검사를 받아야 하기 때문에, 생리검사부 위치는 외래진료 부문에 가까운 곳이 바람직하다. 또한, 여기서 이루어지는 각종 검사는 각각이 독립적으로 이루어져 상호 의존하는 경우가 적으므로, 이용 빈도와 직원 배치에 맞게 각종 검사실의 위치를 검토하거나, 내시경과 초음파 등을 외래진료실에 부속시켜 배치하는 등 환자의 이동에 따른 부담을 경감하며, 전문직원을 효율적으로 활용하는 의미에서 검토해야 할 문제라고 할 수 있다. 원래, 의료기기는 고도의 기능을 가지고 있으므로 가격도 고가이며, 취급하는 데도 전문적인 기술이 필요하며, 다양한 진단기계를 공유하여 사용하지 않으면 안 되게 되었으므로, 중앙진료부에서 점점 독립해 가는 중이라고 할 수 있다. 중앙화에 의한 장점이 있는 반면 환자의 이동부담도 증가한다는 것을 고려한다면, 이러한 부분적인 분산화는 앞으로 새롭게 검토해야 될 부분일 것이다.

뇌파 또는 근전도 검사 등의 검사실은 미약한 전위차를 측정하는 기기를 사용하므로, 건축적으로 전기적 영향을 차단하는 장치인 실드(shield)를 필요로 하는 경우가 있다. 또한, 심음도와 청력 또는 기초대사 검사 등은 진동과 소음에 대한 배려를 필요로 하는 경우도 있다.

## 6.3 방사선부

대부분이 상당히 고액의 의료기기이며, 다양한 진료과에서 공통으로 이용된다. 그리고 의사가 직접 조작하는 경우가 적으며, 중앙화가 이루어지지 않으면 안 될 부문이라고 할 수 있다. 방사선을 취급한다는 점에서 관리상 방사선 치료부도 진단부와 함께 방사선부로 취급되는 경우가 많다. 환자가 직접 그 곳을 향해 갈 필요가 있으며, 외래부문과의 연계가 중시된다.

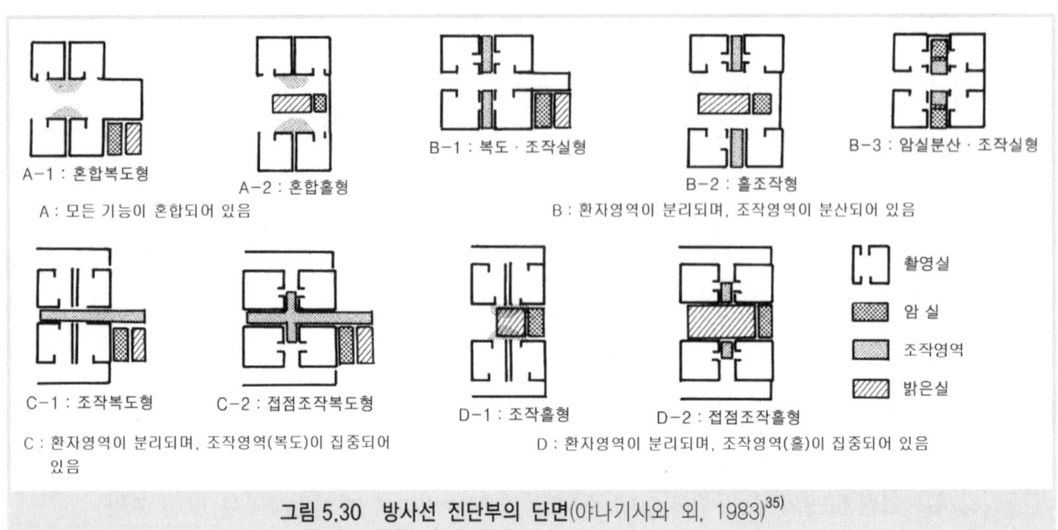


**그림 5.30 방사선 진단부의 단면**(야나기사와 외, 1983)[35]

금세기에 급속히 발전한 분야이며, 다양한 의료기기가 개발되어 있지만, 크게는 필름에 상을 직접 감광시키는 직접촬영과 얻어진 상을 카메라와 텔레비전으로 찍는 간접촬영 또는 투시로 구분되며, 조영제(造影劑)의 이용 여부에 따라 단순촬영과 조영촬영으로 나눌 수 있으며, 촬영하는 부위와 체위에 따라 전문화된 기기가 개발되어 있다. 특수한 촬영기기로는 단층촬영 · 혈관촬영 · CT · 파노라마 촬영 등을 들 수 있다.

작업의 능률을 중시하여 환자와 의료직원의 동선을 분리하는 경우가 많다. 야나기사와(柳澤) 등은 방사선 진단부의 평면형을 분류하여(**그림 5.30**),[35] 각각의 요구기능을 만족시키는 '조작 홀 접점형'이 되는 평면형을 제안하고 있다. 이 유형의 경우 전체적으로 면적의 증대로 이어지는 문제가 있지만, 촬영기사와 환자가 접촉할 수 있다는 점과, 안정된 분위기에서의 대기, 효율적인 직원구역을 실현할 수 있다는 점 등은 주목할 만한 제안이라고 할 수 있다. 이 부문에서는 일반적으로 방사선 방호(防護)를 위하여 벽면이 살풍경하게 되기 쉬우며, 의료기기가 대형(특히 방사선 치료기기 등)인 점 등으로 환자에게 심리적 불안감도 크게 주므로, 벽면에 그림장식을 하든지 장식적인 창, 창 이외의 풍경을 벽면 뒤쪽에서의 조명으로 비추는 등의 건축적 배려가 요구되고 있다.

## 6.4 핵의학검사부

환자를 대상으로 하는 체외계측(*in vivo*)과, 환자의 검체를 다루는 시료검사(*in vitro*)가 있다. 이 부문이 방사성 물질을 취급한다는 점에서, 특히 방사능에 의한 오염방지 대책이 중요하다. 사용부문에 따라서는 배기 · 배수 또는 물품의 오염관리가 필요하게 된다.

## 6.5 수술부

여기에서는 특히 청결관리가 중시된다. 청결한 사람이나 물품이, 불결한 사람이나 물품과 교차되지 않도록 동선을 분리하는 계획이 중점이 된다(**그림 5.31**). 이토(伊藤)는 이러한 점을 포함하여 이동하는 것을 ① 환자, ② 직원, ③ 수술용 기재로 나누었으며, 이것들을 좀 더 구체적으로 ① 수술 전, ② 수술 후로 구분하여 생각함으로써, 지금까지의 수술부의

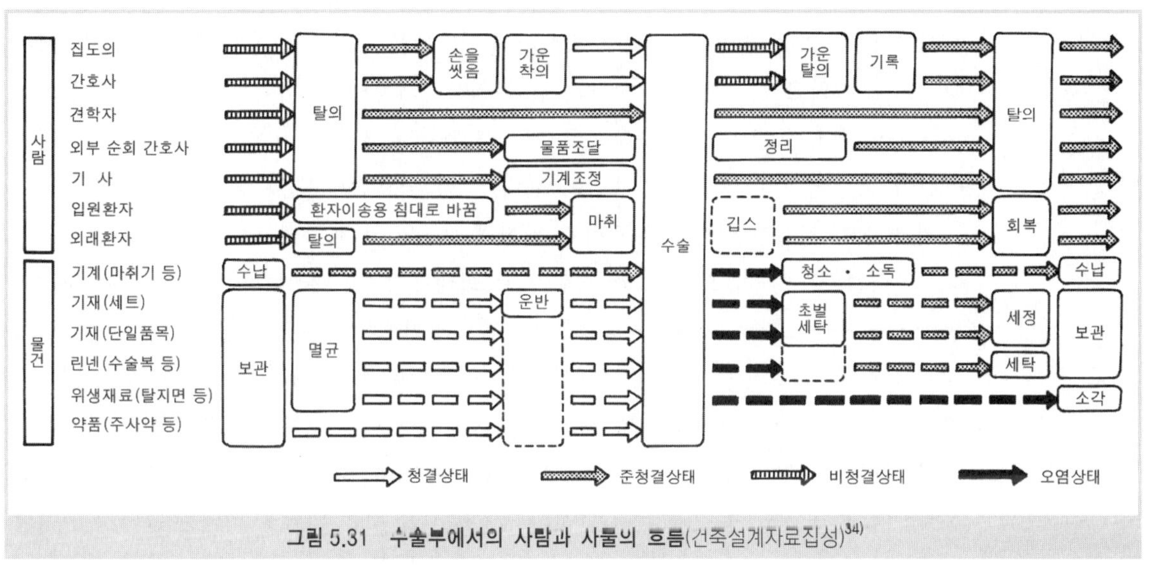


**그림 5.31 수술부에서의 사람과 사물의 흐름**(건축설계자료집성)[34)]

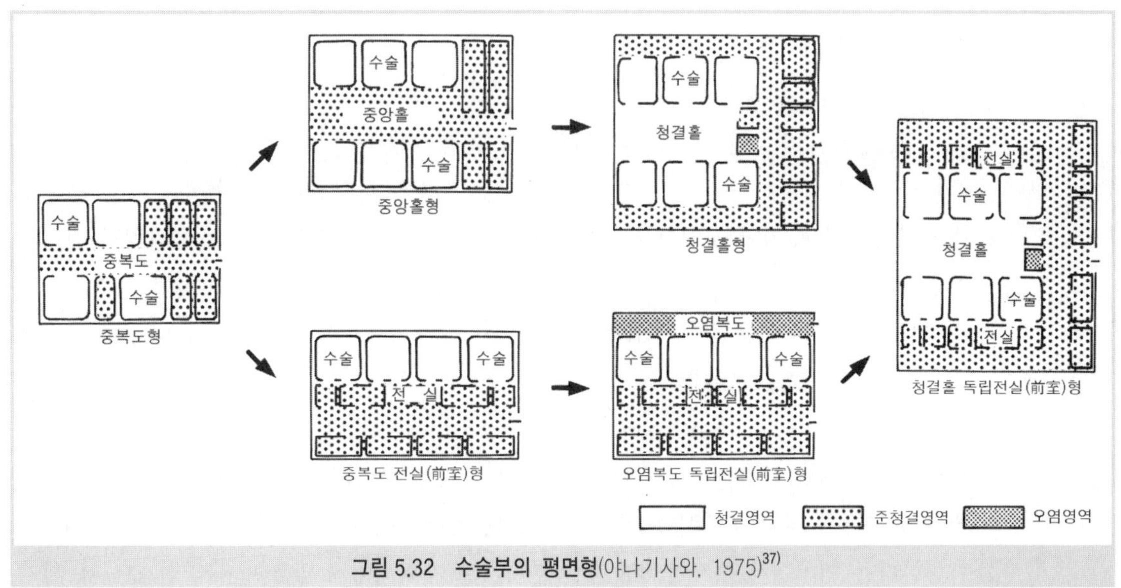


**그림 5.32 수술부의 평면형**(야나기사와, 1975)[37)]

평면형을 분류하고 있다.[36] 한편, 야나기사와(柳澤) 등은 수술부에서의 사람의 움직임을 모델화하여 기존의 평면에 적용하는 것으로 각각의 평면형(**그림 5.32**)의 장・단점을 논하고 있다.[37] 이 중에서, 특히 청결 홀(독립 전실)형 평면을 앞으로 검토할 가치가 있는 평면형으로 제안하고 있다.

수술부의 계획에서는 우선 이러한 동선분리방식을 명확히 한 후에 모든 실의 배치 구성을 검토하지 않으면 안 되며, 이 때의 청결유지에 관계되는 몇 가지 사항을 여기에 기술하고자 한다. 먼저, 공기 중의 먼지는 사람의 이동량에 비례하여 증가한다는 점, 즉 아무리 손을 씻고 위생처리를 한 직원이라 하더라도 피부로부터의 발진량이 심각한 문제가 될 수 있다. 건축적으로는 수술실의 공기흐름을 수직 또는 수평 방향으로 처리하는 방법이 고려되고 있지만, 수평방향의 경우 의사나 환자의 움직임과 기기의 설치장소가 제한받게 된다. 또한, 다양한 수술 관련 기기에 먼지가 모이게 된다는 점과, 물을 사용하는 공간이 미생물이나 세균의 발생원이 된다는 점 등도 고려하지 않으면 안 된다.

이와 같이 청결한 상태를 유지하기 위하여 수술부의 계획에서는 지금까지 엄격하게 동선분리를 추구하여 왔지만, 최근에 미국 질병예방관리센터(The Centers for Disease Control and Prevention ; CDC)가 공표한 몇 개의 가이드라인에 따르면, 이러한 동선분리에 의한 효과의 유효성에는 아무런 의학적 근거(evidence based medicine ; EBM)가 없다고 밝혔으며, 평면 계획의 근본적인 재고가 시작되고 있다. 즉, 환자가 만지는 기구・손끝 등의 청결이 유지되고 건축적으로는 공기가 청결에서 불결로 흐르는 것이 감염관리상 유효하며, 반면 깨끗한 것과 더러운 것의 동선분리를 하는 의학적 의의는 그다지 인정할 수 없다는 것이다.

## 6.6 분만부

우선, 병원 내의 어디에 배치할 것인가가 문제가 된다. 즉, 분만 도중에 제왕절개 등 수술로 이행하는 사태를 예상하여 수술부에 근접시킬 것인가, 아니면 독립된 분만실 내에 수술실을 설치할 것인가라는 점을 들 수 있다. 일반적으로는 수술실 직원의 배치가 곤란하다는 점에서 분만실 내에 수술실은 마련하지 않는 경향이며, 현실적 해결책으로 수술실로의 이송이 용이한 통로를 고려해 둠으로써 분만실 자체는 산과 병동에 근접한 위치에 두는 경우가 많다.

최근 LDR(labor, delivery and recovery) 방식이라고 부르는, 진통・분만・회복과 같은 일련의 흐름에 임산부를 이동시키지 않고 모든 것이 하나의 실에서 끝날 수 있도록 하는 건축적 사례가 미국 등에서 보이고 있다(**그림 5.33**). 이 실은 임산부에게 쾌적한 공간을 제공한다는 의미에서 주거에서의 침실 분위기로 계획되어져 있으며, 다양한 분만용 기기는 천정과 벽면에 수납시키거나 근접한 부속실에 보관되어 있다. 또한 병상 자체도 전동식으로, 분만대로 빨리 바꿀 수 있는 장치로 되어 있다. 원래, 분만을 질병이라고 생각할 필요는 없으므로, 보다 일상적인 환경 내에서 분만이 이루어질 수 있도록 하는 발상의 전환이 필요하다.

## 6.7 재활부

우에다(上田)는 재활(rehabilitation)을 다음의 네 가지로 구분하고 있다(**그림 5.34**).[38]

① 의학적 재활

② 교육적 재활(특수교육, 장애아교육)

③ 직업적 재활

④ 사회적 재활

이 중에서 의학적 재활을 조기(급성기)재활・전문재활・지역재활의 3단계 체계로 규정하여 시설 정비를 하는 자치단체도 있다. 일반병원에서는 질환의 증상이 발생한 후, 조기에 이루어지는 재활을 전제로 해야 한다. 이토(伊藤)・카와구치(河口) 등의 조사 결과로 보면 100병상당, 입원환자 7~11명과 외래환자 5~11명이 치료를 받고 있다. 즉, 앞의 분류에 대입시키면, 조기 및 지역 재활의 모두를 일반병원이 받아들이고 있다는 것이 된다. 따라서,

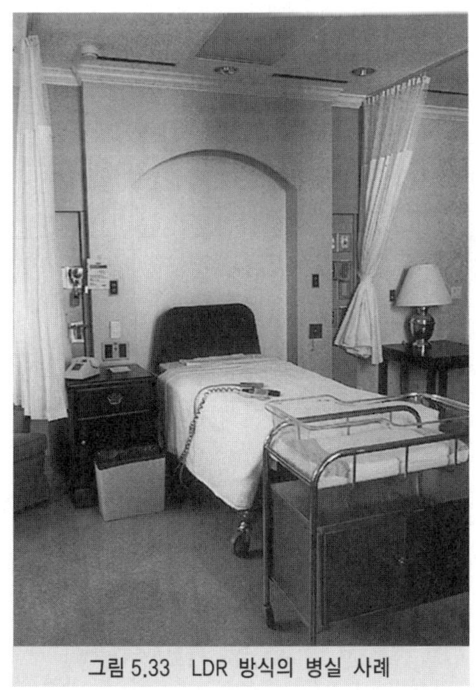

**그림 5.33 LDR 방식의 병실 사례**

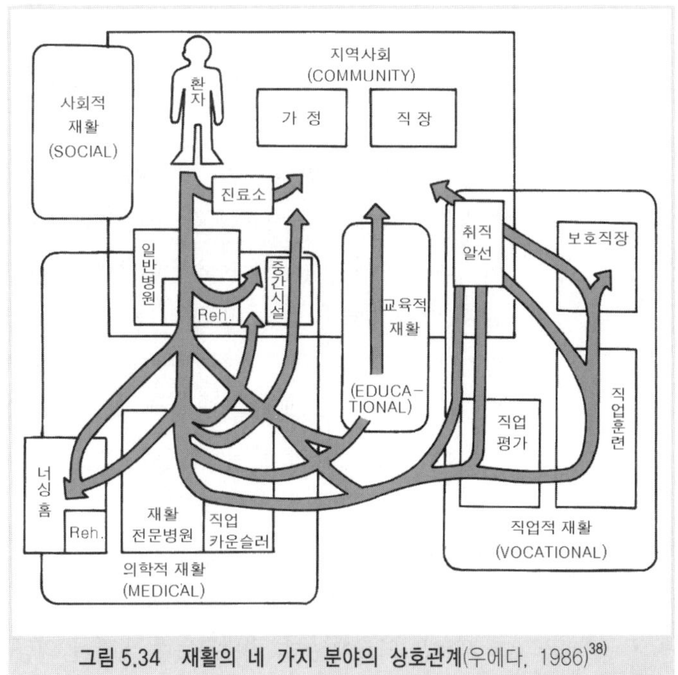


**그림 5.34 재활의 네 가지 분야의 상호관계**(우에다, 1986)[38]

| 표 5.10 재활부에서 소요되는 실(신건축학대계)[39] | | | |
|---|---|---|---|
| 구 분 | | 실 명 | 주 요 기 기 |
| 물리치료 | 수(水)치료 | 전신욕실<br>부분욕실<br>탈의실 | 운동욕조(풀) 및 입욕용 리프트 · 기포욕조 · 과류욕조<br>부분욕조(상체용 · 하체용)<br>탈의용 벤치 |
| | 온열전기<br>광선치료 | 개별 치료실 | 핫 백 가온장치 · 파라핀 욕조 · 고주파(초단파 · 극초단파) 치료기 · 저주파 치료기 · 초음파 치료기 · 적외선 등 · 자외선 등 치료병상 |
| | 운동치료 | 운동치료실 | 치료병상 · 매트 · 경사대 · 평행봉 · 자세교정용 거울 · 훈련용 계단 · 아령 거치대 · 손목운동기 |
| 작업치료 | | 작업치료실 | 작업책상 · 공작대 · 목공작업기기(대패 등) · 석고작업기기 |
| 일상생활동작훈련 | | 주방 · 거실 · 욕실 · 화장실 등 | 주방세트 · 변기 · 욕조 · 수전 · 스위치 · 핸들 |
| 언어치료 | | 치료실(개별 · 집단)<br>자습실<br>차음실<br>준비실 | 검사기기 · 녹음기기 |
| 심리치료 | | 치료실(개별 · 집단)<br>관찰실 | 응접세트<br>거울 |
| 보조기기 제작 | | 공작실 | 작업대 · 공작기계 |
| 관리 · 진찰 | | 직원실<br>회의실<br>진찰실<br>접수 · 직원 화장실 | |
| 기타 | | 대기실 · 휠체어 보관장소 · 화장실 · 창고 등 | |

외래환자의 이용을 고려하여 재활부의 위치는 외래진료 부문에 가깝게 위치하는 것이 일반적이라고 할 수 있다.

재활부에서 일반적으로 소요되는 실 구성을 **표 5.10**에 나타내었으며, 치료사 등의 직원의 유무에 따라 이러한 각 실의 필요 유무가 결정된다. 또한, 뇌혈관질환을 중심으로 한 경우에는 수치료실의 요구가 적으며, 반대로 정형외과적 질환을 중심으로 하는 경우에는 그 요구가 많은 점 등 병원의 특성에 대응하여 고려되어야 할 것이다. 그러나 개개인의 환자에게 직원이 팀을 조직하여 대처한다는 재활의 특성을 고려한다면, 각각의 치료에 관련된 모든 실의 계획과 동시에, 이러한 모든 실의 연계방식과 직원 관련 실의 배치 구성이 설계의 요점이 될 것이다.

## 6.8 첨단의료

새로운 의료에는 ① 치료로봇을 비롯한 의공학 분야의 흐름과, ② 유전자 의료(진단 · 치료) 분야, 재생의료 분야, 장기 · 조직이식 분야 등의 흐름이 있다. ①과 같이 공학기술을 의학에 응용하는 연구는 활발하게 이루어지고 있으며, 원격조작에 의한 수술과 인간의 손으로 직접 할 수 없는 부분에 대한 마이크로 수술 등에 이미 치료로봇이 활약하기 시작하였다. 현재의 단계에서는 로봇이 아직 대형이므로 수술실 등의 규모를 이에 맞춰 크게 할 필요가 있지만, 앞으로 점점 소형화하는 것도 생각할 수 있다. 한편, 극소의 기기 개발도 이루어지고 있으며, 캡슐 형태의 내시경도 미국에서는 이미 실용단계에 있다.

②의 유전자 의료로부터 이식 분야에 걸쳐서는 현재 국가 규모에서 연구가 진행되고 있지만 건축적인 관점에서의 대응을 고려할 경우, 이들은 대부분이 이른바 검체검사와 약의 제조 이미지에 가까우며, 필요한 배려는 청결관리뿐이라고 해도 좋다. 진료부문은 앞으로 더욱 '장치화'되어 갈 것으로 생각할 수 있다.

## 7 업무의 장으로서의 병원

### 7.1 부문의 배치

근대적 병원은 다양한 전문직원이 각각의 기능을 효과적으로 발휘하도록 요구되고 있다. 병원은 실의 종류와 수가 많으며, 각 실이 가지는 기능은 상당히 세분화되어 있는 것이 특징이다. 일본에서는 기능적인 유사성으로부터 건축 계획을 ① 병동부, ② 외래부,

**표 5.11 병원의 부문 구성과 면적 비율**

| 부문(면적비율) | 개 요 |
|---|---|
| 병 동 (35~40%) | 입원환자에게 진료와 간호를 하는 공간이다. 동시에 환자에게는 생활의 공간이기도 하다. 병원의 중심적인 부문이다. |
| 외래부문 (10~15%) | 통원환자에게 진료가 이루어지는 부문이다. 재활과 암에 대한 화학치료 등의 통원치료와 당일 수술의 출현 등으로 외래부문의 중요성이 높아지고 있다. |
| 진료부문 (15~20%) | 검사부 · 방사선부 · 수술부 등 의사의 진료행위를 지원하는 부문이다. 병원 관리의 개념에서 중앙화가 추진되고 있다. |
| 공급부문 (15~20%) | 멸균재료 · 간호용품 · 약품 · 식사 등 병원 내의 각 부문에 필요한 물품을 공급하는 부문이다. 에너지와 의료 폐기물의 취급도 포함된다. |
| 관리부문 (10~15%) | 병원 전체의 관리 · 운영을 하는 부문이다. 각 부문 간 조정과 복리후생 등도 관리한다. |

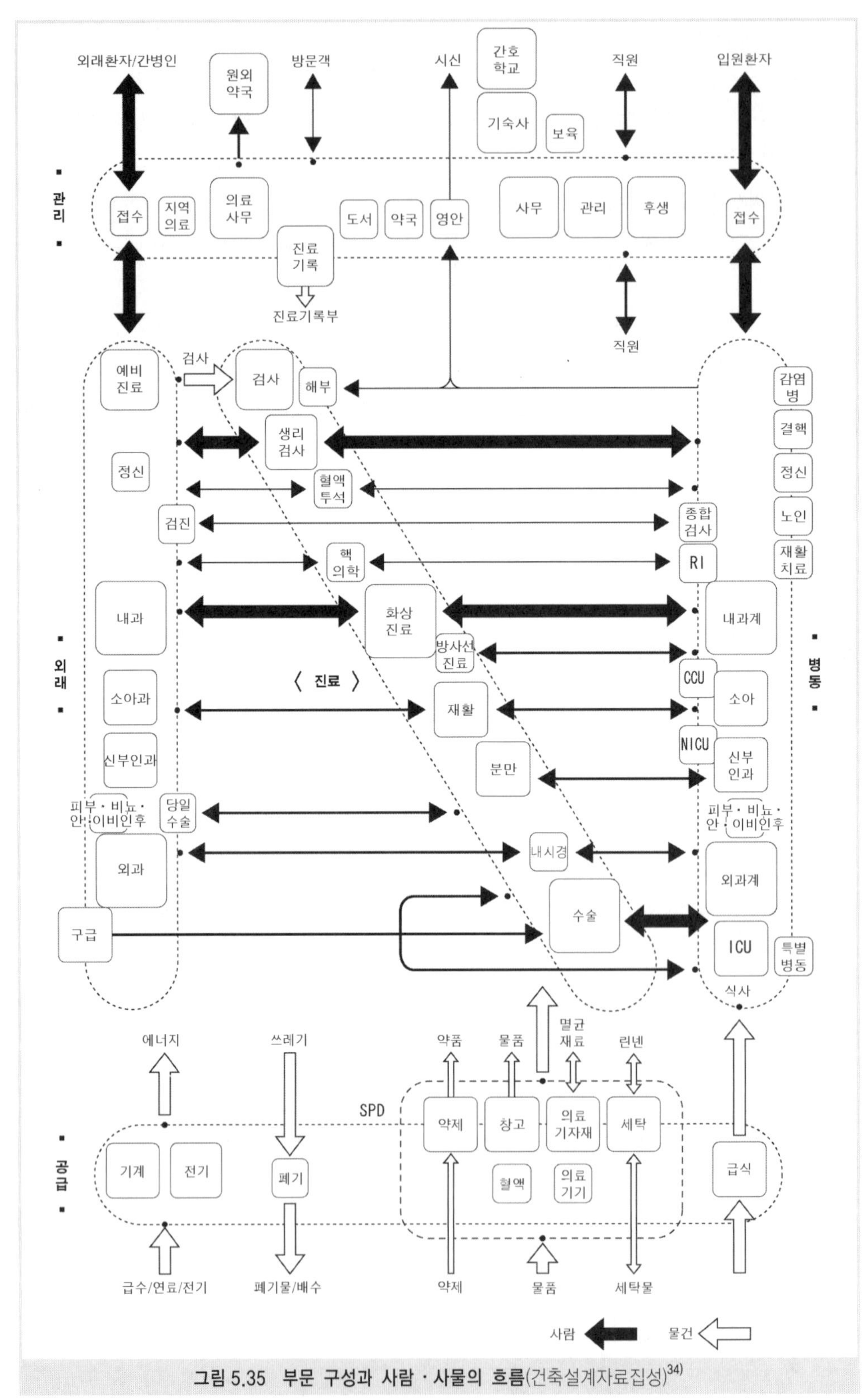


그림 5.35 부문 구성과 사람 · 사물의 흐름(건축설계자료집성)[34]

③ 진료부, ④ 공급부, ⑤ 관리부의 크게 다섯 부문으로 구분하여 생각하고 있다(**표 5.11**).

각각의 부문이 적절한 형태를 지니는 것이 필요하지만, 각 부문은 기능적으로 상호 적절한 연락을 취하지 않으면 안 된다. 이러한 부문이 어떠한 배치와 구성을 취할 것인가는 먼저 각 부문에 어떠한 기능적 연계를 가질 것인가를 검토하지 않고는 결정될 수 없다.

따라서 각 부문을 이동하는 사람·사물의 움직임을 분석한 조사 결과에 따른 부문 간의 관계를 도식화하면 **그림 5.35**와 같다.

각 부문의 배치는 병원의 성격과 조직 및 운영방법, 대지 등의 물리적 제약에 따라 크게 달라지게 된다. 그러나 부문 구성을 결정하는 주요 요인 중의 하나는 병원 내외에서의 사람·사물·정보의 움직임이다.[41] 야나기사와(柳澤) 등이 실시한 연구[42]에서는 직원의 이동 빈도는 운영상의 문제라고 파악하고 있으며, 특히 이동 거리와 시간의 단축을 건축의 과제로 규정하여, 병원 내에서의 직원의 부문 간 이동 실태를 기록하고 있다. 여기에서는 이동 목적을 ① 전표·처방전·진료기록카드·X선 필름 등의 정보계, ② 검사체·약품·의료기재·린넨류·식품 등의 물품계, ③ 환자이송·회의 등의 기타로 구분하여 검토하고 있다.

영국에서는 Greenwich District General Hospital 계획을 위한 부문 배치 관련 검토(1962년부터 약 10년에 걸친 프로젝트)와, 보건성의 지침 수립을 위한 연구(1961년~ : Hospital Building Notes)가 진행되어 왔다.[43] 여기에서는 부문·실군(室群)·실의 포함관계에서 기능적 연계를 나타내는 방법과, 사람의 활동과 사물의 움직임까지를 고려한 기능도 등에서 다양하게 검토되고 있다. 또한, 병원을 18개 부문으로 나누어, 각각에 출입하는

**표 5.12 이동에 관계된 가중치(점수) 부여의 사례[43]**

| | | | |
|---|---|---|---|
| A. 빈도와 형태 : | | | |
| a) 사람의 움직임 - | 입원환자 | | 4점 |
| | 외래환자·주간보호환자 | | 4점 |
| | 간병인과 동행한 외래환자 | | 2점 |
| | 의사 | | 4점 |
| | 간호사 | | 3점 |
| | 의료 등의 보조원·기사 | | 3점 |
| | 기타 직원 | | 1점 |
| | 점심식사 시의 직원 등 | | 1/8점 |
| | 방문객 | | 1/8점 |
| b) 물건의 움직임 - | 운반인의 점수와 물건의 양에 의한 점수 합계 | | |
| c) 자동차의 움직임 - | 구급차 및 계약업자의 자동차 | | 10점 |
| B. 물품량 : | 기계의 힘을 필요로 하는 양의 경우 | | 2점 |
| | 양은 많지만 한 명으로 운반 가능한 경우 | | 1점 |
| | 가벼운 양 | | 0점 |
| C. 긴급도 : 종합평가 시에 추가 | | | |

**표 5.13 배치 구성에 추가하여야 할 요소[43]**

a. Access
b. Adaptability
c. Engineering services
d. Expansion
e. Fire prevention, protection and escape
f. Noise
g. Privacy
h. Restrictions
i. Sharing of facilities
j. Simplicity of layout
k. Smoke, smell and dust
l. Soil condition
m. View
n. Weather

사람과 사물의 움직임을 수록하여 각 부문의 연계도의 강약을 책정하고 있다. 이 연구에서는 사람과 사물의 움직임을 동등한 것으로 하지 않고, ① 빈도와 형태, ② 물품량, ③ 긴급도의 세 가지 요소에 따라 가중치 점수가 주어져 있다(**표 5.12**). 또한 이러한 움직임 이외에도, **표 5.13**에 나타낸 것과 같은 요소를 배치 구성에 추가할 필요가 있다고 하고 있다.

## 7.2 물품과 에너지의 흐름에 대한 계획

매일의 진료활동을 펼치는 데 있어 병원의 모든 부문은 다양한 물품을 공급받아야 한다. 이 중에는 에너지원 또는 물・증기・의료가스 등도 포함하여 생각할 필요가 있다. 이들을 담당하는 장소를 공급부문이라고 부르며, 특히 약품・멸균재료 등의 의료・간호에 관련된 물품과, 식사・린넨 등의 환자의 생활에 관련된 물품을 공급하는 부문의 계획은 병원 전체의 형태에 커다란 영향을 준다.

병원에서 사용되는 물품의 양과 종류는 최근 점점 더 증가하는 경향이 있다(의약품에서 1,500종류 이상, 위생 재료에서도 1,000종류 이상이라고 이야기되고 있다). 그리고 보통 병원 지출의 1/3을 재료비가 차지하고 있음을 생각한다면 물품관리는 병원 경영에서도 중요한 과제가 된다. 또한 이러한 물품은 유효기간이 있기 때문에 쓸데없이 재고량을 늘리지 않을 것(보관장소의 면적도 무시할 수 없다)과, 필요할 때에 필요한 장소에 없다면 그것을 가지러 밖으로 나가기 위하여 본래의 업무 효율을 저하시킬 수 있기 때문에 운영 시스템을 충분히 고려해 둘 필요가 있다. 이러한 점을 반영하여 최근에는 의약품・위생재료・멸균재료・린넨류・문구・잡화와 같은 물품의 반입・검수・장비 보관・공급・회수를 일괄로 전문화하여 취급하는 새로운 부문(supply, processing and distribution ; SPD)이 보이고 있다(**그림 5.36**).

물품의 관리・공급을 일원화하거나, 기존과 같은 방법을 취한다 하더라도 각 부문에서의 물품 소비량과 이송방법 등의 분석・검토가 요구된다. 물품의 관리 시스템에서는 ① 절차(**표 5.14**), ② 이송(**그림 5.37**), ③ 공간 측면에서 다음의 항목들을 배려해야 하는 것으로 되어 있다.[43)]

① 경제성 : 면적・설비에 대한 운영비, 인건비에 대한 경제성

② 종합성 : 공급 시스템으로서의 통합화 가능성

③ 개별성 : 시스템이 개개의 병원과 그 지역의 상황에 적합한가?

④ 유연성 : 수요의 증대와 변화에 대응 가능하며, 운영방식과 설비상의 변화를 수용할 수 있는가?

⑤ 안전성 : 조작하는 사람・물품・건물에 위험을 주지 않도록 하는 안전성 유무

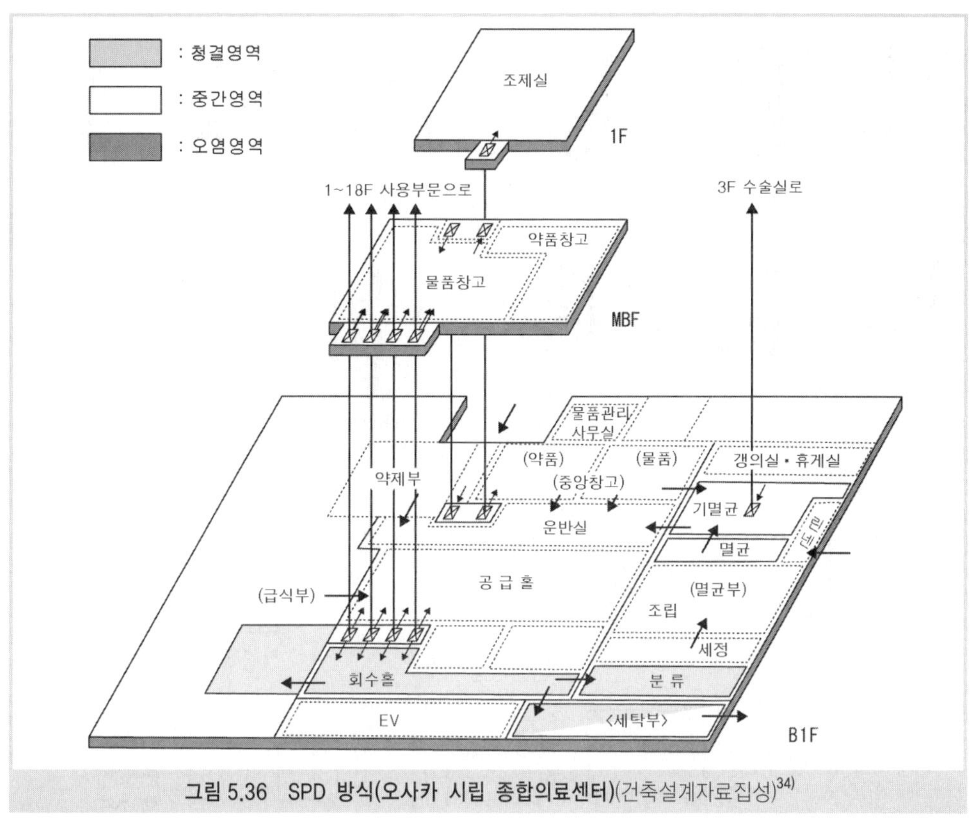


**그림 5.36 SPD 방식(오사카 시립 종합의료센터)**(건축설계자료집성)[34]

| 표 5.14 이송절차의 비교[43] |
|---|
| **청구에 의한 방식**(requisition system) : 지금까지 많이 이루어져 온 방식. 각 부문의 장이 보관량을 확인하여 부족분을 정해진 날짜에 청구한다. 물품은 창고 담당자가 운반한다. 이 방식은 배송에 필요한 직원수와 이송량을 최소로 하기에는 유효하지만, 실제로는 재고관리가 어려우며 과대청구를 하는 경향이 있어 이송량도 필요량보다 많아지게 된다. |
| **순회보충에 의한 방식**(topping-up system) : 린넨의 배송 • 회수에 자주 이용되고 있는 방식. 정기적인 순회로 각 부문에 물품을 보충하는 것으로, 각 부문의 보관량을 다음 순회까지의 예정 소비량으로 유지하는 것이 가능하게 된다. 각 부문에서는 보관량을 확인하는 책임은 없어진다. 단, 이 방식은 물품의 체적이 크며, 소비량이 적고, 일정하지 않은 경우에 한하며, 예상할 수 없는 수요를 만족하기 위하여 항상 대량의 물품이 병원 내를 돌아다니게 되므로 오히려 비경제적인 경우가 된다. 그러나 배송 관련 직원이 사전에 각 부문을 다니며 보관량을 확인하는 방법을 추가함으로써 이러한 단점을 보완할 수 있다. |
| **카트 교환 방식**(trolley exchange system) : 이것은 순회보충에 의한 방식의 변형으로 이동식 수납창고가 중앙에서 관리되어 그대로 각 부문에서 교환되는 방식. 이 결과 각 부문에서의 검수시간과 노력을 줄일 수 있지만 아직 사용하지 않은 물품도 그대로 회수되기 때문에 필요량 이상의 물품이 대량으로 병원 안을 돌아다니게 된다. 소비량의 많고 적음에 따라 카트를 바꿔두지 않으면, 대량 소비물의 교환 빈도로 모든 것이 규정되어 버리게 된다. |
| **표준정량 교환 방식**(standard issue system) : 표준 배송팩을 이용하는 방식. 재무관리가 쉬우며 보충교환 전에 소비량을 추정할 수 있으며, 수요에 맞춰 준비하지 않아도 기계적으로 대비하여 준비해 두는 것이 가능하지만, 소비량이 일정하며 규칙적인 것에만 적용할 수 있다. |

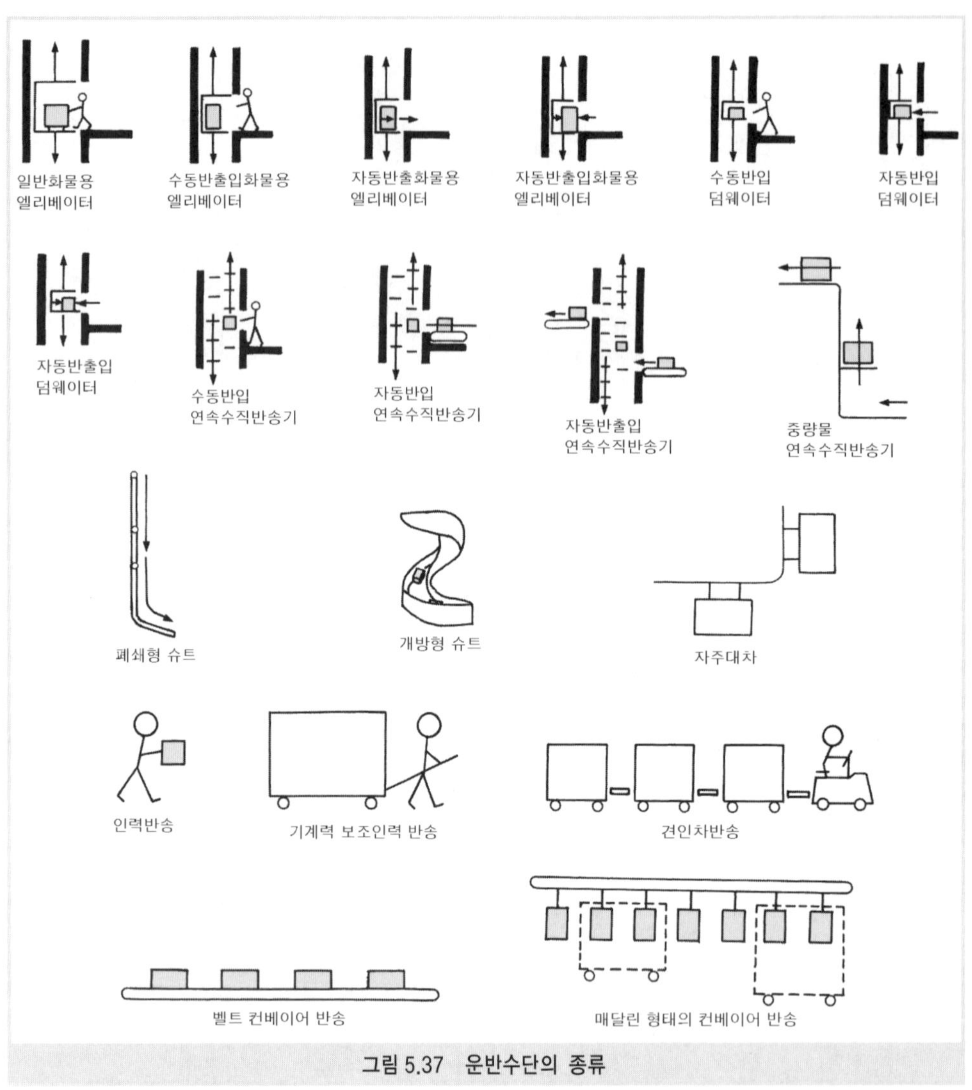


**그림 5.37 운반수단의 종류**

⑥ 방범성 : 의도적이거나 사소한 도난도 방지할 수 있는가?

⑦ 위생성 : 감염을 방지할 수 있는가?

⑧ 신뢰성 : 새로운 목적지에 예정시간에 도착 가능한가?

⑨ 단순성 : 조작이 단순한가?

병원에는 다양한 전문부문이 있으며, 거기에서 일하는 직원에게는 자기 부문이 각각 완결된 것으로 생각하는 경향이 있기 때문에, 이러한 복수의 부문을 연결하는 공급 부문의 문제는 상당히 이해되기 어렵다. 병원이 조직으로서 기능하기 위해서는 물품관리의 방식이 다른 모든 부문의 운영에 직간접으로 영향을 주고 있다는 점을 새롭게 인식해야 할 것이다.

이상과 같이 병원은 다종다양한 많은 사람과 물품이 이동하므로, 건축적으로 다른 건물에서는 보이지 않는 배려가 특히 필요하다. 예를 들어, 보행이 곤란한 사람들을 위하여 바닥의 단차를 없애지 않으면 안 되며, 통로나 계단에는 손잡이가 필요하다. 당연히 미끄러지거나 넘어지지 않도록 하는 마감재를 고려할 필요가 있다.

환자이송용의 병상·들것(stretcher), 휠체어 등이 움직일 수 있는 충분한 복도 폭, 엘리베이터의 크기 등을 고려하고, 벽과 기둥의 코너를 손상하지 않도록 한 보호부재(코너 비드 등)가 필요하다. 특히 최근에는 환자이송을 병상별로 실시하는 사례가 많이 보이는데, 병상이 병원 안에서 이동이 가능하려면 다양한 부분의 공간이 필요하므로, 이러한 관리상 방침은 설계에 앞서 결정해 두는 것이 필수적이다.

그 외에 감염의 위험이 있는 폐기물이나 청결을 유지하지 않으면 안 되는 진료재료와 사체(死體) 등 상이한 성질을 가진 이송대상에 대한 건축적인 배려도 해 두지 않으면 안 된다.

이러한 사항들이 일상의 안전성 확보의 기반이 된다.

## 7.3 재해에 대한 계획

1995년 1월 17일 오전 5시 46분경, 효고(兵庫) 현 남부지역에 M7.2/진도 7(수평 818Gal·수직 332Gal : 고베 해양기상대 관측점)의 지진이 발생하여 6,000명 이상이 목숨을 잃었으며, 또한 160,000동 가까운 가옥이 파괴되었다. 특히 병원 건축에서는 건축구조적인 피해는 그다지 크지 않았지만, 재해 시 거점으로서 주민으로부터 요구된 충분한 의료지원 서비스를 제공할 수 없었던 사례가 많았다. 주로 도시의 라이프 라인의 파괴를 비롯하여 의료시설 자체의 건축설비·의료설비·의료기기 등의 피해로 인하여, 병원 기능의 유지 불능을 초래하였다(**그림 5.38, 5.39**).

그림 5.38 지진에 의한 피해-1

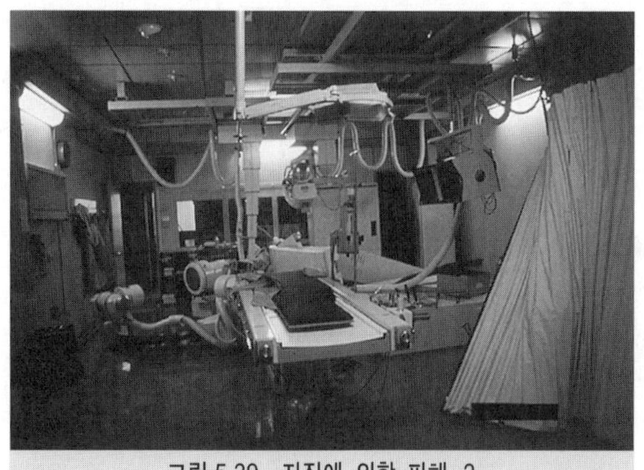
그림 5.39 지진에 의한 피해-2

오늘날 병원 건축에서 설비가 차지하는 비중은 점점 더 커지고 있으며, 현대 의료기술의 발전도 이러한 설비에 부담하는 부분이 크며, 이로 인하여 반대로 대규모 지진 등에 대하여 취약함을 나타내는 형태가 되고 있다. 한편, 병원 건축이 철근 콘크리트 등의 내화구조로 만들어졌으며 일반적인 건물보다도 좀 더 까다로운 내진 성능을 요구받고 있다는 점에서 '건물이 무너지지 않는다＝의료기능을 유지할 수 있다'라는 환상을 낳아, 발생확률이 상당히 낮은 지진에 대응하는 것보다는 보다 높은 확률의 불시의 화재(**표 5.15**)에 대응하는 것이 중요하다고 생각되고 있다. 즉, 많은 병원에서는 화재훈련은 실시하지만 지진훈련은 실시하지 않았다.

화재에 대해서는 1973년 사망 13명을 기록한 후쿠오카(福岡) 현의 병원 화재 이후 환자의 피난 능력에 대한 관심이 높아져,[44] 일지의 기록에 의한 침대 이송 구분별 환자수 파악이 정착되고 있다. 현재로는 이러한 환자의 피난방법에서 수직피난이 아니라, 먼저 수평피난이 확보 가능하도록, 그리고 실내 두 방향(두 개의 피난계단), 실내・실외(발코니)의 두 방향 피난경로를 확보할 수 있도록 평면 계획이 진행되고 있다.

한편, 지진에 대해서는 지진 발생 직후(2~3일)의 가장 위급한 상황에 있는 외래환자(마치 야전병원과 같다고 들었다)와 입원 중의 환자에 대한 대응을 똑같이 생각하지 않으면 안 된다. 지진이 언제 발생하여, 어떠한 피해를 줄지, 또한 부수적으로 발생하는 여러 가지 사태를 예측할 수 없는 상황에서 초기의 진료체제를 어떻게 조직할 것인가는 지진 재해 시 의료시설의 기능을 발휘시키는 요건이 된다.

최근의 병원 건축의 평면 형태는 기능 집약 및 수직동선 의존으로 많은 실에 외부의

**표 5.15 소방법・방재대상물의 화재건수(1979~1989년 합계)[44]**

| 업 태 | 화재건수 | 비 율 | 업 태 | 화재건수 | 비 율 |
|---|---|---|---|---|---|
| ● 자력으로 피난이 곤란한 사람이 야간에 취침하는 복지시설 | | | ● 자력으로 피난이 곤란한 사람이 야간에 취침하고 있지 않은 복지시설 | | |
| (소계) | 233 | 12.0% | (소계) | 780 | 40.0% |
| • 노인복지시설 | 124 | 6.4% | • 보육원 | 219 | 11.2% |
| • 지적장애인시설 | 73 | 3.8% | • 기타 아동복지시설 | 74 | 3.8% |
| • 장애인복지시설 | 36 | 1.9% | • 진료소(병상 있음) | 200 | 10.3% |
| ● 병원 | | | • 진료소(병상 없음) | 130 | 6.7% |
| (소계) | 844 | 43.3% | • 치과진료소 | 78 | 4.0% |
| • 일반병원 | 727 | 37.3% | • 치료시설 | 26 | 1.3% |
| • 정신병원 | 106 | 5.4% | • 보건소 | 7 | 0.4% |
| • 결핵병원 | 6 | 0.3% | • 조산소 | 5 | 0.3% |
| • 나병원 | 3 | 0.2% | • 수의업 | 1 | 0.1% |
| • 전염병원 | 2 | 0.1% | • 기타 | 40 | 2.1% |
| | | | ● 불명 | 92 | 4.7% |

빛이 들어가지 않는 구조로 되어 있다. 그리고 자가발전 부하는 일반 전등조명용 부하까지 계산에 넣고 있지 않으므로 빛이 도달하지 않는 장소가 많다. 한편으로 병원 건축이 고층화되고 있으므로, 사람과 물건의 움직임은 대부분 엘리베이터 등의 수직 운송기기에 의존하고 있다. 고가수조와 배관의 파손으로 엘리베이터가 작동하지 않는 사례도 적지 않았다. 이와 같이 최근의 병원 건축의 형태 자체가 가지는 특징이 여러 재해 시 과제가 되어 나타나는 것으로 보인다.

건축과 설비를 포함한 다양한 분야에서 이러한 재해에 대한 대응을 고려하지 않으면 안 되지만, 이때 일상적인 운용과 모순되지 않는 대책이 필요할 것이다.

## 7.4 직원을 위한 공간

환자의 존재가 병원이라는 시설을 다른 시설과 구별한다는 것은 이미 서술하였다. 그러나 한편으로 환자를 케어하는 많은 의료관계 종사자가 존재하며, 병원이 이러한 다양한 사람들이 일하는 장소라는 것도 잊어버려서는 안 된다. 즉 병원에서 환자가 24시간 요양생활을 보내는 것과 마찬가지로, 직원도 24시간 체제로(추석과 같은 명절 연휴도 관계없이) 환자의 케어에 임하고 있다.

버블경제 시대(1980년대)에는 사무직원을 위한 공간의 OA화와 병행하여 업무환경의 개선이 주목을 받게 되었다. 즉, 거주 후 평가(POE)라는 단어도 빈번하게 사용되었으며, 업무환경이 사용자에게 어떠한 형태로 구성되면 좋은지에 대한 연구도 진행되어 왔다. 그러나 병원에서는 직원과 관계된 이러한 부문(관리·후생)이 경제성이 없다고 간주되어, 현장환경의 정비는 나중으로 미루어져 온 감이 있었다. 즉, 병원직원의 대략 절반에 달하는 간호사의 현장환경을 보다 효율적으로 제공하고자 하는 목적에서, 병동에서의 간호동선량이라는 것만이 논의되어 왔다(제5절 참조).

여기에서 특기할 만한 사례를 드는 것이 불가능할 정도로 직원식당이나 사물함실, 직원휴게실 등의 후생부문은 빈약하다고 할 수 있다. 심야와 연말연시의 휴일에도 이용 가능한 식당, 불편함 없이 쉴 수 있는 휴게실 등 직원 환경의 충실이 환자 서비스의 향상으로 이어진다는 점을 지적해 두고자 한다.

# 8 생명체로서의 병원

## 8.1 병상수

병원 건축의 규모는 일반적으로 병상수와 면적으로 나타내어진다. 이 경우 보통 다음의 두 단계를 거친다.

① 그 시설이 예상하고 있는 환자수를 파악할 것

② 위의 예상 환자수에 대응하기 위한 병상의 개수 또는 공간면적을 알 것

이러한 각 단계에서 요시다케(吉武)는 ①에 대해서는 지역인구별 병상수 : B/P를, ②에 대해서는 병원의 병상당 면적 : A/B를 기본적 지표로 들고 있다.[45] 양자는 이른바 '지역계획' 및 '시설 계획'에 해당하며, 양자를 이어주는 지표는 병상수라는 것이 된다(**그림 5.40**).

더욱이 여기에서 문제로 하는 병상수가 수요를 만족시키는지의 여부는 병상 이용률 u와 병상 회전율 t를 알 필요가 있다. 전자는 직접적으로 병상이 사용되고 있는지를 알기 위한 지표이며, 후자는 얼마나 많은 환자에게 대응하고 있는지를 알 수 있는 지표이다. 오래전 병원이 자선사업적 시설이었을 때는 이용률이 높은 것을 대단히 중요하게 여겨졌지만, 오늘날의 사회보장의 개념에서는 병원이 어느 정도의 환자에게 서비스가 가능한지가 문제이며, 회전율 t가 이용률 u에 대체하여 관심을 가지게 되었고, 회전율 t를 규정하는 입원기간의 중요도를 나타내 그 병상수와의 관계를 제시하고

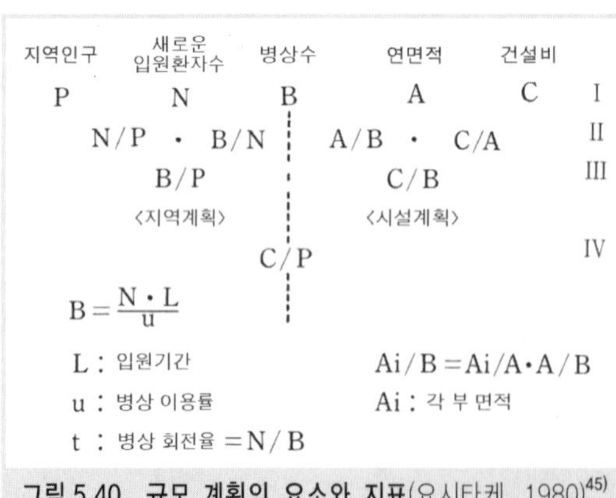


**그림 5.40 규모 계획의 요소와 지표**(요시타케, 1980)[45]

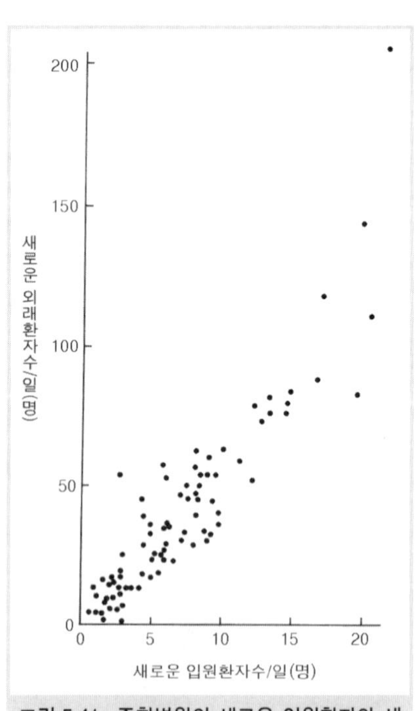


**그림 5.41 종합병원의 새로운 입원환자와 새로운 외래환자와의 관계**(요시타케, 1980)[45]

있다. 그리고 일본과 같이 외래의 스크리닝(선별과정)을 거쳐 입원하는 시스템의 경우, 새롭게 입원하는 환자수 N은 새로운 외래환자수 O에 의존하는 정도가 크며, 서로 높은 상관관계가 보인다는 것을 알 수 있다(**그림 5.41**).

또한 앞의 관계와 마찬가지로

① 재원환자수 N'=새로운 입원환자수 N×입원기간 L

② 외래환자수 O'=새로운 외래환자수 O×통원일수 D

로 재원환자수 또는 외래환자수가 구해지며, ①은 병원 병상수를 비롯하여 주방에서 처리하는 급식수 등, ②는 외래진료실의 단위수와 방사선 진단장치의 수 등에 영향을 주는 지표라고 생각할 수 있다.

## 8.2 면적 규모

이러한 개수에 관계되는 규모 결정과 함께 병원의 면적이 어느 정도라면 좋은지를 파악하는 것이 필요하지만, 면적은 병원의 병상수에 대체적으로 비례한다고 생각하면 된다. 근대병원에서는 다양한 진료의 특성상 경영 측면의 시점에서 소요면적이 요구된다. 이토(伊藤) 등은 공립병원의 면적을 각 부문별로 수록하여, 전체의 면적과 각 부문의 면적 배분에 관한 자료(**그림 5.42**)를 제시하였다. 병상수와 병상당 연면적의 관계는 병원의 종류(**그림 5.43**)와 국가·지역(**그림 5.44**)에 따라 차이가 난다는 것을 알 수 있다.

이러한 경험을 기초로, 타당하다고 생각되는 전체 면적을 파악하기 위해서는 우수한 규모산정수법이며, 큰 오차는 피할 수 있지만, 병원을 전혀 새로운 방침에 근거하여 계획을 세우기 위한 경우에는 꼭 적용할 수 있는 것은 아니다. 원래대로라면, 각각의 부문에서의 활동에 적절한 작업영역을 파악하여 규모를 산정하는 방법도 앞으로 개발할 필요가 있을 것이다. 아무튼, 뒤에서 서술하는 바와 같이 병원은 항상 성장과 변화를 피할 수 없는 숙명에 있으며, 각각의 시대에서의 규모도 변화를 전제로 한 것이라고 생각해야 할 것이다.

## 8.3 병원의 형태와 '성장과 변화'

병원의 형태는 19세기에 그 기본형이 된 파빌리온형 이후 현재까지 다양한 전개를 보이고 있다. 변화의 요인은 우선 의학과 의료기술의 발전을 들 수 있다. 즉, 19세기 말 이후 마취기술을 시작으로 한 병리학·생화학·세균학의 비약적 발달 또는 방사선학의 의학으로의 적용 등 새롭게 출현한 진단·치료 기술에 대응하는 건물이 필요해졌으며, 병동이 대부분을 차지하고 있던 건물과 비교하여 복잡한 양상을 거쳐 왔다.

또 하나의 요인은 과학·공학 기술의 발전에 있다. 즉, 철근 콘크리트 구조의 도입

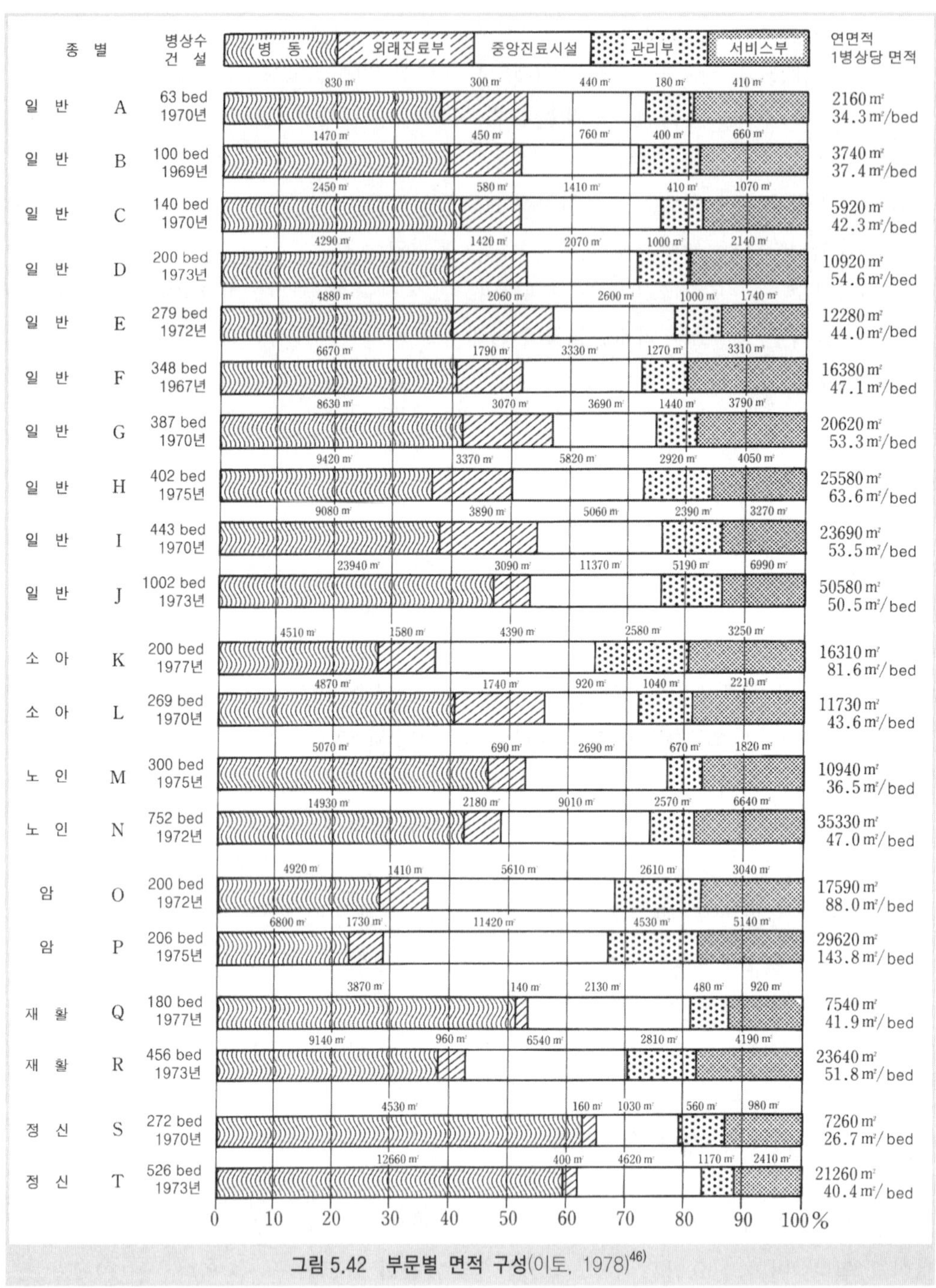


**그림 5.42 부문별 면적 구성**(이토, 1978)[46]

등으로 종래와 비교하여 대규모 실내공간과 외벽에 큰 개구부를 쉽게 만들 수 있게 되었으며, 유리 · 알루미늄 · 플라스틱 등 건축재료의 개발로 밝고 유지관리가 간단한 창과 내부 마감을 얻는 것이 가능하게끔 되었다. 그리고 엘리베이터와 에스컬레이터는 고층건물의

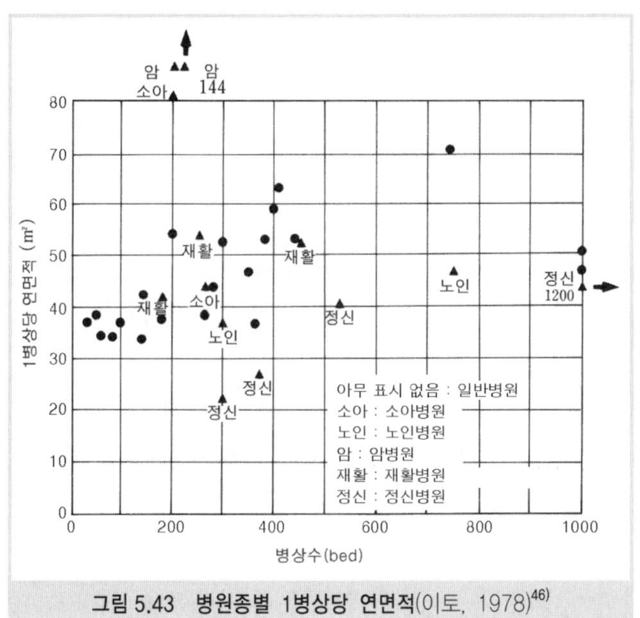

그림 5.43 병원종별 1병상당 연면적(이토, 1978)[46]

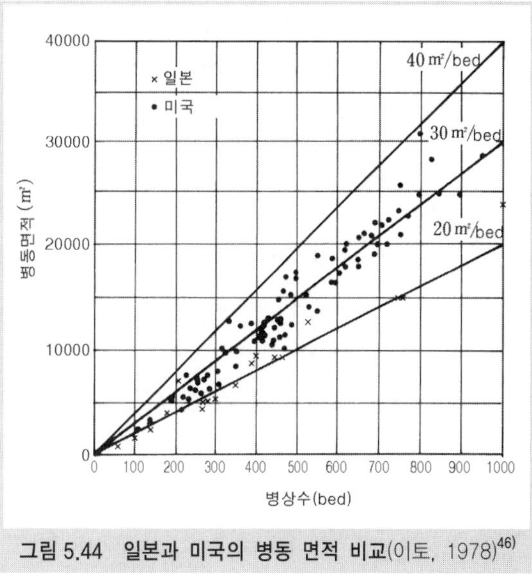

그림 5.44 일본과 미국의 병동 면적 비교(이토, 1978)[46]

수직이동을 대단히 쉽게 하였으며, 조명과 공조기술의 발전은 창이 없는 실의 용도를 확대시켜 보다 집약적인 건물 형태를 가능하게 하였다. 그리고 이송·통신 설비의 비약적 발달로 멀리 떨어진 부서 간에도 밀접한 관계를 가질 수 있게 되었다.

지금까지 출현한 병원의 형태를 개략적으로 살펴보고자 한다(**그림 5.45**).

① Finger 형(병렬형) : 간선통로에 여러 동(Finger)이 연결된 형태. 각각의 동은 자연채광과 통풍을 얻기 위하여 일반적으로 건물의 안쪽이 협소하게 되어 있다. 다층의 경우에는 각 동이 만나는 부분에 엘리베이터가 있지만, 단층인 경우가 일반적이다. 각 동은 병동으로 사용되고 있는 사례가 많지만, 다층의 경우 아래층은 외래와 진료시설이 배치되어 있다. 간선통로 부분도 연락뿐만 아니라 관리부와 진료부문으로 사용되기도 한다. 공사기간의 구분이 용이한 것과 장래 증축이 유리한 반면, 일반적으로 넓은 대지를 필요로

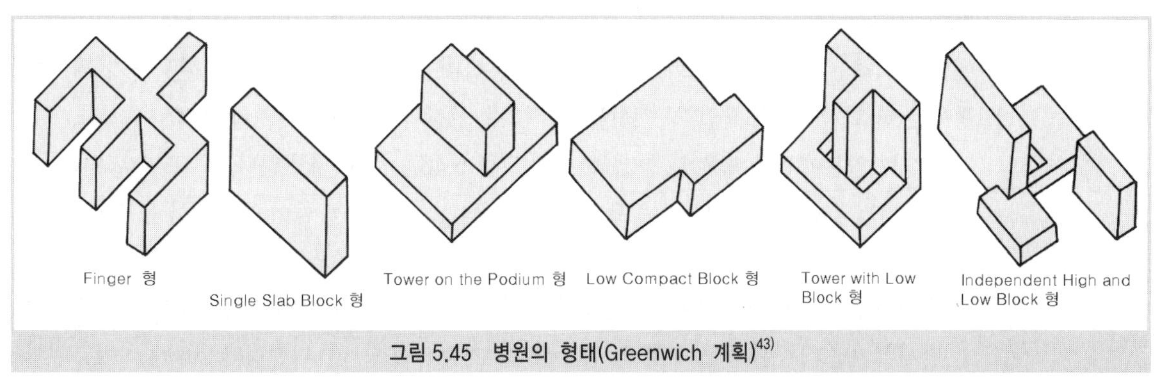

그림 5.45 병원의 형태(Greenwich 계획)[43]

한다.

② Single Slab Block 형(고층 일체형) : 모든 부문이 하나의 동에 집합되어 있으며, 몇 대의 엘리베이터로 각각 연결되어 있다. 좁은 대지에 적합한 반면 장래의 증축에 대응하기 어렵다. 또한, 모든 부문이 동일한 기둥 배분이 필요하므로 평면 계획상 제약이 많다.

③ Tower on the Podium 형(고층·저층 혼합형) : 외래와 진료부문이 있는 저층동의 상부에 고층의 병동이 들어선 형태. 병동은 중복도형이 많다. 대지가 좁은 경우에도 적용 가능하지만, 고층동의 기둥 배분이 저층동에도 영향을 준다.

④ Low Compact Block 형(저층 집약형) : 모든 부문을 유기적으로 콤팩트하게 집합시킨 형태. 공조와 조명 등 인공적 환경의 도입을 전제로 하고 있으며, 증축은 곤란하지만 내부의 개축으로 장래의 변화에 대응하고자 하는 발상이다.

⑤ Tower with Low Block 형(고층·저층 분리형) : 병동과 진료관계의 대부분의 부문이 몇 개의 날개를 가진 고층동에 포함되며, 외래와 서비스 관련 부문이 저층동에 들어가 있지만, 경우에 따라서는 별동인 경우도 있다. 엘리베이터는 고층동의 각 날개가 모아지는 곳에 있다. 비교적 넓은 대지를 필요로 하지만, 저층동 또는 별동은 고층동과 다른 기둥 배치를 채용할 수 있다.

⑥ Independent High and Low Block 형(독립 고층·저층형) : 다른 기능을 가진 독립된 동이 대지 전체에 산재하며, 각각은 복도로 연결되어 있는 정도이다. 전체의 동선은 상당히 길다. 넓은 대지를 필요로 한다. 각 부문의 독립성이 높으며 증개축이 용이하다. 각 동은 독자적으로 기둥 배치가 정해지기 때문에 건축적 자유도가 높다.

⑦ Multi-Wing 형(다익형) : 가장 기초가 되는 동선 부분에서 각 부문의 양쪽 끝부분을 자유로운 형태로 연결시킨 것으로, 일본의 전형적인 병원 형태이다.

이렇게 다양한 병원 형태가 출현한 원인으로는 현실적인 대지 형태·기존 건물과의 관계, 예산적 제약 등을 들 수 있다. 이러한 현황 속에서 건축 계획 시 병원 안팎의 효율적인 동선처리를 위한 형태상의 다양한 시도가 이루어져 왔지만, 병원에서는 또 하나의 커다란 제약 요인이 있다. 즉, 앞으로의 증개축에 어떻게 대응해 갈 것인가를 생각하는 점이다. 매일 변화하는 의료의 고도화·복잡화에 대응하며, 사회적 변화 요청에 부응하기 위하여 병원은 사회적·기능적인 통합성을 가진 채 성장과 변화를 유지할 필요가 있다.

여기서 일본에서의 병원의 증개축 사례(**그림 5.46**)[47]를 나타내었다. 오오바(大場)는 이 중에서 병원의 증개축을 실시하는 요인으로 물리적 노후화, 예를 들어 목조에서 불연건축으로의 이행 등과 병상수와 진료기능의 양적 확대, 그리고 질병구조의 변화와 진료기능의 고도화, 또는 생활수준의 향상과 같은 측면을 지적하고 있다. 그리고 이에 대한 현실적 대응으로 ① 단계별 마스터플랜(종합 계획)의 필요성, ② 기능적 조닝, ③ 디켄팅(decanting : 이동변환

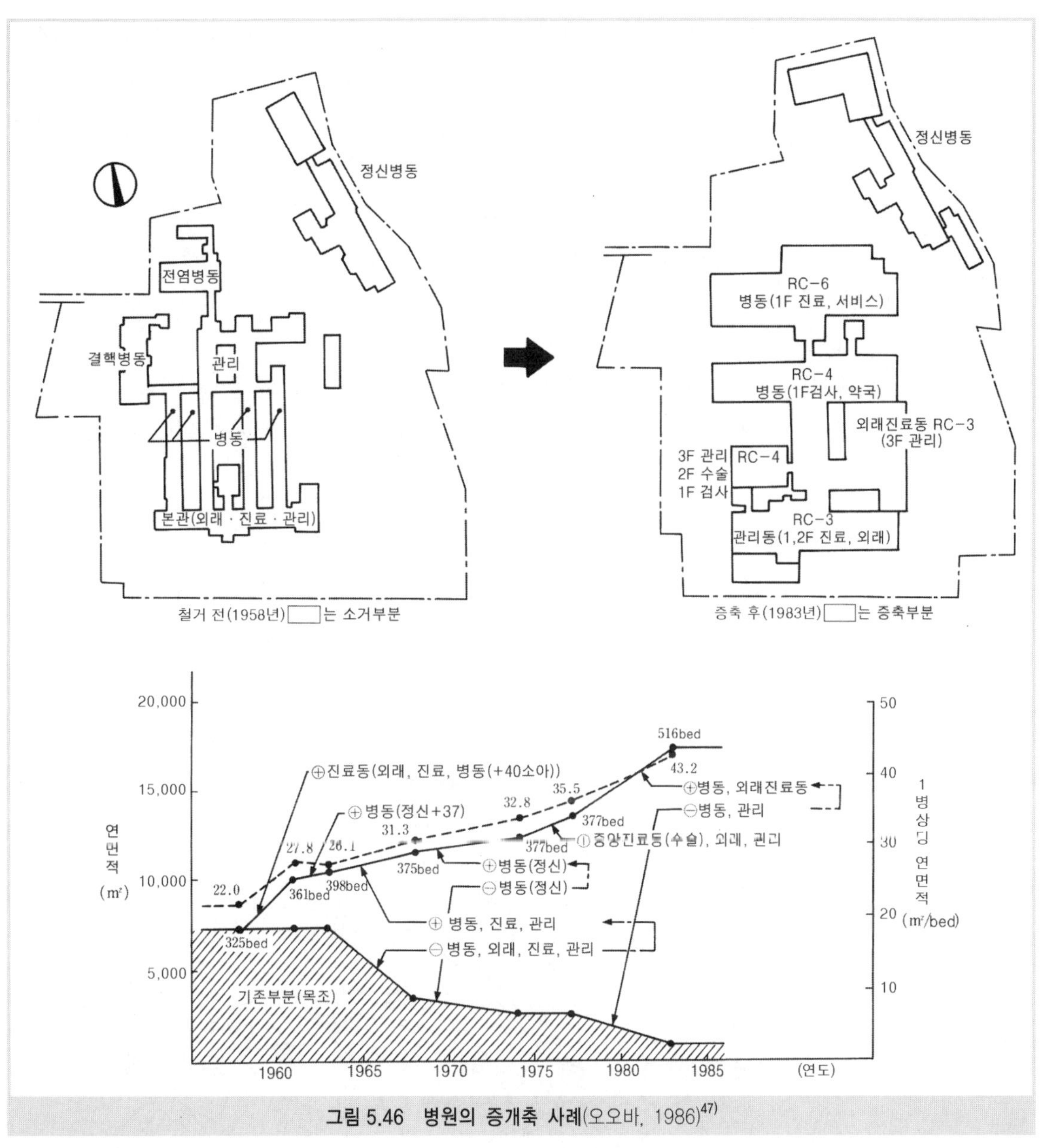


**그림 5.46 병원의 증개축 사례**(오오바, 1986)[47]

방식)을 들고 있다.

어떤 경우라도 병원 건축은 이러한 '성장과 변화'에 대응하지 못한다면, 신축 후 2~3년 사이에 나타나는 증축 또는 개축의 요구에 대응할 수 없게 되어 버린다. 기능적인 변화에서는 설비계(interstitial space ; ISS)를 설치하여, 진료를 계속하면서 기능적 변화에 대응하는 시도가 이루어지고 있다. 병원 건축이 '성장'과 '변화'에 대응해야 한다고 1950년대부터 주장해 온 John Weeks[48]는 성장과 변화에 모순되지 않는 일관된 특징을 가진 병원 형태로서, 마을(취락)이 가지는 세 가지의 특징과 대비시켜 구체적으로 예시하고 있다(**그림 5.47**).

① 마을(취락)의 큰 거리 : 병원의 주요 공공복도(hospital street라고 불림)

이 복도는 단순한 구성으로, 끝부분이 자유롭게 되어 있으며, 비뚤어지지 않고 연장 가능한 것. 이 주동선으로 사람들은 병원의 전체상을 파악할 수 있다.

② 마을(취락)의 각 건물의 현관 : 병원의 주동선과 각 부문의 연락부분

마을(취락) 내 각 주거의 현관과 마찬가지로 병원의 각 부문이 서로 개성적이며, 경계가 명확히 구분되어짐으로써 사람들의 마음의 지도에 그 위치가 각인되게 된다.

③ 마을(취락)의 공공광장 : 병원의 공공센터

공공의 광장이 단순히 물리적인 장소가 아니라 사회적인 의미를 가진 것과 마찬가지로, 병원의 공공센터를 간선 시스템의 중요한 위치에 배치시킴으로써 사람들의 마음의 지도의

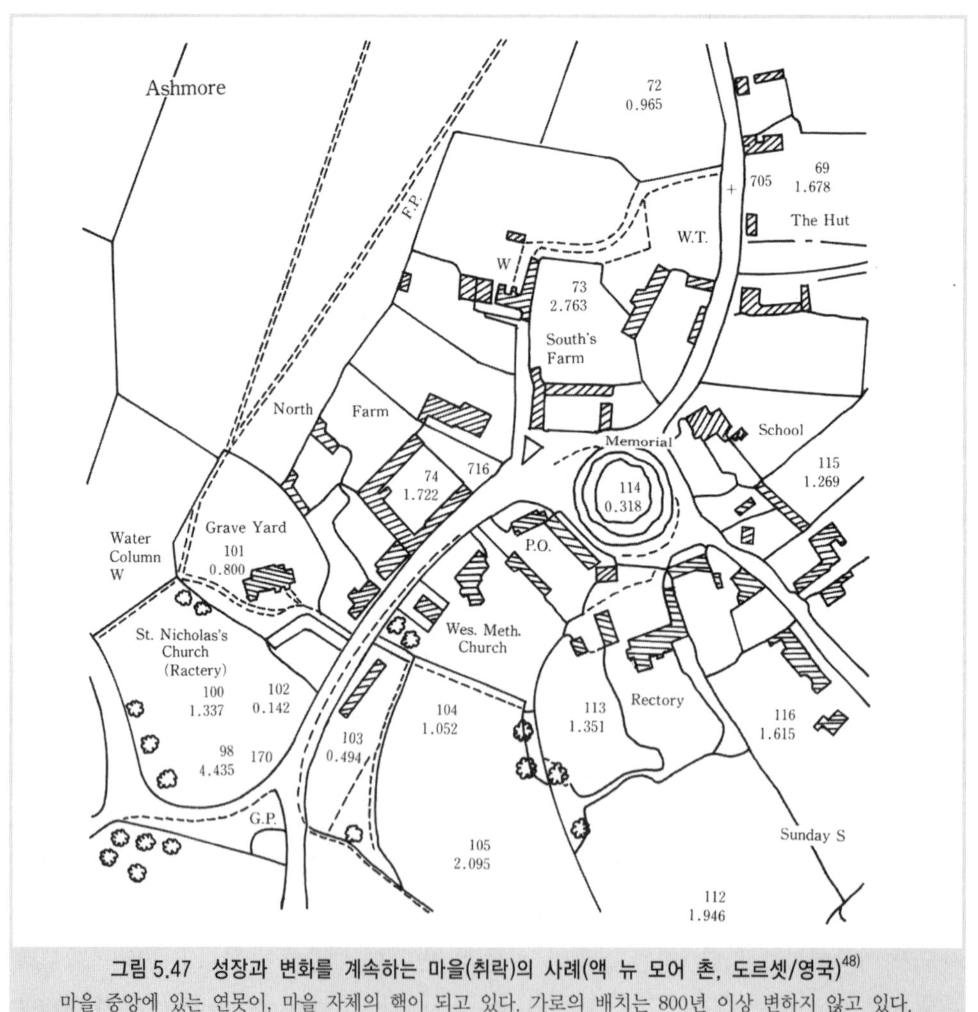


**그림 5.47 성장과 변화를 계속하는 마을(취락)의 사례(액 뉴 모어 촌, 도르셋/영국)**[48]

마을 중앙에 있는 연못이, 마을 자체의 핵이 되고 있다. 가로의 배치는 800년 이상 변하지 않고 있다.

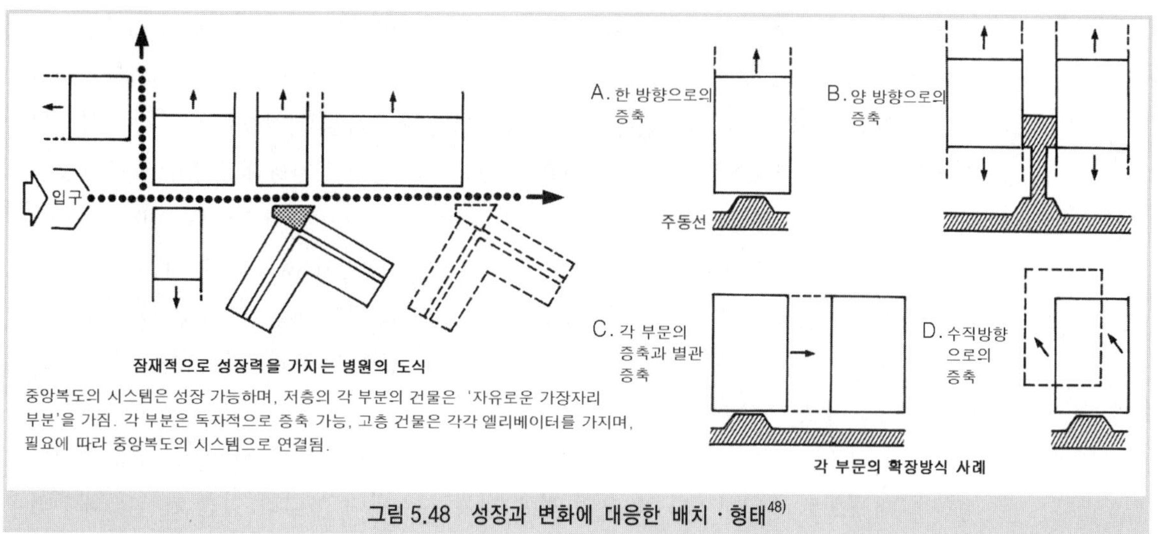


그림 5.48 성장과 변화에 대응한 배치 · 형태[48]

랜드마크가 된다.

즉, 병원의 설계목적은 하나의 건물을 완결시키는 것이 아니라 항상 성장 · 변화하는 생명체로 계획하는 것에 있으며, ① 중앙복도의 형태를 병원의 주요 계획상의 목표로 하며, ② 각 부문 간 거리의 멀고 가까움의 조건을 최우선시킬 필요는 없으며, 오히려 각 부문의 자유로운 성장 · 변화에 적합한 배치 · 형태로 계획해야 한다고 지적하고 있다(그림 5.48).

##  시대 속의 병원

건축 · 설비적인 집약이 이루어진 1960~70년대를 거쳐, 1980~90년대가 되면 콤팩트한 형태에 몇 가지 의문점이 제기되기 시작하였다. 고도 의료에 따른 의료비 상승이 문제가 되는 속에서 병원 건축의 높은 운영비에 대한 비판, 성장과 변화에 대한 기본적 약점, 그리고 재해 시의 취약함에 대한 지적 등이 있다. 더욱이 중앙집중화에 따른 환자의 이동과 기다림의 발생에 대한 반성도 이루어지기 시작하였다.

중앙집중화와 그에 따른 병원 건축의 집약적 형태에 대하여 앞에서 기술한 바와 같은 의문이 제기되고 있지만, 중앙집중화된 부문의 개념 자체도 조금씩 변화를 보이고 있다. 예를 들어, 방사선 방호와 오염 방지, 기사의 자격 등에서 종래 하나의 부문을 구성하고 있던 방사선부는 MRI・초음파 진단장치・내시경을 포함하여 화상 진단부로 재구성되고 있다. 의료기기가 소형이며 저가인 데다 조작하는 데 고도의 전문성이 필요하지 않게 되어, 중앙집중화의 최대 이유였던 고액 의료기기와 전문직원의 집중화의 조건이 붕괴되기 시작하고 있다. PACS를 이용한 디지털 화상정보의 전송이 가능해지면서 더욱 그렇게 되었다. 이와 같은 분산화 경향이 건축 형태에 변화를 주는 큰 요인이다. MRI, 초음파, 내시경 수술, 고속 CT, 레이저 메스, 체외충격파 결석 파괴법(ESWL) 등의 개발은, 기기를 인체 내부에 직접 넣어 진단하는 것을 감소시키고 있다는 방향성을 시사하고 있다. 인체에 거의 손을 대지 않는 다양한 진료기술로 평균 입원기간이 단축되고 있다. 이는 곧 필요 병상수의 삭감을 의미한다.

결핵이 뇌졸중에게 사인(死因)의 1위를 양보한 1951년 이래 병원의료는 감염증에서 성인병 대책으로 변화하였다. 외부의 적에 대처하는 것이 아니라 인간 자신의 내부의 적에 대응할 필요성이 발생한 것이다. 본인이 지속적으로 체크함으로써 장애에 대하여 사전에 그리고 조기에 대응할 수 있는 건강기기의 개발은 가정과 개인 차원에서의 검사를 가능하게 하였다. 보다 고도의 기술이 병원에 요구되는 한편, 누구라도 사용할 수 있는 인터페이스를 가진 의료기기가 보급되며, 전문적 지식은 정보전송 시스템으로 입수 가능해지는 시대는 얼마 남지 않았다. 앞으로는 자신의 건강을 병원과 의료 관계자에게만 의존하는 것이 아니라 자립적으로 자기관리를 할 수 있는 환경 정비가 필요하다. 사실, 인공장기를 이용하여 생활하고 있는 사람은 세계에서 수천만 명에 달하고 있으며, 자기관리의 범위는 점점 확대되고 있다. 이를 위해서는 사람들이 항상 새롭고 정확한 정보를 획득할 필요가 있으며, 새로운 건강교육이 요구된다.

미국에서는 환자와 가족이 질병에 관한 충분한 정보를 얻을 수 있도록 도서관 네트워크 서비스를 실시하여 마음 편하고 쾌적한 요양환경을 모색하고 있다. 이것은 치유의 환경에 대하여 디자인적으로 주목하고 있다는 의미이며, 병원요양이 이루어지는 곳을 보다 광범위한 장소 안에서 찾아내는 것이기도 한다. 쾌적한 환경에서 치료를 받을 수 있도록 예전부터 하였던 전지요법(轉地療法)도 그 하나이며, 앞에서 이야기한 아스클레피오스 신전에서 이루어졌던 치료도 참고가 된다.

눈부신 발전을 이룩한 현대의학에도 그늘이 보인다. 예전에는 구하지 못했던 생명도 구할 수 있게 되었지만, 의료기기로 고도의 감시를 장시간 계속한다거나, 주요 증상은 회복하였더라도 약의 부작용으로 고통스러워하는 상태도 발생하고 있다. 다시 말하면, 특정 질환은 치료하더라도 환자 개인은 건강을 회복했다고는 말할 수 없는 상태가 되고 있다는 것이다. 세계 최장의 평균수명으로 인구의 고령화가 급속히 진행되고 있는 일본에서도 마침내 인생의 수명보다도 질에 무게가 두어지게 되었다. 인생의 질을 좌우하는 요소 중에서 누구에게나 중요한 것은 심신의 건강이라고 할 수 있다. 누구든지 질병은 싫어하지만, 인간은 나이를 먹으면 어떠한 형태로든지 질병이 나타나게 된다. 젊었을 때에는 질병이 쉽게 낫지만, 나이를 먹으면 반드시 낫는 것은 아니다. 세균학자 루네 듀보스는 『건강이라는 환상』 중에서 인간은 주위환경 속에서 미묘한 균형을 취하면서 생명을 유지하고 있으며, 질병도 그 조화 상태의 하나이므로 완전히 질병이 없는 상태를 만들어 내는 편이 부자연스런 것이라고 서술하고 있다. 이와 같은 의미에서 보면 삶의 질을 유지하면서 오랫동안 인생을 살아가기에는 질병과 함께 살아가야 한다는 발상이 필요하다.

오늘날에는 마침내 새로운 의료 개념이 모색되기 시작하였다. 질병의 종류와 결과를 특정지어 제거하거나 치료하는 파라케레스적 의료에서 정신과 신체와의 조화를 중시하는 히포크라테스적・아비센트적 의료로의 회귀를 주장하거나, 수천 년 동안의 의학의 발전 중에서 지금으로부터 겨우 300년 전에 채용된 자연과학적 방법을 치료의 만능인 것처럼 의사와 환자가 맹신하여 인간을 단지 세포의 집합체로만 여기는 것을 다시 생각해 보기도 한다.

질병을 '가정'에서 치유하던 시대에는 치료가 일상생활 속에서 이루어졌으며, 환자는 지금까지의 생활을 바꿀 필요가 없었다. 그러나 '병원'에 입원이 필요한 순간부터 환자는 비일상적인 생활을 강요받게 된다. 환자의 고령화에 따라 환자를 모든 '시설 케어'에서 다룰 것인가, 가능한 한 조기에 '재택 케어'로 옮길 것인가라는 중요한 선택에 처하게 된다. 외래의료는 상당히 '일상적'인 서비스라 할 수 있다. 외래에서 대부분의 치료를 받을 수 있다면 누구라도 입원을 희망하지 않을 것이다. 그 이유는 의료비 때문이겠지만, 미국에서는 외래의 비중이 점점 커지고 있다. 이러한 경향은 일본에서도 나타나고 있지만, 그렇게 된다면 병원은 한층 사회적・도시적 기능을 가져, 폐쇄적인 병원에서 개방적인 병원으로의 이미지 전환이 필요하게 된다. 암스테르담 교외의 메디컬 센터에서는 병원이나 연구소의 복합체 내에 카페테리아, 우체국, 은행, 그리고 나무와 가로등까지 있다. 새로운 병원 건축이라기보다는 누구라도 왕래하는 거리의 하나라는 느낌이 든다.

**표 5.16 치유의 장의 변천**

| | ~18세기 | 19세기 | 20세기 | 21세기 |
|---|---|---|---|---|
| 명 칭 | 사원, 수도원 등의 종교시설 | 병동 | 병원 | 병원 |
| 성 격 | 수용 | 수용 | 수용 | 비(非)수용 |
| | 비일상 | 비일상 | 비일상 | 일상 |
| | 격리적 | 위생적 | 융화적 | 자립적 |
| 대 상 | 질병 집단 | 질병 개인 | 조직세포 | 분자유전자 |
| 방 법 | 종교적 기원 | 간병・간호 | 진단치료 | 습관 개선 |
| 목 적 | 사회 보전 | 건강 회복 | 구명(求命)/장수 | 건강 유지 |
| 질병관 | 질병 혐오 | 감염 방지 | 병균 제거 | 질병 공존 |

고대부터 19세기, 20세기, 그리고 21세기로의 치유의 장의 변천을 단순화하여 **표 5.16**에 나타내었다. 아마 앞으로의 치유의 장은 일상생활 내에서 자립적인 습관 개선에 의해 질병과 공존하면서 건강유지를 비(非)수용형의 건물에서 실시하며, 이것을 최신의 정보통신, 물품이송 시스템이 지원하는 구도가 되리라 생각된다. **(長澤 泰, 山下哲郎)**

## 참고문헌


1) 長沢 泰・他：SPACE DESIGN SERIES 4, 医療・福祉, 新日本法規, 1995.
2) 立川昭ニ：病気の社会史. NHKブックス 152, 日本放送出版協会, 1961.
3) 小川鼎三：医学の歴史. 中公新書 39, 中央公論社, 1964.
4) 新村 拓：死と病と看護の社会史. 法政大学出版局, 1989.
5) 吉武泰水・他：木造 2 階建の総合病院. 医療機関整備中央審議会病院建築証計小委員会, 1950.
6) 波平恵美子：病気と治療の文化人類学. 海鳴社, 1984.
7) 小南吉彦：他 訳：ナイチンゲール著作集. 現代社, 1974.
8) 矢代知弘：医療施設の複合化. ベース設計資料 51, 建設工業調査会, 1990.
9) 伊藤 誠・他：外来部, 新建築学大系 31 — 病院の設計, 彰国社, 1987.
10) 長沢 泰, 鈴木 毅, 山下哲郎.：患者の行動と認知を通してみた病院外来の考察. 日本建築学会計劃系論文報告集, 第 452 号：75-84, 1993.
11) 大原一興：病院建築, No. 90, 1991.
12) 中山茂樹：外来部における患者の動き. 日本建築学会論文報告集, 第 389 号, 日本建業学会, 1988.
13) 吉武泰水：建築計劃の研究. 鹿島研究所出版会, 1961.
14) 東京大学長沢研究室：外来事例. 病院建築, No. 90, 日本病院建築協会, 1991
15) 長沢 泰：病院地理学の提唱. 綜合看護, 1992.
16) 山下哲郎・他：入院患者の生活的多様さの特性に関する研究. 日本建築学会論文報告集 第 368 号, 日本建築学会, 1986.
17) 伊藤 誠・他：看護単位構成の再検討. 日本建築学会論文報告集, 第 161 号, 日本建築学会, 1967.
18) 山下哲郎・他：病棟部における入院患者の一日の生活実態について. 日本建築学会学術講演梗概集(北陸). 日本建築学会, 1983.
19) 高商 均・他：患者の意識行動の頚日変化に見る入院環境のあり方について. 日本建築学会計画系論文報告書, 第 483 号, 1996.
20) 長沢 泰：ナイチンゲール病棟とその評価. 厚生省病院管理研究所報告シリーズ, No. 7905, 厚生省病院管理研究所, 1979.
21) 長沢 泰・他：看護動作シミュレーション実験による病床周辺の必要作業領域に関する検討. 病院管理, Vol. 24, No. 4, 日本病院管理学会, 1987.
22) Nuffield Provincial Hospitals Trust：Studies in the Function and Design of Hospitals. Oxford University Press, 1995.

The Nuffield House : Musgrave Park Hospital. Belfast-The Case History of a New Building, 1962.

Adams S : Reduce Bed Spacing in Hospital Wards, Medical Architecture Research Unit, The Polytechnic of North London, 1971.

23) 上野 淳・他：シミュレーション心理実験による病室の適正ベット間隔に関する検討. 日本建築学会論文報告集, 第 410 号, 日本建業学会, 1990.

24) 筧 淳夫・他：病床周辺広さの実態とその意識についての考察. 日本建築学会論文報告集, 第 411 号, 日本建業学会, 1990.

25) 長沢 泰：檀国大学校計画案, 病院建築, 88号, 1990.

26) 川島 浩孝：西神戸医療センター, 病院建築, 105号, 1994.

27) 共同建築設計事務所：福島県立南会津病院. 建築図報, 245号, 1994.

28) 山下哲朗・他：病院病棟部における見舞い客の実態について. 日本建築学会学術講演梗概集(北陸). 日本建築学会, 1983.

29) 山下哲朗・他：療養型病床群に対応する病棟,病室平面のあり方に関する研究. 日本医療福祉建築協会, 1995.

30) 長沢 泰：病院建築からのアプローチ. 病院, Vol. 43, No.5, 医学書院, 1984.

31) 栗原嘉一郎：病院建築からみた看護単位の見直し. 病院, Vol. 48, No. 5, 医学書院, 1989.

32) 長沢 泰・他：ナースコーナーを持つ病棟の看護動線に関する調査分析. 日本建築学会学術講演梗概集(近畿). 日本建築学会, 1987.

33) 今井 澄：シンポジウム「よりよい看護と病棟計画」. 病院管理, Vol. 26, No. 3, 日本病院管理学会, 1988.

34) 日本建築学会編：建築設計資料集成 6. 建築-生活. 丸善, 1979.

35) 柳沢 忠・他：放射線診断部門における運営, 平面の類型化と職員動線予測. 病院管理, Vo. 20, No. 3, 日本病院管理学会, 1983.

36) 전게서(前掲書) 9) 수술부.

37) 柳沢 誠・他：中央手術部の建築と運営に関する研究. 病院管理, Vol. 12, No. 14, 日本病院管理学会, 1975.

38) 上田 敏：リハビリテーション医学序説. 標準リハビリテーション医学. 医学書院, 1986.

39) 전게서(前掲書) 9) 리허빌리테이션부.

40) 伊藤 誠・他：リハビリテーション部の利用頻度と患者の内容. 日本建築学会学術講演梗概集. 日本建築学会, 1976.

41) 伊藤 誠・他：病院内における患者の動きと物の流れに関する考察. 千葉大学工学部研究報告, 第 28 巻 第 54 号, 千葉大学工学部, 1977.

42) 柳沢 誠・他：病院の職員動線量の予測に関する研究. 日本建築学会学論文報告書, 第 39 号, 日本建業学会, 1984.

43) 長沢 泰：保健社会保障省の病院研究と初期の成果. 厚生省病院管理研究所研究報告シリーズ, No. 8201, 厚生省病院管理研究所, 1982.

44) 志田弘一：医療,福祉建築の放火安全計画. 医療福祉建築に関する研修会, 日本医療福祉建築協議会, 1995.

45) 吉武泰水：病院建築計画総. 病院管理大系 6巻 1, 医学書院, 1980.

46) 伊藤 誠・他：病院各部門の面積配分. 病院, Vol. 37, No. 1-No. 2, 医学書院, 1978.

47) 大場則夫：医療施設の増改築計画. 日本建学会大学術講演梗概集.

48) ジョン・ウィークス, 長沢 泰・訳：病院の地理学. 病院, Vol. 46, No. 11, 医学書院, 1987.

49) ルネ・デュボス, 田多井吉之助訳：健康という幻想. 紀伊国室書店, 1990.

6장

# 배리어 프리 학교 계획

## 6장 배리어 프리 학교 계획

학교 계획에서는 학습자인 유아・학생을 주체로 하여, 그 개별적 요구에 대응할 수 있는 풍부한 교육환경을 만드는 것이 중요하다. 본 장에서는 장애를 가진 학습자의 입장에서 무장애학교 계획을 서술한다.

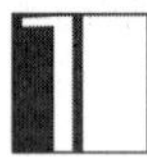

# 1 통합교육의 동향과 학교 계획

## 1.1 학교 건축의 변천

### 1) 학교 건축 정형화의 흐름[1)]

일본에서는 1872년 학제 발표에 의해 근대적인 학교가 탄생하였으며, 초등학교를 중심으로 전통적 형태의 교사(校舍) 건물에 이어서 서양식 교사가 다수 건축되었다. 그러나 이러한 교사에는 공간 구획이나 실내환경 등에 많은 문제가 나타났다. 1895년 『학교건축도 설명 및 설계 대강』이 간행되어 편복도형 교사가 장려되었다. 남쪽 지방에서는 일사를 피하기 위하여 남측복도형도 보이고 있지만, 1901년 『교사 위생상의 장단점 조사보고』에 의해 전국에 일률적으로 북측복도-남측교실형이 채용되게 되었다.

1912년 이후 교실의 형태는 7.2×9.0m로 정해졌다. 이것은 책상을 배열하기 쉽고, 교사가 한눈에 학생을 감독하며 목소리가 도달할 수 있는 범위로서, 한 학급당 학생수 50명 등 여러 요건들을 효과적으로 맞추기 위한 것이다. 실업교육의 발전과 그에 따른 사회적 요청으로 가정, 이과, 음악, 공예 교실과 같은 특별교실이, 또한 새로운 교육운동 등으로 도서실과 넓은 운동장, 체육실도 점진적으로 정비되기 시작하였다. 학교 규모의 확대와 함께, 재해에 대응할 수 있는 방화(防火)건물의 필요성이 높아짐에 따라 1920년 최초의 철근콘크리트(RC)조 교사라고 할 수 있는 요코하마 시립 고토부키 초등학교가 설립되었다. 도시에서는 충분한 대지 확보가 어렵고 관동대지진에서 RC조 교사의 내진성이 입증됨으로써, 1930년대에는 동경을 중심으로 다수의 RC조 교사가 건설되었다. 당시의 RC조 교사는 디자인과 설비에서 건축계를 선도하는 존재였지만, 편복도형 교사인 점은 변하지 않았다.

1944년 '국민학교 건물'의 전시 건축 규격이 제정되었지만 전쟁 말기라서 그다지 이용되지 않았으며, 1947년의 '일본건축규격 소학교 건물(목조)'은 6×10m의 장방형 교실 등 전시 규격과 비슷한 질 낮은 내용으로 많은 문제점이 나타났다.

1947년에 교육기본법, 학교교육법이 공포되었다. RC조 교사의 건설은 1930년대에 중지되어 구조설계기술도 충분하지 않았으므로, 1950년에는 표준설계가 작성되었다. 공간

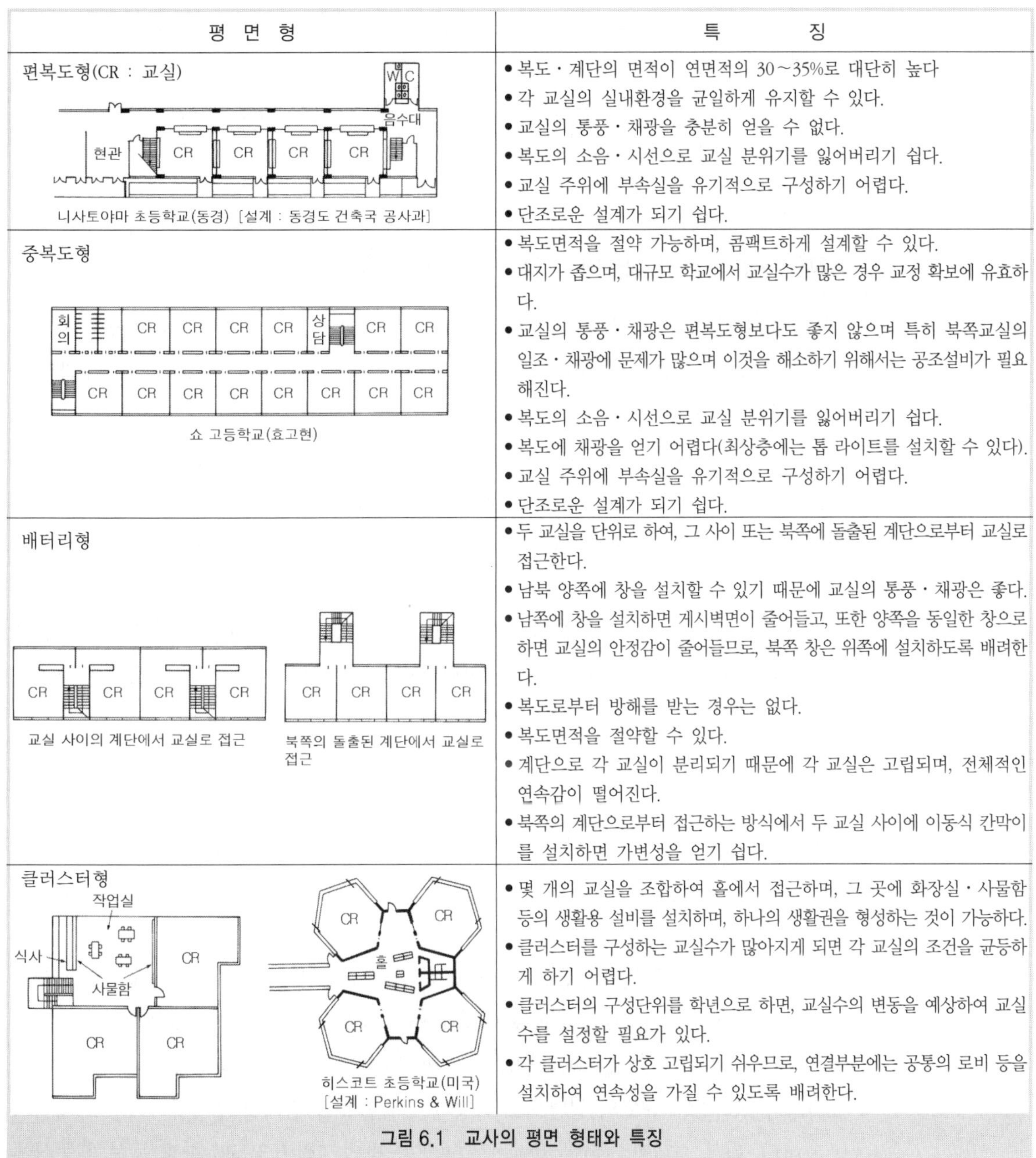

| 평 면 형 | 특 징 |
|---|---|
| 편복도형(CR : 교실)<br>니사토야마 초등학교(동경) [설계 : 동경도 건축국 공사과] | • 복도 · 계단의 면적이 연면적의 30~35%로 대단히 높다<br>• 각 교실의 실내환경을 균일하게 유지할 수 있다.<br>• 교실의 통풍 · 채광을 충분히 얻을 수 없다.<br>• 복도의 소음 · 시선으로 교실 분위기를 잃어버리기 쉽다.<br>• 교실 주위에 부속실을 유기적으로 구성하기 어렵다.<br>• 단조로운 설계가 되기 쉽다. |
| 중복도형<br>쇼 고등학교(효고현) | • 복도면적을 절약 가능하며, 콤팩트하게 설계할 수 있다.<br>• 대지가 좁으며, 대규모 학교에서 교실수가 많은 경우 교정 확보에 유효하다.<br>• 교실의 통풍 · 채광은 편복도형보다도 좋지 않으며 특히 북쪽교실의 일조 · 채광에 문제가 많으며 이것을 해소하기 위해서는 공조설비가 필요해진다.<br>• 복도의 소음 · 시선으로 교실 분위기를 잃어버리기 쉽다.<br>• 복도에 채광을 얻기 어렵다(최상층에는 톱 라이트를 설치할 수 있다).<br>• 교실 주위에 부속실을 유기적으로 구성하기 어렵다.<br>• 단조로운 설계가 되기 쉽다. |
| 배터리형<br>교실 사이의 계단에서 교실로 접근<br>북쪽의 돌출된 계단에서 교실로 접근 | • 두 교실을 단위로 하여, 그 사이 또는 북쪽에 돌출된 계단으로부터 교실로 접근한다.<br>• 남북 양쪽에 창을 설치할 수 있기 때문에 교실의 통풍 · 채광은 좋다.<br>• 남쪽에 창을 설치하면 게시벽면이 줄어들고, 또한 양쪽을 동일한 창으로 하면 교실의 안정감이 줄어들므로, 북쪽 창은 위쪽에 설치하도록 배려한다.<br>• 복도로부터 방해를 받는 경우는 없다.<br>• 복도면적을 절약할 수 있다.<br>• 계단으로 각 교실이 분리되기 때문에 각 교실은 고립되며, 전체적인 연속감이 떨어진다.<br>• 북쪽의 계단으로부터 접근하는 방식에서 두 교실 사이에 이동식 칸막이를 설치하면 가변성을 얻기 쉽다. |
| 클러스터형<br>히스코트 초등학교(미국) [설계 : Perkins & Will] | • 몇 개의 교실을 조합하여 홀에서 접근하며, 그 곳에 화장실 · 사물함 등의 생활용 설비를 설치하며, 하나의 생활권을 형성하는 것이 가능하다.<br>• 클러스터를 구성하는 교실수가 많아지게 되면 각 교실의 조건을 균등하게 하기 어렵다.<br>• 클러스터의 구성단위를 학년으로 하면, 교실수의 변동을 예상하여 교실수를 설정할 필요가 있다.<br>• 각 클러스터가 상호 고립되기 쉬우므로, 연결부분에는 공통의 로비 등을 설치하여 연속성을 가질 수 있도록 배려한다. |



**그림 6.1 교사의 평면 형태와 특징**

구획에서는 제2차 세계대전 전의 목조교사와 거의 변하지 않은 '일(一)'자형의 편복도형 교사 형태로서 교실의 크기는 7×9m였다. 이 표준설계를 바탕으로 RC조 교사에 의한 정형 · 획일적인 학교 건축이 전국을 뒤덮게 된다.

이와 같이 편복도형 교사를 병렬 배치하는 학교 건축이 당시에는 보편적 형태였지만, 통로면적이 교사면적의 30%를 넘는 점, 채광 · 통풍 등에서 한계가 있는 점, 교사를 남향으로 두고 남쪽에 운동장을 두는 것과 같은 획일화된 배치가 되는 점 등의 문제를 해결하기 위하여 배터리형과 클러스터형의 단위평면에 의한 설계가 시도되었다(**그림 6.1**). 계단실을 사이에 두고 두 개의 교실을 배열하는 배터리형은 통로면적을 적게 하며, 교실에 양면채광이 가능하다. 홀로부터 몇 개의 교실로 접근 가능한 클러스터형도 새로운 단위평면으로서 주목받았다.

### 2) 교육의 다양화에 대응하는 학교 건축의 동향[1)]

영국에서는 제2차 세계대전 후 획일적이고 정형화된 일제수업으로부터 개별학습으로의 변혁이 진행되고 있다. 1960년대에는 학교 건축의 오픈화가 영국으로부터 미국, 캐나다 등 선진 각국에 도입되게 되었다.

일본에서는 1970년대부터 오픈 스쿨의 건설이 시작되었다. 당초에는 공립학교의 경우 보조기준 면적 내에 오픈 스페이스를 확보하기 위하여 특별교실과 관리실은 중복도형 플랜으로 하며, 절약된 통로면적을 교실 주변의 오픈 스페이스로 충당하는 등의 계획수법이 필요하였다.

학교 건축은 1870년 이후 한 학급 단위의 일제식 수업형태에 대응하는 교실이 균일한 조건하에 나열된 편복도형 교사로서 정형화되어 왔다. 앞으로는 이러한 학교건물에서 칠판과 교과서를 통하여 일방적으로 지식을 주입시키는 수업형태에서 자기 스스로 학습하는 등 과정을 중시한 교육 시스템(**그림 6.2**)[2)]에 대응 가능한 학교 건축의 계획이 요구되고 있다. 종래의 교육 시스템을 클로즈드 시스템(closed-system)이라고 한다면, 앞으로는 교육 시스템의 오픈화가 요구되고 있다. 이러한 오픈 시스템(open-system)에는 정해진 방법이 있는 것이 아니라 교육의 개별화, 개성화를 목적으로 다양한 접근방법을 모색해 가는 것이 중요하다고 할 수 있다.

1984년에 문부성(현 문부과학성)은 공립 초등・중등학교에서의 다목적 스페이스의 설치를 위하여 초등학교에서 7.6%, 중학교에서 6.0%의 보조기준 면적을 산출하였다. 다목적 스페이스의 산정방법에는 교실과 특별교실에 연속시켜 이러한 공간들을 보완할 뿐만 아니라 충실화하여 다양한 규모의 집단으로 다양한 학습활동을 전개할 수 있는 오픈 스페이스(open space), 워크 스페이스(work space)로 만드는 방법(**그림 6.3**)[3)]과, 학교 동선의 중심에 위치시켜 집회와 교류 스페이스 또는 식당으로서 활용하는 방법 등이 있으며, 다양한 학습・생활 활동을 유발하여 이러한 활동들에 대응하도록 하는 것이 중요하다.

다목적 스페이스와 교실을 연속적으로 사용하며, 교사가 다양한 학습 형태에 맞는 공간 전체의 활동상황을 파악하기 위해서는 다목적 스페이스와 교실 간의 구획을 하지 않는 것이 유리하다. 이를 위해 천정은 흡음성이 좋은 마감으로 할 필요가 있으며, 바닥은 카펫 또는 목재로 된 바닥으로 하여 바닥에 앉는 등 자유로운 자세로 학습하기 쉽도록

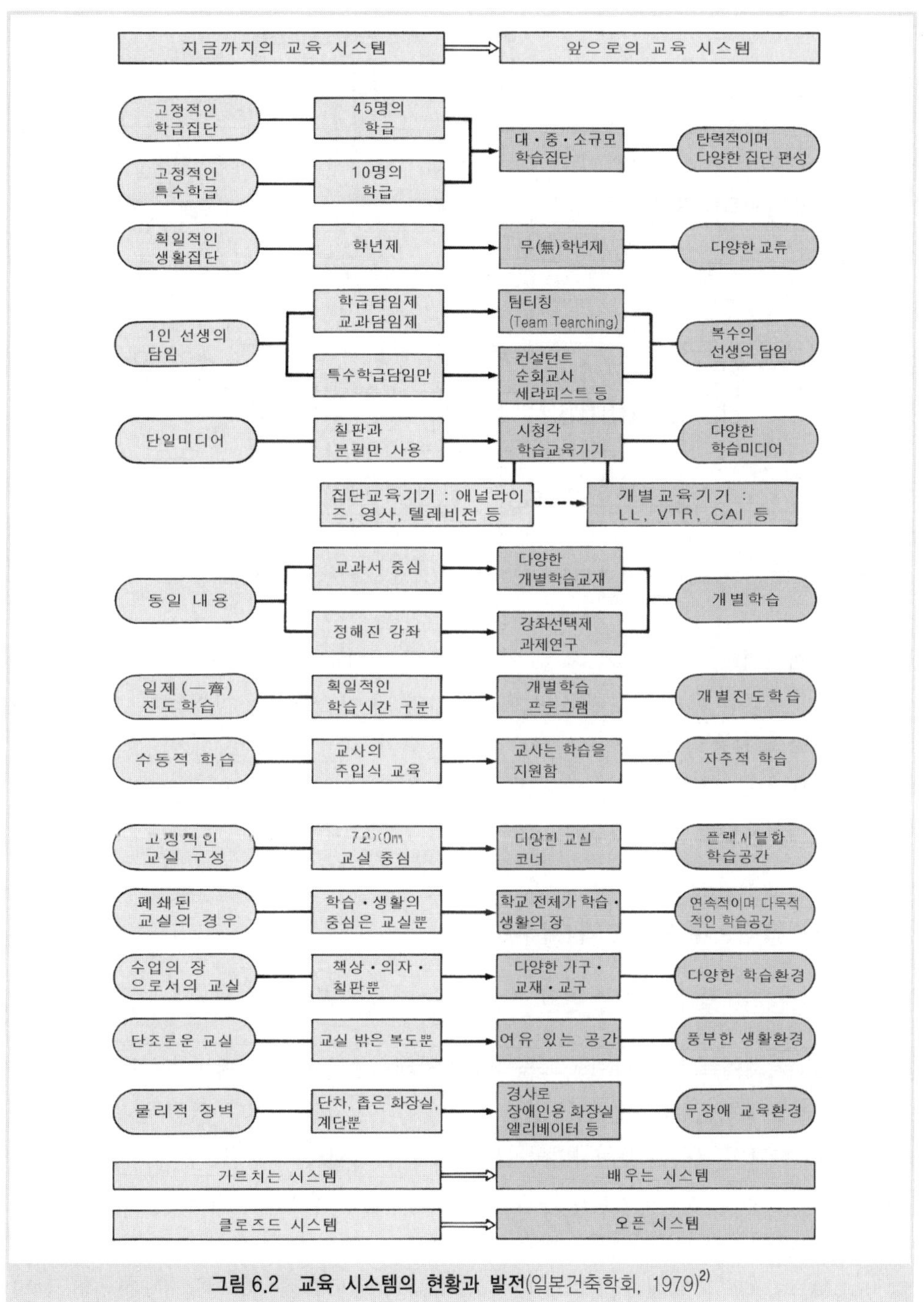

**그림 6.2 교육 시스템의 현황과 발전**(일본건축학회, 1979)[2)]

하며, 공간의 유효한 활용이 가능하도록 한다. 또한, 다목적 스페이스를 활용하여 교육의 개별화를 도모할 경우 자기 스스로 공부할 수 있도록 다양한 교구, 교육기기, 교재의 정비가 중요하다. 다목적 스페이스의 구성에 콰이어트 룸(quiet room) 등의 작은 실을

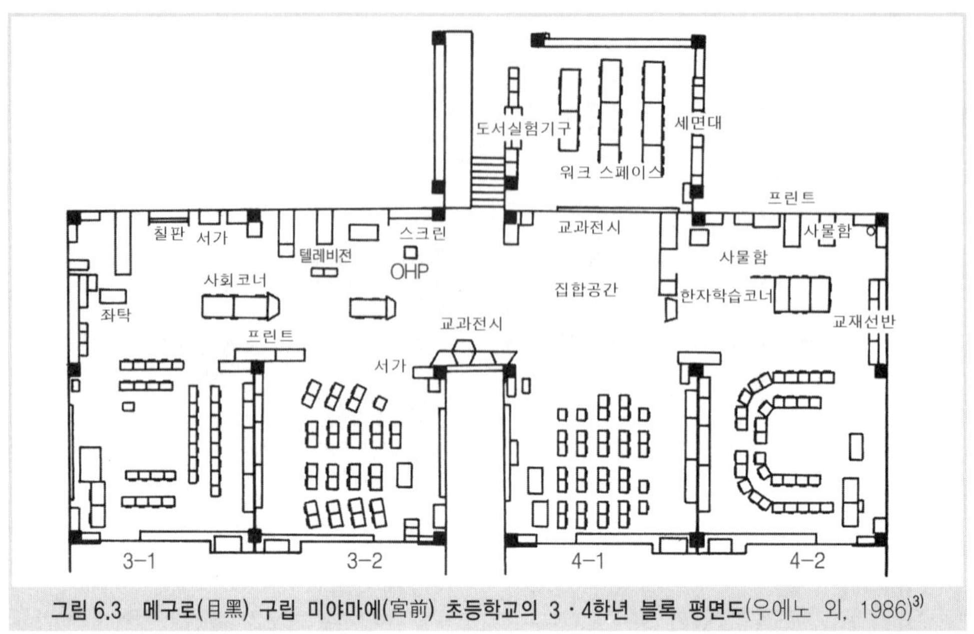

그림 6.3 메구로(目黑) 구립 미야마에(宮前) 초등학교의 3·4학년 블록 평면도(우에노 외, 1986)[3]

구획하면 개인지도, 개별 VTR 시청, 카운슬링 등에서도 편리하다.

더욱이 앞으로의 학교 계획에서는 학교가 지역 내 학습환경의 다기능화, 고기능화에 공헌할 것에 충분히 유의하며, 필요에 따라서 여러 시설·환경의 상호이용, 공동이용 또는 복합화를 도모하여[4] 학교가 지역 내 생애학습의 거점, 커뮤니티 스쿨로서도 기능할 수 있도록 하는 것이 중요하다.

## 1.2 시각·청각·특수학교와 특수학급

### 1) 시각·청각·특수학교의 변천[5, 6]

1872년의 학제에 보면 장애아동교육시설에 관해서는 "기외폐인학교(其外廢人學校, 오늘날의 장애인 교육시설)를 설치할 것"이라고 기재되어 있을 뿐이다. 극히 일부에 설립된 시각·청각 학교의 교육은 자선사업이라는 형태로 시작되었으며, 공교육제도에서의 특수교육의 위치는 취학 보장이 아니라 취학 유예나 면제라는 형태로 정비되어 왔다. 1890년대 이후에는 의무교육의 보급과 함께, 대규모 초등학교에 학습부진아동의 학급이 개설·폐지를 반복하는 상황이 계속되었다. 1910년에서 1925년까지 건강한 국민과 건강한 군인 육성책의 일환으로서 신체허약아동을 위한 학교와 학급이 설치되었다. 지체장애아동과 지적장애아동의 교육은 복지시설에서 우선 이루어졌으며, 학교로서는 1932년에 동경의 광명(光明, komei)학교(지체장애), 1940년에 오사카 시립 시세이(思斉)학교(지적장애)가 모두 '소학교에 대응한 각종 학교'로서 설립되었다.

1947년의 교육기본법에는 "시각장애학교, 청각장애학교 또는 특수학교는 각각 시각장애, 청각장애, 또는 지적장애, 지체장애, 기타 심신에 장애가 있는 사람에게 특수교육 등을 실시함"이라는 내용이 규정되어, 장애아동을 포함한 모든 아동에 대한 9년간의 취학 의무규정과 함께 각 학교의 설치의무가 지방자치단체에 부여되었으며, 각 학교의 초등부・중등부로의 취학의무가 규정되었다. 이미 각 지방자치단체별로 정해져 있던 시각・청각 장애학교 의무제는 그 다음해부터 실현되었지만, 당시 한 학교도 존재하지 않았던 특수학교에 대한 의무제는 이루어지지 않았다. 또한 의무제가 아니었던 특수학교의 건설에는 국고보조가 이루어지지 않았으므로 일반학교 내에 특수학급의 설치가 진행되었으며, 1956년에 최초의 공립 지체장애특수학교가 오사카와 아이치 현에 탄생한다. 그리고 같은 해 「공립 특수학교 정비 특별조치법」이 공포되어 이듬해부터 공립 특수학교의 국고보조가 개시되었으며, 그 설치가 추진되어 왔다. 1961년 교육기본법 개정에 의해 특수학교는 현재와 같이, "지적장애인, 지체장애인, 또는 병약자(지체허약자도 포함)에게 교육 등을 실시하는" 학교로 되었다. 모든 지방자치단체에 설치되기까지는 지체장애특수학교가 1969년, 지적장애특수학교가 1974년, 병약허약양호학교가 1979년에 이르러서다.

1971년에는 「특수교육 제 학교(소・중학부) 학습지도요령」이 고시되어, 장애를 경감・극복하기 위하여 새로운 영역으로서 '간호・훈련'이 만들어지는 등 아동의 실태에 근거한 탄력적인 교육과정이 이루어지게 된다. 1979년도에 특수학교의무제 및 취학의무가 부분 시행됨으로써 시각・청각・특수학교 의무제가 완료되었다. 특수학교의 의무시행과 의학의 발달 등으로 시각・청각・특수학교 대상아동의 장애 종류의 변화와 장애의 중복화가 점점 진행되었다. 1999년 새로운 학습지도요령이 고시되어 '간호・훈련'에서는 자립을 목적으로 한 주체적인 활동을 한층 더 추진한다는 관점에서 명칭이 '자립활동'으로 변동되었다.

시각・청각・특수학교에서도 학교 건축 계획은 정형화된 모습이 지속되고 있지만, 앞에서 서술한 새로운 학교 건축의 움직임을 고려함과 동시에, 아동 개개인의 특별한 교육적 요구에 개별적으로 대응할 수 있는 교육환경의 정비를 진행하는 것이 중요한 과제가 되고 있다.

### 2) 시각・청각・특수학교, 특수학급의 대상자[29]

심신에 장애가 있는 아동은 시각・청각・특수학교, 특수학급, 또는 일반학급에서 공부한다. 시각・청각・특수학교 대상자의 심신장애 정도는 학교교육법 시행령 제22조의3에 규정되어 있다. 2002년에 취학 기준 및 절차에 관련된 학교교육법 시행령이 개정되어 2003년 4월 입학자부터 적용되었다. 종전의 취학기준은 1962년 당시의 의학・과학 기술의 수준을 전제로 규정되었다. 여기에서는 개정 전 및 개정 후의 시각・청각・특수학교

**표 6.1 특수학교의 학교수, 재학생수, 교직원수(국・공・사립 합계)**

| 구 분 | | 학교수 | 재학생수(명) | | | | | 교원수 (B) | 직원수 | 교원 1인당 학생수(A/B) |
|---|---|---|---|---|---|---|---|---|---|---|
| | | | 유치부 | 초등부 | 중등부 | 고등부 | 계(A) | | | |
| 시각장애학교 | | 71교 | 239 | 698 | 471 | 2,593 | 4,001 | 3,439 | 1,911 | 1.2 |
| 청각장애학교 | | 107 | 1,357 | 2,078 | 1,421 | 1,973 | 6,829 | 4,896 | 2,080 | 1.4 |
| 특수학교 | 지적장애 | 525 | 62 | 17,070 | 13,465 | 28,269 | 58,866 | 32,457 | 7,942 | 1.8 |
| | 지체장애 | 198 | 63 | 7,588 | 4,585 | 6,053 | 18,289 | 14,212 | 3,719 | 1.3 |
| | 병 약 | 95 | 2 | 1,512 | 1,401 | 1,172 | 4,087 | 3,613 | 733 | 1.1 |
| | 소 계 | 818 | 127 | 26,170 | 19,451 | 35,494 | 81,242 | 50,282 | 12,394 | 1.6 |
| 계 | | 996 | 1,723 | 28,946 | 21,343 | 40,060 | 92,072 | 58,617 | 16,385 | 1.6 |

자료 : 문부과학성, 「학교기본계획」(2001년 5월 1일 현재).

**표 6.2 특수학급의 학급수 및 학생수, 담당교원수(국・공・사립 합계)**

| 구 분 | 초등학교 | | 중 학 교 | | 합 계 | | 담당교원수 | | |
|---|---|---|---|---|---|---|---|---|---|
| | 학급수(학급) | 학생수(명) | 학급수(학급) | 학생수(명) | 학급수(학급) | 학생수(명) | 초등학교 | 중학교 | 합계 |
| 지적장애 | 11,308 | 33,119 | 5,697 | 17,767 | 17,005 | 50,886 | 20,320 | 9,357 | 29,677 |
| 지체장애 | 1,180 | 2,178 | 412 | 638 | 1,592 | 2,816 | | | |
| 병약・신체허약 | 555 | 1,212 | 248 | 475 | 803 | 1,687 | | | |
| 약시 | 107 | 139 | 42 | 55 | 149 | 194 | | | |
| 청각 | 365 | 745 | 163 | 323 | 528 | 1,068 | | | |
| 언어장애 | 317 | 1,155 | 25 | 56 | 342 | 1,211 | | | |
| 정서장애 | 5,214 | 14,003 | 2,078 | 5,375 | 7,292 | 19,378 | | | |
| 계 | 19,046 | 52,551 | 8,665 | 24,689 | 27,711 | 77,240 | | | |

자료 : 문부과학성, 「학교기본계획」(2001년 5월 1일 현재).

대상자의 장애 정도(**표 6.3**) 및 개정 후의 특수학급과 통합학급에 의한 지도대상자(**표 6.4**)를 실었다.

시각・청각・특수학교는 유치부・초・중・고등부로 구성되어 있다. 시각・청각・특수학교의 학교수, 재학생수 및 교직원수는 **표 6.1**과 같다. 학교별로 살펴보면 학교수・재학생수 모두 지적장애특수학교가 가장 많다. 시각장애학교에서는 고등부 전공과에서 중도실명자의 직업교육을 실시하고 있어서 고등부의 학생수가 많다. 청각장애학교에서는 유치부에서의 조기교육이 중시되고 있으므로 유치부의 재학생수가 많으며, 지원 서비스로 청각장애가 있는 영유아를 대상으로 부모교육 및 상담도 실시하고 있다. 지적장애특수학교 고등부에서는 특수학급 졸업생도 받아들이고 있으며, 고등부의 재학생수가 많은 점 등의 특징이 보이고 있다. 그리고 교원 1인당 학생수는 1.6명으로 적다.

특수학급은 초등학교, 중학교의 필요에 따라 설치되는 특별하게 편제된 학급으로서, 시각・청각・특수학교와 비교하여 장애 정도가 가벼우며 일반학급에서의 지도로는 충분한 성과를 얻기에 곤란한 학생들을 대상으로 하고 있다. 그 종류로는 약시, 난청, 지적장애,

**표 6.3 시각·청각·특수학교 대상자의 장애 정도(학교교육법 시행령 제22조의3, 2002년 개정)**

| 구 분 | 심신의 장애 정도(개정 후) | 심신의 장애 정도(개정 전) |
|---|---|---|
| 시각장애인 | 양쪽 눈의 시력이 대략 0.3 미만인 경우 또는 시력 이외의 시기능장애가 고도인 경우 중에서 확대경 등을 사용하더라도 일반적인 문자나 도형 등을 시각으로 인식이 불가능 또는 현저히 곤란한 정도의 경우 | 1. 양쪽 눈의 시력이 0.1 미만인 경우<br>2. 양쪽 눈의 시력이 0.1 이상 0.3 미만인 경우 또는 시력 이외의 시기능장애가 고도인 경우 중 점자에 의한 교육을 필요로 하는 경우 또는 장래 점자에 의한 교육을 필요로 하는 경우 등으로 인정되는 경우 |
| 청각장애인 | 양쪽 귀의 청력 수준이 대략 60데시빌 이상인 경우 중에서 보청기 등을 사용하더라도, 일반적인 대화소리를 듣는 것이 불가능 또는 현저히 곤란한 정도의 경우 | 1. 양쪽 귀의 청력 수준이 100데시빌 이상인 경우<br>2. 양쪽 귀의 청력 수준이 100데시빌 미만 60데시빌 이상인 경우 중 보청기를 사용하더라도 일반적인 대화소리를 듣는 것이 불가능 또는 현저히 곤란한 정도의 경우 |
| 지적장애인 | 1. 지적 발달이 늦으며, 타인과의 의사소통이 곤란하여 일상생활을 영위하는 데 자주 지원을 필요로 하는 정도의 경우<br>2. 지적 발달이 뒤처진 정도가 앞의 호에서 제시한 정도에 도달하지 않은 경우 중에서 사회생활의 적응이 현저히 곤란한 경우 | 1. 지적 발달의 뒤처짐 정도가 중도(中度) 이상인 경우<br>2. 지적 발달의 뒤처짐 정도가 경도(經度)인 경우 중에서 사회적 적응성이 특히 어려운 경우 |
| 지체장애인 | 1. 지체장애의 상태가 보조기기를 사용하더라도 보행, 필기 등 일상생활에서 기본적인 동작이 불가능 또는 곤란한 정도의 경우<br>2. 지체장애의 상태가 앞의 호에서 제시한 정도에 도달하지 않은 경우 중에서 상시적으로 의학적 관찰지도가 필요한 정도의 경우 | 1. 신체기능의 장애가 신체를 지지하는 것이 불가능 또는 곤란한 정도의 경우<br>2. 상체기능의 장애가 필기하는 것이 불가능 또는 곤란한 정도의 경우<br>3. 하체기능의 장애가 보행하는 것이 불가능 또는 곤란한 정도의 경우<br>4. 제3호에서 제시한 경우 이외에 신체기능의 장애가 이러한 경우와 같은 정도 이상인 경우<br>5. 신체기능의 장애가 앞의 각 호에서 제시한 정도에 도달하지 않은 경우 중에서 6개월 이상의 의학적 관찰지도가 필요한 정도의 경우 |
| 병 약 자 | 1. 만성 호흡기질환, 신장질환 및 신경질환, 기타 질환의 상태가 계속하여 의료 또는 생활규제가 필요한 정도의 경우<br>2. 신체허약의 상태가 계속되어 생활규제가 필요한 정도의 경우 | 1. 만성 흉부질환, 심장질환, 신장질환 등의 상태가 6개월 이상의 의료 또는 생활규제가 필요한 정도의 경우<br>2. 신체허약 상태가 6개월 이상의 생활규제를 필요로 하는 정도의 경우 |

비고 : 시력 측정은 만국식 시력표로 하며, 굴절 이상이 있는 경우에는 교정시력으로 측정한다. 청력 측정은 일본공업규격에 의한 오디오메타에 따른다.

지체장애, 병약·신체허약, 언어장애, 정서장애가 있다. 특수학급의 학급수 등은 **표 6.2**에 나타내고 있다. 지적장애특수학급의 학급수·학생수가 가장 많으며, 다음으로 정서장애학급이다.

1993년도부터는 지적장애 이외의 종별 특수학급에 대해서는 '통합학급에 의한 지도'가 제도화되었다. '통합학급에 의한 지도'란 초등·중학교의 일반학급에 재적하고 있는 경증의 장애학생에게 각 교과의 지도는 대부분 일반학급에서 하면서 장애에 대응한 특별지도를 특별지도의 장(이른바 통합학급 지도교실)에서 하는 것이다. '통합학급에 의한 지도'의 수업시간수는 주당 13단위시간을 표준으로 하며, 각 교과의 보충지도를 하는 경우에도

| 표 6.4 특수학급과 통합학급에 의한 지도대상자[30] | | |
|---|---|---|
| | 특수학급 대상자 | 통합학급에 의한 지도대상자 |
| 약 시 | 확대경 등을 사용하더라도 일반적인 문자나 도형 등을 시각으로 인식이 곤란한 정도의 경우 | 확대경 등을 사용하더라도 일반적인 문자나 도형 등을 시각으로 인식이 곤란한 정도의 사람으로서, 통상의 학급에서의 학습에 대체적으로 참가 가능하며, 일부 특별한 지도를 필요로 하는 경우 |
| 난 청 | 보청기 등을 사용하더라도 일반적인 대화소리를 듣는 것이 곤란한 정도의 경우 | 보청기 등을 사용하더라도 일반적인 대화소리를 듣는 것이 곤란한 정도의 경우로서, 통상의 학급에서의 학습에 대체적으로 참가 가능하며, 일부 특별한 지도를 필요로 하는 경우 |
| 지적장애 | 지적 발달의 뒤처짐이 있으며, 타인과의 의사소통에 가벼운 어려움이 있으며, 일상생활을 영위하기에는 일부 지원이 필요하며, 사회생활에 대한 적응이 곤란한 정도의 경우 | |
| 지체장애 | 보조기기를 사용하더라도 보행과 필기 등 일상생활에서의 기본동작에 가벼운 어려움이 있을 정도의 경우 | 지체장애의 정도가 통상의 학급에서의 학습에 대체적으로 참가 가능하며, 일부 특별한 지도를 필요로 하는 정도의 경우 |
| 병약·신체허약 | 1. 만성의 호흡기질환 및 기타 질환의 상태가 지속적 또는 간헐적으로 의료 또는 생활의 관리를 필요로 하는 정도의 경우<br>2. 신체허약의 상태가 지속적으로 생활의 관리를 필요로 하는 정도의 경우 | 병약 또는 신체허약의 정도가 통상의 학급에서의 학습에 대체적으로 참가 가능하며, 일부 특별한 지도를 필요로 하는 정도의 경우 |
| 언어장애 | 구개열, 구음기관의 마비 등 기질적 또는 기능적인 구음장애가 있는 사람, 회화단어에서 리듬장애가 있는 사람, 말하기나 듣기 등 언어기능의 기초사항에 발달의 뒤처짐이 있는 경우, 기타 이것에 준하는 경우(이러한 장애가 주이며, 다른 장애에 기인하는 경우가 아닌 사람에 한함)이며, 그 정도가 현저한 경우 | 구개열, 구음기관의 마비 등 기질적 또는 기능적인 구음장애가 있는 사람, 회화단어에서 리듬장애가 있는 사람, 말하기나 듣기 등 언어기능의 기초사항에 발달의 뒤처짐이 있는 경우, 기타 이것에 준하는 경우(이러한 장애가 주이며, 다른 장애에 기인하는 경우가 아닌 사람에 한함)이며, 통상의 학급에서의 학습에 대체적으로 참가 가능하며, 일부 특별한 지도를 필요로 하는 정도의 경우 |
| 정서장애 | 1. 자폐증 또는 이에 준하는 경우로서 타인과의 의사소통 및 대인관계의 형성이 곤란한 정도의 경우<br>2. 주로 심리적인 요인으로 사회생활에 대한 적응이 곤란한 정도의 경우 | 1. 자폐증 또는 이에 준하는 경우로서 통상의 학급에서의 학습에 대체적으로 참가 가능하며, 일부 특별한 지도를 필요로 하는 정도의 경우<br>2. 주로 심리적인 요인으로 통상의 학급에서의 학습에 대체적으로 참가 가능하며, 일부 특별한 지도를 필요로 하는 정도의 경우 |

대략 전체로서 주 8단위시간 이내가 표준으로 되어 있다. '통합학급에 의한 지도'의 실시 상황은 **표 6.5**에 나타내었다. 이것을 살펴보면 초등학교의 언어장애 통합학급 지도교실에서 지도를 받는 학생이 대부분을 차지하고 있다.

시각·청각·특수학교(유치부·초등부·중등부·고등부) 및 초등·중학교의 특수학급에서 교육 또는 통합학급에 의한 지도의 교육대상이 되고 있는 유아·학생은 약 19만 9천 명(전체의 약 1.2%)이며, 이 중에서 의무교육단계는 약 15만 7천 명으로 일본의 모든 학령기 학생수의 약 1.4%를 차지하고 있다(2001년 5월 1일 현재).

**표 6.5 통합학급에 의한 지도의 실시 현황**

| 구 분 | 초등학교 | 중 학 교 | 계 |
|---|---|---|---|
| 언어장애 | 24,725명 ( 86.2%) | 125명 ( 14.1%) | 24,850명 ( 84.1%) |
| 정서장애 | 2,571명 ( 9.0%) | 515명 ( 58.3%) | 3,086명 ( 10.4%) |
| 약시 | 148명 ( 0.5%) | 12명 ( 1.4%) | 160명 ( 0.5%) |
| 난청 | 1,235명 ( 4.3%) | 231명 ( 26.1%) | 1,466명 ( 5.0%) |
| 지체장애 | 2명 ( 0.0%) | 1명 ( 0.1%) | 3명 ( 0.0%) |
| 약시 · 신체허약 | 0명 ( 0.0%) | 0명 ( 0.0%) | 0명 ( 0.0%) |
| 계 | 28,681명 (100.0%) | 884명 (100.0%) | 29,565명 (100.0%) |

자료 : 문부과학성, 「학교기본계획」(2001년 5월 1일 현재).

### 3) 시각 · 청각 · 특수학교, 특수학급의 학급 편제

공립의 시각 · 청각 · 특수학교와 특수학급의 학급 편제 및 교직원 정원은 법률로 표준이 정해져 있으며, 계획적으로 개선이 이루어져 왔다. 학급 편제에서 한 학급의 학생수 표준은 시각 · 청각 · 특수학교의 초등 · 중등부에서는 6명, 고등부에서는 8명(중복장애학급에서는 각각 3명), 공립 초등 · 중학교의 특수학급에서는 8명, 통합학급 지도교실에서는 10명이다. 중증의 지체장애와 지적장애를 모두 가진 중증 중복장애학생은 지체장애특수학교에 많이 취학하고 있으며, 지역의 상황에 따라서는 지적장애특수학교와 병약특수학교에도 재적하고 있다. 시각 · 청각 · 특수학교의 계획에서는 개별 학교에 재적하는 학생의 장애 내용과 정도를 충분히 파악하며, 앞으로의 변화에 대해서도 검토할 필요가 있다.

장애로 인하여 통학하여 교육을 받는 것이 어려운 학생은 가능한 한 교육을 받을 수 있는 기회를 제공한다는 취지에서 시각 · 청각 · 특수학교에서 교원을 가정, 아동복지시설과 병원 등에 파견하여 지도를 하는, 이른바 방문교육이 이루어지고 있다. 방문교육에 의한 수업지도는 현재의 학급 편제 기준에서는 주당 평균 6시간 정도 실시 가능하며, 개별 학생의 부담 등도 고려하여 실시하고 있는 상황이다.

## 1.3 특별지원교육의 동향과 통합교육 지원 시스템[7)]

### 1) 특별지원교육을 추진하는 특별지원학교, 특별지원교실로의 변혁

2003년 3월 「앞으로의 특별지원교육의 방향에 대하여」(최종보고 : 이하 참조 http://www.mext.go.jp/b_menu/shingi/chousa/shotou/018/toushin/030301.htm)에서는 기존의 장애 정도 등에 맞추어 특별한 장에서 지도를 하는 '특수교육'에서, 장애가 있는 학생 한 사람 한 사람의 교육적 요구에 맞는 적절한 교육적 지원을 하는 '특별지원교육'으로의 전환을 추진하자는 것이 주장되었다. 특별지원교육이란 기존의 특수교육의 대상뿐만이 아니라,

LD(Learning Disability : 학습장애), ADHD(Attention-Deficit/Hyperactivity Disorder : 주의력결핍과잉행동장애), 고기능 자폐증을 포함하여 장애가 있는 학생의 자립과 사회 참가를 위하여 개개인의 교육적 요구를 파악하며, 가지고 있는 능력을 최대한 높여 생활과 학습상의 어려움을 개선 또는 극복하기 위해 적절한 교육과 지도를 통하여 필요한 지원을 하는 것이다.

장애가 있는 학생을 생애 동안 지원하는 관점에서 '개별 교육지원 계획'의 책정・실시・평가의 체계, '특별지원교육 코디네이터'를 학교에 배치하여 연락조정 담당자로서 관계기관과의 연계 강화, '광역특별지원연계협의회'를 각 지방자치단체의 행정단계에서 부서간의 횡단형 조직으로 설치하여 각 지역의 연계협력체제 지원 정비 등이 중시되고 있다.

그리고 시각・청각・특수학교는 기존의 장애 유형에 관계없이 지역 내의 다양한 장애학생을 받아들이며, 초등・중학교 등에 대한 교육상의 지원을 중시하여 지역의 특별지원교육센터의 역할을 담당하는 학교로서 '특별지원학교'(가칭)로의 제도 개정, 또한 초등・중학교의 모든 특수학급에는 '특별지원교육 코디네이터'를 배치하여 특수학급과 통합학급에 의한 지도제도를 일반학급에 재적한 상태에서 필요한 시간만 '특별지원교실'(가칭)의 장에서 특별지도를 받을 수 있는 제도로 일체화하기 위한 구체적 대안의 필요성도 지적되고 있다.

### 2) 통합교육 지원 시스템의 정비

UN(국제연합)의 '장애인의 10년' 중 「세계행동계획」을 보면,[8] 장애인의 교육은 가능한 한 일반 교육제도 내에서 이루어져야 하며, 장애학생・장애인의 교육적 서비스의 개발은 다음의 네 가지 기준, 즉 ① 개인화, ② 지역화, ③ 통합화, ④ 선택화를 하지 않으면 안 되며, 장애학생의 일반 교육제도로의 통합을 도모하기 위해서는 모든 관계자에 의한 계획이 필요하다고 하고 있다.

선진 각국의 통합교육의 동향을 정리해 보면, ① 통합교육 추진에 관한 이념을 지지하는 법률이 정비되어 교육계 전체의 합의가 이루어지고 있다. ② 개별화 교육이 정착되는 상황 속에서 일반학급 내의 학생 한 명 한 명에 대한 특별한 요구가 파악되어, 특별한 교육적 요구를 가진 학생이라는 광범위한 시각이 받아들여지고 있다. ③ 장애 유형 및 학교별로 독자적인 통합교육에 맞추어 각 학교가 전문성을 고도로 발휘시킨 결과, 시각・청각・특수학교가 리소스 센터와 교재 센터가 되어 일반학급과의 연계를 기초로 단기적, 집중적, 효과적인 전문 서비스를 제공하여 인터그레이션(integration : 통합)을 지원하는 상황이 나타나고 있다. 학적과는 관계없이 필요한 아동에게 필요한 서비스가 몇몇 관련기관으로부터 쉽게 제공된다든지 또는 그 상황이 장애 종류나 학교에 따라서도 같지 않으며, 각 학교 및 기관이 독자의 전문적인 대응체제를 정비해 가는 과정 속에서 다양한 요구를 가진 장애학생에 대응 가능한 통합교육 지원 시스템이 정비되고 있다.

### 3) 풀 인클루전 : 순회교육 지원 시스템

미국에서는 1975년의 전(全)장애아동교육법에 의하여 3~21세의 장애아동에 대하여 부모의 허가를 받은 후, 개별교육 계획을 작성하는 것이 학교·학구에 의무부여되었다. 이것은 통합교육을 목적으로 한 것으로, 처음에는 일반학교 내에 특수학급을 정비하는 움직임이 활발하였다. 그러나 최근에는 장애아동과 비장애아동 모두에게 가장 좋은 교육형태는 아니라는 시각이 대두되어, 풀 인클루전(full inclusion) 개념이 추진되게 되었다. 즉, 장애아동도 일반과목은 일반학급에서 학습이 가능하지 않을까라는 것이 최근의 개념이다. 일반적인 인구 구성을 살펴보면 장애아동의 비율은 전체의 10% 정도이며, 또한 중증(重症) 장애아동의 비율은 전체의 2% 정도로 파악되고 있다. 따라서 30명의 교실이라면 1~2명은 어떤 형태로든지 장애를 가진 아동이 있게 된다. 그렇다면 이러한 장애아동을 위하여 특별교실을 만드는 것이 아니라, 전문적인 순회교사가 일반학급의 장애아동이 있는 곳으로 가서 일반교실 내에서 비장애아동의 수업과 동일한 내용을 교육하도록 지원한다면 좋지 않을까라는 것이다.

풀 인클루전이 실시된 배경에는 먼저, 지금까지의 교육 결과 졸업 후에 장애아동이 보통의 직장에서 일할 수 있는지에 대하여, 그렇지 못하다는 것이 명확히 도출되었다는 점이다. 자립생활운동이 활성화되었지만, 일반교육을 받지 못한 사람이 졸업 후 갑자기 일반사람들과 동등하게 생활해 가는 것은 곤란하다는 점이다. 그리고 일반교육을 받지 못한 사람이 보통의 직장에서 보통으로 일할 수 있는 것은 감각적으로 무리가 있다는 것이 당연하다는 발상에서 나왔다. 더구나 자립생활운동의 기본적인 가치관인 장애가 있어도 장애를 가지지 않은 사람들과 동등의 권리가 있다고 부모들이 생각하게끔 되었다는 점에 있다.

풀 인클루전은 개별교육 계획에 근거해 실시되었다. 이것은 장애를 가진 아동 개개인을 대상으로 연 1회 이상 개최되어야 하며, 그 구성원은 담임교사, 순회교사, 물리치료사, 부모, 보조원, 교장, 특수교육 감독관 등의 관계자 전원, 최대 15명 정도에서 보통 4~10명 정도가 된다. 회의에서는 대상아동의 교육목적, 가능성, 적성, 요구, 교육내용, 교육방법, 지원방법 등이 상세하게 그리고 구체적으로 논의된다. 학교가 예산이 없는 경우에는 변호사의 도움으로 권리를 주장하는 사례도 나타나고 있다. 또한 회의에서는 장애아동의 친구의 참가도 유효하다는 지적 등 아동 사이, 친구 사이의 호응, 부모들의 지지, 부모들의 교육이 상당히 효과적이며 중요시되고 있다.

풀 인클루전은 많은 반대에 부딪히면서 진행되고 있다. 그 대상으로는 가벼운 장애아동뿐만 아니라 중증장애아동도 포함되며, 특히 지적장애아동을 중심으로 유치원 단계에서

초 · 중 · 고교로 확산되고 있는 실정이다. 그런데 이에 대한 반대도 있으며 대부분은 특수교육 측면에서 이루어지는데, 장애아동이 전문적인 교육과 지원, 보호를 받지 못하게 되는 것은 아닌가, 특수교육의 영역을 침범당하거나 자기 스스로 방치되는 결과로 연결되는 것은 아닌가라는 것이다. 일반학급 측면에서의 반대이유로는 수동적인 자세 속에서 아동의 부담 증가와 연결되지는 않을까, 복잡한 시스템이 더해지지는 않을까 등이다. 그러나 실제로 풀 인클루전을 진행함으로써 정비되는 특별한 리소스(자원)는 일반학급의 많은 문제를 해결하는 데도 매우 유효하며, 모든 학생을 위한 교육수단의 충실함과도 연계된다는 것을 일반학급 담임교사들도 인식해 가고 있다.

미국에서는 1997년 장애인교육법(Individuals with Disability Education Act ; IDEA)으로 0~3세의 장애아동이 있는 가정에서 개별 가족 지원 계획(IFSP)의 작성이 의무화되었으며, 지역의 관계기관에 의한 팀 접근에 따라 가정의 힘을 높이는 지원이 전개되고 있다. 3~21세의 모든 장애아동에게는 개별 교육 계획(IEP), 그리고 대략 14세 이후에는 통학과 취직을 시야에 넣은 개별 이행 계획(ITP)의 작성도 학교 · 학구에 의무화되었다. 개별 장애아동이 필요로 하는 다양한 지원을 장기간 계속적 · 체계적으로 평가 · 제공하는 체계가 학교를 거점으로 지역 내에 정비 · 구축되게 되었다.

#### 4) 지체장애학생을 위한 교사의 무장애화

2003년도 문부과학성은 「학교시설의 무장애화 등에 관한 조사연구」를 실시하였다. 이 배경을 살펴보면 2002년 12월 장애인기본법에 근거한 장애인 기본계획의 각료 결정에 의하여, 중점시책 실시 5개년 계획(2003~2007년) 기간 내에 초등 · 중학교 등의 시설의 무장애화에 참고가 되는 지침을 책정하는 것과 함께, 계획 · 설계수법 등에 관한 사례집을 작성하는 것이 규정된 점, 2002년 「고령자, 장애인 등이 원활히 이용 가능한 특정 건축물의 건축 촉진에 관한 법률」(하트 빌딩법)의 일부 개정에 의하여 학교시설이 새롭게 무장애화의 노력의무 대상으로 규정된 점, 2003년 3월 「앞으로의 특별지원교육의 방향성에 대하여」(최종보고)에 대한 특별지원교육의 개념이 제창된 점, 2002년 학교교육법 시행령의 개정으로 취학기준이 탄력화된 점, 지역주민의 학교 참가와 생애학습의 장으로서의 학교 이용이 증가하고 있는 점, 재해 시의 응급 피난장소로서의 학교 이용 등이 있다.

여기에서는 영국 문부성의 문헌[21]에서 지체장애아동을 위한 교육환경으로의 접근에 관한 내용을 정리하였다. 우선, 주요 요구사항은 다음과 같다.

① 휠체어와 보행기를 사용하는 학생이 학습공간에서 모든 주(主)교육활동에 접근 가능한 충분한 공간, ② 교실의 운영을 보다 쉽게 할 수 있는 가구 배치의 배려와 적절한 가구의 선택, ③ 학습공간에서 보조원이 필요에 따라 활동에 참가 가능한 충분한 공간, ④ 적절한 작업 면과 높이의 작업대, ⑤ 작업영역 내에 만들어진 특별한 교육기기를

사용하기 위한 적절한 전원, ⑥ 휠체어 비치 장소. 특별교실에서는 특히 가구・설비의 배치와 높이 설정이 중요하며, 다음과 같은 배려가 필요하다. ⑦ 작업영역 내의 가스, 수도의 배관, 전기의 배선 설비, ⑧ 작업자 등의 수납공간으로의 접근, ⑨ 상반신에 장애가 있는 학생을 배려한 실험・작업용 설비로의 편리한 접근 등이 있다.

보통 휠체어를 사용하는 지체장애학생의 수는 한 학교당 소규모 초등학교에서 2~3명, 중규모의 중・고교에서는 3~12명 정도로 추정된다. 휠체어를 사용하는 학생수가 적으면 운영하는 데 보통 문제가 없다. 예를 들면, 초등학교의 작업공간에는 동시에 여러 대의 휠체어 사용 학생이 활동하지 않도록 교실 편성을 할 수 있다. 또한 다수의 휠체어 사용 학생이 있는 경우에는 설비와 통행공간을 정비할 필요가 있다.

휠체어와 보행기를 사용하는 학생이 적절히 이동 가능하도록 움직일 수 있는 가구 사이는 800mm 이상, 고정 가구의 앞면에는 1,000mm 이상의 공간을 만든다(**그림 6.4**). 긴 작업대, 테이블 또는 좌석이 나열된 교실에서는 통로의 폭을 900mm 이상으로 하는 것이 바람직하다. 휠체어의 방향전환공간이 필요한 곳에서는 직경 1,500~1,700mm의 원을 평면도상에 그려 확인하도록 한다.

지체장애학생으로 하여금 적절한 작업자세를 취하도록 하기 위하여 기존 작업대의 개조를 검토할 경우에는 다른 학생과 팀을 이루게 한다거나, 소그룹으로 함께 활동에 참가할 수 있는 것을 목표로 하여야 한다. 이동보조기기와 그 부품을 이용하기 위하여 접근하기 편리한 수납공간은 특별한 설비와 보조기기의 준비공간과 연결되면 좋다. 야간 또는 주말에는 충전설비가 있는 휠체어를 위한 창고를 전동 휠체어의 보관장소로 활용하게 된다. 충전설비의 설치장소에서는 방재상 안전성을 배려해야 한다.

중・고교에서는 선택과목에 사용되고 있는 위층의 특별교실에 휠체어 사용 학생이 접근 가능하도록 엘리베이터를 설치하여야 한다. 엘리베이터는 휠체어 사용자와 성인 한 명이 탈 수 있는 규모여야 하며, 각 층의 엘리베이터 홀의 넓이에도 유의하여야 한다. 또한 휠체어가 접근 가능한 모든 공간에서 안전하게 피난 가능한 수단을 확보한다. 어느 학교에서는 위층에서의 피난을 배려하여 여러 명의 휠체어 사용 학생이 동시에 위층을 사용하지 않도록, 시간표가 계획되어 있는 경우도 있다. 화재탐지기가 울리면 두 명의 정해진 교직원이 적절한 계단을 보조(간병)하여 옥외까지 휠체어 사용 학생을 피난시킨다. 보행 가능한 지체장애학생은 수업 중인 교사가 옥외까지 유도하여 피난시키는 등의 방법이 취해지고 있다.

스웨덴에서는 지체장애아동의 대부분이 일반학급에서, 그리고 일부는 특수학급에서 공부하며, 지체장애특수학교는 존재하지 않는다. 지체장애특수학급이 설치되어 있는 중학교의 사례를 보면, 먼저 현관 옆에 보조기기 수리실이 있으며, 전임 담당직원이 휠체어 등 보조기기의 수리를 하도록 되어 있다. 수리실에 근접하여 기능훈련실이 있으며, 개개의

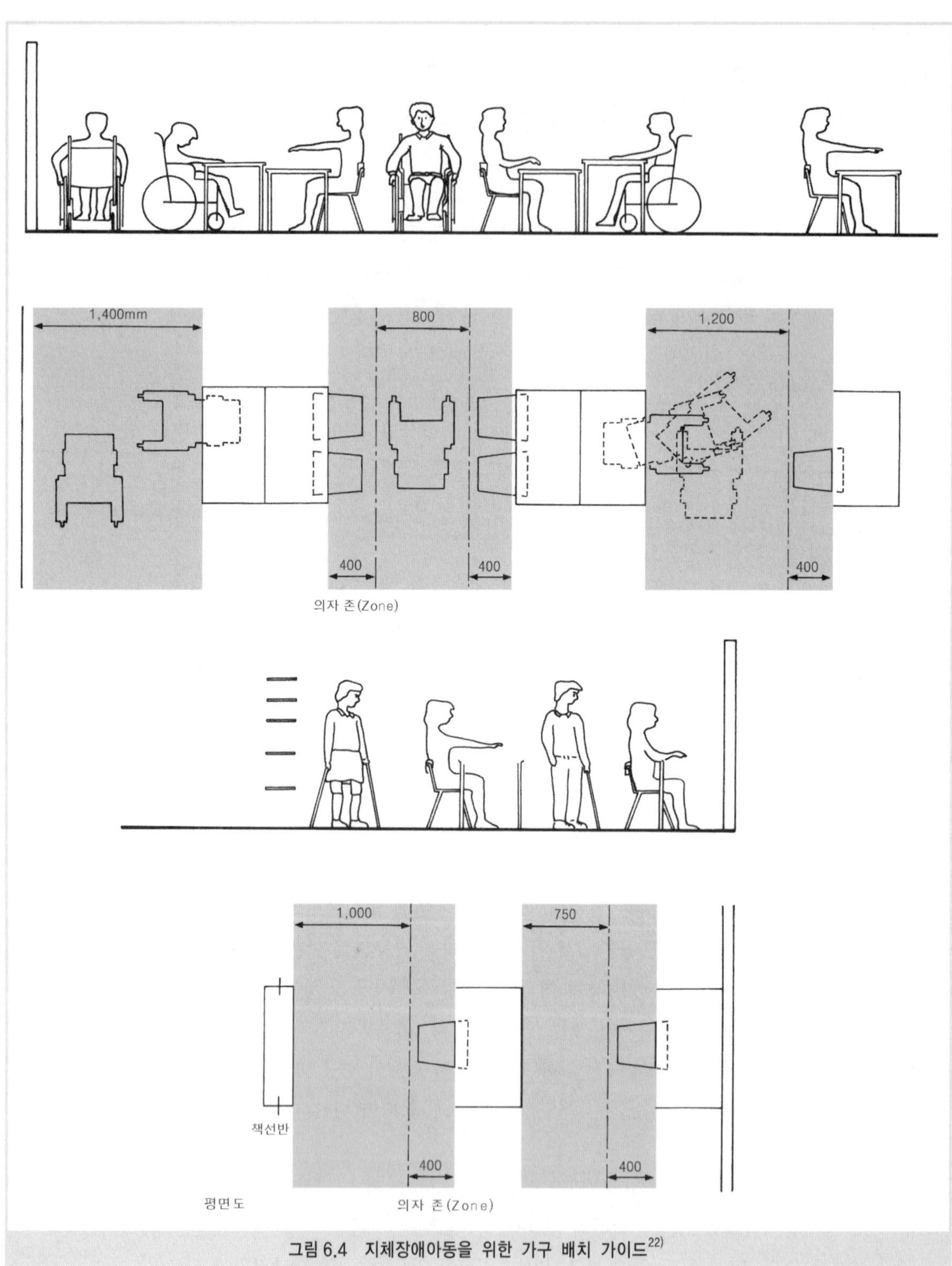


그림 6.4 지체장애아동을 위한 가구 배치 가이드[22)]

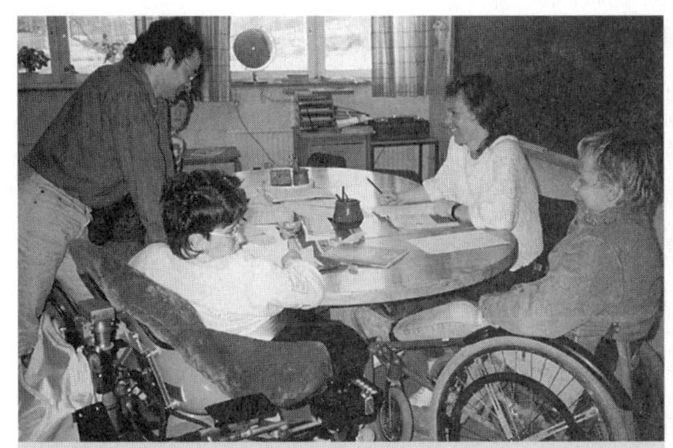

**그림 6.5** 지체장애특수학급 교실의 앞부분. 둥근 테이블을 둘러싼 학생과 교사

**그림 6.6** 그림 6.5의 교실 뒷부분에 설치된 전용학습코너의 컴퓨터를 이용하는 지체장애학생

**그림 6.7** 그림 6.6의 학생 옆에는 전용테이블도 설치되어 있다.

요구에 대응한 훈련이 효율적으로 실시되고 있다. 지체장애아동은 일반학급에서 수업에 참가하고 있지만, 특수학급 교실은 전용의 베이스로 확보되어 있다. 교실 내의 현황을 보면 뒤쪽에는 개개인의 전용학습코너, 앞쪽에는 대형 둥근 테이블이 놓여 있으며, 담임교사나 친구들과 모여서 이야기할 수 있도록 설정되어 있다(**그림 6.5~6.7**). 이러한 홈 베이스 배치방식은 장애가 있는 학생을 위한 교실의 기본이라고 할 수 있다.

### 5) 청각장애아동과 시각장애아동의 통합교육 지원 시스템

장애아동을 위한 조기교육의 충실과 유아-초등학생의 연계는 앞으로의 장애아동 교육의 커다란 과제의 하나이며, 특히 청각장애아동에게는 어머니와 자녀의 커뮤니케이션에 관한 훈련·교육을 0세부터 실시하는 것이 효과적이고 중요하다. 일본의 경우 청각장애아동의 조기교육을 위한 장소로는 청각학교 유치부가 있으며, 입학 전의 0~2세 아동에게는 교육상담으로서 부모와 자녀에 대한 지도가 이루어지고 있다.

필자가 1988년도에 실시한 청각장애학생 57명의 앙케트 조사[9]에 의하면, 청각장애학교 · 난청학급 등에서 특별한 커뮤니케이션 교육을 받은 사람은 유치원 · 초등학교 · 중학교 · 고등학교의 순으로 80, 70, 30, 10%로 급격히 감소하고 있다. 일반학급에 다니고 싶어 하는 청각장애아동의 희망에 따라, 필요한 커뮤니케이션 교육을 받을 수 있도록 하는 통합학급제도와 순회교사제 등의 특수학급의 탄력적인 운영을 유치원에서 고교를 통하여 진행시키는 것이 요구되고 있다.

스웨덴의 상황을 보면 1981년 세계에서 처음으로 청각장애인의 제1언어는 수화라는 것을 법률로 정하였다. 이에 따라 청각장애인은 수화 통역을 받을 수 있는 의무와 권리를 획득하였으며, 청각장애인에 대한 사회적 인식 및 대중매체의 대응도 변하였다. 1983년 이후부터 청각장애학교에서는 수화에 의한 교육이 실시되고 있다. 난청아동의 대부분은 순회교사의 지원을 받아 통합되고 있지만(**그림 6.8, 6.9**), 청각장애아동은 커뮤니케이션 문제 때문에 거의 전원이 청각장애학교에 입학한다. 그러나 이러한 청각장애아동에게도 유치원과 고교에서는 청각장애학급을 거점으로 통합교육이 실시되고 있다. 스톡홀름에서는 유아 검진으로 1세 미만에 청각장애가 발견된 단계에서 교사, 심리학자, 카운슬러, 어시스턴트에 의한 가정방문팀이 조직되어, 스킨십을 중시한 지도가 이루어지고 있다.

청각장애아동은 3세에 유치원에 입학하여 수화와 구화(口話) 지도를 받는다. 일반유치원 내에 한 교실씩 청각장애학급이 있으며, 그 수는 스톡홀름 시내에 10개가 넘고 있다. 다음해에 청각장애학교에 입학하는 유치원 아동은 학교에 적응하기 위하여 교사에 이끌려 주 1회 청각장애학교를 방문한다. 청각장애학교에서는, 초등학교 1학년 담임교사는 절반의 시간을 각 유치원의 청각장애학급을 방문하며, 절반의 시간은 초등학교 1학년의 수화

**그림 6.8** 스톡홀름의 공립 초등학교 1학년 교실. 사진 왼쪽에 있는 난청학급의 순회교사가 통합교육을 받고 있는 난청학생의 수업을 관찰하고 있다.

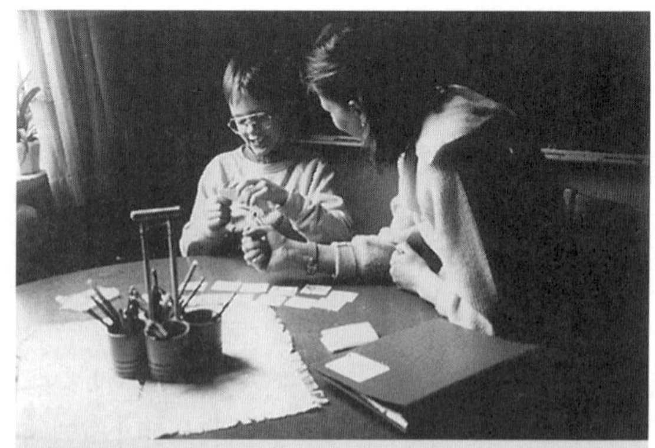

**그림 6.9** 그림 6.5의 교실 가까이의 개인지도실에서 순회교사가 카드를 사용하여 통합학급에서 공부하고 있는 난청학생의 개인지도를 하고 있다.

지도를 실시하는 등 유치원부터 초등학교 입학까지 유치원 아동이 연속적으로 이행할 수 있도록 세부적이고 구체적인 배려가 보이고 있다. 또한 청각장애아동이 청각장애학교에서 청각장애학급이 있는 고교로의 진학을 결정할 때에는 1회 10일간, 연간 1개월 정도, 고교에서 일시적인 예비교육을 받거나 기숙사 체험을 할 수 있는 방법 등의 환경이행 대책에 대한 충분한 배려가 보이고 있다.

시각장애아동의 통합교육이 선진 각국에서는 점차 정착되고 있는 상황이다.

1986년 스웨덴에서는 시각장애학교가 발전적으로 개선되어 리소스 센터로 되었다. 그리고 모든 시각장애아동은 통합교육을 받게 되었다. 리소스 센터는 장애의 진단・평가, 보행훈련, 점자 등의 집중적인 지도가 이루어지고 있으며, 개별교사는 시각장애아동이 공부하고 있는 일반학급을 순회하며 지도를 하고 있다. 국립 시각장애 교재 센터에서는 확대문자, 녹음테이프, 점자 등으로 변환된 교과서 등이 작성・제공된다. 약시아동을 위해서는 경사조절책상, 카메라로 칠판과 교과서 등을 촬영하여 텔레비전 화면에 확대할 수 있는 확대 독서기 등 필요한 보조기기 일체가 지급된다. 통합교육을 추진하기 위해서는 장애아동 교육의 전문성을 확립하며, 장애가 있는 학생이 일반학급에서 일상적인 활동에 참여하기 위한 적절한 지원 시스템의 정비와 함께, 일반학급의 담임교사・친구들과의 전면적인 협력체제 구축이 필수적이다.

스웨덴에서 약시아동이 공부하고 있는 교실의 수업을 견학하였다. 약시아동은 보통의 책상 이외에 특별한 경사책상도 가지고 있으며, 필요에 따라 그곳으로 이동하여 담임교사의 개별지도를 받고 있다(**그림 1.16** 참조). 이때, 지원교사는 빈 자리가 된 약시아동의

**그림 6.10** 동일한 장애를 가진 친구와 만나는 것은 중요하기 때문에 통합교실에서 공부하고 있는 같은 학년의 시각장애학생들이 일정기간 동안 리소스 센터에서 그룹지도를 함께 받고 있는 모습. 개별지도를 하기 쉬운 높은 책상과 이것에 맞춘 의자를 사용.(스톡홀름)

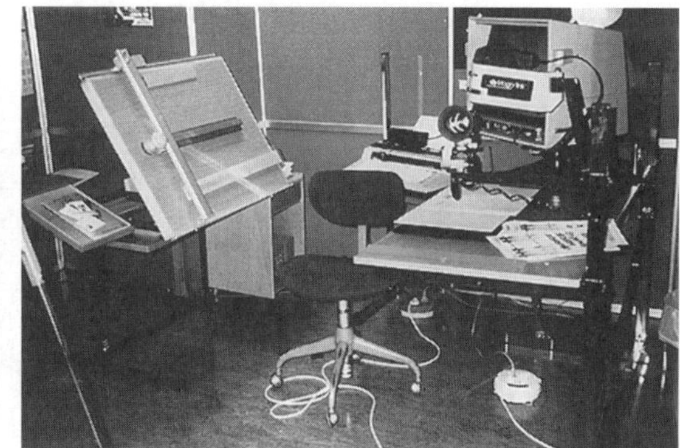

**그림 6.11** 전시공간의 모서리에는 약시의 학생용 경사책상과 칠판의 문자를 카메라로 확대할 수 있는 장치가 설치되어 있다.(국립시각장애 교재 센터, 스톡홀름)

자리에 앉아 옆의 아동의 개별지도를 하고 있다. 약시아동만이 개별지도를 받는 것이 아니라, 담임교사, 주위 친구들과의 연계에 의한 학습이 아주 훌륭히 전개되고 있다는 것에 감명을 받았다.

이와 같이 교육기기와 교재가 정비되었으며, 전문교사가 배속된 리소스 룸에서의 개별지도, 순회교사에 의한 개별지도, 외부의 전문교육기관인 리소스 센터에서의 단기적이며 집중적인 검사 · 진단 · 지도 · 보행훈련 등(**그림 6.10, 6.11**), 그리고 교재 센터에 의한 음역(音譯) · 점역(點譯) 교재 및 교과서 제공 서비스 등의 지원 시스템의 정비는 필수적이라고 할 수 있다.

## 1.4 특수학급에 관한 계획적 과제

### 1) 특수학급의 설치 · 운영

1989, 1990년도에 동경을 포함한 전국 지방자치단체의 교육위원회 교육장을 대상으로 실시한 각종 특수학급의 설치 · 운영에 대한 앙케트 조사 결과의 개요를 정리하면 다음과 같다. 전국의 모든 공립 초등 · 중학교 수에 대한 특수학급 설치학교 수의 비율은 미설치에서 모든 학교 설치까지 폭넓게 나타나고 있으며, 지방별로 보면 킨키(近畿) 지역은 가장 높은 81%, 다음으로 시코쿠(四國) 지역 60%, 평균하면 51%로 되어 있다. 앞으로의 특수학급 설치에서는 각 지자체에 맡기자는 의견, 각 지자체별로 특수학교의 증설을 추진하고자 하는 의견이 비교적 높으며, 특히 설치율 80% 이상의 지자체에서는 지자체 내의 모든 학교에 특수학급의 설치방침이 눈에 띈다.

각종 특수학급의 설치 상황을 살펴보면(**표 6.6**), 지적장애는 거의 모든 시 · 구에, 그 외 초등학교에서는 정서와 언어 장애가 모두 70% 이상, 난청 30% 이상, 병약과 지체장애는 모두 약 20%, 중학교에서는 정서장애특수학급이 50%가 설치되어 있다.

특수학급의 운영방식을 **표 6.6**에 나타낸 고정제, 통합학급제, 순회제로 분류하면 난청, 언어장

**표 6.6 각종 특수학급 설치율별 시 · 구 수, 각종 특수학급 설치 시 · 구 중 운영방식별 시 · 구 수**(%)

| | 각종 특수학급 설치율 | | 초등학교 | | | 중학교 | | |
|---|---|---|---|---|---|---|---|---|
| | 초등학교 | 중학교 | 고정제 | 통합학급제 | 순회제 | 고정제 | 통합학급제 | 순회제 |
| 지적장애특수학급 | 99 | 98 | 98 | 9 | - | 97 | 7 | - |
| 정서장애특수학급 | 73 | 50 | 85 | 26 | 1 | 88 | 17 | 1 |
| 언어장애특수학급 | 74 | 13 | 51 | 75 | 1 | 38 | 75 | 3 |
| 난청학급 | 34 | 13 | 51 | 68 | 1 | 54 | 54 | 3 |
| 병약허약학급 | 22 | 11 | 93 | 9 | 2 | 95 | 9 | 2 |
| 약시학급 | 6 | 2 | 47 | 59 | 3 | 46 | 54 | - |
| 지체장애특수학급 | 15 | 8 | 96 | 9 | - | 98 | 14 | 1 |

고정제 : 학생은 특수학급에 재적하며 그곳에서 활동시간 대부분을 보내는 방식

통합학급제 : 학생은 일반학급에서 대부분의 활동시간을 보내며, 특정 시간에만 특수학급에서 지도를 받는 방식

순회제 : 특수학급 교사가 학생의 재적교를 방문하여 특정 시간에만 지도를 하는 방식

애, 약시 학급을 중심으로 통합학급제가 정착되고 있다. 그런데 통합학급제에서는 학교 밖 통합학급에 따른 수업시간의 감소와 학부모의 동참 문제 등이 있다. 통합학급에 대한 순회 제공 제도가 아직 확립되지 않은 것 역시 큰 문제인데, 여기서 순회제를 순회교사제로 생각한다면, 순회교사의 파견기관에는 특수학급뿐만 아니라 시각·청각·특수학교와 각종 교육기관도 가능하다는 점에 유의하여야 한다.

초등·중등학교의 등교 거부는 대부분의 지역에서 문제가 되고 있으며, 그 대책으로는 카운슬러에 의한 상담체제, 보건실의 충실, 개별적인 이해 중심 수업의 연구 및 도입 등 전반적인 학습·생활의 지원체제 정비가 중시된다.

유치원에서의 특수학급 설치 필요성을 지적하는 지역은 전체의 40% 정도로 많으며, 공립 고교에서의 특수학급 설치 필요성을 지적하는 지역도 전체의 1/4에 가깝다. 유치원에서부터 고교에 이르기까지 가변적인 특수학급의 설치와 운영이 요구되고 있다.

### 2) 특수학급의 배치 계획

일반학급과의 교류·연계를 중시한 특수학급의 학교 내에서의 위치는 학교의 가운데에, 접근하기 쉬우며, 옥외에서의 활동을 하기 쉬운 1층에 두고, 특수학급으로 집합시킨 교실 구성으로 하며, 일반학급 교실에 인접해 있는 것이 바람직하다. 통합학급 지도교실의 경우에는 클리닉적인 운영을 배려하여 복수의 개인지도실, 플레이 룸, 직원실, 교재실, 관찰실, 상담실, 보호자 대기실을, 그리고 교외 통합학급제로 현관이 떨어져 있는 경우에는 전용의 출입구를 설치하는 등 전체로서 정리된 양호한 단위공간으로 설계한다. 순회제를 위해서는 각 학교에 개별지도실을 정비하는 것이 요구되며, 이 경우 특별한 실을 정비하는 것뿐만 아니라 다목적 스페이스의 일부분에 설치된 콰이어트 룸(quiet room)의 이용 등도 검토하여야 한다.

다음으로 지적장애특수학급, 난청·언어장애 학급의 계획적 과제를 서술한다. 약시·신체허약 특수학급에 대해서는 병약특수학교와 함께 뒤에서 서술하고자 한다.

### 3) 지적장애특수학급의 계획적 과제

지적장애특수학급 교실에서는 가변적인 집단 편성이 이루어져 다양한 학습활동이 일어나고 있음에도 불구하고, 보통의 교실과 동일한 편성으로 계획·대응하는 경우가 많다. 여기에서는 필자들이 1980년도에 동경도 내 4구(區)의 초등학교 24개교, 중학교 9개교의 지적장애특수학급 학생 105명의 행동관찰 조사를 연 105일 동안 실시한 결과로부터 계획적 과제를 정리하였다.

① **학습집단과 생활집단의 편성** : 지적장애특수학급에서는 개별적인 배려를 기초로 모든 학습생활행동이 전개되지만, 보다 효과적인 학습을 하기 위해서 활동 내용에 따라 대중소

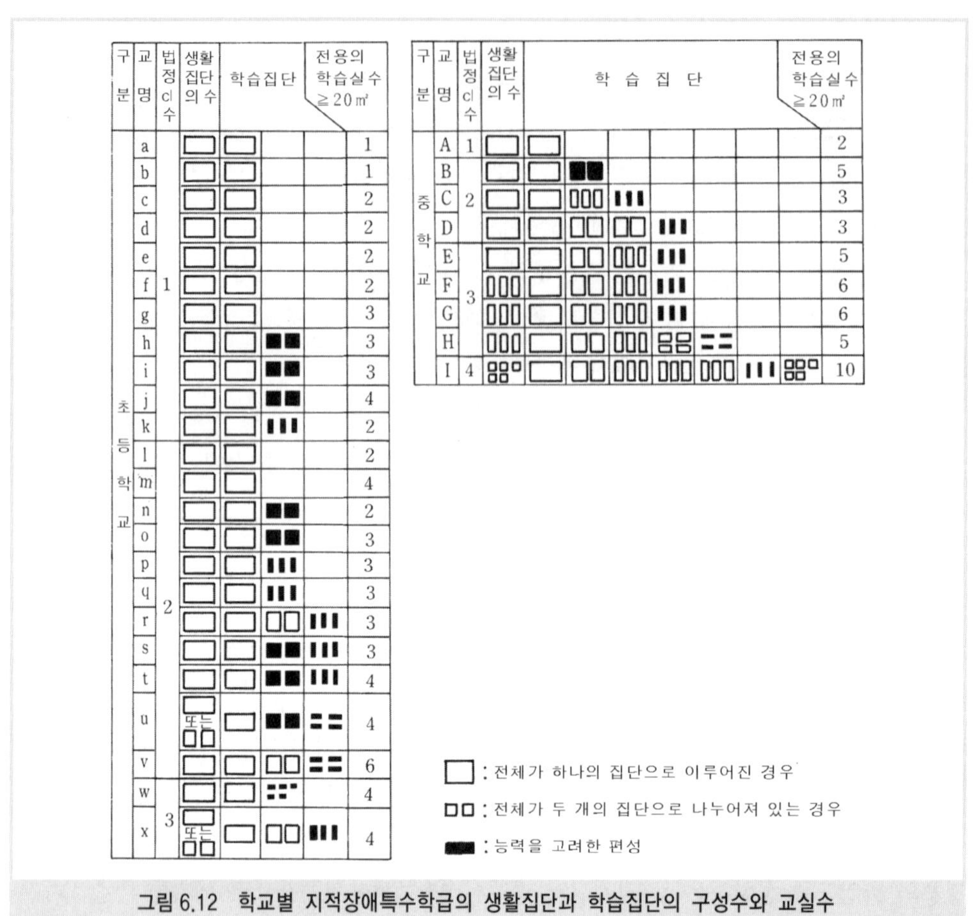


**그림 6.12 학교별 지적장애특수학급의 생활집단과 학습집단의 구성수와 교실수**

집단으로 편성을 변화시키는 경우가 많았다. 33개교의 집단 편성에 대하여(**그림 6.12**), 먼저 아침 조회와 급식이 함께 이루어지는 집단을 생활집단이라고 한다면, 초등학교의 90%, 중학교의 50%는 학급 규모와 관계없이 특수학급 전체를 하나의 생활집단으로 구성하고 있다. 수업을 위한 학습집단의 종류는 중학교가 초등학교보다 많다. 초등학교에서는 각 학교에 세 종류 정도의 학습집단이 편성되어 있으며, 과반수의 학교에서 능력별로 학습집단을 편성하고 있다. 중학교에서는 대부분의 학교가 능력별로 2~4개의 소집단을 편성하고 있으며, 이 외 남녀별, 학년별, 작업과 직업별 집단이 형성되어 있다. 초등·중학교 모두 능력별 편성의 학습집단에서는 국어, 산수(수학) 등의 수업이 이루어지고 있다.

② **교실의 연속성과 집합** : 이와 같이 지적장애특수학급에서는 법규상의 학급 규모와 관계없이 특수학급 전체를 학습집단으로 하여, 그 안에 크고 작은 학습집단이 가변적으로 편성되어 있다. 따라서, 학급과 하나의 교실이 고정적으로 대응하는 경우가 적으며, 복수의 교실을 활동 내용과 집단에 따라 구분하여 사용하고 있다. 예를 들어, 전체 집단의 학습, 중소 집단의 그룹학습, 급식, 작업, 놀이 등의 활동에 대응하여 각 교실에는 학급 내

모든 아동의 책상, 의자, 그룹 인원수만큼의 책상, 의자, 테이블, 작업대, 놀이기구, 운동기구 등이 배치되거나 플레이 룸처럼 아무것도 있지 않은 상태 등으로 전환되고 있다. 학생은 각 공간을 이동하여 활동하고 있으며, 교사는 그러한 모습을 보면서 활동 내용을 변동하는 경우도 있다. 지적장애특수학급의 교실 설계는 안정적이며 통합적인 계획이 필요하며, 전체가 연속된 교실 구성으로 하는 것이 중요하다고 할 수 있다.

③ **교실 내의 각종 코너의 설정** : 지적장애특수학급에서는 학생의 사회성을 육성하기 위하여 일상적인 신변자립도를 높일 수 있는 구체적인 생활활동이 매일 반복적으로 이루어지기 때문에 교실 주변에 각종 코너가 설정되어 있으며, 그 곳에 많은 교구(학교용 가구)와 설비가 갖추어져 있는데, 이에 대해 충분히 배려할 필요가 있다. 코너라는 것은 어느 한정된 활동이 이루어질 수 있도록 실내의 일부분에 교구와 설비가 상비되어 있는 곳을 말하며, 교실 내의 코너를 살펴보면 교사 코너(교사 책상, 의자, 자료 수납장 등이 있어 교사가 지도의 준비와 작업을 하는 장소), 조리 코너(싱크대, 가스대, 조리대, 냉장고, 식기 선반 등이 있는 장소), 싱크 코너(싱크대, 수건걸이, 비누, 행주걸이 등이 있는 장소), 세탁 코너(개수대, 세탁기, 건조대 등이 있는 장소), 신발 갈아 신는 코너(신발장이 있어 실을 이용할 때 신발을 갈아 신을 수 있는 장소), 운동기구・놀이기구 코너(트램플린, 미끄럼틀, 철봉, 평균대 등이 있으며, 학생들에게 사용되는 장소), 다다미 코너(실의 일부분에 개방된 형태에서 설치된 다다미가 깔린 장소), 탈의 코너(바닥에 앉을 수 있는 장소와 사물함의 앞 등에서 언제든지 옷을 갈아입을 수 있는 장소 또는 칸막이와 커튼으로 구획되어 옷을 갈아입을 수 있는 장소), 놀이 코너(소꿉놀이, 나무쌓기의 선반 등이 주변에 있으며, 바닥에 앉아서 놀 수 있는 장소), 이 외에도 생물관찰 코너, 음악 코너, 소파 코너 등이 있다. 초등학교의 지적장애특수학급에는 이와 같은 코너가 많이 보이고 있으며, 초등학교는 한 학교당 평균 다섯 코너, 중학교는 평균 두 개의 코너가 있다. 초등학교에 많은 코너로는 조리, 싱크 코너로 각각 80%, 교사 코너 70%, 운동기구・놀이기구 코너 60%, 신발을 갈아 신을 수 있는 코너 50%, 탈의 및 세탁 코너가 각각 40%, 다다미 코너 30% 등으로 나타났다. 중학교의 지적장애특수학급은 교과담임제이기 때문에 교실 내에 교사 코너가 없으며, 조리 코너도 적었지만, 과반수의 학급에서는 독립된 교사준비실과 조리실을 설치하고 있다. 이와 같이 중학교에서는 코너가 소규모화되고 있는 사례도 많이 보이며, 탈의 코너와 운동기구 코너가 각각 30%, 조리 코너와 신발을 갈아 신는 코너, 생물관찰 코너, 음악 코너가 각각 20% 정도로 나타났다.

### 4) 난청・언어장애 학급의 계획적 과제

난청 및 언어장애 학급은 각각 별도로 설치되어 있는 경우와 '듣기와 말하기 교실' 등의 명칭으로 함께 설치되어 있는 경우가 있다. 언어장애아동은 비교적 단기간에 지도효과가 올라가는 사례도 많지만, 난청아동은 학급에 다니는 기간이 길다. 이러한 특수학급은 초등학교에 설치되어 있는 경우가 많지만, 실제로는 중학생과 학령 전의 유아에 대한 지도가 이루어지는 경우도 있다는 것을 고려해야 한다.

난청·언어장애 학급의 지도실은 초등학교의 경우 의자에 앉거나, 카펫이 깔린 바닥에 앉거나, 뒹구는 등의 여러 가지 지도 형태가 이루어지고 있으며, 검사를 위한 방음실도 협소하면 아동에게 압박감을 주어 정확한 측정이 어려우므로 둘 다 넓은 공간이 필요하다. 플레이 룸은 심리적으로 불안정한 아동의 지도와 그룹지도에 사용되거나, 아동의 소리에 대한 반응을 보는 등의 검사에도 사용된다. 지도실에 부속되는 관찰공간은 견학자와 참관 보호자가 아동의 행동을 관찰하거나 객관적인 기록을 위하여 필요하며, 소리가 지도실로 흘러들어가지 않도록 매직 미러(magic mirror)의 관찰창을 이중으로 하는 것 등이 필요하다.

**그림 6.13**은 초등학교에서의 청각장애아동을 위한 지원 센터의 사례로서, 저·고학년

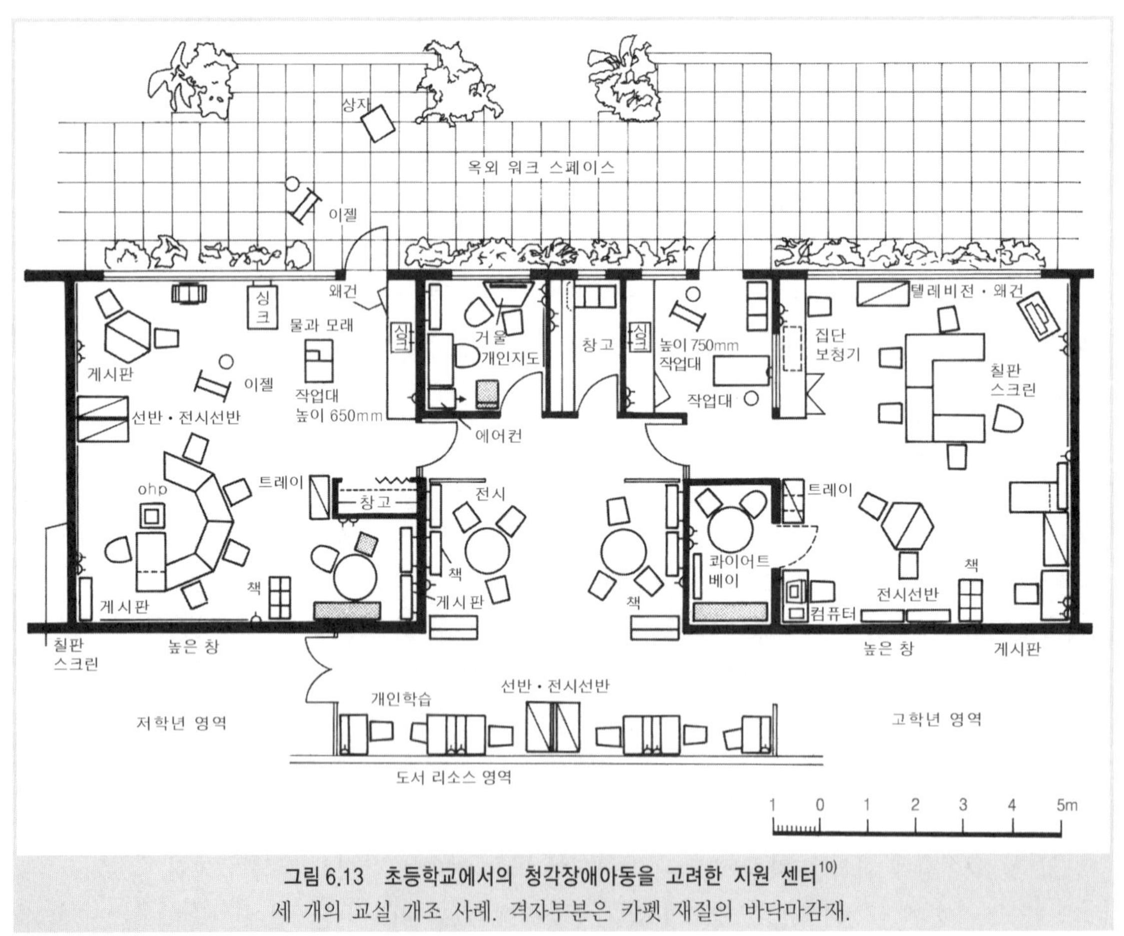


**그림 6.13 초등학교에서의 청각장애아동을 고려한 지원 센터**[10)]
세 개의 교실 개조 사례. 격자부분은 카펫 재질의 바닥마감재.

영역으로 구분하여 그 중간에 공통으로 사용되는 개인지도실, 창고, 도서 및 교재영역이 설치되어 있다. 저학년 영역은 한 명의 교사가 전체를 파악하기 쉬울 뿐만 아니라 광범위한 활동을 지원 가능하도록 하였으며, 고학년 영역은 작업용 공간과 콰이어트(quiet) 공간이 부속되어 보다 다양한 활동에 대응 가능하도록 배려하고 있다.[10)]

#### 5) 병원 내 학급의 계획적 과제

병약·신체허약 특수학급에는 초등·중학교 내에 교실이 있는 형태, 입원하는 학생을 대상으로 병원 내에 교실이 있는 형태(병원 내 학급) 등이 있다. 여기에서는 병원 내 학급을 서술하고자 한다.

앞에서 이야기한 교육위원회 앙케트 조사 결과에 의하면, 병원 내 학급을 설치하고 있는 시·구는 10%가 조금 넘을 정도로 적은데, 입원기간이 단기간으로 학생의 전출입이 심하며, 학급을 유지할 수 있을 정도로 안정된 학생수를 확보할 수 없다는 점, 중학교에서는 정원수와 관련해서 교과별 교사를 확보할 수 없다는 점, 일반학급과 병원 내 학급의 이중 재적제도가 아직 정비되어 있지 않다는 점, 그리고 병원 내의 교실용 공간이 없다는 점 등 설치상 기본적인 문제로 어려움을 겪고 있다.

일부 지자체에서는 입원학생의 재적학교 학적은 옮기지 않고, 교사가 몇 개의 병원을 순회하며 재적학교의 교과서를 사용하여 개별지도를 하는 병원 내 학급의 운영사례도 보이고 있다. 이 경우에는 대상아동의 70%가 3개월 이내의 입원아동이며, 병원 내 학급의 지도에 의해 입원아동은 기분 전환 및 스트레스 해소도 가능하여 안심감을 가질 수 있다는 점, 그리고 최근 증가하고 있는 등교 거부와 정신·신경 질환의 학생에게는 병원 내 학급의 지도가 치료효과를 높인다는 의미에서 치료·간호 직원들로부터 높이 평가받고 있다.

학생은 매일의 안정도에 따라 침대 주위에서 학습과 단축수업을 받는다. 학습 공백은 개인차가 크며, 퇴원 후에 돌아갈 원래 재적학교의 커리큘럼과 입학시험 등에 대처하기 위하여 수업은 개별진도에 맞추어 이루어지는 경우가 많다. 병원 내 학급 교실을 소아병동의 입구 주변에 만들게 되면 다른 진료과에 입원 중인 학생의 통학에도 편리하다.

병원 내 학급 교실은 병실의 용도변경 등으로 인하여 협소한 경우가 많으며, 교실 계획에서는 들것, 견인침대, 전동 휠체어, 높이 2m 정도의 지지대를 가지고 들어오거나, 안정용으로 침대와 소파가 준비되는 등 보조구와 교구의 원활한 이용을 배려하여 충분한 공간 확보가 필요하다는 점을 유의하여야 한다. 그리고 하나의 교실 안에서 과학실험과 공예 등도 이루어지기 때문에 세면기가 있는 작업 코너 등을 설치할 수 있다면 좋으며, 교재 창고도 필요하다.

입원하는 아동의 교육의 장으로서는 병약특수학교도 있으며, 동일한 문제·과제를 안고 있다.

## 1.5 대학의 장애학생 지원 시스템[7)]

### 1) 장애학생의 입학 동향

1974년 일본학술회의는 「사회복지 연구・교육체제 등에 관하여」 정부로부터의 권고사항 중에 "장애인에 대한 고등교육의 기회를 확충하기 위하여 필요한 시책을 강구함에 있어서", "[중략] 수험조차 인정하지 않는 대학이 많으며, 합격하더라도 장애를 고려한 면학설비 조건을 마련하지 못한 대학이 대부분이다. [중략] 장애인의 진학을 적극적으로 보장하기 위하여 진학지도를 친절히 할 것, 대학교와 대학 등의 입학체제를 정비할 것(점자시험, 점자도서 정비, 건물 및 설비의 개선 등), 교육요원의 증원을 필요에 따라 배려할 것, 이를 위하여 대폭적인 국고보조를 강구할 것, 장애학생에게 장학금 제도를 마련할 것, 고등교육을 마친 후의 장애인 취업을 보장할 것 등 국가는 필요한 시책을 가능한 곳부터 최대한 빨리 강구해야 한다. 이 외에 점자 참고도서 등의 정비를 위하여 국립점자인쇄소와 같은 것을 지방자치단체별로 설치할 것, 통학의 안전과 편의를 위한 설비를 확충할 것 등 일반적 조건의 정비도 필요하다."라고 지적하고 있다.

1974년도에 문부성은 대학입학자 선발 실시요강 내에 장애인을 위한 특별한 조치로서, 시각장애인에게는 점자에 의한 출제, 시험시간의 연장, 특정 시험장소의 설정, 그 외의 장애인에게는 필요에 따라 특정 시험장의 설정, 간병인의 배치 등을 고려할 수 있다는 주의사항을 부가하였다. 이에 따라 장애인의 입학에 관한 검토를 시작한 대학이 많았다. 장애인들의 대학 입학자수는 1984년도 736명이었으며, 설치 형태별 입학자수의 비율은 국립 9%, 공립 2%, 사립 89%였다. 90%의 장애학생이 입학하고 있는 사립대학에서는 일본사립학교진흥재단을 통하여 1975년도부터 경상비 보조 중에 재적하는 장애학생의 장애와 인원수에 따라 특별보조가 시작되었다. 그 교부액은 1975년도의 8개교 1,185만 원 정도에서, 1987년도에는 186개교 14억 105만 원 정도, 1개교 285만 원 정도에서부터 6,280만 원 정도, 평균 748만 원 정도이었다.

동경도에서는 1982년 국제 장애인의 해 동경도 행동계획 내에서 "장애인의 고등교육 기회를 보장하기 위하여 도립대학・도립 단기대학의 문호를 확대하며, '열린 대학'으로의 조건 정비를 촉진한다."라는 것을 행동목표의 하나로 설정하여, 입학시험체제와 입학 후의 교육조건 정비를 추진하고 있다. 도립대학에는 1981년도에 최초의 시각장애학생이 입학한 후 교과서 점자번역이 대학에서 이루어지게 되었으며, 점자번역강습회를 개최하여 점자번역자의 양성・확보도 추진하고 있다. '국제 장애인의 해 동경도 행동계획 후기계획 1986'에서는 일본 문부성에 대한 요청사항으로 대학에 재학하는 장애학생의 수업이수 문제를 해결하기 위하여 학습지원(값비싼 기기류의 대여, 각종 기기의 개발, 점자도서 등 각종 문헌의 정비 등) 및 자문(교육상담, 취직지도 등)을 실시하는 센터의 설치를 요구하고 있다.

### 2) 장애학생 지원 시스템의 현황

장애학생이 대학의 전문화된 강의・실험・실습 등을 수강하며, 문화적・체육적・일상적인 모든 활동에 참가하기 위해서는 많은 배려가 필요하다. 처음에 사립대학에서는 인문계통의 비교적 소규모 대학에서 장애학생의 입학을 추진하였다. 장애학생의 입학이 활발한 18개의 대학(국립 2, 공립 4, 사립 12)을 선정하여, 1988년도에 필자가 실시한 조사 결과 중에서 휠체어 사용 학생과 시각장애학생, 청각장애학생에 대한 대응을 중심으로 살펴보고자 한다.

우선, 전반적인 상황을 보면 장애학생을 입학시킨 후 학생생활의 구체적인 문제 전반을 검토하는 상담실과 간담회를 설치하는 사례는 비교적 많으며, 모든 학생들에게 장애학생에 대한 계몽적인 인쇄물을 배부하거나, 점자 및 수화 강좌를 개강하는 등 장애인 문제를 대학 전체의 교육・생활 속에서 파악해 가는 움직임도 일부에서 보이고 있다. 신변의 도움이 요구되는 휠체어 사용 학생에 대한 간병 대응과, 시각・청각 장애학생이 강의를 수강하기 위해 필요한 정보 보장 등을 포함한 지원 서비스의 정비 상황으로 크게 나누어지는데, 먼저 이러한 서비스가 거의 제공되고 있지 않은 사례이다. 이 사례 중에는 학생단체가 장애학생에 대한 지원 서비스의 보완적 역할을 담당하는 상황도 포함되며, 지원 시스템에 대한 최초의 정비라는 측면에서 주목을 받았지만, 중증장애인에게 위험하며 부적절한 지원 서비스의 제공으로 이어지는 문제도 보였다. 다음으로, 장애학생 또는 학습보조자에게 보조금을 지급하는 사례로서, 이것은 앞의 사례보다는 진전된 대응이라고 할 수 있지만, 필요한 사람에게 필요한 보조가 적절하게 이루어지고 있는지 또는 그것이 서비스의 정비로 이어지고 있는지의 문제가 보인다. 마지막으로는, 지원 서비스의 충실과 자원봉사조직의 육성에 대학이 노력하는 사례로서, 시각장애학생에 대한 대응이 많이 보이고 있으며, 앞으로 지원 시스템의 공적 보장으로 연계될 수 있는 움직임으로서 주목받고 있다.

휠체어 사용 학생에 대한 대응에는 입학하면서 엘리베이터의 개조와 이용하기 쉬운 강의실로의 정비가 상당히 진행되었으며, 캠퍼스의 이전과 신설 시에 캠퍼스의 무장애화를 추진하는 경우도 많아졌다. 휠체어 사용자는 간병을 필요로 하는 경우가 많았지만, 인적 간병 제도를 마련하고 있는 대학은 전혀 없으며, 간병을 필요로 하는 학생은 전부 가족과 친구의 도움을 받아 공부하고 있다. 휠체어 사용자를 간병하는 학생에게 일정한 금액을 지원하는 사례, 도움을 필요로 하는 학생을 학생 기숙사에 받아들여 학생들의 자원봉사로 도움을 받는 사례는 각각 한 개의 대학으로 나타났다. 부모의 도움에 전적으로 의존하고 있는 휠체어 사용자의 경우에는 본인이 할 수 있는 것도 부모에게 맡기거나, 친구와의 일상적인 교류에도 어려움이 있다는 것이 지적되었으며, 신변 도움을 필요로

**그림 6.14 법학부도서실 내의 시각장애학생 전용학습실**
점자타이프와 점자도서, 개인학습도구가 놓여 있다.

**그림 6.15 대면낭독실의 내부**
녹음장치가 설치되어 있다. 복수의 시각장애학생이 재적하는 경우 공유하며, 예약하여 사용할 수 있다.

하는 학생의 자립생활을 지원하는 대책이 요구되고 있다.

시각장애학생에 대한 대응을 살펴보면, 시각장애학생용 학습실과 대면낭독실의 설치(**그림 6.14, 6.15**), 손잡이의 설치와 장애물 없는 보행공간의 확보 등의 안전 대책은 비교적 많이 이루어지고 있다. 교과서 등의 점자번역은 전문분야의 점자번역자의 부족과 비용문제가 크며, 시각장애학생이 항상 재적하는 경우가 많지 않기 때문에 대학에서 점자도서류를 구비하는 것이 어렵거나, 정비한 도서류가 충분히 활용되지 않는 경우도 있다. 점자번역자가 없고 점자사전이 정비되어 있지 않으므로 제2외국어의 선택에는 제약이 보이며, 독일어 교과서만을 점자번역하는 대학도 있다. 앞으로는 대학이 자원봉사학생에게 점자번역과 대면낭독을 지도하여 점자번역서클 등의 자원봉사조직의 육성을 도모하며, 각 대학도서관과 관련 조직이 점자 및 음성 번역도서를 효과적으로 이용하기 위한 연계가 요망된다.

청각장애학생에 대한 대응을 살펴보면, 강의실의 루프 안테나 설치와 속기 및 수화통역 등 강의에 대한 정보 보장을 하고 있는 대학은 적었다. 청각장애학생은 강의 내용을 이해하기 위하여 대학 입학 후에 처음으로 수화를 공부하며, 역시 처음으로 수화를 배운 수화서클의 자원봉사 학생에게 강의의 수화통역을 개략적으로 의뢰하는 경우가 비교적 많다. 처음에는 학점을 얻기 위해서 선배로부터 배우기 시작한 수화를 통하여 비로소 회화의 즐거움과 의미를 이해할 수 있었다는 청각장애학생의 이야기도 들을 수 있었다. 수화라는 언어를 막 배우기 시작한 학생 사이에 수화를 사용하여 대학의 전문화된 강의 내용을 전달·이해하기에는 많은 어려움이 따른다. 또한 강의에서 청각장애학생이 수화통역자를 주시하고 있다면 노트에 필기하는 것이 어렵기 때문에, 노트 테이커(요약 필기자)가 도와줄 필요가 있다.

휠체어 사용자와 시각장애인을 비교했을 때, 청각장애인의 지원 시스템에 대한 개념은 대단히 불명확하다. 필자의 기획에 의한 자주(自主) 심포지엄 「청각장애학생 지원 시스템의 확립을 위하여」(1996년도 일본특수교육학회 대회)의 보고에서 그 문제점과 과제를 요약하고자 하였다.

카네야마 치요코(金山 千代子) 씨에 의하면, 최근 조기교육으로 청각장애아동의 잠재능력 개발이 쉬워지고 있으며, 이후 통합교육을 받은 청각장애학생의 대학진학률이 상당히 높다. 적절한 지원이 있다면 청각장애학생은 충분히 능력을 발휘할 수 있으며, 그 가능성에 대하여 적절하게 지원을 해야 한다. 장애를 가진 사람들에 대한 부정적인 감정과 차별감은 아직 깊게 남아 있으며, 집단따돌림 문제와 교사 자신의 장애에 대한 이해 부족으로 상처받는 청각장애학생이 대단히 많다. 장애인에 대한 이해와 지원활동은 현재의 일반교실의 검증과 함께 새로운 미래를 만드는 활동으로 고려되어져야 한다. 일반학급에서의 수업 중 정보 보장으로서 FM 보청기, 판서의 증가, 노트 테이크(속기) 또는 독화(소리 내어 이야기하기) 등의 시각수단의 활용과 함께, 앞으로 수화 또는 하이테크널러지에 의한 통신수단도 도입하여야 한다. 커뮤니케이션・언어에 관한 지도의 충실과 당사자가 수동적이 아니라 주체적으로 살아갈 수 있는 힘을 기르는 교육이 중요하며, 같은 장애를 가진 사람과의 만남으로 마음의 안정을 얻으며, 정체성를 확보하는 면도 배려해야 한다.

요시카와 아유미(吉川あゆみ) 씨는 현재의 통합(integration)교육을 받고 있는 청각장애학생은 일본어 능력과 학력, 교양을 배울 수 있는 장점이 있는 반면, 스스로의 장애를 부정적으로 받아들여 장애에 대한 수용과 자각에서 불충분한 경향이 강하며, 사물과 대인관계에서 적극성을 잃어버려 쉽게 체념해 버리는 경향이 있다고 지적한다. 전문통역자 양성 시스템의 확립, 재원 확보(한 명의 청각장애학생에게 주 1단위, 1년 동안 통역을 한다면 사례금을 제외하고 최저 60만 원은 필요), 청각장애학생의 수화 습득의 장소 확보, 전문용어의 수화화에 관한 연구, 청각장애학생이 대학 등과 교섭할 수 있는 정보와 자료 제공, 적절한 자문과 상담창구의 정비, 그리고 현재의 상황에 체념하고 있는 청각장애학생에 대한 계발, 전문가에 의한 과학적인 조사연구와 이론의 확립, 관련 단체와의 연계, 사회에 대한 홍보가 필요하다고 할 수 있다.

### 3) 장애학생 지원 시스템에 관한 과제[18]

#### (1) 지원센터 정비의 방법

캘리포니아 대학 버클리 학교의 장애학생 프로그램은 1962년 중증 지체장애인 에드로버트의 입학으로, 학생들 스스로에 의한 비공식적인 지원 서비스가 제공되면서부터 시작되었다. 1970년 정부로부터 8만 달러의 보조금을 획득함으로써, 책임자는 최초의 지체장애 졸업생이며, 두 명의 직원은 비장애인이 담당하는 장애학생 프로그램에 의하여 휠체어 수리, 이동과 주거에 관한 서비스의 충실에 몰두하였다. 1972년 장애학생 프로그램은 대학의 정식기관이 되어 시각장애학생을 위한 시각장애 상담자, 1980년대에는 청각장

**표 6.7 캘리포니아 대학 버클리 학교 장애학생 교육사업의 개요**

| 구분 | 항목 | 내용 |
|---|---|---|
| 일반적 서비스 | (1) 입학상 지원 | 입학 전의 자문 서비스(입학요건, 신청절차, 입학 후에 이용 가능한 설비나 서비스 등의 정보 제공, 홍보자료 배포), 갱신수속에 대한 지원(정보 제공, 원서 등의 기입과 학부전공 등의 조언, 재조정 서비스), 특별입학 고려에 관한 정보 제공 |
| | (2) 주택 대책 | 대학 기숙사의 휠체어 등의 접근성 보장, 우선입거, 대학 학생복지 기숙사의 접근성 보장, 지역주택 리스트 제공 |
| | (3) 학업상 지원 | 학업상 필요한 배려와 교실 설비의 개선, 시험에 대한 배려(시간 연장과 대필 또는 시간분할 등 허가), 수강등록의 우선적 허가, 특정 과목의 대용 허가, 학습 부담량의 조정 |
| | (4) 재정 지원 | 재정적 지원(소득보장, 간병인 수당, 의료 케어 등), 지원 내용의 설명, 지원제도 개정 시 정보 제공, 신청수속 지원, 행정기관과 본인과의 연락 조정, 양자의 분쟁 조정 및 변호 |
| | (5) 학업상 보조적 지원 | 학업상 불편을 보조하는 인적 서비스(속기사, 시험의 보조자, 낭독자, 실험과 학습 보조자, 이동보조자, 수화통역자, 기타 학업상의 보조자)의 제공, 비용 보조, 도서자료의 배달 서비스, 도서 이용에서의 직원 도움 등 인적 지원 서비스 |
| 전문적 서비스 | (1) 간병인 조회 사업 | 간병인 조회 서비스(간병인의 모집, 면접, 평가, 명단 작성, 조회), 간병인 관리방법에 관한 워크숍 개최, 건강관리 등에 관한 정보 제공, 간병인과 학생과의 연락 조정, 응급용 간병인 명단의 이용 |
| | (2) 청각장애학생 서비스 | 학업상 수화통역자 제공(강의, 그룹토론, 교사와의 면담 등), 속기사 제공, 보청기 사용, TDD(청각장애인용 전화) 이용 |
| | (3) 시각장애학생 서비스 | 낭독자와 비서적 서비스 제공, 녹음기 대출, 시각장애인용 서적 대출, 캠퍼스 자원의 이용, 이동 등의 지원, 시각장애학생용 학습 센터에서의 보조기기의 활용(점자녹음기, 테이프 장치, 확대장치, 확대 프린터, 전자 타이프라이터, 자동낭독기기, 점자 및 음성기가 부착된 컴퓨터 장치 등) |
| | (4) 학습장애인 서비스 | 코스 및 기술적 조언 제공, 개별학습 지원(개별교사 지원, 전문 개별교사와 집중적 지원을 위한 대학 외 기관과의 조회 등), 학업상의 보조적 지원(테이프 교과서의 이용, 교과서 녹음 서비스, 녹음기 대출, 속기와 비서적 서비스 제공) |
| | (5) 설비수리와 이동 서비스 | 휠체어 수리와 개조 지원, 대형 밴을 이용한 휠체어 이용자 이송 서비스(비가 오거나 긴급 시 학업 등을 위한 이송), 장애인 거주의 장에서의 설비 개선, 설치 등의 지원, 자립생활에 대한 첨단기술 정보 제공 |
| | (6) 거주 프로그램 | 간병이 필요한 중증장애인의 자립생활로의 이행을 목적으로 한 대학 기숙사에서의 거주 서비스의 제공, 24시간 상주하는 전문직원에 의한 인적 서비스(간병인 관리와 생활에서의 자기관리 방법 또는 대학의 모든 자원의 활용방법 습득에 대한 측면적 · 심리적 지원, 긴급 시 직접적 간병 및 일상적 잡무 등) 제공 |
| 기타 서비스 | (1) 직업소개 사업 | 일반적인 직업소개 서비스(직업상담, 면접기술, 이력서 작성 지원, 구인업체 리스트 이용) 제공, 장애인에게 특화된 직업소개 서비스(장애에 대응한 직장의 설비 조정, 면접전략, 적응성이 있는 보조기기 · 장치, 장애인에게 적합한 업무 내용의 배려 등의 상담 서비스)의 제공 |
| | (2) 여가와 스포츠 사업 | 장애학생을 위한 특별훈련과 여가사업(CALSTAR)을 기초로 여가클럽, 스포츠클럽, 성인스포츠 및 모험활동 등의 선택적 이용, 장애인의 여가사업을 운영하는 BOAP의 활용 |

자료 : 세이토(定藤), "장애인의 대학교육의 동향 : 캘리포니아 대학 버클리 학교의 장애학생 프로그램을 중심으로(II)", 『장애인의 복지』, 제91호, 1989, p.40.

애와 학습장애 상담자도 채용하게 되었다. 현재, 총 3만 명의 학생 중 장애학생 수는 800명, 장애 학생 프로그램 관계자는 32명을 넘어, 상당히 광범위한 프로그램으로 발전해 가고 있다(**표 6.7, 그림 6.16, 6.17**).

**그림 6.16 캘리포니아 대학 버클리 학교 장애학생 프로그램의 건물 내 엘리베이터**
학생이 발로 조작판을 눌러 이동하고 있다. 중증 뇌병변으로 전동 휠체어를 사용하고 있다.

**그림 6.17** 그림 6.16의 엘리베이터 홀에 설치된 발로 눌러 도움을 요청할 수 있는 호출 버튼

**표 6.8 미국의 고등교육기관에서의 청각장애학생 지원 시스템 1986**(코바타, 1993)[20]

| 대학명 | 전체 학생 수 | 청각장애 학생 수 (정규) | 청각장애 학생 수 (청강) | 지원 서비스의 내용 | | | | | | | | | | | | |
|---|---|---|---|---|---|---|---|---|---|---|---|---|---|---|---|---|
| | | | | 특별 학급 | 수화 통역 | 개인 지도 | 필기 서비스 | 직능 개발 | 취직 지도 | 사회적 문화적 활동 | 발음과 청각 서비스 | 학생 수화 훈련 | 교사 수화 훈련 | 학생 기숙사 부조 | 지원용 기기 | 개인적 조언 |
| 캐로뎃 대학 1864년 개교 | 1,678 | 1,517 | 87 | ○ | ○ | ○ | ○ | ○ | ○ | ○ | ○ | ○ | ○ | ○ | ○ | ○ |
| 로체스터 공과대학 1968년 개교 | 9,346 | 1,296 | | ○ | ○ | ○ | ○ | ○ | ○ | ○ | ○ | ○ | ○ | ○ | ○ | ○ |
| 캘리포니아 주립대학 노스릿지 1968년 개교 | 28,793 | 167 | 37 | ○ | ○ | ○ | ○ | ○ | ○ | ○ | ○ | ○ | ○ | ○ | ○ | ○ |
| 140개 기관 | 1,857,334 | 6,058 | 1,155 | 48 | 137 | 123 | 134 | 134 | 130 | 78 | 104 | 110 | 107 | 44 | 140 | 136 |

미국에서는 청각장애학생만의 인문계 대학인 캐로뎃 칼리지, 청각장애학생의 입학에 관한 국가 프로그램을 가지고 있는 로체스터 공과대학, 캘리포니아 주립대학 노스릿지 학교를 비롯하여, 그 외의 많은 대학에 학내 지원 센터가 설치되어 있으며, **표 6.8**과 같이 청각장애학생 지원 서비스가 충실히 정비되어 있어 여러 대학에 참고가 되고 있다. 특히, 사립 로체스터 공과대학 내 하나의 학부로 설치된 국립 청각장애공과대학과, 캘리포니아 주립대학 노스릿지 교내에 설치된 국립 청각장애지원센터와 같이, 국립 지원센터가 공립과 사립 대학 내에 통합적 · 합리적으로 설치되는 방법은 앞으로 크게 참고해 볼 만하다.

### (2) 학습보장에서 생활보장까지

장애학생이 대학생활을 하기 위해서는 학습보장뿐만 아니라 생활보장도 필요하다. 버클리 학교 장애학생 프로그램에는 입학하기 전까지 자택과 복지시설에서 생활해 온 장애학생의 자립생활을 지원하기 위하여 24시간 간호 서비스가 이루어지고 있는 기숙사 프로그램을 마련하고 있어 커다란 성과를 올리고 있다. 그리고 자원봉사자 리스트를 준비하여 장애학생에게 소개・면접하는 기회를 마련하고 있다. 또한, 보조금을 지급받고 있는 장애학생은 자신이 선택한 자원봉사자를 지도・채용하여 자립생활을 하고 있다.

이러한 장애학생 프로그램 서비스를 받았던 졸업생이 지역 내에 스스로 자립생활 센터를 설치하여, 전 미국에 자립생활운동을 확산시키고 있다는 것은 상당히 흥미 깊다. 고등교육을 적절히 받은 많은 장애인이 지역에서의 교육과 복지의 질적인 향상에 구체적으로 연계해 가는 것은 상당히 중요하다고 생각된다.

지원 시스템의 대상이 되는 활동에는 장애학생이 대학생활을 영위하기 위한 특별한 배려 사항 전반, 즉 학습보장뿐만 아니라 생활보장도 포함된다. 장애학생의 생활을 보장하기 위해서는 기숙사의 우선 입실과 개조, 대학 주변의 하숙처 확보, 하숙과 아파트 개조 서비스, 간병인의 실을 포함한 2침실 주택 확보를 위한 집세 보조 및 통학 보조 서비스, 신변 보조 및 가사 지원의 자원봉사체제 구축과 그 인건비 보조 등이 요구된다.

### (3) 장애학생의 우선입학정원

영국의 센트럴 랭커셔 대학 알랭 허스트 교수에 의하면, 영국에서는 전국적으로 통일된 입학시험에 의해 잠재 능력까지도 평가할 수 있기 때문에, 어려운 대학입시에 학습장애인도 합격할 수 있다고 한다. 센트럴 랭커셔 대학의 장애학생 대부분은 학습장애인이며, 버클리 학교 장애학생 프로그램의 대상이 되는 장애 종류 중에서 가장 많은 것이 학습장애이다.

일본에서 학습장애인의 교육은 아직 연구단계에 있다고 할 수 있으며, 앞으로 지원 서비스의 내용이 명확해진다면 학습장애인을 포함한 보다 폭넓은 장애인이 지원 시스템의 대상이 되리라 생각된다.

현재 일본의 입시제도에서는 장애인의 대학입학은 매우 어려운 상황이며, 대학에 장애인의 우선입학정원을 설정, 보조하는 것은 해외에서 귀국한 자녀와 유학생의 우선입학정원을 설정하는 것과 마찬가지로 유효하며 필요한 대책이라고 할 수 있다.

### (4) 배리어 프리 디자인과 정보 보장

각 대학이 추진해야 할 목표로 캠퍼스 무장애화가 있다. 배리어 프리 디자인에서는 휠체어 사용 학생에 대한 캠퍼스 내의 보행안전통행로의 확보, 바닥면 단차 제거, 엘리베이터의 설치, 휠체어용 화장실 설치, 전용 주차장 설치, 그리고 비가 많이 오는 일본에서는 지붕이 있는 교실 사이의 통로, 경사형 교실, 휠체어로 이용 가능한 책상, 개수대 및 전화대 등의 정비, 냉난방이 되는 휴게실 등이 필요하다.

또한 정보 보장에 대한 전문적 서비스와 기기의 연구 개발 및 제공이 필요하다. 시각장애 학생을 위한 수업 프린트와 요약본 등의 점자·음성 번역 및 대면낭독 서비스는 각 대학의 장애학생 담당자가 담당교사와 상담하면서, 전문적 내용의 정보 보장수단으로서 개발되어야 한다.

청각장애학생 중에서 보청기가 유효한 난청학생에게는 보청기 설비가 있는 강의실의 정비, 공공용 팩스의 정비 등이 요구된다. 강의 등의 정보 보장을 위한 수화통역과 요약 필기를 위해서는 각 대학에서 자원봉사자를 양성하여 전문지식에 맞게 청각장애학생이 수강하는 강의에 파견하는 체제의 구축을 기본으로 하여야 한다. 그리고 각 대학에서 점자번역과 수화강좌를 개설하는 것 등도 유효하다고 할 수 있다.

미국의 각 대학캠퍼스에는 ADA 코디네이터가 배속되어 ADA와 재활법 제504조에 정해진 지원을 장애인들에게 제공하고 있고, 리즈너블 어코모데이션(reasonable accommodation), 즉 비용이 많이 들지 않는 자연스런 편의를 제공하고 있다(**표 6.9**). 예를 들어 실시간 자막처리(realtime captioning)가 **그림 6.18**, **6.19**와 같이 제공되고 있다. 최근에는 장애가 있는 학생을 위한 특별한 편의를 줄이고, 모든 학생을 위한 편의를 충실히 정비하며 제공해 가는 유니버설 교육 디자인도 제창되고 있다.

**그림 6.18** 미국 덴버에서 개최된 청각장애 관련 회의 PEPNet에서는 수화통역과 실시간 자막에 의한 정보 보장이 이루어졌다. 객석 앞쪽에 앉은 한 명의 속기사가 헤드폰으로 강연 내용을 들으면서 컴퓨터 화면의 문자를 확인하며 강연 내용을 실시간으로 무대 위의 스크린에 표시하고 있다.

**그림 6.19** 무대에서는 강연자를 중심으로 양쪽에 한 사람씩 수화통역자가 서서 수화통역을 하며, 스크린에는 강연자의 얼굴과 자막이 영상으로 나타나고 있다.

**표 6.9 리즈너블 어코모데이션(워싱턴 대학 DO-IT ; Disability, Opportunity, Internetworking & Technology)**

일반적 제안
강의계획서
학생과 이야기하는 것
빠른 시기에 교재를 선택하는 것
전자양식의 교재
선택 가능한 시험방법
캠퍼스 서비스의 활용

시각장애(약시)
- 확대인쇄 프린트, 사인, 설비의 표지
- 화상을 확대하기 위한 현미경이 연결된 텔레비전 모니터
- 전자양식에 의한 학습과제
- 확대 스크린 화상이 설치된 컴퓨터
- 조명이 좋은 좌석

시각장애(전맹)
- 오디오테이프, 점자, 전자강의 노트, 프린트, 텍스트
- 시각교재의 특징을 언어로 설명할 것
- 凸형상의 선에 의한 그림 및 도표 교재의 촉각모형
- 개조된 실험설비(예를 들어 촉각 타이머, 말하는 온도계, 계산기, 빛탐사기)
- 시각적 문자 리드기, 음성출력, 점자 스크린 디스플레이, 프린트가 부착된 컴퓨터

청각장애
- 통역자, 실시간 동시자막, FM 시스템, 속기
- 말할 때 학생 쪽으로 향할 것
- 글씨로 적혀진 과제, 실험실의 설명, 실험요약
- 시각교재, 실험실의 비상시를 위한 시각적 주의 시스템
- 다른 학생의 질문과 의견을 반복하여 이야기할 것
- E-mail

이동장애
- 그룹 과제, 속기/필기자, 실험보조
- 특별 시험시간, 선택 가능한 시험방법
- 접근 가능한 장소에서의 교실, 실험실, 필드 조사
- 높이 조절이 가능한 테이블, 작업영역 내에 위치하는 실험설비
- 전자양식의 학습교재
- 특별한 입력장치가 부착된 컴퓨터(예를 들어 음성, 모스신호, 선택 가능한 키보드)

특정 학습장애
- 속기, 수업의 녹음테이프
- 특별 시험시간, 선택 가능한 시험방법
- 교육자료의 시각적, 청각적, 촉각적 자료화
- 강의 일정과 내용의 윤곽
- 음성출력, 문장수정기, 문법수정기가 부착된 컴퓨터

건강장애
- 속기, 수업의 녹음테이프
- 가변적인 출석 요구
- 특별 시험시간, 선택 가능한 시험방법
- 전자양식의 과제
- E-mail

# 2 시각 · 청각 · 특수학교의 계획

## 2.1 시각 · 청각 · 특수학교의 특징과 계획적 과제

### 1) 학교 운영방식과 특별교실의 계획

#### (1) 학교 운영방식

학교 운영방식은 시간별로 정해진 교과와 그것을 실시하는 교실의 이용 구분의 시스템이며, 학생과 교사의 생활을 규정짓는 것으로서, 그 교육적 의의는 상당히 크며, 건축 계획의 기본적 조건으로서도 매우 중요하다. 대표적인 운영방식을 보면(**표 6.10**),[13] 종합교실형(A형)은 교실 주변에서 대부분의 학습 · 생활이 전개되는 방식으로 초등학교 저학년에 적합하다. 특별교실형(U+V형)은 일반교과는 교실에서, 특별교과는 특별교실에서 이루어지는 방식으로 초등학교 고학년에 적합하며, 일본의 초등 · 중학교의 대부분이 채용하고 있는

**표 6.10 학급단위의 운영방식[13]**

| 방 식 | 내 용 | 계획상의 유의점 |
|---|---|---|
| A형<br>종합교실형 | 교실 또는 교실 주위에서 대부분의 학습 · 생활 활동을 하는 방식 | • 학급의 학습 · 생활 공간으로 안정된다.<br>• 시간에 구애받지 않는 탄력적인 운영이 가능하다.<br>• 교실 관련 면적에 여유를 줄 수 있으며, 간단한 실험 · 공작 코너와 사물함 · 화장실 등의 생활시설을 충실하게 할 수 있다.<br>• 초등학교 저학년에 적합하다. |
| U+V형<br>특별교실형 | 일반교과는 교실에서 하며, 특별교과를 전용의 설비 · 교재가 갖춰진 특별교실에서 하는 방식 | • 학급의 학습 · 생활 공간이 항상 확보되어 있으므로 안심감이 있다.<br>• 팀 티칭과 선택제 등으로 학습집단이 재편성되는 경우에는 충분한 대응을 할 수 없다.<br>• 특별교실을 충족시킬수록 실의 이용률이 떨어지므로 특별교실을 충실히 하는 것은 불리하다.<br>• 초등학교 고학년, 중 · 고등학교에 적합하다. |
| V형<br>교과교실형 | 모든 교과가 전용 교실을 가지며, 학생이 시간에 따라 교실을 이동하여 수업받는 방식 | • 각 교과별로 전문적인 시설 · 설비를 갖출 수 있다.<br>• 실의 이용률이 높아지며 교실수가 적어도 되므로 공통 학습공간과 생활공간의 충실도 가능하다.<br>• 교실이 없으므로 홈 룸으로 할 수 있는 교실을 정할 필요가 있다.<br>• 사물함 등 생활용 시설을 별도로 갖추는 것이 필수적이다.<br>• 중 · 고등학교에 적합하다. |
| V + $G_2$형<br>계열교과교실형 | 교과교실형에서 관련 교과별(인문 · 이과 · 예술계 등)로 교실을 집중 배치하는 방식 | • 교실의 이용률이 대단히 높다.<br>• 교과 독자의 성격은 약해지지만, 교과의 폭을 넓힌 탄력적인 학습 전개에는 유리하다. |
| $U_2$ + V형<br>플라톤형 | 모든 교실을 시간대별로 일반교실 그룹과 특별교실그룹으로 구분하여, 몇 시간마다 전환하는 방식 | • 두 개의 학급 공용의 일반교실 $U_2$ 및 충분한 특별교실을 설치한다.<br>• 교실 이용률이 높으며, 이동횟수도 줄일 수 있다.<br>• 시간별 편성이 어렵다.<br>• 중학교에 적합하지만 실제 사례는 없다. |

가장 일반화된 운영방식이다. 교과교실형(V형)은 모든 교과가 전용교실을 가지며, 학생이 시간표에 따라 교실을 이동하여 수업을 받는 방식으로 교과담임제가 이루어지는 중·고교에 적합하다. V형이더라도 안정된 본거지로서의 홈 베이스를 확보할 필요가 있다. V형의 한 종류로 생각할 수 있는 계열교과교실형은 학교 규모가 작으며, 준비실과 교사연구실, 미디어 스페이스 등 교과교실 주위를 충실히 하기 어려운 경우와 교실의 이용률을 높이기 위한 실제적인 계획수법으로서 유효하다고 생각된다.

#### (2) 특별교실 계획

초등학교에서 실험·작업을 수반하는 교과의 특별교실에서는 앞으로 기존의 교과별이 아니라 활동 내용에 적합한 작업공간으로 설정하는 것을 검토하여야 한다. 다목적 스페이스에서 가벼운 작업을 할 수 있도록 배려하며, 예를 들어 조리나 약품을 사용하지 않는 이과실험과 공예의 일부 등에서 물을 사용하는 청결한 활동은 중(中)작업 스페이스, 약품을 사용하는 이과실험 또는 점토를 사용하거나 큰소리가 나는 공예 등의 활동은 중(重)작업 스페이스에서 이루어지도록 계획한다.

중·고교의 V형 교사 계획에는 각 교과별 미디어 센터와 대·중·소집단에 대응 가능한 교실과 연구실을 각각 집합시켜 구성하며, 각 교과에 가장 적합한 교육환경을 마련하도록 한다. 학생들이 교실에서 기다리고 있으면 교과 담임교사가 교체되어 수업에 들어오는 것과 같은 수동적 수업 진행방식이 아니라, 학생들이 각 교과에 적합한 환경설정이 되어 있는 교과 블록에서 수업을 받게 된다. 특히, 선택교과가 늘어나는 고교에서 학생의 다양한 요구에 대응하기 쉽다. 그리고 학급집단의 안정된 근거지로서 홈 베이스를 설치하는 것은 학생 생활지도와 교류를 위해 필요하다. V형의 운영방식은 구미 선진 각국의 중고교에서는 일반적이다.

이제까지 학교의 운영방식과 특별교실의 계획을 살펴보았으며, 시각·청각·특수학교는 개인차가 큰 학생들을 위하여 교실에 전용학습코너를 설정할 필요성이 높다.

특히 시각·청각 학교의 중·고등부에서는 각종 교재를 정비해 둘 수 있는 교과교실형에 대한 요구가 높다. 다음에 설명하는 것과 같이, 학습집단과 생활집단이 별도로 편성되는 상황에 대하여 학습집단을 위한 학습실과, 생활집단에 적합한 홈 룸(home room) 교실의 설정은 양쪽 모두 필요하며, 각각의 시각·청각·특수학교 학생의 실태에 맞는 내용의 교실을, 운영방식을 감안하여 정비해 가는 것이 요구된다. 영국의 중증 중복장애아동을 위한 학교의 배치·교실 구성(**그림 6.20~6.22**), 중증 중복장애아동을 위한 리소스 베이스, 물놀이실, 실 전체를 쿠션 재료를 이용한 놀이기구가 설치된 소프트 플레이 룸, 그림 그리기 공간, 시청각 자극실 등 개별적으로 학습을 전개할 수 있는 코너와 작은 실이 설정되어 있다(**그림 6.28**).

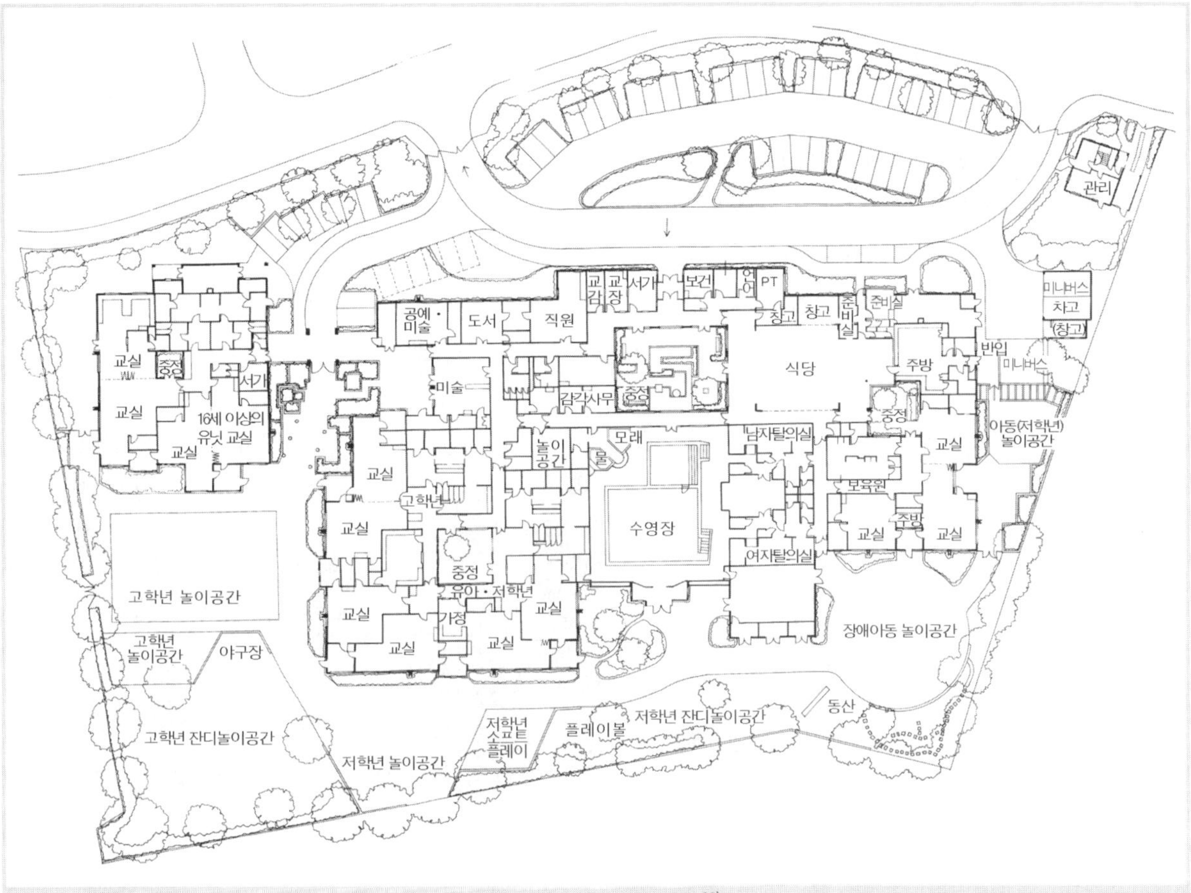

그림 6.20 웨이버리 스쿨[23)]

**그림 6.21 물과 모래놀이실(웨이버리 스쿨)**

왼쪽이 모래놀이터, 오른쪽이 작은 풀, 가운데의 창에서 실내온수 풀이 보인다.

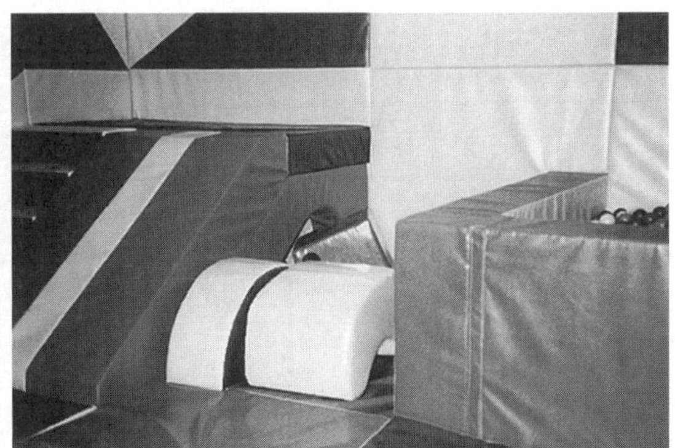

**그림 6.22 소프트 플레이 룸(웨이버리 스쿨)**

바닥, 벽의 마감이 부드러운 쿠션 재질로 되어 있으며, 왼쪽에는 계단과 경사로, 오른쪽에는 볼 풀이 설치되어 있어 실 전체가 놀이기구로 이루어져 있다.

### 2) 기숙사의 의미

기숙사는 장거리 통학의 해소 또는 생활지도 및 훈련을 주목적으로 설치된다. 기숙사에 머무는 기간과 학생의 장애 상황 등에 따라서 시설의 계획적 대응은 일률적인 것이 될 수 없다. 앞으로의 기숙사 계획에서는 지역 내에 소규모이며 가정적인 기숙사를 분산 배치하거나(**그림 6.23**), 아니면 학습과 생활이 일체화된 중증 중복장애아동의 일관성 있는 교육의 장으로서, 병약아동과 정서장애아동 등의 집중적·단기적인 교육의 장으로서 교사와 기숙사의 일체적 계획도 검토하여야 한다(**그림 6.24, 6.25**).

그림 6.23 정서장애학생을 위한 일반주택 규모의 기숙사를 분산 배치한 사례

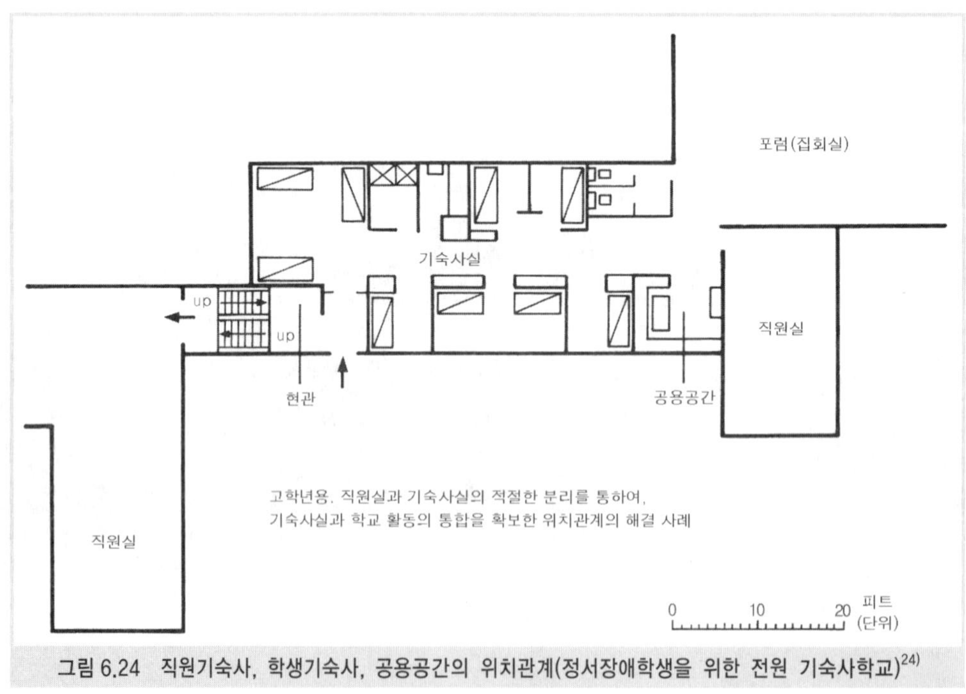


그림 6.24 직원기숙사, 학생기숙사, 공용공간의 위치관계(정서장애학생을 위한 전원 기숙사학교)[24)]

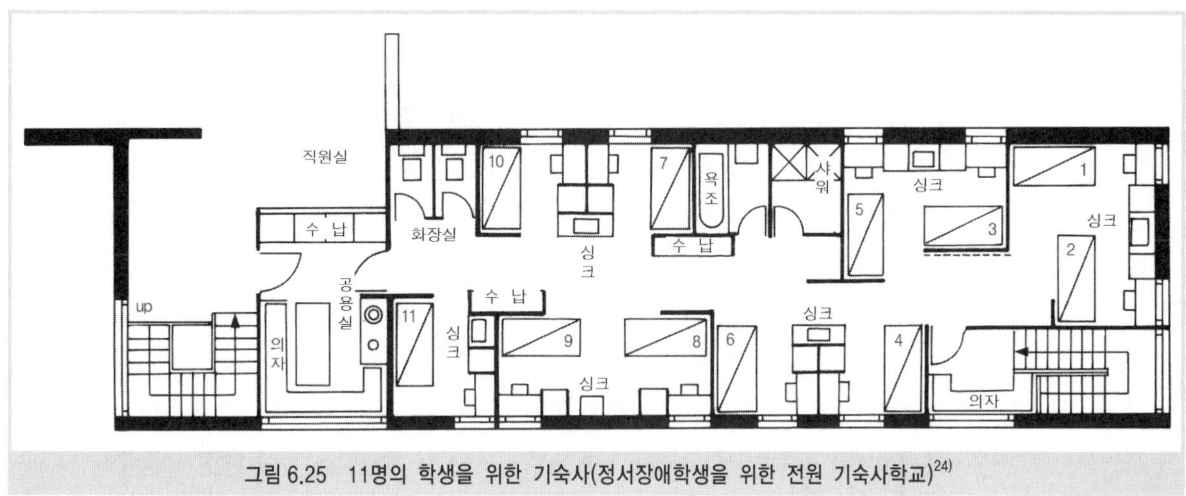


그림 6.25 11명의 학생을 위한 기숙사(정서장애학생을 위한 전원 기숙사학교)[24)]

### 3) 아동복지시설과 병원과의 연계

특수학교에 재적하고 있는 학생 중에는 가정과 기숙사에서 통학하거나 아동복지시설과 병원에 입원 또는 입소해 있기도 한다. 개개인의 발달단계에 맞춘 일관된 지도를 위해서 교사가 학생의 생활지도를 담당하는 기숙사 관리인과 시설직원 또는 병동 주치의와 간호사들과 긴밀히 협력・연계가 가능한 시설 계획이 요구되고 있다.

지체장애특수학교는 병원과 아동복지시설인 지체장애아동시설에, 또한 지적장애특수학교는 지적장애아동시설에 모두 인접하거나 근접시켜, 입소하는 학생의 교육을 실시하는 사례가 적지 않다. 입소기간이 장기간인 경우에는 학교와 생활공간인 시설이 각각 독자의 영역을 가지고, 학생들에게 최대한 일상생활에 가까운 경험을 줄 수 있는 계획이 중요하다. 그러나 중증 중복장애아동과 단기 입소 아동의 경우에는 특수학교와 시설이 장애아동의 모든 생활을 통하여 일관된 지도를 할 수 있는, 긴밀한 연계를 취하기 쉬운 일체적인 계획을 검토하여야 한다.

일본의 후생노동성 '건전한 부모자녀 21'은 21세기의 부모자녀보건의 국민운동 계획이며, 그 중에는 소아보건 의료수준을 유지・향상시키기 위한 환경 정비로서 2010까지 갖추어야 할 목표로 '병원 내 학급・놀이실을 가진 소아병동의 비율'을 늘리는 것을 제시하고 있다.

의료기관에 입원한 학생을 받아들인 병약특수학교의 경우 통학의 보조, 병동에서의 점심식사, 매일의 질병 상태에 맞춘 학습, 훈련, 치료, 운동 제한에 대한 배려와, 안정시간과 침대 주변 학습 등에 관한 상세한 대응이 필요한 점에서 병원과 학교의 협력・연계를 심화할 수 있는 계획이 필수적이다. 병의 상태가 심각한 학생을 위한 침대 주변 학습과 병원 내 학급, 중증 심신장애아동을 위한 병원 내 학급, 병동에서 학교로 통학하여 이루어지는 교실에서의 수업 등의 운영을 원활히 할 수 있으려면 소아병동과 학교·교실을 일체적으로 구성함과 동시에, 원격수업과 화상회의 등 IT(정보기술)를 도입하여 침대 주변이나 병실에서도 동일한 수업을 받을 수 있도록 하는 배려가 필요하다. 학생의 입·퇴원에 따른 전출입의 흐름은 상당히 빠르며, 학생의 학습은 개별진도로 이루어지는 경향이 강하다. 개별지도를 위해서는 고정적·폐쇄적인 교실 계획이 아니라 교실 내에 각종 학습 코너를 설정할 수 있는 가변적인 교실 구성으로 대응할 수 있게 한다.

영국과 스웨덴의 병원에서는 학적을 옮기지 않고도 학령기 입원아동의 교육이 보장되어 있다. 더욱이 스웨덴에서는 1977년 새로운 보육법에 의하여 병원이 모든 소아환자를 대상으로 유치원과 동일한 아동보육활동을 제공하도록 법적으로 의무부여하였다. 이를 플레이 세라피(play therapy)라 부르는데, 소아과와 대등한 독립된 과로서 플레이 세라피과가 설치되었으며, 병원학교와 플레이 세라피의 연계가 긴밀하다. 영국에서 호스피털 플레이로 불리는 놀이지원 프로그램은 미국에서는 차일드 라이프라고 한다. 이러한 국가에서는 진료준비지원으로 인형 등의 도구를 개발하여 실시하는 놀이 모의체험(play pre-variation)도 놀이지원 프로그램의 일환으로서 정착하고 있다.

앞으로의 병원은 국제연합 어린이 권리조약에서 규정한 「병원 어린이 헌장」(**그림 6.26**)의 이행이 요구되고 있다. 이를 위해서는 주간보호(day care)의 적극적 추진, 가족중심 케어를 위한 가족실, 가족지원 센터의 정비, 어린이에게 친근하며 부모에게도 자연스러운 진료부문의 개선, 각종 놀이실과 교실 등으로 구성된 어린이 센터의 정비가 요구된다.[28]

### 4) 초등학교와 특수학교의 복합화[28]

앞으로의 교류·통합 교육에 대응하는 하나의 개념으로서 일반학교와 특수학교를 복합화하는 방법이 있다. 요코하마 시립 신치(新治) 특수학교·초등학교는 초등학교와 중증 중복장애아동의 지체장애특수학교를 일체적으로 계획한 사례로서, 접근로와 교정을 적극적으로 공유할 수 있도록 계획하였다(**그림 6.27**). 특히 초등학교 단계에서는 장애학생과 비장애학생이 교류를 하기 쉬우며, 학생 상호간뿐만 아니라 보호자와 담임교사에게도 상호간 접촉과 만남은 중요한 것이 되고 있다.

### 5) 시각장애학교에서의 자립활동과 배려 사항

#### (1) 시각장애학교의 자립활동 공간

시각장애학교에서는 전맹인 시각장애아동은 줄고 약시아동의 비율이 높아졌으며, 시각장애와 지적장애를 모두 가진 중복장애아동의 취학이 눈에 띄게 늘어나는 상황이다. 전맹인 시각장애와 약시의 자립활동 내용은 크게 다르다. 우선, 점자로 교육이 이루어지는 전맹 시각장애아동에게는 풍부한 촉각교재를 직접 만지며 학습하는 촉각훈련, 시각을

**본 헌장**은 1988년 5월 네덜란드의 레이덴에서 개최된 제1회 유럽병원의 어린이 협회에서 합의되었다. 각 구성단체는 유럽 각국에서 보건법, 규칙 및 가이드라인 내에 EACH 헌장의 원칙을 포함하도록 하는 것을 지향하고 있다.

1 필요한 케어를 통원과 주간보호로는 제공받을 수 없는 경우에 한한다.

2 병원에서 어린이들은 항상 부모 또는 부모를 대신하는 사람의 도움을 받을 권리가 있다.

3 모든 부모는 숙박시설을 당연히 제공받아야 하며, 어린이에게 도움을 줄 수 있도록 지원받거나 배려받아야 한다. 부모에게는 부담이 증가되지 않도록 하여야 한다. 어린이의 케어를 함께 할 수 있도록 부모에게 병동의 일과를 알려주며, 적극적으로 참가할 수 있도록 권장해야 한다.

4 어린이와 부모는 연령과 이해도에 맞게 설명을 들을 권리가 있다. 신체적, 정서적 스트레스를 덜 수 있는 방법이 고려되어야 한다.

5 어린이와 부모는 신체적 케어에 관계된 모든 결정을 설명받고 참가할 수 있는 권리가 있다. 모든 어린이는 불필요한 의료적 처치와 검사로부터 보호받아야 한다.

6 어린이들은 동일한 발달적 요구를 가진 어린이들과 함께 케어를 받아야 하며, 성인 병동에 입원시켜서는 안 된다. 병원에서 어린이들을 위한 위문객의 연령 제한은 없어져야 한다.

7 어린이는 연령과 증상에 맞는 놀이, 여가 및 교육에 완전 참여할 수 있을 뿐만 아니라, 요구에 맞게 설계되며 도움을 받을 수 있는 직원의 적절한 배치와 설비가 갖춰진 환경에 놓여 있어야 한다.

8 어린이는 어린이들과 가족의 신체적, 정서적, 발달적 요구에 맞는 훈련을 받아야 하며, 기술을 갖춘 직원에게 케어받아야 한다.

9 어린이에게는 케어 팀에 의한 케어의 지속성이 보장되어야 한다.

10 어린이는 세심한 배려와 공감을 가진 직원에게 치료받아야 하며, 프라이버시는 항상 지켜져야 한다.

그림 6.26 「병원의 어린이 헌장」

1989년 국제연합 어린이 권리조약에 따른 것이다.

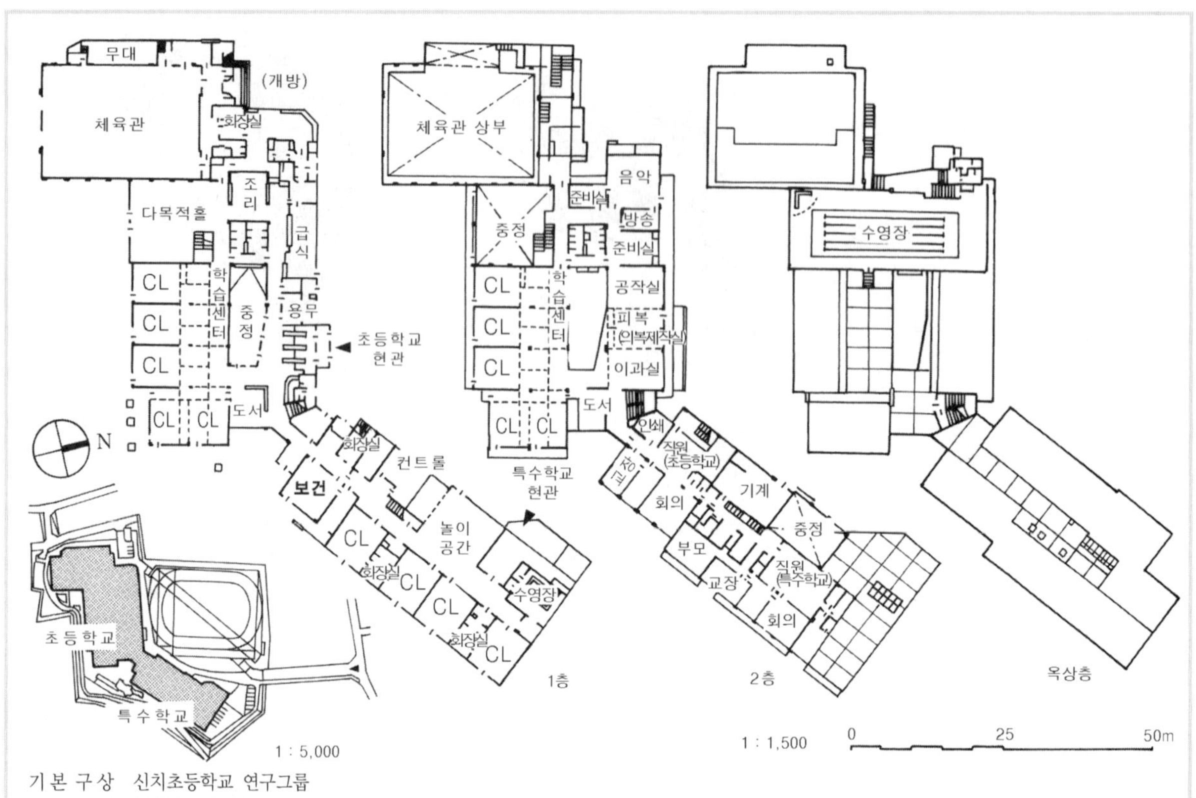


기본 구상 신치초등학교 연구그룹
설 계 增澤건축설계사무소
건 설 1984년
부지면적 13,210m²
연 면 적 5,586m²(특수학교 1,518m², 초등학교 4,068m²)
계획학급수 특수학교 4, 초등학교 10

중증 중복장애(지체장애와 지적장애)의 특수학교와 초등학교가 하나의 건물로 계획되어 있다.
초등학교와의 자연스런 교류를 위하여 두 학교를 실내에서 단차 없이 연속시킴과 동시에, 현관·동쪽 정원 등을 적극적으로 공용의 장으로 이용하고 있다. 아동의 이용공간은 모두 1층에 배치시키며, 2층에는 관리실들을 모아두고 있다. 교실은 모두 동남쪽에 향해 있으며, 중간에 화장실을 두어 이용하기 쉽도록 하고 있다. 또한 놀이공간에 면해 있는 두 교실의 벽면을 이동식으로 하여 개방적 공간으로 이용할 수 있도록 의도하고 있다.

**그림 6.27 신치 특수학교·초등학교(요코하마 시립) 배치 평면도**

보완하기 위한 청각훈련, 바른 자세로 지팡이 사용방법을 배우며 혼자서 보행할 수 있도록 하기 위한 보행훈련 및 가정과 사회생활에 필요한 기능을 익히는 생활훈련 등이 중심이 된다.

문자 지도가 이루어지는 약시아동에게는 시각을 이용한 사물의 형태, 도형과 문자 등을 정확하고 빠르며, 확실하게 구분할 수 있기 위한 시지각 향상 훈련, 눈과 다른 감각과의 협응동작을 활발히 하여 가정 및 사회 생활에 필요한 기능을 익히기 위한 감각훈련이 중시된다. 시각장애학교에서는 감각훈련실, 시지각훈련실, 생활훈련실 등이 자립활동실로 정비되어 있다.

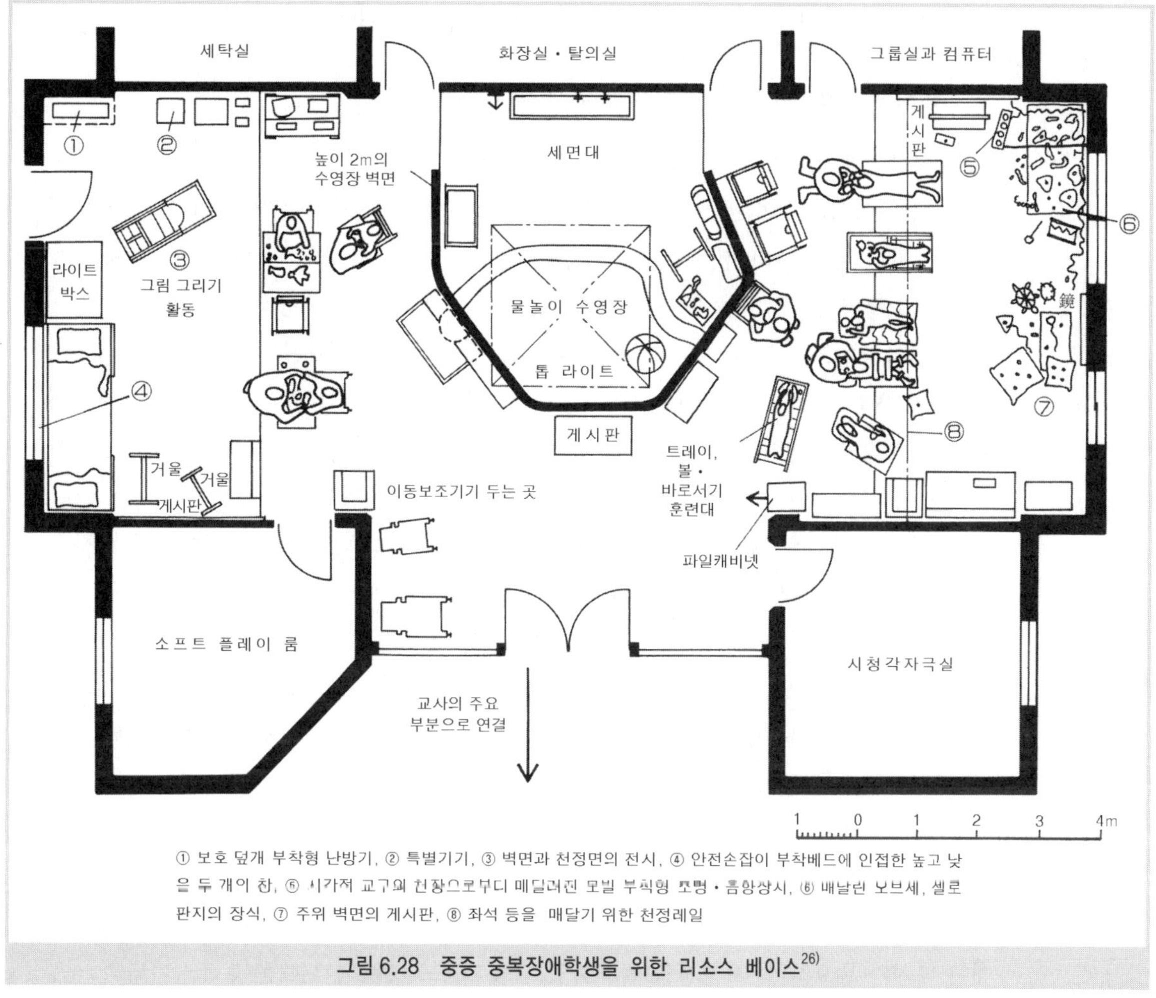


① 보호 덮개 부착형 난방기, ② 특별기기, ③ 벽면과 천정면의 전시, ④ 안전손잡이 부착베드에 인접한 높고 낮은 두 개의 창, ⑤ 시각적 교구와 천장으로부터 매달려진 모빌 부착형 조명 · 음향장치, ⑥ 매달린 오브제, 셀로판지의 장식, ⑦ 주위 벽면의 게시판, ⑧ 좌석 등을 매달기 위한 천정레일

그림 6.28 중증 중복장애학생을 위한 리소스 베이스[26)]

중복장애아동의 교육은 모두 자립활동으로 생각할 수 있으며, 교실 계획에서는 어린이들과 교사가 함께 개별적인 학습 · 생활 활동을 안정적으로 전개할 수 있도록 놀이, 보행, 음악, 공예, 옷 갈아입기, 손 씻기, 식사 등의 공간과 코너의 설정을 배려한다.

### (2) 안전 대책과 정보 보장

시각장애아동의 교육환경에서는 안전 대책과 정보 보장에 관한 배려가 중요하다. 일정한 장소에 가구를 배치하여 혼란을 피하고 안전성에 유의함과 동시에, 시각정보는 보기 쉬우며 청각 · 촉각 정보로 전환할 수 있게 한다. 약시아동을 위해서는 밝은 조명설비, 충분한 채광, 식별하기 쉬운 색을 사용한 마감과 유도 및 안내 계획, 확대 문자정보와 이를 위한 기기류, 경사각도가 조절 가능한 책상 또는 독서대 등의, 전맹인 시각장애아동을 위해서는 점자안내판과 점자에 의한 문자정보, 점자번역 · 녹음테이프에 의한 교재 · 교과서, 유도용 손잡이와 바닥재, 방송과 음성정보 등의 정비에 유의한다.

### 6) 청각장애학교에서의 자립활동과 배려 사항

#### (1) 청각장애학교의 자립활동공간

청각장애아동의 교육에 어떠한 커뮤니케이션 수단을 선택하는가는 교사 계획에 큰 영향을 미친다. 일본의 청각장애학교에서는 보청기를 착용하여 잔존청력을 활용하며, 상대의 입 모양의 움직임을 읽어 소리를 내는 구화법(口話法)을 채용하는 경우가 대부분이며, 자립활동실로는 청능훈련실, 청력검사실, 언어훈련실 등이 설치되어 있다. 그러나 구화법에 의한 커뮤니케이션에는 한계가 있기 때문에 보통 청각장애인의 커뮤니케이션에는 수화가 많이 이용되고 있다. 선진 각국에서의 청각장애아동의 교육에서 난청아동에게는 구화법, 청각장애아동에게는 수화법 또는 토탈 커뮤니케이션이 채용되는 경우가 많다. 예를 들어, 스웨덴의 청각장애학교에서는 수화를 중심으로 한 구화 지도를 하고 있지만, 양쪽의 문법은 전혀 다르므로 그것들은 별도로 구별하여 사용되고 있다.

그리고 미국의 캐로뎃 칼리지 부속 청각장애학교에서는 청각장애아동이 어떠한 커뮤니케이션에라도 대응할 수 있도록 수화, 필기, 예술, 드라마, 독화(讀話), 판토마임, 제스처, 청각, 읽기, 손가락문자, 미디어, 스피치를 개별적으로 또는 조합하여 실시하는 토탈 커뮤니케이션 방법이 채용되고 있다.

#### (2) 음향 대책과 정보 보장

청각장애아동의 커뮤니케이션을 원활히 진행시키기 위해서는 음향 대책과 정보 보장에 대한 배려가 중요하다. 보청기를 사용하면 잡음까지도 증폭되기 때문에 교실바닥과 천정 등의 마감에는 흡음재를 사용하며, 바닥을 카펫으로 까는 경우에는 정전기 방지 가공 등도 검토하여야 한다. 또한 구조체를 통하여 에어컨 기계 등의 소음이 전달되지 않도록 차음 대책도 요구된다. 방송 등의 청각정보는 텔레비전 자막 등의 시각정보로, 차임(chime)과 비상벨 등의 청각정보는 플래시 램프의 점멸, 진동음으로 전달하는 등 청각정보를 시각과 촉각 정보로 변환할 수 있는 설비・기기 계획에 유의한다.

#### (3) 학습공간의 계획

청각장애학교에서 학습공간의 공간적・시각적 연속성을 높여서 시각정보를 풍부하게 하는 것은 청각장애아동의 교육적 관리 차원에서 대단히 유효하다.

저학년까지는 부모가 학교의 지도방법을 배워서 가정에서도 일관된 커뮤니케이션 지도를 실시하는 것이 필요하다. 따라서 학습공간에 부속된 관찰공간 또는 모니터 텔레비전의 설비 등이 필요하다. 일본의 청각장애학교의 유치부와 저학년의 교실에는 뒤쪽에 학부모

그림 6.29 대형 놀이기구가 있는 그룹활동공간
(KDES 청각장애특수학교, 미국)

그림 6.30 대형 놀이기구 주위의 각종 학습코너
(KDES 청각장애특수학교, 미국)

그림 6.31 가정과교실
커뮤니케이션이 쉽도록 배려된 조리대.(KDES 청각장애특수학교, 미국)

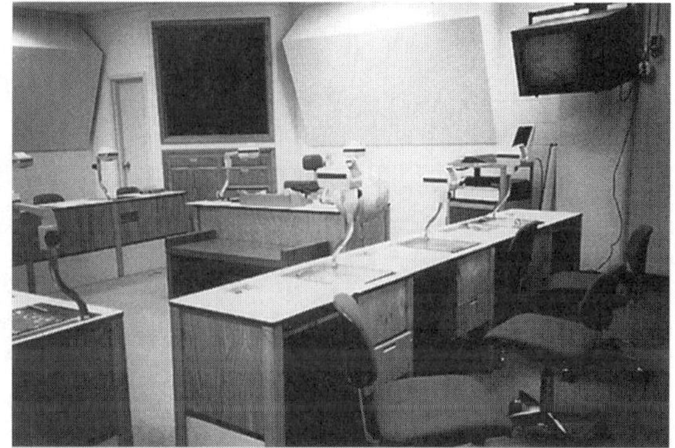

그림 6.32 시각교실
각 책상에는 OHP가 설치되어 있으며 책상 뒤의 스크린에 비춰진다. 회전의자를 이용하여 뒤의 스크린을 보기 쉽도록 하고 있다.(KDES 청각장애특수학교, 미국)

를 위한 자리가 설치되어, 앞쪽에서는 교사, 뒤쪽에서는 학부모들이 지켜보고 있어, 학생들의 자유로운 활동이 제한되는 상황이 되므로 주의하여야 한다. 청각장애를 가진 유아의 커뮤니케이션 기회를 늘리기 위하여 학습공간의 중심에 대형 놀이기구를 두어 그 주변에 학습코너를 설정하는 것도 유효하다고 할 수 있다(**그림 6.29, 6.30**).

교실 계획에서는 교사와 학생 사이에 얼굴이 잘 보이도록 하기 위하여, ㄷ자형, ㅁ자형, 말발굽형의 책상 배열을 하도록 하며, 뒤쪽으로 뒤돌아보며 시각정보를 얻기에 유효한 회전의자를 준비하거나, 교실이 어두워졌을 경우의 커뮤니케이션을 배려하여 스포트라이트 등의 조명설비를 설치한다(**그림 6.31, 6.32**).

### 7) 특수학교에서의 자립활동과 배려 사항

#### (1) 자립활동공간

특수학교에서는 학교 전체의 공간을 사용하며, 일상적인 활동을 통하여 자립활동을 할 수 있도록 배려하는 것이 중요하다. 특히, 지적장애특수학교에서의 시간 배분은 대단히 가변적으로 편성되며, 장애가 중증이 될수록 대부분의 활동은 자립활동으로 취급되어 시간적 여유가 충분한 시간표가 만들어지게 되며, 매일 동일한 활동이 거의 같은 패턴으로 반복되어 학습·생활 내용을 체득할 수 있도록 배려되기 때문에, 학습·생활 활동과 공간, 코너를 알기 쉽게 관련지어 설정함으로써 활동 내용을 체득할 수 있도록 한다.

지체장애특수학교에서는 기능(하체)훈련, 직능(상체)훈련, 생활훈련, 언어훈련을 위한 자립훈련실을 설치하는 경우가 많다. 병약허약 특수학교에서의 자립활동의 내용은 질병의 종류에 따라 크게 다르며, 천식아동에게는 신체를 단련하는 운동이, 신장질환아동에게는 운동제한이 필요하기 때문에 정적인 활동이 중심이 되며, 근디스트로피와 뇌병변 장애를 가진 아동에게는 지체장애특수학교와 동일한 자립활동이 전개되고 있다.

#### (2) 교육기기·보조기기의 활용

특수학교에서는 개인차가 큰 장애아동이 스스로 학습할 수 있으며, 경험 부족을 보완하거나 보다 효과적이며 알기 쉬운 교육을 전개하기 위하여 각종 교재와 교육기기를 정비하는 것이 필수적이다. 특히 지체장애특수학교에서는 컴퓨터를 일상적인 학습현장에서 사용할 수 있도록 정비하며, 상체에 장애가 있는 학생도 키보드를 조작하여 스스로 학습할 수 있도록 하는 보조기기와 소프트웨어의 개발·보급이 요구된다.

신체치수가 크게 차이가 나는 교사와 아동, 휠체어 사용자, 목발 사용자 등이 동일한 싱크대와 책상, 작업대, 조리대를 스스로 활용하기 위해서는 높이 등을 간단하게 조정할 수 있는 교구와 설비의 개발이 요구된다. 교실과 화장실 등에서, 휠체어에서 의자와 변기로 옮겨 앉을 경우 보조를 하는 사람의 노력 경감, 안전성 확보의 관점에서 리프트를 도입할 필요성이 대단히 높다. **그림**

**그림 6.33 스톡홀름의 특수학급 교실**
천정에 주행 리프트가 설치되어 간병이 필요한 학생의 이동 시에 보조교사가 개별적으로 사용한다.

6.33은 스톡홀름의 중증 중복장애아동의 특수학급 교실에 설치된 천정주행형 리프트이다. 동시에 도움이 필요한 학생은 개인 도우미(personal assistant)의 도움을 받으며 리프트를 사용하고 있다. 한 대의 리프트를 효과적으로 활용하기 위해서는 개별케어제의 도입이 필수적이다.

## 2.2 특수학교의 학생 유형[17)]

### 1) 행동관찰조사의 개요

특수학교에서 다양한 요구를 가진 장애아동의 자립을 촉진하며, 교사의 간병에 대한 부담을 줄이기 위해서는 지금까지의 특수학교 건축 계획과는 전혀 다른 발상의 개별 학교 계획이 필요하다고 할 수 있다. 아래에, 다양한 건축적 대응을 필요로 하는 지체장애아동과 출현율이 높게 나타나고 있는 지적장애아동을 위한 특수학교를 대상으로, 필자가 실시한 학생 1명·1일의 등교에서부터 하교까지의 행동을, 한 명의 조사원이 추적·관찰한 조사(행동관찰 조사) 결과를 바탕으로 특수학교의 계획적 과제를 서술하고자 한다.[14~17)]

행동관찰조사는 일본의 동경도 내 공립 지체장애특수학교 11개교, 계 129학년, 지적장애특수학교 11개교, 계 105학년의 재적 학생으로 남녀비율 3 대 2를 대상으로, 지체장애특수학교는 휠체어 사용자와 보행자의 비율 3 대 2, 그리고 학년, 학습 능력, 신변처리 능력이 각 학교 안에서 편중되지 않도록 조건을 설정하여 **표 6.11**에 나타낸 234개 학년 중에서 253명(이하 관찰대상학생)을 선택하여, 1981~82년도에 253일 동안 조사를 실시하였다. 1979년도부터의 특수학교 의무제도에 앞서, 동경도에서는 1974년도부터 특수학교로 취학을 희망하는 장애아동의 전원취학을 실시하고 있으며, 동경도 내의 특수학교에 재적하고 있는 학생의 장애 중증화 경향은 전국적인 수준보다도 높은 상황으로 나타나고 있다. 그리고 이 조사는 학생 한 명 한 명의 행동에 주목하여 이루어졌기 때문에, 이러한 학생이 일반학급과 특수학급으로 옮긴 경우에도 응용할 수 있는 내용이라고 할 수 있다.

**표 6.11 조사대상학교에서의 재적 학생수(조사시점), 관찰대상 학생수, 조사대상 학년수**

| | 재적 학생수(명) | | | | 관찰대상 학생수(명) | | | | 조사대상 학년수 | | | |
|---|---|---|---|---|---|---|---|---|---|---|---|---|
| | 초등 | 중등 | 고등 | 계 | 초등 | 중등 | 고등 | 계 | 초등 | 중등 | 고등 | 계 |
| 지적장애특수학교 | 488 | 545 | 934 | 1,967 | 47 | 25 | 26 | 98 | 48 | 33 | 24 | 105 |
| 지체장애특수학교 | 755 | 430 | 430 | 1,615 | 75 | 40 | 40 | 155 | 66 | 33 | 30 | 129 |

### 2) 기능과 지시에 의한 4단계 평가와 건축적 대응

여기에서는 관찰대상 학생의 다양한 능력을 평가하여 유형화하기 위한 축으로서, 기능과 지시에 의한 4단계 평가를 설정하였다(**표 6.12**). 학교에서는 교사의 지시에 대응하는 능력 단계를 매우 중요시하기 때문에, 평가의 한 축으로서 지시에 대한 이해 능력, 그리고 일반적으로 이용되고 있는 신체운동 능력은 여기에서도 중요하기 때문에 함께 파악하였다. **표 6.12**에 나타낸 4단계의 척도 A~D의 각 단계에 고려해야 할 공통적인 건축적 대응은 다음과 같다고 할 수 있다. 단, 특수학교의 일반적인 시설・설비를 갖추고 있다는 것을 전제로 한다.

A : 일반적인 건축적 대응으로도 좋은 단계.

B : 기능적으로는 가능하지만, 지시가 통하지 않는 경우가 많으므로, 교사가 항상 옆에서 하나씩 지도할 필요가 있다. 주요 생활・학습 활동에 맞는 각 공간・코너를 설정하는 등의 생활・학습 활동과 환경설정을 밀접하게 관련시키는 것이 유효한 단계. 실 배치부터 상세 계획에 이르기까지 명확하고 알기 쉬운 계획이 필요하다.

C : 지시는 이해하지만, 신체가 기능적으로 따를 수 없기 때문에 교사의 개별대응을 요구하는 장면이 많아지게 된다. 시각적인 정보를 충분히 갖출 수 있는 환경, 예를 들어 학습・생활상의 지시, 교재교구와 개인사물의 수납방법, 풍부한 시청각교재의 활용, 주변 상황의 알기 쉬움, 공간의 연속성이 중요하며, 개개인의 요구에 적합한 상세 계획과 보조기기의 개발 등을 필요로 하는 단계.

D : 기능적으로도 따를 수 없으며, 지시도 알지 못하기 때문에, 교사의 개별대응에 의해 학습・생활 활동이 성립하는 단계. 효과적인 활동을 진행시키기 위해서는 실 배치에서부터 상세 계획에 이르기까지 교사의 보조・간병 용이성을 우선하는 계획이 중요해진다.

### 3) 관찰대상 아동의 전체적 유형

행동관찰 결과에서 추출한 학습, 식사, 배설, 이동에 관한 기본행위의 기능과 지시에 의한 4단계 평가를 실시하여 수량화 Ⅲ류를 적용한 그룹화를 시도하였으며, 이 결과와 한 명 한 명의 행동관찰 데이터를 종합하여 전체적인 유형화를 도출하였다. 각 유형의 특징은 다음과 같다.

**표 6.12 기능과 지시에 의한 4단계 평가**

| | 기능 가능 | 기능 불가능 |
|---|---|---|
| 지시 가능 | A | C |
| 지시 불가능 | B | D |

지시 가능 : 전체 또는 개별 지시가 있으면 알 수 있다.
지시 불가능 : 개별 지시도 알지 못한다.
기능 가능 : 신체운동기능상 가능하다.
기능 불가능 : 신체운동기능상 할 수 없다.

(1) 지체장애특수학교의 경우(표 6.13)

**PⅠ** : 중・고등부에 소수 보이고 있다. 학년에 상응하는 교과학습을 실시하고 있다. 특수학교에서의 보편적인 시설・설비*를 갖춘 일반적인 건축적 대응으로도 좋은 단계.

**PⅡ** : 해당 학년보다 아래 학년에 상응하는 교과학습을 실시하는 경우가 많다. 집단 내에서 리더격인 학생이 나타난다. 초등부에서는 보행자에게 많으며, 중・고등부에서는 휠체어 사용자에게도 어느 정도 보이고 있다. 바닥에 그냥 앉은 자세로 학습과 식사를 하거나 특수한 변기의 이용 등 세심하게 배려된 물리적 환경이 갖춰진다면, 신변처리는 자력으로 할 수 있는 경우가 대부분이다.

**PⅢ** : 해당 학년보다 아래 학년에 상응하는 교과학습을 실시하는 경우가 많다. 전원 휠체어 사용자이며, 언어는 불명료한 경우가 많다. 세심하게 배려된 물리적 환경이 있더라도 일부 또는 전부에게 간병 대응이 필요한 경우이다. 시각적인 정보를 충분히 갖출 수 있는 환경, 주변상황의 알기 쉬움, 공간의 연속성이 중요하며, 개개의 요구에 맞춘 상세 계획과 보조기기류의 개발을 필요로 하는 단계.

**PⅣ** : 교과학습의 전 단계적인 수와 단어의 학습을 실시하는 것이 주목할 만함. 대부분이 보행자로서 청각장애와 정서장애를 중복적으로 가진 학생도 일부 보인다. 생활행위에서는 거의 자력으로 할 수 있는 사람부터 교사의 도움이 상당히 필요한 사람까지 있다. 교사의 눈이 머무를

**표 6.13 관찰대상 학생의 유형별 인원수**

| | 재적 학생수(명) | | | | | |
|---|---|---|---|---|---|---|
| | 학부 | 초등 저학년 | 초등 고학년 | 중학교 | 고등 학교 | 계 |
| 지체장애 특수학교 | PⅠ | 0 | 0 | 1 | 2 | 3 |
| | PⅡ | 4 | 9 | 11 | 10 | 34 |
| | PⅢ | 10 | 7 | 10 | 6 | 33 |
| | PⅣ | 8 | 2 | 5 | 10 | 25 |
| | PⅤ | 3 | 4 | 4 | 5 | 16 |
| | PⅥ | 13 | 15 | 9 | 7 | 44 |
| | 계 | 38 | 37 | 40 | 40 | 155 |
| 지적장애 특수학교 | MⅠ | 0 | 1 | 1 | 6 | 8 |
| | MⅡ | 2 | 3 | 9 | 12 | 26 |
| | MⅢ | 11 | 10 | 8 | 4 | 33 |
| | MⅣ | 10 | 9 | 7 | 4 | 30 |
| | MⅤ | 1 | 0 | 0 | 0 | 1 |
| | 계 | 24 | 23 | 25 | 26 | 98 |

* 특수학교에서의 일반적인 시설・설비에는 이하의 것을 포함하는 것으로 한다(표 6.17~6.20 참조).

(1) 바닥면에는 단차를 두지 않으며, 안전성이 높은 마감재로 한다.

(2) 복도의 양쪽에는 손잡이를 설치한다.

(3) 계단의 양쪽에는 손잡이를 설치하며, 혼자서 보행할 수 있는 폭으로 양쪽에 손잡이를 설치한다. 디딤면, 챌면은 초등・중학교에 준하는 치수로 하며, 계단코는 돌출시키지 않는다.

(4) 계단의 슬로프는 기울기 4° 전후로 하며, 안전성이 높은 마감재로 한다. 양쪽에 장애학생을 배려한 손잡이를 설치하며 도중에 1곳 이상의 계단참을 설치한다.

(5) 엘리베이터는 휠체어 사용자를 배려한 것으로 한다.

(6) 출입구의 문은 유효폭 85cm 이상의 행거 도어(매단 문)로 하며, 장애학생을 배려한 손잡이를 부착한다.

(7) 책상・테이블류는 휠체어 사용자를 배려한 것으로 한다.

(8) 개수대는 손잡이를 부착하며, 레버식 수도꼭지를 부착하여 휠체어 사용자를 배려한 것으로 한다.

(9) 변기 중에서, 소변기는 손잡이가 부착된 자동 세정이 되는 것으로 하며, 대변기는 휠체어 사용자를 배려한 손잡이 부착의 양변기로서, 일반적인 세정 레버 또는 바닥 위와 벽에 부착하는 세정 버튼 방식인 것으로 한다.

수 있도록 배려된 물리적 환경 아래에서 학습·생활 활동을 전개할 수 있다는 것이 중요한 단계이다.

PV : 놀이적 내용이 학습의 주가 되는 단계. 보행자가 대부분이며, 이 중에서 간질 발작이 있으므로 교사가 항상 옆에서 도움을 주며, 어디에 갈지 알 수 없기 때문에 이동 시에 휠체어를 밀어주거나 자신의 신체에 상해를 입히는 행위와 폭력 방지를 위하여 교사가 주목해야 하는 사람도 보여, 교사가 항상 따라다니며 지도할 필요가 있다. 주요 학습·생활 활동에 맞추어진 명확한 환경 설정이 중요하며, 실 배치부터 상세 계획에 이르기까지 이해하기 쉽도록, 특히 안전 면에서도 배려가 된 계획을 필요로 하는 단계.

PVI : 놀이적 학습을 하는 것이 대부분이다. 대부분의 사람이 휠체어 사용자이지만, 초등학부에서는 대단히 불안정한 걸음걸이를 하는 보행자도 보인다. 교사의 도움에 의하여 학습·생활 활동이 성립하는 단계. 실 배치부터 상세 계획에 이르기까지 교사의 보조 용이성을 우선한 환경 계획이 중요하다.

(2) 지적장애특수학교의 경우(표 6.13)

MI : 학습 능력의 주요 내용으로는 초등부 2, 3학년 정도의 단계에 있는 학생이 많다. 초등·중등부에는 상당히 적기 때문에, 주로 고등부에 보인다고 생각해도 좋을 것이다. 일반적인 건축적 대응으로도 좋은 단계.

MII : 교과 이전의 수와 단어의 학습을 실시하는 사례가 많다. 언어는 불명료하거나 말하지 못하는 학생이 대부분이다. 이 중에는 갑자기 큰소리를 내거나 뛰어다님, 침을 뱉거나 배회, 자해행위를 하는 학생 등도 보인다. 주요 학습·실습 활동에 맞추어 계획된 공간과 코너를 설정할 수 있는 학습공간, 알기 쉽게 설계된 설비가 필요한 단계.

MIII : 교과 이전의 놀이학습과 작업학습이 중심인 단계. 단어는 전혀 말할 수 없는 학생이 많지만, 간단한 지시 정도는 이해할 수 있는 경우가 있다. 목을 계속 흔들거나 손을 입에 넣음, 뛰어다니거나 괴성을 지름, 불안하게 배회하며 숨거나, 시계와 문 등 특정의 사물에 집착하는 등 행동에 문제를 가진 학생이 많다. 학습·생활 공간을 가능한 한 알기 쉽도록 하며, 안전성을 배려함과 동시에, 특히 교사의 눈이 도달할 수 있는 범위, 옆에 붙어서 지도하기 쉬운 계획이 필요하다.

MIV : 놀이학습을 하는 것이 중심인 단계. 단어는 전혀 말하지 못하는 학생이 대부분으로, 교사의 지시도 대부분 통하지 않는다. 마음에 들지 않으면 칭얼거리며 큰소리를 내거나, 마음에 든 사물을 계속 만짐, 손을 얼굴 앞에서 계속 흔든다거나, 배회를 계속하는 사례 등이 눈에 띄므로, 교사의 개별대응이 학습·생활 활동의 요점이 된다. 학습·생활 공간을 최대한 알기 쉽도록 배려하며, 안전성을 고려한다. 교사가 항상 옆에 붙어서 지도하기 쉬운 계획으로 한다.

MV : 교사의 도움에 의한 학습 · 생활 활동이 성립하는 단계. 보행에 교사의 도움이 필요하며, 일광욕과 산보 등을 학습으로 실시하는 경우도 보이고 있다. 실 배치부터 상세 계획에 이르기까지 교사의 도움 용이성을 우선하는 환경 계획이 중요하다.

이상과 같이, 관찰대상 아동 중에서 지체장애 155명을 6개, 지적장애 98명을 5개의 전체 유형으로 각각 정리할 수 있었다. 그러나 실제로 관찰대상 아동 선정에서의 설정 조건을 고려했을 경우, 동경도 내의 공립 특수학교에 재적하는 학생의 전체적인 유형은 **표 6.13**에 나타낸 것보다도 중증의 학생, 즉 지체장애에서는 유형 V 또는 VI, 지적장애에서는 유형 IV 또는 V에 해당하는 학생 비율이 많아진다는 점을 유의해야 할 것이다.

## 2.3 특수학교의 집단 편성 특성과 교실 구성[15)]

### 1) 생활집단에 맞추어 별도로 편성된 학습집단

관찰 결과에서 파악된 집단 편성의 특성을 생활집단과 학습집단이라는 관점에서 분석한다. 전자는 일정 기간 고정되어 하루의 일정 시간 생활적인 모든 행위를 함께 하는, 이른바 HR 집단, 후자는 시간별로 정해진 특별활동 이외의 수업을 함께 하는 집단이라고 할 수 있다.

22개교의 법정 학급수(**표 6.14**)는 계 513학급*이지만, 실제로 편성되어 있는 생활집단과 학습집단은 1,288개에 달하며, 대부분의 학생이 2개 이상의 집단에 속해 있다. 학습활동의 일부 또는 전부에는 소속된 생활집단과는 별도의 학습집단이 편성되는 사례가 대부분이다(이하, 이것을 학습집단의 별도편성이라 한다). 22개교의 생활집단 중에서 일체의 학습활동을 하지 않는 사례가 완전히 별도로 편성되었다고 해도 좋으며, 그것이 고등부에서는 40%, 지체장애특수학교의 중학부에서는 50%를 넘고 있다는 것에 주목하고자 한다.

1800년대 말 이후부터 정형화되어 온 기존의 교사 형태는 어느 생활집단=학습집단=하나의 일반교실이라는 개념, 즉 별도로 편성되지 않은 운영방식에 맞추어 계획되어 온 것이라고 할 수 있으며, 이것은 **그림 6.34a**에 나타낸 교실의 이용 형태에 맞춰진다. 이에 대하여 별도로 편성된 형태에서는 특징적인 두 개의 사용 형태가 보인다(**그림 6.34**). b는 지적장애특수학교, c는 지체장애특수학교

**표 6.14 특수학교 학급 정원(명)***

| | | | 초등 | 중등 | 고등 |
|---|---|---|---|---|---|
| 현재의 국가표준 | | 단일학급 | 6 | 6 | 8 |
| | | 중복학급 | 3 | 3 | 3 |
| 조사 시점 | 국가 기준 | 단일학급 | 7 | 7 | 9 |
| | | 중복학급 | 3 | 3 | 3 |
| | 동경도 기준 | 단일학급 | 8 | 9 | 15 |
| | | 중복학급 | 5 | 5 | - |

* 공립 특수학교에서 법정 학급은 같은 학년의 학생으로 편성한다. 단, 중복 학급에서는 몇 개 학년의 학생을 하나의 학급으로 편성한다.

* 세부사항은 단일학급 447, 중복학급 66이다.

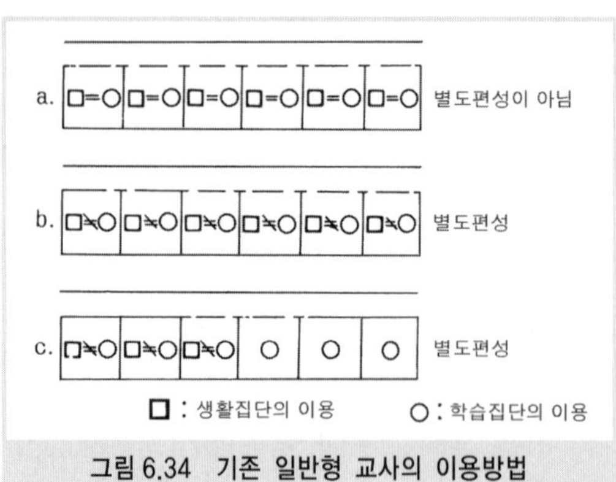

그림 6.34 기존 일반형 교사의 이용방법

표 6.15 종류별 교실수의 비율(%)

| | 지적장애 | 지체장애 | | | | |
|---|---|---|---|---|---|---|
| | | 초등 | 중등 | 고등 | ※ | 전체 |
| 특정 생활집단 보유교실 | 53 | 73 | 73 | 59 | 1 | 47 |
| 특정 학습집단 전용교실 | 1 | 8 | 24 | 26 | 4 | 12 |
| 공용교실 | 46 | 19 | 3 | 15 | 95 | 41 |
| 계 | 100 | 100 | 100 | 100 | 100 | 100 |

※ 초·중, 중·고, 또는 초·중·고 공통.

에 많이 보이는 사용 형태이며, c와 같은 사용 형태는 학습공간을 학습집단에 맞게 설치하지 않아 학습 자체가 성립되지 않는 상황이 되기 때문에 나타난 형태라고 할 수 있다. 더욱이, 특정의 생활집단이 보유하지 않고 복수의 학습집단이 공유하는 일반교실 수는 일반교실 전체의 40%를 넘을 정도로 많은 것에 주목하여야 한다(**표 6.15**). 이것은 생활집단의 수보다도 학습집단의 수가 많이 편성되어 있기 때문에 발생한다.

이와 같은 사용 형태에서의 기존 교사 형태의 문제점을 서술하면, 공간적 연속성이 없기 때문에 집단의 변화에 따라 공간을 이동하는 경우가 발생한다. 그 결과 활동이 이어지지 않으며, 특히 이동에 어려움을 겪거나 지시와 도움을 필요로 하는 학생이 많아지므로 연속적이고 일관된 지도가 어려워진다.

더욱이 대규모 생활집단과 학습집단을 편성하는 경우가 상당히 많이 보이지만, 7×7m 정도의 교실에서는 협소하며,* 학습집단이 있던 교실의 장치를 다른 용도로 전환시키는 것이 어렵다는 것도 문제이다. 그러나 이와 같은 많은 제약이 있는 중에도 별도편성과 같은 운영방식이 실시되고 있다는 것은 그 필요성이 크다는 것을 뒷받침하는 것으로 생각할 수 있다.

### 2) 생활집단에서 학습집단을 편성하는 방법

몇 개의 생활집단에서 몇 개의 학습집단이 별도로 편성되는 방법을 관찰조사의 결과에서 정리하면, 기본적으로 네 가지의 경우로 생각할 수 있다(**그림 6.35**). 각각의 학교·학년에서 1주간의 수업시간에 1회 이상 네 가지의 경우 중 어느 하나를 이용하는 상황을 조합한 유형으로 나타낸 것이 **표 6.16**이다. 이러한 조합형 유형을 보면, ① 별도편성이 아닌 A1은 특수학교에서는 거의 이루어지지 않는다. A2는 주로 지체장애특수학교 초등학부의

* 특수학교 건설 전체 계획 개요(1977년 1월), 일본 동경도 교육청 시설부에 의하면 도립 특수학교 일반교실의 표준은 7×7m의 규모이다.

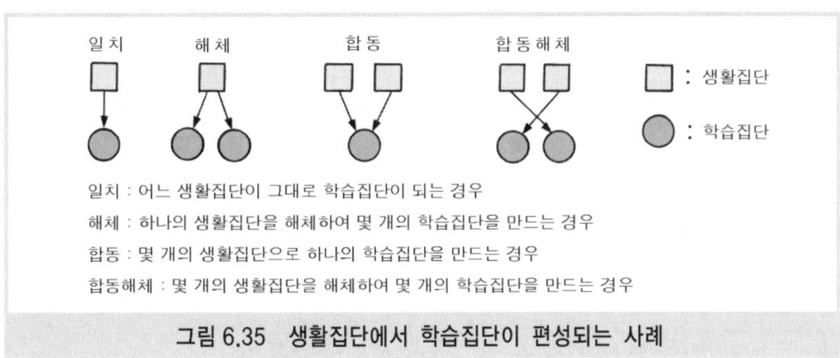


**그림 6.35 생활집단에서 학습집단이 편성되는 사례**

**표 6.16 네 개 사례의 조합유형으로 본 학년수**

| | | | 일치 | 해체 | 합동 | 합동해체 | 지적장애특수학교 초 | 중 | 고 | 계 | 지체장애특수학교 초 | 중 | 고 | 계 |
|---|---|---|---|---|---|---|---|---|---|---|---|---|---|---|
| 별도편성 | A | 1 | ● | | | | 0 | 0 | 0 | 0 | 1.5 | 0 | 0 | 1.5 |
| | | 2 | ● | ● | | | 2 | 0 | 0 | 2 | 22.5 | 1 | 0 | 23.5 |
| | B | 1 | ● | | ● | | 5 | 2 | 0 | 7 | 0 | 0 | 0 | 0 |
| | | 2 | ● | ● | ● | | 11 | 0 | 0 | 11 | 3 | 0 | 0 | 3 |
| | C | 1 | ● | | ● | ● | 15 | 19 | 12 | 46 | 8 | 4 | 7 | 19 |
| | | 2 | ● | ● | ● | ● | 0 | 0 | 0 | 0 | 8 | 0 | 1 | 9 |
| | D | 1 | ● | | | ● | 0 | 0 | 0 | 0 | 8 | 5 | 1 | 14 |
| | | 2 | ● | ● | | ● | 0 | 3 | 0 | 3 | 6 | 4 | 3 | 13 |
| 완전별도편성 | E | 1 | | | | ● | 15 | 9 | 11 | 35 | 4 | 14 | 12 | 30 |
| | | 2 | | | | ● | 0 | 0 | 1 | 1 | 0 | 0 | 0 | 0 |
| | F | 1 | | | | ● | 0 | 0 | 0 | 0 | 3.5 | 3 | 6 | 12.5 |
| | | 2 | | | | ● | 0 | 0 | 0 | 0 | 1.5 | 2 | 0 | 3.5 |
| | 계 | | | | | | 48 | 33 | 24 | 105 | 66 | 33 | 30 | 129 |

비교적 대규모 생활집단에서 이루어진다. ② B는 지적장애특수학교 초등학부의 학년별 편성의 생활집단에 많으며, 생활집단 규모가 큰 경우는 B2가 마련된다. ③ C1은 많이 이루어져, 지적장애특수학교에서의 주류 유형이다. ④ D는 지체장애특수학교에 대단히 많으며, 가장 대규모의 생활집단인 경우에 주로 사용된다. ⑤ 완전한 별도편성인 E 중에서 E1은 지체장애특수학교 중・고등부에서 주류 유형이며, 지적장애특수학교에서도 C1에 이어 많이 사용되고 있다. ⑥ 마찬가지로 완전한 별도편성형인 F는 지체장애특수학교에 비교적 많이 보이며, 상당히 대규모인 생활집단의 경우에 이루어지고 있다.

### 3) 집단편성의 방법

집단편성의 방법에는 학년별 편성과 학년간 편성이 있으며, 그 각각에서 여러 가지 조건・특성을 고려한 균질적인 편성과 균질적이지 않은 편성이 보였다(**표 6.17**).

**표 6.17 집단편성 방법의 분류**

| | 균질 편성 | 균질적이지 않은 편성 | | | | |
|---|---|---|---|---|---|---|
| | | 능력별 | 신체기능별 | 장애별 | 적성 /희망별 | 남녀별 |
| 학년별 편성 | ● | ● | ● | ● | ● | ● |
| 학년간 편성 | ● | ● | ● | ● | ● | |

● 22개교에서 보인 실태이다.

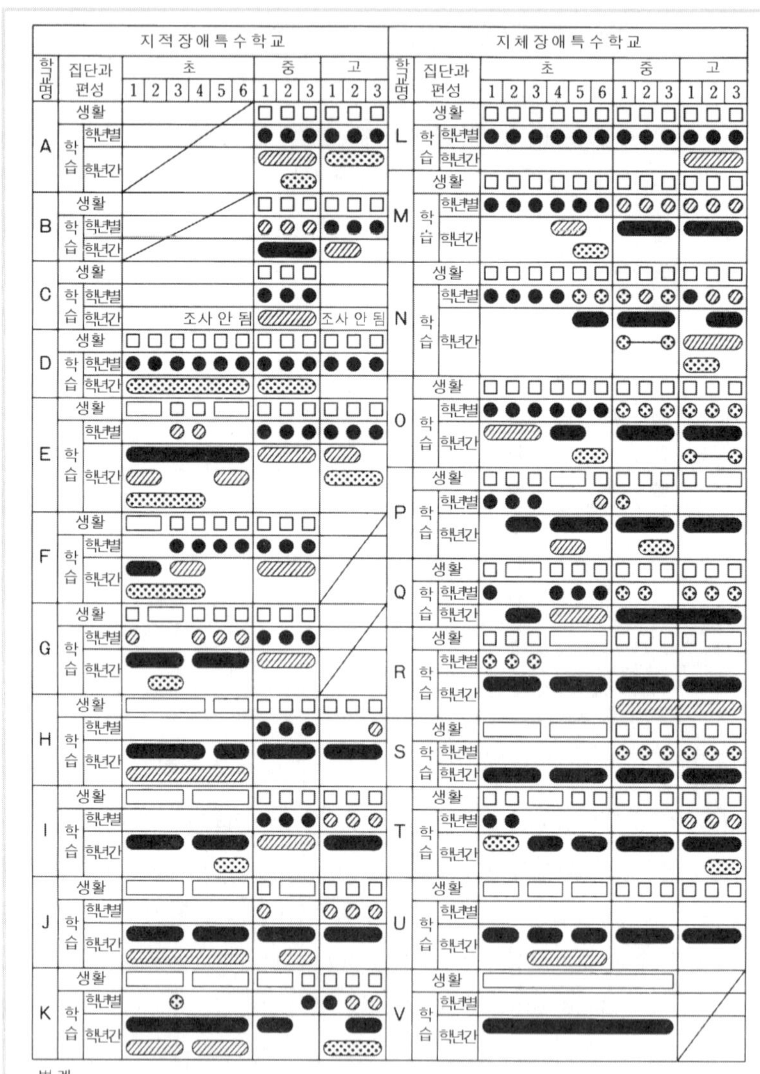


**그림 6.36 학년별 생활집단과 학습집단의 편성**

**표 6.18 능력별 집단으로의 소속별 및 학습 능력별 관찰대상 학생수**(명)

| | 능력별 집단으로의 소속 | | 학습 능력 | | |
|---|---|---|---|---|---|
| | 소속 | 소속되어 있지 않음 | H | M | L |
| 지체장애특수학교 | 154 | 1 | 68 | 32 | 55 |
| 지적장애특수학교 | 90 | 8 | 13 | 25 | 60 |

H : 교과학습을 실시할 수 있는 단계, 해당 학년보다 낮은 교과 내용을 실시하고 있는 단계를 포함한다.
M : 교과 이전의 단계이지만, 숫자와 단어의 읽고 쓰기와 기초적 학습을 실시할 수 있는 단계이다.
L : M 이전의 단계로서 감각훈련, 놀이, 일상생활활동, 또는 작업을 학습으로써 실시하고 있는 단계이다.

우선, 학년별 편성과 학년간 편성이라는 점에 주목하여, 22개교에서 보이는 생활집단과 학습집단의 편성 현황을 살펴보면(**그림 6.36**), 학년간 편성을 하고 있는 학년의 비율은 생활집단의 경우에는 지적장애특수학교 초등학부에 70% 정도로 비교적 많으며, 학습집단의 경우는 전반적으로 많이 이루어지고 있다. 이와 같이 학년간 편성에 의한 집단편성이 많이 채택되고 있는 이유는, 학년별 편성을 실시하면 그 해의 상황에 따라 ① 학생수의 변동이 크다, ② 장애의 내용과 정도에 편차가 나타난다, 그리고 보통 ③ 3~12년간 적은 인원의 동일한 친구들과의 접촉에 변화가 없다, ④ 학년의 차이보다는 개인차가 크다는 것 등의 문제가 발생할 수 있는데, 이를 피하기 위함이다. 다음으로 균질 편성은 생활집단, 균질적이지 않은 편성은 학습집단의 편성에 상당히 많이 나타나고 있다. 균질하지 못한 편성 내에는 능력별 편성이 가장 많이 이루어지고 있다. 여기에서 참고로 H・M・L의 3단계의 평가기준을 설정하여(**표 6.18**) 253명을 평가하면, 능력차가 크다는 점을 알 수 있다. H・M・L의 각 그룹에서는 학습 형태도 다르며, 그 활동을 전개하는 공간의 의미도 당연히 다르게 될 것이다.

### 4) 집단의 규모

소속된 학생수로 본 생활집단의 규모는 3~4명에서 20~30명까지로 광범위하였다. 법정 규모에 대응한 7×7m 전후의 획일적인 교실의 나열이라는 커다란 제약이 있는 상태에서도, 대집단의 생활집단이 편성되는 데에는 다음과 같은 이유를 들 수 있었다.

일본 동경도에서는 1학급 2인 담임제를 실시하고 있지만, 2인 담임제에서 한 명의 담임교사가 없는 경우 중증화・다양화된 장애아동에 대응하기가 어려워, 1학급 3인 이상의 담임제로의 요구도가 높았다.* 그리고 생활집단으로서의 활동은 대집단일 경우에 활발해진다는 점을 중시하는 개념 등이 보였다. 학습집단의 규모는 한 사람인 경우부터 지체장애특수학교에서는 50인, 지적장애특수학교에서는 180인 정도까지 보여 더욱 다양하게 나타났다.

* 실제로는 하나의 생활집단을 담임하는 교사수는 지적장애특수학교에서는 2~6명으로 평균 3명, 지체장애특수학교에서는 2~13명으로 평균 6명으로 나타났다.

### 5) 생활집단과 학습집단의 편성 유형

이상의 결과로 특수학교 계획에서 예상해야 할 생활집단의 편성 유형을 지적장애·지체장애별로 나타내어 보았다(**그림 6.37**). 초등학부에서는 학년별로 편성된 생활집단을 학년 전체의 집단으로 설정하며, 학년간 편성의 경우 지적장애특수학교는 10명 전후를 중심으로, 지체장애특수학교는 20~30명까지를 설정할 필요가 있다. 중·고등부의 생활집단은 학년별 편성으로 하는 경우가 일반적이지만, 지체장애특수학교에서는 학부간 편성으로 생활집단이 만들어지는 것에도 유의해야 한다. 이러한 각각의 생활집단 편성 유형에 대하여, 그에 맞춘 학습집단의 편성 유형을 작성해 보았다(**그림 6.38**).

이상의 집단편성 유형에 맞출 수 있는 계획조건을 요약하면, ① 법정 규모 학생수의 3~5배까지의 생활집단 활동에 대응 가능한 공간 규모와 연속성을 계획하며, ② 생활집단의 집합체에 대응 가능한 교실 배치·구성을 취할 필요가 있다. 이때 중·고등부는 학년별 편성, 초등학부에서는 학년별과 학년간 편성 등 다양하게 조합할 수 있도록 한다. ③ 생활집단에서 별도로 편성되는 학습집단의 활동에 대응 가능한 연속적이며 집약된 교실 구성으로 한다. ④ 이상의 결과에서 보면, 균질적인 교실을 나열하는 계획은 있을 수 없다. 각 활동에 대응 가능한 여러 설비와 규모의 교실을 준비한다. ⑤ 고정화된 교실 설계가 아니라 연도별로 구성을 바꿀 수 있는 계획이 필요하다.

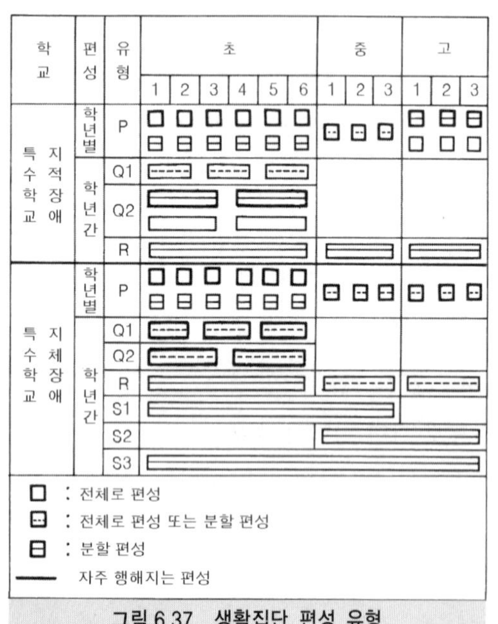


그림 6.37 생활집단 편성 유형

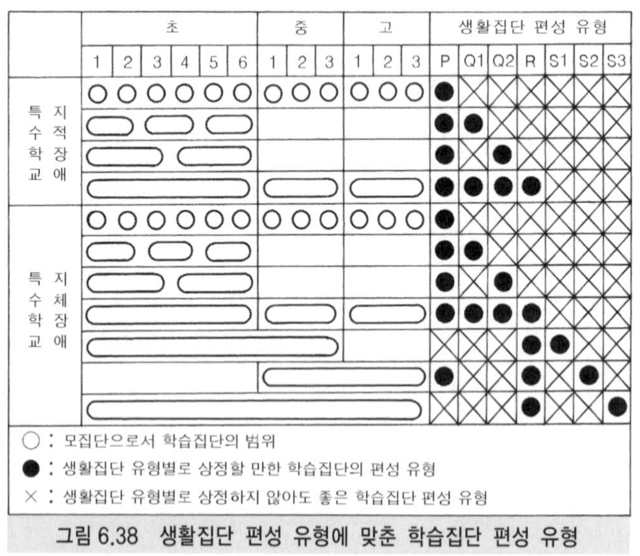


그림 6.38 생활집단 편성 유형에 맞춘 학습집단 편성 유형

## 2.4 특수학교 학습·생활 공간의 계획적 과제

### 1) 학습공간의 계획적 과제

기본적 행위는 수업시간의 관찰을 통하여 추출하였으며, 이러한 행위에 대하여 관찰대상 아동의 자립의 정도를 구분하였다(**표 6.19**). 지체장애, 지적장애 모두 네 가지 행위 전부를 할 수 없는 경우가 많다. 학생의 개인차가 상당히 크기 때문에, 수업에서는 개별 진도에 맞춰 다양한 교재로 학습하는 방법이 채택되고 있으며, 보통 일반교실에 설치되어 있는 정면 칠판은 이용이 대단히 적다(**그림 6.39**). 학습공간의 계획에서는 1학급·일제수업의 일반교실을 상정하지는 않으며, 탄력적으로 편성된 학습집단하에서 교사의 개별지도가 안정적으로 이루어질 수 있는가가 중요하다(**그림 6.40**).

지체장애특수학교에서 수업 중의 자세를 보면 중·고등부에서는 휠체어를 탄 채로 하는 경우가 많지만, 초등학부에서는 앉은 자세와 누운 자세를 취하는 경우가 많다(**그림 6.41**). 1회의 수업 내에서 여러 가지 자세를 취하는 학생이 혼재하거나, 한 명의 학생이 자세를 바꾸는 경우도 자주 보이고 있다(**그림 6.42**). 이와 같은 다양한 수업자세에 맞는 특별한 교구 등이 개발될 필요가 있다. 교사에 의한 위치와 자세 변환을 위해서는 주변에 충분한 여유공간이 필요하다.

지적장애특수학교에서는 수업시간이 탄력적으로 운영되고 있는 경우가 많다. 수업을 시작하기까지의 집합과 의자에 앉기까지에도 많은 시간이 걸리며, 집중할 수 있는 시간도 짧다. 초등·중능부에서는 책상에 앉아서 학습을 하는 경우는 적으며, 오히려 책상이 활동에 방해가 되거나 위험한 경우도 보이고 있다. 책상을 학급 인원수에 맞추어 배치하는

**표 6.19 수업 관련 네 가지 행위의 가능도별 관찰대상 아동수(명)**

| 행 위 | 지적장애특수학교 | | | | | | | | 지체장애특수학교 | | | | | | | | |
|---|---|---|---|---|---|---|---|---|---|---|---|---|---|---|---|---|---|
| 1. 일제수업 | ○ | ○ | × | ○ | × | ○ | × | × | ○ | ○ | ○ | ○ | ○ | × | × | × | × |
| 2. 책상의 이용 | ○ | ○ | ○ | × | ○ | × | × | × | ○ | ○ | × | ○ | × | ○ | ○ | ○ | × |
| 3. 설비의 이용 | ○ | × | ○ | × | × | × | × | × | ○ | × | × | × | × | ○ | × | × | × |
| 4. 수납·정리 | ○ | ○ | ○ | ○ | ○ | × | ○ | × | ○ | ○ | ○ | × | × | ○ | ○ | × | × |
| 저학년 | 2 | 1 | 0 | 0 | 0 | 1 | 0 | 43 | 5 | 8 | 0 | 3 | 3 | 1 | 6 | 7 | 42 |
| 중학년 | 3 | 2 | 0 | 0 | 0 | 0 | 1 | 19 | 8 | 5 | 1 | 3 | 2 | 1 | 1 | 2 | 17 |
| 고학년 | 6 | 5 | 1 | 1 | 2 | 0 | 1 | 10 | 8 | 7 | 0 | 3 | 3 | 0 | 1 | 1 | 17 |
| 계 | 11 | 8 | 1 | 1 | 2 | 1 | 2 | 72 | 21 | 20 | 1 | 9 | 8 | 2 | 8 | 10 | 76 |

○ : 특수학교에서 일반 시설·설비로 자력으로 가능하다.
× : 특수학교에서 일반 시설·설비로 자력으로는 어려움이 있다.
1. 일제수업 : 칠판에 적거나 칠판을 사용하여 이루어지는 일제수업에 참가한다.
2. 책상의 이용 : 의자에 앉아서 책상을 이용하여 학습한다.
3. 설비의 이용 : 싱크대와 가스 설비를 이용하여 실험·실습을 한다.
4. 수납·정리 : 교재·교구를 사물함과 선반에 수납·정리한다.

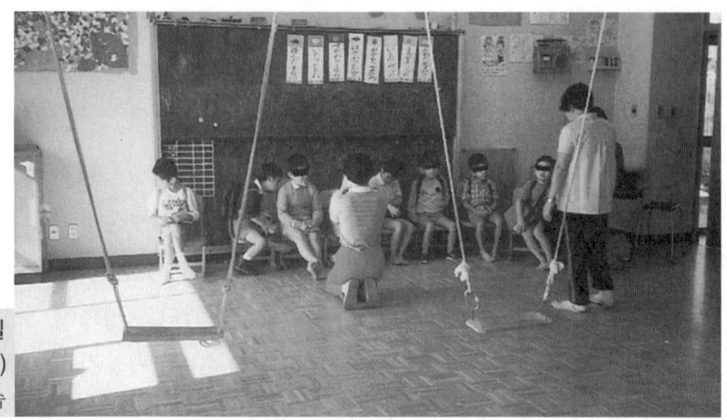

**그림 6.39 저학년 교실 (지적 장애)**
종례시간의 모습

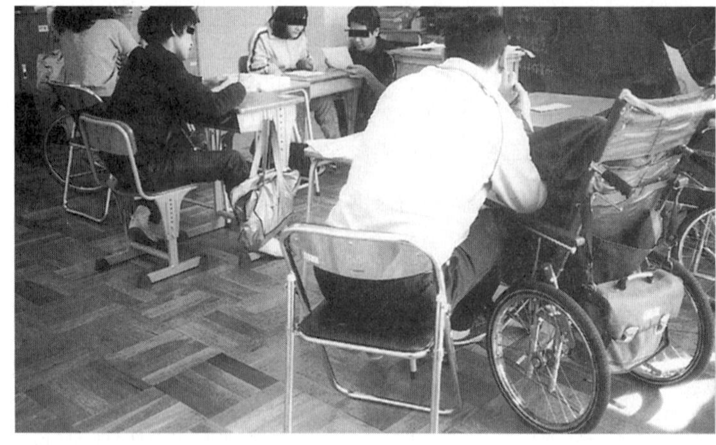

**그림 6.40**
하나의 교실 안에 여러 명의 교사가 개별 학생에게 개별수업을 전개하고 있는 고등부의 사례(지체장애)

교실을 상정하는 것은 적절하지 않다. 수업이 체육관과 실외에서 이루어지는 경우가 많았다. 중·고등부에서는 목공·금속 가공, 조리·피복, 도예, 원예 등의 작업·직업교육이 중시되므로, 특히 가변적으로 사용할 수 있는 작업공간으로의 정비를 도모해야 한다.

중증·중복 장애아동과 중증 지적장애아동을 위한 학습공간 계획에는 신변 자립의 향상과 교사의 도움을 경감하며, 효과적인 학습·생활 활동을 개개인의 학생 요구에 맞추어 전개하기 위하여 생활공간을 교실 주변에 배치하는 계획이 중요하다. 더욱이 실 간 이동을 최소화하며, 음악을 도입한 다양한 학습·생활 활동을 전개할 수 있도록 흡음재로 마감된 교실로 한다. 교사는 보통 쉬는 시간에도 학생들의 주위에 있으므로 교실 주위에 교사 코너를 설정하며, 중앙의 직원실은 회의공간과 교사 라운지로 계획하는 것을 검토하여야 할 것이다.

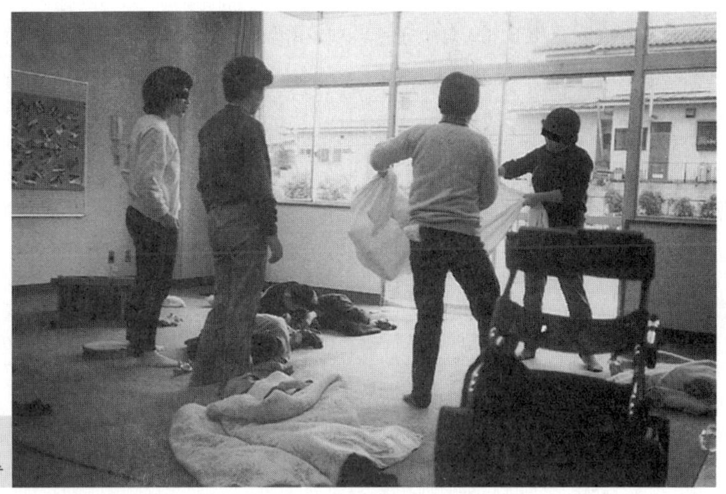

**그림 6.41**
고등부 L교실의 수업 중 모습

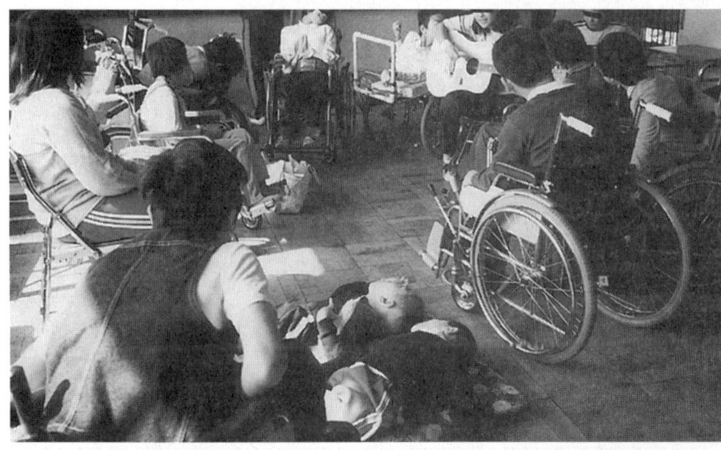

**그림 6.42**
휠체어와 누워 있는 학생이 혼재하는 중등부의 사례. 교실이 좁기 때문에 누워 있는 학생에게 휠체어가 부딪칠 위험이 있다.

### 2) 식사공간의 계획적 과제[14)]

#### (1) 식사 관련 행위

조사대상 학교 중에서 시설에 병설된 지적장애 1개교를 제외한 21개교에서는 전교생에게 완전 급식을 실시하고 있으며, 식사는 교실 또는 식당에서 이루어지고 있다. 조사 당일의 관찰대상 아동 중에서 지체장애 153명, 지적장애 84명의 '식사' 행동이 관찰되었다. 이것을 기초로 **표 6.20**에 나타낸 각 다섯 개의 행위를 추출하여, 자립의 정도를 구분하여 분석하였다. 식사를 교실에서 하는 경우에는 운반이, 식당에서 하는 경우에는 이동이 각각 주요한 문제로 나타났다.

지체장애특수학교의 경우는 지체장애아동 153명 중 식사 운반을 할 수 있는 학생은 매우 적으며, 대부분이 교사에 의한 간접적인 도움으로 이루어졌는데, 이로 미루어 볼 때 이동 시 직접적 도움보다는 오히려 이 방법을 편리하게 하는 시설적 검토가 필요하다고

**표 6.20 식사 관련 다섯 가지 행위의 가능도별 관찰대상 아동수(명)**

| 행 위 | 지적장애특수학교 | | | | | | | | 지체장애특수학교 | | | | | | | | |
|---|---|---|---|---|---|---|---|---|---|---|---|---|---|---|---|---|---|
| 식사 전 준비 | ○ | ○ | ○ | × | × | ○ | × | × | ○ | ○ | × | ○ | × | × | ○ | × | × |
| 운 반 | ○ | ○ | × | × | × | × | × | × | ○ | × | × | × | × | × | × | × | × |
| 이 동 | ○ | ○ | ○ | ○ | ○ | × | × | × | ○ | ○ | ○ | ○ | ○ | ○ | ○ | × | × |
| 배 선 | ○ | × | × | × | × | × | × | × | ○ | ○ | ○ | × | × | × | × | × | × |
| 식 사 | ○ | ○ | ○ | ○ | × | ○ | ○ | × | ○ | ○ | ○ | ○ | ○ | × | ○ | ○ | × |
| 저학년 | 0 | 1 | 3 | 6 | 0 | 0 | 13 | 15 | 3 | 1 | 1 | 10 | 4 | 0 | 5 | 20 | 29 |
| 중학년 | 2 | 1 | 7 | 1 | 2 | 0 | 3 | 5 | 2 | 4 | 0 | 8 | 5 | 1 | 2 | 7 | 11 |
| 고학년 | 15 | 0 | 3 | 1 | 0 | 1 | 3 | 2 | 5 | 4 | 0 | 5 | 5 | 3 | 2 | 3 | 13 |
| 계 | 17 | 2 | 13 | 8 | 2 | 1 | 19 | 22 | 10 | 9 | 1 | 23 | 14 | 4 | 9 | 30 | 53 |

○ : 특수학교에서 일반 시설·설비로 자력으로 가능하다.
× : 특수학교에서 일반 시설·설비로 자력으로는 어려움이 있다.
지적장애특수학교에서의 식사행위의 흐름
　식사 전 준비 : 손을 씻거나 손수건을 준비하는 등의 식사 전 준비를 한다.
　운반 : 식기 등을 가지고 복도, 경사로 및 계단을 이용하여 운반한다.
　이동 : 복도, 경사로 및 계단을 이용하여 식당으로 이동한다.
　배선 : 식기에 급식을 배분한다.
　식사 : 급식을 먹는다.
지체장애특수학교에서의 식사행위의 흐름
　운반 : 식기 등을 왜건에 쌓아 복도를 이용하여 운반한다.
　이동 : 계단, 경사로 또는 엘리베이터를 이용하여 식당으로 보행, 또는 휠체어로 이동한다.
　배선 : 식기에 급식을 배분한다.
　식전의 준비 : 손을 씻거나 손수건을 준비한다. 음식물을 먹기 좋도록 하는 등의 식사준비를 한다.
　식사 : 급식을 먹는다.

**그림 6.43**
하나의 식사공간 내에 책상·의자에 앉아 있는 학생과 누워 있거나 바닥에 앉아 있는 학생이 혼재하기 때문에 넓은 공간이 필요하다.

할 수 있었다. 배선도 운반과 마찬가지로 간접적인 도움에 의지하는 경우가 많았다. 식사 준비는 식사를 하는 공간에서 이루어지며, 교사의 1 대 1 도움을 필요로 하는 경우가 많다. 식사 중에는 앉은 자세와 누운 자세를 취하는 경우가 일부 보이며, 전반적으로 밥을 흘리는 경우가 많으며, 교사가 옆에서 도움을 주는 사례는 초등부에 특히 많다(**그림 6.43**). 앞치마를 정리하는 등의 식사 후 정리는 식탁에 앉은 채 교사의 도움으로 이루어지는 경우가 많았다. 정리는 교사의 직접적 도움과 함께 시간이 걸리더라도 학생이 할 수 있는 범위 내의 것은 스스로 하게 하는 사례가 많았다.

지적장애특수학교에서는 식사 전 준비 및 식사 후 정리를 식사 장소에 관계없이 HR 교실에서 하는 경우가 많았다. 식사 전 준비는 이동과 운반 전에, 식사 후 정리는 식사한 후에 이루어진다. 관찰대상 아동 84명 중 급식 운반을 할 수 있는 학생은 20% 정도로 그 수가 적지만, 지체장애특수학교와는 달리 운반을 학습으로 받아들여, 교사의 직접 도움 속에서 학생 자신이 하는 사례가 초등부에서 특히 많았다.

배선을 스스로 할 수 있는 경우는 적으며, 반대로 방해하는 경우가 있어 식당에서 배선이 끝난 단계에서 이동이 이루어지는 사례가 초등부에 많았다. 즉 많은 학생이 모이는 식당에서는 안정된 배선지도를 하는 것이 곤란하고 오히려 교실에서 지도하기 쉬우므로, 실제로 초등부의 배선은 식당에서는 거의 볼 수 없었으며, 교실에서 이루어진 경우가 많았다.

식사에서는 편식으로 인하여 도움을 필요로 하는 사례가 눈에 띄며, 싫어하는 음식을 입 밖으로 내민다든지 주변에 던져 책상 위와 바닥면을 더럽히는 사례도 보였다. 또한, 식당에서는 전반적으로 소란스럽기 때문에 제대로 식사를 할 수 없는 경우도 발생하고 있다.

식사 후 뒷정리를 한 학생은 배선을 한 학생보다도 많으며, 특히 식당에서는 배선을 한 학생은 적었지만, 뒷정리를 한 학생은 교실에서의 경우와 비슷한 정도였다.

#### (2) 식사공간 설정에 대하여

지체장애특수학교 11개교 중에서 6개교는 식당을 가지고 있었지만, 153명의 식사 장소를 보면 식당이 있는 학교 중에서 30%만이 식당을 이용하고 있다는 점이 주목된다. 식당을 전혀 사용하지 않고 학생 전원이 교실에서 식사를 하고 있는 2개교에서는 이동의 불편함, 식당에 같이 모여 식사를 하는 데에 대한 교육적 의의가 별로 없음을 그 이유로 지적하고 있다. 식사 전, 식사 후 행동을 교사의 도움을 받으며 자연스럽게 이루어지도록 하기 위하여, 식사공간은 교실 주위에 분산시키는 것이 초등학부에서는 중요하다.

지적장애특수학교에서는 급식이 실시되고 있는 10개교 중에서 8개교가 식당을 가지고 있어, 지체장애특수학교와 비교했을 때 식당이 있는 학교가 많으며, 중앙의 식당을 이용하

**그림 6.44**
저학년 교실. 교사가 어질러진 식탁 주위를 청소하고 있는 사이 학생은 낮잠을 자거나 놀고 있다. 그리고 이러한 경우에 대응할 수 있는 장소가 설정되어 있다.

는 사례도 많았다. 그러나 식사 관련 행위를 안정되고 효과적으로 지도하기 위해서 초등학부 단계에서는 중앙의 식당에서의 식사를 재고할 필요가 있다고 생각된다(**그림 6.44**).

### 3) 화장실의 계획적 과제[14)]

#### (1) 지체장애특수학교에서의 화장실의 계획적 과제

155명 중 조사 당일의 135명에게서 모두 261회의 배설 행동이 관찰되었다. 135명 각각이 하루에 사용한 변기류는 다양하다(**그림 6.45**). 남자의 경우 손잡이 부착 소변기는 보행자가 주로 사용하며, 요강은 휠체어 사용자가 대부분 사용한다. 요강은 휠체어에 앉은 채로 사용하거나 누운 자세에서 사용하는 예가 반반 정도이며, 고등부에서는 대부분이 전자에 해당하며, 저학년에서는 후자가 대부분이었다. 여자의 경우 좌식 변기의 사용이 대부분이며, 이 중에서 손잡이를 사용하지 않고 모든 것에 도움이 필요한 고학년 이상에서는, 두 사람의 교사가 신체를 안거나 리프트를 병용하는 것도 필요하다. 바닥매입형 변기는 고학년 이상의 화장실에 설치할 것과 간이변기는 초등학부의 화장실에 갖고 들어가는 것도 배려한다.

저학년을 중심으로 교실에서 들어갈 수 있는 화장실과 교실 내에 변기를 설치하고 있는 학교가 많으며, 그것을 부속 화장실로 하며, 그 이외의 화장실을 독립 화장실로 한다. 부속 화장실이 설치되어 있지 않은 각 학부에서 교실 내에 배설하는 예도 보이고 있지만(**그림 6.46**), 교육이나 위생상 바람직하지 않다. 짧은 쉬는 시간에 일제히 배설하는 것은 재고할 필요가 있으며, 배설에 도움을 필요로 하는 학생을 위해서는 프라이버시를 배려한 부속 화장실을 정비하여야 한다(**그림 6.47~6.49**). 더욱이 리프트 등의 보조기기를 적극 활용하며(**그림 6.33**), 건축 · 의료 · 보건 · 복지 부문 등과의 연계로 주택 개조에도

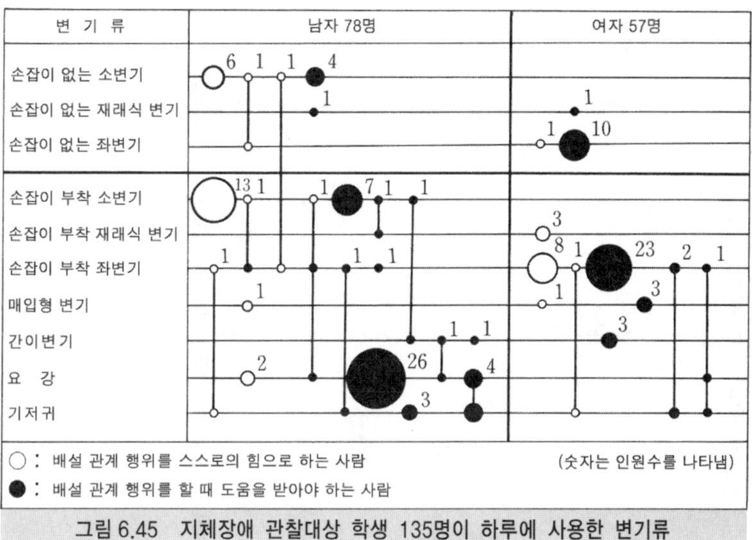


**그림 6.45 지체장애 관찰대상 학생 135명이 하루에 사용한 변기류**

**그림 6.46**
별도의 부속 화장실이 설치되어 있지 않은 경우 칸막이 안쪽에서 기저귀를 교환하거나, 요강을 사용하는 등 쉬는 시간에는 교실이 화장실로 이용되는 사례가 많다.

교원이 코디네이터로 연계할 수 있는 방안이 요구된다.

### (2) 지적장애특수학교에서의 화장실의 계획적 과제

98명 중의 학생 중에서 조사 당일의 82명에게서 모두 210회의 배설 행동이 관찰되었으며, 그 횟수를 보면 전혀 없는 학생부터 12회를 넘어가는 학생까지 폭넓게 관찰되었다. 횟수가 많은 사례의 경우 도피처로서 자주 화장실에 가거나, 빈번하게 실금하므로 배설 습관을 익히게 하기 위하여 화장실에 가게 하는 것 등이 포함된다.

배설 관련 행위를 다섯 개의 흐름으로 나누어 82명의 자립의 정도를 살펴보면(**표 6.21**),

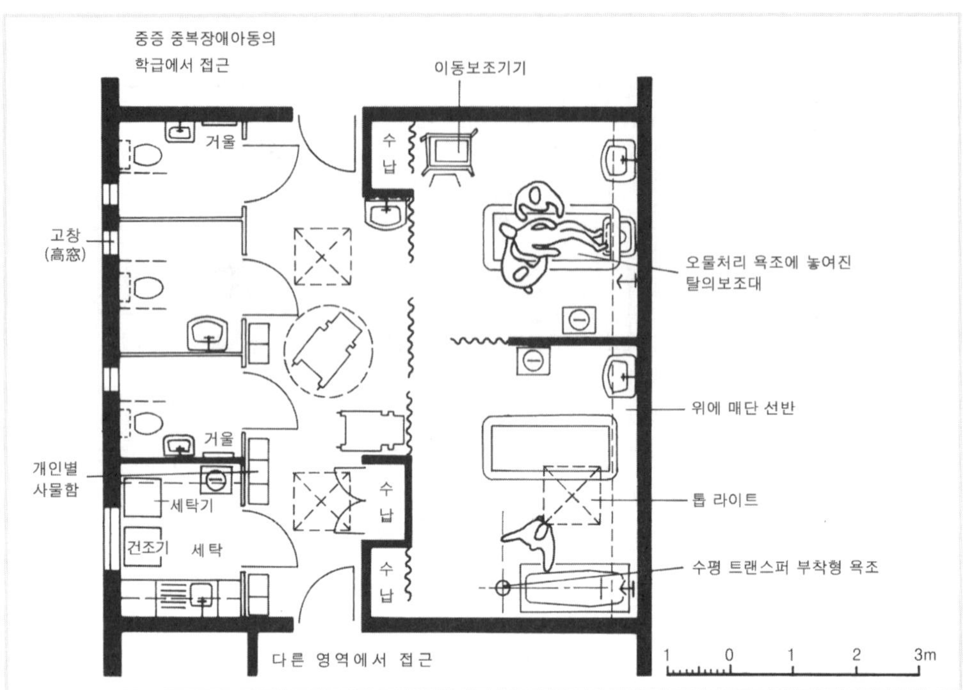


**그림 6.47 중증 중복장애학생을 위한 화장실[27)]**

기저귀 교환과 요강의 이용 등 반드시 변기를 이용하지 않아도 되는 학생을 위한 간병 병상과 오물처리조, 욕조, 탈의용 사물함 등을 배치한 넓은 부스를 충분히 설치하여 프라이버시의 확보를 도모한다. 이를 위해서는 이용시간의 분산화, 개별 케어가 필수적이다.

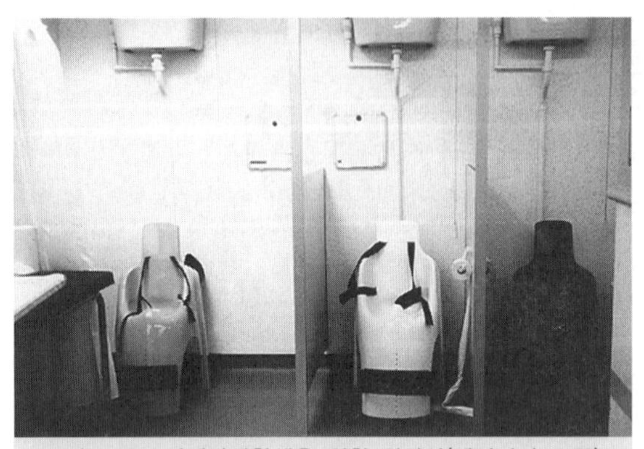

**그림 6.48 지체장애학생을 위한 화장실(웨이버리 스쿨)**

자세유지용 보조기기를 변기 위에 설치한다.

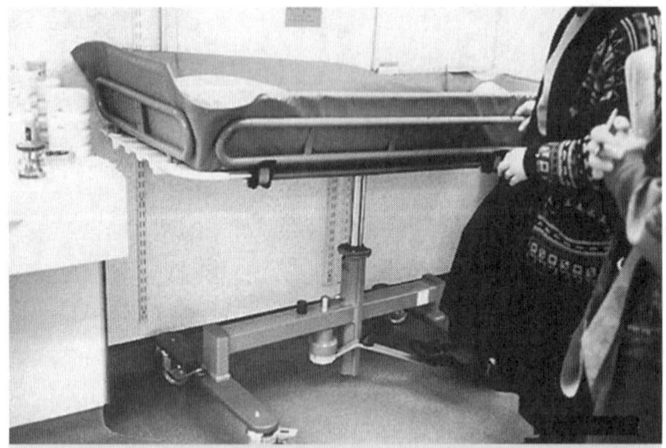

**그림 6.49 페달 조작으로 높이 조절이 가능한 바퀴 달린 변기 보조대(웨이버리 스쿨)**

특히 저·중학년 여자의 경우 모든 행위를 스스로 할 수 있는 학생은 아주 적다. 이동을 스스로 할 수 없는 학생이 절반을 넘지만, 교실에 근접한 화장실이라면 스스로 갈 수 있는 학생은 많다. 출입을 할 수 없는 학생이 70% 정도로 많은데, 화장실 칸막이의 문을 열어 둔 채로 사용된다는 점에 주의한다. 특히 저학년 단계에서는 칸막이의 구획과 문은

표 6.21 배설 관련 다섯 가지 행위의 가능도별 관찰대상 아동수[지적장애특수학교](명)

| 행 위 | 남 자 (53명) * | | | | | | | | 여 자 (29명) | | | | | | |
|---|---|---|---|---|---|---|---|---|---|---|---|---|---|---|---|
| 이 동 | ○ | ○ | ○ | ○ | ○ | × | × | × | ○ | ○ | ○ | × | ○ | × | × |
| 출 입 | ○ | ○ | ○ | × | × | × | × | × | ○ | | ○ | × | × | × | × |
| 옷을 갈아입음 | ○ | ○ | × | ○ | ○ | ○ | ○ | × | ○ | ○ | ○ | ○ | ○ | ○ | × |
| 변기의 이용 | ○ | × | ○ | ○ | × | ○ | × | × | ○ | ○ | ○ | ○ | ○ | ○ | × |
| 뒤처리 | - | - | - | - | - | - | - | - | ○ | ○ | × | ○ | × | × | × |
| 저학년 | 5 | 0 | 1 | 4 | 0 | 5 | 1 | 9 | 1 | 1 | 0 | 0 | 0 | 4 | 8 |
| 중학년 | 5 | 0 | 0 | 3 | 0 | 1 | 0 | 4 | 2 | 1 | 1 | 3 | 1 | 0 | 1 |
| 고학년 | 7 | 1 | 1 | 2 | 1 | 0 | 1 | 2 | 4 | 1 | 0 | 0 | 0 | 1 | 0 |
| 계 | 17 | 1 | 2 | 9 | 1 | 6 | 2 | 15 | 7 | 3 | 1 | 3 | 1 | 5 | 9 |

○ : 특수학교에서 일반 시설·설비로 자력으로 가능하다.
× : 특수학교에서 일반 시설·설비로 자력으로는 어려움이 있다.
이동 : 필요에 따라 화장실로 이동한다.
출입 : 문과 커튼을 열고 닫으며, 화장실로 들어간다.
옷을 갈아입음 : 바지·속옷을 벗고 입는다.
변기의 이용 : 대·소변기를 사용하여 배뇨·배설한다.
뒤처리 : 휴지를 사용한다. 세정장치를 사용한다.
* 남자는 자동 수세식 소변기를 이용한다.

불필요하다고 할 수 있다. 고학년 이상의 화장실 출입문의 잠금장치는 밖에서도 열 수 있도록 고려되어야 한다.

옷을 벗고 입거나 뒷정리를 할 수 없는 학생은 특히 저학년의 여자에게 많으며, 전반적으로 변기 주위에 교사의 도움을 받을 수 있는 공간을 확보해 둘 필요가 있다.

변기의 이용은 과반수의 학생이 할 수 있었지만, 불안정한 경우가 많으므로 재래식 변기에는 손잡이를 설치하여야 한다. 남자의 경우 소변을 보면서 두 개의 소변기를 교대로 사용하거나, 수도꼭지 등을 핥는 경우도 보여 이에 대한 대응도 필요하다.

#### 4) 탈의공간의 계획적 과제

지적장애특수학교에서는 등교 후와 하교 전에 체육복을 갈아입는 행위가 매일 이루어지고 있으며, 조사 당일의 89명에게서 모두 159회의 옷을 갈아입는 행동이 관찰되었다. 일반학교에서도 고학년 이상에서는 탈의실이 필요하지만, 매일 전교생이 일제히 옷을 갈아입게 되는 지적장애특수학교에서는 특히 그 의미를 파악하는 것이 중요하다. 관찰대상 아동이 이용한 장소를 보면 초등학부에서는 자신의 교실이 대부분을 차지하지만, 중·고등부로 올라갈수록 탈의실을 사용하는 사례가 늘어났다. 의복을 갈아입는 행위는 **표 6.22**에 나타낸 네 가지의 행위로 나누어 89명의 자립 정도를 보면, 특히 초등학부에서는 모든 행위를 스스로 할 수 없는 학생이 절반을 차지하고 있는 것을 알 수 있다.

이동과 출입을 할 수 없는 학생은 각 학년 모두 절반 정도가 되었다. 따라서 탈의실이

| 표 6.22 탈의 관련 네 가지 행위의 가능도별 관찰대상 아동수[지적장애특수학교](명) | | | | | | | | | |
|---|---|---|---|---|---|---|---|---|---|
| 이 동 | ○ | ○ | ○ | ○ | × | × | ○ | ○ | × |
| 출 입 | ○ | ○ | × | × | × | ○ | ○ | × | × |
| 옷을 갈아입음 | ○ | ○ | ○ | ○ | ○ | × | × | × | × |
| 사물함의 이용 | ○ | × | ○ | × | × | ○ | × | × | × |
| 저학년 | 2 | 2 | 0 | 1 | 0 | 0 | 2 | 5 | 2 |
| 중학년 | 7 | 3 | 0 | 2 | 1 | 0 | 1 | 1 | 8 |
| 고학년 | 14 | 1 | 2 | 2 | 1 | 1 | 0 | 0 | 5 |
| 계 | 23 | 6 | 2 | 5 | 2 | 1 | 3 | 6 | 41 |

○ : 특수학교에서 일반 시설 · 설비로 자력으로 가능하다.
× : 특수학교에서 일반 시설 · 설비로 자력으로는 어려움이 있다.
이동 : 복도, 경사로 및 계단을 이용하여 탈의실로 이동한다.
출입 : 문과 커튼을 열고 닫으며, 탈의실로 들어간다.
옷을 갈아입음 : 체육복으로 갈아입는다.
사물함의 이용 : 옷을 사물함의 선반에 수납 · 정리한다.

**그림 6.50**
중학부 여자 탈의실. 교사에게 도움을 받아 바닥에 앉은 자세에서 옷을 갈아입고 있다. 옷을 정리하거나 입을 때에는 바닥에 넓게 펼치는 경우가 많다.

멀리 떨어져 있는 경우에는 중 · 고등부에서도 이동할 때 시간과 도움이 필요한 학생만을 자기 교실에서 의복을 갈아입히는 사례, 또는 전원 자기 교실에서 옷을 갈아입히는 사례도 보이므로 탈의공간을 교실에 근접시키는 것이 중요하다.

초등 · 중학부에서는 옷을 갈아입는 것과 사물함 이용을 스스로 할 수 없는 경우가 많았다. 옷을 갈아입는 행위는 불안정하기 때문에 바닥에 앉은 자세를 취하거나, 교사가 옷을 바닥에 펼쳐 지시하는 등 넓은 공간을 사용한다는 점에 주의한다(**그림 6.50**). 사물함의 이용이 어려운 초등학부에서는 사물함에 의복상자를 넣어, 그것을 가지고 와서 이용하는 사례가 많다. 옷을 더럽히는 경우가 많기 때문에 사물함에 갈아입을 옷을 많이 수납해 두는 것은 주목할 만하다. 옷을 갈아입는 데에 시간이 걸리는 사례가 많으며, 교사가 개개인의 진도에 맞추어 지도를 하고 있다는 이유에서도 탈의공간을 교실 주위에 설정하는 것이 바람직하다.

### 5) 통행공간의 계획적 과제[16)]

#### (1) 지체장애특수학교에서의 통행공간의 계획적 과제

지체장애특수학교 건축에는 많은 휠체어 사용자의 동시 이용과 교사의 도움이 쉽게 이루어질 수 있는 계획이 요구된다. 여기에서는 앞으로 배려해야 할 과제를 기술하고자 한다.

① 복도에서는 보행 이외에 기어서 이동하거나 휠체어 이동, 운반차로 이동, 안겨서 이동 등이 이루어진다는 점을 상정한다.

② 실 앞의 복도, 복도가 꺾이는 각, 스쿨버스 승강장, 현관, 계단, 경사로, 엘리베이터, 실외의 출입구 앞 복도에는 이동방법을 전환하기 위한 여유공간을 필요로 한다.

③ 통행공간을 단순히 통로로서의 기능뿐만 아니라 행동영역의 확대라는 목적과 자립활동 공간으로서의 개념으로 계획한다.

④ 교실의 출입구를 한 곳으로 하며, 넓은 출입구로 하는 방법이 유효하다.*

⑤ 문을 열고 닫는 것에 어려움을 느끼는 학생이 많으며, 이동에 장애가 되기 쉬우므로 교실과 화장실에는 문짝을 설치하지 않는 계획으로 하는 편이 좋다.

⑥ 출입구의 앞뒤에는 충분한 공간을 설치하여 신발을 갈아 신거나, 보조기기를 보관하는 등의 이동 준비를 할 수 있도록 한다.

특수학교는 개개인의 학생이 짧은 거리의 동일층 이동으로 학습·생활 활동을 완결할 수 있도록 하는 것을 기본으로 한다. 2층 이상의 교사는 엘리베이터가 필수이며, 자립활동의 관점에서, 그리고 이용 의욕을 키운다는 측면에서 장애와 그 날의 상황에 맞추어 선택할 수 있도록 계단과 경사로를 조합하여 배치하며 안전성에 유의한다.

지체장애특수학교에서는 통학권이 광역에 걸치며, 자력으로 통학이 어려운 학생이 많으므로 스쿨버스를 준비하는 것이 일반적이다. 대형 스쿨버스가 간선도로를 이동하며 정해진 버스 정류장에서 학생들을 태우는 방법이 일반적이지만, 자택에서 버스 정류장까지 도보 10분 정도를 이동해야 되는 경우도 적지 않다. 앞으로 경제성과 편리성 측면에서 장점이 큰 택시를 이용한 도어 투 도어(door to door) 통학도 검토하여야 할 것이다.

자동차 승강장의 위치는 이동에 곤란한 저학년 교실에 근접시키며, 자립활동실과 체육관 등 모든 학년이 이용하는 공간에 최대한 근접시켜, 등교 후 직접 이러한 공간에 집합하거

---

* 교실에는 두 개의 출입구를 설치하지 않으면 안 된다는 조례의 내용을 바꾸는 게 좋다는 것은 아니다. 다만 사용할 때 넓은 치수의 한 곳으로 하는 편이 좋다는 의미이다.

나 하교 전의 시간에 이러한 공간에서 학습하고 난 후 직접 자동차 승강장으로 이동하여 하교하는 등 이동경로에 유의한다.

(2) 지적장애특수학교의 통행공간의 계획적 과제

지적장애특수학교에서는 이동경로를 기억하는 데 시간이 걸리는 학생이 많으며, 멀리 돌아가더라도 한번 몸에 익힌 경로를 선택하기 쉬우므로 합리적인 계단・실의 배치가 요구된다. 특히 매일 반복되는 현관과 교실 간의 이동경로가 다른 목적의 이동과 동일한 경로로 갈 수 있는 것이 바람직하다. 계단과 현관 등 동선상에 장애가 되는 공간은 학생의 체류시간이 길고 혼잡하기 때문에, 넓이와 여유공간에 충분히 유의한다(**그림 6.51**).

접근로는 보도와 차도를 분리하며, 자동차 진입 시의 안전성 확보에 충분한 배려가 필요하다. 교문과 도로 사이에는 원 쿠션이 될 수 있는 완충공간을 두어 학생이 갑자기 뛰어나오는 것에 대한 위험 방지를 배려하며, 학교에서 학생이 무단으로 외출하는 것을 방지하기 위하여 교문 등의 출입구에는 항상 잠금장치를 설치한다. 그리고 울타리와 담은 타고 넘기 어려운 것으로 하며, 한눈에 파악할 수 있으며 관리하기 쉬운 접근공간이 되도록 계획하는 것이 중요하다. **(野村みどり)**

**그림 6.51**
집단으로 이동하는 경우에는 손잡이를 잡거나 발을 한 단씩 천천히 올리면서 오르내리는 학생이 많기 때문에 계단은 예상외로 혼잡하다. 중학부의 사례.

## 참고문헌


1) 長倉康彦：教室と学校建築100年の変遷. 平凡社百科年鑑, 平凡社, 東京, 1981, pp. 164-169.
2) 日本建築学会編：建築設計資料集成 6. 建築-生活. 丸善, 東京, 1979, p. 111.
3) 日本建築学会編：学校の多目的スペ-ス. 計画と設計, 丸善, 東京, 1989, p. 69
4) 文部省：文教施設のインテリジェント化について. 1990.
5) 文部省：特殊教育百年史. 東洋銘出版社, 東京, 1978.
6) 辻村泰男編：日本の心身障害児教育. ぎょうせい, 東京.
7) 野村みとり：現代の学校にもとめられるバリア・フリ一環境. 慶応通信, 1989.
8) 手塚直紀・他共編：講座 障害者の福祉 6 障害者福祉基礎資料集成. 光世館, 東京, 1985, pp. 56-57.
9) 野村みどり：大学におけるバリア・フリ一環境一聴覚障害学生の受けた高校までの教育と大学におけるサポ一トシステム一. 日本福祉大学研究紀要, 第 81 号・第 1 分冊, 福祉領域, 1990, pp. 101-125.
10) イギリス文部省：Designing for Children with Special Educational Needs Ordinary Schools. Building Bulletin 61, 1984, p 26.
11) 日本建築学会編：建築設計資料集成 4, 単位空間 II. 丸善, 東京, 1980, pp. 207-223.
12) 전게서(前掲書) 11), p. 6.
13) 전게서(前掲書) 2), p. 110.
14) 野村みどり：児童・生徒の行動観察からみた肢体不自由養護学校の計画的課題 その1 食事スペ一スと便所について. 日本建築学会論文報告集, **350**：47-54, 1985.
15) 野村みどり：養護学校における生活・学習集団の編成方法に関する考察一都立養護学校児童・生徒の行動観察による. 日本建築学会論文報告集, **354**：42-49, 1985.
16) 野村みどり：児童・生徒の行動観察からみた肢体不自由養護学校の計画的課題 その2 移動行動の分析と通行スペ一ス. 日本建築学会論文報告集, **364**：123-133, 1986.
17) 野村みどり：建築計画の観点からみた養護学校における児童生徒の類型. 日本教育工学雑誌, **9(4)**, **10(1)**：211-220, 1986.
18) 「障害学生の高等教育」国際会議・施設設備分科会研究グル-プ：高等教育機関における障害学生を支えるサポート・システム. ボイッタス, 1993.
19) 日本建築学会編：学校建築計画と設計. 丸善, 1979, pp. 347-351.
20) 전게서(前掲書) 18), pp. 8-11.
21) 전게서(前掲書) 10), pp. 13-l5, 50-55, 61-66.
22) 전게서(前掲書) 10), p. 64.
23) 日本建築学会編：第2版コンパクト設シ資料集成. 丸善, 1994, p. 173.
24) イギリス文部省：Building Bulletin 27, Boarding Schools for Maladjusted Children. 1965, p. 10.
25) 日本建築学会編：コンパクト建築設計資料集成. 丸善, 1986, p. 177.
26) イギリス文部省：Building Bulletin 77, Designing for Pupils with Special Educationl Needs Special School. 1992, p. 9.
27) 전게서(前掲書) 26), p. 36.
28) 日本建築学会編：コンパクト建築設計資料集成. バリアフリ一 丸善, 2002, p. 106-117.
29) 文部料学省初等中等教育局特別支授教育課：.就学指導資料. 2002.
30) 建築思潮研究所編：建築設計資料 92 盲・揆・養護学校・こども病院院内学級. 建築資研究社, 2003, p. 6.

7장

# 유니버설 디자인 교통시설・시스템 계획

## 7장 유니버설 디자인 교통시설·시스템 계획

유니버설 디자인 교통시설·시스템에서는 ① 장애인·고령자 교통 계획 개념과 버스 이외의 커뮤니티 버스, ST 서비스 등의 구체적 교통 대책, ② 복지마을 만들기와 유니버설 디자인의 기본개념 및 교통 배리어 프리법과 복지마을 만들기 법률·제도·가이드라인, 복지마을 만들기의 구체적 사례를 소개하고자 한다.

# 장애인·고령자의 교통 문제와 교통 계획

## 1.1 고령자·장애인의 이동권과 교통 문제

장애인·고령자의 교통 문제는 ① 주택에서 목적지까지의 연속적 이동을 의미하는 모빌리티(이동) 확보의 문제, ② 버스와 택시의 차량, 역 등의 교통터미널, 도로의 단차 등을 포함한 다양한 장애물의 문제로 구분된다.

### 1) 교통과 이동권 확보의 의미

교통이란 사람과 물건의 공간적(장소적) 이동을 의미하며, 사람의 의사에 따른 이동으로써 자연현상의 이동은 교통에 포함되지 않는다. 교통의 구성요소는 ① 차량 등의 교통수단, ② 엔진과 모터 등의 동력, ③ 도로·선로 등의 통로와 역 등의 연결점으로 이루어지는 교통로, ④ 자동차를 제어하는 신호 및 검사·유지·보수 등의 운용 시스템, ⑤ 교통서비스에 대한 관리·운영조직 등의 경영 시스템의 다섯 가지로 이루어진다.

이러한 교통 시스템을 고령자·장애인이 사용할 수 있게 된 것은 최근 30년이다. 1970년대 일본의 고도경제성장 시대까지의 교통 계획은 생산활동을 위하여 노동력을 어떻게 효율적으로 운송하는가가 최대의 목표였으며, 이를 위한 도로와 철도·버스 등에서 다양한 장애물들이 만들어졌으며, 고령자·장애인 대책은 거의 고려되지 않았다. 그 결과 휠체어 사용자를 비롯한 보행에 어려움을 겪는 사람들 대부분은 공공교통을 이용할 수 없었으며, 이용하더라도 극히 일부분에 지나지 않았다. 이 점에서는 선진국에서도 똑같은 궤적을 거쳐 왔다. 미국에서 이러한 장애물이 있던 공공교통에 대하여 장애인이 사용할 수 있도록 제도와 재원의 정비를 위한 노력이 시작된 것은 1970년대이다. 구체적으로는 교통흐름의 주류를 이루고 있던 버스와 철도 등 주요 교통기관을 장애인이 이용할 수 있도록 한 1973년의 재활법이 제정되면서부터이다. 이 법률은 "연방정부가 보조하는 교통기관은 장애인의 이용에 지장을 주어서는 안 된다."와 같은 차별을 금지하는 내용이었다.

일본의 장애인 교통 대책은 미국과 같이 차별금지 개념은 아니었다. 2000년 11월에 시행된 교통 배리어 프리법은(나중에 상세히 서술하겠지만) 교통사업자가 신설하는 역 등의 터미널과 도로, 차량 구입 시 장애물을 제거하는 내용을 의무부여하면서, 각 지방자치단체에는 역 및 그 주변지역에 무장애 기본구상을 세우는 것이 의무화되고 있다.

### 2) 이동권 확보의 문제

이동권이란 일, 배움, 쇼핑, 진료, 즐김 등 여러 가지 생활의 기본을 지지하는 요소인데, 이를 위하여 만들어진 도로와 철도, 그리고 다양한 교통 시스템으로부터 비로소 목적이 달성된다. 특히, 고령자·장애인의 외출을 어렵게 하는 것은 단차가 있는 보행공간과 계단이 많은 역, 또는 리프트와 경사로의 설비가 없는 버스·택시 등 물리적인 장애물이다. 기타 자택에서 목적지까지의 일련의 행동 중에서는 물리적 장애물이 없더라도 도로와 버스 정류장을 인식하기 어려운 점, 또는 눈이 보이지 않는 사람에게는 시각장애인 유도 블록이 있더라도 소리와 음성 정보가 없기 때문에 방향을 알 수 없는 점 등 정보의 장애물이 있다. 귀가 들리지 않는 사람은 철도·버스 내부와 터미널에서의 방송, 또는 사고로 전차의 도착이 지연되고 있을 때 등의 긴급 시 방송을 들을 수 없어 무슨 일이 일어났는지를 전혀 알 수 없다. 그리고 심신기능이 저하된 장애인·고령자는 오랜 시간 서 있을 수 없는 점, 또는 오랜 시간 이동이 불가능한 점 등 이동의 시간적 한계도 더해진다. 이상과 같이 이동에 장애가 되는 것은 물리적 장애와 정보 장애, 체력 등의 다양한 문제가 있다는 것을 알 수 있다.

이동권의 문제는 외출 자체가 불가능하거나 외출에 현저한 어려움이 따른다는 점 등이 있다. 특히 고령자·장애인의 구체적인 어려움은, 예를 들어 버스 정류장까지 걷기와 환승, 지하철·전철 등에서 선 채로 이동하기 등이 있다. 그리고 교통이 불편한 지역에서 외출할 수 있는 교통수단이 없다는 것(버스노선이 없거나 정류소까지 멂) 등도 포함된다.

## 1.2 교통 계획의 대상과 정비과제

### 1) 교통수단의 분류

도시의 여객수송에서 교통수단의 분류를 **그림 7.1**에 나타내었다. 교통수단은 공공교통과 사적 교통으로, 공공교통은 다시 대량수송과 개별교통으로 분류하였다. 특히 개별교통은 고령자·장애인 전용의 교통수단(Special Transport Service : ST 서비스)으로 규정할 필요가 있다. 선진국에서는 ST 서비스(para-transit, dial a ride 등으로 불리고 있음)의 보급이 상당히 앞서 있다고 할 수 있다.

사람들은 교통수단을 보통 속달성(速達性 : 시간적으로 빨리 도착함), 경제성(요금과

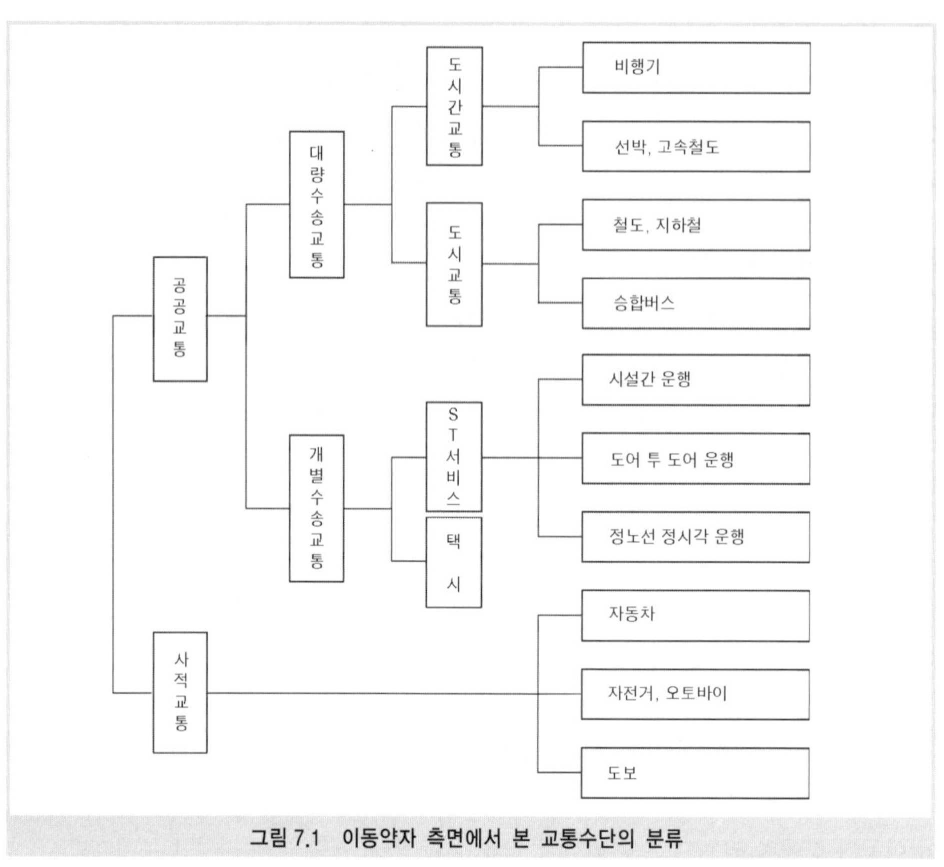


**그림 7.1 이동약자 측면에서 본 교통수단의 분류**

가솔린 비용), 쾌적성(환승이 없음, 앉아서 갈 수 있음, 더위와 추위 · 비 등에 영향을 받지 않음) 등을 고려하여 선택한다. 이 외에도 자동차를 소유하지 않은 사람과 운전할 수 없는 사람, 철도나 버스 노선이 존재하지 않는 지역에 살고 있는 사람, 고령과 장애로 공공교통을 이용할 수 없는 사람 등 교통수단 선택이 원천적으로 불가능한 계층도 상당 부분 존재하고 있다.[1)]

### 2) 교통수단의 적정범위

**그림 7.2**는 도시교통에서 교통수단의 적정범위를 나타내었다. 그림 중 A, B, C는 트랜스포테이션 갭(transportation gap)으로 불리는 것으로, 간단히 말하면 기존 교통기관에서는 반응할 수 없는 특성을 가진 수요라고 할 수 있다.

A는 걷기에는 멀지만 전철이라면 한 개의 역도 되지 않는 거리의 지역인데, 움직이는 보도와 소형 버스의 왕복운송이 여기에 대응한다. B는 철도를 건설하는 정도는 아니지만 버스로는 한계영역으로서, 도시 내의 모노레일 등 새로운 교통 시스템이 대응한다. C는 통상적인 버스로는 너무 크며 효율이 나쁜 형태로서, 소형 차량을 이용하여 조금 세부적이

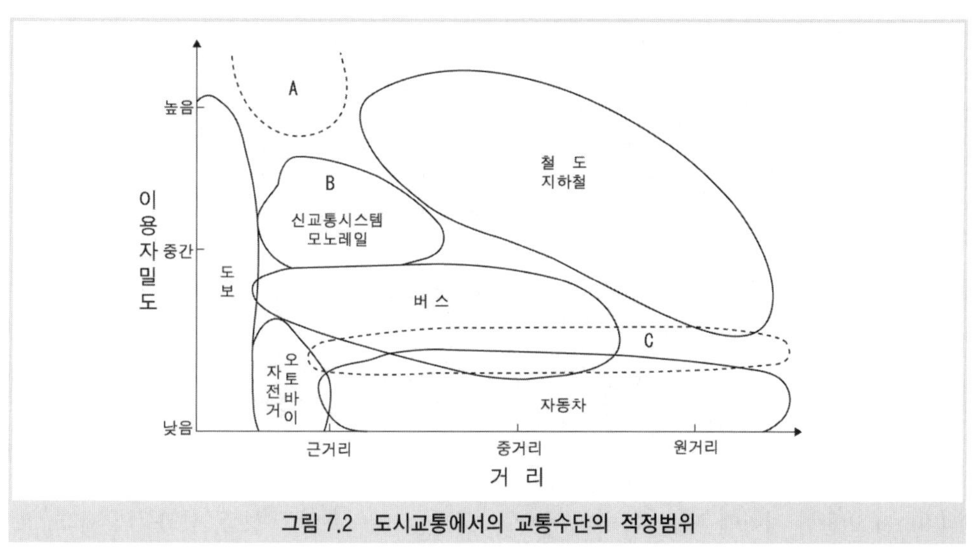


그림 7.2 도시교통에서의 교통수단의 적정범위

며 비용이 들지 않는 서비스를 실현할 수 있는 영역이며 커뮤니티 버스 등이 여기에 해당된다.[2)]

## 1.3 이동약자의 정의와 이동상의 어려움

### 1) 이동약자

장애인·고령자 등 심신기능에 어떠한 장애를 가진 사람 또는 심신기능의 저하로 외출행동에서 건강한 사람에 비하여 이동이 빠르지 않거나, 상하로의 이동에 어려움을 겪거나, 외출행동 자체가 되지 않는 사람을 이동약자라고 부른다. 영어로는 limited mobility group (이동제약자), transportation poor group(교통 빈곤계층), mobility handicapped(이동장애인), transportation disadvantaged group(교통 불이익계층) 등 다양한 용어로 쓰인다. 일본에서는 교통곤란자, 이동곤란자, 교통약자 등으로 불리고 있다. 이러한 용어는 거의 동의어로 이용되고 있지만, 여기에서는 이동약자(교통곤란자)를 사용하기로 한다.[3)] 이동곤란자는 보다 중증의 사람으로서 일반 공공교통을 이용하는 데도 어려움이 따르며 ST 서비스를 중심으로 이용하는 사람들로 생각해도 좋다.

#### (1) 미국에서의 교통 빈곤계층의 정의

도와주는 사람 없이 독자적인 이동에서 교통 서비스를 필요로 하는 연령이지만, 자동차를 이용할 수 없으며 적절한 교통 서비스를 조건에 적합한 비용으로 이용할 수 없기 때문에 이동에 제약을 받고 있는 계층이다. 구체적으로는 ① 자동차를 살 여유가 없거나 운전을 할 수 없는 층, ② 공공교통기관의 비용을 지불하기에 어려운 층, ③ 공공운송

**표 7.1 후지사와(藤澤) 시 이동약자의 동작별 출현율**

| | 이동 곤란을 수반하는 동작 | 출현율(%) |
|---|---|---|
| 하체 근력 부족 | • 보행 곤란 | 4.6 |
| | • 빠른 걸음 곤란 | 11.2 |
| | • 건물의 계단 오르내림 곤란 | 9.7 |
| | • 버스 정류장에서 서 있기 곤란 | 7.4 |
| | • 버스 계단 오르내림 곤란 | 4.8 |
| | • 차 안에서 서 있기 곤란 | 12.5 |
| 정밀성 | • 요금 지불 동작 곤란 | 5.0 |
| | • 하차 조작버튼 누르기 곤란 | 2.3 |
| 청각 | • 안내방송 듣기 곤란 | 4.8 |
| 시각 | • 시각표 보기 곤란 | 5.8 |

서비스가 빈곤한 지역에 사는 층, ④ 공공교통 설계상 또는 운행 특성상, 심신상의 제약으로 이용할 수 없는 층이다.

### (2) 이동약자(교통약자)

여기에서는 도로와 교통기관을 이용함에 있어서 심신기능의 저하로 어떠한 형태로든지 이동상의 제약을 겪는 사람들을 말한다. 넓은 의미로는 미국의 교통 빈곤계층과 같은 의미를 가지지만 일본에서 사용되고 있는 이동약자는 넓은 의미, 즉 ④ 심신상의 제약으로 인하여 공공교통을 이용할 수 없는 사람들로 한정하여 사용되는 경우가 많다.

심신상의 제약이란 여기에서는 신체의 제약을 대상으로 하며, 예를 들어 버스 이용을 전제로 한 경우에는 버스 정류장까지의 보행 곤란, 버스를 서서 기다리기 곤란, 버스 계단 승하차의 곤란, 요금 지불동작의 곤란, 안내방송 듣기 곤란, 시각표 보기 곤란 등이 있다. **표 7.1**은 각각의 이동약자의 출현율을 나타낸 것이다. 그리고 이러한 항목 중 하나라도 해당되는 사람을 이동약자로 하였다.

### (3) 이동약자의 인원수

미호시(三星) 교수는 오사카 부 하비키노(羽曳野) 시에서, 아키야마(秋山) 교수는 카나가와(神奈川) 현 후지사와(藤沢) 시에서 이동약자에 대하여 앙케트 조사를 하였다. 그 결과 양쪽 모두 조사 당일의 고령 인구는 7% 정도이며, 하나라도 이동 곤란을 겪는 동작항목에 해당하는 사람이 전체 조사자의 25% 정도 존재하는 것으로 나타났다. **그림 7.3**의 하비키노(羽曳野) 시의 조사 결과에 따르면 25% 중에서 한 항목이라도 해당되는 이동약자는 비고령자·비장애인이 16.7%, 장애인·고령자가 8.3%이었다.

이상으로 고령자·장애인이 이동제약의 큰 부류이지만 비고령자·비장애인에서도 상

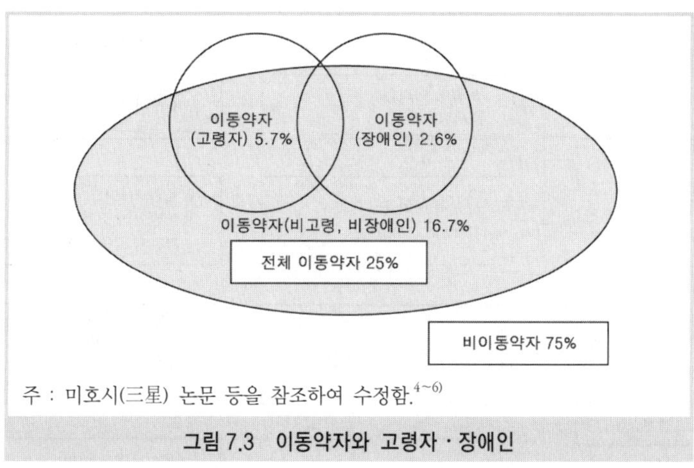


주 : 미호시(三星) 논문 등을 참조하여 수정함.[4~6]

그림 7.3 이동약자와 고령자 · 장애인

당수의 이동약자가 존재한다. 이것은 교통시설 계획에서 의학과 복지 분야의 정의에 따른 장애인 · 고령자만을 위한 대책으로는 충분하지 않다는 것을 알 수 있다.[4~6]

### 2) 장애인의 이동제약

장애인을 외출행동의 관점에서 분류하면 크게 이동계 장애와 정보계 장애의 두 가지가 된다. 이동계 장애는 주로 지체장애인이 중심이 되며, 신체기능이 저하한 고령자도 포함된다. 이 그룹은 신체기능의 저하가 큰 경우부터 아주 적은 경우까지 다양한 층을 포함하고 있지만, 교통의 관점에서 보면 보행이 불가능한 사람(주로 휠체어 사용자)과 보행이 가능한 사람(목발 · 보행기 사용자 등)으로 구분할 수 있다. 그리고 정보계 장애는 정보 획득의 어려움 정도와 종류 측면 등 두 가지로 분류할 수 있다. 하나는 시각정보 획득의 어려움이며, 다른 하나는 청각정보 획득의 어려움 및 커뮤니케이션의 어려움이다. 각각 시각장애인과 청각 · 언어 · 지적 장애인 등이 이 그룹에 속한다(**그림 7.4**).

### 3) 고령자의 이동제약

고령자란 65세 이상의 사람을 말하며 고령화 사회(aging society)란 고령자가 전체 인구에서 차지하는 비율이 7% 이상, 고령 사회(aged society)는 14% 이상으로 세계보건기구(WHO)에서 정의하고 있다.

즉, 고령자가 일정비율 이상 차지하고 있는 경우 사회 시스템에 대한 영향이 크므로 어떠한 형태로든지 대응이 필요하다. 일본은 전체 인구에서 차지하고 있는 고령자 비율이 21세기에는 세계 최고 국가(전 인구의 1/4)가 된다. 더욱이 고령화 속도가 대단히 빠르며 핵가족화를 수반한다는 점에서 대단히 문제가 많은 고령화 사회가 된다는 점이 특징이라고 할 수 있다.

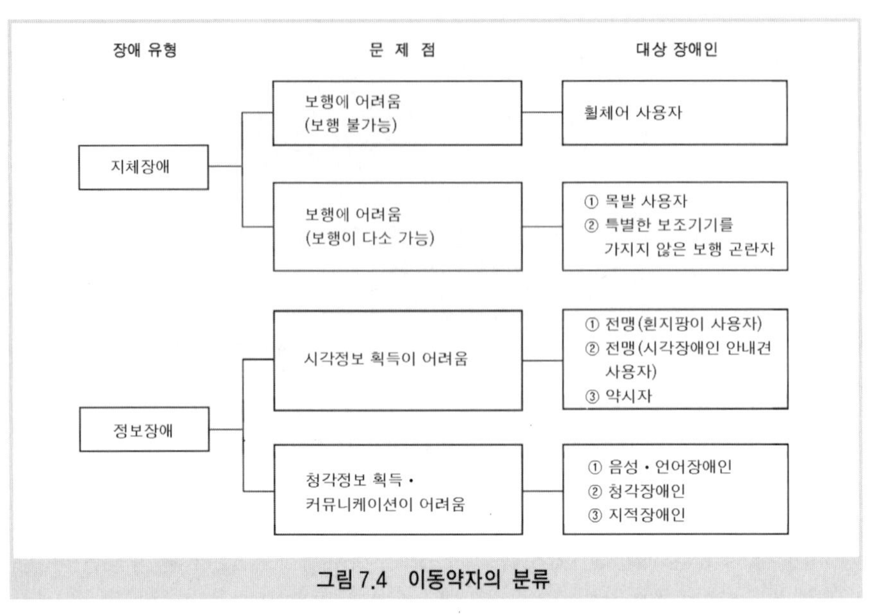


그림 7.4 이동약자의 분류

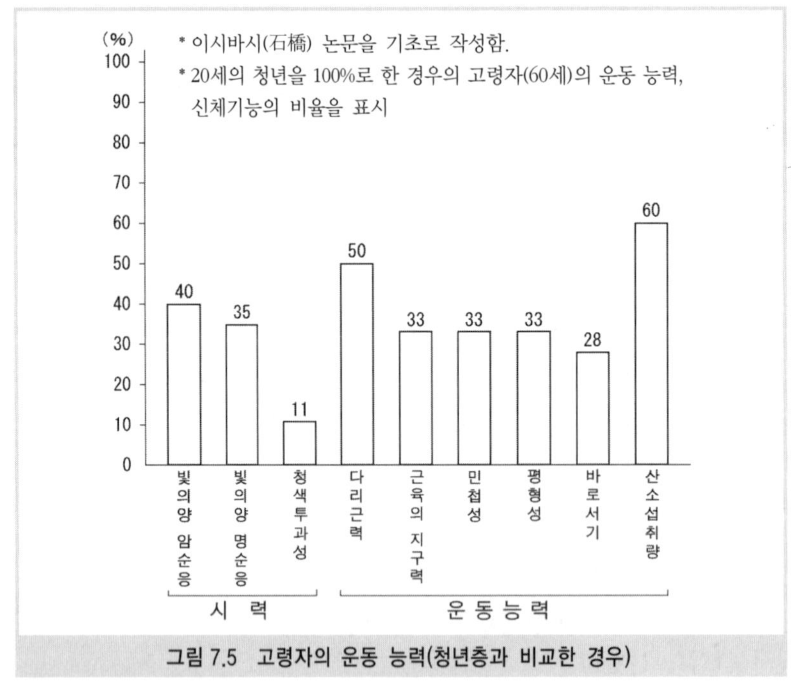


그림 7.5 고령자의 운동 능력(청년층과 비교한 경우)

(1) 고령자의 신체기능 저하

신체기능의 저하에 대하여 20세의 청년과 60세의 고령자를 비교한 것이 **그림 7.5**이다. 운동 능력과 시력의 경우 20세의 청년과 비교하여 60세의 고령자는 1/2에서 1/3까지 신체기능이 떨어진다는 것을 볼 수 있으며, 70대와 80대의 경우에는 관련 자료는 없지만

신체기능의 저하는 더욱 커진다는 것을 예상할 수 있다.[7, 8]

### (2) 고령자의 보행 능력의 저하

젊은 장애인은 나이가 들어감에 따른 변화가 그다지 크지 않지만, 고령자는 장애가 없더라도 고령으로 인하여 도시공간과의 적응폭이 서서히 감소한다. 예를 들어, 이전에는 작은 배수구도 문제없이 건넜던 사람이 시간의 경과에 따라 '의식적으로 신경을 집중하여 건넘', '지팡이와 손잡이 등을 사용하여 겨우 건넘', '건널 수 없게 됨' 등으로 변화한다. 계단의 오르내림에 대한 어려움의 정도를 **그림 7.6**에 나타내었다. 고령자의 이동곤란 정도는 60대에서는 10% 정도 나타나며, 70세가 20% 정도, 75세가 30%, 80대에서는 30~70% 정도로 나타나 고령에 따라 어려움을 느끼는 정도가 커지고 있음을 알 수 있다.

### (3) 고령자의 보행 능력 저하와 이동 제약

이동 제약의 차이가 외출 빈도에 어느 정도 영향을 주는가는 **표 7.2**에 나타내었다. 이동 제약을 계단의 오르내림과 빨리 걸음의 두 가지 지표를 이용하여 분석한 결과, 이동 제약이 큰 사람은 외출율・빈도수가 적으며, 이동 제약이 없는 사람 또는 적은 사람은 외출율・빈도수가 높다는 것을 알 수 있다. 특히, 계단의 오르내림이 어려운 고령자의 외출율은 이동 제약이 있는 사람(약 80%)의 1/3 정도(28%)이다. 즉, 고령자의 이동 제약은 외출에

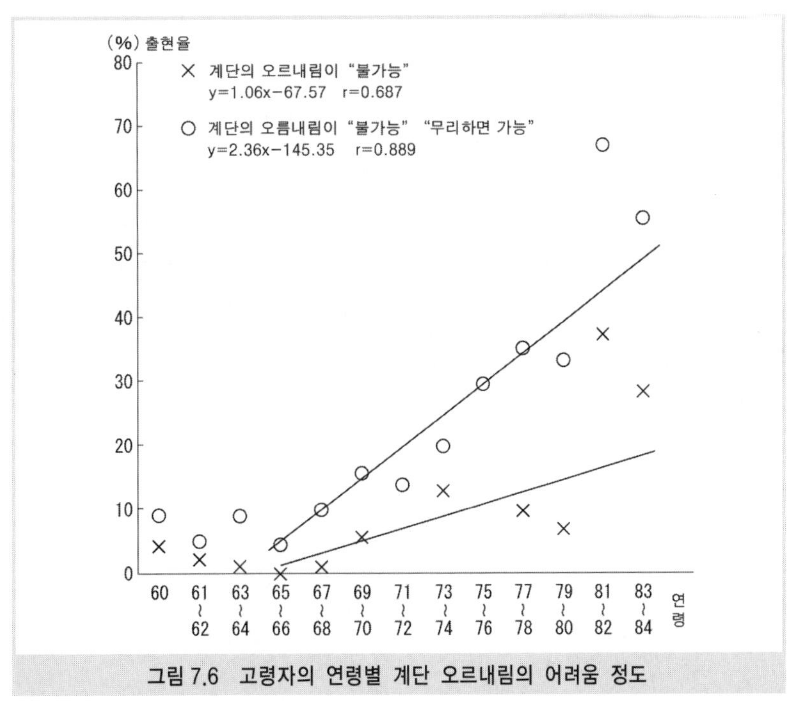


그림 7.6 고령자의 연령별 계단 오르내림의 어려움 정도

**표 7.2 이동제약별 빈도수와 외출율**

| 이동제약의 단계 | | 샘플수 | 빈도수 | | 외출율 |
|---|---|---|---|---|---|
| | | | 복 수 | 단 수 | (%) |
| 빨리 걸음 | 할 수 없음 | 65 | 1.03 | 2.09 | 46.2 |
| | 무리하면 가능 | 72 | 2.47 | 2.92 | 84.7 |
| | 숨이 가쁨 | 53 | 2.36 | 2.98 | 79.2 |
| | 쉽게 할 수 있음 | 172 | 2.46 | 2.96 | 83.1 |
| 계단 오르내림 | 할 수 없음 | 18 | 0.56 | 2.00 | 27.8 |
| | 무리하면 가능 | 49 | 1.70 | 2.78 | 61.2 |
| | 숨이 가쁨 | 119 | 2.20 | 2.81 | 78.2 |
| | 쉽게 할 수 있음 | 169 | 2.56 | 3.00 | 85.2 |

주 : 빈도수는 자택에서 병원(첫 번째 빈도), 다음에 병원에서 쇼핑(두 번째 빈도), 다음에 쇼핑을 마친 후 자택으로 귀가(세 번째 빈도)로 조사한다. 복수는 외출하지 않은 사람도 포함한다. 단수는 외출한 사람만의 외출율이다.

**표 7.3 등가시간 계수**

| | 마치다 시 | 스이타 시 |
|---|---|---|
| 서서 이동하는 10분은 앉은 상태의 | 21.2분 | 21.2분 |
| 보행 10분은 앉은 상태의 | 20.4분 | 26.0분 |
| 환승 10분은 앉은 상태의 | 44.3분 | - |
| 기다리는 시간 10분은 | 18.9분 | 18.3분 |

큰 영향을 미치고 있다.

### (4) 이동부담

이동부하의 하나로 이동부담이 있다. **표 7.3**은 마치다(町田) 시와 스이타(吹田) 시를 사례로 버스에서 의자에 앉은 상태를 기준으로 이동부담을 앙케트 조사로 환산하여 나타낸 것이다. 버스에 앉은 상태를 1로 가정하였을 때 '서서 이동하는 경우', '서서 기다리는 경우', '걷는 경우'는 약 2배 정도의 부담이 있으며, '환승'의 경우에는 4배 이상의 부담이 있음을 알 수 있다. 즉, 계단과 단차 등의 장애물을 없애는 것뿐만 아니라 환승, 기다리기 등 다양한 이동부담을 제거하는 것이 중요하다.

## 2 버스 이외의 교통 대책

고령자・장애인 교통대책의 근간을 이루는 것은 커뮤니티에서의 다양한 교통수단이다. 그리고 매우 세부적인 서비스가 제공되기 때문에 비용도 일반적으로 많이 든다. 일본은 기타 복지 선진국과 비교하면 이러한 커뮤니티 교통 서비스가 매우 뒤처졌으며, 북미와 영국・스웨덴과 비교하여 10년 또는 20년 정도가 늦은 것으로 판단된다.

이렇게 뒤처지게 된 이유로 첫째는 유럽과 미국은 교통 서비스를 공공부문에서 지원하고 있는 데 비하여 일본에서는 대부분의 업무를 업계에 일임한 후, 국토교통성이 규제에 대한 인허가 등의 체크만을 중심으로 함에 따라 복지 등의 대응이 뒤처졌다고 할 수 있다. 둘째는, 유럽과 미국 등의 복지 선진국에서는 복지・보건・의료・교통 서비스를 국가・지방자치단체의 업무로서 오래전부터 대응해 온 데 비해, 일본에서는 행정의 범주가 아니라고 생각해 왔다는 점이다. 따라서 일본에서는 각종 서비스가 자연발생적인 자원봉사의 업무라는 인식이 지금까지도 강하게 남아 있다. 셋째는, 후생노동성과 국토교통성 사이에 있는 시책으로, 각자의 고유 분야가 아니라는 인식으로 인하여 이동 서비스를 정책에 도입하지 않은 점 등이 있다.

이상의 이유로 고령자・장애인 교통 대응이 뒤처진 일본에 비하여 복지 선진국에서는 다양한 노력을 하고 있으며, 최근 20년간 착실히 진전을 보이고 있다. 여기에서는 이러한 버스 등의 사례를 중심으로 소개하고자 한다.

### 2.1 택시・ST 서비스

일본의 ST 서비스는 아직 발달하지 않은 분야로서 영국이나 미국에 비해 약 10~20년 정도 뒤쳐져 있다고 할 수 있다. 일본에서는 아직 그 사례가 적기 때문에 여기에서는 ST 서비스가 발달한 영국을 중심으로 여러 가지 사례를 소개하고자 한다.

#### (1) 다이얼 어 라이드

**그림 7.7**은 영국 런던의 다이얼 어 라이드(dial a ride)라는 이용자격이 있는 장애인 등이 이동 서비스를 받을 수 있는 시스템을 나타내었다. 이것은 런던 교통국이 민간회사(이익을 발생시키기 않는 NPO)에 위탁하여 운행하고 있다. 운행 서비스는 병원 이외의 자유로운 교통목적(병원은 다음에 서술하는 앰블런스 서비스)에 대하여 서비스한다. 요금은 공공교통의 2배를 초과하지 않는 범위에서 징수한다.

이 시스템은 비교적 효율성과 채산성이 요구되는 것으로, 사전예약에 의한 일정표가

**그림 7.7 다이얼 어 라이드**
(런던 교통국)

있어 합승으로 몇 명이라도 같이 태울 수 있는 것이 일반적이다.

#### (2) 커뮤니티 트랜스포트

커뮤니티 트랜스포트(CT)는 자원봉사를 기초로 발달하였으며, 현재는 NPO로 이루어져 있다. 직원은 급여제가 많으며, 저임금으로 이동 서비스를 하고 있다. 물론 자원봉사자도 협력하고 있다. 재원은 지방자치단체, 복권기금, 기부, 기타로 구성되어 있다. 그리고 전국조직으로 CT협회가 있으며, 각 단체에 다양한 지원을 하고 있다. 구체적으로는 연 1회의 전국대회, 잡지 간행, 운전자 교육・훈련의 지원 등이 있다. 이와 같은 NPO를 기초로 이루어진 단체가 미국과 호주에도 만들어져 있다. 차량은 다이얼 어 라이드와 유사한 리프트 부착형 밴의 형태가 이용되는 경우가 많으며, 휠체어를 이용하는 장애인의 경우에는 4~5명, 휠체어를 이용하지 않는 경우 10명 정도의 이용이 가능하다. 이 이외에는 좀 더 큰 차량과 승용차 등을 이용하는 경우도 있다.

#### (3) 앰블런스 서비스

런던에서는 영국 후생성(National Health Service)의 공익법인인 NHS 재단이 운행하고 있는 것이 있다. 런던의 사례를 보면, 런던 앰블런스 서비스는 일본의 구급차에 해당하는 부분이 20%, 고령자・장애인의 이동(환자 운송)에 80%를 담당하고 있다. 병원 이동에서는 런던의 도심에 있는 병원까지 상당한 거리를 자원봉사자가 맡고 있다. 영국에서는 이동이 곤란한 장애인과 고령자가 가정의(GP)에게 진료를 받고자 할 경우, 의사가 이동 서비스(앰블런스 서비스)를 예약하여 병원까지의 이동을 보장하고 있다. 차량은 자원봉사자에게 위탁한 차량이 사용되는 경우와 개인의 자원봉사 승용차가 사용되는 경우가 있다.

### (4) 개호택시

10여 년 전 동경의 자원봉사단체가 실시하는 도어 투 도어 서비스(door to door service) 중에 장애인이 외출을 하기 위하여 침대에서 일어나 옷 갈아입기, 휠체어로 옮겨 앉기, 현관에서 리프트가 부착된 밴으로 승차, 그리고 병원에 도착한 후의 접수, 대기, 진찰 후 집으로 돌아와 주택 내부까지의 이동을 도와주는 서비스가 있었다. 이것을 필자는 케어부착형 교통이라고 불렀다. 후쿠오카(福岡)의 택시회사 메디스는 개호보험이 시작되기 전부터 이러한 케어부착형 교통을 실시하고 있다. 중요한 것은 2002년까지 개호보험의 신체개호가 30분 20,000원 정도 드는 것이 주목할 만하다.

시설까지의 왕복으로, 자택의 침대에서 택시까지의 도우미에 의한 개호(개호보험의 대상으로 20,000원 정도)와 택시로 이동(보험적용 대상 외 15,000원), 도우미에 의한 개호(보험적용 대상으로 20,000원)로 합계 55,000원 정도 들지만, 도우미 2급의 자격을 가진 택시기사 한 명으로 20,000원으로 절감한 것이다. 20,000원으로 개호를 필요로 하는 고령자의 이동서비스를 실시하며, 이용자의 경비 지출은 2,000원으로, 나머지 90%는 개호보험에서 부담한다는 개념이다. 현재, 전국 각지에서 시행착오를 거치며 정비되고 있는 실정이다.

일본에서는 고령자의 이동부문에 대한 대응의 정책적 뒤처짐이 이러한 사태를 불러일으키고 있다. 이 점은 교통 전반에 걸쳐 있다고 할 수 있으며, 이동지원과 환경부하 경감에 대해서는 국제적인 패러다임 측면에서 보면 공적 자금을 좀 더 투입하여도 좋지만, 아직 이러한 움직임은 보이지 않고 있다. 2003년도부터는 개호택시의 요금이 1회 30분 10,000원으로 변동되었다. 그리고 장애인은 2003년부터 시작된 지원비 제도에 의하여 개호택시를 이용할 수 있다.

### (5) 유니버설 택시

세계에서 택시의 무장애화가 가장 앞선 것은 런던의 택시인데, 1998년에 18,000대 중에서 16,000대가 슬로프를 부착하고 있다. 현재는 대부분의 택시가 슬로프 부

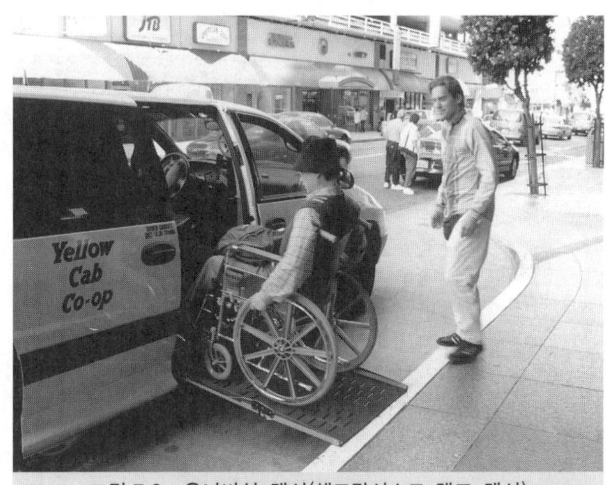

그림 7.8 유니버설 택시(샌프란시스코 램프 택시)

착형 택시로 이루어져 있으며, 이러한 사례는 미국의 샌프란시스코, 호주의 애들레이드(Adelaide) 시, 캐나다의 슬로프 부착형 택시에서도 보인다. 일본에서는 일반적인 택시에 리프트를 정비한 것과 개조를 '영업 홍보용'으로 한 경우가 보이고 있다. 그리고 논 스텝(non-step) 택시는 시험개발에 머물러 있다. **그림 7.8**은 샌프란시스코의 슬로프로 승하차할 수 있는 택시인데, 일명 램프 택시로 불린다.

## 2.2 버스와 택시 사이의 교통체계(커뮤니티 버스)

일본에서 버스와 택시 사이의 교통체계는 상당히 애매모호하며, 앞으로의 정책과 실험 등에 의존하는 바가 크다. 그러나 지방자치단체를 중심으로 한 커뮤니티 버스가 동경도·사이타마 현 부근에서 수십 건의 요청에 의하여 운행되고 있다. 그 중에서는 대형 택시를 이용한 이동 서비스와, 주로 고령자·장애인의 이동에 중점을 둔 이동 서비스 지원 등 다양한 커뮤니티 버스가 출현하고 있다. 대다수의 지방자치단체는 고령자의 이동 서비스로서 커뮤니티 버스를 보조하고 있다. 즉, 커뮤니티 버스에 보조하는 것이 아니라 이동 서비스의 종합적 지원에 사용하는 것이 오히려 중요하다고 할 수 있다.

### (1) 커뮤니티 버스의 사례

커뮤니티 버스의 운행은 일반적으로 마이크로 버스 규모의 차량을 이용하는 경우가 많으며(**그림 7.9**), 경로는 기존의 버스가 운행하고 있지 않은 지역으로써, 버스비는 1,000원 정도로 비교적 저렴하다. 이처럼 지방자치단체가 계획하여 일정부분의 운행비용을 보조하는 방식은 어떤 의미에서 지역 이동 서비스를 행정 쪽에서 책임을 지는 중요한 첫걸음으로 평가할 수 있다.

**그림 7.9**
**일반적인 커뮤니티 버스의 사례**

### (2) 동경 주변의 커뮤니티 버스의 효과와 문제점

여기에서 이야기하는 커뮤니티 버스는 어디까지나 일본의 커뮤니티 버스로서 영국의 것은 아니다. 일본의 커뮤니티 버스의 특징은 교통 불편 지역의 해소를 위한, 고령자・장애인을 고려한, 공공시설을 순환하는 등의 목적으로 운행되는 것이 아니다. 주로 지방자치단체의 계획에 근거하여 운행되는 것이 많으며, 민간에서는 버스의 규제 완화의 선점을 위하여 운행되는 형태가 있다.

동경・사이타마 등의 82개 노선을 조사한 결과 1km・1차량당 이용자수가 1인/대・1km 이하의 노선이 90%를 차지하여, 채산성이 대단히 낮은 것으로 나타났다(**그림 7.10**). 커뮤니티 버스는 아마도 무사시노(武蔵野) 시의 성공 사례에 자극을 받은 것으로, 각 지역으로 확산되고 있다. 이러한 발상을 한 사람의 30~40% 정도는 시장 또는 의원 등이다. 이렇게 톱 다운(top down) 형태로, 버스의 운송 계획에 그다지 밝지 않은 시의 공무원이 계획하기 때문에 선진도시를 모방할 뿐이며, 사람이 타지 않는 버스가 확대 재생산되고 있는 측면도 있다.

• 이용객이 많은 노선과 적은 노선의 문제점 : 승객이 자주 타는 노선과 타지 않는 노선은 어떤 차이가 있는지 살펴보고자 한다. 동경・사이타마의 82개 노선 중에서 가장 많이 타는 노선은 약 6명/대・km의 무사시노(武蔵野)의 버스, 세타가야구(世田谷区)의 버스 등이다. 이와 반대로 90% 이상이 1명/대・km 이하로 나타났다. **표 7.4**는 이용객이 많은 세 개의 노선과 그다지 이용하지 않는 노선과의 비교이다. 이용이 많은 노선의 공통점은 운행 빈도가 많고, 노선거리가 짧으며, 그리고 표에는 없지만 버스 공백 지역에서 운행하고 있다 등이다. 마케팅 전략이 잘못된 노선, 즉 이용하지 않는 노선의 공통점은 운행 빈도가

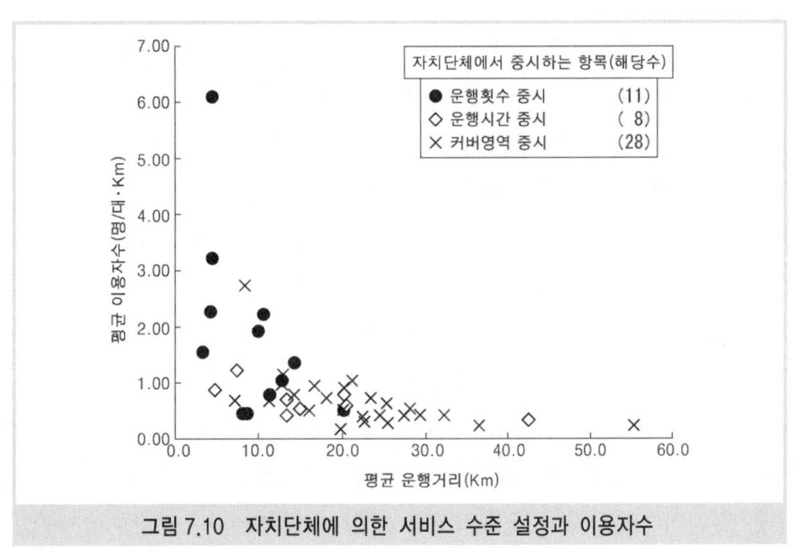


**그림 7.10 자치단체에 의한 서비스 수준 설정과 이용자수**

| 표 7.4 이용객이 많은 노선과 적은 노선의 사례 | | | | | | |
|---|---|---|---|---|---|---|
| 사업주체 | 토우큐우 트랜스(민간) | 세타가야(世田谷) 구 | 히노(日野) 시 | 니자(新座) 시 | 마치다(町田) 시 | 히다카(日高) 시 |
| 노선명칭 | 토우큐우 트랜스 | 타마 리버버스 | 케이오우 버스 | 니자시 셔틀 | 마치코 | 세세라기 호 |
| 운행간격 | 약 10분 | 약 15분 | 약 60분 | 약 60분 | 120~180분 | 약 70분 |
| 운행시간대 | 8 : 00~20 : 00 | 6 : 30~21 : 30 | 8 : 15~18 : 15 | 7 : 00~19 : 00 | 10 : 25~17 : 30 | 8 : 00~17 : 35 |
| 노선거리(형태) | 4.5km(순환형) | 4.4km(순환형) | 6.7km(왕복형) | 14.7km(왕복형) | 21km(왕복형) | 21.5km(순환형) |
| 요 금 | 1,500원 | 2,100원 | 1,700~4,100원 | 1,900~2,500원 | 1,000~3,000원 | 1,700~3,000원 |
| 노선 성격 | 교통불편지역에서의 이동수단 확보 | 교통불편지역+공공시설로의 이동수단 | 교통불편지역+공공시설로의 이동수단 | 공공시설로의 접근 | 공공시설로의 접근 | 교통불편지역+공공시설로의 이동수단 |
| 이용자수/대 · km | 5.89명 | 2.2명 | 3.21명 | 0.70명 | 1.03명 | 0.29명 |
| 앙케트 회수율 | 19% | 21% | 26% | 14% | 11% | 10% |

적고, 노선거리가 길고, 그리고 특정 운행목적에 특화(장애인, 병원이송용으로 한정)되어 있다 등이다.

• **무사시노 시의 버스가 성공한 이유** : 무사시노 시가 성공한 이유는 첫째, 몇 년 동안 정밀한 조사를 하여 노선을 정한 점이다. 둘째, 이용자를 찾기 위하여 운행 전부터 설명과 요구조사가 충분히 이루어졌던 점이다. 셋째, 수요가 어느 정도 예측 가능한 계획이었다는 점이다. 예를 들어 노선 결정 시에는 짧은 구간으로 하며, 기존에 버스 노선이 없던 지역과 역, 중심지를 연결한 점, 서비스 수준에서는 운행 빈도를 15분에 한 대로 한 점, 차량에는 당시에 드물었던 리프트 장치를 설치하거나 커뮤니티 보드를 부착하는 등의 노력을 한 점이다. 넷째는 무사시노 시의 인구가 100명/ha 이상이며, 버스를 운행한다면 이용객의 증가와 함께 거주인구도 자연스럽게 증가할 것이라는 예상이 적중했다는 점이다.

• **무사시노 시의 버스를 모방하였으나 실패한 이유** : 아마도 무사시노 시의 버스를 보고 동일하게 운행한 지방자치단체는 이용객이 결코 줄어들 것이라는 예상을 하지 못했을 것이다. 이용하지 않는 몇 가지 이유를 살펴보면, 첫째 조사 · 계획이 시간을 가지고 주도면밀하게 이루어지지 않았다. 둘째, 계획이 막연하였으며 오류가 있었다. 예를 들어 공공시설 순환형은 어느 정도 명분이 있지만 경로가 길어지는 등 상당히 비효율적인 경로로 계획하였다. 그리고 운행 빈도의 계획에서도 1시간에 1대에서 3시간에 1대 등으로 이용자의 행태 및 요구와 맞지 않는 빈도로 계획되었다. 이 배경에는 의원과 시장 등의 압력으로 운행하기 때문에 적절한 경로 · 빈도 계획이 이루어지지 않았던 것으로 생각할 수 있다. 셋째, 시와 각 구의 인구가 원래부터 적었다. 따라서 커뮤니티 버스가 어디까지 커버할 수 있는지, 경제적 부분과 계획범위와의 관계를 적절히 파악하기 어려웠다. 넷째, 행정 담당자가 버스 계획과 교통 계획에 대한 지식이 부족하였다. 행정 담당자에 대한 교통 계획 교육을 철저히 하는 것이 필수적이라고 할 수 있다.

## 2.3 플렉스 루트

스웨덴 예테보리의 헤기스보(högsbo)에서 실시되고 있는 플렉스 루트(flex root)는 매력적이며 효율적인 고령자·장애인을 위한 교통수단이다. 높은 비용과 수준 높은 서비스를 제공하는 ST 서비스에 가까운 교통수단이며, 동시에 ITS 시스템(통신기술)을 활용한 버스이다. 이 시스템은 ST 서비스의 부담을 조금이라도 경감하고자 출현된 시스템이기도 하다. 일본의 ST 서비스는 아직 많이 부족하기 때문에 이해하기 어려울지 모르겠지만, ST 서비스가 높은 비용과 높은 수준의 서비스임에 비하여, 일반 버스는 낮은 비용과 높은 수준의 서비스이다. 이 플렉스 루트는 중간 비용과 높은 수준의 서비스로 생각할 수 있다(**그림 7.11**).[12)]

이 시스템은 택시와 버스의 중간적 교통이며, 12~14인승의 저상버스로 장애인과 노약자가 편리하게 이용 가능한 미니버스 형태이다(**그림 7.12**). 대상지역은 가로, 세로 2~3km

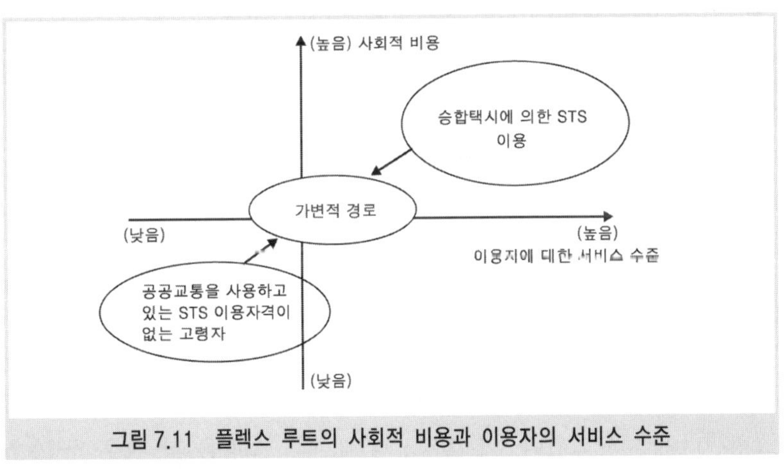


**그림 7.11 플렉스 루트의 사회적 비용과 이용자의 서비스 수준**

**그림 7.12 플렉스 루트의 차량**

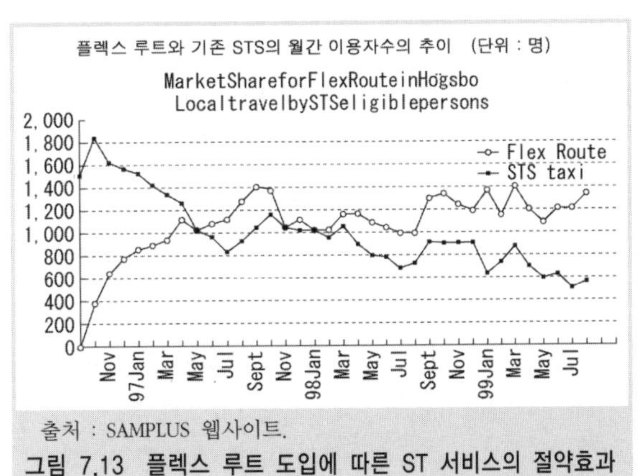


출처 : SAMPLUS 웹사이트.

**그림 7.13 플렉스 루트 도입에 따른 ST 서비스의 절약효과**

로 약 7km$^2$, 인구는 16,000명이며, 그 중에 1/3이 고령자로 이루어져 있다. 두 곳의 고정된 장소에서 도심의 쇼핑센터와 대형 병원 사이를 네 대의 버스로 연결하며, 출발시각을 정하여 30분 또는 60분 간격으로 출발시킨다. 경로 중 두 곳의 고정 지점에서 완전한 자유경로로 승차와 하차를 자유롭게 요청 가능하다. 예약은 2주일 전부터 15분 전까지로 정해져 있다. 고령자의 보행을 150m 이내로 상정하여 70개의 미팅 포인트(버스 정류장)를 설정하였다.

그리고 **그림 7.13**은 플렉스 루트 도입으로 높은 비용의 ST 서비스에 대한 절약효과를 나타낸 그림이다.

## 2.4 도심 쇼핑 등의 지원 서비스

### (1) 상업지역 이동(타운 모빌리티) 대책

타운 모빌리티란 고령자·장애인이 도심에서 쇼핑을 할 때 전동 삼륜과 휠체어를 빌려 봉사자에게 도움을 받아 쇼핑을 하는 시스템을 말한다. 발생은 영국의 숍 모빌리티(shop mobility)를 일본어로 타운 모빌리티로 부른 것이다. 이 시스템은 도심에서의 쇼핑과 다양한 사람과의 만남 등 고령자·장애인의 재활로서의 의미도 크며, ST 서비스가 정비된 영국에서 발달하고 있다.

### (2) 영국의 숍 모빌리티 발생 배경[7)]

숍 모빌리티의 목적은 도심과 상점가에서 고령자 등의 쇼핑 지원을 전동 삼륜 등을 이용하여 지원하는 시스템으로, 1978년 런던 북쪽의 밀튼킨즈라는 뉴타운에서 발생하였다. 발생 동기를 살펴보면, 당시 도시 주변에서 도심으로 접근하기 쉽도록 1km 정도의 긴 실내 쇼핑센터가 계획되었다. 이 쇼핑센터 내에서 쇼핑을 할 경우 1~2km를 걷지 않으면 안 되었기 때문에, 고령자 등의 보행곤란자에게 전동 삼륜 등이 필요하게 되었을 것으로 추측된다. 밀튼킨즈에서 시작되어 20여 년 동안 전국에 220곳(1998년 11월) 이상 보급되었으며, 2001년도에는 260곳을 넘고 있다.

### (3) 일본의 타운 모빌리티

일본의 타운 모빌리티는 1990년대 중반부터 (구)건설성이 가시와(柏) 시와 무사시노(武蔵野) 시에서의 실험을 시작으로 현재는 아오모리(青森), 가나자와(金沢)의 대형 점포 등에서 보이고 있으며 실험도 각지에서 이루어지고 있다.

(4) 타운 모빌리티의 정비요건[13)]

• **실내 쇼핑몰에 적합한 시스템** : 숍 모빌리티의 성립조건을 몇 가지 도출해서 비교해 보면, 도로변의 상점가보다는 대규모 실내 쇼핑몰이 유리하다.

• **도심까지의 교통 시스템이 필수적** : 도심까지의 교통수단이 필요하다. 영국의 경우 도어 투 도어 서비스, 승용차에 의한 커뮤니티 카 스킴(community car scheme : 자가용으로 이동한 경우 기름값을 실비로 받을 수 있는 제도) 등이 발달해 있다. 즉, 일본에서 이것을 실시하고자 하는 경우 이동 시스템이 영국과 비교해 결정적으로 적다는 점이다.

• **휠체어, 전동 삼륜의 지급과 가격** : 영국에서는 전동 휠체어의 가격이 일본의 2배 이상이며, 또한 한정된 사람에게만 지급되고 있다. 따라서 구입이 대단히 어려우므로 임대방식으로 지원하고 있다.

• **행정정책으로서의 대응** : 숍 모빌리티는 ST 서비스를 제공하는 것도 중요하지만 좀 더 적절한 행정정책의 보조가 이루어질 필요가 있다.

# 일본의 복지마을 만들기와 유니버설 디자인

## 3.1 기본이념

### 1) 노멀라이제이션(정상화)

장애인을 중심으로 하는 배리어 프리 디자인은 노멀라이제이션과 복지마을 만들기와 깊게 연관된 개념이다. 그 관계를 **그림 7.14**에 나타내었다. 노멀라이제이션이 상위개념이며, 복지마을 만들기와 배리어 프리 디자인은 그 속에 포함된 개념으로 파악하면 이해하기 쉽다. 노멀라이제이션은 1950년대에 스칸디나비아 반도에서 발생한 개념으로, 장애를 가진 사람도 일반 사람과 함께 지역 내에서 안심하고 생활할 수 있을 것을 기본에 둔 개념이다. 노멀라이제이션을 좀 더 알기 쉽게 설명하면, 장애인은 시설에서 의식주만 제공받으며 어떤 불편함 없이 격리된 생활을 하는 것보다는, 여러 가지 어려움은 있지만 지

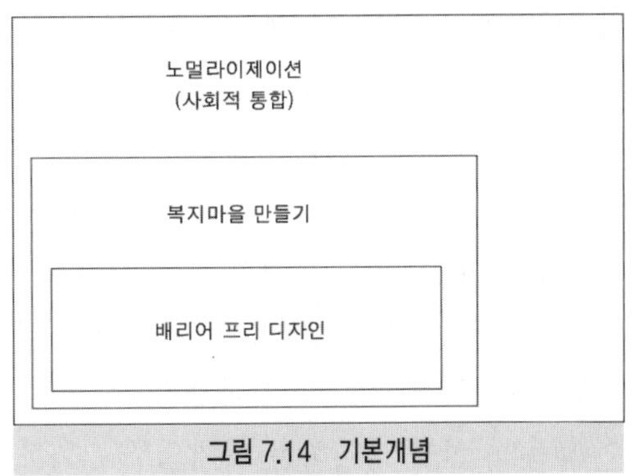

그림 7.14 기본개념

역 내에서의 자립적인 생활을 일반 사람들과 함께 해 나가는 편이 보다 행복하다라는 개념이다. 복지마을 만들기는 장애인 등이 지역에서 자립된 생활이 가능하도록 하기 위하여 다양한 물리적 측면과 운영적 측면의 사회 기반을 정비하는 것을 의미한다. 마을 정비와 교통에 관련하여 설명하면, 주거와, 주거에서 근무처, 학교, 상업시설, 병원 등 여러 시설에 접근 가능한 도로, 교통시설과 그 서비스가 장애물이 없도록 하는 점이다.

### 2) 복지마을 만들기

사람들마다 견해는 다르지만, 일본의 역사에서 살펴보면 '복지마을 만들기'는 1970년대부터 30년 이상의 역사를 가지며, '배리어 프리'는 최근 15년 정도의 역사를 가졌다고 할 수 있다.[14)]

복지마을 만들기는 「동경도 복지마을 만들기 정비지침」(1987년)에서 물리적인 부분과 운영적인 부분의 실현과정이라고 정의하고 있다. 즉, 장애를 가진 사람을 포함한 다양한 사람들의 공통과제로서 복지마을 만들기를 정의하고 있는 것이다. 그 밑바탕에는 노멀라이제이션의 이념이 깊게 관여하고 있다. 구체적으로는 다음과 같은 용어로 나타내고 있다. 장애물이 있는 사회는 장애인 자신이 문제가 있는 것이 아니라 사회가 문제라는 것이다. 따라서 장애인이 사회에 맞추는 것이 아니라 사회가 장애인에게 맞출 필요가 있다.

그리고 복지마을 만들기는 장애인을 중심으로 하는 다양한 행정시책을 지방자치단체, (구)후생성, (구)건설성, (구)운수성 등이 중심이 되어 전개하고 있으며, 상세한 내용은 '주거와 교통' 부분을 참조하길 바란다.

### 3) 배리어 프리 디자인

장애를 가진 사람의 사회 참여를 저해하고 있는 장애물로는 물리적, 정보, 제도, 의식의 네 가지가 있다(**표 7.5**). 물리적 장애물이란 사용하기 어려운 도구와 기기, 단차, 계단 등을 말하며, 배리어 프리의 주요 대상으로 생각할 수 있다. 기타 정보의 장애물(음성정보와 시각정보 등의 결여), 제도의 장애물, 의식의 장애물(차별과 편견, 태도 등) 등은 지금까지는 별로 생각해 오지 않았다. 이러한 장애물을 제거하는 것과, 장애를 가진 사람이 이용할 수 없었던 제품, 건축물, 도시・교통 등을 이용할 수 있도록 하는 것을 배리어 프리 디자인으로 불리고 있다.

이것은 비장애인은 이용할 수 있으므로, 이용할 수 없는 장애인이 이용할 수 있도록 함으로써 모든 사람이 사용할 수 있도록 하는 발상이 배리어 프리 디자인이 지향하는 방향이다. 즉, 배리어 프리 디자인에는 비장애인은 이용할 수 있지만, 장애인은 이용할 수 없는 시설을 정비하는 대책으로 진화해 온 역사가 있다.

| 장애 요소 | 주 요 내 용 |
|---|---|
| 물리적 장애 | 사용하기 어려운 도구와 기기, 단차, 계단 등 |
| 정보장애 | 음성정보와 알기 쉬운 시각정보의 부족, 점자와 수화 서비스의 결여 등 |
| 제도장애 | 각종 자격제도, 입시제도, 취업 등의 조건과 제외 규정 등 |
| 의식장애 | 장애를 가진 사람과 고령자를 대상으로 한 차별과 편견, 태도 등 심리 면에서의 장애물 |

표 7.5 생활환경 속의 장애물 유형

이를 위한 대책은 '장애인만 사용할 수 있는 대책'과 '모든 사람이 이용할 수 있는 대책'의 두 가지 의미를 포함하고 있다. 장애인만 사용할 수 있는 대책은, 예를 들어 시각장애인의 음성정보와 시각장애인 유도용 블록(통칭 '점자블록')이 여기에 해당한다. 점자블록은 시각장애인의 안전과 유도에는 빠질 수 없는 설비이지만, 휠체어 사용자와 일반 보행자에게는 울퉁불퉁하여 이동하기에 불편한 점도 있다. 배리어 프리 디자인에는 이와 같이 특정 사람의 대책도 있지만, 엘리베이터나 움직이는 보도, 단차를 없앤 보도의 대부분은 일반적으로 비장애인에게도 사용하기 쉬운 면이 많다.

### 4) 유니버설 디자인

유니버설 디자인은 장애를 가진 사람에게만 한정하지 않고 모든 사람이 이용할 수 있다는 것을 의미한다. 단순히 이용할 수 있다라는 것뿐만 아니라 시설·물리적·정보 등을 접근 가능하며 안전하며 사용하기 쉽도록 하는 것이다. 유니버설 디자인은 장애인뿐만 아니라 많은 사람이 이용 가능한 것으로, 장애인만을 위한 특별한 대책이 적어지게 되는 점, 비장애인과 함께 사용할 수 있는 시설·교통 등이 많아지는 점, 이에 의하여 시설·설비 투자가 보다 저렴하게 되는 점 등의 이점이 있다. 유니버설 디자인과 배리어 프리 디자인의 관계는 **그림 7.15**에서 나타낸 것과 같다. 배리어 프리 디자인의 일부는 특별한 대책이지만, 대부분은 배리어 프리 디자인을 추구함으로써 많은 사람이 사용할 수 있는 시설과 설비를 얻을 수 있다.

그리고 「동경도 복지마을 만들기 정비지침」(1986년)의 제정 단계에서 이미 모든 사람이 이용 가능하도록 유니버설 디자인의 개념이 포함되어 있지만, 명확한 개념 규정을 한 것은 미국이라고 할 수 있다.

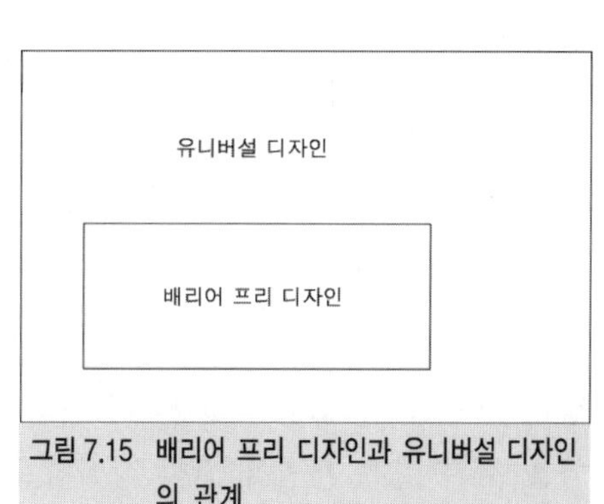

그림 7.15 배리어 프리 디자인과 유니버설 디자인의 관계

#### (1) 유니버설 디자인의 7원칙

유니버설 디자인의 개념은 모든 사람이 사용하기 편리할 것, 그리고 ① 공평하게 사

**표 7.6 유니버설 디자인의 7원칙**

| | 원 칙 | 내 용 | 사 례 |
|---|---|---|---|
| 평등 | ① 공평성 | 사용하는 사람에 따라 불리하게 되지 않을 것 | 자동문 |
| 사용상의 편의 | ② 자유도 | 가변성(자유도)이 있을 것 | 양손으로 사용 가능한 가위, 문의 위쪽과 아래쪽에 사용할 수 있는 열쇠 |
| | ③ 단순성 | 사용방법이 간단하며 쉽게 알 수 있을 것 | 그림에 의한 설명, 움직이는 보도 |
| | ④ 인지성 | 필요한 정보를 쉽게 이해할 수 있을 것. 불필요한 것을 생략하여 심플하며 직감으로 알 수 있는 디자인일 것 | 역과 공항 등의 사인 시스템, 멀리서부터 보이는 역·버스 정류장 등 |
| | ⑤ 안전성 | 디자인이 원인이 되는 사고가 없을 것. 실수하거나 위험으로 이어지지 않는 디자인일 것 | 잘못된 부분을 간단하게 고치는 것이 가능한 컴퓨터 소프트 |
| | ⑥ 효율성 | 무리한 자세를 취하지 않으며, 쓸모없이 힘을 들이지 않고서도 적은 힘으로 편안하게 사용할 수 있을 것 | 터치식 조명기구 |
| 공간 확보 | ⑦ 공간의 확보 | 접근하기 쉬운 공간 규모와 충분한 크기를 확보할 것 | 역에서의 폭이 넓은 개찰구, 화장실 등 |

용할 수 있을 것, ② 자유도가 높을 것, ③ 단순하며, ④ 알기 쉬울 것, ⑤ 안전할 것, ⑥ 효율적일 것, ⑦ 이용하기 쉬운 적정한 공간과 크기의 확보 등 일곱 가지 원칙이 있다(**표 7.6**). 유니버설 디자인의 7원칙을 분류하면, 1) 기회균등(차별을 하지 않는 등 ① 공평성이 여기에 해당), 2) 이용의 편리성(시설·설비·기기의 이용 편리성으로서 유니버설 디자인의 가장 중요한 부분. ② 자유도, ③ 단순성, ④ 알기 쉬움, ⑤ 안전성, ⑥ 효율성 등이 여기에 해당), 3) 도시공간(여유 있는 공간 만들기. ⑦ 공간의 확보가 여기에 해당)으로 나눌 수 있다.

### (2) 유니버설 디자인의 탄생

미국의 Adaptive Environment Center에 의하면 유니버설 디자인은 1977년 미국의 건축가 미셀에 의하여 제안되었다. 이 개념은 모든 사람의 신체적 기능의 능력은 환경에서의 각종 장애물을 제거하면 높아지게 된다는 것이다. 따라서 유니버설 디자인은 광범위하며 보편적인 것으로, 모든 사람이 이용하는 환경 요구와 관계된다. 이와 같은 새로운 개념의 필요성을 제시한 것이라 할 수 있다. 1980년대 초 미국에서는 유니버설 디자인의 유용성을 설명하기 위하여 억세시블 디자인이라는 용어가 사용되었다.

이것은 당초의 '모든 사람이 이해하며 이용하기 쉬운 환경을 창조한다'라는 의미가, '지체장애인을 위하여 환경을 정비한다'의 의미로 바뀌고 말았다. 예를 들어, 억세시블 빌딩은 '휠체어 사용자가 이용 가능한 빌딩'을 의미하며, 유니버설 디자인의 본질인 '버스 정류장·철도역으로부터 접근하기 쉬운 건물일 것', '빌딩 내의 다양한 배치도가 설치되어 있을 것'과 같은 개념을 전혀 상실하게 되었다.

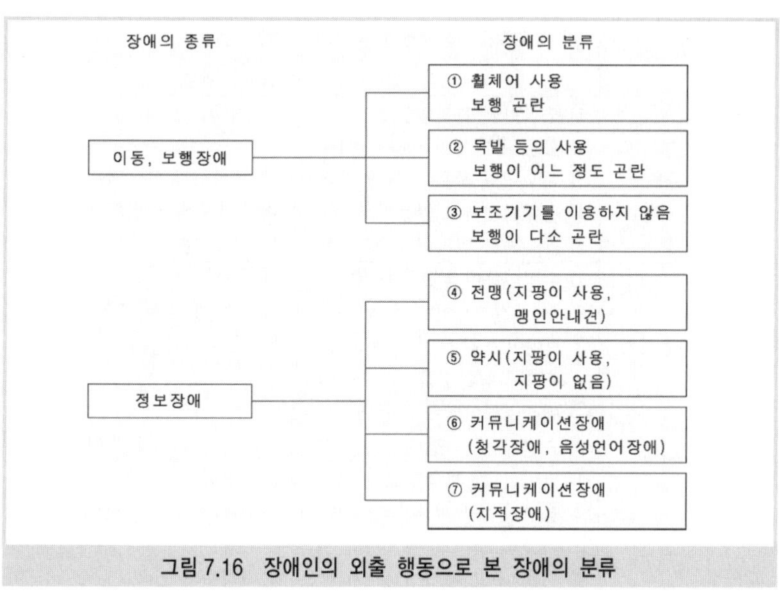

**그림 7.16 장애인의 외출 행동으로 본 장애의 분류**

이상과 같이 배리어 프리 디자인과 유니버설 디자인의 개념을 나타내었지만 도시공간과 도로는 하나밖에 없어, 많은 사람이 함께 사용할 수 있는 공간을 지향하지 않으면 안 되는 과제를 안고 있다. 1950년대까지를 비장애인만 사용할 수 있는 단차투성이의 '일반 디자인'이라고 한다면, 1960년대부터는 장애인이 사용할 수 있는 '배리어 프리 디자인'으로 크게 전환하였다. 그리고 1990년대부터는 장애인 · 비장애인이 함께 사용할 수 있는 '유니버설 디자인'의 개념이 보급되고 있다.

## 3.2 이동약자와 배리어 프리 디자인

장애인을 대상으로 한 배리어 프리 디자인은 장애를 가진 사람이 이용할 수 있도록 ① 공간 자체를 바꾸는 방법, ② 설비로 대응하는 방법, ③ 인적 지원으로 대응하는 방법 등 크게 세 가지로 구분할 수 있다. 앞에서 서술한 장애를 대책 측면에서 생각하면, **그림 7.16**에서 나타낸 이동장애(보행장애)와 정보장애의 두 가지로 구분하며, 이동장애(보행장애)는 휠체어 이용과 그 외(목발 등의 사용, 보조기구를 사용하지 않음)로 구분된다. 그리고 정보장애는 시각장애와 커뮤니케이션장애(청각장애, 지적장애)로 구분된다. 여기서 장애인에는 지적장애는 포함되지 않지만, 대책을 고려한다면 관련되기 때문에 분류 내에 포함시켰다. 다음에 이동 · 보행 장애와 정보장애별로 이동상의 문제를 나타내었다(**그림 7.16, 표 7.7**).

**표 7.7 장애별 이동상의 문제점**

| 이동장애 | | | 이동상의 문제점 |
|---|---|---|---|
| 이동·보행 장애 | 휠체어 사용 | | ① 수직이동이 어려움<br>② 좁은 폭에서의 이동이 어려움<br>③ 배수구의 작은 틈이나 간격에서 이동이 위험하며 어려움<br>④ 휠체어에서의 앉은키로 인하여 손이 도달하는 범위가 제한됨<br>⑤ 앉은키로 인하여 눈의 위치가 낮아지게 됨 |
| | 휠체어를 사용하지 않음 | | ① 수직이동이 다소 어려움<br>② 긴 시간 서 있을 수 없음(차 안에서 서 있기 어려움)<br>③ 보행이 느리며 선 자세에서는 균형을 잡기 어려움(군중 속에서의 이동이 곤란, 차량에서의 승하차가 느려짐)<br>④ 에스컬레이터에 오를 때 속도를 맞추기가 어려움<br>⑤ 손떨림 등의 장애가 있으며 세밀한 기기의 조작이 어려운 경우가 있음 |
| 정보 장애 | 시각 장애 | 전 맹 | ① 터미널 등 보행경로나 위치 확인에 어려움이 있음<br>② 승강장 등에서 추락할 위험이 있음<br>③ 기둥과 설비 등에 충돌할 위험이 있음<br>④ 티켓 구입 등 요금을 지불하기에 어려움이 있음<br>⑤ 철도·버스·전철 등의 행선지 판단에 어려움이 있음 |
| | | 약 시 | ① 작은 문자를 읽을 수 없음<br>② 유도블록이 바닥면의 색과 동일하면 구별을 할 수 없음<br>※전맹인 장애인의 ①~⑤와 동일한 문제를 가지지만 문제는 적음 |
| | 커뮤니케이션장애 | 청각·언어 장애 | ① 터미널과 차 내의 음성정보 획득에 어려움<br>② 창구에서의 안내 및 의사소통에 어려움이 있음<br>③ 긴급 시의 정보 획득에 어려움이 있음 |
| | | 지적장애 | ① 창구에서의 안내 및 의사소통에 어려움이 있음<br>② 요금 지불 등에 어려움이 있음 |

### 1) 이동·보행 장애

#### (1) 휠체어 이용

휠체어 이용자의 주요 문제는 ① 수직이동, ② 유효폭, ③ 간격, ④ 앉았을 때의 눈의 위치 등이 있다. 이 중에서도 통행동선에 관련된 수직이동의 확보와 유효폭 확보가 중심적인 문제가 된다.

#### (2) 휠체어를 이용하지 않음(② 목발 등의 사용, ③ 보조기구를 사용하지 않음)

이 그룹은 ① 수직이동, ② 유효폭 등 휠체어 사용자와 동일한 문제를 가지며, ③ 안전의 문제로서 보행속도가 느리며, 보행 시 균형을 잃기 쉬우며, 넘어지거나 미끄러질 위험이 높은 등의 문제점이 있다. 대책으로서 손잡이와 휴게시설 등 휠체어 사용자에게 없는 대책도 필요하다.

### 2) 정보장애

#### (1) 전맹

전맹인 사람은 ① 위치 확인, ② 넘어지거나 충돌의 위험, ③ 교통사고의 위험, ④ 발매기로의 접근 및 행선지 판단을 위한 정보수집에 어려움을 겪는다. 따라서 이동에서는 사전정보 입수와 현지정보로서 시각장애인 유도용 블록의 촉지정보와 음성정보가 필수적이다.

#### (2) 약시

약시인 사람은 전맹인 사람과 문제의 종류는 거의 동일하지만, 희미하게 보이는 경우도 있어 문제가 전맹인 사람보다 어느 정도 완화된 장애라고 할 수 있다. 이동 시에는 희미하게 보이기 때문에 색의 명확한 차이와 큰 문자에 의한 정보를 적절하게 전달하기가 가능하다.

#### (3) 커뮤니케이션장애

청각장애인은 음성정보를 이해할 수 없으므로 대체수단으로는 ① 음성의 시각화와, ② 커뮤니케이션 수단(필담 등)을 필요로 하며, 음성언어장애인은 커뮤니케이션에 어려움을 겪기 때문에 인적 대응이 중심이 된다.

#### (4) 지적장애

단독행동 중에서는 판단에 어려움을 겪는 경우가 있다. 보행로와 교통수단의 확보, 티켓의 구입, 환승, 창구에서의 여러 행위 등에 어려움을 겪는다.

##  교통 배리어 프리법과 복지마을 만들기

### 4.1 교통 배리어 프리법

교통 배리어 프리법은 「고령자, 장애인 등의 공공교통기관을 이용한 이동 원활화 촉진에 관한 법률」의 약칭으로서 2000년 5월 11일 공포되고 11월 15일 시행되었다. 이 법률에서는 유효폭과 경사로의 기울기 등을 최저 치수로 나타낸 것을 이동 원활화 기준이라고 한다. 이 법률에서는 좀 더 엄격한 기준으로서 교통 터미널에 대해서는 「공공교통기관 여객시설의 이동 원활화 정비 가이드라인」(2001년 8월), 도로에 대해서는「도로의 이동 원활화 정비 가이드라인(기초편)」(2001년 11월)의 주요 두 가지 정비 가이드라인이 추가되어 있다.

### 1) 목적 · 목표

법률의 목적은 고령자 · 장애인의 자립적인 일상생활 및 사회생활을 확보하는 것이며, 철도사업자와 지방자치단체에게 다음의 사항을 요구하고 있다. 철도사업자에게는 공공교통기관의 여객시설(철도역의 터미널 등)과 차량 등의 구조 및 설비를 개선할 것, 지방자치단체에게는 여객시설을 중심으로 한 일정지구(철도역 및 그 주변 500~1000m 등)에서 도로, 역 앞 광장, 통로 및 기타 시설의 정비를 추진할 것을 규정하고 있다.

목표는 2010년까지 1일 평균 이용자수가 5,000명 이상의 철도역, 버스 터미널, 여객선 터미널 및 항공여객 터미널을 장애물 없는 환경으로 정비하는 것이다. 장애물 없는 환경으로의 정비로는 ① 단차 제거, ② 시각장애인 유도용 블록의 정비, ③ 장애인용 화장실의 설치 등을 들 수 있다.

또한, 차량에 대해서는 2010년까지 철도차량 51,000량 중 30%를 배리어 프리 차량으로 정비한다. 앞으로 10~15년 동안 버스 60,000대를 저상(低床) 차량으로 교체하며 그 중에 20~25%를 논 스텝 버스로 한다. 여객선은 1,100척 중에서 50%를, 항공기는 420기 중에서 40%를 배리어 프리로 하는 것을 목표로 하고 있다.

### 2) 기본구상

교통 배리어 프리법에서는 역 및 그 주변(500~1,000m)의 중점적 · 일체적인 배리어 프리 정비를 위하여 각 지방자치단체가 주체가 되는 기본구상 작성에 관계자가 적극적으로 협력할 것, 사업을 효과적으로 추진할 것, 그리고 고령자 · 장애인 등이 기획단계부터 참여하여 의견을 반영할 것을 요구하고 있다.

계획입안 단계에서는 목표의 명확화, 사업의 연계와 집중 실시, 기존 계획 등과의 조화 등이 필요하다. 더욱이 기본구상의 작성과 관련된 특정 사업(공공교통 특정 사업, 도로 특정 사업, 교통안전 특정 사업, 기타 사업)을 고려할 필요가 있다.

기본구상의 책정 시 각 지방자치단체는 주민 참가와 관련 행정기관과의 연계 등을 고려하지 않으면 안 되며, 그 조정에 어느 정도의 기간을 필요로 한다. 그리고 기본구상을 세우기 위하여 고려해야 할 사항은 다음에 기술한다.

## 4.2 복지마을 만들기의 체계

교통 배리어 프리법은 2000년에 갑자기 만들어진 게 아니라 철저한 계획과 검증과정을 거친다. 교통 배리어 프리법의 근원은 대략 30년 정도 거슬러 오른 '복지마을 만들기'와 운송·도로관계의 지침·기준이라고 생각할 수 있다.

### 1) 복지마을 만들기의 초기 형태

장애인이란 복지의 법률에 규정된 대상자로서 복지의 관점에서 여러 가지의 제도적 지원이 이루어지고 있다. 일본에서 법률로서 장애인을 규정한 것은 1950년의 「장애인갱정법」(障碍者更正法)이 최초이다. 이후 1965~70년대는 장애인의 운동을 비롯한 본격적인 '복지마을 만들기'의 태동기라고 할 수 있다. 특히, 초기의 '복지마을 만들기'가 시작된 1970년대는 시설에서 생활하며 외출이 금지되었던 중증의 장애인이 시설생활이 아닌 지역에서 생활하는 개념으로 전환하기 시작된 시기이다. 이러한 개념은 1950년대 초반에 스칸디나비아 반도에서 발생한 노멀라이제이션 이념의 구체화된 형태였다. 장애를 가진 사람이 지역에서 생활한다는 것은 쇼핑을 하는 것, 사람과 만나는 것, 병원에 다니는 것 등 어떠한 경우라도 기본적으로는 외출을 하지 않고서는 성립하지 않는다. 이를 위하여 필요한 것이 단차가 없는 보행로였다. 단차가 없는 보행로의 필요성과 문제점을 인식한 것이 장애인 당사자와 가족과 지인 등의 시민이었다(**표 7.8**).[14]

그리고 노멀라이제이션의 생활권 확대운동에 박차를 가한 것이 자립생활운동이었다. 자립생활운동은 미국의 IL 운동(자립생활운동 또는 생활권 확대운동)을 도입한 것이다. IL 운동이란 미국의 자립생활센터(Center for Independent Living : NPO형의 조직)의 Independent Living의 약칭이다. 장애를 가진 사람이 자립적인 생활을 하기 위하여 물리적 측면은 물론 여러 가지 사회 시스템을 바꾸어 가는 운동이다. 참고로 샌프란시스코의 버클리 자립생활센터는 주택·고용·개호·교통 등의 다양한 분야의 프로그램을 가지

**표 7.8 '복지마을 만들기'의 초기 흐름**

| 연 도 | 주요 흐름 | 내 용 |
|---|---|---|
| 1950 | 장애인갱정법(障碍者更正法) | 장애인의 복지지원 |
| 1965 | 노멀라이제이션 운동을 일본에 소개 | 장애인 생활권 확대운동으로 |
| 1969 | 센다이 시 공공건축물의 정비 | 장애인이 휠체어로 이용 가능한 화장실과 경사로를 시에 요구하였으며, 시는 이에 대응하여 정비를 시도 |
| 1970 | 장애인기본법 | |
| 1971 | 마치다 시 '시민간담회' | '휠체어로도 이동할 수 있는 마을 만들기' 제창 |

고 있으며 미국 전역을 이끌어오고 있다.

#### 2) '복지마을 만들기' 정책의 시작(1950~1979년)

일본의 복지마을 만들기는 어느 시대부터 이야기하면 좋을지 애매한 부분이 많다. 예를 들어, 에도(江戸)시대에는 가마가 유일한 교통수단이었지만, 사무라이만이 탈 수 있는 것으로 건강한 일반시민은 탈 수 없었다. 그러나 한편으로 여성과 어린이는 타도 좋은 것으로 되어 있었다. 이와 같이 동일한 선상에서 출발하지 않은 것에 대한 지원체계는 오래전부터 존재하였다. 일본에서 복지마을 만들기의 본격적이며 실질적인 탄생은 아무래도 제2차 세계대전 이후부터일 것이다.

실질적인 의미로 이동지원을 위한 장애인 대책은 경제적 대책과 규제 완화·인허가로부터 시작되었다. 일본의 교통 배리어 프리의 역사를 되돌아보면 초기의 대책은 철도역의 계단에 엘리베이터를 설치하거나 버스에 리프트를 설치하는 것이 도저히 불가능하다라는 판단에서, 다른 대체방법으로 전개해 왔다. 그 전형적인 것이 경제적 대책과 여러 가지 이용의 인허가와 이용 우선 대책이다. 즉, 물리적인 대책이 곤란하므로 그 대신에 가능한 것을 하도록 하는 방향이었다.

##### (1) 경제적 대책

경제적 대책은 전쟁에서 부상당한 부상군인을 의식한 대책인데, '장애인 요금 할인 제도 : 1950년'으로 공공교통의 적자 보조를 포함하여 이루어진 '노인 버스 : 1978년'과 '택시 승차권[이치가와(市川) 시] : 1977년'이 전형적인 사례이다.

##### (2) 반입 허가의 규제 완화

일본에서는 장애인이 철도와 버스 등의 공공교통을 이용하는 경우가 거의 없었으므로, 그 규제도 제2차 세계대전 이전의 것을 그대로 써 왔다. 그러나 점차 이용자가 표면화되어 휠체어 사용자의 휠체어와 시각장애인의 맹인안내견 등이 이용 가능하도록 차량 내부로의 반입 허가 등이 이루어지게 되었다. 구체적으로는 1973년의 '휠체어 단독 승차 : 1973년'과 '보조기기의 무료 반입 가능 : 1977년'(맹인안내견을 차량 내부로 데리고 들어올 수 있도록 허가된 대책)이었다. 이 대책은 큰 화물의 반입과 동물을 데리고 들어갈 수 없었던 금지사항을 완화한 대책으로 생각할 수 있다.[14)]

#### 3) 행정 측면에서의 복지마을 만들기

##### (1) 복지마을 만들기의 변천

1970년대 초반 행정 측면에서의 복지마을 만들기는 장애인의 생활을 이념(노멀라이제이션)의 실전으로서 재빨리 받아들인 (구)후생성 및 지자체의 복지국에서 전개가 빨랐으며, 그 후 (구)건설성과 지자체의 건축국과 도로국이 조기에 받아들인 그룹으로 생각할 수 있다. 그리고 (구)운수성은 약 10년 정도 뒤쳐진 1980년대 초반에 가이드라인을 책정하기 시작하였으며, 교통사업자는 더욱 늦게 시작하여 구체적인 복지마을 만들기의 체제가 본격적으로 시작된 것은 1990년대(1980년대에도 다소 보였지만)라고 할 수 있다. 교통시설은 효과가 나타나기까지 시간이 걸린다. 그리고 1994년부터 (구)건설성은 생활 복지공간 만들기 조례를 발표하였으며 2000년에 네 개의 정부기관(당시의 운수성, 건설성, 자치성, 경찰청) 합동으로 교통 배리어 프리법을 발표하기에 이르렀다. 교통 배리어 프리법에 의하여 완전하지는 않지만 도시의 중심부와 차량, 교통 터미널을 포괄적으로 정비하는 방향이 드디어 나타나게 되었다. 다음에 (구)건설성, 지방자치단체, (구)후생성, (구)운수성의 복지마을 만들기를 소개한다.

복지마을 만들기를 역사적으로 살펴보면 두 가지의 내용이 있다. 하나는 건축물・도로・공원 등을 장애물이 없도록 하는 개별 시설에 대한 가이드라인의 성격을 지니는 것으로, 일반적으로 '지침'과 '요강' 등으로 일컬어진다. 다른 하나는 동경도가 처음 실시한 1990년의 '동경도 복지마을 만들기 시범사업'에 의한 면(面)적인 정비이다. 이것이 1991년의 '지역주민에게 친근한 마을 만들기 시범사업'(건설성)을 거쳐, 이번 교통 배리어 프리법의 '역 및 주변의 중점 정비'에 이르렀다고 생각할 수 있다. 그리고 (구)후생성이 시행하고 있던 복지마을 만들기는 1970년대부터 시작되었으며, 운영적 측면과 물리적 측면을 포함한 광범위한 내용을 포함하여 각 지방자치단체 복지국의 참고자료로 활용되고 있다. 그 결과 정비액수는 적지만 일정 효과를 거둔 사업이라고 할 수 있다(**표 7.9**).

**표 7.9 복지마을 만들기와 관련된 국가 및 지자체의 정책**

| 연 도 | 국가 시책 | 지자체의 시책 |
|---|---|---|
| 1973 | • 장애인 복지모델 도시(후생성)<br>• 보차도의 단차 제거, 시각장애인 유도용 블록 지침(건설성) | |
| 1974 | | • 마치다 시 복지환경 정비 요강 |
| 1976 | | •「동경도 복지마을 만들기 정비지침」 |
| 1985 | • 시각장애인 유도용 블록 지침 | |
| 1990 | • '살기 좋은 복지마을 만들기' 사업(후생성) | • 동경도 복지마을 만들기 모델 사업<br>•「오사카 부 복지마을 만들기 조례」 |
| 1991 | • 지역주민에게 친근한 마을 만들기 모델 사업(건설성) | |
| 1993 | • 도로구조령 개정(최소폭, 벤치) | |
| 1994 | • 생활 복지공간 만들기 요강<br>•「고령자, 장애인 등이 원활히 이용 가능한 특정 건축물의 건축 촉진에 관한 법률」(하트 빌딩법) | |
| 2000 | • 교통 배리어 프리법(5% 기울기, 5cm의 마운드 업) | • 지방자치단체의 역 및 주변의 계획 |

### (2) 건축물

#### 지방자치단체 복지마을 만들기 요강과 조례

자립생활운동과 복지 맵(map) 만들기가 각 지자체를 중심으로 한 「복지마을 만들기 정비지침」 등에 영향을 준 것은 틀림없다. 특히 행정 측면에서는 건축물과 도로, 공원을 중심으로 한 복지마을 만들기 정비지침에 의하여 보행로를 바꾸고자 하는 방향이 1970년대 중반부터 나타나기 시작하였다. 이것들은 일반적으로 '지침' 또는 '요강'으로 일컬어져 휠체어 사용자를 위한 건물과 보도의 유효폭, 경사로 설치방법, 엘리베이터 · 화장실의 설치방법, 보행이 어려운 사람을 위한 손잡이 설치방법, 시각장애인을 위한 유도블록의 설치방법 등 기술적인 방법을 나타낸 것이다. 이에 의하여 새로 만들어지는 것은 장애물이 없도록 정비되며, 건축물 · 공원 · 도로 등이 새로 만들어졌을 경우에 모든 것이 바뀌어진다라는 개념이다. 그 동안에는 장애물이 제거된 공간과 그렇지 않은 공간이 혼재된 보행로가 된다.

이러한 '요강행정'만으로는 충분하지 못하다고 생각하여 권장형(요강)에서 의무형(조례)으로의 전환이 1990년부터 한꺼번에 진행되었다. 조례화의 움직임은 1990년의 오사카부에서 시작되었으며, 그 후 1994년 중반의 하트 빌딩법(2002년 개정)으로 이어지게 되었다. 그러나 조례에서는 낡은 건축물은 제외되어 있었으므로, 새로운 건축물에서는 장애물이 제거되었더라도 낡은 건축물의 장애물이 그대로 남아 있어, 네트워크의 확보가 충분히 이루어지지 못한 문제점이 나타나게 되었다. 이러한 점에서 일본 전체의 건축물과 도로 · 공원에서의 장애물이 제거되기까지에는 아직 수십 년이 걸릴 것으로 생각할 수 있다.

#### 건설성의 하트 빌딩법

1994년에 「고령자, 장애인 등이 원활히 이용 가능한 특정 건축물의 건축 촉진에 관한 법률」(통칭 '하트 빌딩법')이 공포되었다. 이 법률은 "본격적인 고령 사회의 도래에 대비하여 고령자와 장애인의 자립과 적극적인 사회 참여를 목적으로 하며, 불특정 다수의 사람이 이용하는 공공적 성격을 가진 건축물을 고령자 · 장애인 등이 원활히 이용 가능하도록 조치해 갈 필요가 있다. 이를 위하여 건축주에 대한 지도, 유도 등의 종합적 조치를 강구하며, 최대한 빨리 우수한 건축 인프라의 형성을 도모함"을 주요 내용으로 하고 있다.

## 4.3 도로의 이동 원활화 기준과 가이드라인

### 1) 도로의 설계기준

도로의 디자인 지침은 1973년의 (구)건설성의 고시에서 시작되었다. 당시의 시각장애인 유도용 블록과 보차도에서의 턱 낮추기는 그 후 1985년에 시각장애인 유도용 블록의 지침 작성, 그리고 1993년의 유효폭(2m 이상)과 벤치 설치의 도로구조령 개정으로 이어졌으며, 이러한 내용들이 교통 배리어 프리법으로 정리되었다. 30년의 역사를 가진 도로의 배리어 프리에서 단차 제거와 유도 블록의 보급 측면에서는 세계에서 가장 앞선 국가라고 해도 좋을 것이다. 특히 시각장애인 유도용 블록은 일본의 아이디어로서 구미 선진국에 보급되기 시작한 것은 최근 10년간의 일이다. 그리고 일본의 횡단보도의 음향신호 등은 구미와 비교하여 앞서 있는 상황이다.[16)]

### 2) 도로의 교통 배리어 프리법과 기본설계 개념

도로에서의 교통 배리어 프리 관련 기준은 각 지자체에서 작성하는 기본구상에 근거하여 보도 관리자가 보도나 도로용 엘리베이터 등의 설치, 보도의 단차·경사·기울기의 개선 등의 이동 원활화를 위하여 필요한 사업을 실시하는 경우에 적합하도록 의무부여한 것이다. 그리고 고령자·장애인 등이 일상적으로 이용하는 경로를 구성하는 도로에는 보도(자전거 도로 포함)를 설치하며, 자전거와 분리된 통행공간을 확보하도록 한다(**표 7.10**). 교통 배리어 프리법에서 크게 바뀐 기준은 기본구상을 작성하는 구역에서 마운드 업을 5cm(지금까지는 15cm가 일반적)로 하는 것과 경사를 5%(지금까지는 8%)로 하는 것이다.[16)]

**표 7.10 교통 배리어 프리법의 이동 원활화 기준**

| 항 목 | 내 용 |
|---|---|
| (1) 보 도 | ① 휠체어 사용자의 교행이 가능하도록 2m 이상의 유효폭을 연속하여 확보할 것<br>② 차량의 진입을 위하여 보도의 턱을 낮추는 경우에도 유효폭 2m 이상의 평탄한 부분을 연속하여 확보할 것<br>③ 시각장애인의 안전한 통행을 확보하기 위하여 높이 15cm를 표준으로 하는 연석에 의하여 구획할 것<br>④ 보도면의 높이는 5cm를 표준으로 하며, 보행자의 안전하며 원활한 통행을 확보하기 위하여 필요에 따라 식재대, 가로수 또는 난간을 설치할 것<br>⑤ 포장은 투수성 포장을 원칙으로 할 것<br>⑥ 기울기는 원칙상 세로 방향으로는 5% 이하, 가로 방향으로는 1% 이하로 할 것<br>⑦ 보도가 횡단보도에 접속하는 보차도 경계부분의 단차는 2cm를 표준으로 할 것 |
| (2) 안내시설 | ① 주요 교차점에서는 병원 등의 주요 시설, 엘리베이터 등의 이동지원시설 등을 표식과 시각장애인 유도용 블록으로 안내할 것<br>② 위의 안내에는 필요에 따라 점자 또는 음성 등으로 안내하는 시설을 설치할 것 |
| (3) 입체횡단 시설 | ① 수직방향의 이동을 적게 할 수 있도록 입체 횡단시설의 설치를 배려할 것<br>② 경로상의 입체 횡단시설에는 원칙상 도로용 엘리베이터를 설치할 것 |
| (4) 정류장 등 | ① 버스 정류장, 노면 전차 정류장, 자동차 주차장은 이동 원활화에 필요한 구조로 할 것<br>② 제설시설 등의 설치로 겨울철에도 이동 원활화 경로를 확보할 것 |
| (5) 신호기 | 신호기 등에 관한 기준은 각 지자체가 작성하는 기본구성에 따라 지자체의 공공안전위원회가 이동 원활화를 위하여 필요한 신호기, 도로 표식 등의 교통안전 특정 사업을 실시할 경우에 적합 여부를 판별하는 기준<br>① 신호기에 대하여 음향기능과 보행자용 녹색신호 연장기능을 준비하는 것 등으로 도로횡단의 안전을 확보하기 위한 조치를 강구할 것<br>② 도로의 표식과 표시를 보기 쉬우며 알기 쉬운 것으로 할 것 |

### 3) 보도 등의 유효폭

교통 배리어 프리법의 기본구상에 따라 계획된 중점 정비지구의 특정 경로에서는 보도의 최소폭을 2m 이상으로 규정하고 있다. 그리고 보행자의 이동량이 많은 도로는 3.5m 이상, 자전거 보행로와 함께 있는 경우에는 4.0m 등 교통상황에 따라 유효폭이 결정되고 있다.

이러한 유효폭의 근거는 **그림 7.17, 7.18**에서 나타내었다. 이에 의하면 보도폭은 일반 보행자가 75cm, 휠체어 사용자는 1m, 자전거는 1m를 기본으로 고려하고 있다. 또한 적설지에서는 1차적인 눈의 제설폭을 차도에, 2차적인 눈의 제설폭을 보도에 설정하여도 최소폭 2m가 확보되도록 고려하고 있다.[16)]

### 4) 보도의 종단(진행방향) 기울기

각국 도로의 종단 기울기, 즉 사람이 걷는 방향의 기울기는 5~8%이다. 일본에서는 이것을 참고로 하여 교통 배리어 프리법의 기본구상을 세운 중점 정비지구(일반적으로

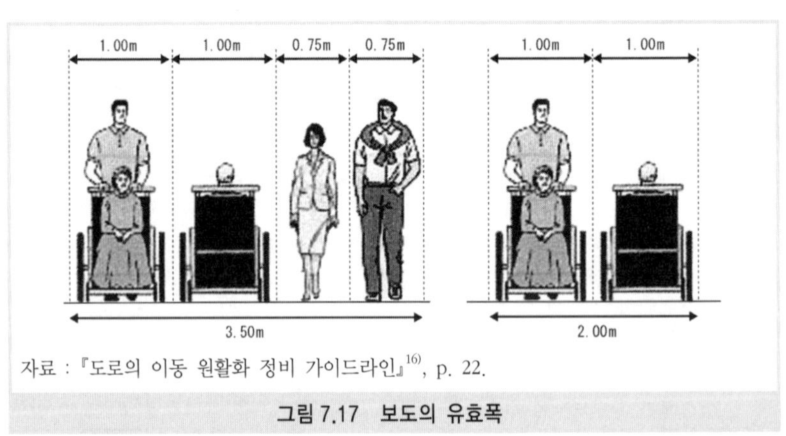


자료 : 『도로의 이동 원활화 정비 가이드라인』[16)], p. 22.

그림 7.17 보도의 유효폭

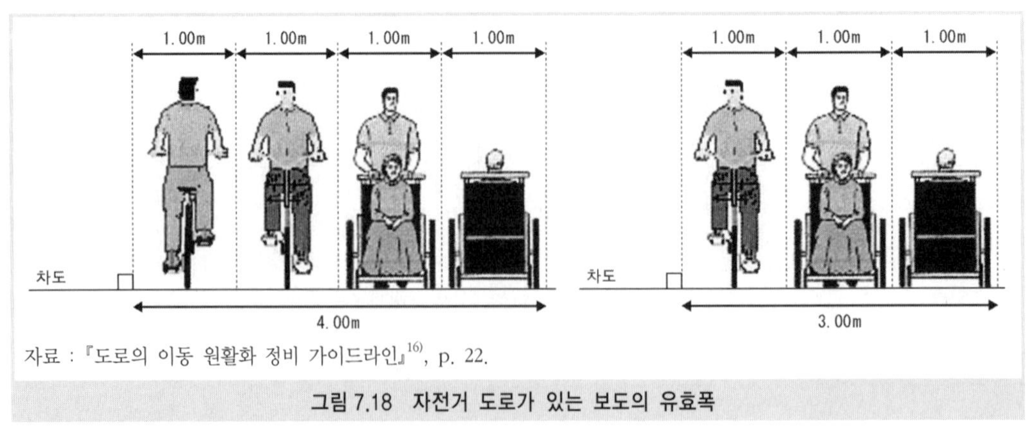


자료 : 『도로의 이동 원활화 정비 가이드라인』[16)], p. 22.

그림 7.18 자전거 도로가 있는 보도의 유효폭

철도역 주변의 500m~1km 범위)에서는 5%(1/20)로 하며, 이외의 지역의 보도 기울기는 8%(1/12)로 규정하고 있다. 그러나 전국의 보도 기울기는 현재 8%로 정비되어 있는 지구가 대부분이며, 5%의 보도가 보급되기까지에는 아직 시간이 많이 필요하다.[16)]

#### 5) 보도의 경계(연석)

횡단보도에 접하는 보도부분(연석)은 차도와의 사이에 2cm를 표준으로 하고 있다. 이유는 시각장애인이 2cm의 고저차로 보차도의 경계를 인지하여 안전을 확보하는 데 도움이 되고 있기 때문이다. 그러나 휠체어와 유모차의 통행에서 바퀴가 걸리는 것 등 다소 문제를 수반한다는 점과 고령자 등에게 작은 단차로 인하여 넘어짐의 원인이 되는 경우도 있다. 이러한 점을 고려하여 시각장애인이 보차도 경계를 충분히 인지하도록 하는 정비 노력을 한 후, 2cm 표준을 2cm 미만(0~2cm 사이)으로 하는 것이 가능하다(**그림 7.19**).[16)]

#### 6) 보도구조 형식의 선정

보도구조는 플랫, 세미 플랫, 마운드 업의 세 종류가 있으며, 각각의 특징을 **그림 7.20**에 나타내었다.[16)]

##### (1) 플랫형 보도의 정비

플랫형 보도는 보도와 차도 면의 높이가 동일하며 연석에 의하여 보도와 차도를 분리한 것을 말한다. 적용은 차도의 높이가 변하지 않는 경우 또는 사유지가 차도보다 낮아 보도 높이를 5cm 확보할 수 없는 경우에 플랫형으로 정비한다(**그림 7.21**).

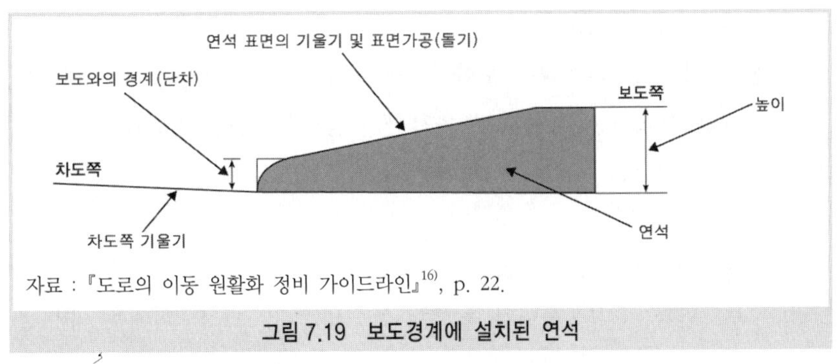


자료 : 『도로의 이동 원활화 정비 가이드라인』[16)], p. 22.

그림 7.19 보도경계에 설치된 연석

| | 플랫 | 세미 플랫 | 마운드 업 |
|---|---|---|---|
| | 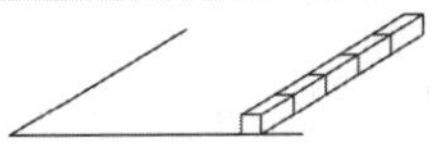 | 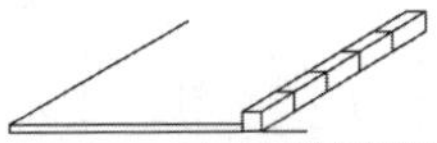 | 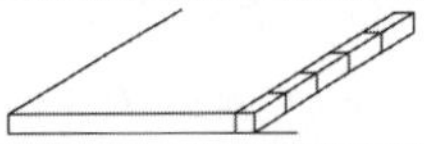 |

그림 7.20 보도의 각 형식의 특징[16)]

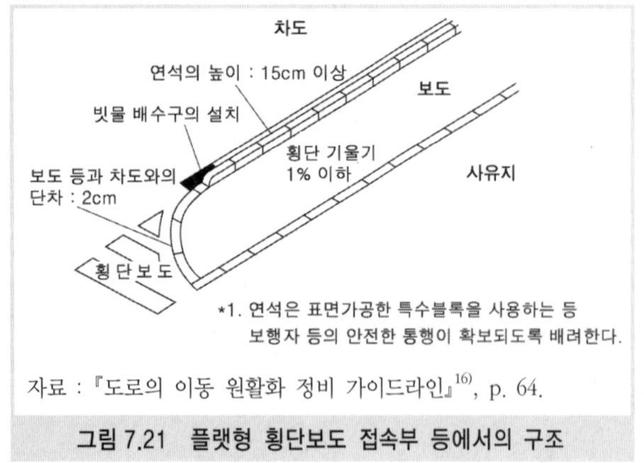


자료 : 『도로의 이동 원활화 정비 가이드라인』[16], p. 64.

**그림 7.21 플랫형 횡단보도 접속부 등에서의 구조**

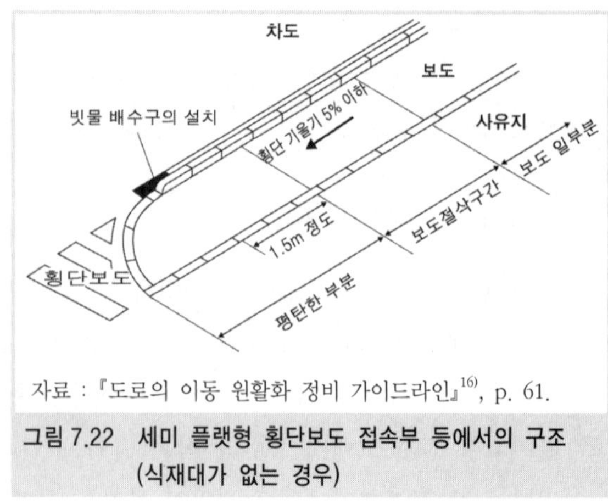


자료 : 『도로의 이동 원활화 정비 가이드라인』[16], p. 61.

**그림 7.22 세미 플랫형 횡단보도 접속부 등에서의 구조 (식재대가 없는 경우)**

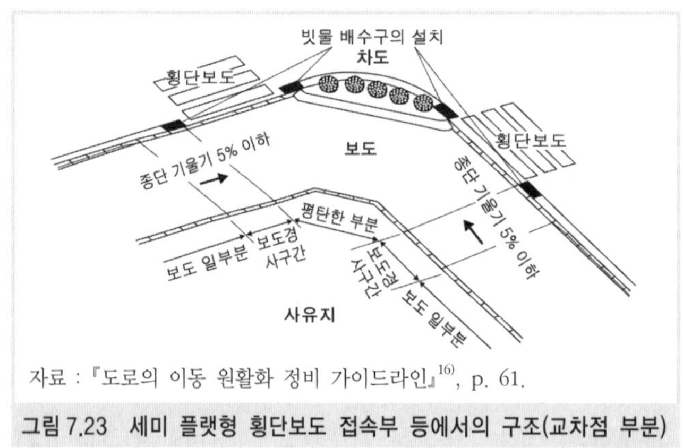


자료 : 『도로의 이동 원활화 정비 가이드라인』[16], p. 61.

**그림 7.23 세미 플랫형 횡단보도 접속부 등에서의 구조(교차점 부분)**

### (2) 세미 플랫형 보도의 정비

세미 플랫형 보도는 보도면이 차도보다 높으며, 연석의 높이가 보도면보다 높은 것을 말한다. 적용사례는 신설하는 경우와 사유지와의 높이 조정을 필요로 하지 않는 경우 또는 5cm로 조정할 수 있는 경우이다(**그림 7.22, 7.23**).

### (3) 마운드 업형 보도의 차도접속부 처리

마운드 업은 보도면과 연석의 높이가 동일한 것을 말한다. 보도의 형태는 세미 플랫형과 거의 유사하므로 그림은 생략한다.

### (4) 고원식 횡단보도

간선도로의 보도에 교차하는 4~6m 정도의 가로를 횡단하는 경우, 기존에는 전면 턱낮추기를 한 보도를 내려가 차도를 횡단하여 다시 건너편을 오르도록 되어 있다. 고원식

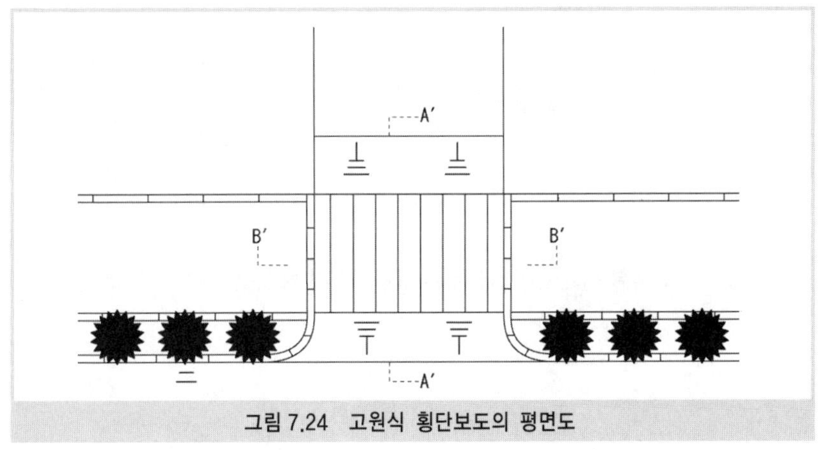

그림 7.24 고원식 횡단보도의 평면도

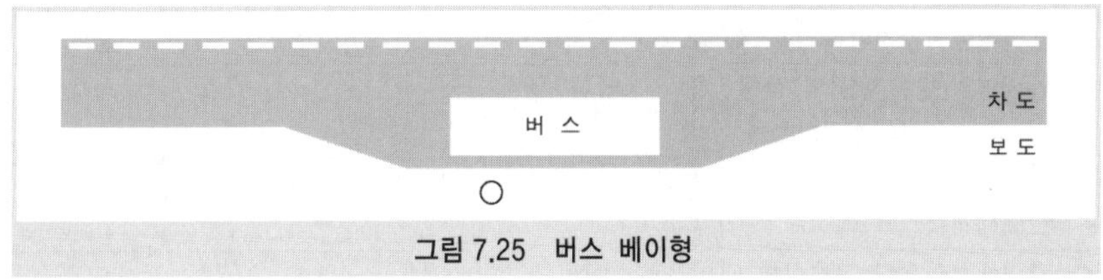

그림 7.25 버스 베이형

횡단보도는 가로의 차도부분을 보도와 같은 높이로 하여 보행자가 보행감각으로 이동할 수 있는 횡단보도를 말한다. 보행자에게 편리하며 자동차는 속도저감 등의 효과가 있다. 이것은 횡단보도 부분이 과속방지턱과 같이 험프 구조로 되어 있기 때문에 자동차의 경우에는 올라왔다 내려가도록 되어 있다. 이 경우 진동・소음에 주의함과 동시에, 눈이 왔을 경우의 미끄러짐도 충분히 주의할 필요가 있다(**그림 7.24**).

### 7) 버스 정류장[16)]

버스 정류장에는 버스 베이형, 테라스형, 스트레이트형의 세 가지 유형이 있다.

#### (1) 버스 베이형

이것은 보도부분을 깎아 내어 버스 정류장을 설치한 것으로써 승하차의 편리성과 함께 뒤따라오는 차의 추월을 우선시키는 것이 가능하다. 그러나 문제는 정류장 앞뒤에 주차차량이 있을 경우 등 버스의 핸들조작을 크게 하지 않으면 정류장 내에 차량의 간격을 두지 않고 안정되게 정차하는 데에 어려움이 따르는 등의 문제가 있다(**그림 7.25**).

#### (2) 테라스형

버스 베이형이 노상의 주차차량에 의하여 정류장에 안정적으로 정차할 수 없는 데에

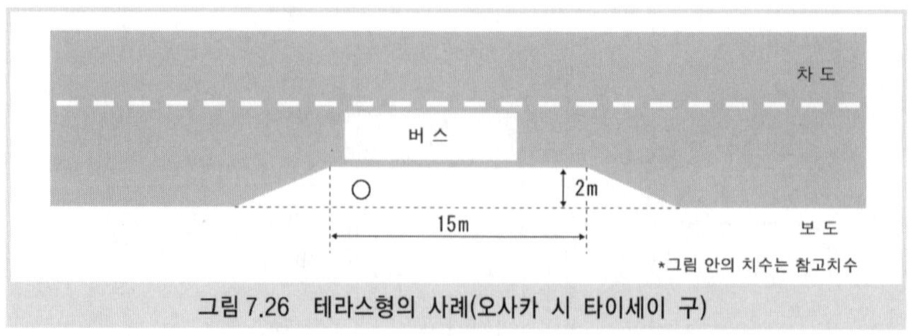

그림 7.26 테라스형의 사례(오사카 시 타이세이 구)

표 7.11 교통 터미널 관련 시책[17)]

| 연 도 | 터미널 관련 시책 |
|---|---|
| 1981 | • 운수정책심의회 |
| 1982 | • 지체장애인 · 시각장애인용 공공교통기관 가이드 북 |
| 1983 | • 공공터미널(철도)에서의 장애인용 시설정비 가이드라인<br>• 국철 점자블록의 설치의무화 |
| 1993 | • 공공터미널에서의 고령자 · 장애인 등을 위한 시설정비 가이드라인<br>• 철도역에서의 엘리베이터 정비지침 |
| 1994 | • 철도역에서의 에스컬레이터 정비지침 |
| 2000 | • 「고령자, 장애인의 공공교통기관을 이용한 이동 원활화 촉진에 관한 법률」(교통 배리어 프리법) |
| 2001 | • 터미널 가이드라인 |

비하여 테라스형은 정류장을 보도에서 2m 정도 튀어나오게 함으로써, 노상주차가 있더라도 버스가 정차할 수 있는 특징을 가지고 있다. 문제점으로는 도로폭이 좁은 경우에는 정비 가능한 조건을 충족시킬 수 있는 도로가 적다는 점이다(**그림 7.26**).

## 4.4 교통 터미널의 이동 원활화 기준 등과 대책사례

이동 측면에서 본격적인 대책의 첫걸음으로 1981년 운수정책심의회에서 교통약자 대책이 만들어졌다. 이후 일본의 공공교통 대책은 터미널과 차량 등을 중심으로 진행되기 시작하였다. 특히, 1983년에 책정된 철도 가이드라인은 1993년의 터미널 가이드라인으로 이어졌으며, 2000년의 교통 배리어 프리법의 기초를 이루게 되었다(**표 7.11**).[17)]

### 1) 교통 터미널의 이동 원활화 기준

#### (1) 철도역의 교통 배리어 프리법 이동 원활화 기준

공공교통기관에 관한 기준(이동 원활화 기준)은 공공교통사업자 등이 역 등의 여객시설을 신설하거나 크게 개선할 경우 장애인 및 노약자의 이용에 적합하도록 의무부여한 기준이며, 기존의 여객시설에서도 노력의무(의무에 가까운)가 규정되어 있다. 다음에 철도역의 이동 원활화 기준을 요약하였다. 기타 교통 터미널인 버스 터미널, 여객선 터미널, 항공여객 터미널도 철도역의 기준에 준한다.

① **철도역의 이동 원활화 경로** : **표 7.12**는 철도역에 관한 이동 원활화 기준을 요약한 것이다. 이동 원활화 경로는 모든 사람이 단독으로 역 앞 광장 등의 외부에서 철도역으로 접근하여 차량 등에 원활하게 승하차 가능하도록 모든 경로에서 연속성 있는 이동경로의 확보를 위하여 정비한다.

② **기 타** : ② 유효폭, ③ 승강장과 차량 사이의 단차 · 간격, ④ 승강장에서의 추락방지, ⑤ 엘리베이터, 에스컬레이터, 화장실, ⑥ 기타, 시각장애인 유도용 블록, 시각정보 및 청각정보를 제공하는 설비, ⑦ 계단의 양쪽에 손잡이를 설치하는 것은 **표 7.12**에 따른다.

### 2) 궤도계(철도 · LRT 등)의 대책 사례

궤도와 노선을 운행하는 교통수단[버스 · 철도 · LRT(노면전차가 발전한 차량 형태) 등]에서는 정류장 · 역사 및 차량 등의 배리어 프리 디자인이 고령자 · 장애인에 대한 중심적인 대책이라고 생각할 수 있다.

**표 7.12 공공교통기관에 관한 기준(이동 원활화 기준)**

| 항 목 | 내 용 |
|---|---|
| ① 이동 원활화 경로 | (역의 출입구에서 승강장으로 통하는 경로)에 대한 단차를 제거한다. |
| ② 휠체어 통과폭의 확보 | • 하나 이상의 입구에 폭 80cm 이상을 확보한다. 단, 원활한 여객 이동을 확보한다.<br>• 공공통로로 직접 통하는 입구에서는 90cm 이상으로 한다.<br>• 하나 이상의 통로의 폭은 휠체어가 회전 가능한 140cm 이상으로 한다. |
| ③ 승강장과 차량의 단차 · 간격 | • 승강장과 차량과의 바닥면은 가능한 한 평탄하게 한다.<br>• 승강장과 차량과의 간격(건축경계)은 가능한 한 작게 한다.<br>• 간격과 단차에 의하여 휠체어 사용자의 원활한 승하차에 지장이 있을 경우에는 휠체어 사용자의 승하차를 원활히 할 수 있는 승강설비를 하나 이상 설치한다. |
| ④ 승강장에서의 추락방지 대책 | • 스크린 도어, 이동식 홈 난간을 설치한다.<br>• 점형블록을 설치한다. |
| ⑤ 엘리베이터, 에스컬레이터, 화장실, 발매기 등은 고령자 · 장애인 등의 원활한 이용에 적합한 구조로 한다. | • 엘리베이터 : 휠체어가 내부에서 회전 가능한 140×135cm 이상의 넓이로 한다.<br>• 엘리베이터의 승강방향과, 도착층 및 출입구의 폐쇄를 음성으로 안내한다. |
| ⑥ 기타, 시각장애인 유도용 블록, 시각정보 및 청각정보를 제공하는 설비를 정비한다. | • 출입구에서 승강장까지 시각장애인 유도용 블록을 설치한다.<br>• 계단, 경사로, 에스컬레이터의 상하부분에 점형블록을 설치한다.<br>• 화장실의 남녀별 표시와 내부의 구조를 점자로 표시한다. |
| ⑦ 계단 양쪽에 손잡이를 설치한다. | |

그림 7.27 프랑스 리옹 지하철의 차량과 승강장 사이의 단차 · 간격 제거장치

(1) 차량과 승강장

① 차량과 승강장의 단차와 간격의 문제 : 일본의 철도에서는 차량보다 승강장이 아래에 있으면 위험하다는 안전규준에 따라 승강장과 차량 사이의 단차가 10cm 이상 되는 경우가 많다. 그러나 차량이 승강장보다 다소 아래에 있더라도 문제가 적다는 점에서 2001년도의 개정에서는 역(逆)단차를 2cm 정도는 인정하였다. 토우큐우(東急) 도립대학 역에서는 단차를 적게 하기 위하여 승강장을 높여 단차를 적게 하고 있다.

② 프랑스의 지하철 승강장 간격 : 차량쪽의 설비에 의한 대응으로, **그림 7.27**은 프랑스 리옹 시의 지하철 차량 승하차 지원장치이다. 이것은 승강장과 차량 사이의 접근성을 확보하는 데 목적을 두고 있다.

③ 승강장 쪽의 대응 : 승강장을 전부 폐쇄하여 출입구에만 문을 설치한 홈 도어 형식이 일본의 에이단(營團) 지하철에서 시도되고 있다. 이는 승강장에서 선로로의 추락 위험이 없어진다는 점, 냉난방이 가능하다는 점 등의 안전성과 쾌적성 측면에서 크게 공헌하고 있는 시설이다. 그리고 토우큐우 지하철에서는 간이형 승강장 난간을 정비하고 있으며 안전 대책 등을 시험하고 있다.

④ 승강 설비 : 유니버설 디자인 개념이 적용된 승강 설비는 계단, 에스컬레이터, 엘리베이터의 3종 세트가 바람직하다. 그러나 이러한 정비가 불가능한 곳에서는 휠체어 리프트로 대응하는 사례도 있다. 이러한 정비가 도저히 불가능한 경우와 정비가 되기까지의 과도기적 대책으로 생각할 수 있는 것이 다음에 소개하는 두 가지이다. 이들의 공통적인 문제점은 사용할 때마다 역무원을 부르지 않으면 안 되기 때문에 자유롭게 이용할 수 없다는 점,

그림 7.28 휠체어 리프트

그림 7.29 가나자와 시내를 주행하는 소형 저상버스 (독일제)

그림 7.30 브라질 쿠리치바 시의 버스

즉 반드시 보조원의 도움을 받아야 된다는 점, 또는 필요할 때 자유롭게 이용할 수 없다는 점 등을 들 수 있다.

⑤ **휠체어 리프트(그림 7.28)** : 계단을 유효하게 사용하기 위하여 일본 국철(JR)에서 개발한 것으로 계단을 오르내리는 장치이다. 이것은 역의 계단부분의 한쪽에 레일을 설치하여 오르내리는 것이다. 한 대의 승강장치가 탈부착 가능하며 다른 계단에서도 이용할 수 있다. 그러나 역무원을 호출하여 휠체어 리프트를 장착하기까지에는 5~6분 정도 걸린다. 그리고 승강장 사이를 이동하는 경우에는 두 번 타지 않으면 안 되므로 두 배의 시간이 걸린다.

⑥ **휠체어 승용발판이 설치된 에스컬레이터** : 이것은 엘리베이터의 설치가 불가능한 곳에서 에스컬레이터를 이용하여 휠체어 사용자가 이용할 수 있도록 한 대책이다. 이용은 역무원의 조작을 기본으로 하고 있으므로, 먼저 역무원을 호출하여 에스컬레이터를 정지시켜

두 개의 발판을 평탄하게 하며, 하나의 발판이 경사가 되는 부분에 휠체어 사용자를 태워 오르내리는 것이다. 이때 일반 이용자는 이용할 수 없다는 문제가 있다.

(2) 버스 차량 등의 무장애화

① 논 스텝 버스(저상버스) : 유럽이나 미국보다 10년 정도 늦었지만, 일본의 대형 버스의 경우 1990년에 리프트 버스, 1997년에 논 스텝(non-step) 버스가 개발되었다. 그러나 소형 논 스텝 버스의 개발은 검토단계에 있으며 해외로부터의 수입에 의존하고 있다(**그림 7.29**). 앞으로는 커뮤니티 버스가 어느 정도의 논 스텝이 될지에 따라 고령자・장애인 전용 ST 서비스의 시장이 달라지게 될 것이다. 현재, 카나자와 시와 오사카 시의 커뮤니티 버스의 경우 수입 소형 논 스텝 버스가 이용되고 있으며, 일본 국내에서 이와 같은 차량을 보급・확산시키기 위해서는 일본 자체기술로 차량을 개발하여 생산하는 것이 요구된다.

② 승강장의 정비(**그림 7.30**) : 브라질 쿠리치바 시의 공공교통지향형 버스 전략의 하나로 실시되고 있는 것이다. 이것은 단차가 없는 돔형의 승강장으로 들어간 후 버스 차량 내로 승차하는 형태이다. **(秋山哲男)**

## 참고문헌


1) 秋山哲男・中村支彦：バスはよみがえる. 日本評論社, 2000, pp. 75-78.
2) 都市科学研究料：都市料学. 東京都立大学都市研究所, 2002, pp. 291.
3) 秋山哲男：高齢者・障害者のための都市交通. 広岡・渡部編：都市交通. 成山堂, 法政大学産業情報センター発行, pp. 215-230.
4) 秋山哲男, 三星昭宏：障害者・高齢者に配慮した道路の現状と課題, 土木学会論文集 **25 (502)**：1-11, 1994.
5) 三星昭男：高齢者・障害者のモビリティ. 高齢化と交通計劃. 土木計劃学研究姜員会, 1993.
6) 秋山哲男, 三星昭宏：講座高齢社会の技術 6移動と交通. 日本評論社, 1996, pp. 12-14.
7) 秋山哲男・清水浩志郎：高齢者の社会参加とまちづくり. pp. 22
8) 石橋富次：交通行動に関達して高齢者の生活と心身能力. 国際交通安全学会, **119(5)**, 1978.
9) 太田政彦, 秋山哲男, 申連植, 新田保次：等価時間係数による移動制約者のバス利用抵抗について. 土木学会第49回年次学術講演会, 1994, pp. 199-200.
10) 秋山哲男：高齢者のモビリティと交通システム. FINANSURANCE, **5(4)**, 1997.
11) 樋口民雄, 秋山哲男：コミュニティバス計劃のサ-ビス水準の評価に関する研究. 都市計劃, 第35回 日本都市計劃学会学術研究論文集, 2000, pp. 517-522.
12) フレックスバスパンフレット, スウェ-デン. KFB, 1999.
13) 秋山哲男：タウンモビリティ.交通工学, **35(4)**：73-74, 2000.
14) 秋山哲男：交通バリアフリー法. 高齢社会の都市基盤整備と交通システム. 土木学会土木計劃学研究委員会, 2001, pp. 15-24.
15) 秋山哲男編著：高齢者の住まいと交通. 日本評論社, 1993, pp. 9-15.
16) 財団法人国土技術研究センター：道路の移動円滑化整備ガイドライン, 2003
17) 交通エコロジー・モビリティ財団. 公共交通機関旅客施設の移動円滑化整備ガイドライン. 2001.

# 찾아보기

(ㄱ)

## (ㅅ)



## (ㅇ)



## (ㅈ)

(ㅊ)



(ㅋ)



(ㅌ)



(ㅍ)

**(ㅎ)**



**(영문)**

역자 소개

**강병근**(姜秉根)
건국대학교 건축대학 교수
장애물 없는 생활환경만들기 연구소장
독일 베를린공과대학 건축학과 졸업(공학박사)

**성기창**(成基彰)
국립한국재활복지대학 인테리어 디자인과 교수
독일 베를린공과대학 건축학과 졸업(공학박사)

**박광재**(朴光在)
국립한국재활복지대학 인테리어 디자인과 교수
건국대학교 대학원 건축공학과 졸업(공학박사)

**윤영삼**(尹榮三)
건국대학교 학술연구교수
일본 동경공업대학 건축학과 졸업(공학박사)

**김상운**(金相運)
건국대학교 학술연구교수
건국대학교 대학원 건축공학과 졸업(공학박사)

# 배리어 프리 건축 · 도시 계획론

1판 1쇄 찍은날 / 2009년 4월 22일
1판 1쇄 펴낸날 / 2009년 4월 27일

저　자 / 노무라 미도리 외
역　자 / 강병근 · 성기창 · 박광재 · 윤영삼 · 김상운
펴낸이 / 오　명

책임편집 / 이지은
찍은곳 / 한국컴퓨터인쇄정보사

펴낸곳 / **건국대학교출판부**
등록 / 제 4-3 호(1971. 6. 21)
주소 / 143-701, 서울시 광진구 화양동 1번지
전화 / (02)450-3891 ~ 3
팩스 / (02)457-7202
홈페이지 / http://press.konkuk.ac.kr
e-mail / press@konkuk.ac.kr

정가 / 30,000원

**ISBN 978-89-7107-508-1 93540**

* 잘못된 책은 바꾸어 드립니다.

이 도서의 국립중앙도서관 출판시도서목록(CIP)은 e-CIP 홈페이지(http://www.nl.go.kr/cip.php)에서 이용하실 수 있습니다.(CIP제어번호: CIP2009001176)